新・独修微分積分学

梶原壤二 著

現代数学社

改訂に際しての謝辞

十年一昔と申しますが，1980年に「新修解析学」を発行して頂きました後の1982年に，「独修微分積分学」を現代数学社より発行して頂きました．昭和57年1月付けではしがきを書かせて頂いて十九年半，その執筆をお勧め下さいました，現代数学杜の富田栄様に再び御礼申し上げます．又，長い間愛読下さり，支えて下さった，読者の方々に篤く御礼申し上げます．

旧販執筆当時は，極く少数の大学にしか大学院研究科は設置されて居りませんでした．それ故，多くの大学の学生が，憧憬度の高い大学の大学院に進学出来る様に，後期高等教育の大衆化を念じ，就職試験問題の他に，憧憶度の高い大学の大学院入試問題より問題を選び，解説の素材としました．九大教授奉職の頃，学会でお会いした新進気鋭の一流の数学者が，一浪の後上記二拙著で受験勉強して出身大学の大学院に進学し数学者への道を切り開きました，と密かに打ち明けて下さいました事は著者冥利に尽きるものであります．

筆者が念願した大学院教育の大衆化が既に10年近く前に現実のものとなりました事は，筆者の喜びの一つであります．

上記二拙著が品切れで，現代数学杜に在庫がなくなりました機会に，その改訂増補版を発行下さる企画となり，平成15年5月30日付で現代数学社の富田栄様より，解説の素材の大学院入試問題の若干を最新の問題に差し替えて，「改訂増補：新修解析学」，「改訂増補：独修微分積分学」へと，面目を新たに致す様御提案下さいました．上記を著す時は，雑司が谷の日本数学教育学会発行の「大学院修士課程入学試験数学問題集」と，広く理工学に渉る，新宿局私書箱の大学院入試問題研究所発行の「大学院入学試験問題集」より解説の素材を借用しましたが，25年以上の月日の経過は浦島太郎的でございまして，雑司が谷と新宿局私書箱に問題集を求める手紙を出しても，宛先には，受取人の日本数学教育学会と大学院入試問題研究所様が存在せず，共に還って来るばかりです．従いまして，文教協会発行の「平成15年度全国大学一覧」の北から順に，平成15年7月27日より毎日各専攻に，その専攻の最近数年間の入試問題のコピーを拙宅に恵送下さる様お願い申し上げました所，東大数理科学専攻様が7月30日の最初に，数学関連の専攻対非数学専攻は9対1の比率で二ヶ月間，毎日最低一専攻より，最新の問題を送って頂きました，この機会に篤く御礼申し上げます．それから一年，頂いたデーターをパソコンに入力し鋭意，この本の内容と整合性のある問題での差し替えに尽力して参りました．

この様に差し替えました最新の大学院入試問題は，例えば，東京大学大学院環境海洋工学専攻，東北大学大学院情報科学研究科の様に，新版に際しまして差し替えた問題である事を識別出来ます様に，出題単位に応じて，専攻名，又は，研究科名，を明記しました．

数学的命題が欧文では，現在形で記されて居ます様に，数学の命題の価値は時間parameter tには無関係でございます．それ故，他に代え難い，解説の素材としまして捨て難く，残した旧版の問題も多くございますが，専攻名・研究科名で識別なさる事が出来ます．

大学院大学として重点化されました大学は，東京大学大学院数理科学研究科の様に，修士定員は学部定員を超え，これらの大学は他大学よりの学生を期待する必然性があります．それ故在籍校の大学院を目指す限り特別の受験準備をなさる必要は全くございません．

元来，大学院入試問題は，出題範囲が限定されています，学期末試験よりも易しく出題されて居ります．連載拙シリズ「複素解析」の読者よりお手紙を頂きましたT大T′大T″大，……と7年も浪人し当時T$^{(7)}$大三年生の方がございましたが，始めから大学院を持って居られるこのT$^{(7)}$に入学し，このT[7]を卒業の後，重点化されて学部よりも大学院定員が多い憧れのT大学大学院に入学されていたら，今は，博士号を持つ社会人であるのにと思う事しきりでありました．資本の要請で大学院教育が大衆化され，在籍校でそこそこの成績であれば，在籍大学の大学院を目指す限り特別の受験準備なしに合格できる今であればこそ，逆説的に複数回受験の前期入試で第一志望大学に入学出来ず，後期日程入試で合格した，第二志望の大学で勉学中の読者が，最初に憧れた大学の大学院を目指されるには極めて良好な環境になりました．上の様に，入試問題の送付をお願いしました所，稲は実る程穂を垂れるの諺の様に，憧憬度の高い大学の大学院ほど，速く丁重に送料コピー代無料で、入試問題を送って下さいました．それ故，例えば，教員採用試験問題を，東京大学大学院環境海洋工学専攻入学試験問題で置き換える等，結果的に，就職試験問題を極めて憧憬度の高い大学の大学院入試問題で差し替えました事になり，改訂版の問題は骨太にレベルアップして居ります．

Girls be ambitious! 妃殿下の東大を目指しましょう．

旧版は高校生・大学教養部学生を対象に執筆したのですが，改訂版の対象読者も理系志望elite高校生と極く普通の理系大学生である事は変りませんが，改訂版は大学Juniorのみならず，憧憬度の高い大学のsenior 3，4年の学生にも読み応えのある様に衣替えしました．

随分昔でありますが，卒業式commencementと言う題の映画を見ました．主人公男性は学部では優等生であったにも拘らず，両親・恋人の嘱望を無視して，大学院に進学せず... と言う内容で，その時は大学院指導教官でありましたにも拘らず，既に，アメリカでは大学院を出ていないと人並みではない．と言う，大学院教育の大衆化を認識しておりませんでした．その後，既に10年以上前に大学院教育の大衆化が実現しております今，最高学府は大学でなく，大学院であります．読者が，この本の入試問題を通じて紹介して居ります様な，憧憬度のより高い，然も，他大学からの学生の勧誘にご熱心な，他大学の大学院に進学される契機となれば，幸いであります．

旧版執筆に際しましては，当時九州大学理学部研究生中村加代子理学士と同じく梶原ゼミの数学科四年生の諸姉，更に，京都大学理学部数学科四回生手塚俊之氏に旧版原稿のレフェリーをして頂きました．この機会に京大と九大の上の諸兄姉に重ねて御礼申し上げます．この改訂増補執筆に際しましては，数式ワープロTeXを用いてのパソコンのキーボードを筆に換えての筆算を，索引最後の頁と裏表紙の間の，奥付で最後から二番目の拙著で紹介しました手法で，数式処理ソフトMathematicaを用いて大学院入試問題の上の意味での筆算による解答をパソコンに点検させました．これもITに纏わる時の流れでございます．

重ねて，読者と，入試問題を提供して下さった大学院，本書で大変お世話になっております，現代数学社の富田栄様に心から御礼申し上げますと共に，旧版ではお世話下さったにも拘らず，故人となられた古宮修様の冥福をお祈り申し上げます．

平成16年8月　　　　梶原壌二

新版刊行にあたって

初版刊行から37年，改訂増補版で本書は一応の完成版となりました．読者の皆様の好評を得て，今なお復刊を望まれる声を多くいただき，深甚の感謝を申し上げます．今でも色褪せない筆者の緻密で鮮やかな解説を当時のまま収録し，装いを新たに『新・独修微分積分学』として復刊させていただきました次第です．大学院進学を目指しておられる方々，または数学を駆使する職場を考えておられる人に少しでもお役に立つことができれば幸いです．

現代数学社編集部

は し が き

この本は，中学の数学を予備知識とし，高校の旧課程では数Ⅰ，数Ⅱ，及び数Ⅲ，更に昭和57年4月1日より施行される指導要領の基礎解析，微分・積分，これらの高校の数学並びに，大学教養の微積分のカリキュラムに基づき，理工科系に進学希望の極く普通の高校生と，やはり平凡な理工科の大学生を対象として，彼等が大学の教養部において，留年すること無しに微積分の単位を修得して，目出たく専門課程に進学する，そのお手伝いをするように心掛けた．さらに彼等が大学の最終学年において，身の振り方を定めるに際して，企業への就職を希望する人のためには就職試験問題，教職志望の人のためには各都道府県の教育庁による教員採用試験，公務員志望の人のためには人事院による国家公務員上級職試験，進学希望の人のためには全国の大学院の理学研究科や工学研究科の入学試験，これら四種の登用試験問題の中から，微積分の問題を精選して解説の素材とし，学生の多様なニーズに応じ，本書による学習が，読者の人生の重大時にも真価を発揮するように念じながら，筆を執った．

端的にいえば，高校生時代より，本書で微積分を学習しておれば，微積分に関する限りは，大学への進学，教養での単位修得，卒業時の進路決定，これらに対して万全の備えができるようにした．このような意図で書かれた本としては，著者による，現代数学社発行の「新修線形代数」，「新修解析学」があり，本書も，そのシリーズ物と見なされてよいが，微積分の書物としては全くユニークなものと自負している．本書は，各企業の就職問題より25題，教職試験問題より220題，公務員上級職理工科系専門試験より26題，大学院入試問題より248題，合せて519題を精選し，解説の素材に充てた．

率直にいって，読者の殆んどは，微積分は余り好きではないが，浮世の義理で付き合っているのではないか．様々な科目を履習しなければならぬ読者が，微積分に割ける時間は，そう多くはない．この貴重な時間が，読者の大学における最終学年において，重要な布石として活きるような，実践的かつ実戦的な書物となるように努めた．

率直に申して，教職試験の大半は，高数のカリキュラムに基づき，その問題は，大学院どころか，大学入試問題よりも易しい．本書の解説の素材となっている問題の半数近くが，この種の問題に充てられているので，本書は高校生に取っても読み易く，しかも，高数のカリキュラムに沿って書かれている．大学教養の微積分の半分は高数の復習であるから，本書の半分近くが，高数に割かれていることは，大学生諸君に取っても，本書を読み易く，かつ，有意義にしていると思う．某大学で関数論を講義していたら，ある学生が「先生が説明される留数定理はよく理解出来ますが，原始関数とは何でしょうか？」と質問した．高数のカリキュラムを忘れ掛けた大学生諸君に，高数の内容を含みながら大学の講義を語る事は，大学における落ち零れを防ぐ重要な手段である．このように，半分近くの努力を高数にかけた点において，上記二書の路線をさらに

徹底させた．

学問的水準はさておき，社会的適合性に関する限り，今の大学生は幼稚園児以下である．そのような良家の子女しか入学出来ぬようになって終ったのである．事の是非をここで論じる意志はない．教師はこのような実態を踏まえて教育せねばならぬ．大学の掲示を読まないで，試験の日時を取り違え，泣き崩れるお嬢さん高校出身生がいる．恋を芽生えさせる切っ掛けになるかも知れぬが，単位修得の目的は達せられない．「他の方は遊んで単位を取られるのに，何故わたくしは勉強しても単位が取れぬのでしょうか？」と訴えるお嬢さんもいて，教師として寝覚めが悪い．数年前迄，単位が取れぬのは，他の有意義な，しかし学習とは時間的に矛盾する，他のことをしている学生ばかりであって，何年かの留年の末，ゼミに付いた彼等は，優等生よりも切れ味がよかった．第一，単位の取れぬお嬢さんはいなかった．共通１次テストは急激に，学生の生態を変えつつある．

昨今の学生は，現在学んでいることの将来への展望が明確になっていないと，「先生の意図が分らぬ」ので，「将来が不安」で堪らないようである．友人と話し合えばよさそうだが，「失敗を恐れて」人と付合うのが怖く，対人関係は全く無い．先生が，安心させようと抽象的に説明しても，「判然としない」．本書の意図については，同職の方々は批判的な方が多いであろう．しかし，教育とは多様な学生のニーズに教師が答えることである．これが1968年以降の大学紛争に体当りして，著者が，それなりに得た教訓である．この信念に基づいて，本書を執筆した．学生の持つ多様な将来設計に合わせて，将来の不安が無く，学習の成果がどのように活きるのか，その展望を判然とさせて，先生を信頼して全てを委せられるような教育が，望ましい．このような信念の下で，本書を執筆した．

第1，2，3，4，5章は，高校のカリキュラムに基づき，高校生諸君も理解出来るように執筆した．大学教養の微積分は高校の復習も兼ねるので，大学生諸君が，これらの章を読めば，大学教養の微積分の理解が容易であろう．しかも，解説の素材の大半は中学や高校の数学科教員採用試験より選んだので，これらの章の学習が，大学生諸君に取って，卒業予定の前年に重要な布石として活きるであろう．さらに進んで，教職志望の大学四年生にも，本書を勧めたい．第6，7，8，10，11章は高校と大学の教養の双方のカリキュラムに基づいた．前半は，高校に重点を置き，後半は大学教養に重点を置いて執筆し，高校数学から大学教養の数学への移行が円滑に行われるように留意した．微積分の単位末修得による留年生が，本書によって，少しでも減れば，幸である．第9，12，13，15，16，17章は大学教養のカリキュラムに基づくものであり，第14章は工学部の応用数学のカリキュラムに基づくものである．本書によって高校数学より学習を開始して，その勉学に弾みを付けた読者諸君は，大学教養の数学へ，一気に登りつめるであろう．解説の素材の殆んどを，全国の大学の大学院の理・工学研究科の入試問題より選び，全国の大学の理・工学部の各学科が，微積分の教養として大学生に要望している事項を網羅した．逆に，どの

学科も要望しないような，練習問題作成を自己目的とするふ抜けた問題に読者の貴重な青春を浪費する愚は避けた．勿論，読者の中で進学希望者の比率は一及至二割であろう．しかし，大学院入試問題は学期末試験より幾分易しい位なので，これらの章の学習は学期末試験の模疑試験の役割を果し，大学生諸君の単位修得にも，著しく貢献するものと信じる．例えば，九大教養の工学部学生に対する学期末試験問題は，本書や「新修線形代数」より，高レベルである．進学希望者でも，数学以外の専攻に進む読者が殆んどであろう．しかし，基礎に重点を置いた平素の学習が，進学に対して十分過ぎる事を識るのは，貴重な体験ではなかろうか．全く同じ学習法を，その希望する専攻科目に対して行えば十分である．不幸にして，志望大学へ入学できなかった高卒生諸君も，落胆するには及ばない．合格できた大学へ進み，大学のカリキュラムに基づいて，このような学習をすれば，三年後の秋には，志望大学の大学院に入院できよう．公務員試験に合格できよう．本書が，大学間の格差是正に，少しでも役立てば，著者冥利に尽きる．

上に説明したように，本書は，高校の数学のカリキュラムの解説に努力の半分近くを払いつつ，高校から大学への移行が自然に行われるように最大限の尽力をして，大学教養の微積分を理・工科系向けに解説した．しかも，その解説の素材の全てを，大学卒業年次に予想される多様な登用試験問題から精選し，本書の読者が，その学習について，学問的展望においても，将来の進路に対する布石としても，微積分に関する限りは，安心して本書に全てを委ねられるように配慮した．これは全くユニークな発想である．現代数学社の古宮修様は，著者のこの考えに共感して下さり，執筆の機会を与えて下さり，さらにその上，編集，割り付け，図版の配慮，校正に至る迄，全てをお世話下さいました．この機会に，その御尽力に厚く御礼申し上げます．

九州大学理学部研究生中村加代子理学士並びに数学科四年生の諸姉，更に京都大学理学部 4 回生手塚俊之君は本書の原稿を読み，レフェリーをして下さり，その上校正にも御協力下さいました。その御友情に心から感謝申し上げます。

また，各企業の人事担当の方々，各県の教育庁，人事院，各大学の大学院，夫々の出題委員の方々が，人材登用のために英知を傾けて作成された珠玉の作品を，貴重な教材として拝借しました．この紙面を借りて厚く御礼申し上げます．これらの問題は，262～264 頁の出処別分類に記しました，学会や出版社が発行する問題集より精選しました．これらの出版社無しには，本書の資料を揃えることはできませんでした．ここに厚く御礼申し上げるとともに，読者がその志望に応じて，これらの問題集で直接研究されるようお勧めし，その成功を祈っております．

昭和 57 年 1 月

梶 原 壌 二

目　　次

演　習　編

EXAMPLE 1, 2 …… 31

Ⓐ 基礎をかためる演習 1〜11 …… 32

Ⓑ 基礎を活用する演習 1〜9 …… 33

5 積分（高校の数Ⅱ，数Ⅲ） …… 34

SUMMARY …… 34

（原始関数，不定積分，積分，置換積分，定積分，面積，回転体の体積，曲線の長さ）

EXAMPLE 1, 2, 3 …… 35

Ⓐ 基礎をかためる演習 1〜15 …… 36

Ⓑ 基礎を活用する演習 1〜7 …… 37

6 三角関数（高校の数Ⅰ，数Ⅱ，数Ⅲに少し大学juniorの微積分を加味した.） …… 38

SUMMARY …… 38

（三角関数，弧度法，極限，加法定理，微積分の公式）

EXAMPLE 1, 2, 3 …… 39

Ⓐ 基礎をかためる演習 1〜19 …… 40

Ⓑ 基礎を活用する演習 1〜8 …… 41

7 指数関数（高校の数Ⅱ，数Ⅲに少し大学juniorの微積分を加味した.） …… 42

SUMMARY …… 42

（自然対数の底，対数微分法，有理関数の積分法，変数分離形微分方程式，同次形微分方程式）

EXAMPLE 1, 2 …… 43

Ⓐ 基礎をかためる演習 1〜18 …… 44

Ⓑ 基礎を活用する演習 1〜11 …… 45

8 線形微分方程式（高校の数Ⅲにおいて少し学ぶが主に大学juniorの微積分，力学及び物理学） …… 46

SUMMARY …… 46

（微分方程式，変数分離形微分方程式，同次形微分方程式，線形微分方程式，ベルヌーイ形微分方程式）

EXAMPLE 1, 2, 3 …… 47

Ⓐ 基礎をかためる演習 1〜10 …… 48

Ⓑ 基礎を活用する演習 1〜5 …… 49

9　実数の連続性公理（大学に入学と同時に学ぶことが多い．このような公理論的アクセスが高数と大学の数学とを分けるものである．）…… 50

SUMMARY …… 50

（デデキントの公理，上界，下界，上限，下限，ワイエルシュトラスの公理，単調有界数列，アルキメデスの公理，コーシーの収束判定法，実数の連続性公理）

EXAMPLE 1, 2 …… 51

Ⓐ 基礎をかためる演習 1～12 …… 52

Ⓑ 基礎を活用する演習 1～7 …… 53

10　平均値の定理（高校の数Ⅲにて直観的に導入され，大学 junior にて理論的背景の下で復習）…… 54

SUMMARY …… 54

（ロールの定理，平均値の定理，コーシーの平均値の定理，関数の増減，ロピタルの公式）

EXAMPLE 1, 2, 3, 4 …… 55

Ⓐ 基礎をかためる演習 1～9 …… 56

Ⓑ 基礎を活用する演習 1～6 …… 57

11　テイラー展開（高校の数Ⅲ（昭和 57 年より微分積分）及び大学 junior の中期で学ぶ事項）…… 58

SUMMARY …… 58

（凹凸，変曲点，２次の導関数と極値，テイラー展開）

EXAMPLE 1, 2 …… 59

Ⓐ 基礎をかためる演習 1～11 …… 60

Ⓑ 基礎を活用する演習 1～7 …… 61

12　級数（高校の数Ⅱ，数Ⅲ（昭和 57 年より基礎解析と微分積分）にて等比級数を学び，大学 junior の中期にて一般の収束級数を学ぶ．）…… 62

SUMMARY …… 62

（数列の極限，級数の和，コーシーの収束判定法，優級数と劣級数，絶対収束，条件収束，ベキ根判定法，比判定法，関数項級数の一様収束）

EXAMPLE 1, 2 …… 63

Ⓐ 基礎をかためる演習 1～12 …… 64

Ⓑ 基礎を活用する演習 1～7 …… 65

13　整級数（大学教養中期）…… 66

SUMMARY …… 66

（複素数，実部，虚部，複素平面，整級数，収束半径，コーシー-アダマールの公式，ダランベールの公式，アーベルの定理）

EXAMPLE 1，2 ………… 67

Ⓐ 基礎をかためる演習 1～14 ………… 68

Ⓑ 基礎を活用する演習 1～9 ………… 69

14 微分方程式の記号的解法（工学部の応用数学）………… 70

SUMMARY ………… 70

（指数関数の導関数，一般解，余関数，特解，演算子法，特性方程式）

EXAMPLE 1，2 ………… 71

Ⓐ 基礎をかためる演習 1～18 ………… 72

Ⓑ 基礎を活用する演習 1～7 ………… 73

15 偏微分（大学 junior の後期）………… 74

SUMMARY ………… 74

（偏微係数，偏導関数，偏微分，全微分，勾配，合成関数の微分法，ヤコビの行列，ヤコビの行列式）

EXAMPLE 1，2 ………… 75

Ⓐ 基礎をかためる演習 1～14 ………… 76

Ⓑ 基礎を活用する演習 1～8 ………… 77

16 陰関数の存在定理（大学 junior の後期）………… 78

SUMMARY ………… 78

（陰関数，陰関数の存在定理，多変数の陰関数，ヤコビヤン，多変数の陰関数の存在定理，ロンスキヤン）

EXAMPLE 1，2 ………… 79

Ⓐ 基礎をかためる演習 1～8 ………… 80

Ⓑ 基礎を活用する演習 1～7 ………… 81

17 多重積分（大学教養の後期）………… 82

SUMMARY ………… 82

（2重積分，累次積分，変数変換，極座標）

EXAMPLE 1，2，3 ………… 83

Ⓐ 基礎をかためる演習 1～11 ………… 84

Ⓑ 基礎を活用する演習 1～7 ………… 85

問題の解説

微積分の学び方とこの本の使い方

大学と高校の違い

高校までは何事につけ，先生の指導は細かく，その監視も厳しく，ベルトコンベアに乗ったかのように，自由もない代りに，おしなべて先生に委せておけば，安心であった．極端な場合には，志望大学迄先生が定めて終って，自己の適性と無関係な大学に入学しているのが，現状であろう．家庭でも，ママの指示は微細で，一挙一投足をその指示通りに行なって来たのが，今迄の状況と思う．しかし，大学は自由の府であり，学生が自らを治めるものとの期待の下で運営されている．従って，単位の選択，受講の手続，休講の通知，奨学生募集，試験の通知，成績発表，求人案内 *etc*，全ては，通り一片の説明会があればよい方で，殆んどは，一片の小さな紙切が掲示板の片隅に貼られるだけである．従って，学生本人に情報を集める努力がなされなければ，人生の重要なチャンスも，そのまま通り過ぎて終う．

大学に入学したら，何はともあれ，先ず，**掲示板の所在を識り**心してその場所を通過し，その度に，**掲示を見る習慣**を付けること．

高校迄は，細かく指導して来たママも，子供が大学に入学したという安心感と，遠距離だし，大学迄は手が届かないこともあり，自由放任となる．今迄も自主性を尊重されて来たのであれば，問題はない．いきなり，先生やママから放り出されると，途方に暮れて不安になる．さもなくば，己の欲する所を行なって，勝手にやっている内に，気付いた時は，卒業すること無しに，在学期限満了である．大学とは同じ市内に住居がありながら，西から東へ通学させるのは時間の無駄だし，可愛そうである．このような理由で，下宿させられた学生はこの道を辿り易い．尤も，最近はママの学歴も高くなったので，何処迄もシャシャリ出るケースが増え，これはそれ以上に始末に困る．10年一昔の話になったが，トドのつまりは，県警の刑事課長の赴任の挨拶において，ママの後に隠れ，並居る猛者の刑事連を唖然とさせることになる．これでは使い者にならないのだ．このように誤った方向に進まぬ方策は，

友を得よ

に尽きる．与謝野鉄幹の「妻を娶らば，才長けて，見目美しく，情あり．友を得らば，書を読みて，六部の侠気，四部の熱」の歌のように，ウルメイワシやカタクチイワシは妻にできない．才色兼備の方がよかろう．しかし，友人は配偶者ではない．自分と同じ位，愚かしければ十分である．並の友人であればよい．功利的に人と付合う者は嫌われる．月謝の要らない，日本語会話の練習の相手であればよい．日本語会話の必要性に説得力を持たせる為，プロ，即ち，**田辺聖子先生**の文章を無断で借用する．田辺先生よ，お許しあれ．

……，その言い方には人間関係の距離感がないようだ．つまり社会的にちっとも訓練されていない，野犬か野兎のようなものである．オトナの顔色を見ない．顔色を見るというといい方は悪いけれども，人間と人間の結び方を小さい時から覚えさせる．そんな練習がいる．小学校では親の顔色を見ることを教える．中学校では友達の顔色を見，高校生や大学生になると，世間の顔色を見ることを教える．そんなことが教育といっていいのに，一番大切なことが，この子には施されていないのかもしれない．こんな不完全なオシャカを世の中へ出しては申し訳ないから，一つ私が——といいたいが，そういうことをいちいち引き受けては，もう身が保たない．

このようなオシャカのお守りをさせられ，身が保たない仕事をさせられるのが大学教師である．ここ迄来ると，大学は最高学府ではなく，幼稚園以下の存在である．大学生諸君は，どのような進路を選ぶにせよ，対人関係が重要な部分を占めることが多い．家の坊やは学者タイプざます，と仰っしゃるママが多いが，これが一番困るのである．学者といえども，先生を勤めなければ，食べて行けない．御存知無いようだが，先生商売は，対人関係が仕事そのものである．しかも，理学部や教育学部の先生は，卒業生の多くが先生になるので，先生の中の先生であり，非常識な人は一日も勤めることができないのだが．諸君が四年生の折受けるであろう様々な口頭試問において，試問を発する試験官と目が合わないと，心理学上の問題があるものと，早くいえば，アレハオカシイと，処理される．第一，人の目を見る習慣を持たぬ人は，田辺先生が説かれるように，人とまともな日本語会話を行なった経験が無く，貧弱な語いによって構成さ

れる発言は，極めて強烈で，しかもランダム．何が出て来るのか分らず，まるで，破れたコンピューターである．その内容はとてもこの世のものとは思われない．

この種の大学生や大学院生に，どうして友人を持たないのかと問う．人間は嫌いではないが，対人関係の失敗が恐いので，人と付合う事を極力避けていると答える．これは本末転倒も甚だしい．田辺先生のお説のように，対人関係の失敗を繰り返す内に試行錯誤によって，人との付合いにおいて，誤りが比較的に少なくなるのである．学問においても然り，故岡潔先生は，私に，論文の原稿は1000に1つしか*vérité*(真実）がないと抑っしゃった．かの大先生でさえ，一つの論文を作るのに，1000の失敗を繰り返されているのである．凡人の私共が誤ちを繰り返すのは当然であり，多くの誤ちを繰り返す試行錯誤の中から，次第に正しいものを見出して来るのである．人との会話において，妙な発言をすると，相手が驚いて妙な顔をし，嫌なことをいうと，相手が怒って顔色を変えるので，まずいことをいったことが分るのである．相手の顔色を見て日本語の会話をする内に，人を驚かすようなことや人を怒らすようなことをいわなくなるのである．始めから，観念的に，何をいえば人を悲しめ，何をいえば人を怒らすかが判断できて，日本語会話のできる人は居ないのだ．皆，日常生活の中から，家族や友人との会話の中で，実践的に学んでいくものである．従って，共通1次のマーク・シート方式の国語の試験や，2次の小論文のテストでは日本語会話の能力をテストすることが，できない．おかしな学生が大学に満ちることになる．しかし，このような方々の教育が私共の商売なので，このように友を得ることを勧めているのである．特に，ママが有弁で，パパが無口な組合せの両親を持つ大学生諸君は，極力，友を得るように努めて，

友人を通して，日本語会話の練習をせよ

さもないと，使い者にならない．また

大学で分らない事が生じたら，友に聞け

行き過ぎると，代返やカンニング等の困った事態へと進行するが，とにかく，友人を持つことが重要である．「新修線形代数」において，何事も指導教官に相談するように書いたが，少し軌道修正して，先ず，友人に相談することを勧める．いきなり先生の所に行って，おかしなことをいうと，経験の浅い先生の場合は，精神異常と見られ兼ねないからである．それでも解決しない時は，指導教官に相談せよ．

微積分とは何か

を知らない読者はいないと思う．高校の数Ⅱ，数Ⅲ，昭和57年4月以降は基礎解析，微分・積分として学習指導要領に入れられているが，何れにせよ，高校での学習事項である．本書の序文で述べたように，本書の内容の半分近くが高校のカリキュラムに基づいて書かれている事からも分るように，半分近くは高数の復習であり，その延長といっても過言でない．といいたい所だが，**極めて危険な落し穴**が二つある．その一つは

1. 何だ！ **高校と同じ**ではないか！ こんなことなら識っている．このように思って，いい加減に学習したり，講義をサボったりして真剣に微積分に取り組まないと，確実に留年することになる．来年があるさ！と思っていると，一度付いた留年の癖はなかなか取れず，歳月人を待たず．ママの気付かぬ内に，在学期限満了となる．

これは怠け者のケースであるが，もう一つは，真面目な学生をも悩ます問題であり，微積分の学習や教育に付きまとい永遠に解決できない課題である．今春も，ある真面目な子からの賀状に，大学に入学して始めて，授業の分らぬ生徒の悲哀を知りました，とある．恐らく，この子はよい教師となるであろう．高校ではトップクラスの優等生と自他共に許して来たのに，大学の講義に従って行けぬことは，単位も気になるだろうが，それよりも，優等生の誇りが許さぬであろう．しかし，虚飾を捨てることによって始めて人間は成長するのだ．人生とは如何に失敗を総括するかに尽きる．躓きを知らぬ人間に価値を見出すことはできない．どうも，著者は教師として弁解に終始しているが．

2. **実数の連続性公理**に基き，公理論的にアクセスをされるとチンプンカンプン，独仏語の会話より難しく，何のことか，さっぱり分らない．これが本書のように，後半の9章にでも出て来れば，未だしも，大学に入学して最初の微積分の講義で出会うと，まるで他の遊星にでも迷い込んだように，不安で堪らず，身も世もないことになる．友人がいれば，殆んどの学生がそうだと知り，不安も減少するが，人と付合うのが，怖い人は，この事

情も分らない．しかし，安心し給え．数学科の学生でなければ，このような講義は一回か二回で終り，その内，機械的な計算が始まるので，公理論的アプローチに相性が悪い人は台風一過を待てばよい．ただし，これは数学科に属していない学生に対していえることで，数学科の学生は，学部に進学したらもっと抽象的な取扱いに悩まされるので，腹を据えた方がよい．覚悟を定めることである．公理論的アプローチに相性が悪いようでは，学科の選択を誤ったことになる．数学科は概して，入学試験の最低線が高いので，他学科に転科できれば，転科した方がよい．公理論的アクセスに生き甲斐を見出した人は数学科以外でも数学に相性がよく，秀れた数学者になるかも知れない．こちらは，転科や学士入学等せず，その学科を卒業し，その最終学年の秋に例えば，私の著書のシリーズで準備して，大学院を受験し，数学専攻に入院した方がよい．我国が世界に誇る数学者の半数は，物理，医学等の他学科出身者である．公理論的アプローチが嫌いでも，転科が出来なければ，大学在学の四年間をひたすら我慢することである．人間は何処かで妥協しなければならぬ．それが，大学卒業後でなく，卒業の前に，人より早く来ただけである．くどくなるが，数学科以外の学生は，公理論的取扱いは，理解出来ぬのを気にせず，台風一過を待つがよい．理解できぬのは問題ではないが，そのために**講義をサボル癖が付くのが問題**である．葬式に出て，お経を聴くようなつもりで，先生の説教を厳粛に聴くこと．ただし，∀や∃等の数学的記号は，最初にチョット説明され，

後は説明無しに乱発されるので，公理の内容は分らなくても，これらの数学的記号だけは，よく記憶すること．読書百遍意自ら通ず，であり，公理の内容は分らなくても，その内に分るようになる．建前からいうと，万人が認め得るのが公理である．従って，諸君にも認めて貰わねば困るのだ．しかし，公理は証明できない！ 諸君は，公理が証明できなくても恥ではない．証明できる方がオカシイのだ．気にしないこと．ただし，プロの棋士が重視する中盤が素人には面白くないが，勝負の上からは一番重要であるように，本書の中盤の実数の連続性公理が学問上は一番面白いものであることはいう迄もない．大学の教養で微積分と並行して学ぶのは

線形代数

である．これは，本書でも解説している行列や行列式を組織的に学ぶ学問であり，本書の姉妹書として

山崎圭次郎，線形代数，現代数学社

が同時刊行される予定である．又，序文でも述べたが，拙著

梶原壌二，新修線形代数，現代数学社

が本書とほぼ同じ方針で書かれている．微積分は高校の新カリキュラムで基礎解析に取り入れられているように

解析学

に含まれる．微積分の延長としての解析学を垣間見たい人には，拙著

梶原壌二，新修解析学，現代数学社

をお勧めする．こちらも，本書と同じ方針の下に書かれているが，読者の対象は，教養から学部へ移行する過程にある大学生である．最後に

この本の使い方

を述べよう．この本は各種の登用試験問題を解説の素材としているが，問題集ではなく，実戦的問題の解説を通じて微積分学の講義をするという，一石数鳥を狙っている．従って

1. 先ず，*Summary* と *Example* を読むこと．

2. [A]と[B]の問題は一題ずつ対処し，その問題を少し考えて，解けそうであれば，解ける迄考える．解けそうでなかったり解けそうであっても途中で躓いたら，時間の空費をせずに，解説を読む．

3. 解けても，必ず解説を読むこと．解説は，解答を与えるのが主目的ではなく，解説を通じて，微積分の講義をすることを目的としている．

4. 2と3の動作を各問題毎に繰り返すこと．

5. 本書は，中学の数学は予備知識としているが，高数以上は事前に説明されていて，順序通りに読めば，理解できるようになっている．しかし，人間の記憶力は100％ではない，無理に暗記しようとすると数学が嫌になる．数学は暗記科目ではないので，無理に覚えようとせず，気楽に進み，分らない事項や術語に出会ったら，目次や索引，或いは，出処別分類にて調べること．

6. 特に，数学的記号で分らないものがあったら，索引の冒頭を見ること．

7. 問題[B]の方が[A]よりも難かしいとは限らない．[A]が分らないから，[B]も分らないだろうと諦めずに[A]が分らなくても，[B]に挑むこと．

8. 本書に限らず，数学上の書物は，順序通りに読むべきである．しかし，人には相性がある．ある章が分らないからといって，それ以後の全ての章が理解できない

とは限らない．理解できない部分があれば，何が分らないかを明確にして先に進むこと．意外にも，後で顧ると理解できるようになる．

9. しかし，高校生諸君が，最後迄読める方が不思議である．教養部の学生にしても似たようなものである．何処が分らないかも分らなくなったら，その章は飛ばすこと．飛ばしても，飛ばしても分らなくなったら，精神に異常を来しては困るので，しばらく，この本を閉じ，数個月して，又，開くこと．その内に分るようになる．一時中止をするが，諦めてはいけない．

10. このようにして進んで，この本を修得し，終っても，この本を捨てずに，微積分の辞書として使用すること．慣れた書物は，調査事項を索く速さが，初見の書物に比べると抜群であるから，一生使用することができよう．大学を出ても数学は必要であり，それが何時訪れるか，分らない．

11. 大学卒業後の進路に応じて，262と264頁に記した問題集を購入して直接研究すること．本書は，微積分はカバーしているが，数学の他の分野や，数学以外の分野には力が及ばない．

改訂増補校正終了時に引用

只今，平成 17 年 5 月 8 日校正終了，次の mission，大学院数学入試問題演習：解析学講話に取り組もうとしましたら，その 156 頁に次の文章を見出しましたので，下文を読まれて後，12 左頁の漫画を反芻，楽しんで下さい．因みに上記講話の序文は昭和 58 年 3 月に記されていますので，二十年以上前の話です．

数日前の新聞はかの中国で，大学生が親から過保護にされて，まるで幼稚園であると，大学構内で乳母車に大学生を乗せて，それを押す父親のマンガ入りの人民日報の記事を紹介している．このマンガは拙著「独修微分積分学」(現代数学社) に画かれているものとそっくりである．日本であろうと中国であろうと，文明国の病弊は共通である．

独 修 微 分 積 分 学

演 習 編

1　数

約数や素数は中学から高１にかけて学ぶ．私立高校入試や共通１次テストを主とする大学入試，更には，教員採用試験に出題される．本章は，高校生と教職志望の大学生に必須である．

SUMMARY ― ▶ 右頁の EXAMPLE を読みながら，イメージを把もう．

① **自然数**　個数を数えたり，順序をつける時に使用される

$1, 2, 3, 4, 5, 6, \cdots\cdots$

は**自然数**と呼ばれる．自然数 a, b に対して，和と積

$a+b$，ab

は自然数であり，自然数全体の集合 $\boldsymbol{N}$ は加法と乗法について閉じている．

② **p 進法表示**　p を2より大きな自然数とする．自然数 N が0又は p より小さな自然数 $n_1, n_2, \cdots, n_{s+1}$ を用いて

$N=n_1p^s+n_2p^{s-1}+\cdots+n_sp+n_{s+1}$ $(n_1\neq 0)$

と表される時，数字 $n_1, n_2, \cdots, n_{s+1}$ を並べて，単に

$N=n_1n_2\cdots n_sn_{s+1}$

と書き，N の **p 進法表示**という．

③ **素因数**　自然数 a, b に対して，a が b で割り切れて $c=\dfrac{a}{b}$ が自然数となる時，a を b の**倍数**，b を a の**約数**や**因数**という．1より大きな自然数で，1およびその数自身以外に約数を持たぬものを**素数**という．自然数をいくつかの素数の積で表すことを**素因数分解**といい，その時の各素数を**素因数**という．

④ **最大公約数と最小公倍数**　二つの自然数 a, b に共通な約数を a, b の**公約数**といい，共通な倍数を**公倍数**という．公約数のうちでは，**最大公約数**が，公倍数のうちでは**最小公倍数**が重要である．

⑤ **整数**　自然数，零，負の整数をまとめて，**整数**という．即ち

整数 $\begin{cases} \text{正の整数（自然数）} & 1, 2, 3, 4, \cdots \\ \text{零} & 0 \\ \text{負の整数} & -1, -2, -3, -4, \cdots \end{cases}$

整数 a, b に対して，

$a+b$，$a-b$，ab

は整数であるから，整数全体の集合 $\boldsymbol{Z}$ は加法，減法，乗法について閉じている．しかし，$\dfrac{a}{b}$ は整数になるとは限らない．$\dfrac{a}{b}$ が整数となる場合，a は b で**割り切れる**という．約数，倍数の意味は自然数の場合と同様である．2で割り切れる**整数を偶数**といい，2で割り切れない**整数を奇数**という．

⑥ **有理数**　整数 $a, b(\neq 0)$ を用いて，$x=\dfrac{a}{b}$ と表される数 x を**有理数**という．有理数 x, y に対して，$x+y$，$x-y$，xy は有理数であるが，更に $y\neq 0$ の時は，$\dfrac{x}{y}$ も有理数であって，和，差，積，商

$x+y$，$x-y$，xy，$\dfrac{x}{y}$

が有理数である．したがって，有理数全体の集合 $\boldsymbol{Q}$ は四則演算，即ち，加，減，乗，除法について閉じている．

⑦ **無理数**　有理数でない数を**無理数**という．有理数と無理数とをまとめて，**実数**という．即ち，

実数 $\begin{cases} \text{有理数} \\ \text{無理数} \end{cases}$

有理数全体の集合 $\boldsymbol{Q}$ と同様に，実数全体の集合 $\boldsymbol{R}$ も四則演算について閉じている．

ここが間違え易い

自然数 a, b の差 $a-b$，商 $\dfrac{b}{a}$ は必らずしも自然数ではない：

$1-2=-1\neq$ 自然数，

$1\div 2=\dfrac{1}{2}\neq$ 自然数．

自然数 a に対して，$\dfrac{a}{1}=a$，$\dfrac{a}{a}=1$ は共に自然数であるから，

1と a は共に a の約数であり，

a は a 自身の倍数である．

整数 $a\neq 0$ に対して，$\dfrac{0}{a}=0$ は整数であるから，

0は整数 $a\neq 0$ の倍数であり，

特に，0は偶数である．

共通1次や公務員試験のマーク・シート方式で間違わないようにしましょう．

お節介

1度に消化できなければ①－②，③－④，⑤，⑥－⑦に分けて，その都度右頁を参照して理解した後に，先に進もう．

▶ 左頁の SUMMARY の対応する事項をもう一度読みながら，イメージを把もう．

EXAMPLE 1—② の p 進法表示の例題

7進法で表した二桁の数字を5進法に変換したところ，一桁目と二桁目の数字が入れ替った．この数字を8進法で表せ．

（東京大学大学院環境海洋工学専攻入試）

解き方 7進法二桁の数 ab は $7a+b$ を表し，5進法の数 ba は $5b+a$ を表すので，$7a+b=5b+a$．$3a=2b$ の4以下の非負整数解 $a=2,\ b=3$．$2\times7+3=17=2\times8+1$ であるから，

答 21

EXAMPLE 2—⑤ の整数の例題

$x^3-7x^2+10x<y<-x^2+6x-6\ (x>0)$ で囲まれる部分のうち $x,\ y$ が共に整数となる点の数を求めよ．

（東京大学大学院環境海洋工学専攻入試）

解き方 $f_1(x):=x^3-7x^2+10x$ と $f_2(x):=-x^2+6x-6$ に対して $f_1(x)<y<f_2(x)$ を満たす整数の組 (x,y) を捜索する．$x>0$ より先ず，x 座標が整数 $x=1$ は $f_1(1)=4>f_2(1)=-1$ で条件に合わず，整数 $x=2$ の $f_1(2)=0<f_2(2)=2$ が1個の整数値 y，整数 $x=3$ の $f_1(2)=-6<f_2(3)=3$ が8個の整数値 y，整数 $x=4$ の $f_1(4)=-8<f_2(4)=2$ が9個の整数値 y の y 座標を与え，整数 $x=5$ 以上は $f_1(5)=0>f_2(5)=-1$ で条件に合わず，答えは $1+8+9$ の合計18個である．猶，蛇足だが，条件に合う領域は上に凹な3次曲線が上に凸な2次曲線と囲む領域で交点の x 座標は数値的に 1.748，4.946 である．

答 18

EXAMPLE 3—⑤ の偶数の例題

連続する奇数の積に1を加えると偶数の平方となるか？

（青森県中学・高校教員採用試験）

連続する奇数の積は，整数 n に対して $(2n-1)(2n+1)$．したがって，

$$(2n-1)(2n+1)+1=4n^2=(2n)^2=\text{偶数の平方}.$$

答 なる

EXAMPLE 4—⑦ の無理数の例題

$\sqrt{2}$ は無理数であることを証明せよ．（京都府高校教員採用試験）

証明 $\sqrt{2}$ が有理数であると仮定する．自然数 $p,\ q$ があって $\sqrt{2}=\dfrac{p}{q}$ と書けるが，その際 p,q を最大公約数で割り，p,q の公約数は1以外にないようにできる．移項して自乗し，$p^2=2q^2$．素数2は p^2 を割るので，右の Schema より p を割る．自然数 r があって，$p=2r$．したがって，$q^2=2r^2$．同様にして，自然数 s があり，$q=2s$，p,q は公約数2を持ち，矛盾である．

檄

中学校や高校の教員採用数学専門試験には，左のように，中学や高校のカリキュラムから出題されることが多いので，高校生諸君も，就職試験問題を解いて，数学を楽しみつつ，自分の学力に自信を付けましょう．少女よ大志を抱き，東大を目指せ！

檄

数学の試験は，記述式問題，特に証明問題で，他人との違いをはっきりさせ，差を付けよう．

SCHEMA

a を b で割った時
商……q，余り……r
であれば
$a=qb+r$

SCHEMA

和と差の積＝自乗の差，すなわち
$(x+y)(x-y)=x^2-y^2$

SCHEMA

結論を否定して矛盾を導く証明法を**背理法**という．

SCHEMA

素数 c が積 ab を割れば，c は a か b の少なくとも一方を割る．

A 基礎を かためる 演習

高校の数学Ⅰのカリキュラムですが，教職試験問題より精選しました．
解答を見る前に，右側のヒントを参考にして，自ら考えましょう．

1 $2x+3y \leqq 10$ を満す正の整数 (x, y) の組み合せはいくつあるか．
（福井県小学校・中学校・高校教員採用試験）

2 2進数 101101 と 1001 の積を2進数で表せ．　（東京都高校教員採用試験）

3 例の計算にならって空欄を埋めよ．

［例］

```
  1 5 4        2 3 5
+ 2 5 6        5 1 3
  4 4 3      + 4 6 2
             □□□□
```

（新潟県小学校教員採用試験）

4 $24 \times 3 = 132$ は何進法の計算か．　（東京都中学校教員採用試験）

5 43□6 は，4けたの6の倍数であるとすると，□の中の数字は何か．
（神奈川県・横浜市・川崎市中学校・高校教員採用試験）

6 1から200迄の自然数で，3で割り切れ4で割り切れない数は何個あるか．
（埼玉県中学校教員採用試験）

7 a を素因数分解すると，$a={}^{\alpha}q^{\beta}r^{\gamma}\cdots$ となり，a の約数の個数 $N(a)$ は $N(a)=(\alpha+1)(\beta+1)(\gamma+1)\cdots$ で表される．今，20個の約数をもつ最小の自然数を次の手順で求める：
① $a=p^{\alpha}$ の時　② $a=a^{\alpha}q^{\beta}$ の時　③ その他の時と ①, ② より20個の約数を持つ最小の自然数を求めよ．　（静岡県高校教員採用試験）

8 2つの正の整数 x, y に対して，最大公約数と最小公倍数の和が105で，$2x=3y$ の関係がある時，この x, y を求めよ．　（神戸市高校教員採用試験）

9 $99x+370y=37$ となる整数 x, y を2組求めよ．　（名古屋中学校教員採用試験）

10 集合 $\{1, 2, 3, 4, 5\}$ の内で次の ①～④ のすべての満足するものはどれか．
① 素数である．② 奇数である．③ 素数かつ奇数である．④ 素数か，又は，奇数である．　（神奈川県・横浜市・川崎市中学校・高校教員採用試験）

11 $\sqrt{48} \div 2\sqrt{3}$ を計算せよ．　（和歌山県中学校・高校教員採用試験）

12 $a=\sqrt{2}+\sqrt{3}$，$b=-2\sqrt{6}$ とすると，a^2+b はいくらになるか．
（名古屋市中学校教員採用試験）

13 $x=1-\sqrt{3}$ の時，x^5+2x^2+1 を求めよ．　（和歌山県中学校・高校教員採用試験）

14 $\sqrt{3}$ は無理数である事を証明せよ．　（岩手県高校教員採用試験）

15 a, b は共に有理数，$\sqrt{3}$ は無理数とする．この時，$a+b\sqrt{3}=0$ が成立するのは $a=b=0$ の時に限る事を証明せよ．　（福岡県高校教員採用試験）

16 $\sqrt{2}$ が無理数である事を知って，$\dfrac{3}{\sqrt{2}+1}$ が無理数である事を背理法を使って示せ．初めて背理法を学ぶ生徒にも判る様に説明せよ．
（岡山県中学校・高校教員採試用験）

《急所とヒント》

1 $2x \leqq 10$，$3y \leqq 10$ に注目し，後はメノコで行け！

2 2進法の九九を行うか，又は，10進法に変えて掛算をして，更に2進法に戻せ！

3 p 進法の足し算であれば，$6+4=10$ を p で割った余りが3である．

4 p 進法であれば，$3(2p+4)=p^2+3p+2$.

5 $4\times10^3+3\times10^2+\square\times10+6=6\times\triangle$.

6 3で割り切れ，しかも，4でも割り切れる数を考えよう．

7 $20=19+1=(1+1)(9+1)=(3+1)(4+1)=(1+1)(1+1)(4+1)$ に注目しましょう．

8 $2x=3y$ なので，2は3又は y を割るが，3を割らぬので y を割る．同様にして，3は x を割り $x=3p$，$y=2p$.

9 $99x=37(1-10y)$ で，37は素数なので，$1-10y$ は99の倍数．

10 1, 2, 3, 4, 5 の内で，条件①, ②, ③, ④ の全てを満すものを求めよ．

11 $48=3\times16$.

12 $(\sqrt{2}+\sqrt{3})^2=(\sqrt{2})^2+2\sqrt{2}\sqrt{3}+(\sqrt{3})^2$.

13 先ず x^2，次に x^4 を求めよ．

14 E-4 のエチュード．

15 背理法によれ！

16 分母を有理化せよ．

B 基礎を 活用する 演習

大学生諸君はこの様な共通1次テストクラスの問題より遠ざかって久しいので，就職試験の前に勘を取り戻す必要がある．

1. x を2進数表示した場合，右から3けたずつ区切り，夫々の和を $y_0, y_1, \cdots, y_m$ とする．

$$y = y_0 + y_1 + \cdots + y_m$$

が7で割り切れるならば，x も7で割り切れる事を示せ．

（東京都高校教員採用試験）

2. 100！の最後に0がいくつ並ぶか．（大阪府高校教員採用試験）

3. $\dfrac{1}{\sqrt{2}-1} - \dfrac{1}{\sqrt{2}+1}$ を簡単にせよ．

（埼玉県中学校教員採用試験）

4. x, y は共に実数で，$x<y$ を満している．次の(1),(2)を求めよ．

(1) x, y が共に有理数であれば，$x<r<y$ なる有理数 r が存在する．

(2) どの様な x に対しても，$x<n$ を満す自然数 n が存在すれば，$x<r<y$ なる有理数 r が存在する事を証明せよ．

（栃木県高校教員採用試験）

5. 群，環，体について述べてある次の命題の内，正しい命題はどれか：

(1) 整数全体は乗法に関して，逆元が存在しない．よって，加法，乗法について環を作らない．

(2) 整数全体は通常の加法，乗法，夫々に関して群を作る．

(3) 要素が実数，複素数の全ての正方行列全体は加法，乗法に関して環を作る．

(4) 整数全体は体をなす．

(5) 偶数全体は乗法に関して単位元が存在しないが，加法，乗法に関して環を作る．（国家公務員上級職数学専門試験）

6. 自然数mを法として，余りが r である様な整数の集合を A_r とする時，次の問に答えよ．

(1) A_r を集合の記号を用いて表せ．

(2) $A_i \cap A_j$ はどんな集合か．

(3) A_i の要素 p と A_j の要素 q について $p+q$ はどの様な集合の要素であるか．

（北海道・札幌市中学校教員採用試験）

1. $x = y_0 + 2^3 y_1 + \cdots + 2^{3m} y_m$ に次の公式を用いよ．

SCHEMA

$$a^m - 1 = (a-1)(a^{m-1} + a^{m-2} + \cdots + a + 1)$$

2. 1,2,3,4,5,6,7,8,9,10 を次々と掛けて行く時0が出来るのは，$2\times5=10$ と10自身の0の二個．

実際　10！=3628800

3. 分母を有理化せよ．

4. 任意の実数 $x<y$ に対して，$x<r<y$ を満す有理数 r が存在する事，すなわち，有理数全体の集合 Q が実数全体の集合の中で**稠密**である事の証明である．勿論その証明には，次の二つの公理を用いる：

[公理W] 空でない自然数の集合は最小元を持つ．

[アルキメデスの公理] 任意の正数 a, b に対して，$an>b$ を満す自然数 n が存在する．

5. 次の定義の知識を問うている．数の集合 S は

定義

群……加法，減法について閉じている時，加法に関して**群**をなすといい，乗法，除法について閉じている時，乗法に関して**群**をなすという．

環……加法，減法，乗法について閉じている時，**環**をなすという（除法はどうでもよい）．

体……環であって，0でない S の元での除法についても閉じている時，**体**をなすという．

一般に集合 S に何らかの方法で，加法や乗法が定義されている時にも，群，環，体を論じる事が出来る．例えば，同じ次数の正方行列の集合についてが，そうである．

6. 中学や高校の数学Ⅰのカリキュラムは次の様に大学風に味付けする事が出来る．

定義

整数 p が整数 m を**法**として，余りが r であるとは，商を q とする時

$$p = qm + r$$

が成立する事をいう．整数 s, t が m を**法**として合同であるとは，$p-q$ が m の倍数である事をいい，次の様に記す．

$$s \equiv t \pmod{m}$$

2 式

等式，方程式，不等式は中学から高1にかけてのカリキュラムであるが，大学卒業予定者に対する就職試験の課題でもある．高校生には大学への懸け橋として，大学生には就職試験の受験準備として，この章を書いた．

SUMMARY ― ▶ 右頁の EXAMPLE を読みながら，理解を深めよう．☞

① **等式**（恒等式）　アルファベットの文字

$$a, b, c, \cdots, x, y, z$$

は，数学の式では文字を表すが，この文字がどのような値を取っても成立する式を**等式**，または，**恒等式**という．例えば

$$(a+b)^2=a^2+2ab+b^2$$

等は，恒等式である．この時，文字 a, b は数として，どの様に変ってもよいので**変数**という．

② **方程式**　特別な数に対してしか成立しない式を**方程式**といい，その様な特別な数をその方程式の**根**(コン)と呼んだが，ネと発音する生徒が多くなったので**解**と呼ばれる様になった．方程式の中で，求めるべき数を表す文字を**未知数**という．例えば

$$2x+3=0$$

の様に，この未知数は通常，アルファベットの後半の文字 u, v, w, x, y, z で表され，未知数が一つの時は，文字 x を用いるのが常識である．それゆえ，ミスター・エックス等という表現は，漢字の某氏に対応する．

③ **連立方程式**　二つ以上の文字を含む，二つ以上の式の組を連立方程式という．その解とは，これらの式を**同時に**成立させる文字の組である．例えば，

$$\begin{cases} 2x+\ y=3 \\ x+2y=3 \end{cases}$$

の未知数の数は，x, y の2個，式の数も2個で，その解とは $x=1$，$y=1$ の組である．なお，一つの式しかない方程式を，強調したい時は，**単独**方程式という．

④ **不等式**　以上は式の左側である左辺と右側である右辺が等しいことを主張する式であったが，左辺と右辺の大小を論じる式を**不等式**という．もちろん $a>b$ は a が b より大きいことを $a<b$ は a が b より小さいことを意味する．不等式も上述の三通りに分類される．

$$(a+b)^2 \geqq 2ab$$

は，文字 a, b がどんな数の場合にも成立するが，不等式

$$2x+3>0$$

の解は $x>-\dfrac{3}{2}$ である．連立不等式の解は，通常，数平面や空間における領域であり，文字がその領域に属する時にのみ，連立不等式が成立することがいえればよい．

アテンション・プリーズ！

未知数でも，変数でもない数を表す文字を**定数**（テイスウ）という．昔は，常数(ジョウスウ)とも書き，定数も同様に呉音でジョウスウと発音したことがあるので，旧制中学校経験者に，ジョウスウと読む人が多い．さて，方程式

$$ax+b=0 \quad (a \neq 0)$$

において，a は0でない任意の数，b も任意の数を表すが，これらは何でもよいが，定った数，定数を表す．これに反して，文字 x の方は未知数を表し，結局，解 $x=-\dfrac{b}{a}$ を表す．この約束事の下では，全ての一次方程式をいっきょに議論したことになる．この様に，文字による抽象的な議論は，大変，能率的である．

さて，連立方程式

$$2x+y=3,\ x+2y=3,\ 3x+5y=9$$

は，最初の二式より $x=y=1$ でなければならぬが，これらは第三式を満さぬので，**解がない**．「解がない」と言う答が満点であって，「できません」は零点である．解答者以外にできる人がいる可能性があるからであり，その可能性を断つ，「解がない」が正解である．

これに対して，方程式

$$x^2=4$$

は $x=2$ および $x=-2$ が解である．これは，まとめて，$x=\pm 2$ と記される．解がある時に，解が**存在**するという．解があっても，一通りの時，**解の存在は一意的**であるという．解が唯一通り存在する時，解が**一意的に存在する**という．これらは，大学の講義で乱発されるから，高校時代より，免疫を付けておきましょう．

不等式 $(a+b)^2>2ab$ は $a\neq 0$ または $b\neq 0$ の時しか成立しないので，

$$(a+b)^2>2ab \quad (a^2+b^2\neq 0)$$

と付帯条件を明記せねばならぬ．

▶ 次の例題を解いてから，左頁の対応する事項をもう一度読み，再確認しよう．☜

EXAMPLE 1—① の恒等式の例題

多項式 x^4+1 を因数分解せよ．（東北大学大学院情報科学研究科入試）

解き方 自乗 $(x^2+1)^2$ を展開すると，x^4+2x^2+1 なので $2x^2$ を引き，自乗の差 $(x^2+1)^2-(\sqrt{2}x)^2$ に辿り着く．右上の呪文を唱え，**実数体での因数分解**は $x^4+1=(x^2+\sqrt{2}x+1)(x^2-\sqrt{2}x+1)$．二次方程式 $x^2\pm\sqrt{2}x+1=0$ を解き，剰余定理より，**複素数体での因数分解**は $x^4+1=\left(x-\frac{1+i}{\sqrt{2}}\right)\left(x-\frac{-1+i}{\sqrt{2}}\right)\left(x-\frac{-1-i}{\sqrt{2}}\right)\left(x-\frac{1-i}{\sqrt{2}}\right)$．

EXAMPLE 2—③ の連立方程式の例題

次の連立方程式を解け．

$$\begin{cases} x^2+y^2=25 \\ y=2x-5 \end{cases}$$

（関東電気工事理工学部卒就職試験）

解き方 第二式を第一式に代入し，$x^2+(2x-5)^2=25$．公式より，自乗を展開し，$x^2+(2x-5)^2=x^2+(2x)^2+2(2x)(-5)+(-5)^2=5x^2-20x+25=25$，$5x(x-4)=0$ より $x=0$，**または**，4．連立方程式の解は $x=0$，$y=-5$ と $x=4$，$y=3$ の2組であり，一意的ではない．

EXAMPLE 3—③ の連立方程式と ④ の不等式の融合問題

ある野球選手の昨日迄の打率は，小数第3位未満を四捨五入して求めると 0.381 であった．ところが今日の試合で，3打数に対して1安打であったので，打率は丁度 0.375 であった．この選手の現在迄の打数と安打数を求めよ．（京王帝都電鉄理工学部卒就職試験）

解き方 何はともあれ，現在迄の打数を x，安打数を y と，求められる順に，アルファベット順に、指示通りにおくと，一見，思想穏健でよろしい．さて，現在迄の打率 $\frac{y}{x}$ が丁度 0.375 なので，先ず $y=0.375x$ を得る．未知数の数だけの式を得ねばならぬので，別の条件に注目する．昨日迄の打数は $x-3$，安打数は $y-1$，したがって，打率 $\frac{y-1}{x-3}$．これを四捨五入すると 0.381 ということは，不等式

$$0.3805\leqq\frac{y-1}{x-3}<0.3815$$

すなわち，$0.3805(x-3)\leqq y-1<0.3815(x-3)$ が成立することを意味する．これに $y=0.375x$ を代入すると，$0.3805(x-3)\leqq 0.375x-1<0.3815(x-3)$．与えられた条件はこれら二つの式であり，先ず，第一式より，$(0.3805-0.375)x\leqq 3\times 0.3805-1$，すなわち，$0.0055x\leqq 0.1415$ より，$x\leqq\frac{0.1415}{0.0055}=25.7\cdots$ を得るが，x は自然数なので，$x\leqq 25$ でなければならぬ．第二式より $(0.3815-0.375)x>3\times 0.3815-1$，すなわち，$0.0065x>0.1445$ より，$x>\frac{0.1445}{0.0065}=22.2\cdots$ を得るが，x は自然数なので，$x\geqq 23$．$23\leqq x\leqq 25$ より，$x=23, 24$，または 25 であるが $y=0.375x$ が整数なのは $x=24$，$y=9$ の時のみ．

手筋

マイナスを含む因数分解の問題に対しては，何も考えず，条件反射の様に先ず，和と差の積は自乗の差を唱える．下手な考え，休むに似たり！ 仕事のない人は失業しますよ．

檄

大学卒業生に対する就職試験においても，一般教養としての数学の問題は，教職試験同様，高校のカリキュラムから出題されるので，高校生諸君は大学4年生を夢想しながら，逆に，大学生諸君は高校時代を追想しながら，数学を楽しみましょう．

業務命令

判らないものがあったら，$x, y, z, \cdots$ と置け！

SCHEMA

数 a が小数第 n 位未満を**四捨五入**して α であるとは，不等式

$$\alpha-\frac{5}{10^{n+1}}\leqq a<\alpha+\frac{5}{10^{n+1}}$$

が成立することをいう．

蛇足

例題3では験算しないと答が出ぬが，そうでない場合でも，方程式の問題では，時間に余裕があれば，験算することが，理論上は必要ないが，生活の知恵として，必要である．確認と点検を怠らないこと．

A 基礎を かためる 演習

中学，高校のカリキュラムであるが，大学卒業予定者の教職試験，就職試験問題より精選した．高校生諸君は自己の学力に自信を持とう．

1 x^4+4 を次の条件の下で因数分解せよ．(i) 整数の範囲 (ii) 複素数の範囲

（奈良県中学教員採用試験）

2 $1-\cfrac{1}{1-\cfrac{1}{1-\cfrac{1}{1-x}}}$

（京都府高校教員採用試験）

3 $ax^2+bx+c=0$ が，x についての恒等式であるための必要十分条件は，$a=0$，$b=0$，$c=0$ であることを証明せよ．

（高知県高校教員採用試験）

4 数学的帰納法を初めて学ぶ高校生によく判る様に，次式を数学的帰納法で証明せよ．

$1+2+3+\cdots+n=\dfrac{1}{2}n(n+1)$

（岡山県中学・高校教員採用試験）

5 $n\geqq 2$ なる自然数 n に対して，$1+\dfrac{1}{2^2}+\dfrac{1}{3^2}+\cdots+\dfrac{1}{n^2}<2-\dfrac{1}{n}$ となることを数学的帰納法を用いて証明せよ．

（高知県高校教員採用試験）

6 次の文の □ の中に適当な語を入れよ． $x>1$，$y>1$ であることは $x+y>2$ であるための □ 条件である．

（埼玉県高校教員採用試験）

7 a, b, c が互に異なる数の時

$$\frac{1}{(x-a)(x-b)(x-c)}=\frac{1}{(a-b)(a-c)(x-a)}+\frac{1}{(b-a)(b-c)(x-b)}+\frac{1}{(c-a)(c-b)(x-c)}.$$

（宮城県高校教員採用試験）

8 $x=1-\sqrt{3}$ の時，x^5+2x^2+1 の値を求めよ．

（和歌山県中学教員採用試験）

9 $y+\dfrac{1}{z}=z+\dfrac{1}{x}=1$ の時，xyz の値を求めよ．

（広島県高校教員採用試験）

10 方程式 $3x^2-2x-5=0$ を解け．

（鳥取県小学教員採用試験）

11 $\dfrac{x-b-c}{a}+\dfrac{x-c-a}{b}+\dfrac{x-a-b}{c}=3$ を解け．

（広島県高校教員採用試験）

12 不等式 $\dfrac{1}{x-1}\leqq\dfrac{2}{x+1}$ を解け．

（奈良県中学教員採用試験）

13 $f(x)=(x-a)(x-b)+(x-c)(x-d)$，$d<a<c<b$ の時，$f(x)=0$ が2実根を持つことを示せ．

（広島県高校教員採用試験）

14 次の連立方程式を解け．

$$\begin{cases}2x-y-z=3\\4x+2y-z=15\\4x+3y=18\end{cases}$$

（関東電気工事理工学部卒就職試験）

15 次の方程式の根 t のみを求めよ．

$x+y-z+2t=-8$
$2x+3y-2z+t=-2$
$4x+2y+3z=17$
$-3x+2y+4z+3t=1$

（シチズン時計理工学部卒就職試験）

《急所とヒント》

1 $x^4+4=x^4+4x^2+4-4x^2$

2 Slow but steady wins the lace. 右下より，次々と少しずつ計算せよ．

3 特別な x の値を代入して，解が $a=b=c=0$ となる様な連立方程式をデッチ上げよ．

4 帰納法では $n=1$ の時正しいことと，n の時正しいと仮定して $n+1$ の時正しいことを示せばよい．

5 蛇足であるが，$1+\dfrac{1}{2^2}+\cdots+\dfrac{1}{n^2}+\cdots=\dfrac{\pi^2}{6}=1.644\cdots$.

6 その条件の下で成立する時は十分条件，成立する時，その条件が成り立てば，必要条件．

7 方程式でなく，恒等式の問題である．

8 恒等式の問題でなく代入の問題である．

9 y, z を x で表し，xyz を x で表せば定数となる．

10 $3-5=-2$.

11 x を未知数と見よう．

12 分母の符号に注意．

13 $f(d)$，$f(a)$，$f(c)$，$f(b)$ の符号を調べよ．判別式>0.

14 高校生諸君は加減法を用いて，一つずつ変数を減す方法，大学生諸君は行列式を用いたクラメルの解法．

15 高校生諸君は t が残る様に消去法を，大学生諸君は，クラメルの方法を用いる．後者は二つの行列式の計算に帰着される．

B 基礎を 活用する 演習

高校生諸君！ 高校の教材を通じて，大学卒の就職試験問題を学び，大学への免疫を作り，五月病の予防注射をしましょう．

1. 次の不等式を解け．

$$\sqrt{x+1}>2x-1$$

（千葉県中学・高校教員採用試験）

2. 次の連立方程式を解け．

$$\begin{cases} x+y=12 \\ xy+\dfrac{1}{x}+\dfrac{1}{y}=8 \end{cases}$$

（群馬県中学教員採用試験）

3. $\begin{cases} 3x-y+2z=0 \\ 2x+3y-3z=-1 \\ 3x+y+3z=3 \end{cases}$

に適する x, y, z を行列式で表せ．

（茨城県中学・高校教員採用試験）

4. $\begin{vmatrix} a & a & a \\ a & b & b \\ a & b & c \end{vmatrix}$ の値は，次のどれに等しいか．

（国家公務員上級職化学専門試験）

5. 次の行列式の値を求めよ．

$$\begin{vmatrix} 1 & a & b+c \\ 1 & b & c+a \\ 1 & c & a+b \end{vmatrix}$$

（大日本インキ理工学部卒就職試験）

6. 次の行列式を因数分解せよ．

$$\begin{vmatrix} 1 & a & a^2 & a^3 \\ 1 & b & b^2 & b^3 \\ 1 & c & c^2 & c^3 \\ 1 & d & d^2 & d^3 \end{vmatrix}$$

（トヨタ自動車工業理工学部卒就職試験）

7. $\begin{cases} x+2z=a \\ 3y+z=0 \\ x-5y=b \\ x+y-z=0 \end{cases}$ が少なくとも一つ解が求まるための必要十分条件は $9a-10b=0$ であることを証明せよ．

（北海道大学大学院入試）

1. 自乗すれば，2次式の議論となるが，何か足りないものがある．よく考えましょう．

2. xy，$x+y$ を先ず求め，次に x, y の連立方程式を解きましょう．

3. クラメルの公式を書き下せば，試験の答案としては満点です．計算力養成のため，これら4個の行列式の計算をしましょう．その際

> **行列式の因数分解**
>
> 行列式のある第 i 行が $\alpha a_{i1}, \alpha a_{i2}, \cdots, \alpha a_{in}$ と全ての要素が α を含めば，この行列式の値は α 掛け $a_{i1}, a_{i2}, \cdots, a_{in}$ を i 行とする行列式に等しい．いいかえれば，α を行列式の外に出して因数分解できる．列についても同様である．

を用いると少し計算が楽になります．なお，中学や高校以来の消去法でも求めてみましょう．

4. 多肢選択欄は $a(c-b)(c-a)$，$a(b-c)(a-b)$，$a(a-b)(c-b)$，$a(a-c)(c-b)$，$a(a+b)(b-c)$ と与えてあるが，わざとまぎらわしくしてあるので，答が出る迄，見ない方がよい．2行−1行，3行−1行を実行せよ．

5. 2行−1行，3行−1行を実行せよ．次の

> **SCHEMA**
>
> 行列式のある行，または，列が，全て α なる因数を含む時は，α を行列式の外に繰り出して因数分解することができる．

を用いてもよい．有名なバンデルモンドの行列式．

6. 2行，3行，4行から1行を引き，先ず3次の行列式にせよ．更に上の schema を駆使して，次々に因数分解せよ．

7. 未知数は x, y, z の3個なのに，式の数は4個なので，一般には，式の数＞未知数の数であり，解は存在しない．解が存在するための必要十分条件を消去法によって求めよう．蛇足ながら，出題者の真意は，拡大係数行列と係数行列の階数が等しい条件を求めるという線形代数的アクセスであるが，入試問題は解けることが必要十分である．

関数

3

解析学の主要な対象は関数である．高校の数Ⅱや基礎解析，微積分の教材を素材としながら，やはり大学卒業予定者の登用試験問題より精選した．

SUMMARY — ▶ 右頁の EXAMPLE を読みながら，自分のものとしよう．

① **関数** 数 x に対して，数 y が何らかの方法で定められる時，x に対して，y を対応する仕組を**関数**という．この時，x はある範囲を動くのであって，その範囲をこの関数の**定義域**といい，x を**独立変数**という．y は x に依存するので，**従属変数**と呼ばれる．x に対する関数の**値** y は x によって定まるので，$f(x)$ と記し，$f(x)$ を**関数**と呼ぶ．通常は，$f(x)$ は x の式として具体的に与えられる事が多い．

② n を自然数，$a_0, a_1, \cdots, a_n$ を定数とする時，x に対する値 $f(x)$ が

$$f(x)=a_0x^n+a_1x^{n-1}+\cdots+a_{n-1}x+a_n$$

で与えられる関数 $f(x)$ を $\boldsymbol{n}$ **次関数**という．

③ p を整数とする．数 $x \geqq 0$ に対して，$y^p=x$ を満す数 y を x の $\boldsymbol{p}$ **乗根**といい $\sqrt[p]{x}$ と書く．x に対する値 $f(x)$ が

$$f(x)=\sqrt[p]{x}$$

で与えられる関数 $f(x)$ を**ベキ根関数**という．p が奇数の時は x が負の場合でも定義できる．

④ a を正の定数とする．関数 $f(x)$ を，x が有理数 $\dfrac{q}{p}$ である時は $a^x=\sqrt[p]{a^q}$ であって，しかも連続である様に定義することができる．この関数

$$f(x)=a^x$$

を**指数関数**という．

⑤ 関数 $f(x)$ が与えられている時，数 x に対して，$f(y)=x$ が成立する様に数 y が対応できる時，数 x に対する値が y である様な関数を関数 $f(x)$ の**逆関数**と呼び，$f^{-1}(x)$ と記し，f のマイナス1乗ではないので，f のインバースと読む．

⑥ 関数 $f(x)$ に対して，定義域 I に属するある a に対する f の値 $f(a)$ が，どの様な x の値よりも小さくなることがない時，すなわち，全ての数 x に対して，

$$f(x) \leqq f(a)$$

が成立する時，$f(a)$ を関数 f の**最大値**と呼び $\max_{x \in I} f(x)$ と記す．ある a に対する値が，全ての x に対して

$$f(x) \geqq f(a)$$

を満す時，$f(a)$ を関数 f の**最小値**と呼び，$\min_{x \in I} f(x)$ と記す．

建前と本音

関数 f とは x に対して値 $f(x)$ を定める仕掛けである．**関数は**米語で function，独語で Funktion，仏語で fonction といい，全てルーツを同じくするラテン系の言語であるが，辞書を索いて，その本来の意味を探られたい．それゆえ，関数 f と数 x に対する値 $f(x)$ とは，別の概念であるが，混同されることが多い．しかし，**形式主義者はこの混同を嫌うので，教職試験の受験生は留意されたい．**本書では，教条主義的立場は取らない．

注意

関数 f は定義域 I と，I に属する数 x に対して値 $f(x)$ を定める仕組みとの，総合概念である．したがって，厳密に述べる際は，常に，その定義域を明示しなければならない．

注意

連続関数という術語を用いたがその定義は，後の極限の所で与えることにするので，今の所，そのグラフが連がっている関数と理解すれば，十分である．

注意

a^x が連続である様に，無理数に対しても，**指数関数**の値を定義できることを厳密に示すには，9章の実数の連続性公理の公理Ⅲ等を用いねばならない．

▶ 左頁の SUMMARY の対応する事項に具体的に対処し，自己のものとしよう．

EXAMPLE 1—① の関数の例題

fは自然数全体の集合 $\boldsymbol{R}$ から $\boldsymbol{R}$ への写像で，任意の $x, y\in\boldsymbol{R}$ に対して $f(x+y)=f(x)+f(y)$ を満たし，さらに $f(1)=1$ とする．fがある点 $a\in\boldsymbol{R}$ で連続であれば，任意のxに対して $f(x)=x$ であることを示せ．（奈良女子大学大学院人間文化研究科入試）

解き方 $f(0)=f(0)+f(0)$ より $f(0)=0$．任意 $x\in\boldsymbol{R}$ に対し，$0=f(0)=f(x+(-x))=f(x)+f(-x)$ より $f(-x)=-f(x)$．任意の実数 $x\in\boldsymbol{R}$ と自然数nに対して，帰納法の仮定 $f(nx)=nf(x)$ の下，$f((n+1)x)=f(nx)+f(x)=(n+1)f(x)$ で，$n+1$ の時も成立．数学的帰納法で $f(nx)=nf(x)$ が成立．自然数nに対して，$f(1)=1$ より，$f(n)=n$．任意の自然数pと整数qに対して $pf\left(\frac{q}{p}\right)=f\left(p\frac{q}{p}\right)=f(q)=q$，$f\left(\frac{q}{p}\right)=\frac{q}{p}$．点$a$で$f$が連続なら，$x$が有理数値を取りながら $\to a$ の時，$x=f(x)\to f(a)$ であるから，$f(a)=a$．$f(x-a)=f(x)-f(a)$ より，任意の点xでも連続であるから，$f(x)=x$．

注意

二つの集合 A, B が与えられていて，A の任意の元xに対して，B の元yが対応する時，y はxに依存するので，$y=f(x)$ と書き，この対応の仕組を A から B への**写像**といい，$f: A\to B$ と記す，A を**定義域**，B を**値域**という．B が実数の集合の時，すなわち，値が数の時，fを**関数**と呼ぶが，写像そのものを関数と呼ぶ人も多い．

EXAMPLE 2—④ の指数関数と ⑤ の逆関数の例題

$y=\log(x+\sqrt{x^2+1})$ の逆関数は次の内どれか．

（国家公務員上級職物理専門試験）

解き方 逆関数はxとyの役割を入れ換えればよいので，$x=\log(y+\sqrt{y^2+1})$．多肢選択欄を省略したが，ここにはeが現れているので，この場合は自然対数であって，$y+\sqrt{y^2+1}=e^x$．移項し，両辺を自乗して $\sqrt{y^2+1}=e^x-y$，$y^2+1=e^{2x}-2e^xy+y^2$，$1=e^{2x}-2e^xy$，$y=\frac{e^{2x}-1}{2e^x}$ より，$y=\frac{e^x-e^{-x}}{2}$．

SCHEMA

a を正の定数とする時，正数xに対して，$a^y=x$ を満すyをaを**底**とするxの**対数**と呼び $\log_a x$ と記す．10を底とする対数を**常用対数**，ある超越数 $e=2.71828\cdots$ を底とする対数を**自然対数**と呼び，底を略することが多い．

EXAMPLE 3—⑥ の最大，最小値の例題

$-1\leqq x<4$ における2次関数 $y=x^2-5x+4$ の最大値，最小値を求めよ．

（青森県小学教員採用試験）

解き方 2次関数は完全平方の形にするのが手筋であって，

$$y=x^2-5x+4=x^2-2\times\frac{5}{2}x+\left(\frac{5}{2}\right)^2+4-\left(\frac{5}{2}\right)^2=\left(x-\frac{5}{2}\right)^2-\frac{9}{4}$$

において，平方式が零になる $x=\frac{5}{2}$ の時最小値 $-\frac{9}{4}$ を取るが，この $x=\frac{5}{2}=2.5$ は人為的な定義域 $-1\leqq x<4$ に含まれることを確認し，最小値$=-\frac{9}{4}$．次に，最大値を考えよう．$x-\frac{5}{2}$ の絶対値が大きければ大きい程，y の値は大きくなる．$-1\leqq x<4$ の時，$-\frac{7}{2}\leqq x-\frac{5}{2}<\frac{3}{2}$ なので，$x=-1$ の時，$\left|x-\frac{5}{2}\right|$ は最大値 $\frac{7}{2}$ を取る．したがって，2次関数 y は $x=-1$ で最大値 $y=\frac{49}{4}-\frac{9}{4}=10$ を取る．

SCHEMA

$$\cosh x=\mathrm{ch}\,x=\frac{e^x+e^{-x}}{2}$$

$$\sinh x=\mathrm{sh}\,x=\frac{e^x-e^{-x}}{2}$$

を，それぞれ，**双曲余弦，双曲正弦**関数と呼び，工学書でよく用いる．逆関数である**逆双曲余弦，逆双曲正弦**関数は次の公式で与えられる．

$$\mathrm{ch}^{-1}x=\log(x+\sqrt{x^2-1})$$

$$\mathrm{sh}^{-1}x=\log(x+\sqrt{x^2+1})$$

A 基礎を かためる 演習

高数のカリキュラムなので，高校生諸君は大学入試の準備と大学卒業時の就職試験の準備の一石二鳥を狙おう．

1 $f(x)=x+2$，$g(x)=2x-1$，$h(x)=-3x^2$ とする時，合成写像 $h\circ(g\circ f)$ を求めよ．
（大分県中学・高校教員採用試験）

2 $f(x)=2x+1$，$g(x)=2(2x-1)$ とする時，　㋐ $f(h(x))=g(x)$ となる $h(x)$　㋑ $k(g(x))=f(x)$ となる $k(x)$ を求めよ．
（京都府高校教員採用試験）

3 $a\neq 0, b, p\neq 0, q$ を定数とする時、$f(x)=ax+b$，$g(x)=px+q$ とする．
(i) $g\circ h=f$，(ii) $k\circ f=g$ となる様な関数 $h(x)$ と $k(x)$ を求めよ．
（神奈川県・横浜市・川崎市中学・高校教員採用試験）

4 写像 f, g を次の様に定義する：$f: x\to 2x+1$，$g: x\to \log_2(x+1)$．この時，f, g の合成写像を $g\circ f(x)$ とする時，次の a, b を求めよ．ただし，g^{-1} は g の逆写像とする．(1) $g\circ f(3)=a$，(2) $f\circ g^{-1}(b)=3$．
（奈良県中学教員採用試験）

5 $5a>b$，$\log_a b>\log_b a^3-2$（a, b は整数）の時，a, b の関係を求めよ．
（広島高校教員採用試験）

6 $\log_{10}x+\log_{10}y=2$ の時，$\dfrac{1}{x}+\dfrac{1}{y}$ の最小値を求めよ．
（神奈川県・横浜市・川崎市中学教員採用試験）

7 $(x+a)-(x^2-2)$ の最大値の絶対値が最小となる様に a を定めよ．
（埼玉県中学教員採用試験）

8 関数 $f_1=x$，$f_2=\dfrac{1}{x}$，$f_3=1-x$，$f_4=\dfrac{1}{1-x}$，$f_5=\dfrac{x}{x-1}$，$f_6=\dfrac{x-1}{x}$ を集合 G とし，操作 $\circ$ を考える．表

$\circ$	f_1	f_2	f_3	f_4	f_5	f_6
f_1						
f_2						
f_3						
f_4						
f_5						
f_6						

を埋めよ（ただし，上の表において $f_2\circ f_4$ は $f_2(f_4(x))$）なる合成関数を表すものとする．更に G が群をなすかを調べよ．
（大阪府中学・高校教員採用試験）

《急所とヒント》

1 先ず，$g\circ f$，次に，$h\circ(g\circ f)$ を求めよ．

2 $f(h(x))=g(x)$ より $h(x)=f^{-1}(g(x))$，$k(g(x))=f(x)$ の x に $g^{-1}(x)$ を代入すれば，$g(g^{-1}(x))=x$ なので，$k(x)=f(g^{-1}(x))$．

3 $g\circ h=f$ より $h=g^{-1}\circ f$，$k\circ f=g$ より $k=g\circ f^{-1}$．

4 先ず，$f: x\to 2x+1$，$g: x\to$ $\log_2(x+1)$ とは $f(x)=2x+1$，$g(x)=\log_2(x+1)$ のことである．次に，$f\circ g^{-1}(b)=3$ より，$g^{-1}(b)=f^{-1}(3)$，$b=g\circ f^{-1}(3)$．

5

SCHEMA

$$\log_a b=\frac{\log_c b}{\log_c a}$$

を利用し，$\log a$，$\log b$ に関する不等式を導け．

6

SCHEMA

$$\log_c ab=\log_c a+\log_c b$$

を利用し

定石

$$f=\frac{a}{x}+bx$$

の時，$bx^2-fx+a=0$
の判別式$=f^2-4ab\geqq 0$

7 先ず x，次に a を変数と見よ．

8 群の定義は 1 章の B-5 の解説を見よ．

B 基礎を 活用する 演習

高校生諸君が本書を副読本として数学を楽しみながら大学入試の準備も兼ねれば，大学入学後の数学での留年は起り得ない．

1. 関数 $y=(x-1)^2$ が $\{x \mid x>1\}$ で定義されている．逆関数を求め，定義域を示せ．（群馬県中学教員採用試験）

2. $a*b=(a\times a)+(b+b)$ とする時，次の値を求めよ．
(1) $8*x=100$ の時の x の値，(2) $(2*1)*3$
（千葉県高校教員採用試験）

3. 6個の変換 $f_i(i=1,2,\cdots,6)$ は，$f_1(x)=x$，$f_2(x)=1-x$，$f_3(x)=\dfrac{1}{x}$，$f_4(x)=\dfrac{1}{1-x}$，$f_5(x)=\dfrac{x-1}{x}$，$f_6(x)=\dfrac{x}{x-1}$ で定義するものとすると，これらは，変換の合成に関して群を作り，それらは3次対称群 S_3 と同型であることを示せ．
（東京女子大学大学院入試）

4. $f(x+y)=f(x)+f(y)$ を満す $f(x)$ がある．
(1) $f(x)$ が奇関数であることを示せ．(2) 任意の自然数 m,n に対して，$f(mx)=mf(x)$，$f\left(\dfrac{x}{n}\right)=\dfrac{f(x)}{n}$ であることを示せ．（神奈川県・横浜市・川崎市中学・高校教員採用試験）

5. 有理数体 $\boldsymbol{Q}$ から $\boldsymbol{Q}$ への写像 f が $\forall a,b\in\boldsymbol{Q}$ に対して，$f(a+b)=f(a)+f(b)$，$f(ab)=f(a)f(b)$，$f(1)=1$ を満せば，f は恒等写像であることを示せ．（北海道大学大学院入試）

6. $f(x+y)=f(x)f(y)$，$f(x)\neq 0$，x,y は実数とする時，$f(0)=1$，$f(-x)=\dfrac{1}{f(x)}$，$f(x-y)=\dfrac{f(x)}{f(y)}$ を示し，具体例を一つ書け．（京都府高校教員採用試験）

7. $|a|+|b|=1$ の時，$\dfrac{1}{|a|}+\dfrac{1}{|b|}=k$ の値が最小となる k の値は □ であり，$k=\dfrac{9}{2}$ となる実数の組は□組ある．
（佐賀県高校教員採用試験）

8. 閉区間 I で連続な関数は**一様連続**であり，任意に与えられた正数 ε に対して正数 δ が存在し，$|a-b|<\delta$ を満足する様な全ての $a,b\in I$ に対して，$|f(a)-f(b)|<\varepsilon$ である．関数 $f(x)=x^2$ を閉区間 $[-1,2]$ において考える時，$\varepsilon=\dfrac{1}{10}$ に対する上記 δ の条件を満す最大のものは次のどれか．$\dfrac{1}{10}$，$\dfrac{1}{25}$，$\dfrac{1}{50}$，$\dfrac{1}{75}$，$\dfrac{1}{100}$．
（国家公務員上級職数学専門試験）

1.

SCHEMA

> 写像 $f:A\to B$ において，$f(A)=\{f(x);x\in A\}$ を像という．$y=f(x)$ が逆写像 f^{-1} を持てば f の像が f^{-1} の定義域であり，$x=f(y)$ を y について解いたものが，$y=f^{-1}(x)$ である．

に従えばよい．

2. 妄想を懐かず，定義に忠実に従うこと．

3. 前半は A-8 を復習せよ．1,2,3 という3個の数字の並べ方を変えたもの（変えなくてもよいが），を i_1,i_2,i_3 とする時，$\sigma(1)=i_1$，$\sigma(2)=i_2$，$\sigma(3)=i_3$ は写像 $\sigma:\{1,2,3\}\to\{1,2,3\}$ とみなせる．並べ方は全部で，$(1,2,3)$，$(1,3,2)$，$(2,1,3)$，$(2,3,1)$，$(3,1,2)$，$(3,2,1)$ の6個ある．この6個の並べ方に対応する写像全体の集合を S_3 と書き，**3次対称群**と呼ぶ．後半は $\{f_1,f_2,f_3,f_4,f_5,f_6\}$ と S_3 の間に一対一の対応があり，しかも，この対応が写像の合成の演算を保つことを示せばよい．A-8 と B-3 の違いが高校と大学の数学の違いであるので，この問題を学ぶことにより，大学数学へと急速に近づくことができる．

4. 先ず $x=y=0$ を代入し，$f(0)$ を求め，次に $y=-x$ を代入せよ．更に数学的帰納法を用いよ．

5. 有理数は整数と自然数の商で表されるので，前問に帰着される．

6. 先ず，$x=y=0$ を代入し，$f(0)$ を求め，次に $x=-x$ を代入せよ，というと，*4* と同じである．更に $y=-x$ を代入せよ．

4，*5*，*6* に現れる式を**関数方程式**という．関数方程式を議論するということは，その方程式を満す関数の性質をこの様に調べ，あわよくば，関数を決定すること，すなわち，解を求めることをいう．

7. $|b|=1-|a|$ を代入し，2次式の議論に持込め．

8. $|f(a)-f(b)|=|a^2-b^2|=|a-b||a+b|$ をよく眺めよ．

4 微分

平均変化率の極限としての微分は積分と並んで，解析学の最も重要な概念の一つである．やはり，高校の数Ⅱや基礎解析，微分・積分のカリキュラムを大学卒の就職試験問題を通じて学ぶ．

SUMMARY —

▶ 右頁を読み，高校生諸君は新知識を深め大学生諸君は旧知識を確めよう．☞

① **平均変化率**　関数 $f(x)$ の $x=a$ から $x=b$ 迄の平均変化率は

$$\frac{f(b)-f(a)}{b-a}$$

で与えられる．時とともに移動する物があり，その時の時刻 x における位置を $f(x)$ とする時，$x=a$ から $x=b$ 迄の**平均変化率**は丁度**平均速度**にあたる．

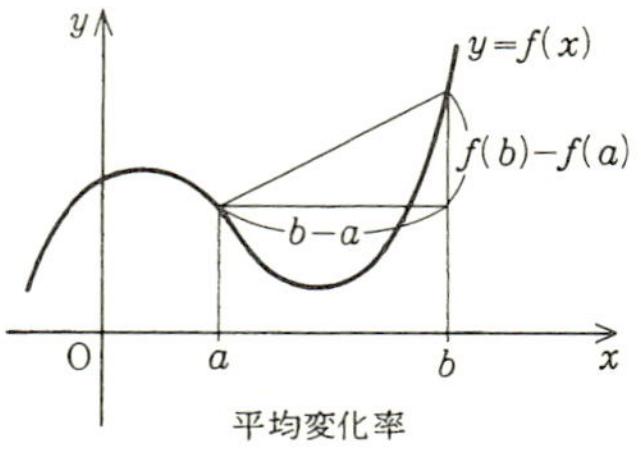

平均変化率

② **微分係数**　関数 $f(x)$ を点 $x=a$ の極く近くで考察しよう．$h>0$，または，$h<0$ の時，関数 $f(x)$ の $x=a$ から $x=a+h$，または，$x=a+h$ から，$x=a$ 迄の平均変化率は

$$\frac{f(a+h)-f(a)}{h}$$

である．h を0に近づけると，上の平均変化率がある一定の値にどれだけでも近づく時，その一定の値を $f'(a)$ と書き，点 a における関数 $f(x)$ の**微係数**という．この状態を

$$f'(a)=\lim_{h\to 0}\frac{f(a+h)-f(a)}{h}$$

と書く．lim は limit の略で，**極限**を表す．

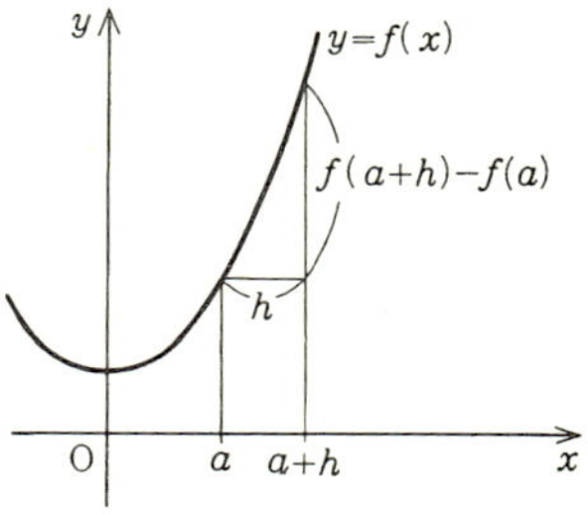

③ **導関数**　関数 $f(x)$ の点 x における微分係数 $f'(x)$ は x の関数である．これを関数 $f(x)$ の**導関数**と呼び，$\dfrac{d}{dx}f(x)$ や $\dfrac{df}{dx}$ 等と記す．したがって

$$\frac{d}{dx}f(x)=f'(x)=\lim_{h\to 0}\frac{f(x+h)-f(x)}{h}$$

は定義式である．導関数を求めることを**微分する**という．

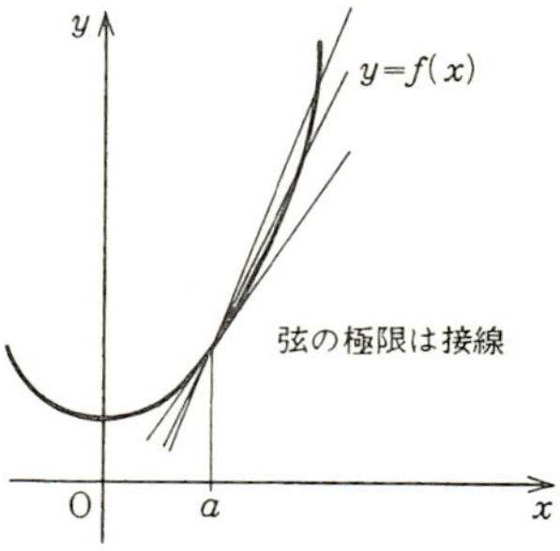

④ **接線の方程式**　関数 $y=f(x)$ を点 $x=a$ の極く近くで考察しよう．$h\neq 0$ の時，そのグラフの上の二点 $(a, f(a))$，$(a+h, f(a+h))$ を通る直線の方程式，すなわち，曲線 $y=f(x)$ の弦の方程式は

$$y-f(a)=\frac{f(a+h)-f(a)}{h}(x-a)$$

である．h を0に近づけると弦は曲線の点 $(a, f(a))$ における接線にどんなにでも近づくから

$$y-f(a)=f'(a)(x-a)$$

は接線の方程式を与える．したがって，微分係数 $f'(a)$ は**接線の傾き**を与える．

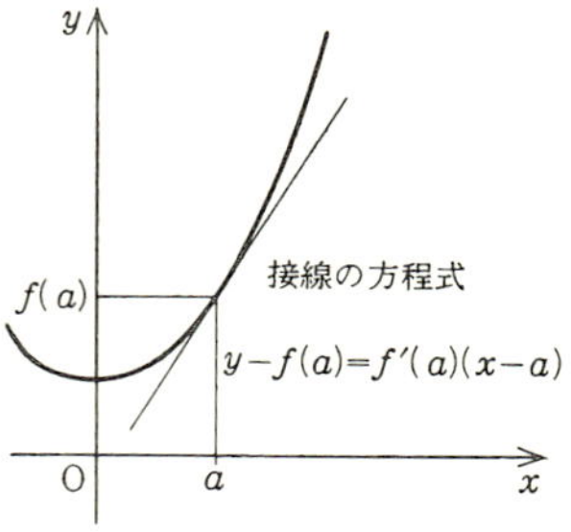

▶ 次の例題を解いて，高校の微積分の知識を再確認しよう．

EXAMPLE 1―③ の微分法の例題

関数 $y=x^2(2x+3)(3x+5)$ を微分せよ．

（日本発条理工学部卒就職試験）

解き方 定跡を知らねば，将棋は強くならぬ．公式を知らねば，微分はできないので，先ず，公式を導こう．n が自然数の時，n 次関数 $f(x)=x^n$ の微分は，定義に従って，$f(x+h)-f(x)=(x+h)^n-x^n$ を作る際，右上の二項定理を用いて，$f(x+h)-f(x)=x^n+nx^{n-1}h+\dfrac{n(n-1)}{2}x^{n-2}h^2+\cdots+h^n$ なので，差分商

$$\frac{f(x+h)-f(x)}{h}=nx^{n-1}+\frac{n(n-1)}{2}x^{n-2}h^2+\cdots+h^{n-1}$$

の右辺の第2項以下はhを含むので，$h\to 0$ の時，すなわち，h を0に近づける時，右辺は第1項の nx^{n-1} に近づき，公式 $\dfrac{d}{dx}x^n=nx^{n-1}$ を得る．この公式は n が自然数でなくても成立する．本問は先ず展開して，更に，右の和の微分の公式を用いれば，条件反射の様に解ける．

$$\frac{d}{dx}x^2(2x+3)(3x+5)=\frac{d}{dx}(6x^4+19x^3+15x^2)$$
$$=6\cdot 4x^3+19\cdot 3x^2+15\cdot 2x=24x^3+57x^2+30x.$$

二項定理

$$(x+h)^n=x^n+nx^{n-1}h+$$
$$+\frac{n(n-1)}{1\cdot 2}x^{n-2}h^2+\cdots$$
$$+\frac{n(n-1)\cdots(n-k+1)}{1\cdot 2\cdots k}x^{n-k}h^k$$
$$+\cdots+h^n$$

SCHEMA

$$\frac{d}{dx}x^n=nx^{n-1}$$

SCHEMA

$$\frac{d}{dx}(u\pm v)=\frac{d}{dx}u\pm\frac{d}{dx}v$$

EXAMPLE 2―③ の微分法の例題

$f(x)=ax^3+3bx^2+3cx+1$ が $x=1$ において極大値をとり，$x=2$ において極小値をとり，かつその極小値が極大値より1だけ小さいとき，$a,\ b,\ c$ の値を求めよ．（九州大学大学院物質理工学専攻入試）

解き方 右上の公式で微分して，$f'(x)=3ax^2+6bx+3c$．$x=1,\ 2$ で極値を取る $f(x)$ の導関数は $x=1, 2$ を零点に持ち，$(x-1)(x-2)=x^2-3x+2$ を因数に持ち，2次の係数は $3a$ であるから，$f'(x)=3a(x^2-3x+2)$．従って，$6b=-9a$，$3c=6a$ であり，$f(x)=a\left(x^3-\dfrac{9}{2}x^2+6x+1\right)$．極大値 $f(1)=\dfrac{7}{2}a$ と極小値 $f(2)=3a$ の差 $\dfrac{a}{2}=1$ より，

答 $a=2$，$b=-3$，$c=4$．

EXAMPLE 3―③ の導関数の例題

(3) $I=(-1,1)$，$f_n(x)=\sqrt{x^2+\dfrac{1}{n^2}}$ としたとき，$\lim\limits_{n\to\infty}f_n(x)$ 及び $\lim\limits_{n\to\infty}f_n'(x)$ を求めよ．また，$\{f_n(x)\}_{n\geqq 1}$ 及び関数列 $\{f_n'(x)\}_{n\geqq 1}$ は I 上一様収束するかどうか調べよ．（奈良女子大学大学院人間文化研究科入試）

解き方 (1)で一様収束の定義を求め，(2)で連続関数列の一様収束極限の連続性の証明を求めているが，姉妹書「改訂：新修解析学」の159頁を見られよ．平方根とは1/2乗であり，右中微分の公式はnが1/2の時も妥当し，f_nはuの1/2乗，そのuはxの二次関数であるから，やはり，$n=2$の時の右中微分の公式が適用出来，更に，右下の**合成関数の微分法**の公式より，

$$z=f_n=y^{\frac{1}{2}},\ y=x^2+\frac{1}{n^2},\ \text{導関数列}\ \frac{df_n}{dx}=\frac{df_n}{dy}\frac{dy}{dx}=\frac{1}{2}y^{\frac{1}{2}-1}(2x)=\frac{x}{\sqrt{x^2+\frac{1}{n^2}}}$$

の $n\to\infty$ での極限は，$x<0$ の時 -1，$x=0$ の時は0，$x>0$ の時1であり，点 $x=0$ で連続でないので，省いた上記定理(2)より，収束は一様でない．

公式の解説

z が y の関数で，その y が x の関数であれば，合成関数 z の x に関する微分は

$$\frac{dz}{dx}=\frac{dz}{dy}\frac{dy}{dx}$$

で与えられ，この公式は右辺の dy を約分すると左辺が得られると理解すれば，暗記の必要がない．

A 基礎を かためる 演習

高校生諸君は本章を通じて，大学卒の就職試験問題を介して大学入試級の数学を学び，併せて大学入学後の展望を持とう．

1 次の関数を微分しなさい．(1) x^3+2x^2-3x-4，(2) $2x+3\sqrt{x}$，(3) $(2x-3)(5x+2)$，(4) $x-\dfrac{1}{x^2}$　（播磨耐火煉瓦理工学部卒就職試験）

2 次の関数を微分せよ．(1) $(2x-1)^3$，(2) $x\sqrt{x}$　（タツタ電線工学部卒就職試験）

3 次の式を微分せよ．(1) $(3x-7)^5$，(2) $(2x^2+3x-4)^3$，(3) $\sqrt[4]{x^3}$

(4) $\dfrac{2x^2-3}{x^3+2}$　（千葉県中学教員採用試験）

4 1辺の長さ a なる正方形ABCDの頂点AとCD上の点Pを通る直線が，BCの延長と交る点をQとする．Pが一定の速さ v でCからDの方向に動く時，PがCDの中点を通過する瞬間におけるQの速さを求めよ（次図参照）．　（豊和工業理工学部卒就職試験）

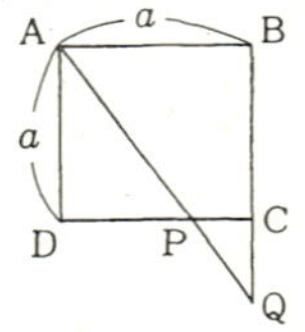

5 円の面積が毎秒1 m^2 の割合で増加しつつある時，半径が1mになった時の半径の増加速度を求めよ．　（大阪府中学教員採用試験）

6 半径100cm，深さ10cmの円錐状の沪過器に毎分200 cm^3 の水を入れ，毎分100 cm^3 づつ沪過して，最低部より放出する時，水の深さが沪過器の深さの $\dfrac{2}{3}$ に達した所での水平の上昇割合は毎分どれだけか．ただし，高さ h，底面の半径 r の円錐の体積は $\dfrac{1}{3}\pi r^2h$ である．　（本州光学理工学部卒就職試験）

7 円 $x^2+y^2=25$ 上の点 $(3, 4)$ における接線の方程式（　）x＋（　）y＝（　）　（日本楽器理工学部卒就職試験）

8 $f(x)=x^3-3x^2-9x$ $(-4\leqq x\leqq 4)$ の時，$f(x)$ の最大値，最小値を求めよ．　（千葉県中学教員採用試験）

9 $y=\sqrt[3]{x^2}$ の極値を求めよ．　（千葉県高校教員採用試験）

10 $f(x)=\dfrac{4x-3}{x^2+1}$ の極値およびその時の x の値を求めよ．　（千葉県中学教員採用試験）

11 $y=\sqrt{2x^2+x^3}$ の極値を求めよ．　（高知県高校教員採用試験）

《急所とヒント》

1 展開して公式 $\dfrac{d}{dx}x^a=ax^{a-1}$ を用いよ．

2 同じく $\dfrac{d}{dx}x^a=ax^{a-1}$．

3 合成関数の微分法と商の微分の公式

$$\frac{d}{dx}\left(\frac{u}{v}\right)=\frac{\dfrac{du}{dx}v-u\dfrac{dv}{dx}}{v^2}$$

を用いよ．

4 ニュートン以来の力学の手筋

SCHEMA

$\dfrac{d}{d\text{時刻}}$ 変位＝**速度**

を用いよ．

5 半径の増加速度は半径の時刻に関する微分である．合成関数の微分法を用いると，計算が速い．

6 体積や水深増加速度は時刻に関する微分．

7 x^2+y^2 を x の関数 y との合成関数として微分せよ．

8, 9, 10, 11 $f'(x)>0$ であれば，接線の傾きが正なので，関数は増加状態に，$f'(x)<0$ ならば減少状態にある．したがって，$f'(x)=0$ の解を大きさの順に並べて，$f(x)$ の増減表を作成すればよい．

B　基礎を 活用する 演習

高校の微積分のカリキュラムを数学教員採用試験を通じて学び，大学卒業時の準備を高校時代に行い，将来の布石としよう．

1. 地上 30 m の地点で 真上に 25 m/s で投げた物体の 地上からの距離を S とすると，$S=30+25t-5t^2$ で与えられるとする．(1) この物体が地上に落ちる時の速度はいくらか．(2) 最高点の高さは何 m か．　　（大阪府中学教員採用試験）

2. だ円 $\dfrac{x^2}{a^2}+\dfrac{y^2}{b^2}=1$ $(a>0, b>0)$ において接線と x 軸，y 軸とでできる三角形の面積の最小値を求めよ．

（京都府高校教員採用試験）

3. 右図に示す曲線 $x=a\cos^3\theta$，$y=a\sin^3\theta$ $(a>0, 0\leqq\theta\leqq 2\pi)$ について以下の問いに答えよ．

(1) $x=a\cos^3\theta$，$y=a\sin^3\theta$ から θ を消去した式を求めよ．

(2) 曲線上にあって座標軸上にない点における接線が，x 軸および y 軸で切り取られる部分の長さは一定であることを示せ．

（九州大学大学院物質科学工学専攻機能物質化学系入試）

4. $y=\dfrac{x^2-3x}{x^2+3}$ の極大，極小値を求めて，グラフを画け．

（住江織物，理工学部卒就職試験）

5. $x^3-3x-a=0$ の実根の個数を調べよ．

（千葉・埼玉県中学，千葉・広島県高校教員採用試験）

6. $f(x)=ax^3+bx^2+cx$ の極値の存在条件を求めよ．

（兵庫県高校教員採用試験）

7. 実数 x に対して，$x^4+4p^3x+1>0$ となる様に p の値の範囲を求めよ．　　（神奈川県高校教員採用試験）

8. $\displaystyle\lim_{x\to a}\frac{x^2f(a)-a^2f(x)}{x-a}$ を $f(a)$ および $f'(a)$ で表せ．

（東京都高校教員採用試験）

9. $y=\dfrac{f(x)}{x}$ が $a(\neq 0)$ で極大，または，極小となる時，$y=f(x)$ の $x=a$ における接線は原点を通るかどうかを調べよ．　　（富山県中学・高校教員採用試験）

1. くどくなるが

速度＝距離の時間での微分．

S の最大値が最高点である．

2.

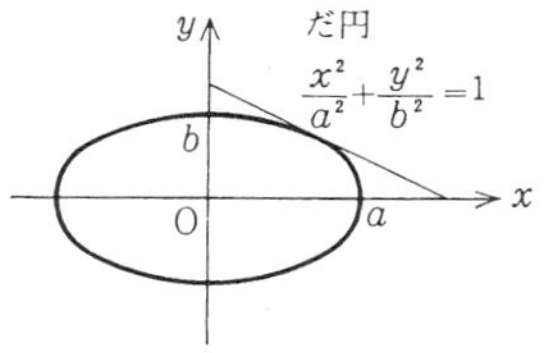

3.

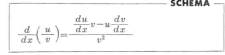

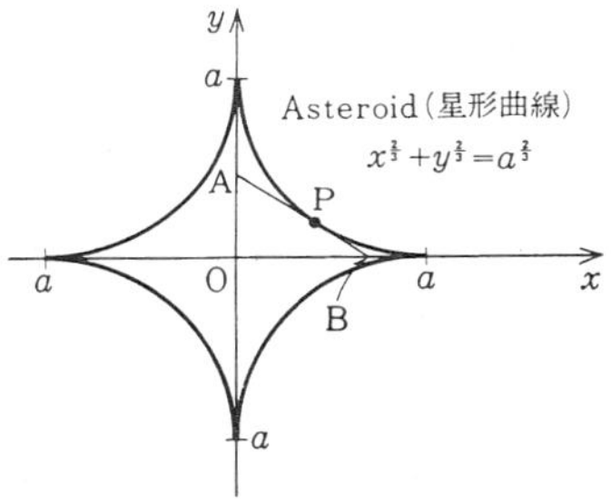

4. 商の微分の公式

SCHEMA

$$\frac{d}{dx}\left(\frac{u}{v}\right)=\frac{\dfrac{du}{dx}v-u\dfrac{dv}{dx}}{v^2}$$

を用いて微分し，増減の表を書け．

5. 極値と 0 との大小関係を考えよ．

6. 導関数が作る高々 2 次の関数の符号が変る．

7. 最小値>0．

8. $g(x)=\dfrac{f(x)-f(a)}{x-a}$ に対して $\displaystyle\lim_{x\to a}g(x)=f'(a)$ なので，lim を外した式を $g(x)$ で表せ．

9. 極値を取る点 a にて，関数 $\dfrac{f(x)}{x}$ の導関数が 0 となるので，商の微分の公式を用いて微分し，$x=a$ を代入して 0 とおけ．

積分

5

微分積分が解析学の骨子，積分はその重要な半分を占める．やはり，高校の数Ⅱ，基礎解析，微分・積分のカリキュラムを大学卒の就職試験を通じて学ぼう．

SUMMARY — ▶ 右頁の EXAMPLE を読み，知識の修得と確認を行なおう．☞

① **原始関数（不定積分）**　関数 $f(x)$ が与えられた時，$\frac{d}{dx}F(x)=f(x)$ を満す関数を関数 $f(x)$ の**原始関数**といい，

$$F(x)=\int f(x)dx$$

と書き，インテグラル (integral) $f(x)dx$ と読み，関数 $f(x)$ の**不定積分**ともいう．不定積分を求めることを**積分する**という．アメリカ人の integral の発音は殆んどイネグワルと聞える．

② **置換積分（変数変換）**　不定積分において，変数 x が更に変数 t の関数であり，$x=x(t)$ で与えられる時，公式

$$\int f(x)dx=\int f(x(t))\frac{dx}{dt}dt$$

が成立する．これを**変数変換**，または，**置換**という．

③ **定積分**　$a\leqq x\leqq b$ で与えられた関数 $f(x)$ の原始関数が $F(x)$ であれば，$F(b)-F(a)$ を $f(x)$ の**定積分**といい

$$\int_a^b f(x)dx=\Big[F(x)\Big]_a^b=F(b)-F(a)$$

と記す．幾何学的には，$f(x)\geqq 0$ の時は，三直線 $x=a$，$x=b$，$y=0$，曲線 $y=f(x)$ で囲まれた，右下の図形の**面積**を表す．

④ **回転体の体積**　$a\leqq x\leqq b$ で与えられた関数 $f(x)$ に対して，三直線 $x=a$，$x=b$，$y=0$，曲線 $y=f(x)$ で囲まれた図形を x 軸の廻りに回転して得られる回転体の体積 V は

$$V=\pi\int_a^b (f(x))^2dx$$

で与えられる．

⑤ **曲線の長さ**　助変数表示 $x=x(t)$，$y=y(t)$ $(\alpha\leqq t\leqq\beta)$ を持つ曲線の $t=\alpha$ から $t=\beta$ 迄の長さ s は

$$s=\int_\alpha^\beta\sqrt{\left(\frac{dx}{dt}\right)^2+\left(\frac{dy}{dt}\right)^2}\,dt$$

で与えられる．特に曲線 $y=f(x)$ $(a\leqq x\leqq b)$ に対しては

$$s=\int_a^b\sqrt{1+\left(\frac{dy}{dx}\right)^2}\,dx.$$

微積分と公式

微分の方は定義に従い，差分商を作り，強引に極限を取れば，計算できぬことはないが，積分の方は，微分したら f になるという原（モト）の関数 F を見出すという，発見なる閃きを要し，凡人のなせる所ではない．したがって，**公式の暗記**が必要である．例えば下の公式．

SCHEMA

$$\int x^a\,dx=\frac{x^{a+1}}{a+1}\ (a\neq -1)$$

注意

定数 C の微分は 0 だから，F が原始関数ならば，任意定数 C を用いた

$$\int f(x)dx=F(x)+C$$

も原始関数であり，**積分定数**と呼ばれるこの定数 C を忘れると採点の際，減点パパの目が光るが，本書ではくだらぬ記号は省略する．

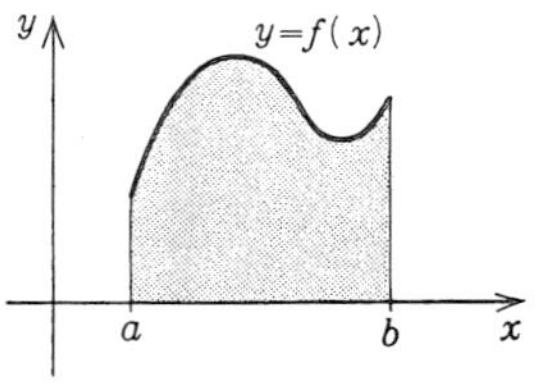

▶ 次の例題を解き，高校の知識を点検しよう．

EXAMPLE 1—① の不定積分の例題

出発後 t 秒の速度が t^3-3t^2-6t の時，出発点へ戻るのは何秒後か．（国家公務員上級職物理専門試験）

解き方 出発後 t 秒後の速度を v，出発点からの距離を S とすると，$\dfrac{dS}{dt}=v=t^3-3t^2-6t$ なる関係が成立するので，S は v の原始関数であり，右の公式より，積分定数を C とすると

$$S=\int(t^3-3t^2-6t)dt=\frac{t^4}{4}-t^3-3t^2+C$$

で与えられるが，**初期条件** $t=0$ の時，$S=0$ より $C=0$ であり，$S=\dfrac{t^4}{4}-t^3-3t^2=\dfrac{t^2}{4}(t^2-4t-12)=\dfrac{t^2}{4}(t+2)(t-6)$ を得る．元に戻るのは $S=0$ を与える $t>0$ なので，$t=6$．答えは 6 秒後である．

SCHEMA

速度を v，距離を S，時間を t とすると

$$\frac{d}{dt}S=v$$

公式

$$\int x^n\,dx=\frac{x^{n+1}}{n+1}$$

SCHEMA

不定積分が含む積分定数は与えられた条件より求めること．この条件は通常，物理学では初期条件として与えられる．

EXAMPLE 2—① の不定積分の例題

不定積分 $\displaystyle\int\frac{4x^2}{(x-1)^2(x+1)}dx$ を計算せよ．（東京工業大学大学院物質電子工学・化学環境学・バイオテクノロジー・生体分子機能工学専攻入試）

解き方 この様な分数関数の積分は，分母の因数を凝視して，部分分数分解

$$\frac{4x^2}{(x-1)^2(x+1)}=\frac{a}{x-1}+\frac{b}{(x-1)^2}+\frac{c}{x+1} \qquad (1)$$

の未定係数 a,b,c は(1)の両辺に $(x-1)^2(x+1)$ を掛けて通分し，$4x^2=a(x-1)(x+1)+b(x+1)+c(x-1)^2$．一瞥して，両辺の x^2 の係数を比べ，$4=a+c$．$x=1$ を代入し，$b=2$．$x=-1$ を代入し，$c=1$．$a=4-c=3$．右下の積分の公式は n が -1 でない実数の時も成立し，$n=-2$ の時 $n+1=-1$ 乗，即ち，逆数として，(1)式右辺の第二項の不定積分に適用出来，第一項，第二項の $n=-1$ の時は，後の 42 頁の二番目の朱囲み公式の微分の逆演算が不定積分であるから，

$$\int\frac{4x^2}{(x-1)^2(x+1)}dx=\int\frac{3}{x-1}dx+\int\frac{2}{(x-1)^2}dx+\int\frac{1}{x+1}dx= \qquad (2)$$

$$3\log(x-1)-\frac{2}{x-1}+\log(x+1)+\text{積分定数 } C.$$

手筋

$\dfrac{d}{dx}F=f(x)$ なる式に出会ったら，下手な考えで時間を空費すること無しに

$$F(x)=\int f(x)dx$$

の中の積分定数を与える条件を探せ．この様に定まらぬ定数が付くので**不定積分**という．

EXAMPLE 3—② の変数変換の例題

積分せよ：$\displaystyle\int x\sqrt{4x^2+9}\,dx$ （東北大学大学院土木工学専攻入試）

解き方 平方根の中に二次式が頑張っているので，右上の公式が使えぬのであれば，この障害を除去すべく，スケール大きく，$u=\sqrt{4x^2+9}$ と置き，自乗の後微分し，$u^2=4x^2+9$，$2udu=8xdx$ を問題文にある xdx で解いて，$xdx=\dfrac{udu}{4}$．これで x を u に変換出来て，与式 $=\displaystyle\int\frac{u^2du}{4}=\frac{u^3}{12}=\frac{(4x^2+9)\sqrt{4x^2+9}}{12}$．

SCHEMA

$$\int_a^b x^n\,dx=\left[\frac{x^{n+1}}{n+1}\right]_a^b=\frac{b^{n+1}-a^{n+1}}{n+1}.$$

上の $[\ \ ]_a^b$ は b と a における値の差を意味する．

A　基礎を かためる 演習

この辺が大学入試のヤマであるとともに，教員採用試験のヤマでもあり，両者は殆んど同じレベルである．

1　$\int_0^2 |x^2-x-2|dx$ を求めよ．
（山梨県中学教員採用試験）

2　$\int_{-1}^2 |x(x+2)(x-1)|dx$ を解け．
（和歌山県高校教員採用試験）

3　$y=-x^2+3x-2$ と座標軸とで囲まれた部分の面積を求めよ．
（東京都中学教員採用試験）

4　方程式 $y=x^2$，$y=\sqrt{x}$ で囲まれる部分の面積を求めよ．
（埼玉県中学教員採用試験，三星ベルト理工学部卒就職試験）

5　$y=x^2$ のグラフ上の一点 P の接線と，$y=x^2-1$ が交る点を Q, R とした時，(1) QR の 2 等分点が P であることを示せ．(2) P の点のいかんに拘（カカワ）らず，$y=x^2-1$ と接線に囲まれる面積は一定であることを示せ．
（名古屋市中学教員採用試験）

6　二つの放物線 $y=x^2+5x+6$ と $y=2x^2+3x-2$ とで囲まれた図形の面積を求めよ．
（埼玉県中学教員採用試験）

7　(1) 放物線 $y=4x-2x^2$ 上の点 (2, 0) における接線の方程式を求めよ．
(2) $y=4x-2x^2$ と $y=\frac{1}{2}x$ とで囲まれた面積を求めよ．
（神奈川県高校・中学教員採用試験）

8　$y=(x-a)\sqrt{x-b}$ $(a>b)$ の極値を求めよ．また，x 軸とこのグラフで囲まれた図形の面積を求めよ．
（鹿児島県高校教員採用試験）

9　$y^2=x^2(x+1)$ の自閉線内の面積を求めよ．
（東京都私立中学・高校教員採用試験）

10　$y=x^2$ と点 (1, 2) を通る傾き m の直線に囲まれる面積を最小にする m とその時の面積を求めよ．
（千葉県高校教員採用試験）

11　x, y 平面において $\sqrt{m}\leqq\sqrt{x}+\sqrt{y}\leqq\sqrt{n}$ の面積が 2 になる様に正の整数 m, n を求めよ．
（和歌山県高校教員採用試験）

12　$\sqrt{x}+\sqrt{y}=1$ を x 軸を回転軸にして回転した時の体積を求めよ．
（愛知県中学教員採用試験）

13　$^\forall\lambda$ について $\int_a^b(\lambda f(x)-g(x))^2\,dx\geqq 0$ $(a<b)$ なることを利用して，

$$\left(\int_a^b f(x)g(x)dx\right)^2\leqq\int_a^b(f(x))^2dx\int_a^b(g(x))^2dx$$

を示せ．$a\leqq b$ の時も成立することを確かめよ．
（京都府高校教員採用試験）

14　式 $x+2\int_0^x tf(t)dt=3\int_0^x(t+2)f(t)dt$

で $f(x)$ は微分可能である時，$f(x)$ を求めよ．
（京都府中学教員採用試験）

15　$F(x)=\int_0^x(x-t)f(t)dt$ である時，(1) $F'(0)=0$ を証明せよ．(2) $F(x)$ が 3 次関数であるとする．$F'(1)=F'(-1)=1$ である時，$F(x)$ を求めよ．
（兵庫県中学・高校，埼玉県高校教員採用試験）

《急所とヒント》

1 と **2**　絶対値の記号が付いたままでは，定積分の公式が使えぬので，絶対値がない部分の符号を調べ，これらが定符号である様な区間での積分の和とせよ．

3～**11**　次の公式

SCHEMA

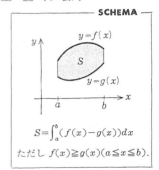

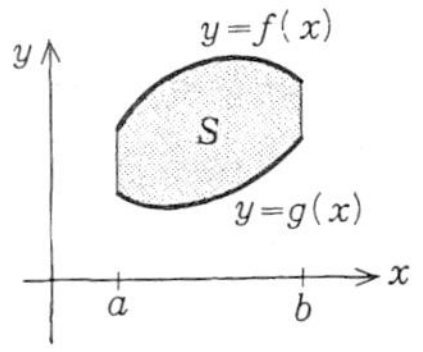

$$S=\int_a^b(f(x)-g(x))dx$$

ただし $f(x)\geqq g(x)$ $(a\leqq x\leqq b)$.

を用いよ．その際，変数変換の公式

SCHEMA

$$\int_a^b f(x)dx=\int_\alpha^\beta f(x)\frac{dx}{dt}dt$$

$(x=x(t),\ \alpha\leqq t\leqq\beta)$

を，**5** では $x=t+a$，**8** では $x=t^2+b$ に適用せよ．

12　回転体の体積の公式を用いよ．

13　シュワルツ の 不等式 と 呼ばれる．∀は任意のこと．この問題はヒント無しで慶応義塾大学大学院工学研究科入試に出題．

14 と **15**　次の公式

SCHEMA

$$\frac{d}{dx}\int_0^x f(t)dt=f(x)$$

を用いて，両辺を微分せよ．

B 基礎を 活用する 演習

この辺が高数と大学教養の数学との接点である．高校生諸君は本書を通じて，極く自然に，大学の数学へ導かれるであろう．

1. (x, y) 平面上の曲線 $x=a(\theta-\sin\theta)$，$y=a(1-\cos\theta)$ $(a>0$, $0\leqq\theta\leqq2\pi)$ につき，次の問に答えよ．

(i) この曲線の長さ L を求めよ．

(ii) この曲線と x 軸とで囲まれた部分の面積 S を求めよ．

(iii) この曲線は何と呼ばれるか？

（京都大学大学院原子核工学専攻入試）

2. $\int_0^x (f(t))^2 dt=\dfrac{x^5}{5}+\dfrac{2}{3}x^3+x+k$ の時，(i) k の値を求めよ．

(ii) $\int_a^{a+1} f(x)dx$ の最大値または最小値を求めよ．

（東京私立中学・高校教員採用試験）

3. $(0, 1)$ が $\left\{(x, y)\,\middle|\, y=\dfrac{d}{dx}f(x)\right\}$ の元である時 $f(x+y)=f(x)+f(y)+xy$ を満す $f(x)$ を求めよ．

（福岡県高校教員採用試験）

4. $\int_1^x \dfrac{dt}{t}$ $(x>0)$ によって対数関数 $\log x$ を定義する時，$\log(xy)=\log x+\log y$ $(x>0, y>0)$ を証明せよ．

（国家公務員上級職数学専門試験）

5. $f(x)\geqq0$ が $x\geqq0$ で増加ならば，

$$F(x)=\frac{1}{x}\int_0^x f(t)dt$$

は $x>0$ で増加であることを示せ． （東京工業大学大学院入試）

6. 次の様な x の関数を x で微分しなさい．

(i) $\int_x^{x^2} f(t)dt$ (ii) $\int_a^x (x-t)f'(t)dt$

（慶応義塾大学大学院入試）

7. $f(x)$ は数直線上で定義された，次の不等式の右辺の積分が有限である様な連続関数とする．この時任意の実数 h に対して

$$\int_{-\infty}^{+\infty} f(x+h)f(x)dx\leqq\int_{-\infty}^{+\infty} f^2(x)dx$$

が成立することを示せ．更に $f\neq0$，$h\neq0$ の時は常に不等号が成立することを示せ． （京都大学大学院入試）

---

1. (ii)は三角関数を用いねばならぬので，未だ学んでいない読者は，6 章を学んでから読んで下さい．

2.

SCHEMA

$$\int_0^0 f(x)dx=0$$

$$\frac{d}{da}\int_a^{a+1} f(x)dx=f(a+1)-f(a)$$

に注意せよ．

3. 冒頭の文章は $f'(0)=1$ のこと．$x=y=0$ を代入して，$f(0)$ を求めよ． 更に y を定数と見て，両辺を x で微分し，$x=0$ を代入せよ．

4. $\log xy=\int_1^x \dfrac{dt}{t}+\int_x^{xy}\dfrac{dt}{t}$ の右辺の第 2 項に変数変換 $t=xs$ を施せ．

5.

SCHEMA

$$\frac{d}{dx}\int_0^x f(t)dt=f(x)$$

に注意しつつ，積の微分の公式を用いて $F'(x)$ を求め，$y=f(x)$ のグラフを画いて考えよ．

6. (i) は合成関数の微分法，(ii) は A-15 の学而時習(シエアルシーシー)之(ツー)，不亦説乎(プーイーユエフ)．

7. 無限区間上の積分は有限区間の積分の極限であって，やはり

Schwarz の不等式

$$\left(\int_{-\infty}^{+\infty} f(x)g(x)dx\right)^2 \leqq\left(\int_{-\infty}^{+\infty} f^2(x)dx\right)\left(\int_{-\infty}^{+\infty} g^2(x)dx\right)$$

が成立する．前半は，$g(x)=f(x+y)$ として，変数変換 $t=x+h$ を行なえ．後半は，等号が成立すれば，$f(x+h)=\lambda f(x)$．区間 $-nh\leqq x\leqq nh$ を $2n$ 等分して，$0\leqq x\leqq h$ 上の積分で表し，公比 λ の等比級数の和の公式

SCHEMA

$$1+\lambda+\cdots+\lambda^{n-1}=\frac{\lambda^n-1}{\lambda-1}(\lambda\neq1),\ n(\lambda=1)$$

を用いて矛盾を導け．

三角関数

6

高校の数Ⅰにおいて導入された三角比は，数Ⅱや基礎解析において関数として把握され，更に，微分・積分に至って微積分の対象となる．

SUMMARY — ▶ 右頁によって，三角関数の定義，その微積分の知識を修得確認しよう．☞

① **三角関数**　∠OAB が直角の時，$\theta=\angle AOB$ に対して，**余弦**（コサイン），**正弦**（サイン），**正接**（タンゼント）を，それぞれ，

$$\cos\theta=\frac{OA}{OB},\quad \sin\theta=\frac{AB}{OB},\quad \tan\theta=\frac{AB}{OA}$$

で定義する．ピタゴラスの定理より，$OB^2=OA^2+AB^2$ であるから，公式 $\cos^2\theta+\sin^2\theta=1$ が成立する．

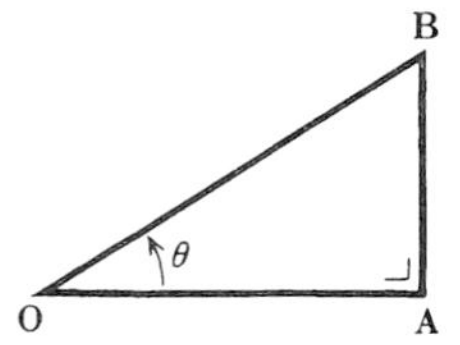

SCHEMA

$\cos^2\theta+\sin^2\theta=1$

② **弧度法**　扇形，OAB において，OA＝半径 r，弧 AB の長さ $=s$ の時，$\angle AOB=\dfrac{s}{r}$ で以って，角 AOB を表し，**弧度法**という．微積分ではもっぱら弧度法を用いる．

③ **極限**　右図の様に半径 OA＝1 の扇形 OAB を考察し弧度法に基き，$\angle AOB=\theta$ とする．B より OA に下した垂線の足を C，A を通り OA に垂直な直線と OB の延長との交点を D とすると，右図より，$BC<\overset{\frown}{AB}<AD$．定義より，$BC=\sin\theta$，$\overset{\frown}{AB}=\theta$，$AD=\tan\theta$ なので，不等式 $\sin\theta<\theta<\tan\theta$ を得る．各辺を $\sin\theta$ で割り，$1<\dfrac{\theta}{\sin\theta}<\dfrac{1}{\cos\theta}$．逆数を取り．$\cos\theta<\dfrac{\sin\theta}{\theta}<1$．$\theta$ が 0 にどんどん近づく時，$\cos\theta$ は 1 にどんどん近づくので，$\cos\theta$ と 1 に挟まれた $\dfrac{\sin\theta}{\theta}$ も 1 に近づき $\displaystyle\lim_{\theta\to0}\frac{\sin\theta}{\theta}=1$．

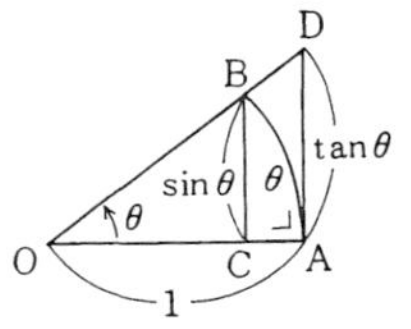

SCHEMA

$\sin\theta<\theta<\tan\theta$

SCHEMA

$$\lim_{\theta\to0}\frac{\sin\theta}{\theta}=1$$

④ **加（減）法定理**　余弦，正弦，正接に対して，それぞれ

$$\cos(\theta\pm\varphi)=\cos\theta\cos\varphi\mp\sin\theta\sin\varphi,$$
$$\sin(\theta\pm\varphi)=\sin\theta\cos\varphi\pm\cos\theta\sin\varphi$$
$$\tan(\theta\pm\varphi)=\frac{\tan\theta\pm\tan\varphi}{1\mp\tan\theta\tan\varphi}.$$

⑤ **和・差 → 積の公式**　減・加法定理 $\cos(\theta-\varphi)=\cos\theta\cos\varphi+\sin\theta\sin\varphi$，$\cos(\theta+\varphi)=\cos\theta\cos\varphi-\sin\theta\sin\varphi$ の差を作り，$\cos(\theta-\varphi)-\cos(\theta+\varphi)=2\sin\theta\sin\varphi$．$x=\theta-\varphi$，$y=\theta+\varphi$ を解くと，$\theta=\dfrac{x+y}{2}$，$\varphi=-\dfrac{x-y}{2}$ なので右の公式を得る．他も同様である．

SCHEMA

$$\cos x-\cos y=-2\sin\frac{x+y}{2}\sin\frac{x-y}{2}$$
$$\cos x+\cos y=2\cos\frac{x+y}{2}\cos\frac{x-y}{2}$$
$$\sin x-\sin y=2\sin\frac{x-y}{2}\cos\frac{x+y}{2}$$
$$\sin x+\sin y=2\sin\frac{x+y}{2}\cos\frac{x-y}{2}$$

⑥ **微分の公式**　$f(x)=\cos x$ の時，差分商に対し，差積，次に，極限の公式を用い

$$\frac{f(x+h)-f(x)}{h}=\frac{\cos(x+h)-\cos x}{h}$$
$$=-\frac{\sin\frac{h}{2}}{\frac{h}{2}}\sin\left(x+\frac{h}{2}\right)\to-\sin x$$

なので，公式 $\dfrac{d}{dx}\cos x=-\sin x$ を得る．$\dfrac{d}{dx}\sin x=\cos x$ も同様である．次に商の微分の公式を用い

$$\frac{d}{dx}\tan x=\frac{d}{dx}\,\frac{\sin x}{\cos x}=\frac{\left(\frac{d}{dx}\sin x\right)\cos x-\sin x\frac{d}{dx}\cos x}{x\cos^2 x}$$
$$=\frac{\cos^2x+\sin^2x}{\cos^2x}=\frac{1}{\cos^2x}=\sec^2x.$$

SCHEMA

$$\frac{d}{dx}\cos x=-\sin x$$
$$\frac{d}{dx}\sin x=\cos x$$
$$\frac{d}{dx}\tan x=\sec^2x$$

▶ 次の問題により高数の復習をしよう．

EXAMPLE 1—⑥の微分の例題

$\sin(\cos x)$ を微分せよ．　（東北大学大学院土木工学専攻入試）

解き方　$y=\sin u$ を u で微分し，$\dfrac{dy}{du}=\cos u$．その $u=\cos x$ を x で微分し，$\dfrac{du}{dx}=-\sin x$．次の分母の du と分子の du が自然に約せる形の，合成関数の微分法より，$\dfrac{dy}{dx}=\dfrac{dy}{du}\dfrac{du}{dx}=\cos u(-\sin x)=-\sin x\cos(\cos x)$．

倍角の公式

$\cos 2\theta=2\cos^2\theta-1=1-2\sin^2\theta$

$\sin 2\theta=2\sin\theta\cos\theta$

半倍角の公式

$\cos\theta=\pm\sqrt{\dfrac{1+\cos 2\theta}{2}}$

$\sin\theta=\pm\sqrt{\dfrac{1-\cos 2\theta}{2}}$

EXAMPLE 2—右の積和の公式の例題

$n=1,\ 2,\ \cdots$ に対して $\displaystyle\int_0^{2\pi}\sin^3 x\sin(nx)dx$ を求めよ．

（東京工業大学大学院数理・計算科学専攻入試）

解き方　三角のベキは積分に馴染まないので，先ず右に積和の公式を準備して後に，4次なので4回適用して右下の積分公式を適用する：連立方程式 $(x+y)/2=A$，$(x-y)/2=B$ の両辺の和と差を作り，$x=A+B$，$y=A-B$ を得るので，38頁右下から2番目のSCHEMAに代入，右辺の積で解いて，本頁右の積和の公式を得る．

さて，$A=B=x$ の積差の公式より $\sin^2 x=(1-\cos 2x)/2$．$A=x, B=2x$ の積和の公式より $\sin^3 x=(\sin x-\sin x\cos 2x)/2=3(\sin x-(1/4)\sin 3x)/4$．更に，$A=x$，$B=nx$ の場合と，$A=3x$，及び x と $B=nx$ の場合の積差の公式より $\sin^3 x\sin(nx)=\dfrac{3}{4}\sin x\sin(nx)-\dfrac{1}{4}\sin 3x\sin(nx)=\dfrac{3}{8}\cos(n-1)x-\dfrac{3}{8}\cos(n+1)x-\dfrac{1}{8}\cos(n-3)x+\dfrac{1}{8}\cos(n+3)x$ であるから，正弦は余弦の原始関数である事を用い，上式を0から 2π 迄積分，通分すると，$I=\dfrac{-6\sin 2n\pi}{(n-3)(n-1)(n+1)(n+3)}=0$ $(n\neq 1,3)$．$n=1$ の時は $\dfrac{3\pi}{4}$，$n=3$ の時は $-\dfrac{\pi}{4}$．

積和(差)の公式

$\sin A\sin B$
$=\dfrac{\cos(A-B)-\cos(A+B)}{2}$

$\cos A\cos B$
$=\dfrac{\cos(A+B)+\cos(A-B)}{2}$

$\sin A\cos B$
$=\dfrac{\sin(A+B)+\sin(A-B)}{2}$.

積分の公式

$\int\cos x\,dx=\sin x$

$\int\sin x\,dx=-\cos x$

$\int\sec^2 x\,dx=\tan x$

EXAMPLE 3—右下の公式の例題

積分せよ．(1) $\displaystyle\int x\sqrt{4x^2+9}\,dx$　(2) $\displaystyle\int\frac{1}{\sqrt{a^2-x^2}}dx$

（東北大学大学院土木工学専攻入試）

解き方　(1) 変数変換はスケールが大きい方がよい．$t=\sqrt{4x^2+9}$ と置き，自乗すると $t^2=4x^2+9$．両辺の微分を取り $2tdt=8xdx$．問題文にある xdx で解き $xdx=tdt/4$．これと平方根を t として，代入，全てを t で表して，無理式を有理化 $\displaystyle\int x\sqrt{4x^2+9}\,dx=\int t\frac{tdt}{4}=\frac{t^3}{12}=\frac{(4x^2+9)\sqrt{4x^2+9}}{12}$．

(2) 無理関数 $\sqrt{a^2-x^2}$ を含む積分は変数変換 $x=a\sin\theta$ を施すと $a^2-x^2=a^2(1-\sin^2\theta)=a^2\cos^2\theta$，$\sqrt{a^2-x^2}=a\cos\theta$ と有理化できて，更に $\dfrac{dx}{d\theta}=a\cos\theta$ なので，置換積分の公式より $\displaystyle\int\frac{dx}{\sqrt{a^2-x^2}}=\int\frac{a\cos\theta}{a\cos\theta}d\theta=\int d\theta=\theta=\sin^{-1}\frac{x}{a}$ なので，右の微分並びに積分の公式を得る．

SCHEMA

$\int P(x,\sqrt{a^2-x^2})dx$

は $x=a\sin\theta$ とおき，$\sqrt{a^2-x^2}=a\cos\theta$ と有理化して計算せよ．

SCHEMA

$\displaystyle\int\frac{dx}{\sqrt{a^2-x^2}}=\sin^{-1}\frac{x}{a}$

$\dfrac{d}{dx}\sin^{-1}\dfrac{x}{a}=\dfrac{1}{\sqrt{a^2-x^2}}$

A　基礎を かためる 演習

学問としての数学を修めていない人にとり，三角関数は最高のレベルである．この様な出題者の下で，大学卒業予定者は本章のレベルで勝負させられる．

1　$\sin 2\alpha=\cos 3\alpha\ \left(0<\alpha<\dfrac{\pi}{2}\right)$ の時，$\sin\alpha$ の値を求めよ．（埼玉県中学教員採用試験）

2　$k=\sin\theta+\cos\theta$ とする時，次の問に答えよ．(i) k の最大値，最小値を求めよ．(ii) $\sin^3\theta+\cos^3\theta=1$ の時，kの値を求めよ．(iii) $\sin\theta\cos\theta$ を k で表せ．（北海道・札幌市中学教員採用試験）

3　$y=A\cos mx+B\sin mx$ は微分方程式 $\dfrac{d^2y}{dx^2}+m^2y=0$ を満足することを示せ．（秋田県高校教員採用試験）

4　地震の震動を単弦振動と見なした場合，その最大加速度は次のどれが正しいか．全振幅 A に(反)比例し，周期 $T(T^2)$ に(反)比例する．（国家公務員上級職建築専門試験）

5　$\displaystyle\lim_{x\to2}\frac{1-\cos(x-2)}{\sin^2(x-2)}$ を求めよ．（日本発条理工学部卒就職試験）

6　$\displaystyle\int_0^{\frac{\pi}{2}}\cos 2x\,dx$ を求めよ．（千葉県高校教員採用試験）

7　$\displaystyle\int\sin^2x\,dx$ を求めよ．（千葉県高校教員採用，日本発条理工学部卒就職試験）

8　$\displaystyle\int_0^{\frac{\pi}{2}}(\cos^2x+2\sin x)dx$ の値を求めよ．（東京都高校教員採用試験）

9　$\displaystyle\int\cos^4x\,dx$ を求めよ．（大阪府高校教員採用試験）

10　$\displaystyle\int x\cos x\,dx$ を求めよ．（大阪府中学教員採用試験）

11　$\displaystyle\int x\sin x\,dx$ を求めよ．（日本アスベスト理工学部卒就職試験）

12　$f(x)=\displaystyle\int_0^x\frac{dt}{1+t^2}$ とする時，$t=\tan\theta$ とおくことにより，$f(1)$ を求めよ．（茨城県高校教員採用試験）

13　$\displaystyle\int_0^1\frac{dx}{x^2+x+1}$ を求めよ．（埼玉県高校教員採用試験）

14　$\displaystyle\int\frac{dx}{\sqrt{a^2-x^2}}$ を求めたものは次のどれか．（国家公務員上級職建築専門試験）

15　$\displaystyle\int_0^r\sqrt{r^2-x^2}\,dx$ を解け．（群馬県，和歌山県高校教員採用試験）

16　$\displaystyle\int\frac{x}{\sqrt{a^2+x^2}}\,dx$ を求めよ．（進和貿易理工学部卒就職試験）

17　$\dfrac{dy}{dx}=k\sqrt{1-y^2}$ の微分方程式の一般解を求めよ．（静岡大学大学院電気専攻入試）

18　$y=\sin x$ と $y=\sin 2x$ とで囲まれた全面積を求めよ．ただし $0\leqq x\leqq 2\pi$ とする．（山梨県高校教員採用試験）

19　だ円 $\dfrac{x^2}{a^2}+\dfrac{y^2}{b^2}=1\ (a, b>0)$ で囲まれた図形の面積を求めよ．（神戸市中学・高校教員採用試験）

《急所とヒント》

1　倍角と三倍角の公式を用いよ．

2　(i)，(iii)，(ii) の順に考え，k^2, k^3 を作れ．

3　$\dfrac{dy}{dx}$ をもう一度微分したもの 2次をの導関数といい $y''=\dfrac{d^2y}{dx^2}$ 等と書く．

4　単振動を時刻 t で 2回微分して，最大値を求めればよい．

5　分子を半倍角の公式で正弦にせよ．

6　余弦の原始関数の公式と原始関数と定積分の関係の公式を用いよ．

7　半倍角の公式に用いて自乗をなくし，前問の方法によれ．

8　前々問と前問を合体させた感じの出題．

9　半倍角の公式で 4乗を高々2乗に，更に半倍角の公式で 2乗もなくせ．

10 と 11

部分積分の公式

$$\int uv'\,dx=uv-\int u'v\,dx$$

において，$u=x$，$v'=\cos x$，または $\sin x$ とおけ．

12　$1+t^2=1+\tan^2\theta=\sec^2\theta$，$dt=\sec^2\theta\,d\theta$．

13　$x^2+x+1=\left(x+\dfrac{1}{2}\right)^2+\left(\dfrac{\sqrt{3}}{2}\right)^2$．

14 と 15　$x=a$（または r）$\sin\theta$，$dx=a$（または r）$\cos\theta\,d\theta$ とおけ．

16　$x=a\tan\theta$ とおけ．

17　$\displaystyle\int\frac{dy}{\sqrt{1-y^2}}=k\int dx$．

18 と 19　絵を画け．

B 基礎を 活用する 演習

この節も高数と大学教養の数学との接合点である．高校生諸君は本書によって大学入試の準備と同時に，入学後の備えをしよう．

1. $\cos^2 x\sin y\,dy=\cos^2 y\,dx$ を解け．

（兵庫県高校教員採用試験）

2. $f(x)$ は連続関数で，$f(x)=\sin^2 x+a\int_{-\pi}^{\pi}f(t)dt\quad\left(a\neq\dfrac{1}{2\pi}\right)$ を満足する時，$f(x)$ を求めよ．

（茨城県中学，広島県高校教員採用試験）

3. $f(x)=\cos^2 x+2\sin x+\int_0^{\frac{\pi}{2}}f(t)dt$ において，$f\left(\dfrac{\pi}{2}\right)$ の値を求めよ．

（大阪府高校教員採用試験）

4. 任意の x に対して，等式 $f(x)=\cos 2x+\int_0^{\pi}f(\pi-t)|\cos t|dt$ を満足する連続関数 $f(x)$ を求めよ．

（三重県高校教員採用試験）

5. $f(x)=2\sin x+\int_0^{\pi}g'(t)dt$，$g(x)=\cos x+\int_0^{x}tf(t)dt$ とする $f(x), g(x)$ を求めよ．

（鹿児島県高校教員採用試験）

6. 閉区間 $[-1,1]$ において，n 次の**チェビシェフ多項式**は $T_n(x)=\cos(n\cos^{-1}x)$ $(n=0,1,2,\cdots)$ で定義される．この時，次のことを証明せよ．

(i) $T_n(x)$ は n 次の多項式である．

(ii) 直交関係 $\displaystyle\int_{-1}^{1}\frac{T_m(x)T_n(x)}{\sqrt{1-x^2}}dx=\begin{cases}\pi, & m=n=0\\ \dfrac{\pi}{2}, & m=n\neq 0\\ 0, & m\neq n\end{cases}$

が成立する．

（九州大学大学院入試）

7. $-\infty<x<\infty$ で連続関数 $f(x)$ が $\int_{-\infty}^{+\infty}|f(x)|dx<\infty$ を満す時，$F(x)=\int_{-\infty}^{+\infty}f(t)\cos(xt)dt$ は x の関数として，$-\infty<x<\infty$ で一様連続であることを示せ．

（東京教育（＝筑波）大学大学院入試）

8. $f(x)$ が $-\infty<x<\infty$ で Lebesgue 可測で $\int_{-\infty}^{+\infty}(1+|x|)|f(t)|dt<\infty$ ならば，$F(x)=\int_{-\infty}^{+\infty}f(t)\cos xtdt$ は $-\infty<x<\infty$ で連続微分可能な関数 $F(x)$ を定義することを証明せよ．

（名古屋大学大学院入試）

1. $\displaystyle\int\frac{\sin y}{\cos^2 y}dy=\int\frac{dx}{\cos^2 x}$ を計算せよ．

2. $k=\int_{-\pi}^{\pi}f(t)dt$ は定数なので，$f(t)=\sin^2 t+ak$ を左の積分に代入して，k を求めよ．

3. $k=\int_0^{\frac{\pi}{2}}f(t)dt$ は定数なので，$f(t)=\cos^2 t+2\sin t+k$ を左の積分に代入して，k を求めよ．

4. $k=\int_0^{\frac{\pi}{2}}f(\pi-t)\cos t\,dt-\int_{\frac{\pi}{2}}^{\pi}f(\pi-t)\cos t\,dt$ とおけば前問や前々問と同じムード．

5. $k=\int_0^{\pi}g'(t)dt=g(\pi)-g(0)$ とおき，$f(t)=2\sin t+k$ を $g(x)=\cos x+\int_0^{x}tf(t)dt$ に代入し，$g(\pi), g(0)$ を求め，k を定めよ．前三問を連立方程式に発展させた出題．

6. (i) 数学的帰納法によれ．

(ii) 変数変換 $x=\cos\theta$ を施し，三角関数の積の積分を，積和の公式を用いて計算せよ．

7. 先ず，$F(x)-F(y)$ の積分表示に差積の公式を用い，$|\sin\theta|\leqq|\theta|$ に注意せよ．また，$\int_{-\infty}^{+\infty}|f(x)|dx<\infty$ なので，どんな小さな正数 ε を取っても，T を十分大きく取れば，$\left(\int_{-\infty}^{-T}+\int_{T}^{\infty}\right)|f(x)|dx<\dfrac{\varepsilon}{4}$ と小さくできるはずである．一様連続の定義は 3 章の B-8 を見よ．

8. 可測等という教養とは無関係に，露骨に差分商との差 $\dfrac{F(x+h)-F(x)}{h}+\int_{-\infty}^{+\infty}tf(t)\sin xt\,dt$ に上の考えを適用せよ．その際，不等式

$$\sin t\leqq t,\quad 1-\frac{\sin t}{t}\leqq\frac{t^2}{6}\ (t>0)$$

を用いよ．微積分の腕力の問題である．

7 指数関数

高校の数Ⅱや基礎解析で導かれた指数関数は微分・積分にて微積分の対象となり，更に大学に進学後も，教養の数学にて再び復習をする．この章では，これらの過程を辿るので，高校生には予習，大学生には復習である．

SUMMARY

▶ 先ず，本文を読み，その後に右頁を読み，理解を深めよう．☞

① **自然対数の底 e**　正数 $a>1$ に対して指数関数 $y=a^x$ は単調増加関数であり，その導関数は

$$\frac{d}{dx}a^x=\lim_{h\to 0}\frac{a^{x+h}-a^x}{h}=a^x\lim_{h\to 0}\frac{a^h-1}{h}$$

で与えられる．$x=0$ を代入した値は点 $(0,1)$ における この曲線の接線の傾きを表す．特に，この値が 1 となる様な数 e を**自然対数の底**という．したがって $\frac{d}{dx}e^x=e^x$．更に，$x=e^y$ の解 $y=\log_e x$ を $\log x$ と略記するが，この e を底とする 対数関数の微分は，逆関数の微分法より

$$\frac{d}{dx}\log x=\frac{dy}{dx}=\frac{1}{\dfrac{dx}{dy}}=\frac{1}{\dfrac{d}{dy}e^y}=\frac{1}{e^y}=\frac{1}{x}.$$

自然対数の底 e の定義

$$\lim_{h\to 0}\frac{e^h-1}{h}=1$$

$e=2.71828\cdots$ は超越数で，鮒一鉢二鉢と覚える．

指数関数と対数関数の微分

$$\frac{d}{dx}e^x=e^x,\qquad \frac{d}{dx}\log x=\frac{1}{x},$$

$$\frac{d}{dx}a^x=a^x\log a,\ (a\neq 0)$$

② **対数微分法**　積の形でヤヤコシイ関数 $y=f(x)$ の微分は両辺の対数を取り，$\log y=f(x)$ の両辺を，合成関数の微分法を用いて微分すると，便利である．例えば，$y=a^x$ の両辺の対数を取り，$\log y=x\log a$．両辺を x で微分し，$\frac{dy}{dx}\frac{d}{dy}\log y=\log a$，$\frac{1}{y}\frac{dy}{dx}=\log a$，$\frac{dy}{dx}=y\log a=a^x\log a$ を得る．

③ **有理関数の積分法**　有理関数 $\frac{Q(x)}{P(x)}$ の分母 $P(x)$ は必らず，1 次式と 2 次式の積に因数分解され，

$$P(x)=A(x+\alpha_1)^{m_1}(x+\alpha_2)^{m_2}\cdots(x+\alpha_s)^{m_s}((x+\beta_1)^{m_2}+\gamma_1^2)^{n_1}((x+\beta_2)^2+\gamma_2^2)^{n_2}\cdots((x+\beta_t)^2+\gamma_t^2)^{n_t}$$

とした時，$\gamma_1, \gamma_2, \cdots, \gamma_t$ は皆正であって，

$$\frac{Q(x)}{P(x)}=(Q\text{ の }P\text{ による商})+\left(\frac{B_{i,1}}{x+\alpha_i}+\frac{B_{i,2}}{(x+\alpha_i)^2}+\cdots+\frac{B_{i,m_i}}{(x+\alpha_i)^{m_i}}\text{ なる形の } i=1,2,\cdots s \text{ に対する和}\right)$$

$$+\left(\frac{C_{j,1}x+D_{j,1}}{(x+\beta_j)^2+\gamma_j^2}+\frac{C_{j,2}x+D_{j,2}}{((x+\beta_j)^2+\gamma_j)^2}+\cdots+\frac{C_{j,n_j}x+D_{j,n_j}}{((x+\beta_j)^2+\gamma_j^2)^{m_j}}\text{ なる形の } j=1,2,\cdots,t \text{ に対する和}\right)$$

で表される．この右辺を公式に基き積分すると便利である．

④ **変数分離形微分方程式**　微分方程式は $\frac{dy}{dx}$ で解いた右辺が x だけの関数 $X(x)$ と y だけの 関数 $Y(y)$ の積で 表される 時，変数分離形と呼ばれ，その解は右の公式で与えられる．

変数分離形微分方程式の解法

$\frac{dy}{dx}=X(x)\,Y(y)$ の一般解は

$$\int\frac{dy}{Y(y)}=\int X(x)\,dx+C$$

⑤ **同次形微分方程式**　微分方程式は $\frac{dy}{dx}$ で解いた右辺が $\frac{y}{x}$ の関数として，$\frac{dy}{dx}=f\left(\frac{y}{x}\right)$ と書ける時，同次形と呼ばれる．この時，$u=\frac{y}{x}$ とおいて，未知関数を y から u に換え，$y=xu$ より $\frac{dy}{dx}=x\frac{du}{dx}+u=f(u)$ とすると，変数分離形に なって いる．

同次形微分方程式の解法

$\frac{dy}{dx}=f\left(\frac{y}{x}\right)$ は $u=\frac{y}{x}$ とおけ．

▶ 左頁の SUMMARY の対応する事項に具体的に対処し，自己のものとしよう．

EXAMPLE 1—① の指数関数の微分の公式の例題

m は正の整数とする．$x>0$ の時，$f(x)=\dfrac{1}{x^m}e^{-\frac{1}{x}}$，$x\leqq 0$ の時，$f(x)=0$ で定義される関数 $f(x)$ の $-\infty<x<\infty$ における最大値を求めよ．（京都大学大学院入試）

解き方 $t=-\dfrac{1}{x}$ とおくと，$\dfrac{dt}{dx}=\dfrac{1}{x^2}$ なので，$\dfrac{d}{dx}e^{-\frac{1}{x}}=\dfrac{dx}{dt}\dfrac{d}{dt}e^t=\dfrac{e^t}{x^2}=\dfrac{1}{x^2}e^{-\frac{1}{x}}$．$x>0$ において，積の微分の公式より $f'(x)=-mx^{-m-1}e^{-\frac{1}{x}}+x^{-m}\dfrac{1}{x^2}e^{-\frac{1}{x}}=x^{-m-2}(1-mx)e^{\frac{1}{x}}$．$0<x<\dfrac{1}{m}$ の時，$f'(x)>0$ なので，$f(x)$ は増加，$x>\dfrac{1}{m}$ の時，$f'(x)<0$ なので，$f(x)$ は減小．したがって，$x=\dfrac{1}{m}$ で極大値 $m^me^{-m}=\left(\dfrac{m}{e}\right)^m$ を取るが，$x\leqq 0$ では，$f(x)=0$ なので，最大値でもある．

COMMENT

$x\to+0$，すなわち，x が正の値を取りながら 0 に近づいた時，$-\dfrac{1}{x}\to-\infty$ なので，$e^{-\frac{1}{x}}\to 0$．一方 $x\to+0$ の時，$\dfrac{1}{x^m}\to+\infty$．したがって，$\dfrac{1}{x^m}e^{-\frac{1}{x}}\to 0\times\infty$ は**不定形**と呼ばれる．$x>0$ の時 $g(x)=e^x-1-\dfrac{x}{1!}-\cdots-\dfrac{x^n}{n!}>0$ を仮定すると，$n+1$ の時 $h(x)=e^x-1-\dfrac{x}{1!}-\cdots-\dfrac{x^{n+1}}{(n+1)!}$ の導関数 $h'(x)=g(x)>0\,(x>0)$ なので，$h(x)$ は ↗．しかも，$h(0)=0$ なので，$h(x)>0(x>0)$．帰納法により，$g(x)>0(x>0)$．特に，$e^x>\dfrac{x^{m+1}}{(m+1)!}$ なので

$$e^{-\frac{1}{x}}=\frac{1}{e^{\frac{1}{x}}}<\frac{1}{\dfrac{1}{(m+1)!}\left(\dfrac{1}{x}\right)^{m+1}}=(m+1)!\,x^{m+1}.$$

ゆえに，$\dfrac{1}{x^m}e^{-\frac{1}{x}}\to 0(x\to+0)$．

EXAMPLE 2—③ の有理関数の積分と ④ の変数分離形の例題

微分方程式 $\dfrac{dz}{dt}+(z-1)(z-\lambda)=0$ の解を z について解いた形で求めよ．（京都大学大学院原子核専攻入試問題の一部）

解き方 変数分離形の解法より $\displaystyle\int\frac{dz}{(z-1)(z-\lambda)}+\int dt=0$ と分数関数の積分に帰着される．被積分関数は $\dfrac{1}{(z-1)(z-\lambda)}=\dfrac{A}{z-1}+\dfrac{B}{z-\lambda}$ なる形に部分分数分解できるので，通分して $1=A(z-\lambda)+B(z-1)$．$z=1$ を代入して，$A=\dfrac{1}{1-\lambda}$，$z=\lambda$ を代入して，$B=\dfrac{1}{\lambda-1}(\lambda\neq 1)$．ゆえに $\displaystyle\frac{1}{\lambda-1}\int\left(\frac{dz}{z-\lambda}-\int\frac{dz}{z-1}\right)+\int dt=\frac{1}{\lambda-1}(\log(z-\lambda)-\log(z-1))+t=\frac{1}{\lambda-1}\log\frac{z-\lambda}{z-1}+t=$ 積分定数 c'．ゆえに，$\log\dfrac{z-\lambda}{z-1}=c'-(\lambda-1)t$，$\dfrac{z-\lambda}{z-1}=e^{c'-(\lambda-1)t}=e^{c'}e^{-(\lambda-1)t}$．$c=e^{c'}$ とおき直すのが趣味がよく，$\dfrac{z-\lambda}{z-1}=ce^{-(\lambda-1)t}$ を z について解き，$z=\dfrac{\lambda-ce^{-(\lambda-1)t}}{1-ce^{-(\lambda-1)t}}=\dfrac{\lambda e^{(\lambda-1)t}-c}{e^{(\lambda-1)t}-c}$（$c=$ 任意定数）が $\lambda\neq 1$ の時の一般解である．

$\lambda=1$ の時は，もちろん，上の論法は通用しない．$\displaystyle\int\frac{dz}{(z-1)^2}+\int dt=0$ を直接積分して，$-\dfrac{1}{z-1}+t+c=0$ より，$z=\dfrac{1}{t+c}+1$（$c=$ 任意定数）が $\lambda=1$ の時の一般解である．$\lambda\neq 1$ の場合との整合性が問題であるが，$\lambda\neq 1$ の時の $z=\dfrac{\lambda\dfrac{e^{(\lambda-1)t}-1}{\lambda-1}+\dfrac{\lambda}{\lambda-1}-\dfrac{c}{\lambda-1}}{\dfrac{e^{(\lambda-1)t}-1}{\lambda-1}-\dfrac{c}{\lambda-1}+\dfrac{1}{\lambda-1}}$ において $A=\dfrac{1-c}{\lambda-1}$ とおき，これを固定して，$\lambda\to 1$ とすると，$z\to\dfrac{t+A+1}{t+A}=\dfrac{1}{t+A}+1$ を得るので，$\lambda=1$ の時の解は $\lambda\neq 1$ の時の解の極限と見なされる．

COMMENT

$x<0$ の時，$t=|x|=-x$．$\dfrac{dt}{dx}=-1$ なので，$\dfrac{d}{dx}\log|x|=\dfrac{dt}{dx}\dfrac{d}{dt}\log t=-\dfrac{1}{t}=\dfrac{1}{x}$．したがって，公式

$$\int\frac{dx}{x}=\log|x|\ (x\neq 0)$$

を得る．それゆえ，教条主義的には，左の対数は全て絶対値を付けて，$\dfrac{1}{\lambda-1}\log\left|\dfrac{z-\lambda}{z-1}\right|+t=c'$，$\dfrac{z-\lambda}{z-1}=\pm e^{c'}e^{-(\lambda-1)t}$．この時 $c=\pm e^{c'}$ は負の値も取り得る．更に，$z\equiv 1$，$z\equiv\lambda$ も解なので，対応する $c=\infty$，0 も解を与える．これが，“厳密”な答であって，教職試験の答案はこの様に書くのが無難である．

A 基礎を かためる 演習

あく迄も，高数の，または，その大学教養部での復習の域を出ず，大学院入試も中数が共通1次テストに出題される様な意味で出されるので，敬遠しないこと．

1 $y=\log(x^2+x+1)$ の $\dfrac{dy}{dx}$ を求めたものは次の内どれか．
（国家公務員上級職物理専門試験）

2 $f(x)=\dfrac{\log x}{x^2}$ とした時，(i) $f'(x)$ (ii) $f(x)$ の極値を求めよ．
（千葉県中学教員採用試験）

3 次の各式より $\dfrac{dy}{dx}$ を求めよ．(i) $y=x^x$（石川県教員採用試験） (ii) $x=e^{\frac{x-y}{y}}$
（東京私立中学・高校教員採用試験）

4 次の (i)–(iii) を満足する実変数関数 $y=f(x)$ に対して，$f'\left(\dfrac{1}{2}\right)$ 及び $f''\left(\dfrac{1}{2}\right)$を求めよ．
(i) $f\left(\dfrac{1}{2}\right)=\dfrac{1}{2}$　(ii) $x\neq\dfrac{1}{2}$ ならば，$f(x)\neq x$　(iii) $e^{x^2-y^2}=1+x-y$
（上智大学大学院理工学研究科入試）

5 $y=\log(x+\sqrt{x^2+1})$の逆関数は次の内どれか（再掲）．
（国家公務員上級職物理専門試験）

6 $\int(e^x+\sin x)\,dx$ を求めよ．
（神奈川県高校教員採用試験）

7 $\int xe^{x^2}\,dx$ を求めよ．
（大分県中学・高校教員採用試験）

8 $\int_{-1}^{1}xe^x\,dx$ を求めよ．
（石川県中学・高校教員採用試験）

9 $\int_1^e x\log x\,dx$ を求めよ．
（千葉県中学教員採用試験）

10 $p>0$ で $\Gamma(p)=\int_0^\infty e^{-x}x^{p-1}\,dx$ の時，(1) $\Gamma\left(\dfrac{1}{2}\right)=2\int_0^\infty e^{-x^2}\,dx$ を証明せよ．
(2) p が整数の時，$\Gamma(p+1)=p\Gamma(p)$ を証明せよ．
（青森県中学・高校教員採用試験）

11 $\int_0^\infty e^{-t}t^n\,dt=n!$ であることを証明せよ．
（栃木県中学・高校教員採用試験）

12 積分 $\int_0^\infty x^2e^{-x}\,dx$ は次の内どれか．
（国家公務員上級職数学専門試験）

13 $\int\dfrac{dx}{x^3+1}$ を求めよ．
（茨城県高校教員採用試験）

14 $\int_0^1\dfrac{e^x-1}{e^x+1}dx$，$\int_0^1\dfrac{1}{x+2}\sqrt{\dfrac{1-x}{1+x}}\,dx$ を求めよ．
（大阪府高校教員採用試験）

15 $\int_0^\infty\dfrac{\log x}{(x+1)^3}dx$ を求めよ．
（九州大学大学院入試）

16 $\int_0^\infty\dfrac{\log x}{x^2+1}dx$ を求めよ．
（津田塾大学大学院入試）

17 実軸上の積分 $\int_0^a\dfrac{dx}{1-x}$ $(a>1)$ は $x=1$ およびその近傍を積分から除外しないと有限な極限値を持たない．有限な極限値を得るためには，$x=1$ の近傍での積分範囲をどの様に取ればよいか．また，その時の積分値を求めよ．
（京都大学大学院化学専攻入試）

18 **ファンデルワールス式**に従う気体1モルを定温可逆的に膨張させる時の仕事 w を求めよ．ただし，v_1, v_2 は膨張の前及び後の 気体の体積，a, b はファンデルワールス定数，T は絶対温度，R は気体定数である．
（国家公務員上級職化学専門試験，東京大学大学院工学研究科入試の一部）

《急所とヒント》

1 合成関数の微分法によれ．

2 商の微分の公式を用いよ．

3 対数を取れ．

4 分母子が零の時は，微係数と結び付けよ．

5 **双曲余弦，双曲正弦関数**を，それぞれ，
$\mathrm{ch}\,x=\cosh x=\dfrac{e^x+e^{-x}}{2}$
$\mathrm{sh}\,x=\sinh x=\dfrac{e^x-e^{-x}}{2}$
で定義すると，逆双曲余弦と正弦は，それぞれ，
$\mathrm{ch}^{-1}x=\log(x+\sqrt{x^2-1})$
$\mathrm{sh}^{-1}x=\log(x+\sqrt{x^2+1})$
で与えられることを示せ．

6 公式を用いよ．

7 $t=x^2$ とおけ．

8 部分積分せよ．

9 部分積分せよ．

10 $t=x^2$，部分積分せよ．

11と12 前問を用いよ．

13 $\dfrac{1}{x^3+1}=\dfrac{A}{x+1}+\dfrac{Bx+C}{x^2-x+1}$ と部分分数分解せよ．

14 $t=e^x$，$t=\sqrt{\dfrac{1-x}{1+x}}$ とおけ．

15 部分積分せよ．

16 $\int_0^\infty=\int_0^1+\int_1^\infty$とし，$\int_1^\infty$ には，$t=\dfrac{1}{x}$とおけ．

17 変数分離形．

18 ファンデルワールス
$\left(P+\dfrac{a}{V^2}\right)(V-b)=RT$ より，
$w=\int_{v2}^{v1}PdV$ を求めよ．

B 基礎を 活用する 演習

これは完全に大学juniorの数学である．しかし，高校生が大学に入学したら，その瞬間に偉くなる訳でもないので，高校生も努力すれば解けるのである！

1. **マックスウェルの速度分布則**によると，粒子n個の内，速度vと$v+dv$の間にあるものの数は$n_v=4\pi n\left(\dfrac{m}{2\pi kT}\right)^{\frac{3}{2}}v^2e^{-\frac{v^2}{2kT}}dv$で表される．粒子がもつ速度で最も確率の大きい速度は次の内どれか．　　　（国家公務員上級職物理学専門試験）

2. $f(x)=e^{-x}$　$(x\geqq 0)$の**積率母関数**は次のどれか．　　　（国家公務員上級職数学専門試験）

3. Erlang 分布 $f_n(x)=\dfrac{\beta^n x^{n-1}}{(n-1)!}e^{-\beta x}(x\geqq 0)$ の平均値と分散を求めよ．　　　（東京女子大学大学院入試）

4. 定積分$\displaystyle\int_0^\infty \frac{dx}{ax^4+2bx^2+c}(a, b, c>0, b^2-ac>0)$ を2つの平方根号とa, b, cを使って表せ．　　　（東京大学大学院工学研究科入試）

5. $\displaystyle\int_{-\infty}^\infty \frac{dx}{x^6+1}$ を求めよ．　　　（九州大学大学院入試）

6. 定積分$\displaystyle\int_{-\infty}^{+\infty}\frac{x^4}{(1+x^2)^4}dx$ を計算せよ．　（立教大学大学院入試）

7. $I(\varepsilon)=\varepsilon\displaystyle\int_0^1\frac{3x^2-\varepsilon^2}{(x^2+\varepsilon^2)^3(x^2+1)}dx$ とする時，$\displaystyle\lim_{\varepsilon\to 0}I(\varepsilon)$ を計算せよ．　　　（京都大学大学院入試）

8. 定積分$\displaystyle\int_0^\pi\frac{d\theta}{R^2+2Rr\cos\theta+r^2}$　$(0<r<R)$ を計算せよ．　　　（九州，静岡，岡山大学大学院機械工学専攻入試）

9. $\displaystyle\int_0^{2\pi}\frac{d\theta}{a+b\cos\theta}$　$(a>|b|)$ の値を求めよ．　　　（九州，早稲田，立教大学大学院入試）

10. $\displaystyle\int_{-\pi}^{\pi}\frac{d\theta}{a+b\sin\theta}$　$(a>|b|)$ の値を求めよ．　　　（九州大学大学院入試）

11. $\displaystyle\int_0^{2\pi}\frac{dx}{(1+k\cos x)^2}$　$(0<k<1)$ を求めよ．　　　（東京大学大学院一般教育入試の一部）

1. $\dfrac{d}{dv}\left(v^2e^{-\frac{v^2}{2kT}}\right)$を求めて，関数$v^2e^{-\frac{v^2}{2kT}}$の増減を調べよ．

2. 母関数$=\displaystyle\int_0^\infty e^{\theta x}f(x)\,dx$.

3. 平均$=\displaystyle\int_0^\infty xf_n(x)\,dx(=\mu$ とおくと)

分散$=\displaystyle\int_0^\infty(x-\mu)^2f_n(x)\,dx=\int_0^\infty x^2f_n(x)\,dx-\mu^2$

なのだ．

4. $\dfrac{1}{ax^4+2bx^2+c}=\dfrac{A}{x^2+\alpha^2}+\dfrac{B}{x^2+\beta^2}$ なる形に部分分数分解せよ．

5. $\dfrac{1}{x^6+1}=\dfrac{Ax+B}{x^2+1}+\dfrac{Cx+D}{x^2-\sqrt{3}x+1}+\dfrac{Ex+F}{x^2+\sqrt{3}x+1}$ と部分分数に分解せよ．

6. $x=\tan\theta$ とおき，公式

SCHEMA

$$\int_0^{\frac{\pi}{2}}\cos^{2m}\theta\,d\theta=\int_0^{\frac{\pi}{2}}\sin^{2m}\theta\,d\theta$$
$$=\frac{(2m-1)(2m-3)\cdots3\cdot1}{2m(2m-2)\cdots4\cdot2}\cdot\frac{\pi}{2}$$

に帰着させよ．

7. $\dfrac{3x^2-\varepsilon^2}{(x^2+\varepsilon^2)^3(x^2+1)}=\dfrac{A}{x^2+\varepsilon^2}+\dfrac{B}{(x^2+\varepsilon^2)^2}+\dfrac{C}{(x^2+\varepsilon^2)^3}+\dfrac{D}{x^2+1}$ と部分分数分解し，漸化式

SCHEMA

$$I_n=\int\frac{dx}{(x^2+a^2)^n}=\frac{2n-3}{2(n-1)a^2}I_{n-1}$$
$$+\frac{x}{2(n-1)a^2(x^2+a^2)^{n-1}}(n\geqq 2)$$
$$I_1=\frac{1}{a}\tan^{-1}\frac{x}{a}$$

に帰着させよ．

8.～11. 三角関数の積分は $t=\tan\dfrac{\theta}{2}$ とおけば，

SCHEMA

$t=\tan\dfrac{\theta}{2}$の時，$\cos\theta=\dfrac{1-t^2}{1+t^2}$,

$\sin\theta=\dfrac{2t}{1+t^2}$,　$d\theta=\dfrac{2dt}{1+t^2}$

を代入することにより，有理関数の積分に帰着される．

8 線形微分方程式

微分方程式はその概念は高校の微分・積分において導かれるが，その一般的解法を大学入試に出題したら，文部省から，こっぴどく叱られる，すなわち，変数分離形を除けば，大学教養のカリキュラムである．

SUMMARY — ▶先ず本文を読み，次に右頁に当って，その理解を確認・点検せよ．

① **微分方程式** x を独立変数とする時，従属変数 y とその x に関する導関数 $y', y'', \cdots, y^{(n)}$ に関する方程式 $f(x, y, y', \cdots, y^{(n)})=0$ を**微分方程式**といい，n をその**階数**という．上の方程式を関数 y とその導関数が満す時，y をその**解**という．n 個の任意定数を含む n 階の微分方程式の解を**一般解**という．あらゆる解を求めることを微分方程式を解くというが，普通は一般解を求めることを意味する．

② **変数分離形微分方程式** 一階の微分方程式は $\frac{dy}{dx}$ で解いた時，x だけの関数と y だけの関数の積 $X(x)\,Y(y)$ で表される時，**変数分離形**という．これは，$\frac{dy}{dx}=X(x)Y(y)$ より，$\frac{dy}{Y(y)}=X(x)\,dx$，$\int\frac{dy}{Y(y)}=\int X(x)\,dx+c$ （$c=$ 任意定数）と移項し，積分して，自然に解が導かれる．

③ **同次形微分方程式** $\frac{dy}{dx}$ が $\frac{y}{x}$ だけの関数で表される微分方程式 $\frac{dy}{dx}=f\left(\frac{y}{x}\right)$ を**同次形**という．これは $u=\frac{y}{x}$ とおくと，$y=xu$，$\frac{dy}{dx}=x\frac{du}{dx}+u$ より $x\frac{du}{dx}=f(u)-u$ と**変数分離形に帰着**される．

④ **線形微分方程式** $\frac{dy}{dx}+P(x)y=Q(x)$ の様に x のみの関数を係数とする微分方程式を**線形**という．この時，積の微分の公式より $\frac{d}{dx}(e^{\int P dx}y)=e^{\int P dx}\frac{dy}{dx}+Pe^{\int P dx}y=e^{\int P dx}\left(\frac{dy}{dx}+Py\right)=Qe^{\int P dx}$ が導かれ，$e^{\int P dx}y$ は $Qe^{\int P dx}$ の原始関数であり，

解の公式

$$y=e^{-\int P dx}\left(\int Qe^{\int P dx}\,dx+c\right)\ (c=\text{任意定数})$$

を得る．

⑤ **Bernoulli（ベルヌーイ）形微分方程式** $\frac{dy}{dx}+P(x)y=Q(x)y^n$ は $n=0, 1$ の時は線形であるが，$n\geqq 2$ の時は線形ではない．しかし，$\boldsymbol{z=y^{1-n}}$ **と従属変数**，すなわち，未知関数**を** y から z へ**変えると**，$\frac{dz}{dx}=(1-n)y^{-n}\frac{dy}{dx}$ なので，**線形微分方程式**

$$\frac{dz}{dx}+(1-n)P(x)z=(1-n)Q(x)$$

に帰着される．

変数分離形の解法

$\frac{dy}{dx}=X(x)Y(y)$ ならば，

$\int\frac{dy}{Y(y)}=\int X(x)\,dx+c$

$c=$ 任意定数

注意

上の変数分離形の計算は $Y(y)$ が 0 とならない解に対してのみ妥当である．$x=x_0$ で $Y(y_0)=0$ を満す様な値 y_0 を取る解の一つとしては，$y\equiv y_0$ がある．$Y(y)$ が，連続微分可能であったりして，Lipschitz（リプシツ）条件を満せば，これ以外に $Y(y_0)$ を零にする様な初期条件 $x=x_0$，$y=y_0$ を満す解はないが，そうでない場合は無限に沢山ある．詳しくは B-1 を見られよ．教条主義者から突っ込まれた時，この論法で粉砕されよ．

同次形微分方程式の解法

$\frac{dy}{dx}=f\left(\frac{y}{x}\right)$ ならば，$u=\frac{y}{x}$ とおけ．

線形微分方程式の解の公式

$\frac{dy}{dx}+Py=Q$ ならば

$y=e^{-\int P dx}\left(\int Qe^{\int P dx}\,dx+c\right)$

c は任意定数で，二つの $e^{\int P dx}$ は同じ積分定数を持つ同じ関数とする．

ベルヌーイ形の解法

$\frac{dy}{dx}+Py=Qy^n$ は $z=y^{1-n}$ とおけ．

▶ 微分方程式を解く際，先ず，その式が左のどの型に属するかを見分けることが肝要である．

EXAMPLE 1—② の変数分離形と④の線形の例題

(1) $y(2x^2+y^2)+x(x^2-y^2)\dfrac{dy}{dx}=0$ の一般解を求めよ．

(2) $\dfrac{dy}{dx}+\varphi(x)y=\psi(x)$ の一般解を求めよ．ただし，$\varphi(x)$，$\psi(x)$ は x の関数である．

（京都大学大学院工学研究科機械系入試）

解き方 (1) 右の頁で，$f(u)=\dfrac{u(u^2+2)}{u^2-1}$ の場合の同次形で，$u-f(u)=0$ の解 $u=0$ は答の欄の $c=0$ の特別な場合である．**一般解**は 46 頁の要領で，変数分離形として，不定積分 $\displaystyle\int\frac{dx}{x}=-\int\frac{du}{3u}+\int\frac{udu}{3}$ に帰着させ，不定積分を実行し，$\log x=\dfrac{u^2}{6}-\dfrac{\log u}{3}+$定数．3 倍して $3\log x=\dfrac{u^2}{2}-\log u+$定数．$u$ を $\dfrac{y}{x}$ に戻し，$x^3=$ 定数 $e^{\frac{y^2}{2x^2}}\dfrac{x}{y}$．$y$ を移項し，陰関数としての，

答 一般解 $y=\dfrac{c}{x^2}e^{\frac{y^2}{2x^2}}$（$c$ は任意定数）

(2) 46 左頁を復習せよ．

EXAMPLE 2—③ の同次形の例題

(1) 微分方程式 $(x-2y)dx+(y-2x)dy=0$ の一般解を求めよ．

（東京工業大学大学院物質電子工学・物質科学創造・材料物理科学・化学環境学・生物プロセス学・生体分子機能工学専攻入試）

(2) 微分方程式 $\dfrac{dy}{dx}=\dfrac{y+x+1}{y-x+1}$ の一般解を求めよ．

（東北大学大学院機械・知能系入試）

解き方 (2) 平行移動 $y=s-1$ を施し，一次式同士の商を同次形にした後は，前問と同様，$s=ux$，$f(u)=\dfrac{u+1}{u-1}$ と置く．$f(u)=u$ の根 $1\pm\sqrt{2}$ より，**特異解** $y=-1+(1\pm\sqrt{2})x$．不定積分 $\displaystyle\int\frac{1}{x}dx=\int\frac{du}{u-f(u)}$ を実行し，u を $\dfrac{y+1}{x}$ に戻し y に付いて解き，

答 特異解 $y=-1+(1\pm\sqrt{2})x$，一般解 $y=-1+x\pm\dfrac{\sqrt{2c^4x^4-c^2x^2}}{c^2x}$（$c$ は任意定数）

EXAMPLE 3—⑤ のベルヌーイ形の例題

(1) 微分方程式 $t^2\dfrac{dx}{dt}-2tx=3$ を解け． (2) 微分方程式 $\dfrac{dy}{dt}+P(t)y=Q(t)y^n$ は適当な変換によって，線形微分方程式となることを示せ． (3) (2) において $P(t)=\dfrac{2}{t}$，$Q(t)=t^2\sin t$，$n=2$ の時の解を求めよ．

（東京大学大学院入試一般教育）

(1) $P=-\dfrac{2}{t}$，$\displaystyle\int P\,dt=-2\log t$，$Q=\dfrac{3}{t^2}$，$\displaystyle\int Qe^{\int P dt}dt=\int\frac{3}{t^4}dt=-\frac{1}{t^3}$ なので，$x=-\dfrac{1}{t}+ct^2$ (3) $y=\dfrac{1}{t^2(\cos t+c)}$ （$c=$任意定数）

E-2-(1) の解答

$y=ux$ を原式に代入整理し $x(1-4u+u^2)dx+x^2(u-2)du=0$ を得るので，$u^2-4u+1=0$ の根 $u=2\pm\sqrt{3}$ は二つの解

$y=(2\pm\sqrt{3})x$ (s)

を与える．(s) 以外に解があれば，次式第 1 項の分母 $\neq 0$ の区間にて $\dfrac{d(1-4u+u^2)}{1-4u+u^2}+2\dfrac{dx}{x}=0$ の不定積分を求め，**一般解**

$y=2x\pm\sqrt{3x^2+c}$ (g)

（c は任意定数）を得る．(s) は (g) にて $c=0$ の場合である．

SCHEMA

同次方程式 $y'=f(u)$ に対し，方程式 $f(u)=u$ の根 a は特異解 $y=ax$ を与える．

E-3 の補足説明

(2) は既に説明した．(3) の方程式は $\dfrac{dy}{dt}+\dfrac{2}{t}y=t^2\sin t\,y^2$ である．ベルヌーイ形の定石に従い，$z=y^{-1}$ とおくと $\dfrac{dz}{dt}=-y^{-2}\dfrac{dy}{dt}$ なので，線形 $\dfrac{dz}{dt}-\dfrac{2}{t}z=-t^2\sin t$ を得る．線形の公式にて，$P=-\dfrac{2}{t}$，$\int P\,dt=-2\log t$，$e^{\int P dt}=\dfrac{1}{t^2}$，$Q=-t^2\sin t$，とおき，$\int Qe^{\int P dt}dt=-\int\sin t\,dt=\cos t$ なので，一般解 $z=t^2(\cos t+c)$（$c=$任意定数）を得る．$y=\dfrac{1}{z}$ に戻すのを忘れると減点される．

A 基礎を かためる 演習

ニュートンの第2法則，質量×加速度＝力は，微分方程式そのものである。微分方程式は理工系の大学生に取り必須である．

1 次の微分方程式を解け．（各都県教員採用試験）

(1) $(1+x)y+(1-x)\dfrac{dy}{dx}=0$（群馬県高校） (2) $(1-y)x\dfrac{dy}{dx}+(1+x)y=0$（東京都中学・高校） (3) $2x\dfrac{dy}{dx}+2y=xy\dfrac{dy}{dx}$（宮城県中学・高校） (4) $\dfrac{dy}{dx}=x+y+1$（秋田県中学・高校） (5) $2xyy'=x^2+y^2$（群馬県高校） (6) $2y\dfrac{dy}{dx}=x-y^2$

（東京教育（筑波）大学大学院化学専攻入試）

2 微分方程式 $L\dfrac{di}{dt}+Ri=Ee^{St}$ において，L, R, E は実の定数とする．今 $S=-\dfrac{R}{L}$，初期条件は$t=0$，$i=0$ とする時，iが最大値を取る t の値を定めなさい．

（慶応義塾大学大学院工学研究科入試）

3 点 $\mathrm{P}(x, y)$ を通る曲線 C が座標軸に平行な長方形 AOBP を 1：3 の面積比に分けるという．曲線 C の方程式を求めよ．（和歌山県高校教員採用試験）

4 曲線 $y=f(x)$ 上の点 P における法線が x 軸と交る点を Q とする．その時常に PQ＝OQ となる曲線を求めよ．（金沢大学大学院一般教養入試）

5 次の微分方程式で表される曲線群の内，$(-2, -1)$ を通るものの積分定数は次の内どれか．$y'-\dfrac{1+3x^2}{x(1+x^2)}y=\dfrac{x(1-x^2)}{1+x^2}$ （国家公務員上級職化学専門試験）

6 次の微分方程式の一般解はどれか．$x\dfrac{dy}{dx}=y+2xy^2$

（国家公務員上級職機械専門試験）

7 連立微分方程式 $\dfrac{dx}{dt}=2x-2y+z$，$\dfrac{dy}{dt}=2x-3y+2z$，$\dfrac{dz}{dt}=-x+2y$ を初期条件 $t=0$ の時，$x=y=z=1$ の下で解け．（九州大学大学院入試）

8 次の一階常微分方程式を解け． (1) $p+xy-x=0$ (2) $xp^2-2yp-x=0$ ただし $p=\dfrac{dy}{dx}$である．（電気通信大学大学院入試）

9 aを0でない定数，$f(t)$ を $-\infty<t<+\infty$ で定義された連続関数とする時，次の方程式（＊）について，下の問(1),(2),(3)に答えよ．（各大学院入試）

$\dfrac{dx}{dt}+ax=f(t)\cdots\cdots(*)$

(i) $a>0$，$\displaystyle\int_0^\infty|f(t)|\,dt<+\infty$ の時，（＊）の任意の解 $x(t)$ は $t\to+\infty$ の時，$x(t)\to 0$ であることを示せ．（京都大学，東京理科大学，筑波大学）

(ii) $f(t)$ が $-\infty<t<\infty$ で有界であれば，（＊）は $-\infty<t<\infty$ で有界な解を唯一つ持つことを示し，その解の $t=0$ における値を a と $f(t)$ を用いて表せ．（京都大学）

(iii) $f(t)$ が周期 T の周期関数の時，同じ周期を持つ（＊）の解が唯一つ存在することを示せ．（京都大学）

10 実変数 x, y の連続関数 $f(x, y)$ が $(0, 0)$ の近傍で連続な時，微分方程式$\dfrac{dy}{dx}=f(x, y)$ について，次の条件が初期条件 $y(0)=0$ に対する単独条件になっていれば，それを証明，そうでなければ反例を挙げよ． (i) $|f(x, y)|\leqq\sqrt{|xy|}$ (ii) $|f(x, y)|\leqq\dfrac{y^2}{x^2}$

（東京工業大学大学院入試）

《急所とヒント》

1 微分方程式の解法に熟達する道は，どの形に属するかを見究め，その形に対する解法を適用することにある．

2 線形の公式を用いよ．

5 線形の公式を用いよ．

6 ベルヌーイ形．

7 $\dfrac{d}{dt}(x-y-z)$，$\dfrac{d}{dt}(x+y+3z)$，$\dfrac{d}{dt}(x-2y+z)$ を作れ．

8 (1) 線形．(2) p について解けば同次形．

9 (i) $\forall\varepsilon>0, \exists T_0; \displaystyle\int_{T_0}^\infty|f(s)|ds<\frac{\varepsilon}{2}$．この T_0 に対して，更に T を大きく取れば，$e^{-aT}\left(|x(0)|+\displaystyle\int_0^{T_0}e^{as}|f(s)|ds\right)<\dfrac{\varepsilon}{2}$．解 $x(t)$ の公式の積分 $\displaystyle\int_0^t$ を $\displaystyle\int_0^{T_0}+\int_{T_0}^t$ と分けて，上のことに注意すると $t\geqq T$ の時，$|x(t)|<\varepsilon$．

(ii) と (iii) やはり $x(0)=x_0$ なる解の公式

$x(t)=e^{-at}\left(x_0+\displaystyle\int_0^t e^{as}f(s)ds\right)$

にて，目的に合う様に x_0 を定めよ．

10 (i) 変数分離形 $\dfrac{dy}{dx}=\sqrt{|xy|}$ の解より反例を作れ．

(ii) 積分方程式にして $y\equiv 0$ を導け．

B 基礎を 活用する 演習

B-1, B-2, B-3 は微分方程式の初期値問題，B-4 は周期解，B-5 は境界値問題に関する出題であり，皆，計算力よりも，考える力を問うている．

1. (i) $f(y)$ を連続関数として，微分方程式 $\dfrac{dy}{dx}=f(y)$ (＊) を考える．$f(a)=0$ となる a に対して，$(0, a)$ を通る (＊) の解は $y(x)\equiv a$ 以外にはないと仮定する．この時，(＊) の解は初期値問題に関して，一意的であることを証明せよ． (ii) $c\neq 0$ とする時，微分方程式 $\dfrac{dy}{dx}=\sqrt{|y|}+c$ (＊＊) の解は初期値問題に関して一意的であることを示せ． (東北大学大学院入試)

2. 次の初期値問題を考える $(a>0)$．
$\dfrac{d}{dt}f(t)=a-(f(t))^2$ $(t\geqq 0)$，$f(0)=0$．
(i) 実解 $f(t)$ は $0\leqq f(t)\leqq a^{\frac{1}{2}}$ $(t\geqq 0)$ となることを証明せよ． (ii) 実解 $f(t)$ は増加関数であるか． (iii) $f(t)=a^{\frac{1}{2}}$ となる t は存在するか． (北海道大学大学院入試)

3. $x\geqq 1$ で定義された連続関数 $f(x)$ は次の条件を満すものとする．(イ) $x=2$ で極値を持つ．(ロ) $\displaystyle\int_1^x f(t)dt$ は $\dfrac{f(x)}{x}-a$ に比例する．この時，(i) $f(x)$ は $\dfrac{f'(x)}{f(x)}=-\dfrac{x}{4}+\dfrac{1}{x}$ を満すことを示せ． (ii) $f(x)$ を求めよ． (佐賀県高校教員採用試験)

4. $p(t)$ が $-\infty<t<\infty$ で連続かつ周期 $T>0$ を持つ時，単独の微分方程式 $\dfrac{dx}{dt}+p(t)x=0$ (＊) の解 $x(t)\neq 0$ に関して，次のことを証明せよ． (i) $x(t)\exp\left(\dfrac{t}{T}\displaystyle\int_0^T p(s)\,ds\right)$ は周期 T を持つ． (ii) $x(t)$ が周期 T を持つための必要十分条件は $\displaystyle\int_0^T p(s)ds=0$ である． (早稲田大学，岡山大学大学院入試)

5. 微分方程式 $\dfrac{dx}{dt}=a(t)x+f(t)$ (＊) において，$a(t)$ は $[0, 1]$ で連続とする． $[0, 1]$ で連続な任意の関数 $f(t)$ に対して，(＊) が $x(0)=x(1)$ を満す解 $x(t)$ を持つための必要十分条件は「微分方程式 $\dfrac{dy}{dt}=a(t)y$ の $y(0)=y(1)$ を満す解が $y(t)\equiv 0$ のみであることである.」これを証明せよ．
(京都大学大学院入試)

1. $f(a)=0$ なる a に対して，初期値問題 $y(0)=a$ の解が $y\equiv a$ しかなければ，別の $x=\alpha$ に対する初期値問題 $y(\alpha)=a$ は $z(t)=y(t+\alpha)$ とおくことにより，初期値問題 $z(0)=a$ に帰着されるはずである．$f(y)\neq 0$ なる解は，変数分離形の解法が，適用できるので，求積法によって解ける．これ以外の解は $f(y)=0$ の根 a に対する $y\equiv a$ しかないことが条件として保証されている．

2. 変数分離形 $\dfrac{dx}{dt}=a-x^2$ は，右辺$=a-x\equiv 0$ の根 $x=\pm\sqrt{a}$ を用いた，二つの定数関数 $x\equiv\pm\sqrt{a}$ を解にもつ．一方

単独性定理

> $g(t, x)$ が x についてリプシッツ条件を満せば，初期値問題
> $$\frac{d}{dt}x=g(t, x),\quad x(t)=x_0$$
> の解の存在は一意的である．

において，$g(t, x)=a-x^2$ とおくと，多項式 $a-x^2$ はリプシッツ条件を満すので，この定理の適用範囲にある．したがって，もしもある点 t_0 で $a-x^2=0$ となる解があれば，それは初期値問題 $x(t_0)=\pm\sqrt{a}$ の解であり，定数関数 $\pm\sqrt{a}$ も解なので，これと一致し，$x(0)=0$ に反し，矛盾である．ゆえに，われわれの $x(0)=0$ なる解は常に $a^2-x^2\neq 0$ を満す．

3. $\displaystyle\int_1^x f(t)dt=k\left(\frac{f(x)}{x}-a\right)$ の両辺を x で微分して，変数分離形，または，線形微分方程式に持込み，与えられた条件より任意定数を定めよ．

4. 一般解の公式 $x(t)=Ce^{-\int_0^t p(s)ds}$ 並びに
$y(t)=C\exp\left(\dfrac{t}{T}\displaystyle\int_0^T p(s)ds-\int_0^t p(s)ds\right)$ より，
$y(t+T)=y(t)$ や $x(t+T)=x(t)$ を導く際，変数変換，$s=u+T$ を施せ．

5. 一般解 $x(t)=e^{\int_0^t a(s)ds}\left(\displaystyle\int_0^t f(u)e^{-\int_0^u a(s)ds}du+C\right)$ において，$x(0)=x(1)$ なる条件は C についての1次方程式に帰着される．これが ${}^\forall f$ に対して解を持つための条件としては，C の係数$\neq 0$ が鍵である．

9 実数の連続性公理

高校生で数学とは機械的計算かと思っている諸君が多いが，誤りである．数学は本章の様な公理に基いており，担当の先生によっては大学教養入学と同時に，この様な公理を注入される．

SUMMARY — 計算ばかりが数学ではない．何か足りないものがある．

公理Ⅰ　**デデキントの公理**　任意のデデキントの切断 (A, B) に対して**切断の数** c がある，すなわち，$A=(-\infty, c]$，$B=(c, +\infty)$ か $A=(-\infty, c)$，$B=[c, +\infty)$ のいずれかが成立する．

公理Ⅰの説明　デデキントの切断は必らず，ある数 c で左と右に $\boldsymbol{R}$ をたたき切ったものであり，c が左に付くか，右に付くかの二通りの場合がある．

上限と下限　$\boldsymbol{R}$ の部分集合，すなわち，実数の集合 S に対して，実数 a があって，S の全ての元 x に対して，$x \leqq a$（または $x \geqq a$）が成立する時，S は**上(下)に有界**であるといい，a を S の**上(下)界**という．上(下)界の内で最小(大)のものを**上(下)限**といい $\sup S$ ($\inf S$) と書く．

公理Ⅱ　**ワイエルシュトラスの公理**　上に有界な集合 S は上限を持つ．

公理Ⅱの説明　S が上界を持てば，多くの上界の内で必らず最小のものが存在するという主張である．

数列の収束　実数列 $(a_n)_{n \geqq 1}$ が実数 a に**収束する**とは，任意の正数 ε に対して，自然数 N があって，$n \geqq N$ の時，$|a_n - a| < \varepsilon$ が成立することをいう．

単調数列　実数列 $(a_n)_{n \geqq 1}$ は，$n \geqq 1$ であれば，常に $a_n \leqq a_{n+1}$（または $a_n \geqq a_{n+1}$）が成立する時，**単調非減少(増加)**といい，これらを総称して，**単調数列**という．

公理Ⅲ　上に有界な単調非減少数列は収束する．

公理Ⅲの説明　行く手に障害があり，後退ができなければ，どこかで止らざるを得ない．

公理Ⅳ　**区間縮小法**　閉区間 $I_n = [a_n, b_n]$ の列は，$I_{n+1} \subset I_n$ $(n \geqq 1)$，$b_n - a_n \to 0$ $(n \to \infty)$ の時，実数 a があって，$\bigcap_{n=1}^{\infty} I_n = \{a\}$．

公理A　**アルキメデスの公理**　任意の正数 ε, M に対して，自然数 N があって $N\varepsilon > M$．

公理Ⅴ　**コーシーの収束判定法**　コーシー列は収束列である．

公理Ⅵ　**ワイエルシュトラス-ボルツアーノ の公理**　有界数列は収束部分列を持つ．

実数の連続性公理　公理Ⅰ，公理Ⅱ，公理Ⅲ，公理Ⅳ＋公理A，公理Ⅴ＋公理A，公理Ⅵ は同値であって，**実数の連続性公理**と呼ばれる．

記号の説明

集合 X の性質 P を持つ元 x 全体の集合を $\{x \in X | P\}$ や $\{x \in X ; P\}$ と書く．

実数全体の集合を $\boldsymbol{R}$ と書く．

$a<b$ なる実数 a, b に対して，$(a, b)=\{x \in \boldsymbol{R} ; a<x<b\}$ を**開区間** a, b と，$(a, b]=\{x \in \boldsymbol{R} ; a<x \leqq b\}$ を**半開区間** a, b と，$[a, b]=\{x \in \boldsymbol{R} ; a \leqq x \leqq b\}$ を**閉区間** a, b と読む．

デデキントの切断とは　$\boldsymbol{R}$ の空でない部分集合 A, B は合併 $A \cup B$ が $\boldsymbol{R}$ に等しく，交わり $A \cap B$ が空集合 ϕ で，$x \in A$，$y \in B$ であれば $x<y$ が常に成立する時，A と B との組 (A, B) を**デデキントの切断**という．つまり，数直線 $\boldsymbol{R}$ が左と右に A, B とまっ二つに分けられる時，デデキントの切断である．

数列の収束

$a=\lim_{n \to \infty} a_n$ の定義は

$\forall \varepsilon > 0, \exists N ; |a_n - a| < \varepsilon$ $(n \geqq N)$

コーシー(の基本)列

数列 $(a_n)_{n \geqq 1}$ がコーシー列とは

$\forall \varepsilon > 0, \exists N ; |a_m - a_n| < \varepsilon$ $(m, n \geqq N)$

収束列はコーシー列である

$|a_m - a_n| \leqq |a_m - a| + |a - a_n|$

なので，$m, n \to \infty$ の時，右辺→0 であり，左辺も→0．逆は証明できないので公理とする．

▶ **上極限の存在は左の公理から導かれる．**

EXAMPLE 1—公理Ⅱと公理Ⅲの例題

有界実数列 $(a_n)_{n\geqq 1}$ の上極限の定義を述べよ．

（東京女子大学大学院入試）

解き方　任意の自然数 p に対して，p 番目から先の集合 $\{a_p, a_{p+1}, \cdots\}$ は上に有界であるから，公理Ⅱより，上限 $b_p=\sup\limits_{n\geqq p} a_n$ を持つ．p が大きくなれば，集合 $\{a_p, a_{p+1}, \cdots\}$ は小さくなるから，上限も小さくなり，$b_p\geqq b_{p+1}(p\geqq 1)$．上に有界な単調非減少数列 $(-b_p)_{p\geqq 1}$ は公理Ⅲより収束するから，符号を元に戻した $(b_p)_{p\geqq 1}$ も収束する．この時，$\lim\limits_{p\to\infty} b_p=\lim\limits_{p\to\infty}(\sup\limits_{n\geqq p} a_n)$ を $\lim\limits_{n\to\infty}\sup a_n$，または，$\overline{\lim\limits_{n\to\infty}}\, a_n$ と記し，数列 $(a_n)_{n\geqq 1}$ の**上極限**という．

E-1 の補足説明

$b_p\geqq b_{p+1}$ の両辺に -1 を掛けると不等号が逆向きとなって，$-b_p\leqq -b_{p+1}$，したがって，数列 $(-b_p)_{p\geqq 1}$ は単調非減少．しかも上に有界なので，公理Ⅲの適用範囲に入る．

非有界な場合の上極限

左の $\{a_p, a_{p+1}, \cdots\}$ が上に有界でない場合は $b_p=+\infty$．更に，$(b_p)_{p\geqq 1}$ が下に有界でない場合には，$\lim\limits_{p\to\infty} b_p=-\infty$ と約束すると，あらゆる場合に数列の上極限が値に $\pm\infty$ も含めると確定し便利である．

EXAMPLE 2—E-1 の例題

$(a_n)_{n\geqq 1}$ を実数列とする時，$\overline{\lim\limits_{n\to\infty}}\, a_n\geqq\overline{\lim\limits_{n\to\infty}}\dfrac{a_1+a_2+\cdots+a_n}{n}$ が成立することを証明せよ．

（九州大学大学院入試）

解き方　左辺を a としよう．任意の正数 ε に対して，E-1 で述べた様に，$b_p=\sup\limits_{n\geqq p} a_n$ の極限が a なので，$^{\exists}N; a-\dfrac{\varepsilon}{2}<b_p<a+\dfrac{\varepsilon}{2}$ $(p\geqq N)$．しかし，$b_p=\sup\limits_{n\geqq p} a_n$ なので，$a_n<a+\dfrac{\varepsilon}{2}$ $(n\geqq N)$．

$$\frac{a_1+a_2+\cdots+a_n}{n}-a=\frac{(a_1-a)+(a_2-a)+\cdots+(a_{N-1}-a)}{n}+\frac{(a_N-a)+(a_{N+1}-a)+\cdots+(a_n-a)}{n}$$

と $(N-1)$ 番目迄と N 番目以降に分けるのが手筋であって，右辺第1項の分子の各項の絶対値の和 $M=|a_1-a|+|a_2-a|+\cdots+|a_N-a|$ は，ε が変れば N は変るが，ε を定めれば N は定数，したがって，M も定った正数であって，公理Aより自然数 N' があって，$N'\dfrac{\varepsilon}{2}>M$．右辺の第2項の分子の各項は上に見た様に $<\dfrac{\varepsilon}{2}$．したがって，$n-N+1$ 個の和を n で割れば $<\dfrac{\varepsilon}{2}$．よって，N と N' の大きい方 $\max(N, N')$ を N_0 とすると，$n\geqq N_0$ であれば，右辺 $<\dfrac{M}{n}+\dfrac{n-N+1}{n}\dfrac{\varepsilon}{2}<\dfrac{M}{N'}+\dfrac{\varepsilon}{2}\leqq\dfrac{\varepsilon}{2}+\dfrac{\varepsilon}{2}=\varepsilon$．任意の $p\geqq N_0$ に対して，上限を取り，

$$\sup_{n\geqq p}\frac{a_1+a_2+\cdots+a_n}{n}\leqq a+\varepsilon.$$

更に p について極限を取ると

$$\overline{\lim_{n\to\infty}}\frac{a_1+a_2+\cdots+a_n}{n}=\lim_{p\to\infty}\sup_{n\geqq p}\frac{a_1+a_2+\cdots+a_n}{n}\leqq a+\varepsilon.$$

ε はどんなにでも小さく取れるので，$\varepsilon\to 0$ として

$$\overline{\lim_{n\to\infty}}\frac{a_1+a_2+\cdots+a_n}{n}\leqq a=\overline{\lim_{n\to\infty}}\, a_n.$$

注意

任意の正数 ε に対して，公理Aより自然数 N があって $N\varepsilon>1$．ゆえに $n\geqq N$ の時，$\dfrac{1}{n}\leqq\dfrac{1}{N}<\varepsilon$．これは，公式

$$\lim_{n\to\infty}\frac{1}{n}=0$$

を与える．この公式は公理を用いずには証明できない！

注意

E-2 の証明で，始めに $\dfrac{\varepsilon}{2}$ が出て来たのは，最後を $\leqq a+\varepsilon$ とする美学上の理由による．

A 基礎を かためる 演習

実数の連続性公理の応用として，大学の教養にて学ぶが，数学を専攻しない学生に対しては，理解できなくとも単位を取る道を開くのが，真の教育者である．

1 $r>0$ の時，極限 $\lim_{n\to\infty} r^n$ を求めよ． （佐賀県中学教員採用試験）

2 数列 $(a_n)_{n\geqq1}$ が収束する時，数列 $\left(\dfrac{a_1+a_2+\cdots+a_n}{n}\right)_{n\geqq1}$ も収束し，

$$\lim_{n\to\infty} a_n=\lim_{n\to\infty}\frac{a_1+a_2+\cdots+a_n}{n}$$

が成立することを示せ． （九州大学，早稲田大学大学院入試）

3 正整数 n に対して，実数 x_n を $\dfrac{m}{10^m}$ (m は整数) の形の分数で $\sqrt{2}$ より小さいものの最大のものとする． この時， 数列 $(x_n)_{n\geqq1}$ は Cauchy の基本列を作ることを証明せよ． （大阪大学大学院入試）

4 $(a_n)_{n\geqq1}$ を収束する実数列とし，ある $\alpha>0$ が存在して各 n について $|a_n-a_{n+1}|\geqq\alpha$ または $a_n-a_{n+1}=0$ とする． この時， ある N が存在して， $n\geqq N$ なる全ての n について $a_n=\lim_{m\to\infty} a_n$ が成立することを示せ． （東京女子大学大学院入試）

5 A を N 次元ユークリッド空間 $\boldsymbol{R}^N$ における原点を頂点とする凸錐とし，$\boldsymbol{R}^N$ において $\leqq$ を $x\leqq y \Longleftrightarrow y-x\in A$ で定義する． A が更に $\boldsymbol{R}^N$ で開であって，$A\cap(-A)=(0)$ を満すならば，(i) $x\leqq y$ かつ $y\leqq x$ ならば，$x=y$． (ii) $x\leqq y$，$y\leqq z$ ならば $x\leqq z$． (iii) $x^{(1)}\leqq x^{(2)}\leqq\cdots\leqq x^{(n)}\leqq x^{(n+1)}\leqq\cdots$ を満す $\boldsymbol{R}^N$ の点列 $(x^{(n)})_{n\geqq1}$ に対して $\boldsymbol{R}^N$ の点 p が存在して， $x^{(n)}\leqq p$ が成り立つならば， $\boldsymbol{R}^N$ において，$(x^{(n)})_{n\geqq1}$ は収束することを示せ． （九州大学大学院入試）

6 関数 $f(x)$ が $x=a$ で連続であるという定義を ε–δ 法で書け． $\sin x$ は連続であることを証明せよ． （岡山県中学・高校教員採用試験）

7 有界閉区間 $[a, b]$ で連続な関数 $f(x)$ は $[a, b]$ で有界であることを示せ． （上智大学大学院入試）

8 集積点，関数列の一様収束なる術語を説明せよ． （東京女子大学大学院入試）

9 閉区間 $I=[a, b]$ で定義された連続関数列 $(f_n(x))_{n\geqq1}$ は I で $f(x)$ に一様収束することにする． この時， 次の (i), (2) を証明せよ． (i) f は I で連続である． (ii) $\lim_{n\to\infty}\int_a^b f_n(x)dx=\int_a^b f(x)dx$ が成立する． （富山大学大学院入試）

10 $[0,1]$ 上の連続関数列 $(f_n)_{n\geqq1}$ が関数 f に一様収束すれば， $[0,1]$ 上の任意の点 x_0 と x_0 に収束する任意の数列 $(x_n)_{n\geqq1}$ に対して $\lim_{n\to\infty} f_n(x_n)=f(x_0)$ が成立することを証明せよ． （金沢大学，北海道大学大学院入試）

11 ユークリッド空間の有界閉集合上の連続関数は一様連続であることを示せ． （九州大学大学院入試）

12 平面上に空でない二つの閉集合 A, B があり，A は有界とする． A から， 点 x を，B から点 y を適当に取れば， x と y との距離が， A と B との距離に等しくできることを示せ． （立教大学大学院入試）

《急所とヒント》

1 公理Aを用いよ．

2 E-2 の証明を極限に合せて，そっくり真似よ．

3 自然数全体の 集合 $\boldsymbol{N}$ に対する

公理W

$\boldsymbol{N}$ の空でない部分集合は常に最小値を持つ．

を用いよ．

4 収束列はコーシー列であることに着目せよ．

5 (i), (ii) は定義より，(iii) は定義と公理 III より導かれる． また A が開とは A の任意の点 x に対して，$^\exists\varepsilon>0; x$ 中心半径 ε の球 $\subset A$．

6 後半は差積の公式を用いよ．

7 背理法により，ワイエルシュトラスの公理を用いて，証明せよ．

9 $f(x)-f(a)=(f(x)-f_N(x))+(f_N(x)-f_N(a))+(f_N(a)-f(a))$． 後半は，極限を取る前との差を作れ．

10 一様収束，点列の収束， $f_n(x_n)\to f(x_0)(n\to\infty)$ の定義を書いてみよ．

11 背理法 に より， 公理 VI と前問を用いて示せ．

12 前問を用いよ．

B 基礎を 活用する 演習

本章の様な公理論的取組が苦手な学生は多く，留年の主な原因をなす．本章が嫌いな高校生は数学科だけは志望してはならぬ．

1. 実数空間において，互に素な空でない開集合の濃度は高々可算であることを示せ．（大阪教育大学大学院入試）

2. 数直線 $\boldsymbol{R}$ の点 a の近傍で定義された関数 $f(x)$ が $x=a$ で連続であることの定義として，次の (イ), (ロ) は同値であることを証明し，かつ，その証明に選択公理が用いられているならば，その個所を明示せよ．(イ) 任意の数列 $(x_n)_{n\geqq 1}$ に対して，$x_n\to a$ ならば，$f(x_n)\to f(a)(n\to\infty)$ である．(ロ) 任意の正数 ε に対して，数 $\delta>0$ が存在して，$|x-a|<\delta$ となるがごとき全ての数 x に対して，$|f(x)-f(a)|<\varepsilon$ が成り立つ．（名古屋大学大学院入試）

3. X を連結な位相空間，$\boldsymbol{R}$ を数直線，$f:X\to\boldsymbol{R}$ を連続写像とする．$f(x_1)=a$，$f(x_2)=b$，$a<b$，$x_1, x_2\in X$ とする時，$a<c<b$ なる任意の実数 c に対して，$f(x)=c$ なる点 x が X 上に存在することを示せ．（京都，東京女子大学大学院入試）

4. 中間値の定理とその証明を欧文で書け．（上智大学大学院入試）

5. (1) 円周を直線上に連続に写像する時，直径の両端となる二点の内，少なくとも一対は一点に写ることを示せ．(2) 空間 $\boldsymbol{R}^3$ 内の有界凸集合 A の任意の内点 P を通る適当な平面で A を切り，A の体積を2等分できることを証明せよ．（国家公務員上級職数学専門試験，大阪大学大学院入試）

6. 定義域，値域がともに閉区間 $[0,1]$ である連続関数の無限列 $(f_n(x))_{n\geqq 1}$ が一様収束する時，極限関数 $f(x)=\lim_{n\to\infty}f_n(x)$ の値域もやはり $[0,1]$ であることを示せ．（お茶の水女子大学大学院入試）

7. $\boldsymbol{R}$ 上の連続関数 $f(x)$ に対して $\lim_{x\to+0}\int_x^{2x}\frac{f(t)}{t}dt=f(0)\log 2$ を示せ．（筑波大学大学院入試）

---

1. 各開集合から，有理点，すなわち，有理数を座標とする点を選び出せ．

2. (イ)→(ロ) がヤマであるが，背理法によって示せ．その際，命題の否定の作り方として

SCHEMA

> 全称肯定の否定は特称否定，特称肯定の否定は全称否定，である，すなわち，命題の否定を作るには ∀(any) と ∃(existence) を入れ換え，肯定と否定を入れかえればよい．

を参照せよ．∀ゆる命題を∀と∃で述べる習慣を付けよ．

3. 写像が連続である為の必要十分条件は開集合の原像が開集合であることである．位相空間が連結であることの定義は互に素な空でない二つの開集合の合併で表されないことである．ユークリッド空間等の距離空間ではある点 a の近傍とは，a を中心とする球を含む集合をいう．その任意の点の近傍である様な集合は，定義より，開である．距離空間では近傍や開の概念がこの様に定義されるが，必らずしも距離が無くても，近傍や開の概念を持つ空間を位相空間という．冒頭に述べたことは，写像の連続性や空間の連結性が位相空間でも論じられることを意味する．始めは取り付きにくいが，慣れるとこの様な抽象的な論議の方が，より本質がはっきりして，分り易くなる．本問は，そのサンプルである．

5. 中間値の定理を応用せよ．

6. $^\forall b\in[0,1], {}^\forall n\geqq 1, {}^\exists x_n\in[a,b]; f_n(x_n)=b$　ここでワイエルシュトラス-ボルツァノの公理と A-10 を用いよ．

7. ε-δ 法を用い，$\int_x^{2x}\frac{dt}{t}=\log 2$ に注目せよ．

10 平均値の定理

高数において直観的に導入され，関数の増減と導関数との関係に用いられて来た平均値の定理は，大学の教養にて公理論的背景の下で復習される．

SUMMARY — ▶ 前章が理解できなくても，落ち零れではなく，本章は理解できる．☞

① **Rolle（ロール）の定理**　関数 $f(x)$ が閉区間 $[a, b]$ で連続であって，端点において値が等しく，$f(a)=f(b)=0$ が成立しているとしよう．$f(x)$ が恒等的に零に等しければ，$f(x)$ は開区間 (a, b) で微分可能であって，しかも，$a<c<b$ を満す任意の点 c において，そのグラフ $y\equiv 0$ の $(c, 0)$ における接線の傾きは零で，$f'(c)=0$ が成立している．次に，$f(x)$ が恒等的に零でない場合を考察しよう．前章の A-7 において解説した，ワイエルシュトラスの定理により，連続関数 $f(x)$ は有限な閉区間 $[a, b]$ で最大値 M，および，最小値 m を取る．$f(x)$ は恒等的に零ではないので，$M>0$，または，$m<0$ の少なくとも一方は起り得る．$M>0$ の場合を考えるに，$a<c<b$ を満す点 c があって，M は c における f の値に等しく，$M=f(c)$．ここで，関数 $f(x)$ が点 c で微分可能でなければ，右上の第1図のグラフが示す様に話にならないが，関数 $f(x)$ が開区間 (a, b) で微分可能であれば，(a, b) の中にあるとしか分らないこの点 c においても，関数 $f(x)$ は微分可能であり，右の第2図のグラフの点 (c, M) における接線は x 軸に平行であって，$f'(c)=0$．このことをキチント示そう．任意の正数 h に対して，M の最大性より，$f(c+h)\leqq M=f(c)$，$f(c-h)\leqq M=f(c)$．差を取り h で両辺を割っても不等号は変らぬが，$-h$ で割る時は変るのがミソで，

$$\frac{f(c+h)-f(c)}{h}\leqq 0,\quad \frac{f(c-h)-f(c)}{-h}\geqq 0.$$

h に正の値を取らせながら，零に近づけると，第1式，第2式の右辺の極限は，共に，微係数 $f'(c)$ に近づくから，$f'(c)\leqq 0$，$f'(c)\geqq 0$ を得て，$f'(c)=0$．$m<0$ の時も同様であって，右上に与えるロールの定理を示したことになる．f は端点では微分可能でなくてもよい．

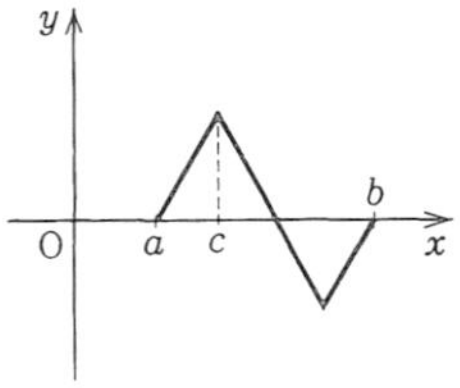

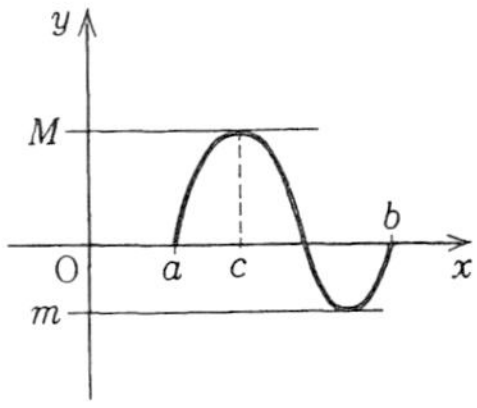

ロールの定理

$f(x)$ が $[a, b]$ で連続，(a, b) で微分可能，$f(a)=f(b)=0$ であれば，$a<{}^{\exists}c<b$；$f'(c)=0$

② **平均値の定理**　関数 $f(x)$ が $[a, b]$ で連続，(a, b) で微分可能であれば，$a<c<b$ を満す点 c があって

$$\frac{f(b)-f(a)}{b-a}=f'(c)$$

が成立する．左辺は $[a, b]$ における関数の平均の変化率であり，右辺は点 c における微係数であり，右の第3図の様に，弦と傾きが等しくなる接線の存在を主張している．

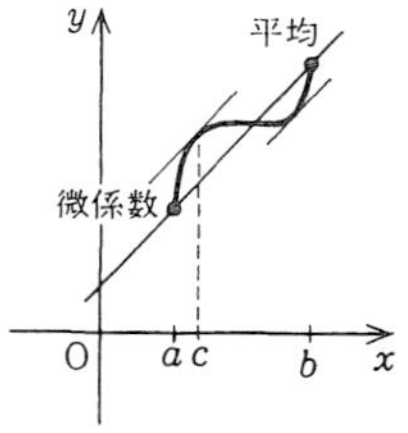

③ **コーシーの平均値の定理**　閉区間 $[a, b]$ で連続，(a, b) で微分可能な関数 f, g に対して，$g'(x)\neq 0(a<x<b)$ ならば，$a<c<b$ を満す点 c があって，$\dfrac{f(b)-f(a)}{g(b)-g(a)}=\dfrac{f'(c)}{g'(c)}$．

▶ 左頁の対応する事項をもう一度読みながら，イメージを把もう．

EXAMPLE 1 ―②の平均値の定理の証明

微分法における平均値の定理を述べて，証明せよ．

（九州大学大学院入試）

解き方 右上の定理を証明するに，関数 f の $[a,b]$ における平均変化率 $A=\dfrac{f(b)-f(a)}{b-a}$ を用いて，新たに，補助的な関数

$$F(x)=f(b)-f(x)-A(b-x)$$

を導くと，$F(a)=f(b)-f(a)-A(b-a)=0$ は A の作り方から，$F(b)=f(b)-f(b)-A(b-b)=0$ は明らかであり，F に対して，ロールの定理を適用できて $a<c<b$ を満す c があって，$F'(c)=-f'(c)+A=0$.

平均値の定理

$[a,b]$ で連続，(a,b) で微分可能な関数 $f(x)$ に対して，

$a<{}^{\exists}c<b$;

$f(b)=f(a)+f'(c)(b-a)$

EXAMPLE 2 ―②の平均値の定理の例題

導関数が常に零である関数 f は定数であることを証明せよ．

（埼玉県，群馬県中学・高校教員採用試験，九州大学大学院入試）

解き方 任意の点 a を取り，固定する．変数としたい任意の点 x に対して，平均値の定理より，a と x の間の値 ξ があって，$f(x)=f(a)+f'(\xi)(x-a)$．ξ はどこにあるのか分らないけど，$f'(x)\equiv 0$ なので，$f'(\xi)=0$．したがって，$f(x)=f(a)$ が成立し，f は定数関数である．

老婆心ながら

定理の証明を全て暗記するのはナンセンスであるが，何も覚えていないと無い頭の絞り様がない．証明の核心のみ覚えることが，様々な試験の対策として重要である．左の E–1 では F の作り方と Rolle の定理の適用の二点のみ覚えよ．

EXAMPLE 3 ―③のコーシーの平均値の定理の証明

コーシーの平均値定理を証明せよ．（三重県高校教員採用試験）

解き方 平均値の定理より，$a<{}^{\exists}\xi<b; g(b)-g(a)=g'(\xi)(b-a)$ だが仮定より，g' は決して 0 にならないから，$g(b)-g(a)\neq 0$．したがって

$$F(x)=f(b)-f(x)-\frac{f(b)-f(a)}{g(b)-g(a)}(g(b)-g(x))$$

が定義できて，しかも，$F(a)=F(b)=0$ なので，Rolle の定理が適用できて，$a<{}^{\exists}c<b; F'(c)=-f'(c)+\dfrac{f(b)-f(a)}{g(b)-g(a)}g'(c)=0$.

EXAMPLE 4 ―③のコーシーの平均値の定理の例題

コーシーの平均値定理を用いて，任意の 2 階微分可能な関数 $f(x)$ について

$$f(a+h)=f(a)+hf'(a)+\frac{h^2}{2}f''(a+\theta h) \quad (0<\theta<1) \tag{1}$$

が成立することを証明せよ．（東京工業大学大学基礎物理学専攻入試）

解き方 $F(x)=f(b)-f(x)-f'(x)(b-x)$，$G(x)=(b-x)^2$．$F'(x)=-f''(x)(b-x)$，$G'(x)=-2(b-x)$ に対する左頁下のコーシーの平均値定理より，a と b の間に c があり，$\dfrac{f(b)-f(a)-f'(b)(b-a)}{(b-a)^2}=\dfrac{F(a)}{G(a)}=\dfrac{F'(c)}{G'(c)}=\dfrac{-f''(c)(b-c)}{-2(b-c)}=\dfrac{f''(c)}{2}$ の，左辺＝右辺，を左辺の $f(b)$ に付いて解き，$h=b-a$，$\theta=\dfrac{c-a}{h}$ とし，(1)を得る．

ロピタルの公式

$f(a)=g(a)=0$，であれば，

$$\lim_{x\to a}\frac{f(x)}{g(x)}=\lim_{x\to a}\frac{f'(x)}{g'(x)}$$

ただし，右辺の極限が存在する時，左辺の極限も存在して等しいことを意味する．証明にはコーシーの平均値の定理を用いる．

A 基礎を かためる 演習

この節も高数と大学教養の数学の分岐点であり，高校生には予習，大学生には復習の対象であり，前章より理解し易い．

1 平均値の定理を用いて $\dfrac{1}{x+1}<\log(x+1)-\log x<\dfrac{1}{x}$ $(x>0)$ を証明せよ．
（大阪府高校教員採用試験）

2 $a>b>1$ の時，$a\log\dfrac{a}{b}>a-b$ を証明せよ．　（岡山県中学・高校教員採用試験）

3 $f(x)=x^{\frac{1}{x}}$ のグラフの概形を書き，$\lim_{x\to+0}f(x)$ を求めよ．
（東京理科大学大学院入試）

4 $\lim_{x\to a}\dfrac{x^2f(a)-a^2f(x)}{x-a}$ を $f(a)$ と $f'(a)$ で表せ（再掲）．
（東京都高校教員採用試験）

5 次の不定形の極限を求めよ．　（教員採用試験，就職試験，大学院入試）

(1) $\lim_{h\to0}\dfrac{e^h-1}{h}$（神奈川県中学）　(2) $\lim_{x\to0}\dfrac{\sin x}{x}$（進和貿易，日本アスベスト）

(3) $\lim_{x\to0}\dfrac{(1+x)^{\frac{1}{x}}-e}{x}$（慶応大学）　(4) $\lim_{\theta\to0}\dfrac{\theta\sin\theta}{1-\cos2\theta}$（千葉県中学）

(5) $\lim_{x\to2}\dfrac{1-\cos(x-2)}{\sin^2(x-2)}$（再掲）（日本発条）　(6) $\lim_{x\to0}\dfrac{\tan x-\sin x}{x^3}$
（群馬県高校）

(7) $\lim_{x\to0}\left(\dfrac{1}{x^2}-\dfrac{1}{\sin^2x}\right)\tan^2x$（兵庫県高校）　(8) $\lim_{x\to0}\left(\dfrac{1}{x^2}-\dfrac{x}{\sin^3x}\right)$
（横浜国立大学）

(9) $\lim_{x\to0}\left(\dfrac{\cos x}{\log(1+x)}-\dfrac{1}{x}\right)$（電気通信大学，東京工業大学）

(10) $x(y-x^2)=y^2$ である時，$\lim_{x\to0}\dfrac{y}{x}$ を求めよ．（兵庫県中学・高校）

(11) $\lim_{x\to+\infty}(x-\sqrt{x^2-a^2})$　（大日本インキ）

(12) $\lim_{n\to\infty}(\sqrt{n^2+3n+1}-n)$　（大日本製図）

(13) $\lim_{x\to\infty}(\log_{10}x-\log_{10}(x-1))$　（埼玉県中学）

6 $f(x)$ が整式の時，$\lim_{x\to1}\dfrac{f(x)}{x-1}=-1$，$\lim_{x\to2}\dfrac{f(x)}{x-2}=1$ なる次数の一番低い $f(x)$ を求めよ．
（神奈川県・横浜市・川崎市中学・高校教員採用試験）

7 $f(x)=x^3+px^2+qx+r$，$\lim_{x\to1}\dfrac{f(x)-4}{x-1}=k$（定数）の時，(1) 上の極限値 k は $f(x)$ の $x=1$ における変化率に等しいことを証明せよ．(2) 上式で $k=3$ の時，$f(x)$ は $x=-2$ で極値を取る時，極大値か，極小値か，また，その値はいくらか．
（東京都高校教員採用試験）

8 $f(x)=x^3-px^2+(p^2-2p)x+q$ について　(1) $f(x)$ が極値を持つ様な整数 p を求めよ．(2) $f(x)=0$ が一つの負根と2つの正根を持つ様な整数 p,q を求めよ．
（山梨県高校教員採用試験）

9 $\lim_{n\to\infty}\left(1+\dfrac{1}{n}\right)^n=e$ を証明する過程で，次の(1),(2)を証明せよ．(1) $a_n=\left(1+\dfrac{1}{n}\right)^n$ を二項展開せよ．(2) a_n が単調増加であることを証明せよ．
（静岡県高校教員採用試験）

《急所とヒント》

1と**2**　関数 $f(x)=\log x$，$f'(x)=\dfrac{1}{x}$ に平均値の定理を適用せよ．

3　導関数は $y=x^{\frac{1}{x}}$ の対数を取り，$\log y=\dfrac{\log x}{x}$ の両辺を x で微分せよ．漸近線を求める時の $x\to+\infty$ の極限は ∞^0 なる不定型なので，対数を取り $\dfrac{\infty}{\infty}$ 型にして，ロピタルの公式を使え．

4　$\dfrac{0}{0}$ 型なので，今回はロピタルの公式を使ってみよ．

5　$\dfrac{0}{0}$ 型の場合，ロピタルの公式を一回用いても，$\dfrac{0}{0}$ 型になる時が多い．この時は，分母が0でなくなる迄ロピタルの公式を使え．すなわち

SCHEMA

$f(a)=g(a)=f'(a)=g'(a)=\cdots=f^{(m-1)}(a)=g^{(m-1)}(a)=0$ であれば

$$\lim_{x\to a}\frac{g(x)}{f(x)}=\lim_{x\to a}\frac{g^{(m)}(x)}{f^{(m)}(x)}$$

しかし，ロピタルの公式が常に可能とは限らないので，旧課程の大学入試型も忘れぬこと．

6と**7**　$\lim_{x\to a}\dfrac{f(x)-b}{x-a}$ なる型の極限が存在するための必要十分条件は $b=f(a)$ であって，その極限は $f'(a)$．

8と**9**　は前章のオサライ．

B 基礎を 活用する 演習

本節は大学教養のカリキュラム．平均値の定理は関数の値の差の考察に有効であるが，積分表示の方が，より精密である．

1. 関数 f は $[a,b]$ 上到る所微分可能とする時，$f'(a)<0$，$f'(b)>0$ ならば，開区間 (a,b) 内に $f'(x)=0$ なる点 x が存在することを示せ．また，$f'(a)<A<f'(b)$ ならば，$f'(x)=A$ となる $x\in(a,b)$ が存在することを示せ．

（奈良女子大学，早稲田大学大学院入試）

2. f は $(0,1]$ 上の実数値関数で，この区間で微分可能かつある定数 M に対して，$|f'(x)|\leqq M$ とする．

(i)　有限な $\lim_{x\to+0} f(x)$ が存在することを証明せよ．

(ii)　$f(0)=\lim_{x\to+0} f(x)$ により $f(x)$ を $[0,1]$ に拡張する．$\lim_{x\to+0} f'(x)$ が存在すれば，f は $x=0$ で右側から微分可能であることを示せ．

（東京都立大学大学院入試）

3. $x_i(t)(1\leqq i\leqq n)$ は，いずれも区間 $[a,b]$ で定義された実数値連続関数とする．$x_i(t)$ を第 i 成分とする n 次元ベクトルを $x(t)$，$\int_a^b x_i(t)dt$ を第 i 成分とする n 次元ベクトルを $\int_a^b x(t)dt$ と書く．また，実数 x_i を第 i 成分とする n 次元ベクトル x に対して，$\|x\|=\sqrt{\sum_{i=1}^n x_i^2}$ とおく時，$\left\|\int_a^b x(t)\,dt\right\|\leqq\int_a^b\|x(t)\|dt$ を示せ．

（国家公務員上級職数学専門試験）

4. $f(x)$ を区間 $[a,b]$ で連続な関数とする．(i) $\int_a^b f(x)\,dx=f(c)(b-a)$，$a<c<b$ を満足する c が少なくとも一つ存在すること，(ii) $\dfrac{d}{dx}\int_a^x f(t)\,dt=f(x)$ を証明せよ．

（静岡県高校教員採用試験，広島大学大学院入試）

5. 関数 $u(x)$ が，$0<x<\infty$ で連続的微分可能であって，しかも x に無関係な定数 A と $\alpha(0<\alpha\leqq1)$ が存在して，$\left|\dfrac{d}{dx}u(x)\right|\leqq Ax^{\alpha-1}(0<x<\infty)$ を満している時，

$$\sup_{\substack{x\neq y\\ y>0, x>0}}\left|\frac{u(x)-u(y)}{(x-y)^\alpha}\right|\leqq\frac{A}{\alpha}$$

が成立することを示せ．

（北海道大学大学院入試）

6. $\boldsymbol{R}$ 上連続的微分可能な関数 $f(x)$ が $|f'(x)|\leqq|f(x)|(x\in\boldsymbol{R})$，$f(0)=0$ を満す時，$f(x)\equiv0$ を示せ．

（東京都立大学，大阪大学大学院入試）

1. 更に，$f'(x)$ が連続であれば，f' と $[a,b]$ に中間値の定理を適用すればよいが，f' の連続性が仮定されていない所に本問の面白さがあり，そこに選別の意図が秘んでいる．下図によって直観的に把握した本音をいかに建前として立派に述べるかということ．平均値の定理の証明のエチュード．

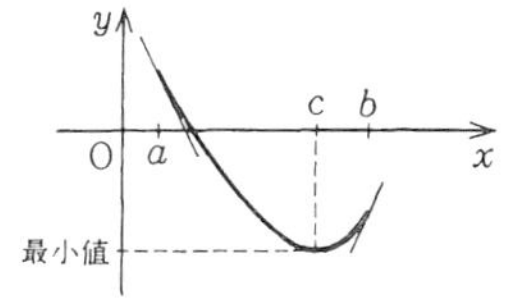

2. $^\exists\lim_{x\to+0} f(x)$ とコーシーの判定法 $\lim_{0<x<y\to0}(f(y)-f(x))=0$ とは同値なので，$[x,y]$ に平均値の定理を使えばよい．

3. $\int_a^b x(t)\,dt=\lim_{n\to\infty}\sum_{i=1}^n x\left(a+\dfrac{i(b-a)}{n}\right)\dfrac{b-a}{n}$ の両辺のノルムを取ればよい．この不等式は完備なノルム空間に値を持つ連続関数，すなわち，バナッハ空間値連続関数 $x(t)$ に対しても成立している．

4. ワイエルシュトラスの定理より，$[a,b]$ で連続関数 $f(x)$ は最小値 m，最大値 M を取る．積分をリーマン和の極限と考えると，

$m\leqq\dfrac{1}{b-a}\int_a^b f(x)\,dx\leqq M$.

第二項は関数 $f(x)$ の中間値 $f(^\exists c)$ である．

5. $\int_x^y At^{\alpha-1}\,dt=\dfrac{A(y^\alpha-x^\alpha)}{\alpha}$ と B-4 で示した

$u(y)-u(x)=\int_x^y u'(t)\,dt$

並びに B-3 を用いよ．

6. $f(x)=\int_0^x f'(t)\,dt$ より，$|f(x)|\leqq\int_0^x|f'(t)|\,dt\leqq\int_0^x|f(t)|\,dt$，$M=\max_{0\leqq t\leqq x}|f(t)|$ とした時，$|f(x)|\leqq\dfrac{Mx^n}{n!}(^\forall n\geqq0)$ を数学的帰納法により導け．

11 テイラー展開

1 次関数，2 次関数，3 次関数等の多項式は，中学以来，折にふれ学んで来た馴染の深いものである．テイラー展開とは，得体の知れない関数を多項式で近似して，その輪郭を探るものである．

SUMMARY — ▶右頁の EXAMPLE を読みながら凹凸変曲点を理解しよう．

① **凸関数** 関数 $y=f(x)$ は，その任意の弦の下(上)にグラフがある時，**下に凸(凹)**という．関数 f が C^2 級，すなわち，2 次の導関数 $f''(x)$ が存在して連続な時，f が下に凸（凹）であるための必要十分条件は $f''(x)\geqq 0$（$f''(x)\leqq 0$）が成立することである．

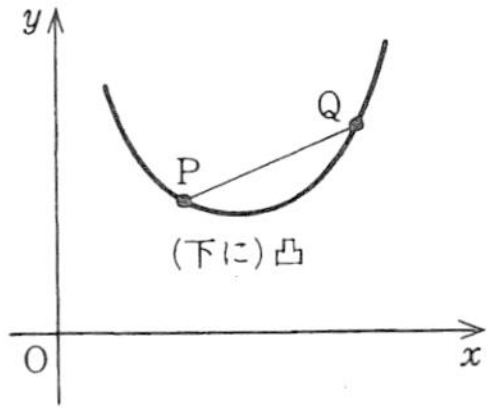

② **変曲点** 点 a の近傍 $(a-\varepsilon, a+\varepsilon)$ で定義された関数 f は $(a-\varepsilon, a)$ で凸，$(a, a+\varepsilon)$ で凹であるか，$(a-\varepsilon, a)$ で凹，$(a, a+\varepsilon)$ で凸なる具合に，点 a を境にして凹凸が変る時，点 a を関数 f の**変曲点**という．C^2 級の関数 f の 2 次の導関数 $f''(x)$ が $x=a$ で符号の変化をする時，a は f の変曲点である．

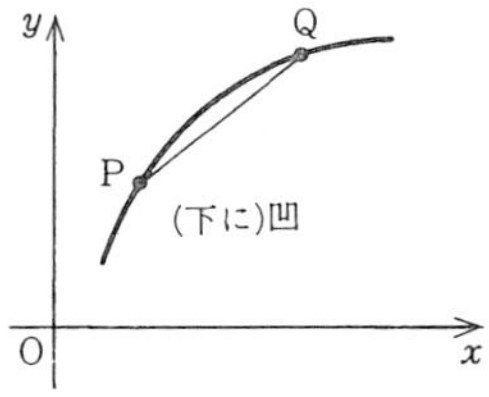

③ **2 次の導関数と極値** C^2 級の関数 $f(x)$ に対して，条件 $f'(a)=0$ は $f(a)$ が極値であるための必要条件に過ぎないが，更に，$f''(a)<0$ であれば $f(a)$ は f の極大値であり，$f''(a)>0$ であれば $f(a)$ は f の極小値である．

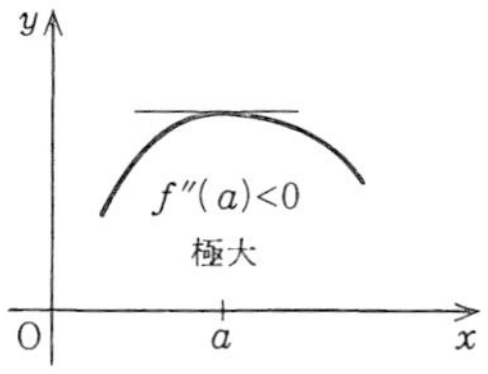

関数 $f(x)$ が点 a の近傍で，$n+1$ 次の導関数迄存在して，$n+1$ 階微分可能とする．この時

テイラーの公式

$$f(x)=f(a)+\frac{f'(a)}{1!}(x-a)^2+\cdots+\frac{f^{(n)}(a)}{n!}(x-a)^n+R_{n+1},$$

$$a<{}^{\exists}\xi<x;\ R_{n+1}=\frac{f^{(n+1)}(\xi)}{(n+1)!}(x-a)^{n+1}$$

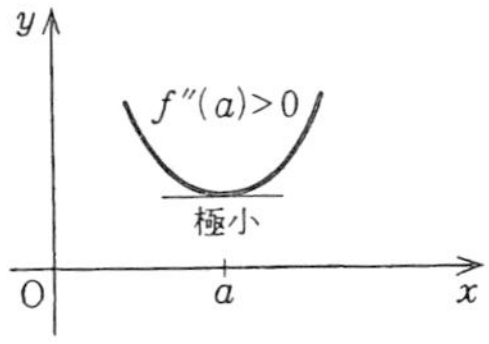

が成立する．この時，上の式を関数 $f(x)$ の点 a における n 次迄の**テイラー展開**といい，R_{n+1} をその**剰余項**という．$h=x-a$，$\theta=\dfrac{\xi-a}{x-a}$ とおくと，$0<\theta<1$，$x=a+h$，$\xi=a+\theta h$ なので，テイラー展開は

$$f(a+h)=f(a)+\frac{f'(a)}{1!}h+\cdots+\frac{f^{(n)}(a)}{n!}h^n+R_{n+1},$$

$$0<{}^{\exists}\theta<1;\ R_{n+1}=\frac{f^{(n+1)}(a+\theta h)}{(n+1)!}h^{n+1}$$

とも書ける．更に $f^{(n+1)}(x)$ が点 a の近傍で有界であれば，$\dfrac{R_{n+1}}{h^{n+1}}$ も有界なので，$R_{n+1}=O(h^{n+1})$ とも略記する．

▶ 左頁の凹凸に関する事項を自己のものとしよう．

EXAMPLE 1—① の凸関数の例題

$f(x)$ は数直線 $\boldsymbol{R}$ 上で定義された関数で，次の条件を満すものとする：

$\forall x_1, x_2 \in \boldsymbol{R}, \forall \lambda \in [0,1], f(\lambda x_1+(1-\lambda)x_2) \leqq \lambda f(x_1)+(1-\lambda)f(x_2)$.

この時，f は $\boldsymbol{R}$ 上連続で，$\boldsymbol{R}$ の各点で右側微係数を持つことを示せ．

（大阪市立大学大学院入試）

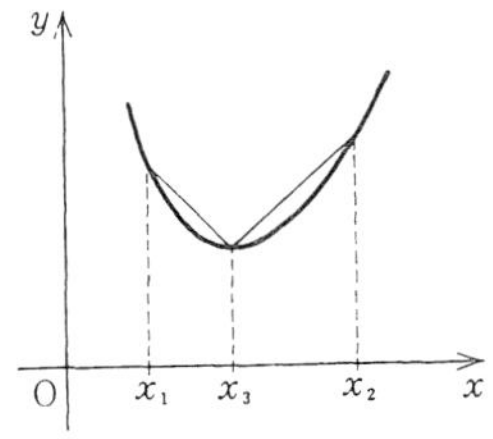

解き方 $\boldsymbol{R}$ 上の 3 点 $x_1<x_3<x_2$ を取る．$\lambda=\dfrac{x_2-x_3}{x_2-x_1}$ とおくと，$0<\lambda<1$，$x_3=\lambda x_1+(1-\lambda)x_2$ なので，上の条件より，$f(x_3)=f(\lambda x_1+(1-\lambda)x_2)\leqq\lambda f(x_1)+(1-\lambda)f(x_2)=\dfrac{x_2-x_3}{x_2-x_1}f(x_1)+\dfrac{x_3-x_1}{x_2-x_1}f(x_2)$．これより

$$\frac{f(x_3)-f(x_1)}{x_3-x_1}\leqq\frac{f(x_2)-f(x_1)}{x_2-x_1}\leqq\frac{f(x_2)-f(x_3)}{x_2-x_3}.$$

このことは x_1 を固定した時，$\dfrac{f(x_2)-f(x_1)}{x_2-x_1}$ が単調有界であることを物語る．10 章の B-2 の様に数列を媒介として，実数の連続性公理を用いると，$\exists\lim\limits_{x_1<x\to x_1}\dfrac{f(x)-f(x_1)}{x-x_1}$ が存在する．これを $D_+f(x_1)$ と書き，**右微係数**という．同様にして，**左微係数** $D_-f(x_2)$ も存在し，上の不等式で，$x_3\to x_1$，または，$x_3\to x_2$ として，$D_+f(x_1)\leqq\dfrac{f(x_2)-f(x_1)}{x_2-x_1}\leqq D_-f(x_2)$ を得，これより $\lim\limits_{x_2\to x_1}(f(x_2)-f(x_1))=0$．したがって，$f$ は x_1 で連続である．

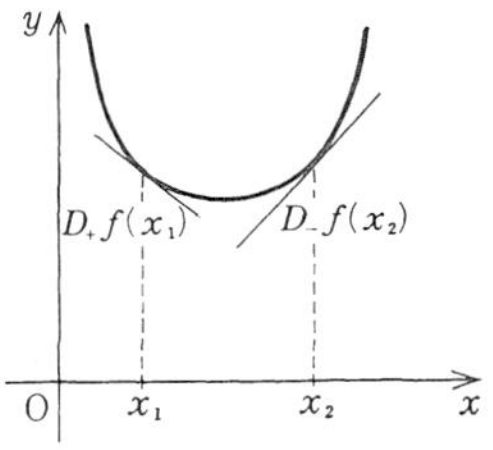

EXAMPLE 2—① の凸関数の例題

(1) f を実軸上の開区間 (a,b) で 1 回微分可能な凸関数とする．また $c\in(a,b)$ とするとき，任意の $x\in(a,b)$ に対して

$$f(x)-f(c)\geqq f'(c)(x-c) \qquad (1)$$

が成立することを証明せよ．

(2) $a_1, a_2, \cdots, a_n>0$ のとき $\dfrac{a_1+a_2+\cdots+a_n}{n}\geqq\sqrt[n]{a_1a_2\cdots a_n}$ (2)

を証明せよ．

（東京工業大学大学院数理・計算科学専攻入試）

解き方 (1) 上の **EXAMPLE 1** の大阪市大出題文の中の不等式が成立する関数は凸であると言う．上の **EXAMPLE 1** の解答文にて $x_1=c$，$x_2=x$ とすると，この東工大出題では，微分可能性を仮定して居るから，$D_+f(x_1)=f'(c)$ であり，(1) の証明を終わる．(2) 一般の凸関数 f に対して，上の **EXAMPLE 1** の大阪市大出題文の中の不等式より，

$$\frac{f(a_1)+f(a_2)+\cdots+f(a_n)}{n}\geqq f\left(\frac{a_1+a_2+\cdots+a_n}{n}\right) \qquad (3)$$

は $n=2$ の時は，凸の上記定義より成立している．$n-1$ の場合の成立を仮定すると，n の時も，$(f(a_1)+f(a_2)+\cdots+f(a_n))/n=(1/n)f(a_1)+(n-1)/n((f(a_2)+f(a_3)+\cdots+f(a_n))/(n-1)\geqq(1/n)f(a_1)+(n-1)/nf((a_2+a_3+\cdots+a_n)/(n-1))\geqq f(a_1/n+((n-1)/n)(a_2+a_3+\cdots+a_n)/(n-1))=f((a_1+a_2+\cdots+a_n)/n)$ が成立し，数学的帰納法で任意の自然数 n に対して (3) が成立する．さて，ヒント (1) が与えられて居るから，右半直線で微分可能な対数関数 $f(x)=-\log x$ を考察すると，$f''(x)=x^{-2}>0$ であるから，関数 $f(x)$ は凸増加である．この $f(x)$ に対して，上の不等式 (3) を適用すると，$-\log\sqrt[n]{a_1a_2\cdots a_n}=(-\log(a_1)-\log(a_2)-\cdots-\log(a_n))/n\geqq-\log((a_1+a_2+\cdots+a_n)/n)$．左辺と右辺に於ける増加関数 e^x の値の逆数を比較し，(2) 即ち；**相加平均 ≧ 相乗平均**を得る．

証明終り

A 基礎を かためる 演習

高次の導関数を計算するテクニックを身に付け，テイラー展開をする学力を備え，更に，不等式や極限への応用力も修得しよう．

1 関数 $y=x^3+3ax^2-x+b$ について，(1) この関数のグラフの変曲点における法線が原点を通るための条件を求めよ． (2) (1)の条件の下で，a, b が変化する時，変曲点はどの様な曲線上を動くか． （栃木県高校教員採用試験）

2 次の諸関数の第 n 次導関数を求めよ．（教員採用試験）

(1) $f(x)=x^2e^x$（埼玉県中学） (2) $f(x)=x^{n-1}\log x$（愛知県中学）

(3) $y=e^x\sin x$（愛知県中学） (4) $y=\sin^3 x$（茨城県高校）

3 曲線 $y=\dfrac{a}{2}\left(e^{\frac{x}{a}}+e^{-\frac{x}{a}}\right)$ 上の点 (x, y) における曲率半径を求めよ． （山梨県中学教員採用試験）

4 関数 $f(x)=x^3+px^2+qx+r$ について，(1) $f(x)$ を $x-k$ について Taylor 展開せよ．(2) $f(x)$ に適当な変換をして，y^2 の項が無くなる様に方程式 $f(y+h)=0$ を求めよ． （新潟県高校教員採用試験）

5 $0<x<\dfrac{\pi}{2}$ の時，$\log(1+\sin x)>x-\dfrac{x^2}{2}$ を示せ． （神奈川県中学・高校教員採用試験）

6 $f''(x)$ が $x=a$ で連続で，$f''(a)\neq 0$ の時， $f(a+h)=f(a)+hf'(a+\theta h)$ $(0<\theta<1)$ において $\lim_{h\to 0}\theta$ を求めよ． （津田塾大学大学院入試）

7 $\boldsymbol{R}$ を実数体， V を $\boldsymbol{R}$-係数の $(n-1)$ 次以下の 多項式全体のなすベクトル空間とし，D を

$$Df=f' \quad (f' \text{ は } f \text{ の導関数})$$

で定義される線形変換とする．(1) V の基底 $\left(1, \dfrac{x}{1!}, \dfrac{x^2}{2!}, \cdots, \dfrac{x^{n-1}}{(n-1)!}\right)$ に関して D を表現する行列を書け． (2) σ を $(\sigma f)=f(x+1)$ で定義される線形変換とする時

$$\sigma=1+\frac{D}{1!}+\frac{D^2}{2!}+\cdots+\frac{D^{n-1}}{(n-1)!}$$

となることを証明せよ． （東海大学大学院入試）

8 f は $\boldsymbol{R}$ 上定義された2回微分可能な関数で，$f''(x)>0$ とする．この時，$\dfrac{f(x_1)+f(x_2)+\cdots+f(x_n)}{n}\geqq f\left(\dfrac{x_1+x_2+\cdots+x_n}{n}\right)$ を示せ． このことを用いて，$x_j>0$ の時 $\dfrac{x_1+x_2+\cdots+x_n}{n}\geqq\sqrt[n]{x_1x_2\cdots x_n}$ を示せ． （富山大学大学院入試）

9 不等式 $\dfrac{a_1+a_2+\cdots a_n}{n}\geqq\sqrt[n]{a_1a_2\cdots a_n}$ $(a_j>0,\ n$ は自然数$)$ について次の問に答えよ． (1) $n=2$ の場合を既知として，$n=3, 4$ の場合を証明せよ． (2) $n=2^k$ の場合，上式が成立することを証明せよ． （埼玉県高校教員採用試験）

10 $\lim_{x\to 0}\left(\dfrac{1}{x^2}-\dfrac{x}{\sin^3 x}\right)$ （再掲） （横浜国立大学大学院入試）

11 次の (i)-(ii) を満足する実数値関数 $y=f(x)$ に 対して $f'\left(\dfrac{1}{2}\right)$ 及び $f''\left(\dfrac{1}{2}\right)$ を求めよ．(i) $f\left(\dfrac{1}{2}\right)=\left(\dfrac{1}{2}\right)$，(ii) $x\neq\dfrac{1}{2}$ ならば， $f(x)\neq x$ (iii) $e^{x^2-y^2}=1+x-y$ （再掲） （上智大学大学院理工学研究科入試）

《急所とヒント》

1 変曲点の x 座標は $y''=0$ の根である．

2 積の形の高次微分には

ライプニッツの公式

$$\frac{d^n}{dx^n}(uv)=\sum_{k=0}^{n}\frac{n!}{k!(n-k)!}u^{(k)}v^{(n-k)}$$

を適用せよ．

3 曲率半径$=\dfrac{(1+y'^2)^{\frac{3}{2}}}{y''}$．

4 $f(x)=f(k)+f'(k)(x-k)+\dfrac{f''(k)}{2}(x-k)^2+\dfrac{f'''(k+\theta(x-k))}{6}(x-k)^3$ $(0<{}^{\exists}\theta<1)$．

5 $f(x)=f(0)+\dfrac{f'(0)}{1!}x+\dfrac{f''(\theta x)}{2!}x^2$ $\left(0<{}^{\forall}x<\dfrac{\pi}{2},\ 0<{}^{\exists}\theta<1\right)$

6 $f(a+h)=f(a)+hf'(a+\theta h)$ の $f'(a+\theta h)$ に平均値の定理を適用したものと，テイラー展開 $f(a+h)=f(a)+f'(a)h+\dfrac{f''(a+\theta h)}{2}h^2$ を等しいとおき θ について解け．

7 (1)は $D\dfrac{x^k}{k!}=\dfrac{x^{k-1}}{(k-1)!}$ に注目せよ．(2)は，本質的には $\sigma=e^D$ という，数値解析学のおもしろい定理を具現している．

8 $f''(x)>0$ なので，f' は ↗ なので，弦の傾きが ↗ であることを用いて先ず $n=2$ の時示し，次に数学的帰納法を用いよ．

9 数学的帰納法によれ．

10 10章の A-5-8 もテイラー展開で合理的に解ける．

11 7章の A-4 もテイラー展開を用いると簡単に解ける．

B 基礎を活用する演習

テイラー展開は未知なる関数を多項式で近似して，その概略を知るのに極めて有効な手段であり，不等式や極限等に用いる．

1. 実数直線 $\boldsymbol{R}$ 上で定義された連続関数 $f(x)$ がこの直線上の任意の２点 x_1, x_2 に対して，$f\left(\dfrac{x_1+x_2}{2}\right)=\dfrac{f(x_1)+f(x_2)}{2}$ を満す時，$f(x)$ は１次関数であることを示せ．

（岡山大学大学院入試）

2. f が $[a, a+c]$ で連続かつ正である時

$$\lim_{n\to\infty}\left\{f(a)f\left(a+\frac{c}{n}\right)\cdots f\left(a+\frac{n-1}{n}c\right)\right\}^{\frac{1}{n}}$$
$$=\exp\left(\frac{1}{c}\int_a^{a+c}\log f(x)dx\right)\leqq\frac{1}{c}\int_a^{a+c}f(x)dx$$

が成立することを証明せよ．（広島大学大学院入試）

3. 凸関数 $f(x)$ に対して，(i) 任意の 右微分 $f'_+(x)$ と 左微分 $f'_-(x)$ が存在し，$f'_-(x)\leqq f'_+(x)$ が成り立つことを示せ．
(ii) 一つの実数 x_0 を固定する時，全ての実数 x について $f(x)\geqq f(x_0)+a(x-x_0)$ が成り立つ様な a が存在することを示せ．

（広島大学大学院入試）

4. 以下関数は全て $-\infty<x<\infty$ で 定義され，２階迄の 導関数が連続とする．$f(x)$ が次の性質を持てば，$f(x)$ は凸関数であることを証明せよ：$\varphi(x)\geqq 0$ かつ φ の support（台）が有界ならば $\displaystyle\int_{-\infty}^{+\infty}f(x)\varphi''(x)dx\geqq 0$ （京都大学大学院入試）

5. $f(x)$ を $[0, \infty)$ で定義された有界 かつ連続な 実数値関数で $x=0$ の近傍で m 回連続微分可能とする．$x>0$ に対し，$I(x)=\displaystyle\int_0^\infty e^{-xt}f(t)dt-\sum_{j=0}^{m}x^{-j-1}\frac{\partial^j f}{\partial x^j}(0)$ とおけば，$\displaystyle\lim_{x\to+\infty}I(x)x^{m+1}=0$ となることを証明せよ．（大阪大学大学院入試）

6. $f\in C^2$ は減少で，$f(0)=f'(0)=0$，$f''(0)<0$ を満す時，

(c) $\displaystyle\lim_{t\to\infty}\sqrt{t}\int_0^1 e^{tf(x)}dx=\sqrt{\pi}\left(-2f''(0)\right)^{-\frac{1}{2}}$ を示せ．

（東京都立大学大学院入試）

7. **Simpson の公式**と，その導き方（考え方）を書け．

（慶応義塾大学，津田塾大学大学院入試）

1. m に関する帰納法により $f\left(\dfrac{x}{2^m}\right)=\dfrac{f(x)}{2^m}$，$n$ に関する帰納法により $f\left(\dfrac{nx}{2^m}\right)=\dfrac{nf(x)}{2^m}$ を示せ．
次に任意の実数 x を $\dfrac{n}{2^m}$ 型の有理数で近似して，f の連続性を用いて極限移行せよ．

2. 相乗平均≦相加平均，次に，定積分＝リーマン和の極限，を用いて極限移行せよ．

3. 凸関数の定義，$^\forall x_1, x_2, 0<{}^\forall\lambda<1$,
$f(\lambda x_1+(1-\lambda)x_2)\leqq\lambda f(x_1)+(1-\lambda)f(x_2)$
が与えられている．E-1 のエチュードである．

4. 部分積分により $\displaystyle\int_{-\infty}^{+\infty}f''(x)\varphi(x)dx\geqq 0\,({}^\forall\varphi)$．これより $f''(x)\geqq 0$ を導く時，微積分と ε-δ 法の腕力を要する．この問題は，本質的に，「C^2 級の関数 f が超関数の意味で $f''\geqq 0$（出題の条件）を満す時，普通の意味で $f''\geqq 0$ が成立する」という 超関数論にルーツを持つ．

5. 一見テイラー展開 の 様であるが， 部分積分を 何回も行う問題である．更に， 積分区間 $[0, \infty]$ を $[0, \delta]$ と $[\delta, \infty]$ に分けて， 細かく 面倒見るのが積分論のテクニックである．

6. 次の設問 (a), (b) の次に左の問題 (c) が続く，誘導尋問形式であり，本問ではテイラー展開が骨子である．

(a) $^\forall\varepsilon>0, {}^\exists\delta>0;\ 0\leqq{}^\forall x\leqq\delta;\ (f''(0)-\varepsilon)\dfrac{x^2}{2}\leqq f(x)\leqq(f''(0)+\varepsilon)\dfrac{x^2}{2}$.

(b) 十分小さな $\delta>0$ に対して，$\displaystyle\lim_{t\to\infty}\sqrt{t}\int_\delta^1 e^{tf(x)}dx=0$

$\displaystyle\int_0^\infty e^{-x^2}dx=\frac{\sqrt{\pi}}{2}$ は既知とする．

7. 知らないことは知らぬとして，本書で学ぶのが学問である．下手な考え，休むに似たり．解説を読め．

級数

12

高数にて学ぶ収束級数は等比級数のみであったが，大学に進学して級数 $(a_n)_{n\geqq 1}$ という一般的な記述に出会い，戸惑う．しかし，これらも等比級数との関りにて，その収束性を得るのである．

SUMMARY — 大きな(優)級数が収束すれば，小さな級数も収束する．優級数として等比級数を探せ．

① **数列の極限** 実数，または，複素数列 $(a_n)_{n\geqq 1}$ が実数，または，複素数 a に**収束**するとは，任意の正数 ε に対して，自然数 N があって，$n\geqq N$ であれば，$|a_n-a|<\varepsilon$ が成立することをいう．この時，a を $(a_n)_{n\geqq 1}$ の**極限**といい，$a=\lim_{n\to\infty} a_n$ と書く．

数列の極限の定義

$a=\lim_{n\to\infty} a_n$ とは

$^\forall\varepsilon>0, {}^\exists N;\ |a_n-a|<\varepsilon(^\forall n\geqq N)$.

② **級数の和** 実数，または，複素数列 $(a_n)_{n\geqq 1}$ が与えられている時，$S_n=a_1+a_2+\cdots+a_n(n\geqq 1)$ を**第 n 部分和**という．部分和の作る数列 $(S_n)_{n\geqq 1}$ が極限 S を持つ時，級数 $\sum_{n=1}^{\infty} a_n$ は収束するといい，S をその**和**と呼び，

$$S=\sum_{n=1}^{\infty} a_n=a_1+a_2+\cdots+a_n+\cdots$$

と書く．収束しない級数は**発散**するという．

等比級数の収束

$|r|<1$ の時，$\sum_{n=0}^{\infty} ar^n$ は収束し

$\sum_{n=0}^{\infty} ar^n=a+ar+\cdots+ar^n+\cdots=\dfrac{a}{1-r}$.

$|r|>1$，$a\neq 0$ の時は発散する．

③ **コーシーの収束判定法** 実数，または，複素数列 $(a_n)_{n\geqq 1}$ が収束するための必要十分条件は，**コーシー列**をなすこと，すなわち，任意の正数 ε に対して，自然数 N があって，$m, n\geqq N$ の時，$|a_m-a_n|<\varepsilon$ が成立することである．級数 $\sum_{n=1}^{\infty} a_n$ が収束するための必要十分条件は，任意の正数 ε に対して，自然数 N があって，$m>n\geqq N$ の時，$|a_{n+1}+a_{n+2}+\cdots+a_m|<\varepsilon$ が成立することであり，コーシーの収束判定法という．

収束級数の一般項

級数 $\sum_{n=1}^{\infty} a_n$ が収束すれば，③ の m の代りに n を n の代りに $n-1$ を考えて，$^\forall\varepsilon>0, |a_n|<\varepsilon(n\geqq {}^\exists N)$．ゆえに

$$\lim_{n\to\infty} a_n=0$$

を得る．収束数列の一般項は有界であるから，

$^\exists M>0;\ |a_n|\leqq M\ (^\forall n\geqq 1)$

④ **優級数と劣級数** $|a_n|\leqq b_n(n\geqq 1)$ が成立する時，$\sum b_n$ を**優級数**，$\sum a_n$ を**劣級数**という．優級数が収束すれば，コーシーの収束判定法より劣級数も収束する．したがって，劣級数が発散すれば，優級数も発散する．

ベキ根判定法

$\rho=\overline{\lim}\sqrt[n]{|a_n|}$ とおく．$\sum_{n=1}^{\infty} a_n$ は $\rho<1$ の時，絶対収束し $\rho>1$ の時，発散する．

⑤ **絶対収束級数と条件収束級数** 級数 $\sum_{n=1}^{\infty}|a_n|$ が収束する時，級数 $\sum_{n=1}^{\infty} a_n$ は**絶対収束**するという．前者は後者の優級数であるから，絶対収束級数は収束する．しかし，一般に逆は成立せず，絶対収束しないが収束する級数は**条件収束**するという．

比判定法

$\rho=\lim_{n\to\infty}\left|\dfrac{a_{n+1}}{a_n}\right|$ が存在する時，$\rho<1$ ならば，$\sum_{n=1}^{\infty} a_n$ は絶対収束し，$\rho>1$ ならば，発散する．

⑥ **関数項級数の一様収束** 区間 I で定義された関数 $(f_n(x))_{n\geqq 1}$ を項とする，いわゆる関数列 $(f_n(x))_{n\geqq 1}$ は $^\forall\varepsilon>0, {}^\exists N;\ |f_n(x)-f(x)|<\varepsilon(^\forall n\geqq N, {}^\forall x\in I)$ が成立する時，I 上で $f(x)$ に一様収束するという．関数項級数も同様である．

▶ 左頁の絶対収束，一様収束に関する事項を確かなものとしよう．

EXAMPLE 1—⑤ の絶対収束級数の例題

級数 $\sum_{n=0}^{\infty} a_n$ が絶対収束である時，項の順序を変えても，和は一定値を取ることを証明せよ．（大阪市立大学大学院入試）

解き方 $s=\sum_{n=1}^{\infty} a_n$ とし，その和の順序を変えたものを $\sum_{n=1}^{\infty} b_n$，その第 n 部分和を $t_n=b_1+b_2+\cdots+b_n$ としよう．後者の第n項は前者の何番目かに当り，少々イヤナ記号だが，$b_n=a_{\nu(n)}$ としよう．自然数の集合 $\{\nu(1),\nu(2),\cdots,\nu(n)\}$ は，どんなに大きな自然数 N を取って来ても，それに対抗して，更に大きな自然数 N' を取れば，$\{\nu(1),\nu(2),\cdots,\nu(N')\}$ で以って，$\{1,2,\cdots,N\}$ を含むことが本問のポイントである．級数 $\sum_{n=1}^{\infty}|a_n|$ は収束しているから，$^\forall\varepsilon>0, {}^\exists N;\ |a_{n+1}|+|a_{n+2}|+\cdots=\sum_{k=1}^{\infty}|a_k|-\sum_{k=1}^{n}|a_k|<\varepsilon\ ({}^\forall n\geqq N)$．この N に対して，上の主旨の N' を取れば，$\{b_1,b_2,\cdots,b_{N'}\}$ は $\{a_1,a_2,\cdots,a_N\}$ を含んでいるので，$n\geqq N'$ の時

$$\left|s-\sum_{k=1}^{n} b_k\right|=\left|\sum_{k=1}^{\infty} a_k-\sum_{k=1}^{n} b_k\right|\leqq \sum_{k\notin\{\nu(1),\nu(2),\cdots,\nu(N')\}}|a_k| \leqq \sum_{k=N+1}^{\infty}|a_k|<\varepsilon,$$

したがって，$s=\sum_{k=1}^{\infty} b_k$ を得る．この様にして，絶対収束級数 $\sum_{k=1}^{\infty} a_k$ は和の取り方の順序によらないので，**無条件収束**するという．これに反し，絶対収束しない収束級数は，和の取り方の順序を変えてはいけないので，**条件収束**するという．なお，$\sum$ の記号の下つきの文字は，定積分の変数と同じく，どの様な文字を使ってもよいので，数学的感覚に応じて，上の様に $\sum_{k=1}^{\infty} a_k=\sum_{n=1}^{\infty} a_n$ と使い分ける．

条件収束級数

条件収束級数 $\sum_{n=1}^{\infty} a_n$ は，どの様な数 u を与えても，それに応じて，和の取り方を変えれば，u を和とできることを示そう．正項の和 $s=\sum_{n=1}^{\infty} b_n$，と負項の和 $-t=-\sum_{n=1}^{\infty} c_n$ は共に，$s=t=+\infty$ でなければならない．したがって，先ず順に正項を加えて行くといつかは u を越えるので，初めて越えた所で，負項を加えて行く．逆に，初めて u を下った所で，残りの正項を加えて行き，この操作を繰り返すと，u との差は一つの正項，または，負項を越えない．収束はしているので，$a_n\to 0\ (n\to\infty)$ であり，この和は u に収束する．絶対収束級数には機械的な計算が許されるが，条件収束級数に対しては，この様に旨く行かぬので要注意．

EXAMPLE 2—⑥ の一様収束の例題

$f_n(x)\ (n\geqq 1)$ は $[a,b]$ で定義された連続関数で，$f_n(x)\leqq f_{n+1}(x)\ (n\geqq 1,\ a\leqq x\leqq b)$ が成立し，極限 $f(x)=\lim_{n\to\infty} f_n(x)\ (a\leqq x\leqq b)$ が存在するものとする．この時，$f(x)$ が $[a,b]$ で連続ならば，$\lim_{n\to\infty}\int_a^b f_n(x)dx=\int_a^b f(x)dx$ が成立することを示せ．（九州大学大学院数理学研究科入試）

解き方 一様収束ならば，本問は9章のA–9そのものなので，右下の定理：一様収束性，すなわち，$^\forall\varepsilon>0, {}^\exists N;\ |f_n(x)-f(x)|<\varepsilon\ ({}^\forall n\geqq N, a\leqq {}^\forall x\leqq b)$ を背理法で示そう．その否定は，$^\exists\varepsilon>0, {}^\forall N, {}^\exists\nu(N)\geqq N,\ a\leqq {}^\exists x_N\leqq b;\ |f_{\nu(N)}(x_N)-f(x_N)|\geqq 3\varepsilon$．この $\nu(N)$ は $\nu(1)<\nu(2)<\cdots<\nu(N)<\nu(N+1)<\cdots$ とできる．更に，実数の連続性公理 VI より，$x_N\to x_0\ (N\to\infty)$ としてよい．$f_m(x_0)\to f(x_0)\ (m\to\infty)$ なので，$^\exists N_0;\ |f_{\nu(N)}(x_0)-f(x_0)|<\varepsilon\ ({}^\forall N\geqq N_0)$．$f$ は点 x_0 で連続だから，$^\exists\delta>0;\ |x-x_0|<\delta$ ならば，$|f(x)-f(x_0)|<\varepsilon$．$x_N\to x_0$ なので，$^\exists N\geqq N_0;\ |x_n-x_0|<\delta\ ({}^\forall n\geqq N)$．$f_N$ の連続性より，$^\exists\delta'>0;\ |f_{\nu(N)}(x)-f_{n(N)}(x_0)|<\varepsilon\ (|x-x_0|<\delta')$．更に $x_N\to x_0$ より，$^\exists n\geqq N;\ |x_n-x_0|<\delta'$．この n に対し，$f(x_n)\geqq f_{\nu(n)}(x_n)\geqq f_{\nu(N)}(x_n)>f_{\nu(N)}(x_0)-\varepsilon>f(x_0)-2\varepsilon>f(x_n)-3\varepsilon$ 即ち，$|f_{\nu(n)}(x_n)-f(x_n)|<3\varepsilon$ が成立し，$|f_{\nu(n)}(x_n)-f(x_n)|\geqq 3\varepsilon$ に反し，矛盾である．

注意

E–2にて収束が一様であれば，極限関数 $f(x)$ も9章のA–9より連続．E–2の前半はその逆の証明であり，ディニの定理と呼ばれる．

ディニ (Dini) の定理

$[a,b]$ で定義された連続関数列 $(f_n(x))_{n\geqq 1}$ が更に n について単調であって，しかもその極限関数が連続であれば，この収束は一様である．

A 基礎を かためる 演習

高数で等比級数しか学ばなかった諸君が，困難を克服するには，級数の収束判定法と収束級数の型を修めることが肝要である．

1 $0.75151515\cdots$ を分数に直せ． （埼玉県高校教員採用試験）

2 次の級数の和を求めよ．

(1) $\dfrac{1}{1^2+1}+\dfrac{1}{2^2+2}+\dfrac{1}{3^2+3}+\cdots$ （岡山県高校教員採用試験）

(2) $\displaystyle\sum_{n=0}^{\infty}\frac{1}{n^2+6n+5}$ （国家公務員上級職機械専門試験）

3 正数列 $(a_n)_{n\geqq 1}$ に対して，次の不等式を証明せよ．

$\underline{\lim}\dfrac{a_{n+1}}{a_n}\leqq\underline{\lim}\sqrt[n]{a_n}\leqq\overline{\lim}\sqrt[n]{a_n}\leqq\overline{\lim}\dfrac{a_{n+1}}{a_n}$ （広島大学大学院入試）

4 $\displaystyle\lim_{n\to\infty}\frac{1}{n}\sqrt[n]{{}_{2n}P_n}$ を求めよ． （埼玉県高校教員採用試験）

5 正数列 $(\alpha_n)_{n\geqq 1}$ で，$\displaystyle\lim_{n\to\infty}\alpha_n=0$，$\displaystyle\sum_{n=1}^{\infty}\frac{1}{n^{1+\alpha_n}}<\infty$ を満す例を構成せよ． （名古屋大学大学院入試）

6 級数 $\displaystyle\sum_{n=1}^{\infty}(-1)^n\frac{x+n}{n^2}$ は任意の有限区間上で一様収束するが，全ての点で絶対収束しないことを示せ． （東北大学大学院入試）

7 任意の $0<r<1$ に対して，級数 $\displaystyle\sum_{n=1}^{\infty}\frac{z^{n-1}}{(1-z^n)(1-z^{n+1})}$ は $|z|\leqq r$，および，$|z|\geqq\dfrac{1}{r}$ で一様収束することを示し，和を求めよ． （立教大学大学院入試）

8 $S(x)=\displaystyle\sum_{n=1}^{\infty}\frac{x}{((n-1)x+1)(nx+1)}$ は $0\leqq x\leqq 1$ で項別積分できるか． この級数は $0\leqq x\leqq 1$ で一様収束するか． （大阪市立大学大学院入試）

9 関数列 $f_n(x)=\dfrac{1}{1+(x-n)^2}$ について，$\displaystyle\lim_{n\to\infty}f_n(x)$ を求め，$(f_n(x))_{n\geqq 1}$ は $\boldsymbol{R}$ 上一様収束しないこと，および，任意に固定された $a\in\boldsymbol{R}$ に対し，$(f_n(x))_{n\geqq 1}$ は $(-\infty,a]$ 上一様収束することを示せ． （東京女子大学大学院入試）

10 次の数列，または，級数の $0\leqq x\leqq 1$ における一様収束性を判定せよ：

$\dfrac{1}{1+nx}$，$\displaystyle\sum_{n=0}^{\infty}nxe^{-nx}$，$nx(1-x)^n$ （慶応義塾大学大学院工学研究科入試）

11 関数列 $(f_n(x)=x^{n-1}(1-2x^n))_{n\geqq 1}$ について，$\displaystyle\int_0^1\sum_{n=1}^{\infty}f_n(x)dx=\sum_{n=1}^{\infty}\int_0^1 f_n(x)dx$ が成り立つかどうかを計算で調べ，成り立つにしても，成り立たないにしても，その理由を述べよ． （津田塾大学大学院入試）

12 関数項級数 $f(x)=\displaystyle\sum_{n=1}^{\infty}(-1)^{n-1}\frac{1}{\sqrt[3]{x^2+n}}$ に関して，次の命題が正しいかどうか，理由をつけて説明せよ． (i) $-\infty<x<\infty$ において一様収束する． (ii) $-\infty<x<\infty$ における連続関数である． (iii) 項別微積分可能である．

（早稲田大学大学院入試）

《急所とヒント》

1 等比級数の和の公式に持込め．

2 一般項を部分分数に分解して，第 n 部分和を求めよ．

3 上極限 $\overline{\lim}\dfrac{a_{n+1}}{a_n}<{}^{\forall}R$ を用いて，a_n を等比数列と比較せよ．

4 公式 $\displaystyle\lim_{n\to\infty}\sqrt[n]{a_n}=\lim_{n\to\infty}\frac{a_{n+1}}{a_n}$ を用いよ．

5 $\alpha>1$ の時，

$\displaystyle\sum_{n=3}^{\infty}\frac{1}{n(\log n)^{\alpha}}<+\infty$

であるが．

6 $\displaystyle\sum_{n=1}^{\infty}(-1)^{n-1}\frac{1}{n}$ の条件収束性に注意せよ．

7 部分分数に分解せよ．

8 部分分数に分解せよ．

9 一様収束する時成立すべき式に怪しげな点 $x=n$ を代入せよ．

10 $x=0$ が怪しいので，一様収束する時成立すべき式に $x=\dfrac{1}{n}$ を代入せよ．

11 計算すると成立しない．それゆえ成立しないのであるが，この時，一様収束する訳がない．

12 交代級数究明の定石は隣接２項の和（差というべきか？）に注意し，２項ずつくくること．

B 基礎を 活用する 演習

シュワルツ(コーシー)の不等式の活用法，無限乗積の収束判定法，交代級数，項別微分法，アーベル の 総和法は修めたいものである．

1. 実数列 $\sum_{n=1}^{\infty} a_n^2$, $\sum_{n=1}^{\infty} b_n^2$ が収束すれば，実数列 $\sum_{n=1}^{\infty} a_n b_n$ も収束することを示せ．（立教大学大学院入試）

2. 正項級数 $\sum_{n=1}^{\infty} a_n$ が発散して，$\lim_{n\to\infty} a_n=0$ ならば $\lim_{m\to\infty}\prod_{n=1}^{m}(1-a_n)=0$であることを示せ．（お茶の水大学大学院入試）

3. $(f_n)_{n\geqq 1}$ を $[a, b]$ で定義された関数列とする．一点 $x_0=x_0$ $(a\leqq x_0\leqq b)$ で次のことがいえる時，$\sum_{n=1}^{\infty} f_n(x)$ は $x=x_0$ で**一様収束**するという：$^\forall\varepsilon>0, {}^\exists N; {}^\exists\delta>0; m>n\geqq N$, $|x-x_0|<\delta$ ならば $\left|\sum_{k=n+1}^{m} f_k(x)\right|<\varepsilon$.

(1) $\sum_{n=1}^{\infty} f_n(x)$ が $[a, b]$ の各点で一様収束すれば，$[a, b]$ でも一様収束することを示せ．(2) $\sum_{n=1}^{\infty} f_n(x)$ が $[a, b]$ の各点で収束し，かつ $\left|\sum_{n=1}^{m} f_n'(x)\right|<K\ (m\geqq 1)$ であれば，$\sum_{n=1}^{\infty} f_n(x)$ は $[a, b]$ で一様収束することを示せ．（大阪市立大学大学院入試）

4. (1) $1<\nu<2$ の時 $\int_0^\infty \left|\frac{\sin x}{x^\nu}\right| dx<\infty$

(2) $0<\nu\leqq 1$ の時 $\int_0^\infty \left|\frac{\sin x}{x^\nu}\right| dx=\infty$ だが，$\lim_{a\to\infty}\int_0^a \frac{\sin x}{x^\nu}\,dx$ は存在することを示せ．（東京教育大学，大阪市立大学大学院，大阪府立大学大学院数理工学専攻入試）

5. 関数 $f(x)=\sum_{n=1}^{\infty}\frac{\cos(2^n x)}{n!}$ は $-\infty<x<\infty$ において無限回連続微分可能であることを示せ．（広島大学大学院入試）

6. $(u_n(x))_{n\geqq 0}$ を $[a, b]$ で単調に減少して 0 に一様収束する関数列，$(v_n(x))_{n\geqq 0}$ を $[a, b]$ で定義された関数列で，正数 M があって，$\left|\sum_{k=0}^{n} v_k(x)\right|\leqq M\ (a\leqq x\leqq b, n\geqq 0)$ が成立するならば，級数 $\sum_{n=0}^{\infty} u_n(x)v_n(x)$ は $[a, b]$ で一様収束することを示せ．（金沢大学大学院入試）

7. 微分方程式系 $\frac{dx_j}{dt}=f_j(t, x_1, x_2, \cdots, x_n)\ (1\leqq j\leqq n)$ の初期値問題の解の存在に関する **Cauchy-Lipschtz の定理**を述べよ．（慶応義塾大学大学院工学研究科入試）

1. $\left(\sum_{i=1}^{n} a_i b_i\right)^2\leqq\left(\sum_{i=1}^{n} a_i^2\right)\left(\sum_{i=1}^{n} b_i^2\right)$ を5章のA-13の真似をして導き，$n\to\infty$ とせよ．

2. $\prod_{n=1}^{m}(1-a_n)=(1-a_1)(1-a_2)\cdots(1-a_m)$．平均値の定理より $-2t<\log(1-t)<-t\left(0\leqq t\leqq\frac{1}{2}\right)$ を準備し，両辺の対数を取り，積の議論を和の議論へ移せ．

3. (1) は背理法により，(2) は $f_n(x)=f_n(x_0)+\int_{x_0}^{x} f_n'(t)dt$ を用いよ．

4. 次の

SCHEMA

$|f(x)|\leqq\frac{K}{x^\alpha}(\alpha<1)$ ならば，$\int_0^a|f(x)|dx<+\infty$,

$f(x)\geqq\frac{K}{x^\alpha}(\alpha\geqq 1)$ ならば，$\int_0^a f(x)dx=+\infty$.

$|f(x)|\leqq\frac{K}{x^\alpha}(\alpha>1)$ ならば，$\int_0^\infty|f(x)|dx<+\infty$,

$f(x)\geqq\frac{K}{x^\alpha}(\alpha\leqq 1)$ ならば，$\int_0^\infty f(x)dx=+\infty$.

を用い，更に $\int_0^\infty=\sum_{k=1}^{\infty}\int_{(k-1)\pi}^{k\pi}$ とせよ．

5. 次の

SCHEMA

C^α 級の $f_n(x)$ に対して，$\sum_{n=1}^{\infty} f_n^{(\beta)}(x)$ が各 $\beta\leqq\alpha$ について一様収束すれば，項別微分ができて

$$\frac{d^\alpha}{dx^\alpha}\sum_{n=1}^{\infty} f_n(x)=\sum_{n=1}^{\infty}\frac{d^\alpha}{dx^\alpha}f_n(x)$$

を用いよ．

6. $V_k(x)=v_0(x)+v_1(x)+\cdots+v_k(x)$ に対して，**アーベルの総和法**

$$\sum_{k=n+1}^{m} u_k(x)v_k(x)=\sum_{k=n+1}^{m} u_k(x)(V_k(x)-V_{k-1}(x))$$
$$=u_m(x)V_m(x)-u_{n+1}(x)V_n(x)$$
$$+\sum_{k=n+1}^{m-1}(u_k(x)-u_{k+1}(x))V_k(x)$$

を用いよ．

7. 懸案の解決である．

13 整級数

高数では低次の多項式等の具体的な関数を学ぶが，大学では得体の知れない関数が対象となる．両者の懸け橋となるのが，整級数である．

SUMMARY

▶ 右頁の EXAMPLE を読みながら，収束半径算出法を修めよう．☞

① **複素数**　虚数単位 $i=\sqrt{-1}$ と実数 x, y に対して，$z=x+iy$ という形をした数を複素数といい，x をその**実部**，y をその**虚部**といい，それぞれ，$\mathrm{Re}\, z, \mathrm{Im}\, z$ と書く．更に $|z|=\sqrt{x^2+y^2}$ をその**絶対値**という．複素数に関する四則演算は，i を変数である様に考えて演算をし，i^2 が出て来たら，その都度 -1 で置き換えればよい．また，複素数列や複素数を項とする級数の議論は絶対値が複素数の絶対値であることさえ認識しておれば，後は実数の場合と全く同様に論じることができる．

② **整級数**　複素数列 $(c_n)_{n\geqq 0}$ を用いて，複素変数 $z=x+iy$ の n 次式を一般項とする関数項級数

$$f(z)=\sum_{n=0}^{\infty} c_n(z-a)^n$$

を a を**中心**とする**整級数(ベキ級数)**という．

③ **コーシー－アダマールの公式**　上の整級数 $f(z)$ の一般項のベキ根の上極限を作ると $\overline{\lim_{n\to\infty}} \sqrt[n]{|c_n(z-a)^n|}=|z-a| \overline{\lim_{n\to\infty}} \sqrt[n]{|c_n|}$ なので，

$$0\leqq R=\frac{1}{\overline{\lim} \sqrt[n]{|c_n|}}\leqq +\infty$$

とおくと，ベキ根判定法より，$|z-a|<R$ では絶対収束し，$|z-a|>R$ では発散する．$|z-a|<R$ は幾何学的には a 中心，半径 R の円を表し，整級数 $f(z)$ の**収束円**と呼ばれ，R はその**収束半径**という．後述の様に，収束円周 $|z-a|=R$ 上では，収束したり，発散したりする．

④ **ダランベールの公式**　上極限は必らず存在するので理論的には重宝であるが，計算の役には立たない．隣接二項の比の極限が存在すれば，収束半径

$$R=\lim_{n\to\infty}\left|\frac{c_n}{c_{n+1}}\right|$$

が与えられるが，これはあく迄，右辺の極限が確定するとの仮定の下で成立することを，理論的には押えておかねばならない．

⑤ **アーベルの定理**　収束半径の議論から分る様に，整級数 $f(z)$ が点 $z_0\neq a$ で収束すれば，a を中心，z_0 を通る円は収束円に含まれ，整級数 $f(z)$ は $|z-a|<|z_0-a|$ で絶対収束する．しかも，この収束は広義一様である．

複素数と実数列

複素数列 $c_n=a_n+ib_n$ と複素数 $c=a+ib$ に対して，$c_n-c=(a_n-a)+i(b_n-b)$，$c_m-c_n=(a_m-a_n)+i(b_m-b_n)$ が成立するから，

$$|c_n-c|=\sqrt{(a_n-a)^2+(b_n-b)^2}$$

$$|c_m-c_n|=\sqrt{(a_m-a_n)^2+(b_m-b_n)^2}$$

が成立し

SCHEMA

複素数列 $c_n=a_n+ib_n$ が複素数 $c=a+ib$ に収束するための必要十分条件は $a_n\to a$，$b_n\to b\,(n\to\infty)$．複素数列 $(c_n)_{n\geqq 1}$ がコーシー列をなすための必要十分条件は実数列 $(a_n)_{n\geqq 1}$ と $(b_n)_{n\geqq 1}$ がコーシー列をなすことである．

を用いて，複素数列の問題を実数列の問題に帰着させることができる．

整級数は複素数で考えないと損！

係数が全て実数の時，複素数が嫌だからといって，実数の範囲で考えたとしても，点 $x_0\neq a$ で整級数が収束すれば，そのトタンに，アーベルの定理より，この整級数は $|z-a|<|x_0-a|$ を満す複素数 z に対して収束して終う．複素数のカテゴリーで考えるからといって，別に手間が掛る訳でもなく，相手を複素数と認識するだけで，それ以上の労力は要らない．それゆえ，阿波踊りではないが，同じ手間ならば，複素数で考えないと損である．なお，整級数は昔は**ベキ級数**と呼んだが，その漢字が当用漢字にないので，整級数と呼ばれるに至った．それゆえ，ベキ級数という昔気質の先生の方が多いと思われるので，注意を要する．

▶ 左頁の SUMMARY の対応する事項をもう一度読みながら，イメージを把もう．

▶ ダランベールとコーシー-アダマールの公式を身に付けよう．

EXAMPLE 1—③ と ④ の収束半径算出公式の例題

次の各整級数の収束半径を求めよ．

(1) $\sum_{n=0}^{\infty} x^n$　(2) $\sum_{n=0}^{\infty} \frac{x^n}{n!}$　(3) $\sum_{n=1}^{\infty}\left(1+\frac{1}{n}\right)^{n^2} x^n$

(4) $\sum_{n=1}^{\infty}(-1)^{n-1}\frac{x^n}{n}$　(5) $\sum_{n=1}^{\infty} n^n x^n$　(津田塾大学大学院入試)

解き方 x と書いたら実変数，z と書いたら複素変数を表す習慣があるが既に述べた様に収束半径 R の計算とは無関係である．さて

(1) $c_n=1$ なので，③ でも ④ でもどちらでもよく，$R=\frac{1}{\overline{\lim}_{n\to\infty}\sqrt[n]{|c_n|}}=\lim_{n\to\infty}\left|\frac{c_n}{c_{n+1}}\right|=1.$

(2) では，$c_n=\frac{1}{n!}$ なので，④ より $R=\lim_{n\to\infty}\left|\frac{c_n}{c_{n+1}}\right|=\lim_{n\to\infty}(n+1)=\infty.$

(3) では，$c_n=\left(1+\frac{1}{n}\right)^{n^2}$ なので，③ より $R=\frac{1}{\overline{\lim}_{n\to\infty}\sqrt[n]{|c_n|}}=\frac{1}{\lim_{n\to\infty}\left(1+\frac{1}{n}\right)^n}=\frac{1}{e}.$

(4) では，$c_n=(-1)^{n-1}\frac{1}{n}$ なので，④ より $R=\lim_{n\to\infty}\left|\frac{c_n}{c_{n+1}}\right|=\lim_{n\to\infty}\frac{n+1}{n}=1.$

(5) では，$c_n=n^n$ なので，③ より $R=\frac{1}{\overline{\lim}_{n\to\infty}\sqrt[n]{|c_n|}}=\frac{1}{\lim_{n\to\infty} n}=0.$

整関数

収束半径 ∞ の整級数

$f(z)=c_0+c_1z+\cdots+c_nz^n+\cdots$

で与えられる関数 $f(z)$ を整関数という．これは全ての複素数 z に対して定義される．なお，高数では，多項式を整式と呼ぶので，多項式が表す関数を，教職試験問題等では，整関数と呼ぶ様であるが，これは学問的には誤りであり，多項式は整関数であるが，左の (2) が示す様に，その逆は必らずしも成立しない．しかし，この様に誤って出題されることを識り，しかも，この誤りに調子を合せないと教職試験には合格しない．なお，収束半径 0 の整級数は中心でしか収束せずおもしろくないが，整級数の一種である．

EXAMPLE 2—⑤ のアーベルの定理の証明

(i) ベキ級数 $f(z)=c_0+c_1z+\cdots+c_nz^n+\cdots(c_0, c_1, \cdots, c_n, \cdots, z$ は複素数$)$は，$z=z_0$ で収束するならば，$|z|<|z_0|$ で絶対かつ広義一様収束することを示せ．　(ii) 上のベキ級数の収束半径を R とすると，$\frac{1}{R}=\overline{\lim}_{n\to\infty}\sqrt[n]{|c_n|}$ となることを示せ．

(大阪市立大学，学習院大学大学院入試)

解き方 (i) 整級数 $f(z)$ は z_0 で収束しているから，当然 $z=z_0$ を代入した級数 $\sum_{n=0}^{\infty} c_nz_0^n$ は収束している．右に解説している様に収束級数の一般項は有界であるから，$^\exists M>0$; $|c_nz_0^n|\leqq M(^\forall n\geqq 0)$，文章で述べれば，正数 M があって，任意の $n\geqq 0$ に対して，$|c_nz_0^n|\leqq M$ が成立する．なお，$(z_0)^n$ と書くべき所を，面倒なので z_0^n と書いたが，お許しあれ．さて，正数 $r<|z_0|$ を任意に取り，固定する．$|^\forall z|\leqq r$，$|c_nz^n|=\left|c^nz_0^n\left(\frac{z}{z_0}\right)^n\right|=|c_nz_0^n|\left(\frac{|z|}{|z_0|}\right)^n\leqq M\left(\frac{r}{|z_0|}\right)^n (n\geqq 0).$ ところで，$r<|z_0|$ としたので，右辺は公比 $\frac{r}{|z_0|}<1$ の等比数列であり，高校で学んだ様に，これを一般項とする等比級数は収束する．かの，ワイエルシュトラスの M-判定法より整級数 $f(z)$ は $|z|\leqq r$ で絶対かつ一様収束する．任意の $r<|z_0|$ に対して，このことが成立する状態を，$f(z)$ は $|z|<|z_0|$ で絶対かつ広義一様収束するという．なお，多項式 c_nz^n は連続なので，一様収束極限 $f(z)$ は 9 章の A-9 より $|z|<|z_0|$ で連続である．

収束級数の一般項

級数 $\sum_{n=0}^{\infty} a_n$ が収束すれば，コーシーの収束判定法より，$^\forall\varepsilon>0$, $^\exists N$; $\left|\sum_{k=n+1}^{m} a_k\right|<\varepsilon$ $(^\forall m\geqq {}^\forall n>N)$．特に $m=n+1$ として，$|a_m|<\varepsilon(m>N)$．これは，

$\lim_{m\to\infty} a_m=0$

を意味する．特に $\varepsilon=1$ に対しても上の様な N があるので，$M=\max(1, |a_0|, |a_1|, \cdots, |a_N|)$ とおくと，$M>0$ であって，任意の m に対し $m>N$ であれば，$|a_m|<1$，$m\leqq N$ であれば $|a_m|\leqq\max(|a_0|, |a_1|, \cdots, |a_N|)\leqq M$ なので，いずれにせよ

$|a_m|\leqq {}^\exists M(^\forall m\geqq 1)$

が成立する．

A 基礎を かためる 演習

e^x のテイラー展開（A-1）の x の所に複素数 $x+iy$ を代入すると摩訶不思議，三角関数となる．指数関数と三角関数は同じ穴の狸である．

1 $e^x=1+\dfrac{x}{1!}+\dfrac{x^2}{2!}+\cdots+\dfrac{x^n}{n!}+\cdots$ を示せ．　（兵庫県高校教員採用試験）

2 $\displaystyle\lim_{\theta\to 0}\frac{\sin\theta}{\theta}=1$ を証明するのに使う $\sin\theta$ の展開は次の内どれか．
（国家公務員上級職物理専門試験）

3 $\cos x+\sin x$ を展開すると，次のどの様な式になるか．
（国家公務員上級職機械専門試験）

4 $e^{\pi i}$ を求めよ．　（神奈川県中学教員採用試験）

5 $x+\dfrac{1}{x}=2\cos\theta$ の時，$x^n+\dfrac{1}{x^n}$ を求めよ．　（岐阜県中学教員採用試験）

6 $z=\dfrac{e^{i\theta}}{2}$ の時，$|z|=\dfrac{1}{2}<1$ より $1+z+\cdots+z^n+\cdots=\dfrac{1}{1-z}$．これを使って，$1+\dfrac{1}{2}\cos\theta+\dfrac{1}{4}\cos 2\theta+\cdots+\dfrac{1}{2^n}\cos n\theta+\cdots$ を求めよ．
（石川県中学・高校教員採用試験）

7 $I=\cos(\alpha+h)+\cos(\alpha+2h)+\cdots+\cos(\alpha+nh)$
$J=\sin(\alpha+h)+\sin(\alpha+2h)+\cdots+\sin(\alpha+nh)$ の和を求めよ．
（青森県中学・高校教員採用試験）

8 正方行列 A に対して，$e^A=E+A+\dfrac{A^2}{2!}+\cdots+\dfrac{A^n}{n!}+\cdots$ によって行列 e^A を定義する時，$A=\begin{pmatrix}0 & -1\\ 1 & 0\end{pmatrix}$ に対する e^{xA} は次のどれか．
（国家公務員上級職数学専門試験）

9 $X\in SO(2)$ に対して $\exp A=X$ を満す A を求めよ．
（金沢大学大学院入試）

10 ポアッソン分布の積率母関数，特性関数は次の内どれか．
（国家公務員上級職土木，数学専門試験）

11 z^4+4 を因数分解せよ．　（奈良県中学教員採用試験）

12 $\displaystyle\sum_{k=0}^{\infty}a_k$ が収束すれば，$|z|<1$，$\dfrac{|1-z|}{1-|z|}\leq M=$ 定数を満して，z が 1 に近づく時，$f(z)=\displaystyle\sum_{k=0}^{\infty}a_kz^k$ は $\displaystyle\sum_{k=0}^{\infty}a_k$ に近づくことを示せ．　（神戸大学大学院入試）

13 関数 $\sqrt{1-x}$ の $x=0$ におけるテイラー展開を $\sqrt{1-x}=\displaystyle\sum_{n=0}^{\infty}a_nx^n$ $(|x|<1)$ とする．a_n を求め $\displaystyle\sum_{n=0}^{\infty}a_n$ は絶対収束であることを示せ．更に，上の等式は $x=\pm 1$ でも成立することを示せ．　（東京都立大学，京都大学大学院入試）

14 $-1<r<1$ の時，$f_n(x)=\displaystyle\sum_{m=1}^{n}r^m\cos mx$ で与えられる関数列について $\displaystyle\lim_{n\to\infty}f_n(x)$ を求めよ．また，この結果を用いて，$\displaystyle\int_0^{\pi}\frac{\cos kx}{1-2r\cos x+r^2}dx\ (k=0,1,2,\cdots)$ の値を求めよ．
（東京大学大学院入試）

《急所とヒント》

1, **2** と **3**　剰余項 $=\dfrac{f^{(n+1)}(\theta x)}{(n+1)!}x^{n+1}$．$a_n=\dfrac{|x|^{n+1}}{(n+1)!}$ は $\dfrac{a_{n+1}}{a_n}\to 0$ なので，$a_n\to 0\,(n\to\infty)$ に注意せよ．

4, **5**, **6** と **7**　$e^x=\displaystyle\sum_{n=0}^{\infty}\frac{x^n}{n!}$ の x の所に純虚数 iy を代入すれば，驚異的な

オイラーの公式

$e^{iy}=\cos y+i\sin y$

を見出すであろう．後は三角を指数化すればよい．

8 と **9**　今度は $e^x=\displaystyle\sum_{n=0}^{\infty}\frac{x^n}{n!}$ の x の所に xA を代入すれば，角 x だけの回転を得るであろう．

10　$\displaystyle\sum_{k=0}^{\infty}\frac{e^{-\lambda}(e^{\theta})^k\lambda^k}{k!}$，$\displaystyle\sum_{k=0}^{\infty}\frac{e^{-\lambda}(e^{it})^k\lambda^k}{k!}$ を求めればよい．

11　$z^4=-4=4e^{(2k+1)\pi i}$ より $z=\sqrt{2}e^{\frac{2k+1}{4}\pi i}$

12　アーベルの総和法を用いて，$f(z)$ を $S_k=a_1+a_2+\cdots+a_k$ で表せ．

13　前半はガウスの判定法，後半は前問を用いよ．

14　A-6 の考えで $\displaystyle\sum_{m=1}^{\infty}r^m\cos mx=\sum_{m=1}^{\infty}(re^{ix})^m+\sum_{m=1}^{\infty}(re^{-ix})^m$ を求め，$\cos kx$ を掛けて項別積分せよ．

B 基礎を 活用する 演習

理工科系の人々は，級数に対する様々な形式的な演算法を，更に数学科の学生は，その正当性を含めて，修得し，微積分を深めよう．

1. $(1+x^2)f'(x)+xf(x)=0$，$f(0)=1$ を満す関数 $f(x)$ に対して，$f^{(n)}(0)(n\geqq 0)$ を計算し，$f(x)$ の $x=0$ における Taylor 展開とその収束半径を求め，$f(x)$ を初等関数で表せ．

（九州大学大学院入試）

2. $\displaystyle\lim_{n\to\infty}\sum_{m=1}^{\infty}\frac{1}{\left(1+\frac{m}{n}\right)^n}=\sum_{m=1}^{\infty}\lim_{n\to\infty}\frac{1}{\left(1+\frac{m}{n}\right)^n}$ を示せ．

（九州大学大学院入試）

3. $|x|<1$ の時，$\displaystyle\frac{\log(1+x)}{1+x}=x-\left(1+\frac{1}{2}\right)x^2+\left(1+\frac{1}{2}+\frac{1}{3}\right)x^3-\left(1+\frac{1}{2}+\frac{1}{3}+\frac{1}{4}\right)x^4+\cdots$ を示せ．

（津田塾大学大学院入試）

4. $\displaystyle\frac{1}{1+x^2}$ の原点のまわりのベキ級数展開を用いて $\tan^{-1}x$ のベキ級数展開を求め，$\displaystyle\frac{\pi}{4}=1-\frac{1}{3}+\frac{1}{5}-\cdots$ を導け．

（慶応義塾大学大学院入試）

5. ベキ級数 $f(z)=\sum_{n=0}^{\infty}c_nz^n$ で定義される関数 $f(z)$ は，その収束円内で正則で，その導関数は $f'(z)=\sum_{n=1}^{\infty}nc_nz^{n-1}$ で与えられることを示せ．

（広島大学大学院入試）

6. $f(x)$ を $x=0$ の近くで定義された C^{∞} 級関数とし，$A_n=f(0)+f'(0)x+\cdots+\dfrac{f^{(n-1)}(0)}{(n-1)!}x^{n-1}$ とおく．$\lim_{n\to\infty}A_n$ が成立するとき，$f(x)=\lim_{n\to\infty}A_n$ が成立するか．

（岡山大学大学院入試）

7. $y=\sum_{n=0}^{\infty}c_nx^n$ は微分方程式 $y''+4y=0$ の初期条件 $x=0$ の時，$y=1$，$y'=0$ を満す解とする．y と収束半径を求めよ．

（津田塾大学大学院入試）

8. 級数 $\displaystyle f(x)=\sum_{n=0}^{\infty}\frac{a_n n!}{x(x+1)\cdots(x+n)}$ がある $x=\alpha>0$ で収束する時，(1) ベキ級数 $\sum_{n=0}^{\infty}a_nz^n$ の収束半径は 1 より小さくないこと (2) $\varphi(y)=\sum_{n=0}^{\infty}a_n(1-e^{-y})^n$ とおく時，$x\geqq\alpha+2$ に対し $f(x)=\int_0^{\infty}e^{-xy}\varphi(y)\,dy$ が成立することを示せ．

（大阪大学大学院入試）

9. 級数 $\displaystyle\sum_{n=1}^{\infty}\frac{\sin nx}{n}$ の収束性を調べよ．

（お茶の水女子大学，学習院大学大学院入試）

1. $(1+x^2)f'(x)+xf(x)=0$ の両辺をライプニッツの公式を用いて n 回微分し，漸化式を導き，$f(0)=1$ を考慮に入れると $f^{(n)}(0)$ が求まる．収束半径はダランベールの公式に持込め．

2. $\left(1+\dfrac{m}{n}\right)^{-n}\leqq\dfrac{4}{m^2}$ が $n\geqq 2$ について一様に収束していることを考慮に入れて，$\sum_{n=1}^{\infty}=\sum_{n=1}^{N}+\sum_{n>N}$ を考察せよ．

3. 絶対収束級数 $\sum a_n, \sum b_n$ に対して，$(\sum a_m)(\sum b_n)=\sum_l(\sum_{m+n=l}a_mb_n)$ が成立している．

4. ベキ級数は E-2 より収束円内で広義一様収束すること，一様収束一様は 9 章の A-9 より項別積分できること，更に A-12 で述べたアーベルの定理を用いよ．

5. 複素数 z の関数は，定義域の任意の点 z にて，差分商の極限

$$f'(z)=\lim_{h\to 0}\frac{f(z+h)-f(z)}{h}$$

が存在する時，**正則**であるという．したがって $\dfrac{f(z+h)-f(z)}{h}-\sum_{n=1}^{\infty}nc_nz^{n-1}\to 0(h\to 0)$ を示す様努力すべきである．

6. 成立しないことを示すには，証明できませんといわずに，成立しない例を作らねばならぬ．これを**反例**という．

7. 収束整級数 $y=\sum_{n=0}^{\infty}c_nx^n$ が解であれば，A-5 より，$y'=\sum_{n=1}^{\infty}nc_nx^{n-1}$，$y''=\sum_{n=2}^{\infty}n(n-1)c_nx^{n-2}=\sum_{n=0}^{\infty}(n+2)(n+1)c_{n+2}x^n$ が成立し，$y''+4y=0$ に代入して，各 x^n の係数$=0$ とし，$c_0=1$，$c_1=0$ を考慮に入れて，先ず，c_n を定めよ．

8. 先ず，$x=\alpha$ を代入し，一般項を有界とせよ．そして，優級数の収束半径をダランベールの公式を用いて算出せよ．

9. A-7 と 12 章の B-6 を用いよ．

14 微分方程式の記号的解法

ニュートンの第2法則，質量×加速度＝力，は2階の微分方程式に他ならぬ．したがって，ズバリ申して，本章を修得しないと工科系の学生とはいえない．

SUMMARY ― ▶微分方程式の機械的解法を修得し，真の意味での理工科系の学生となろう．

① **指数関数の導関数**　a, b を必ずしも実数ではなく複素数かも知れない定数とすると，実変数 x に対して，指数関数

$$e^{ax+b}=e^b e^{ax}=e^b\sum_{n=0}^{\infty}\frac{a^n x^n}{n!} \quad (1)$$

は $-\infty<x<\infty$ において，広義一様収束しているから，13章のB-5より項別微分可能であって，

$$\frac{d}{dx}e^{ax+b}=e^b\sum_{n=1}^{\infty}\frac{a^n n x^{n-1}}{n!}=e^b a\sum_{n=0}^{\infty}\frac{a^n x^n}{n!}=ae^{ax+b} \quad (2)$$

すなわち，右上の公式(7)を得，たとえ，a, b が複素数であっても，実数の場合と全く同じムードであることを識る．

② **余関数と特解**　n を自然数，$a_0\neq 0$，$a_1, \cdots, a_n$ を必ずしも実数でなくてもよい定数，x を実変数，$X(x)$ を x の定まった関数とし，微分方程式

$$a_0\frac{d^n y}{dx^n}+a_1\frac{d^{n-1}y}{dx^{n-1}}+\cdots+a_{n-1}\frac{dy}{dx}+a_n y=X(x) \quad (3)$$

を考える．(1)に対して，右辺を零とした

$$a_0\frac{d^n y}{dx^n}+a_1\frac{d^{n-1}y}{dx^{n-1}}+\cdots+a_{n-1}\frac{dy}{dx}+a_n y=0 \quad (4)$$

を対応させ，その**同次方程式**という．任意定数をチャンと n 個含む(1)の解を**一般解**という．(1)の一つの解を**特解**，(2)の一般解を**余関数**という．これらの関係は，公式(12)で与えられる．

③ **演算子法**　微分方程式(1)に対して，多項式 $f(\lambda)=a_0\lambda^n+a_1\lambda^{n-1}+\cdots+a_{n-1}\lambda+a_n$ を対応させると，微分演算子(作用素) $D=\dfrac{d}{dx}$ を用いて，(1),(2)は，それぞれ，

$$f(D)y=X(x)\ (3), \qquad f(D)y=0\ (4)$$

と表される．(3)の一つの解，すなわち，特解を $\dfrac{X}{f(D)}$ と書くが，

$$f(D)\left(\frac{X(x)}{f(D)}\right)=X(x) \quad (5)$$

は $\dfrac{X(x)}{f(D)}$ の定義式であり，公式(10),(11)が成立している．

④ **特性方程式**　微分方程式(1)，すなわち，(3)に対して，n 次方程式

$$f(\lambda)=a_0\lambda^n+a_1\lambda^{n-1}+\cdots+a_{n-1}\lambda+a_n=0 \quad (6)$$

を対応させ，**特性方程式**という．特性方程式は公式(14),(15)によって余関数を与える．

公式

$$\frac{d}{dx}e^{ax+b}=ae^{ax+b} \quad (7)$$

$$f(D)e^{ax}=f(a)e^{ax} \quad (8)$$

$$f(D)(e^{ax}u)=e^{ax}f(D+a)u \quad (9)$$

$$\frac{e^{ax}}{f(D)}=\frac{x^m e^{ax}}{f^{(m)}(a)} \quad (10)$$

ただし，a は $f(t)=0$ の m 重根．

$$\frac{Xe^{ax}}{f(D)}=e^{ax}\frac{X}{f(D+a)} \quad (11)$$

一般解＝余関数＋特解　(12)

α が特性方程式の m 重根であれば，

$$y=(m-1\text{次式})\times e^{\alpha x} \quad (13)$$

は同次解であり，m 個の任意定数を含む．

特性方程式が $\alpha_i\,(i=1, 2, \cdots, s)$ を m_i 重根とし，$m_1+m_2+\cdots+m_s=n$ であれば，任意の m_i-1 次の多項式 $P_i(x)$ を用いた

$$y=\sum_{i=1}^{s}P_i(x)e^{\alpha_i x} \quad (14)$$

は余関数である．

特性方程式が虚根 $\alpha\pm i\beta$ を持つ時は，(14)において $e^{(\alpha\pm i\beta)x}$ の代りに

$$e^{\alpha x}\cos\beta x,\quad e^{\alpha x}\sin\beta x \quad (15)$$

を考えればよい．

▶ 左頁の SUMMARY の対応する事項をもう一度読みながら，イメージを把もう．

微分作用素 D の所に定数を代入する演算子法のコツを覚えよう．

EXAMPLE 1—③ と ④ の公式 (10), (12), (14) の証明

$f(\lambda)$ は λ の多項式とする．D を微分作用素とし，線形微分方程式（＊）$f(D)y=e^{ax}$ を考えると

(1) a が $f(\lambda)=0$ の根でないならば，$y(x)=\dfrac{e^{ax}}{f(a)}$ は一つの解となることを示せ．

(2) a が $f(\lambda)=0$ の単根，すなわち，$f(a)=0$，$f'(a)\neq 0$ の時，（＊）の一つの解を求めよ．

(3) （＊）の一般解を求めよ． （お茶の水大学大学院入試）

解き方 a が $f(\lambda)=0$ の $m(\geqq 0)$ 重根の場合を考えれば十分である．m 重根の定義より，$f(a)=f'(a)=\cdots=f^{(m-1)}(a)=0$，$f^{(m)}(a)\neq 0$．$f(\lambda)$ を $\lambda=a$ でテイラー展開すると，$f(\lambda)=\sum_{k=0}^{n}\dfrac{f^{(k)}(a)}{k!}(\lambda-a)^k$ であるが，$f(a)=f'(a)=\cdots=f^{(m-1)}(a)=0$ を考慮に入れ，$g(\lambda)=\sum_{k=0}^{n-m}\dfrac{f^{(m+k)}(a)}{(m+k)!}(\lambda-a)^k$ とおくと，$g(a)=\dfrac{f^{(m)}(a)}{m!}$ であって，$f(\lambda)=(\lambda-a)^m g(\lambda)$．前頁の公式 (9) より任意の関数 u に対して，$f(D)(e^{ax}u)=e^{ax}f(D+a)u=e^{ax}g(D)(D^m u)$ が成立しているので，u が $m-1$ 次の多項式であれば，$D^m u=0$ となり，前頁の公式 (13) を得る．特解については，前頁の公式 (9) に天下り的に $u=\dfrac{x^m}{f^{(m)}(a)}$ を代入すると

$$f(D)(e^{ax}u)=e^{ax}f(D)u=e^{ax}g(D)(D^m u)=e^{ax}g(D)\left(\frac{d^m}{dx^m}\frac{x^m}{f^{(m)}(a)}\right)$$

$=e^{ax}g(D)\left(\dfrac{m!}{f^{(m)}(a)}\right)$．ところで定数関数 $\dfrac{m!}{f^{(m)}(a)}$ に微分演算 $g(D)=g(a)+b_1D+\cdots+b_{n-m}D^{n-m}$ を施すと，真に微分すると零になり，定数項 $g(a)$ を掛ける所のみ生き残って，$g(D)\left(\dfrac{m!}{f^{(m)}(a)}\right)=\dfrac{m!\,g(a)}{f^{(m)}(a)}=1$．$f(D)\left(\dfrac{x^m e^{ax}}{f^{(m)}(a)}\right)=e^{ax}$ を得るが，これは前頁の公式 (10) の証明を与える．以上を総括すると，前頁の (10), (12), (14) より一般解を得る．

EXAMPLE 2—③ の演算子法の例題

微分方程式 $\dfrac{d^2y}{dx^2}+\dfrac{dy}{dx}=\sin x$ の初期条件，$y(0)=\dfrac{dy}{dx}(0)=0$，を満たす解 $y(x)$ を求めよ． （東京大学大学院環境海洋工学専攻入試）

解き方 標的右辺が 68 右頁オイラーの公式 $e^{ix}=\cos x+i\sin x$ の虚部である事に着目し，特解は $\dfrac{e^{ix}}{D^2+D}=\dfrac{e^{ix}}{i^2+i}=\dfrac{e^{ix}}{i-1}=\dfrac{(i+1)(\cos x+i\sin x)}{(i+1)(i-1)}=\dfrac{\cos x-\sin x}{-2}+i\dfrac{\cos x+\sin x}{-2}$ の虚部 $=-\dfrac{\cos x+\sin x}{2}$．特性方程式 $\lambda^2+\lambda=0$ の根 $\lambda=0,-1$ に 0 があっても，$e^0=1$ であると，見抜き，一般解は，任意定数 c_1，c_2 に対して，$y=c_1+c_2e^{-x}-\dfrac{\cos x+\sin x}{2}$．初期値問題の解は $c_1=1$，$c_2=-\dfrac{1}{2}$ の

答 $y=1-\dfrac{e^{-x}}{2}-\dfrac{\cos x+\sin x}{2}$

前頁の公式の証明

先ず (8) は，(7) より任意の自然数 n に対して，$D^n(e^{ax})=a^ne^{ax}$．両辺に f の係数を掛けて加えると，(8) を得る．

次に，(9) は $D^n(e^{ax}u)=e^{ax}(D+a)^nu$ を仮定し，両辺に D を掛ける，すなわち，両辺を積の微分の公式を用いて x で微分すると

$$\begin{aligned}D^{n+1}(e^au)&=D(D^n(e^{ax}u))\\&=D(e^{ax}(D+a)^nu)\\&=(De^{ax})((D+a)^nu)\\&\quad+e^{ax}D(D+a)^nu\\&=ae^{ax}((D+a)^nu)\\&\quad+e^{ax}D(D+a)^nu\\&=e^{ax}(D+a)((D+a)^nu)\\&=e^{ax}(D+a)^{n+1}u,\end{aligned}$$

すなわち，$D^n(e^{ax}u)=e^{ax}(D+a)^nu$ が $n+1$ の時成立し，数学的帰納法により，一般の n に対して正しいことを識る．係数を掛けて加えると，(9) を得る．

(11) は，今の公式より

$$\begin{aligned}f(D)\left(e^{ax}\frac{X}{f(D+a)}\right)&=e^{ax}f(D+a)\left(\frac{X}{f(D+a)}\right)\\&=e^{ax}X.\end{aligned}$$

これは (11) を物語る．

学生諸君の疑問点

九産大で講義をしていると，先生！ D は微分作用素なのに，なぜ，左の様に定数 i を代入してよいのですか？と問われる．左上で証明した様に成立するから成立し，この様に意味あり気なので，暗記が不要となるのが，ヨカ所である．

A 基礎を かためる 演習

「微分方程式を解け」や「微分方程式を…なる条件の下で解け」との文章を略した．学而時習之，不亦説乎！ 機械的な訓練あるのみ！

1 $\dfrac{d^2y}{dx^2}-2\dfrac{dy}{dx}+y=1.$ （立命館大学大学院機械工学専攻入試）

2 $\dfrac{d^2y}{dx^2}+4\dfrac{dy}{dx}+4y=e^{2x}$，$y(0)=0$，$\dfrac{dy}{dx}(1)=-1.$ （東北大学大学院電機工学専攻入試）

3 $\dfrac{dy}{dx}=-3y+z$，$\dfrac{dz}{dx}=y-3z+e^{-x}$，$y(0)=z(0)=0$ の解 x, y に対して $\displaystyle\int_0^\infty (y+z)\,dx.$ （九州大学大学院情報システム工学専攻入試）

4 $y''+y=\sin 2x$，$y(0)=0$，$y'(0)=1.$ （愛媛大学大学院工学研究科入試）

5 $\dfrac{d^2y}{dx^2}-6\dfrac{dy}{dx}+13y=e^x\sin x$ （東京工業大学大学院建築学専攻入試）

6 $\dfrac{d^2y}{dx^2}-2\dfrac{dy}{dx}+5y=e^x\cos 2x$ （東京工業大学，電気通信大学大学院入試）

7 $\dfrac{d^3y}{dx^3}-3\dfrac{dy}{dx}+2y=\sin x$ （東京工業大学大学院情報工学専攻入試）

8 $\dfrac{dy}{dx}+az=e^{bx}$，$\dfrac{dz}{dx}-ay=0$ （a, b は定数） （東京農工大学大学院機械工学専攻入試）

9 $\dfrac{d^2y}{dx^2}-5\dfrac{dy}{dx}+6y=4e^x-e^{2x}$ （慶応義塾大学大学院入試）

10 $\dfrac{dy}{dx}-y=x+1$ （再掲） （秋田県中学・高校教員採用試験）

11 $x\dfrac{dy}{dx}+y=x\log x$ （静岡大学大学院情報工学専攻入試）

12 $\dfrac{d^2y}{dx^2}+\dfrac{dy}{dx}-y=x^2$ （東京工業大学大学院入試）

13 $\dfrac{d^2y}{dx^2}+2\dfrac{dy}{dx}+2y=xe^{-2x}$ （東京工業大学大学院入試）

14 $\dfrac{d^2y}{dx^2}+2\dfrac{dy}{dx}+5y=xe^{-x}\cos x$ （東京工業大学大学院入試）

15 $x^2\dfrac{d^2y}{dx^2}+2x\dfrac{dy}{dx}-6y=x\log x$ （東京工業大学大学院入試）

16 $\dfrac{d^2y}{dx^2}+y=f(x)$ （東京工業大学大学院入試）

17 $y''+ay(x)=0$ （a は定数），$y(0)=y'(0)=0$ の解は 2 回連続微分可能な関数の範囲で $y(x)\equiv 0$ に限ることを示せ． （大阪市立大学大学院入試）

18 $y(x)$ が $0\leqq x\leqq 1$ で連続，$0<x<1$ において $\dfrac{d^2y}{dx^2}+\lambda y=0$ （λ は定数）を満し，$y(0)=y(1)=0$ であるとする．この時，次の (1), (2) を示せ．(1) $\lambda\geqq 0$ の時は y は恒等的に 0 である．(2) $\lambda<0$ の時は λ の値を適当に定めれば，y は必ずしも恒等的に 0 になるとは限らない． （東京教育（＝筑波）大学大学院入試）

《用いる公式とヒント》

1 $a=m=0$ の時の S-10．（S-10 とは Summary の公式 ⑽ のこと）

2 $m=2$ の時の S-13 と S-10．

3 $y+z$ の式を作れ．

4 $a=2i$ に対する S-10．

5 $a=1+i$ の時の S-10．

6 $a=1+2i$，$m=1$ の時の S-10．

7 $a=i$ の時の S-10．

8 y または z を消去し，単独方程式にせよ．

9 $\dfrac{e^x}{D^2-5D+6}$ は $a=1$，$m=0$ の時の $\dfrac{e^{2x}}{D^2-5D+6}$ は $a=2$，$m=1$ の時の S-10．

10 $\dfrac{x+1}{D-1}=-(1+D+\cdots)(x+1).$

11 $x=e^t$ とおき，定数係数とせよ．

12 $\dfrac{x^2}{D^2+D-1}=-(1+(D+D^2)+(D+D^2)^2+\cdots)x^2.$

13 $a=-2$，$X=x$ の時の S-11．

14 $a=-1+i$ の時の S-11．

15 $x=e^t$ とおき，定数係数化せよ．

16 $\dfrac{1}{D^2+1}=\dfrac{1}{2i}\left(\dfrac{1}{D-1}-\dfrac{1}{D+i}\right)$ に対する S-11．

17 と 18 a の符号にしたがって，様々な場合に分けて一般解を求め，条件より係数を吟味せよ．$y\neq 0$ なる解を持つ λ を微分作用素の固有値，その時の解を固有ベクトルという．これは線形代数のアナロジーである．

B 基礎を 活用する 演習

本節も全て理工科系の出題で，ニュートン力学に基いており，変数 t は時刻を表し，$t=0$ の時の条件は，初期条件である．

1. (i) 微分方程式 $\dfrac{d^2x}{dt^2}+2\gamma\dfrac{dx}{dt}+\omega_0{}^2x=0$ の解で $t=0$ の時の初期値 $x(0)=a$，$\dfrac{dx}{dt}(0)=0$ に対するものの大体の有様を次の二つの場合に分けて図示せよ．(イ) $\gamma<\omega_0$ (ロ) $\gamma>\omega_0$.

(ii) 微分方程式 $\dfrac{d^2x}{dt^2}+2\gamma\dfrac{dx}{dt}+\omega_0{}^2x=f\sin\omega t$ の定常的な特解を求めよ．$\gamma, \omega_0\geqq 0, a, f, \omega$ は全て定数とする．

（東京大学大学院工学研究科，名古屋大学大学院建築学専攻入試）

2. 微分方程式 $\dfrac{dx}{dt}=y+\sin t$，$\dfrac{dy}{dt}=-x+\cos t$ の解で，$t=0$ の時，$x=0$，$y=1$ となるものを求めよ．

（慶応義塾大学大学院入試）

3. $\dfrac{dx}{dt}=x+y-\sin t$，$\dfrac{dy}{dt}=-x+y-\cos t$ を解け．

（東京工業大学大学院入試）

4. $x(t), y(t)$ に関する連立微分方程式
$\dfrac{d^2x}{dt^2}+x+y=\sin t$，$\dfrac{d^2y}{dt^2}-5x-y=0$，$0\leqq x<\infty$ を初期条件 $x(0)=\dfrac{dx}{dt}(0)=y(0)=\dfrac{dy}{dt}(0)=0$ の下で解き，$x(t), y(t)$ を求めよ．

（東京大学大学院工学研究科入試）

5. $\dfrac{d^2x}{dt^2}+\dfrac{d^2y}{dt^2}+\dfrac{g}{l}x=0$，$\dfrac{d^2x}{dt^2}+\dfrac{4}{3}\dfrac{d^2y}{dt^2}+\dfrac{g}{l}y=0$ (g, l は定数) の一般解を求めよ．

（九州大学大学院物理学専攻入試）

6. (i) 次の連立微分方程式の 3 組の基本解を実数値関数の形で求めよ．

$$\begin{pmatrix}\dfrac{dx}{dt}\\[2mm] \dfrac{dy}{dt}\\[2mm] \dfrac{dz}{dt}\end{pmatrix}=\begin{pmatrix}0&-1&0\\0&-1&1\\1&-1&0\end{pmatrix}\begin{pmatrix}x\\y\\z\end{pmatrix} \qquad (1)$$

(ii) 上式において非同次項を付加した次の微分方程式が $t\geqq 0$ において有界な解を持つためには定数 a, b, c はどの様な条件を満すべきか．

$$\begin{pmatrix}\dfrac{dx}{dt}\\[2mm] \dfrac{dy}{dt}\\[2mm] \dfrac{dz}{dt}\end{pmatrix}=\begin{pmatrix}0&-1&0\\0&-1&1\\1&-1&0\end{pmatrix}\begin{pmatrix}x\\y\\z\end{pmatrix}+\begin{pmatrix}a\\b\\c\end{pmatrix}\sin t \qquad (2)$$

（京都大学大学院電機工学専攻入試）

7. 1 次元運動の Schrödinger equation

$$-\frac{1}{2M}\frac{d^2\varphi}{dx^2}+V(x)\varphi=E\varphi \quad (1)$$

で，ポテンシャルが $V(x)=\infty\,(|x|\geqq a)$，$=0\,(|x|<a)$ の場合，固有値と固有関数を求めよ．（名古屋大学大学院物理学専攻入試）

1. 特性方程式 $\lambda^2+2\gamma\lambda+\omega_0{}^2=0$ の判別式 $=\gamma^2-\omega_0{}^2$ の符号にしたがって，分類するのは，大学入試以来，慣れ親しんだことであろう．どの t から出発しても，同じ様な波形をグラフが描く様な波を定常波と呼ぶ様である．

2. 連立方程式 $\begin{cases}Dx-y=\sin t\\ x+Dy=\cos t\end{cases}$ にクラメルの方法を当てはめ

$$\begin{vmatrix}D&-1\\1&D\end{vmatrix}x=\begin{vmatrix}\sin t&-1\\\cos t&D\end{vmatrix},\quad \begin{vmatrix}D&-1\\1&D\end{vmatrix}y=\begin{vmatrix}D&\sin t\\1&\cos t\end{vmatrix}.$$

3. 連立方程式 $\begin{cases}(D-1)x-y=-\sin t\\ x+(D-1)y=-\cos t\end{cases}$ をクラメルの方法で解け．

4. $\begin{cases}(D^2+1)x+y=\sin t\\ -5x+(D^2-1)y=0.\end{cases}$

任意定数の個数は $2+2=4$ 個．

5. $\begin{cases}\left(D^2+\dfrac{g}{l}\right)x+D^2y=0\\ D^2x+\left(\dfrac{4}{3}D^2+\dfrac{g}{l}\right)y=0.\end{cases}$

任意定数の個整を $2+2=4$ 個とせよ．

6. 連立方程式

$$\begin{cases}Dx+y=a\sin t\\ (D+1)y-z=b\sin t\\ -x+y+Dz=c\sin t\end{cases}$$

をクラメルの方法で解けば

$$\begin{vmatrix}D&1&0\\0&D+1&-1\\-1&1&D\end{vmatrix}x=\begin{vmatrix}a\sin t&1&0\\b\sin t&D+1&-1\\c\sin t&1&D\end{vmatrix}$$

等であり，右辺を第 1 列において，余因子を用いて展開し，単独方程式として解き，先ず，必要条件を求め，次に x, y, z を (1) に代入して，未定係数を定め，任意定数を 3 個とせよ．

7. $\varphi\not\equiv 0$ なる解を与える定数 E を固有エネルギーと言い，固有エネルギーの列が，かのスペクトル系列ある，境界値 $\varphi(-a)=\varphi(a)=0$ に対する A-18 のエチュード．

偏微分

15

たくさんの変数の関数の，他の変数は固定して一つの変数に（偏って）微分することを偏微分するという．本質的には一変数の場合と同じであるが，計算上はポカをする機会が増えるので要注意.！

SUMMARY — ▶ 合成関数の微分法，関数行列，ヤコビヤンにて偏微分の特性を把めば十分である．☞

① **偏微分** 二つ以上の n 個の変数 $x_1, x_2, \cdots, x_n$ の関数 $f(x_1, x_2, \cdots, x_n)$ において，唯一つの変数 x_i のみを変数と見て，他を定数と考えて，微分することを**偏微分**といい，その結果である**偏微係数**や**偏導関数**を $\dfrac{\partial f}{\partial x_i}$ や f_{x_i} と記す．高次の微分についても同様であるが，

$$f_{x_ix_i}=\frac{\partial^2 f}{\partial x_i{}^2}=\frac{\partial}{\partial x_i}\left(\frac{\partial f}{\partial x_i}\right),\quad f_{x_ix_j}=\frac{\partial^2 f}{\partial x_i\partial x_j}=\frac{\partial}{\partial x_j}\left(\frac{\partial f}{\partial x_i}\right) \quad (1)$$

等の表記法があり，その微分の順序をのみ込まれたい．

② **全微分** n 変数 $x=(x_1, x_2, \cdots, x_n)$ の関数 $f(x)=f(x_1, x_2, \cdots, x_n)$ を一点 $a=(a_1, a_2, \cdots, a_n)$ の近傍で考察し，x の増分 $h=(h_1, h_2, \cdots, h_n)$ に対して，$|h|=\sqrt{h_1{}^2+h_2{}^2+\cdots+h_n{}^2}$ とおく時，h に無関係な $A_1, A_2, \cdots, A_n$ があって，$a+h=(a_1+h_1, a_2+h_2, \cdots, a_n+h_n)$ において

$$f(a+h)=f(a)+\sum_{i=1}^{n}A_ih_i+o(|h|) \quad (2)$$

が成立する時，関数 f は点 a において全微分可能であるという．この時，h_i 以外を 0 にして，移項して h_i で割り，$h_i\to 0$ とすると，$A_i=f_{x_i}(a)$ が得られるので，形式

$$df=\sum_{i=1}^{n}\frac{\partial f}{\partial x_i}dx_i \quad (3)$$

を関数 f の全微分といい，これをベクトルと見た

$$\mathrm{grad}\, f=\left(\frac{\partial f}{\partial x_1}, \frac{\partial f}{\partial x_2}, \cdots, \frac{\partial f}{\partial x_n}\right) \quad (4)$$

を f の**勾配**という．

③ **合成関数の微分** 関数 $z=f(y)$ は m 変数 $y=(y_1, y_2, \cdots, y_m)$ の関数として，点 $b=(b_1, b_2, \cdots, b_m)$ で全微分可能で，そのまた y_i が n 変数 $x=(x_1, x_2, \cdots, x_n)$ の関数 $g_i(x)=g_i(x_1, x_2, \cdots, x_n)$ として点 $a=(a_1, a_2, \cdots, a_n)$ で全微分可能であって，$b_i=g_i(a)(i=1, 2, \cdots, n)$ が成立すれば，合成関数 $z=F(x)=f(g(x))$ も点 $a=(a_1, a_2, \cdots, a_n)$ で全微分可能であって，公式

$$dF=\sum_{i=1}^{m}\frac{\partial f}{\partial y_i}dy_i=\sum_{j=1}^{n}\left(\sum_{i=1}^{m}\frac{\partial f}{\partial y_i}\frac{\partial g_i}{\partial x_j}\right)dx_j \quad (5)$$

が成立する．

④ **ヤコビ行列** 全微分可能な写像 $x=(x_1, x_2, \cdots, x_n)\longmapsto y=(y_1, y_2, \cdots, y_m)$ に対して，$m\times n$ 行列

$$\frac{\partial y}{\partial x}=\left(\frac{\partial f_i}{\partial x_j}\right) \quad (6)$$

をその **Jacobi（または関数）行列**，$m=n$ の時，その行列式 $\dfrac{D(y)}{D(x)}$ を **Jacobian** といい，J で表す．

無限小

独立変数 $x=(x_1, x_2, \cdots, x_n)\to a=(a_1, a_2, \cdots, a_n)$ の時，$g(x)\to 0$ となる変数 $g(x)$ を無限小という．もう一つの変数 $h(x)$ に対して，$\dfrac{h(x)}{g(x)}$ が有界の時，

$$h(x)=O(g(x)) \quad (6)$$

と記し，$g(x)$ と高々**同位の無限小**という．

$\dfrac{h(x)}{g(x)}\to 0 \ (x\to a)$ の時

$$h(x)=o(g(x)) \quad (7)$$

と記し，$g(x)$ より**高位の無限小**という．

接平面の方程式

全微分可能な関数 $y=f(x)$ に対して (2) が成立するから，1 次関数

$$y=f(a)+\sum_{i=1}^{n}\frac{\partial f}{\partial x_i}(a)(x_i-a_i) \quad (8)$$

は点 a において，高位の無限小を無視すると，関数 $f(x)$ に等しい．これを点 a における関数 f の**接平面**という．

合成関数の微分の公式 (5) より直ちに

SCHEMA

$$\frac{\partial}{\partial x_j}f(g(y))=\sum_{i=1}^{m}\frac{\partial f}{\partial y_i}\frac{\partial y_i}{\partial x_j} \quad (9)$$

合成写像の関数行列 $z=(z_1, z_2, \cdots, z_l)$ が $y=(y_1, y_2, \cdots, y_m)$ の関数，その y_i が $x=(x_1, x_2, \cdots, x_n)$ の関数であれば，合成写像 $x\longmapsto z$ のヤコビ行列 $\dfrac{\partial z}{\partial x}$ と写像 $x\longmapsto y$ のそれ $\dfrac{\partial y}{\partial x}$，写像 $y\longmapsto z$ のそれ $\dfrac{\partial z}{\partial y}$ の間には，行列の積として

SCHEMA

$$\frac{\partial z}{\partial x}=\frac{\partial z}{\partial y}\frac{\partial y}{\partial x} \quad (10)$$

が成立し，1 変数と同じムードであるが，行列としての積なのに注意すること．$m=n$ の時，両辺の行列式を取れば，ヤコビヤンについても同様な式を得る．

▶ 左頁の **SUMMARY** の対応する事項をもう一度読みながら，イメージを把もう．

EXAMPLE 1—① の偏導関数の例題

$u=\tan^{-1}\dfrac{y}{x}$ の時 $\Delta u=\dfrac{\partial^2 u}{\partial x^2}+\dfrac{\partial^2 u}{\partial y^2}$ を求めよ．

（愛媛大学大学院工学研究科入試）

解き方 x で偏微分する時は，y を定数と考えればよく，公式 $\dfrac{d}{dt}\tan^{-1}t=\dfrac{1}{1+t^2}$ より

$$\frac{\partial u}{\partial x}=\frac{-\dfrac{y}{x^2}}{1+\left(\dfrac{y}{x}\right)^2}=\frac{-y}{x^2+y^2},\quad \frac{\partial^2 u}{\partial x^2}=\frac{2xy}{(x^2+y^2)^2}.$$

y で偏微分する時は，x の方を定数と考えて

$$\frac{\partial u}{\partial y}=\frac{\dfrac{1}{x}}{1+\left(\dfrac{y}{x}\right)^2}=\frac{x}{x^2+y^2},\quad \frac{\partial^2 u}{\partial y^2}=\frac{-2xy}{(x^2+y^2)^2}.$$

ゆえに $\Delta u=0$.

ここが間違い易い

$u(x,y)$ を x で偏微分する時は y を定数と考え，次に y で偏微分する時は x を定数と考える．この簡単なことが往々にして頭の切り換えが旨く行かず，錯覚に陥り，誤り易いので，くれぐれも注意するとともに，各計算の段階で省りみて，誤りをチェックすること．

できない人程，暗算をする！

EXAMPLE 2—③ の合成関数の微分法の例題

$u(x,y)$ において，$x=r\cos\theta$，$y=r\sin\theta$ の時，$\Delta u=\dfrac{\partial^2 u}{\partial x^2}+\dfrac{\partial^2 u}{\partial y^2}=\dfrac{\partial^2 u}{\partial r^2}+\dfrac{1}{r}\dfrac{\partial u}{\partial r}+\dfrac{1}{r^2}\dfrac{\partial^2 u}{\partial \theta^2}$ を証明せよ．

（九州大学大学院物質理工学専攻，津田塾大学大学院入試）

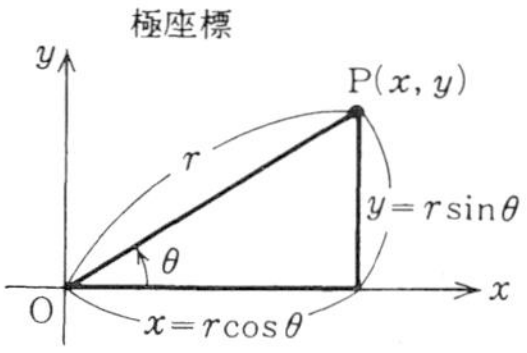

解き方 原点から点 $\mathrm{P}=(x,y)$ 迄の距離を r，x 軸と有向線分 OP のなす角を θ とすると，右上の図の様な事情にあり

$$x=r\cos\theta,\ y=r\sin\theta\quad (0\leqq r<+\infty,\ 0\leqq\theta<2\pi)$$

が成立し，(r,θ) を点 P の極座標という．$x_r=\cos\theta$，$x_\theta=-r\sin\theta$，$y_r=\sin\theta$，$y_\theta=r\cos\theta$ なので，関数行列 $\dfrac{\partial(x,y)}{\partial(r,\theta)}$ とその逆行列である $\dfrac{\partial(r,\theta)}{\partial(x,y)}$ が求まり，

$$\frac{\partial(x,y)}{\partial(r,\theta)}=\begin{bmatrix}\cos\theta & -r\sin\theta\\ \sin\theta & r\cos\theta\end{bmatrix},\quad \begin{bmatrix}r_x r_y\\ \theta_x\theta_y\end{bmatrix}=\begin{bmatrix}\cos\theta & -r\sin\theta\\ \sin\theta & r\cos\theta\end{bmatrix}^{-1}=\begin{bmatrix}\cos\theta & \sin\theta\\ -\dfrac{\sin\theta}{r} & \dfrac{\cos\theta}{r}\end{bmatrix},$$

すなわち，$\dfrac{\partial r}{\partial x}=\cos\theta$，$\dfrac{\partial r}{\partial y}=\sin\theta$，$\dfrac{\partial\theta}{\partial x}=-\dfrac{\sin\theta}{r}$，$\dfrac{\partial\theta}{\partial y}=\dfrac{\cos\theta}{r}$．したがって，$\dfrac{\partial u}{\partial x}=\dfrac{\partial u}{\partial r}\dfrac{\partial r}{\partial x}+\dfrac{\partial u}{\partial\theta}\dfrac{\partial\theta}{\partial x}=\cos\dfrac{\partial u}{\partial r}-\dfrac{\sin\theta}{r}\dfrac{\partial u}{\partial\theta}$，$\dfrac{\partial u}{\partial y}=\dfrac{\partial u}{\partial r}\dfrac{\partial r}{\partial y}+\dfrac{\partial u}{\partial\theta}\dfrac{\partial\theta}{\partial y}=\sin\theta\dfrac{\partial u}{\partial r}+\dfrac{\cos\theta}{r}\dfrac{\partial u}{\partial\theta}$．この u の所に $\dfrac{\partial u}{\partial x}$，$\dfrac{\partial u}{\partial y}$ を代入し

$$\frac{\partial^2 u}{\partial x^2}=\frac{\partial}{\partial x}\left(\frac{\partial u}{\partial x}\right)=\cos\theta\frac{\partial}{\partial r}\left(\cos\theta\frac{\partial u}{\partial r}-\frac{\sin\theta}{r}\frac{\partial u}{\partial\theta}\right)-\frac{\sin\theta}{r}\frac{\partial}{\partial\theta}\left(\cos\theta\frac{\partial u}{\partial r}-\frac{\sin\theta}{r}\frac{\partial u}{\partial\theta}\right)=\cos^2\theta\frac{\partial^2 u}{\partial r^2}+\frac{\cos\theta\sin\theta}{r^2}\frac{\partial u}{\partial\theta}-\frac{\cos\theta\sin\theta}{r}\frac{\partial^2 u}{\partial\theta\partial r}+\frac{\sin^2\theta}{r}\frac{\partial u}{\partial r}-\frac{\sin\theta\cos\theta}{r}\frac{\partial^2 u}{\partial r\partial\theta}+\frac{\sin\theta\cos\theta}{r^2}\frac{\partial u}{\partial\theta}+\frac{\sin^2\theta}{r^2}\frac{\partial^2 u}{\partial\theta^2}.$$

$$\frac{\partial^2 u}{\partial y^2}=\frac{\partial}{\partial y}\left(\frac{\partial u}{\partial y}\right)=\sin\theta\frac{\partial}{\partial r}\left(\sin\theta\frac{\partial u}{\partial r}+\frac{\cos\theta}{r}\frac{\partial u}{\partial\theta}\right)+\frac{\cos\theta}{r}\frac{\partial}{\partial\theta}\left(\sin\theta\frac{\partial u}{\partial r}+\frac{\cos\theta}{r}\frac{\partial u}{\partial\theta}\right)=\sin^2\theta\frac{\partial^2 u}{\partial r^2}-\frac{\sin\theta\cos\theta}{r^2}\frac{\partial u}{\partial\theta}+\frac{\sin\theta\cos\theta}{r}\frac{\partial^2 u}{\partial\theta\partial r}+\frac{\cos^2\theta}{r}\frac{\partial u}{\partial r}+\frac{\cos\theta\sin\theta}{r}\frac{\partial^2 u}{\partial r\partial\theta}-\frac{\cos\theta\sin\theta}{r^2}\frac{\partial u}{\partial\theta}+\frac{\cos^2\theta}{r^2}\frac{\partial^2 u}{\partial\theta^2}$$

は面倒なので一体どうなることかと不安になるが，和を取ると意外に簡単である：

$$\Delta u=\frac{\partial^2 u}{\partial x^2}+\frac{\partial^2 u}{\partial y^2}=\frac{\partial^2 u}{\partial r^2}+\frac{1}{r}\frac{\partial u}{\partial r}+\frac{1}{r^2}\frac{\partial^2 u}{\partial\theta^2}$$

SCHEMA

$$\frac{\partial}{\partial x}=\cos\theta\frac{\partial}{\partial r}-\frac{\sin\theta}{r}\frac{\partial}{\partial\theta}$$

$$\frac{\partial}{\partial y}=\sin\theta\frac{\partial}{\partial r}+\frac{\cos\theta}{r}\frac{\partial}{\partial\theta}$$

$$\frac{\partial^2}{\partial x^2}=\cos^2\theta\frac{\partial^2}{\partial r^2}-\frac{2\sin\theta\cos\theta}{r}\frac{\partial^2}{\partial r\partial\theta}+\frac{\sin^2\theta}{r^2}\frac{\partial^2}{\partial\theta^2}+\frac{\sin^2\theta}{r}\frac{\partial}{\partial r}+\frac{2\sin\theta\cos\theta}{r^2}\frac{\partial}{\partial\theta}$$

$$\frac{\partial^2}{\partial y^2}=\sin^2\theta\frac{\partial^2}{\partial r^2}+\frac{2\sin\theta\cos\theta}{r}\frac{\partial^2}{\partial r\partial\theta}+\frac{\cos^2\theta}{r^2}\frac{\partial^2}{\partial\theta^2}+\frac{\cos^2\theta}{r}\frac{\partial}{\partial r}-\frac{2\sin\theta\cos\theta}{r^2}\frac{\partial}{\partial\theta}$$

$$\Delta=\frac{\partial^2}{\partial r^2}+\frac{1}{r}\frac{\partial}{\partial r}+\frac{1}{r^2}\frac{\partial^2}{\partial\theta^2}$$

A 基礎をかためる演習

例えば，偏微分 f_{xy} では x で偏微分する時は y を定数と考え，y で偏微分する時は，y を変数と考える，頭の切り換えが必要！

1 $u=\sin^{-1}\dfrac{y}{x}$ の時，u_{xy} を求めよ．（津田塾大学大学院入試）

2 $f(x,y)=\dfrac{xy(x^2-y^2)}{x^2+y^2}((x,y)\neq(0,0))$，$f(0,0)=0$ の時，$f_{xy}(0,0)$ と $f_{yx}(0,0)$ を求めよ．（東京工業大学，東海大学大学院入試）

3 $\varepsilon>0$ に対して，$f(x,y)=(x^2+y^2)^{\frac{1}{2}+\varepsilon}\sin\dfrac{1}{\sqrt{x^2+y^2}}((x,y)\neq(0,0))$ は，$f(0,0)=0$ は点 $(0,0)$ で全微分可能であることを示せ．（東海大学大学院入試）

4 $f(x,y)=\dfrac{x^3-y^3}{x^2+y^2}((x,y)\neq(0,0))$，$f(0,0)=0$ の時，$f(x,y)$ は点 $(0,0)$ で偏微分可能であるが，全微分可能でないことを示せ．（東北大学大学院入試）

5 $\Delta u=0$ を満す関数で，r と θ だけの関数の積で表されるものを求めよ．（広島大学大学院入試）

6 $\boldsymbol{R}^3$ 上の**ラプラシヤン** $\Delta=\dfrac{\partial^2}{\partial x^2}+\dfrac{\partial^2}{\partial y^2}+\dfrac{\partial^2}{\partial z^2}$ を極座標を使って表せ．（東京都立大学大学院入試）

7 関数 $f(t)(t>0)$ が，$u(x,y,z)=f(x^2+y^2+z^2)$ とすると，条件

$$\frac{\partial^2 u}{\partial x^2}+\frac{\partial^2 u}{\partial y^2}+\frac{\partial^2 u}{\partial z^2}=0,\ f(t_0)=a,\ f(t_1)=b$$

を満す時，$f(t)$ を求めよ．（東京理科大学大学院入試）

8 偏微分方程式 $\dfrac{\partial^2 u}{\partial t^2}=a^2\dfrac{\partial^2 u}{\partial x^2}(a>0)$ を原点 $(0,0)$ の近傍で考えると，

(i) C^2 級の1変数 φ,ψ に対して，$u(t,x)=\varphi(x-at)+\psi(x+at)$ は解であり，

(ii) C^2 級の解はこの型に限ることを証明せよ．（北海道大学大学院入試）

9 $3x+2y+z=-1$ の時，$x^2+2y^2+3z^2$ の極値を求めよ．（東京工業大学大学院入試）

10 $f(x,y)=e^{-(x^2+y^2)}(ax^2+by^2)(a>b>0)$ の極値を求めよ．（東京工業大学，九州大学大学院入試）

11 単位球面 $x^2+y^2+z^2=1$ 上の $Q=6x^2+5y^2+7z^2-4xy+4xz$ の極値を求めよ．（早稲田大学大学院入試）

12 $\sum_{i=1}^{n}(y_i-(ax_i+b))^2$ が最小となる様な a,b を求めよ．（慶応義塾大学大学院工学研究科入試）

13 U を n 次元ユークリッド空間 $\boldsymbol{R}^n$ の凸領域とする．また，$f(x)$ を変数 $x=(x_1,x_2,\cdots,x_n)\in U$ の C^2 級実数値関数とし，その2階偏導関数の作る n 次正方行列 $\left(\dfrac{\partial^2 f}{\partial x_i\partial x_j}(x)\right)_{1\leq i,j\leq n}$ は U の各点で正値定符号であるとする．この時，$U\ni x=(x_1,x_2,\cdots,x_n)\in$ に対し，$\operatorname{grad} f(x)=\left(\dfrac{\partial f}{\partial x_1}(x),\dfrac{\partial f}{\partial x_2}(x),\cdots,\dfrac{\partial f}{\partial x_n}(x)\right)$ を対応させる写像 $\operatorname{grad} f:U\to\boldsymbol{R}^n$ は単射であることを示せ．（東北大学大学院入試）

14 $f(x,y)$ が n 次の同次関数であること，すなわち，$f(tx,ty)=t^n f(x,y)$ $(n\geqq 0)$ を満すための必要十分条件は，$xf_x+yf_y=nf$ が成立することであることを証明せよ．（金沢大学，岡山大学大学院入試）

《急所とヒント》

1 u_x を求める時は y を，更に u_{xy} を求める時は x を定数とみよ．

2 $f_{xy}(0,0)\neq f_{yx}(0,0)$ なる有名な例である．

3 と 4 先ず $f_x(0,0)$，$f_y(0,0)$ を求め，
$$\lim_{h,k\to 0}\frac{f(h,k)-f_x(0,0)h-f_y(0,0)k}{\sqrt{h^2+k^2}}$$
$=0$ が成立するかどうかを確かめよ．

5 E-2 の公式を用いよ．

6 先ず，$x=\rho\cos\varphi$，$y=\rho\sin\varphi$，$z=z$ に対して，E-2 を適用し，次に，$\rho=r\sin\theta$，$z=r\cos\theta$，$\varphi=\varphi$ に対して，E-2 を適用する2段構えで行こう．

7 $r^2=x^2+y^2+z^2$ の時，A-6 を用いて，$u=f(r^2)$ が満すべき常微分方程式を作れ．

8 $\xi=x-at$，$\eta=x+at$ とおき，ξ,η に関する方程式を作れ．

9 $z=-1-3x-2y$ を代入し，x，y の関数の議論とせよ．

10 $f_x=f_y=0$ が極値であるための必要条件．$\Delta=f_{xy}{}^2-f_{xx}f_{yy}$ と f_{xx} の符号を調べよ．

11 2次形式の球面上の最大値＝最大固有値，最小値＝最小固有値．

12 $f_a=f_b=0$ が極値の候補者．更に Δ と f_{aa} の符号を調べよ．
有名な最小自乗法であり，直線 $y=ax+b$ を回帰直線，a を回帰係数と呼び，データの分析に用いられる．

13 $F(t)=f(x+t(y-x))$ の $F'(t)$ に平均値の定理を用いよ．

14 両辺を t で偏微分し $t=1$ とせよ．

B 基礎を活用する演習

この様な計算をイヤラシイと思っていては，計算が合うはずもないし，合格するはずもない．下等な微分が飯の種になるのは有難い，と思わねばならぬ．

1. $u=(x_1^2+x_2^2+x_3^2+x_4^2)^{\frac{1}{2}}$ の時，$\Delta u=\left(\dfrac{\partial^2 u}{\partial x_1^2}+\dfrac{\partial^2 u}{\partial x_2^2}+\dfrac{\partial^2 u}{\partial x_3^2}+\dfrac{\partial^2 u}{\partial x_4^2}\right)$ を求めよ． （津田塾大学大学院入試）

2. $x_1, x_2, \cdots x_n$ を変数とする関数 $y=f(x_1^2+x_2^2+\cdots+x_n^2)$ が，$\displaystyle\sum_{i=1}^{n}\frac{\partial^2 y}{\partial x_i^2}=0$，$x_1=1$，$x_2=x_3=\cdots=x_n=0$ の時 $y=0$，$x_1=x_2=\cdots=x_n=1$ の時 $y=1$，の三条件を満すという．f の形を決定せよ． （早稲田大学大学院入試）

3. $\dfrac{\partial^2 u}{\partial x^2}=\dfrac{\partial^2 u}{\partial t^2}+2\dfrac{\partial u}{\partial t}+u$，$u(0,x)=\sin x$，$\dfrac{\partial u}{\partial t}(0,x)=0$ を解け． （九州大学大学院物理学専攻入試）

4. 実数体 $\boldsymbol{R}$ 上の 2 変数 x, y の d 次同次多項式全体を V_d とする．V_d から $V_{d-2}(d\geqq 2)$ への線形写像 Δ を，$\Delta f(x,y)=\left(\dfrac{\partial^2}{\partial x^2}+\dfrac{\partial^2}{\partial y^2}\right)f(x,y)$ $(f\in V_d)$ で定義する． この時，$V_d=\mathrm{Ker}\,\Delta+(x^2+y^2)V_{d-2}$，$\mathrm{Ker}\,\Delta\cap(x^2+y^2)V_{d-2}=\{0\}$ となることを証明せよ． （上智大学大学院入試）

5. $x_1, x_2, x_3\in[-1,1]$ の時，行列式 $f=\begin{vmatrix}1 & 1 & 1\\ x_1 & x_2 & x_3\\ x_1^2 & x_2^2 & x_3^2\end{vmatrix}$ を最大にする x_1, x_2, x_3 を求めよ． （京都大学大学院入試）

6. n 次元ユークリッド空間 $\boldsymbol{R}^n$ において，原点から超平面 $\displaystyle\sum_{i=1}^{n}x_i=1$ への最短距離を求めよ． （九州大学大学院入試）

7. n 次の正方行列 $X=(x_{ij})$ に対して，$l_i^2=\displaystyle\sum_{j=1}^{n}x_{ij}^2\ (1\leqq i\leqq n)$ とすると，X の行列式 $\det X$ は $|\det X|\leqq l_1 l_2\cdots l_n$ を満すことを示せ． （北海道大学大学院入試）

8. $\boldsymbol{R}^2$ 上の C^1 級関数 $g(x,y)$，$h(x,y)$ が $\dfrac{\partial h}{\partial x}=\dfrac{\partial g}{\partial y}$ を満すならば，$\boldsymbol{R}^2$ 上 C^2 級の f が存在して $\dfrac{\partial f}{\partial x}=g$，$\dfrac{\partial f}{\partial y}=h$ が成立することを示せ． （北海道大学，奈良女子大学，金沢大学大学院入試）

1. $u^2=x_1^2+x_2^2+x_3^2+x_4^2$ の両辺を次々と x_i で偏微分せよ．

2. $s=x_1^2+x_2^2+\cdots+x_n^2$ として先ず，$\dfrac{\partial}{\partial x_i}$，$\dfrac{\partial^2}{\partial x_i^2}$ を，次に Δy を $f'(s), f''(s)$ で表し，$f(s)$ の満すべき，常微分方程式を作れ．

3. 演算子法的に記すと，$\left(\dfrac{\partial^2}{\partial x^2}-\dfrac{\partial^2}{\partial t^2}-2\dfrac{\partial}{\partial t}-1\right)u=\left(\dfrac{\partial^2}{\partial x^2}-\left(\dfrac{\partial}{\partial t}+1\right)^2\right)u=0$．14 章の S-9 より $\dfrac{\partial^2}{\partial t^2}(e^t u)=e^t\left(\dfrac{\partial}{\partial t}+1\right)^2 u$．更に $\dfrac{\partial^2}{\partial x^2}(e^t u)=e^t\dfrac{\partial^2 u}{\partial x^2}$ に注目し，$v=e^t u$ の偏微分方程式に A-8 を適用せよ．

4. $z=x+iy$，$z\bar{z}=x-iy$，$x=\dfrac{z+\bar{z}}{2}$，$y=\dfrac{z-\bar{z}}{2i}$ に対して，$\dfrac{\partial}{\partial z}=\dfrac{\partial x}{\partial z}\dfrac{\partial}{\partial x}+\dfrac{\partial y}{\partial z}\dfrac{\partial}{\partial y}=\dfrac{1}{2}\left(\dfrac{\partial}{\partial x}+\dfrac{1}{i}\dfrac{\partial}{\partial y}\right)$，$\dfrac{\partial}{\partial \bar{z}}=\dfrac{\partial x}{\partial \bar{z}}\dfrac{\partial}{\partial x}+\dfrac{\partial y}{\partial \bar{z}}\dfrac{\partial}{\partial x}=\dfrac{1}{2}\left(\dfrac{\partial}{\partial x}-\dfrac{1}{i}\dfrac{\partial}{\partial y}\right)$ なので $\dfrac{\partial^2}{\partial z\partial\bar{z}}=\dfrac{1}{4}\left(\dfrac{\partial}{\partial x}+\dfrac{1}{i}\dfrac{\partial}{\partial y}\right)\left(\dfrac{\partial}{\partial x}-\dfrac{1}{i}\dfrac{\partial}{\partial y}\right)=\dfrac{1}{4}\left(\dfrac{\partial^2}{\partial x^2}+\dfrac{\partial^2}{\partial y^2}\right)$．したがって $f\in\mathrm{Ker}\,\Delta$，すなわち，$\Delta f=0$ より $f=g(z)+h(\bar{z})$．この計算を正当化し，活用せよ．

5. 行列式 f は有名なバンデルモンド．内点で最大値を持てば，$\dfrac{\partial f}{\partial x_1}=\dfrac{\partial f}{\partial x_2}=\dfrac{\partial f}{\partial x_3}=0$ より $f=0$ とし，矛盾，よって，境界上での議論とせよ．この場合は極値を求める方法が否定的に活かされる．

6. ラグランジュの方法を用い，$f=\displaystyle\sum_{i=1}^{n}x_i^2-\lambda\left(\sum_{i=1}^{n}x_i-1\right)$ に対して，$\dfrac{\partial f}{\partial x_i}=0\ (1\leqq i\leqq n)$，$\displaystyle\sum_{i=1}^{n}x_i=1$ なる $(n+1)$ 元連立方程式を解け．

7. ラグランジュの方法を用い，$f=\det X-\displaystyle\sum_{i=1}^{n}\lambda_i\left(\sum_{j=1}^{n}x_{ij}^2-l_i^2\right)$ に対して，$\dfrac{\partial f}{\partial x_{ij}}=0$，$\displaystyle\sum_{j=1}^{n}x_{ij}^2=l_i^2$ $(i,j=1,2,\cdots,n)$ なる (n^2+n) 元連立方程式を解け．その際 x_{ij} の余因子 X_{ij} の持つ性質，$\displaystyle\sum_{j=1}^{n}x_{ij}X_{kj}=0\ (i\neq k)$，$=\det X\ (i=k)$ を駆使し，$\det({}^tXX)=|\det X|^2$ の計算に持込め．

8. その様な f があれば，$\dfrac{\partial f}{\partial x}=g$ より，$f=\displaystyle\int_{x_0}^{x}g(\xi,y)d\xi+(y$ だけの関数 $\varphi(y))$．この式の両辺を y で偏微分して，φ を求めよ．

陰関数の存在定理

16

$(n+p)$個の変数の間に n 個の関係式が与えられると，一般に，p 個の変数が独立変数となり，残りの n 個はこれらの p 個の変数の陰関数となる．

SUMMARY — ▶この陰関数の存在の決め手となるのが，ヤコビヤンである．☞

① **陰関数**　2変数 x, y の間に関係式 $F(x,y)=0$ が与えられたとしよう．x を固定すると，y は方程式 $F(x,y)=0$ の解である．この様な意味で，y は x の関数であり，**陰関数**と呼ばれる．一般には，**多価関数**であるが，局所的には，その一つ一つの枝，これを**分枝**というが，それは一価な滑らかな関数であることが多い．

② **陰関数の存在定理**　C^1 級の関数 $F(x,y)$ が，点 (x_0, y_0) にて $F(x_0,y_0)=0$，$F_y(x_0,y_0)\neq 0$ を満せば，点 (x_0,y_0) の近傍では $F(x,y)=0$ を満し，点 (x_0,y_0) を通る陰関数 $y=f(x)$ が一意的に存在して，しかも，C^1 級である．

③ **多変数の陰関数**　$(n+p)$ 個の変数 $x_1, x_2, \cdots, x_{n+p}$ の間に n 個の関係式 $F_i(x_1, x_2, \cdots, x_{n+p})=0\ (1\leqq i\leqq p)$ が与えられたとしよう．特別な場合を除くと，(独立変数の数)−(式の数)$=n+p-n=p$ だけの自由度があり，$(n+p)$ 個の中の p 変数を独立変数として，残りの n 個は陰関数と見なすことができる．

④ **関数行列式(ヤコビヤン)**　2変数 x,y の場合の $F_y(x,y)$ の役割を果すのが，$(n+p)$ 変数 $x_1, x_2, \cdots, x_{n+p}$ の場合の関数行列 $\dfrac{\partial(F_1, F_2, \cdots, F_n)}{\partial(x_1, x_2, \cdots, x_n)}=\left(\dfrac{\partial F_i}{\partial x_j}\right)$ の行列式

$$J=\frac{D(F_1, F_2, \cdots, F_n)}{D(x_1, x_2, \cdots, x_n)}=\begin{vmatrix} \dfrac{\partial F_1}{\partial x_1} & \dfrac{\partial F_1}{\partial x_2} \cdots & \dfrac{\partial F_1}{\partial x_n} \\ \dfrac{\partial F_2}{\partial x_1} & \dfrac{\partial F_2}{\partial x_2} \cdots & \dfrac{\partial F_2}{\partial x_n} \\ \cdots\cdots & \cdots\cdots & \cdots\cdots \\ \dfrac{\partial F_n}{\partial x_1} & \dfrac{\partial F_n}{\partial x_2} \cdots & \dfrac{\partial F_n}{\partial x_n} \end{vmatrix}$$

であり，$F_1, F_2, \cdots, F_n$ の $x_1, x_2, \cdots, x_n$ に関する**ヤコビヤン**という．

⑤ **多変数の陰関数の存在定理**　C^1 級の関数 $F_i(x_1, x_2, \cdots, x_{n+p})$ が点 $(x_1{}^0, x_2{}^0, \cdots, x^0{}_{n+p})$ にて，$F_i(x_1{}^0, x_2{}^0, \cdots, x^0{}_{n+p})=0$，$\dfrac{D(F_1, F_2, \cdots, F_n)}{D(x_1, x_2, \cdots, x_n)}\neq 0$ を満せば，点 $(x_1{}^0, x_2{}^0, \cdots, x^0{}_{n+p})$ の近傍では $F_i(x_1, x_2, \cdots, x_{n+p})=0\ (1\leqq i\leqq n)$ を満し，点 $(x_1{}^0, x_2{}^0, \cdots, x^0{}_{n+p})$ を通る陰関数 $x_i=f_i(x_{n+1}, x_{n+2}, \cdots, x_{n+p})\ (1\leqq i\leqq n)$ が一意的に存在して，しかも C^1 級である．

⑥ **ロンスキーの行列式**　1変数 x のn個の関数 $f_1, f_2, \cdots, f_n$ の Wronskian とは，次の行列式であり，1次独立性と関連がある．

$$W(f_1, f_2, \cdots, f_n)=\begin{vmatrix} f_1 & f_2 \cdots & f_n \\ f_1' & f_2' \cdots & f_n' \\ \cdots\cdots & \cdots\cdots & \\ f_1{}^{(n-1)} & f_2{}^{(n-1)} \cdots & f_n{}^{(n-1)} \end{vmatrix}.$$

例えば

n 変数 $x_1, x_2, \cdots, x_n$ の間の関係式 $F=\sum_{i=1}^{n} x_i{}^2-1=0$ があれば，各x_iについて，$x_i=\pm\sqrt{1-x_1{}^2-x_2{}^2-\cdots-x_{i-1}{}^2-x_{i+1}{}^2-\cdots-x_n{}^2}$ と解くことができ，各 x_i は2価の陰関数である．n 次元の球面$=0$ の任意点 $x^0=(x_1{}^0, x_2{}^0, \cdots, x_n{}^0)$ において $(x_1{}^0)^2+(x_2{}^0)^2+\cdots+(x_n{}^0)^2=1$ が成立するから，少なくとも一つの $x_i{}^0\neq 0$．この時，$\dfrac{\partial x_i{}^2}{\partial x_i}=2x_i=2x_i{}^0\neq 0$ なので，p が1，n が $n-1$ の時の左の③より，x^0 の近傍で，$F=0$ を満し，x^0 を通る陰関数 $x_i=\varphi(x_1, x_2, \cdots, x_{i-1}, x_{i+1}, \cdots, x_n)$ が一意的に存在し C^1 級であり，上のことと符号する．更にこの解は局所的には一価であるが，大域的には2価であり，$x_1{}^2+x_2{}^2+\cdots+x_{i-1}{}^2+x_{i+1}{}^2+\cdots+x_n{}^2=1$ 上の点では，微分可能ではない．

一般に

C^1 級の関数 $F=0$ で表される曲面上の点にて $\mathrm{grad}\,F=\left(\dfrac{\partial F}{\partial x_1}, \dfrac{\partial F}{\partial x_2}, \cdots, \dfrac{\partial F}{\partial x_n}\right)\neq 0$ であれば，いずれか一つの $\dfrac{\partial F}{\partial x_i}\neq 0$．左の③よりこの点の近傍で $F=0$ は x_iについて解けてC^1級であり，$x_1, x_2, \cdots, x_{i-1}, x_{i+1}, \cdots, x_n$ を局所的には座標とみなすことができる．この様な $\mathrm{grad}\,F\neq 0$ なる点を曲面 $F=0$ の**通常点**と呼び，$\mathrm{grad}\,F=0$ なる点を**特異点**という

似て非なるもの

ロンスキーとヤコビーの行列式を混同してはいけない．

SCHEMA

$f_1, f_2, \cdots, f_n$ が1次従属ならば $W(f_1, f_2, \cdots, f_n)\equiv 0$.

逆に

$W(f_1, f_2, \cdots, f_{n-1})\neq 0$,

$W(f_1, f_2, \cdots, f_n)\equiv 0$

ならば，$f_1, f_2, \cdots, f_n$ は1次従属.

▶ 左頁の **SUMMARY** の対応する事項をもう一度読みながら，イメージを把もう．

$n=p=1$ の場合を通じて左の陰関数の存在定理を理解しよう．

EXAMPLE 1—② の陰関数の存在定理の証明

$F(x,y)$ を $\boldsymbol{R}^2$ の点 (a,b) の近傍で定義され，$\dfrac{\partial F}{\partial x}(x,y)$，$\dfrac{\partial F}{\partial y}(x,y)$ が存在して連続である様な実数値関数とする．$F(a,b)=0$，$\dfrac{\partial F}{\partial y}(a,b)\neq 0$ の時，a の近傍で連続な関数 $f(x)$ で，$b=f(a)$，$F(x,f(x))=0$ を満すものが存在することを証明せよ．

（九州大学大学院入試）

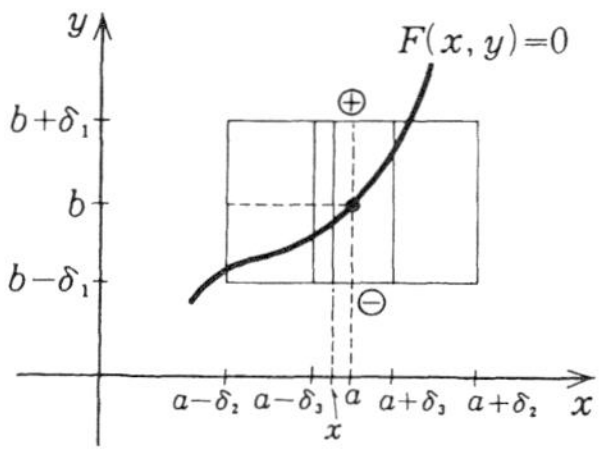

解き方 $F_y(a,b)<0$ であれば $-F$ を考えればよいので，$F_y(a,b)>0$ と仮定してよい．連続関数 F_y が点 (a,b) で正なので，${}^\exists\delta_1>0; F_y(x,y)>0$ $(a-\delta_1\leqq x\leqq a+\delta_1, b-\delta_1\leqq y\leqq b+\delta_1)$．更に，1 変数 y の関数 $F(a,y)$ は，$F_y(a,y)>0$ なので，y について増加であり，$F(a,b)=0$ より，$F(a,b-\delta_1)<0$，$F(a,b+\delta_1)>0$．1 変数 x の連続関数 $F(x,b-\delta_1)$ は $x=a$ で負なので，${}^\exists\delta_2>0; F(x,b-\delta_2)<0$ $(a-\delta_2\leqq x\leqq a+\delta_2)$．同様にして，${}^\exists\delta_3>0; F(x,b+\delta_1)>0$ $(a-\delta_3\leqq x\leqq a+\delta_3)$．ここで，$\delta=\min(\delta_1,\delta_2,\delta_3)>0$ とおく．$a-\delta\leqq x\leqq a+\delta$ の x を取り固定し，1 変数 y の関数 $F(x,y)$ を考察すると，$F_y(x,y)>0$ なので，単調増加であり，しかも，$F(x,b-\delta_1)<0$，$F(x,b+\delta_1)>0$ なので，$b-\delta_1<y<b+\delta_1$ なる唯一つの $y=f(x)$ にて，$F(x,f(x))=0$ となる．次に関数 $y=f(x)$ の微分可能性を示し，その導関数 $f'(x)$ を求めよう．$h\neq 0$ に対して，$k=f(x+h)-f(x)$ とおくと，$0<{}^\exists\theta<1; F(y+h,y+k)=F(x,y)+F_x(x+\theta h,y+\theta k)h+F_y(x+\theta h,y+\theta k)k$．$y=f(x)$ と $y+k=f(x+h)$ は陰関数なので，$F(x,y)=F(x+h,y+k)=0$ に注意し，

$$\frac{dy}{dx}=\lim_{h\to 0}\frac{k}{h}=\lim_{h\to 0}\left(-\frac{F_x(x+\theta h,y+\theta k)}{F_y(x+\theta h,y+\theta k)}\right)=-\frac{F_x(x,y)}{F_y(x,y)}.$$

EXAMPLE 2—⑤ の陰関数の存在定理の例題

$F(x,y,z)$ は $\boldsymbol{R}^3$ の開領域 D で定義された関数とし，D において $\dfrac{\partial F}{\partial x}$，$\dfrac{\partial F}{\partial y}$，$\dfrac{\partial F}{\partial z}$ は存在して，連続とする．点 $(x_0,y_0,z_0)\in D$ において，$F(x_0,y_0,z_0)=0$，$\dfrac{\partial}{\partial z}F(x_0,y_0,z_0)\neq 0$ とする時，$F(x,\varphi(x),\varphi'(x))=0$，$\varphi(x_0)=y_0$，$\varphi'(x_0)=z_0$ を満す C^1 級の関数 $\varphi(x)$ が x_0 を含む適当な開区間で存在することを示せ．

（お茶の水女子大学大学院入試）

解き方 $p=1$，$n=2$ の時の，陰関数の存在定理 ⑤ より，${}^\exists\delta>0; |x-x_0|\leqq\delta$，$|y-y_0|\leqq\delta$ にて，$|z-z_0|\leqq\delta$ を満す $F(x,y,z)=0$ の陰関数 $z=f(x,y)$ が一意的に存在して C^1 級．E–1 より，$f_y=-\dfrac{F_y(x,y,z)}{F_z(x,y,z)}$ は連続なので，その最大絶対値を L とすると，平均値の定理より，$|y-y_0|\leqq\delta$，$|\eta-y_0|\leqq\delta$ に対して，$0<{}^\exists\theta<1; |f(x,\eta)-f(x,y)|=|f_y(x,y+\theta(\eta-y))(\eta-y)|\leqq L|\eta-y|$．すなわち，$f(x,y)$ は y についてリプシッツ条件を満すので，12 章の B–7 を $n=1$，$t=x$，$x_1=y$ の時適用すると，更に小さな正数 $r<\delta$ があって，$|x-x_0|\leqq r$，にて，$|y-y_0|\leqq r$ を満す初期値問題 $\dfrac{dy}{dx}=f(x,y)$，$\varphi(x_0)=y_0$ の解 $y=\varphi(x)$ が一意的に存在する．この時，$z=\varphi'(x)$ は $z_0=f(x_0,y_0)$ を満すので，方程式 $F(x_0,y_0,z)=0$ の解 $z_0=f(x_0,y_0)$ の一意性より，$\varphi'(x_0)=z_0$ でなければならぬ．

暗記無用

$F(x,y)=0$ の両辺を x で微分する際，x は $F(x,y)$ の x と y との双方に含まれているので，$F_x+F_yy'=0$．y' について解き，$y'=-\dfrac{F_y}{F_x}$．この計算は一分内にできるので，この公式を無理に暗記する必要はない．

E–1 の一般化

E–1 の証明において，x の方は 1 変数である必要は無く，p 変数 $x_1, x_2, \cdots, x_p$ であっても全く同様であり，陰関数 $F(x_1, x_2, \cdots, x_p, y)=0$ の解の存在が示され，$n=1$ の場合の陰関数の存在定理が得られる．

リプシッツ連続性

左の証明と同様にして，関数 $F(x_1,x_2,\cdots,x_m,y_1,y_2,\cdots,y_n)$，$F_{y_i}(x_1,x_2,\cdots,x_m,y_1,y_2,\cdots y_n)$ $(1\leqq i\leqq n)$ が有界閉凸集合の上で連続であれば，関数 F は $y_1, y_2, \cdots, y_n$ についてリプシッツ連続であることが示される．

A 基礎を かためる 演習

式の数が一つの場合の偏導関数に対応するものが，式の数の複数の場合のヤコビヤンである．これとロンスキヤンと混同しない様に！

1 $f: M \to N$ を多様体 N への可微分写像とする．M が連結で $df=0$ ならば，f の像は一点である事を証明せよ．（九州大学大学院入試）

2 U が $\boldsymbol{R}^n$ の原点 0 のある近傍で，$f: U \to \boldsymbol{R}$ が C^∞ 関数であるとする．ただし，$f(0)=0$ とし，また $x_1, x_2, \cdots, x_n$ は $\boldsymbol{R}^n$ の点 x の座標である．もし，少なくとも一つの x_i に対して，$\dfrac{\partial f}{\partial x_i}(0) \neq 0$ であると，$\boldsymbol{R}^n$ の原点 0 の近傍 $V \subset U$ と diffeomorphism $h: V \to U$ が存在し $f \circ h \mid V = x_n$ となることを証明せよ．（早稲田大学大学院入試）

3 $f(x)=(f_1(x), f_2(x), \cdots, f_n(x))$ は $\boldsymbol{R}^n$ の領域 $\Omega(\ni 0)$ から $\boldsymbol{R}^n$ への連続的微分可能な写像で，Ω 上

$$\det\begin{pmatrix} \dfrac{\partial f_1}{\partial x_1} & \dfrac{\partial f_1}{\partial x_2} & \cdots & \dfrac{\partial f_1}{\partial x_n} \\ \dfrac{\partial f_2}{\partial x_1} & \dfrac{\partial f_2}{\partial x_2} & \cdots & \dfrac{\partial f_2}{\partial x_n} \\ \cdots\cdots & \cdots\cdots & \cdots & \cdots\cdots \\ \dfrac{\partial f_n}{\partial x_1} & \dfrac{\partial f_n}{\partial x_2} & \cdots & \dfrac{\partial f_n}{\partial x_n} \end{pmatrix} \neq 0$$

とする．(i) $S(r)=\{x \in \boldsymbol{R}^n ; |x|=\sqrt{x_1^2+x_2^2+\cdots+x_n^2} \leqq r\}$ $(r>0)$ として，$I=\{r>0 ; S(r) \subset \Omega$ で，f は $S(r)$ 上一対一写像$\}$ とする時，正数 r_0 が存在して，$I=(0, r_0)$ であることを示せ．(ii) $\Omega=\boldsymbol{R}^n$ の時，写像 $f: \boldsymbol{R}^n \to \boldsymbol{R}^n$ は一対一であるか．（大阪大学大学院入試）

4 $f(x, y)=(e^x \cos y, e^x \sin y)$ で定義された写像 $f: \boldsymbol{R}^2 \to \boldsymbol{R}^2$ は局所微分同型であるが微分同型でないことを証明せよ．（九州大学大学院入試）

5 領域 D で正則な関数 f に対して，$|f|=$定数であれば，$f=$定数であることを示せ．（九州大学，京都大学，大阪市立大学大学院入試）

6 f_1, f_2, f_3 は区間 $I=(a, b)$ で定義された関数とし，

$$W(f_1, f_2)=\begin{vmatrix} f_1 & f_2 \\ f_1' & f_2' \end{vmatrix}, \quad W(f_1, f_2, f_3)=\begin{vmatrix} f_1 & f_2 & f_3 \\ f_1' & f_2' & f_3' \\ f_1'' & f_2'' & f_3'' \end{vmatrix}$$

とおく．$W(f_1, f_2, f_3)=0$ の時，I の各点で，$W(f_1, f_2) \neq 0$ ならば，$f_3=c_1 f_1+c_2 f_2$ となる定数 c_1, c_2 があることを示せ．（岡山大学大学院入試）

7 n 階線形同次微分方程式の特解を $y_1(x), y_2(x), \cdots, y_n(x)$, n 個のこれらで作るロンスキヤンを $W(x)$ とする時，$W(x)$ についての正しい命題は次の内どれか．

(1) 1 点 $x=a$ で $W(x) \neq 0$ ならば恒等的に $W(x) \neq 0$ である．

(2) $W(x) \neq 0$ であれば，常に $\{y_i(x)\}_{i=1\sim n}$ は 1 次独立である．

(3) $W(x)=0$ であれば，常に $\{y_i(x)\}_{i=1\sim n}$ は 1 次従属である．

(4) $W(x)=0$ であって，0 でない $(n-1)$ 次の小行列式があれば，$\{y_i(x)\}_{i=1\sim n}$ は 1 次従属である．

(5) $y_i(x)$ 全てが解析関数であって，$W(x)=0$ ならば，$\{y_i(x)\}_{i=1\sim n}$ は 1 次従属である．（国家公務員上級職数学専門試験）

8 z 平面 D で定義された関数 $f(z)=u(x, y)+iv(x, y)$, $z=x+iy$ が D で微分可能な時，次の等式のどれが成立するか．

(1) $u_x+v_y=0$ (2) $u_y+v_x=0$ (3) $u_{xx}+u_{yy}=0$ (4) $u_x+iv_x=-i(u_y+iv_y)$

(5) $\dfrac{\partial^2 f}{\partial x^2}+\dfrac{\partial^2 f}{\partial y^2}=0$ （国家公務員上級職数学専門試験）

《解答上の指針》

1 つまり，f の全ての 1 次の偏導関数$\equiv 0$ ならば，$f=$定数なることを示せ．

2 S-5 を $n=1$, $p=n$, $F_1=y_n-f(x_1, x_2, \cdots, x_n)$ に対して適用し，x_i について解くことの，微分幾何学的表現であり，前問同様，厚化粧に惑わされてはならぬ．

3 逆関数の存在定理であり，$F_i=y_i-f_i(x_1, x_2, \cdots, x_n)$ $(1 \leqq i \leqq n)$ に対して S-5を適用すれば，先ず $I \neq \phi$. $I=(0, r_0)$ なることは実数の連続性公理 II, VI を用いて証明せよ．後半の反例はちょうど，次の A-4.

4 前半はヤコビヤン，後半は三角関数の周期性．

5 複素数値関数 $f=u+iv$ の $|f|^2=u^2+v^2=$定数 c の両辺を x, y で偏微分し，u, v の同次連立 1 次方程式を作る際，f が正則という条件，すなわち，コーシー－リーマン $u_x=v_y$, $u_y=-v_x$ を考慮に入れよ．

6 この様な定理は一生に一度は証明しておきたい．

7 ロンスキヤン一般の性質と，一般には成立しないが，線形微分方程式の解には成立する性質とがあり，混同され適当に不合格者が出るのを期待している．

8 f の複素微分可能性と，正則性，すなわち，コーシー－リーマン $u_x=v_y$, $u_y=-v_x$ を満し，C^∞ 級であることは同値である．正しくないのが少ないのは，面白い．

B 基礎を活用する演習

条件付の極値問題はラグランジュの未定乗数法で求められるし，Z が $Y_1, Y_2, \cdots, Y_{n-1}$ のみの関数であるための条件は $\dfrac{\partial Z}{\partial Y_n}=0$ である．

1. Nを与えられた正整数，cを与えられた正数とする．この時，条件 $x_1+x_2+\cdots+x_N=c$，$x_i \geqq 0\ (i=1, 2, \cdots, N)$ の下で，$\sum_{i=1}^{N}\sqrt{x_i}$ を最大にする様な $x_1, x_2, \cdots, x_N$ の値を求めよ．

（九州大学大学院入試）

2. 関数 $y=y(x)$ は変数変換 $X=\dfrac{dy}{dx}$，$Y=y-\dfrac{dy}{dx}x$ によって，$Y=Y(X)$ に変換される時，$x=-\dfrac{dY}{dX}$，$y-Y+X\dfrac{dY}{dX}$ となることを示せ．この時，$x^2+y^2=1$ は X, Y 平面でどの様な図形を表すか．

（東京大学大学院入試）

3. x, y 平面上の $x>0$ の部分において，C^1 級の $f(x, y)$ が $x\dfrac{\partial f}{\partial x}+2y\dfrac{\partial f}{\partial y}=0$ を満せば，1変数のある関数 φ によって，$f(x, y)=\varphi\left(\dfrac{y}{x^2}\right)$ と表されることを示せ．

（筑波大学大学院入試）

4. $\boldsymbol{C}$を複素数体，$X_1, X_2, \cdots, X_n$ を変数とし，A を $\boldsymbol{C}$-係数の n 変数多項式環とする．今 $D=\dfrac{\partial}{\partial X_1}+\dfrac{\partial}{\partial X_2}+\cdots+\dfrac{\partial}{\partial X_n}$，$Y_i=X_i-X_{i+1}\ (1 \leqq i \leqq n-1)$ とする時，D の核 $\mathrm{Ker}\, D$ は，$Y_1, Y_2, \cdots, Y_{n-1}$ で生成される A の部分環であることを示せ．

（九州大学大学院入試）

5. $\boldsymbol{R}^n$ から $\boldsymbol{R}^n$ への写像：$y_1=x_n \sin x_1 \cdots \sin x_{n-2} \sin x_{n-1}$，$y_2=x_n \sin x_1 \cdots \sin x_{n-2} \cos x_{n-1}$，$y_3=x_n \sin x_1 \cdots \sin x_{n-3} \cos x_{n-2}$，$\cdots$，$y_n=x_n \cos x_1$ を φ で表す．(1) φ は全射であることを示せ．(2) φ のヤコビー行列式が0になる点はどこか．

（熊本大学大学院入試）

6. $u=f(x+2y+2u+v)$，$v=g(2x+y-4u-2v)$ によって x, y の関数 u, v を定義する時，関数行列式 $\dfrac{D(u, v)}{D(x, y)}$ を求めよ．ただし $f'-g' \neq \dfrac{1}{2}$.

（慶応義塾大学大学院入試）

7. $\boldsymbol{R}^2$ から $\boldsymbol{R}^2$ への C^1-写像 $f=(f_1(x_1, x_2), f_2(x_1, x_2))$ で各点において

$$J=\begin{bmatrix} \dfrac{\partial f_1}{\partial x_1} & \dfrac{\partial f_1}{\partial x_2} \\[2ex] \dfrac{\partial f_2}{\partial x_1} & \dfrac{\partial f_2}{\partial x_2} \end{bmatrix}$$

が直交行列になるもの全てを決定せよ．

（九州大学大学院入試）

1. ラグランジュの未定乗数法に則り，関数 $f=\sum_{i=1}^{N}\sqrt{x_i}-\lambda\left(\sum_{i=1}^{N}x_i-c\right)$ に対し，連立方程式 $\dfrac{\partial f}{\partial x_i}=0\ (1 \leqq i \leqq N)$，$\sum_{i=1}^{N}x_i=c$ を解け．

2. 合成関数の微分法による．

3. 線形偏微分方程式の一般解を特性方程式 $\dfrac{dx}{x}=\dfrac{dy}{2y}=\dfrac{dz}{0}$ を解くことにより求めて終うのが最も見通しがよいが，入試の解答としては，変数変換 $x=\dfrac{e^t}{s}$，$y=\dfrac{e^{2t}}{s}$ により独立変数を s, t とし，$\dfrac{\partial f}{\partial t}=0$ を導き，f が $s=\dfrac{y}{x^2}$ だけの関数であることを示すを好しとする．

4. 線形偏微分方程式 $\dfrac{\partial Z}{\partial X_1}+\dfrac{\partial Z}{\partial X_2}+\cdots+\dfrac{\partial Z}{\partial X_n}=0$ の一般解を特性方程式 $dX_1=dX_2=\cdots=dX_n=\dfrac{dZ}{0}$ を解くことにより求めるのが見通しがよいが，入試の解答としては，変数変換 $Y_i=X_i-X_{i+1}\ (1 \leqq i \leqq n-1)$，$Y_n=X_n$ によって，独立変数を $Y_1, Y_2, \cdots, Y_n$ とし，$\dfrac{\partial Z}{\partial Y_n}=0$ より，$Z=Y_1, Y_2, \cdots, Y_{n-1}$ の関数，を導くを好しとする．

5. 定義に従って，n 次の関数行列式であるヤコビヤンを書き下し，行列式を要領よく計算すればよいが，技巧を要する難問である．

6. 陰関数の微分法で $u=f$，$v=g$ の両辺を x, y で偏微分し u_x, v_x, u_y, v_y の連立方程式を解けばよい．

7. 高校の代数・幾何が教える所では J が直交行列であれば，

$$J=\begin{bmatrix} \cos\alpha & -\sin\alpha \\ \sin\alpha & \cos\alpha \end{bmatrix} \text{ または } J=\begin{bmatrix} \cos\alpha & \sin\alpha \\ \sin\alpha & -\cos\alpha \end{bmatrix}.$$

ここで，前者では $z=x+iy$，後者では $z=x-iy$ の関数 $f=f_1+if_2$ はコーシー－リーマンを満し，正則となる．A-4, A-5，13章の B-5 をよく眺めましょう．結論として，f_1, f_2 は1次式となります．

多重積分

17

平面領域上の積分は2重積分，空間のそれは3重積分である．フビニの定理はこれらを累次積分で求めればよいと教える．

SUMMARY — ▶ 多重積分は累次積分に等しいので，1変数関数の積分に帰着される．☞

① **2重積分**　多変数の場合も全く同様であるから，2変数の時を議論しよう．平面の閉長方体 $K: a \leqq x \leqq b,\ c \leqq y \leqq d$ 上の連続関数 $f(x, y)$ は有界，かつ，一様連続であるから，K を mn 個の閉長方形 $K_{ij}: x_{i-1} \leqq x \leqq x_i,\ \ y_{j-1} \leqq y \leqq y_j$ $(1 \leqq i \leqq m, 1 \leqq j \leqq n)$ に分割し，K_{ij} の任意の点 (ξ_i, η_j) を取り，リーマン和 $\sum_{i,j} f(\xi_i, \eta_i)(x_i - x_{i-1})(y_j - y_{j-1})$ を作ると，K_{ij} の最大辺の長さが0に収束する様に，K を細分化すると，分割 K_{ij}，点 (ξ_i, η_j) の取り方に無関係な極限値を持つ．これを

$$\iint_K f(x, y)\, dxdy$$

と書き，$f(x, y)$ の K 上の**2重積分**という．

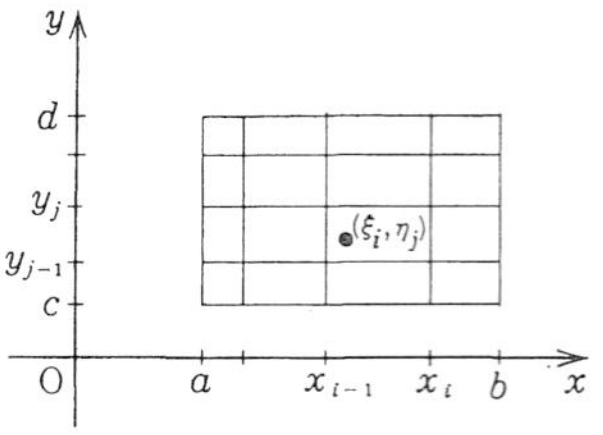

② **累次積分**　上のことは，二つの連続曲線 $y = \varphi(x)$，$y = \psi(x)$ で囲まれた閉領域 $D: a \leqq x \leqq b,\ \varphi(x) \leqq y \leqq \psi(x)$ 上の連続関数 D 上の2重積分にも，適用される．この時 $a \leqq x \leqq b$ 内の固定された x に対して，$f(x, y)$ を先ず y について $\varphi(x) \leqq y \leqq \psi(x)$ で積分し，次にこれを x で積分したものが考えられ，累次積分と呼ばれるが，これは2重積分に一致し，公式

$$\iint_D f(x, y)\, dxdy = \int_a^b dx \int_{\varphi(x)}^{\psi(x)} f(x, y)\, dy$$

が成立する．

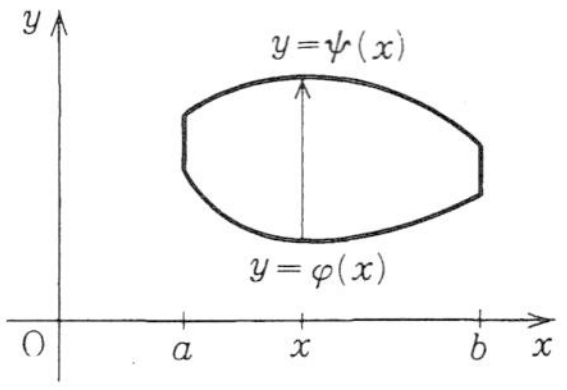

③ **変数変換**　n 変数 $x_1, x_2, \cdots, x_n$ の領域 D が C^1 級の変数変換 $x_i = x_i(t_1, t_2, \cdots, t_n)$ $(1 \leqq i \leqq n)$ によって n 変数 $t_1, t_2, \cdots, t_n$ の領域 E の上に一対一に写る時，変数変換の公式

$$\iint \cdots \int_D f(x_1, x_2, \cdots, x_n) dx_1\, dx_2 \cdots dx_n =$$

$$\iint \cdots \int_E f(x_1(t_1, \cdots, t_n), \cdots, x_n(t_1, \cdots, t_n))$$

$$\left| \frac{D(x_1, x_2, \cdots, x_n)}{D(t_1, t_2, \cdots, t_n)} \right| dt_1\, dt_2 \cdots dt_n$$

が成立する．ここに $\left| \dfrac{D(x_1, x_2, \cdots, x_n)}{D(t_1, t_2, \cdots, t_n)} \right|$ は78頁の**関数（ヤコビの）行列式**である．

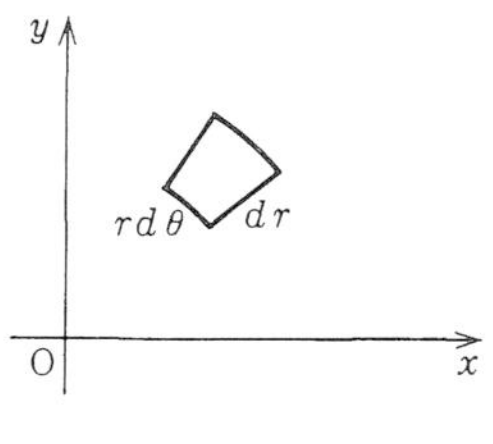

④ **極座標**　16章のB–5を上の③に適用すると，$n = 2, 3$ の極座標 $x = r\cos\theta$，$y = r\sin\theta$ 及び $x = r\sin\theta\cos\varphi$，$y = r\sin\theta\sin\varphi$，$z = r\cos\theta$ に関する，次の積分公式を得る：

$$\iint_D f(x, y)\, dxdy = \iint_E f(r\cos\theta, r\sin\theta)\, r\, drd\theta,$$

$$\iiint_D f(x, y, z)\, dxdydz$$

$$= \iiint_E f(r\sin\theta\cos\varphi, r\sin\theta\sin\varphi, r\sin\theta)$$

$$r^2 \sin\theta\, drd\theta d\varphi.$$

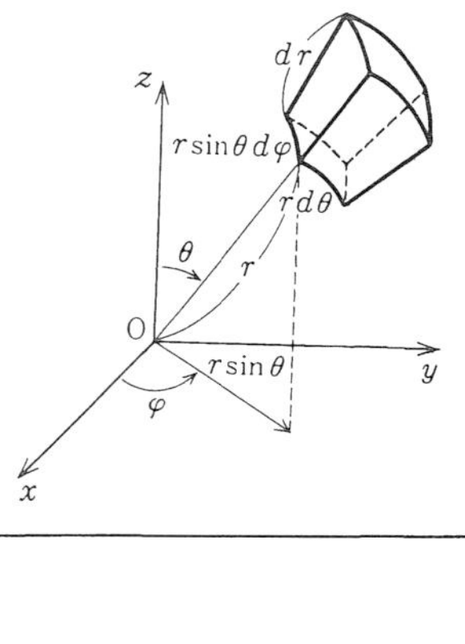

▶ 左頁の SUMMARY の対応する事項をもう一度読みながら，イメージを把もう．

左の累次積分や極座標の公式の運用を身に付けよう．

EXAMPLE 1—② の累次積分の例題

$\int_0^8 dy \int_{\sqrt[3]{y}}^2 e^{\frac{y}{x^2}} dx$ を求めよ．（津田塾大学大学院入試）

解き方 積分範囲は $0 \leqq y \leqq 8$, $\sqrt[3]{y} \leqq x \leqq 2$, すなわち, $0 \leqq x \leqq 2$, $0 \leqq y \leqq x^3$ なる右図の領域であることに注意し，先ず積分の順序を変更し，先に y で積分し，次に部分積分で x について積分し

$$\int_0^8 dy \int_{\sqrt[3]{y}}^2 e^{\frac{y}{x^2}} dx = \int_0^2 dx \int_0^{x^3} e^{\frac{y}{x^2}} dy = \int_0^2 \left[x^2 e^{\frac{y}{x^2}} \right]_{y=0}^{y=x^3} dx$$

$$= \int_0^2 (x^2 e^x - x^2) dx = \left[(x^2 - 2x + 2)e^x - \frac{x^3}{3} \right]_0^2 = 2e^2 - \frac{14}{3}.$$

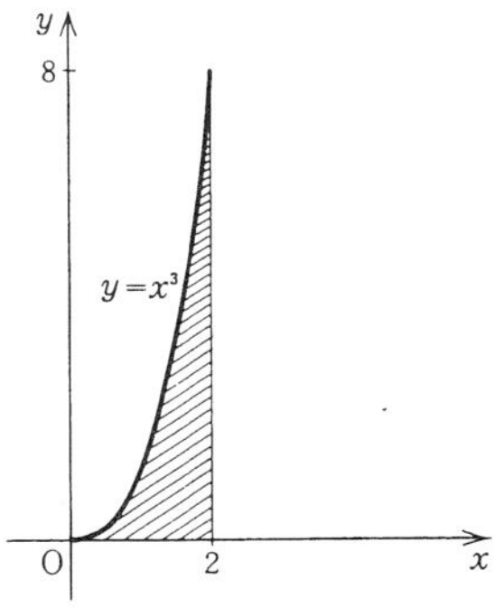

EXAMPLE 2—② の累次積分の例題

$D = \left\{ (x, y) : 0 < y < \dfrac{\pi}{2}, 0 < x < \sqrt{\dfrac{\pi}{2y} - 1} \right\}$ とするとき，広義積分 $I = \iint_D \cos((1+x^2)y) dxdy$ の値を求めよ．

（東京都立大学大学院数学専攻入試）

解き方 右下 Fubini 定理により，積分順序を変更し，先ず $y=0$ から $y = \dfrac{\pi}{2(1+x^2)}$ 迄積分，次に $x=0$ から $x=\infty$ 迄積分，$I = \int_0^\infty dx \int_0^{\frac{\pi}{2(1+x^2)}} \cos((1+x^2)y) dy = \int_0^\infty \left[\dfrac{\sin((1+x^2)y)}{1+x^2} \right]_{y=0}^{\frac{\pi}{2(1+x^2)}} dx = \int_0^\infty \dfrac{1}{1+x^2} dx = \dfrac{\pi}{2}$.

EXAMPLE 3—③ の変数変換の例題

$x+y+z=u$, $y+z=uv$, $z=uvw$ によって定義する，写像 $T: \boldsymbol{R}^3 \to \boldsymbol{R}^3$ の **関数行列式**

$$J(u, v, w) = \begin{vmatrix} \dfrac{\partial x}{\partial u} & \dfrac{\partial x}{\partial v} & \dfrac{\partial x}{\partial w} \\ \dfrac{\partial y}{\partial u} & \dfrac{\partial y}{\partial v} & \dfrac{\partial y}{\partial w} \\ \dfrac{\partial z}{\partial u} & \dfrac{\partial z}{\partial v} & \dfrac{\partial z}{\partial w} \end{vmatrix}$$

と領域 $\Omega = \{(u, v, w) \in \boldsymbol{R}^3 | 0<u<1, 0<v<1, 0<w<1\}$ の T による像 $T(\Omega)$ を求め，領域 $D = \{(x, y, z) \in \boldsymbol{R}^3 | x>0, y>0, z>0, x+y+z<1\}$ 上の 3 重積分 $I = \iiint_D (x^2 + y^2 + z^2) dxdydz$ を計算せよ．

（東北大学大学院数学専攻入試）

解き方 逆写像 T^{-1} は $x = u(1-v)$, $y = uv(1-w)$, $z = uvw$ であるから，J 右辺は $1-v, -u, 0$ を第 1 行，$v(1-w), u(1-w), -uv$ を第 2 行，vw, uw, uv を第 3 行に持つ．第 3 行を第 2 行に加えた後に，新第 2 行を新第 1 行に加えると，対角要素が $1, u, uv$ の下三角行列式．値は対角要素の積 $J = u^2 v$．ヒント $T(\Omega) = D$ より変数変換し，$\iiint_\Omega ((u(1-v))^2 + (uv(1-w))^2 + (uvw)^2) u^2 v dudvdw = \dfrac{1}{5} \int_0^1 dw \int_0^1 (v - 2v^2 + 2v^3 - 2v^3 w + 2v^2 w^2) dv = \dfrac{1}{5} \int_0^1 \left(\dfrac{1}{6} + \dfrac{1-w+w^2}{2} \right) dw = \dfrac{1}{20}$.

積分の順序変更

有界閉領域 D で連続な関数 $f(x, y)$ に対して，二つの累次積分

$$\int_\alpha^\beta dx \int_{y_1(x)}^{y_2(x)} f(x, y)\, dy = \int_\gamma^\delta dy \int_{x_1(y)}^{x_2(y)} f(x, y)\, dx.$$

は共に D 上の 2 重積分に等しい．ただし，領域 D は連続関数 $y_i(x), x_i(y) (i=1, 2)$ を用いて，二通りに

$$D = \{y_1(x) \leqq y \leqq y_2(x), \alpha \leqq x \leqq \beta\} = \{x_1(y) \leqq x \leqq x_2(y), \gamma \leqq y \leqq \delta\}$$

と表されるものとする．

$f(x, y)$ が連続でない時や，領域 D が有界でない時は必ずしも成立しないが，$f(x, y)$ が定符号であれば $\pm\infty$ も数の中に入れると，二つの累次積分と 2 重積分は等しい．更に

$$\iint_D |f(x, y)|\, dxdy < +\infty$$

の時，f は D で**可積分**というが，可積分関数に対しても，二つの累次積分は 2 重積分に等しい．これを **Fubini(フビニ)の定理**という．

A 基礎をかためる演習

多重積分は幾通りかの累次積分に等しいが，ある累次積分の取り方では計算ができないのに，他の累次積分では簡単に求まることがある．

1　次の各種の積分の (i) 積分の順序変更をせよ．(ii) 値を求めよ．

$$\int_1^2\int_1^x \frac{x^2}{y^2}dydx,\quad \int_0^1\int_0^{\sqrt{1-x^2}}(1-y^2)^{\frac{3}{2}}dydx,\quad \int_0^1\int_{\sqrt{x}}^1\sqrt{1+y^3}\,dydx$$

（慶応義塾大学大学院入試）

2　$D=\{x^2+2y^2\leqq 1\}$ に対する2重積分 $\iint_D(x^2+y)\,dxdy$ を (i) 累次積分により (ii) $x=r\cos\theta$，$y=\dfrac{r}{\sqrt{2}}\sin\theta$ とおいて求めよ．（東京工業大学大学院入試）

3　空間の二つの円柱 $x^2+y^2\leqq 1$，$x^2+z^2\leqq 1$ に共通な部分の体積を求めよ．

（東京工業大学大学院入試）

4　$D_\varepsilon=\left\{\dfrac{x^2}{a^2}+\dfrac{y^2}{b^2}\leqq 1,\ 0<\varepsilon\leqq y\leqq x\right\}$ の時，次の極限を求めよ．

$$\lim_{\varepsilon\to 0}\iint_{D_\varepsilon}\frac{x}{\sqrt{y}}dxdy$$

（立命館大学機械工学専攻入試）

5　$x^2+y^2=4$，$x^2+y^2=9$，$x^2-y^2=1$，$x^2-y^2=4$ で囲まれた領域 D に対して $\iint_D xy\,dxdy$ を求めよ．（東京理科大学大学院入試）

6　短形 $D(a\leqq x\leqq b,\ c\leqq y\leqq d)$ で定義された実数値関数 $f(x,y)$ について，積分の順序変更に関する次の定理を述べよ．

(i) $f(x,y)$ が非負かつ可測の場合の Fubini の定理．

(ii) $f(x,y)$ が可測の場合の Fubini の定理．

更に，二つの関数 $g(x,y)=\dfrac{xy}{(x^2+y^2)^2}(-1\leqq x\leqq 1,\ -1\leqq y\leqq 1,\ (x,y)\neq(0,0))$ $g(0,0)=0$ 及び $h(x,y)=\dfrac{x^2-y^2}{(x^2+y^2)^2}(0\leqq x\leqq 1,\ 0\leqq y\leqq 1,\ (x,y)\neq(0,0))$，$h(0,0)=0$ に対して Fubini の定理を吟味せよ．（金沢大学大学院入試）

7　$I=\int_0^\infty e^{-x^2}\,dx$ を求めよ．

（熊本大学，津田塾大学，東京都立大学大学院入試）

8　$\iiint_{x^2+y^2+z^2\leqq 1} x^2\,dxdydz$ を求めよ．（九州大学大学院入試）

9　$\iiint_{x^2+y^2\leqq a^2,\,0\leqq z\leqq b}(x+z)^2\,dxdydz$ を求めよ．（東京工業大学大学院入試）

10　$\iiint_{x,y,z\geqq 0,\,\frac{x^2}{16}+\frac{y^2}{9}+\frac{z^2}{4}\leqq 1}(x-2z)\,dxdydz$ を求めよ．（津田塾大学大学院入試）

11　$\iiiint_{x_1^2+x_2^2+x_3^2+x_4^2\leqq 1} dx_1dx_2dx_3dx_4$ を求めよ．（大阪市立大学大学院入試）

《急所とヒント》

1　積分の順序変更する際，積分領域のグラフを画いて積分の上端と下端を正しく求めよ．

2　(ii) のヤコビヤンは極座標のそれの $\dfrac{1}{\sqrt{2}}$ 倍である．

3　第1象限では $0\leqq y\leqq\sqrt{1-x^2}$，$0\leqq z\leqq\sqrt{1-x^2}$ なので，体積は

$$V=8\iiint_{\substack{0\leqq y\leqq\sqrt{1-x^2}\\0\leqq z\leqq\sqrt{1-x^2}\\0\leqq x\leqq 1}}dxdydz.$$

4　D_ε の絵を画くと，$y=x$ とだ円の交点を境にして y を表す式が変ることが分る．

5　やはり x の在り方によって y を表す式が変る．

6　必ずしも連続でない関数の積分を理論的に追求しようと思えば，**可測関数**を考察することになり，積分論へと進まねばならない．積分論は数学科3年のカリキュラムである．

7　次の非負関数の2重積分は前問により累次積分に等しく

$$I^2=\iint_{R^2}e^{-x^2-y^2}\,dxdy$$

を得るが，これを極座標で表すと，具体的に計算ができる．

8，9，10，11　それぞれ，変数変換 $x=r\sin\theta\cos\varphi$，$y=r\sin\theta\sin\varphi$，$z=r\cos\theta$ や，$x=r\cos\theta$，$y=r\sin\theta$，$z=z$ や $x=4r\sin\theta\cos\varphi$，$y=3r\sin\theta\sin\varphi$，$z=2r\cos\theta$ や4次元の極座標（16章のB-5参照）等変数変換とヤコビヤンの演習．

B 基礎を 活用する 演習

前半は主として極座標の復習にあて，後半は階乗を補間するガンマ関数やベーター関数の勉強に充てた．

1. $D=\{(x,y,z)\in\boldsymbol{R}^3;x\geqq 0,x^2+y^2+z^2\leqq 1\}$ に対して，積分 $\iiint_D xe^{-x^2-y^2-z^2}dxdydz$ を求めよ． （筑波大学大学院入試）

2. $D=\{(x,y,z)\in\boldsymbol{R}^3;x^2+y^2+z^2\leqq a^2,z\geqq 0\}$ に対して，積分 $\iiint_D \frac{x^2y^2z}{\sqrt{x^2+y^2}}dxdydz$ を求めよ． （慶応義塾大学大学院入試）

3. xy 平面の原点を重心とし，1辺の長さが1の様な正3角形を T とする時，実2次形式の積分 $\iint_T(ax^2+2bxy+cy^2)\,dxdy$ の値を求め，これが T の取り方によらないことを示せ． （東京大学大学院入試）

4. 単位球面上の点 (x,y,z) が $(\sin\theta\cos\varphi,\ \sin\theta\sin\varphi,\ \cos\theta)$ で表される時，(i) $0\leqq\theta\leqq\frac{\pi}{4}$，$0\leqq\varphi\leqq\theta$ なる部分 A の面積を求めよ．(ii) 面積分 $\int_A(x+y+z)\,dS$ を求めよ． （東京大学工学研究科入試）

5. 質量 m の一つの質点が引力の中心に向って中心より距離 a の点から動き始めた．力が距離の s 乗 $(1<s<\infty)$ に逆比例（比例定数を λ とする）して変化する時，その中心迄到達するに要する時間を求めよ． （大阪市立大学応用物理学専攻入試）

6. $K=\{(x,y,z)\in\boldsymbol{R}^3;x,y,z\geqq 0,x+y+z\leqq 1\}$ に対して，$S=\iiint_K x^{p-1}y^{q-1}z^{r-1}(1-x-y-z)^{s-1}\,dxdydz$ なる定積分 S を $B(\alpha,\beta)$ で示せ． （九州大学大学院入試）

7. $\lim_{n\to\infty}\frac{\log n!}{n\log n}$ を求めよ． （立教大学大学院入試）

1. 自乗の和に対しては，極座標 $x=r\sin\theta\cos\varphi$，$y=r\sin\theta\sin\varphi$，$z=r\cos\theta$ を用いるのが，定石である．

2. やはり極座標を用いよ．

3. 先ず，正三角形 T が，下図の様な場合に，累次積

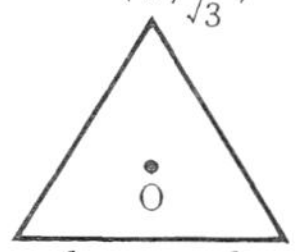

分を行い，大学入試的な場合分け $-\frac{1}{2}\leqq x\leqq 0$ と $0\leqq x\leqq\frac{1}{2}$ により，2重積分を計算せよ．次に，底面が x 軸と角 θ をなす一般の場合には，角 θ だけの座標軸の回転

$$\begin{bmatrix}x\\y\end{bmatrix}=\begin{bmatrix}\cos\theta & -\sin\theta\\ \sin\theta & \cos\theta\end{bmatrix}\begin{bmatrix}X\\Y\end{bmatrix}$$

を施すと2次形式は

$ax^2+2bxy+cy^2=a'X^2+2b'XY+c'Y^2$ に変る．新しい座標に関して，上の結果を用い，それが上の直交変換によって不変であることを示せばよい．

5. $B(x,y)=\int_0^1 t^{x-1}(1-t)^{y-1}\,dt$

$$B(x,y)=\frac{\Gamma(x)\Gamma(y)}{\Gamma(x+y)}\quad(x,y>0)$$

がヒントとして，与えられている．ニュートンの法則 質量×加速度＝力 を用いよ．

6. $x+y+z=u$，$y+z=uv$，$z=uvw$ となる様に変数変換をすると K は閉立方体 $0\leqq u,v,w\leqq 1$ に写り，積分は変数分離形となる．

7. **スターリンの公式**

$$n!\sim\sqrt{2\pi}n^{n+\frac{1}{2}}e^{-n}$$

を用いるのが，階乗に対する手筋である．

18 積分記号下の微分

積分値 $F(t)$ の助変数 t に関する微分は積分記号下の微分によって求められ，形式的な計算が許される．

SUMMARY — ▶ 右頁の EXAMPLE を読みながら，理解を深めよう．☞

① **定積分の助変数に関する連続性** 積分変数 x と助変数 t の関数 $f(x,t)$ があり，$\alpha \leqq x \leqq \beta$，$\gamma \leqq t \leqq \delta$ で連続であるとすると，定積分

$$F(t)=\int_{\alpha}^{\beta} f(x,t)\,dx$$

は助変数 t の関数であるが，関数 f の $\alpha \leqq x \leqq \beta$，$\gamma \leqq t \leqq \delta$ における一様連続性より，$\gamma \leqq t \leqq \delta$ において，関数 $F(t)$ は連続である．

② **助変数に関する微分** 更に偏導関数 $f_t(x,t)=\dfrac{\partial}{\partial t}f(x,t)$ が存在して連続であれば，上の $F(t)$ は助変数 t について微分可能でしかも，公式

$$\frac{d}{dt}\int_{\alpha}^{\beta} f(x,t)\,dx=\int_{\alpha}^{\beta}\frac{\partial}{\partial t}f(x,t)\,dx$$

が成立し，積分記号の下で微分ができる．

③ **広義積分の連続性** 積分区間が有限であっても，端点で $f(x,t)$ が連続でない場合，または，積分区間が無限区間の時は，適当な区間上の積分の極限で定義し，広義積分という．例えば

$$F(t)=\int_0^{\infty} f(x,t)\,dx=\lim_{X\to\infty}\int_0^{X} f(x,t)\,dx$$

であるが，$|f(x,t)|$ が助変数 t に無関係な，可積分関数 $g(x)$; $\int_0^{+\infty} g(x)\,dx<+\infty$，を上界に持ち，$|f(x,t)|\leqq g(x)$ が成立すれば，この収束は t について一様であり，$F(t)$ は連続となる．

④ **広義積分の微分可能性** 関数 $f(x,t)$ が $0\leqq x,t$ で連続であって

$$F(t)=\int_0^{\infty} f(x,t)\,dx$$

が収束し，偏導関数 $f_t(x,t)$ が存在して連続であって，しかも助変数 t に無関係な関数 $h(x)$ が存在して $\int_0^{\infty} h(x)\,dx<+\infty$，及び $|f_t(x,t)|\leqq h(x)$ が成立すれば，$\int_0^{\infty} f_t(x,t)\,dx$ も一様収束し，公式

$$\frac{d}{dt}\int_0^{\infty} f(x,t)\,dx=\int_0^{\infty}\frac{\partial}{\partial t}f(x,t)\,dx$$

が成立し，やはり，積分記号の下で微分ができる．

最後の章に臨んで

様々な数学上の演算の可換性は微積分学の奥の手であり，本章において積分記号 $\int$ と微分記号 $\dfrac{\partial}{\partial t}$ の可換性の証明とその運用を修得された読者は微分積分学の免許皆伝である．

様々な演算の可換性についてのまとめ

微積分で重要な演算は極限，微分，積分である．これらの演算の可換性についての今迄の学習の到達点をまとめておくので，この機会に復習されたい．

学而時習之，不亦説乎（学びて時に之を習う．又，楽しからずや）．

極限と積分（9章の A-9）

$$\lim_{n\to\infty}\int_a^b f_n(x)\,dx=\int_a^b \lim_{n\to\infty} f_n(x)\,dx$$

無限和と積分（9章の A-9 の系）

$$\int_a^b\left(\sum_{n=1}^{\infty} f_n(x)\right)dx=\sum_{n=1}^{\infty}\int_a^b f_n(x)\,dx$$

極限と微分（12章の B-5）

$$\frac{d}{dx}(\lim_{n\to\infty} f_n(x))=\lim_{n\to\infty}\frac{d}{dx}f_n(x)$$

無限和と微分（12章の B-5）

$$\frac{d}{dx}\left(\sum_{n=1}^{\infty} f_n(x)\right)=\sum_{n=1}^{\infty}\frac{d}{dx}f_n(x)$$

偏微分と偏微分（15章の A-2）

$$\frac{\partial}{\partial y}\left(\frac{\partial f}{\partial x}\right)=\frac{\partial}{\partial x}\left(\frac{\partial f}{\partial y}\right)$$

積分と積分（17章の A-6）

$$\int_a^b\left(\int_c^d f(x,y)\,dy\right)dx=\int_c^d\left(\int_a^b f(x,y)\,dx\right)dy$$

微分と積分（☜）

$$\frac{d}{dt}\int_{\alpha}^{\beta} f(x,t)\,dx=\int_{\alpha}^{\beta}\frac{\partial}{\partial t}f(x,t)\,dx$$

なお，以上の形式的な計算を保証するのは，一貫して，**収束の一様性**である．

▶ 左頁の SUMMARY の対応する事項を読みながら，イメージを把もう．

EXAMPLE 1—② の助変数に関する微分の証明

$f(x,t)$，$f_t(x,t)$ がともに $a\leqq x, t\leqq b$ で連続の時，

$$\frac{d}{dt}\int_a^b f(x,t)\,dx=\int_a^b f_t(x,t)\,dx$$ を示せ．

（東京理科大学大学院数学専攻，東北大学大学院入試）

解き方 任意定数 $a\leqq t\leqq b$ に対して，s を助変数とする連続関数 $f_s(x,s)$ の $a\leqq s\leqq t$，$a\leqq x\leqq b$ における累次積分の順序を変更し，原始関数と定積分の関係を用いて，

$$\int_a^t\left(\int_a^b f_s(x,s)\,dx\right)ds=\int_a^b\left(\int_a^t f_s(x,s)\,ds\right)dx$$
$$=\int_a^b f(x,t)\,dx-\int_a^b f(x,a)\,dx=F(t)-F(a)$$

を得るが，これは，$F(t)$ が $\int_a^b f_t(x,t)\,dx$ の原始関数であることを物語る．

EXAMPLE 2—④ の広義積分の微分の応用

$$f(x,t)=\frac{e^{-x}-e^{-xt}}{x}\quad(x,t>0)$$

に対して

$$\frac{d}{dt}\int_0^\infty f(x,t)\,dx=\int_0^\infty\frac{\partial}{\partial t}f(x,t)\,dx$$

が成立することを証明せよ．

（大阪大学大学院物理学専攻，九州大学大学院工学研究科応用理学専攻入試）

解き方 任意の正数 $\delta>0$ に対して，$t\geqq\delta$ の時，

$$\left|\frac{\partial}{\partial t}f(x,t)\right|=e^{-xt}\leqq e^{-\delta x},\quad\int_0^\infty e^{-\delta x}\,dx=\left[-\frac{e^{-\delta x}}{\delta}\right]_0^\infty=\frac{1}{\delta}<+\infty$$

が成立するから，積分 $\int_0^\infty f_t(x,t)\,dt$ は $t\geqq\delta$ において一様収束している．被積分関数 $f(x,t)$ は $x=0$ ではテイラー展開により $f(x,t)=t-1+\cdots$ と特異点を持たぬことが分り，$x=\infty$ では指数関数以上の速さで 0 に収束し可積分である．したがって，④に基き，積分記号の下で微分ができて，

$$\frac{d}{dt}\int_0^\infty f(x,t)\,dx=\int_0^\infty\frac{\partial}{\partial t}f(x,t)\,dx=\int_0^\infty e^{-xt}\,dx=\left[-\frac{e^{-xt}}{t}\right]_0^\infty=\frac{1}{t}.$$

ゆえに，定数 c があって

$$\int_0^\infty f(x,t)\,dx=\log t+c.$$

しかし，$t=1$ の時，$f(x,1)\equiv0$ であるから，$c=0$ でなければならず，

$$\int_0^\infty\frac{e^{-x}-e^{-xt}}{x}dx=\log t$$

を得る．

原始関数と定積分の関係

連続関数 $f(x)$ に対して，関数 $F(x)$ が $F'(x)=f(x)$ $(a\leqq x\leqq b)$ を満す時

$$\int_a^b f(x)\,dx=\Big[F(x)\Big]_a^b=F(b)-F(a)$$

一様収束の判定法

助変数 t を伴う連続関数 $f(x,t)$ と t に無関係な連続関数 $g(x)$ に対して

$|f(x,t)|\leqq g(x)\,(0\leqq x<\infty,\ a\leqq t\leqq b)$

及び

$$\int_0^\infty g(x)\,dx<+\infty$$

が成立すれば，積分

$$\int_0^\infty f(x,t)\,dx=\lim_{X\to\infty}\int_0^X f(x,t)\,dx$$

は一様収束する．

ルベグの定理

可測関数 $f(x,t)$ と $g(x)$ に対して

$|f(x,t)|\leqq g(x)\quad(-\infty<x<\infty,\ a\leqq t\leqq b)$

及び

$$\int_{-\infty}^{+\infty}g(x)\,dx<+\infty$$

が成立し，$a\leqq t_0\leqq b$ に対して $\lim_{t\to t_0}f(x,t)$ が存在すれば，

$$\lim_{t\to t_0}\int_0^\infty f(x,t)\,dx=\int_0^\infty\lim_{t\to t_0}f(x,t)\,dx$$

A 基礎を かためる 演習

原始関数が初等関数で表されず，部分積分等では求められぬ定積分すら計算できる本章の醍醐味を味われたい．

1 $f(x,t), f_t(x,t)$ が $a\leqq x\leqq b$，$a\leqq x\leqq b$ で連続で，$\varphi(t), \psi(t)$ が $a\leqq t\leqq b$ で微分可能な時，

$$\frac{d}{dt}\int_{\varphi(t)}^{\psi(t)} f(x,t)\,dx$$

の公式を導け．　（名古屋大学，東京理科大学，立教大学大学院入試）

2 2変数 (x,t) の関数 $f(x,t), f_t(x,t)$ は $[0,\infty)\times(0,1)$ で連続で $\int_0^\infty f(x,t)\,dx$ が収束し，$\int_0^\infty f_t(x,t)\,dx$ が一様収束すれば

$$\frac{d}{dt}\int_0^\infty f(x,t)\,dx=\int_0^\infty \frac{\partial}{\partial t}f(x,t)\,dx$$

が成立することを証明せよ．　（九州大学大学院入試）

3 n を正整数，t を正数とする時，積分

$$F(t)=\int_0^\infty x^n e^{-tx}\,dx$$

は収束し，

$$F'(t)=-\int_0^\infty x^{n+1}e^{-tx}\,dx$$

が成立することを証明せよ．　（大阪市立大学大学院入試）

4 積分

$$\Gamma(t)=\int_0^\infty x^{t-1}e^{-x}dx\,(t>0)$$

は収束し，関数 $\Gamma(t)$ は $t>0$ にて微分可能であることを示せ．　（熊本大学大学院入試）

5 $F(t)=\int_0^\infty e^{-x^2}\cos t\,x\,dx\,(-\infty<t<\infty)$

について，次の問に答えよ．

(i) $F(t)$ と $\int_0^\infty xe^{-x^2}\sin xt\,dx$ は共に t に関し一様収束であることを示せ．

(ii) $F'(t)=-\frac{t}{2}F(t)$ を導け．

(iii) (ii) から $F(t)$ を求めよ．　（大阪市立大学，新潟大学，熊本大学大学院入試）

6 $F(t)=\int_{-\infty}^{+\infty}e^{-ixt}e^{-\alpha x^2}dx$　（$\alpha>0$ は定数）

は $\frac{dF}{dt}+\frac{t}{2\alpha}F=0$ を満すことを示し，$F(t)$ を求めよ．　（熊本大学大学院入試）

《急所とヒント》

1 差分商

$$\frac{1}{h}\left(\int_{\varphi(t+h)}^{\psi(t+h)}f(x,t+h)dx-\int_{\varphi(t)}^{\psi(t)}f(x,t)\,dx\right)$$

の極限を求めよ．

2 $\int_0^\infty f_t(x,t)\,dt$ が**一様収束**とは，$\forall\varepsilon>0, \exists T_0>0$; $\left|\int_T^\infty f_t(x,t)\,dx\right|<\varepsilon$　$(T\geqq T_0)$ が t に関して一様に成立することをいう．

3 任意の正数 a に対して，$t\geqq a$ にて，積分 $-\int_0^\infty x^{n+1}e^{-tx}\,dx$ が一様に収束することを示せば，前問より導かれる．

4 任意の正数 a に対して，$\int_0^\infty \frac{\partial}{\partial t}(x^{t-1}e^{-x})\,dx$ が $t\geqq a$ にて一様収束することを示し，A-2 を適用せよ．

5 やはり A-2 を適用し，更に

$$F'(t)=\int_0^\infty\frac{\partial}{\partial t}(e^{-x^2}\cos tx)\,dx=-\int_0^\infty xe^{-x^2}\sin xt dx=\frac{1}{2}\int_0^\infty \sin xt\,\frac{d}{dx}(e^{-x^2})\,dx$$

に部分積分を適用せよ．

6 オイラーの公式より $e^{-ixt}=\cos xt-i\sin xt$ であるから，前問とほとんど同様である．

B 基礎を 活用する 演習

１パラメーター変換半群や熱伝導方程式の初期値問題，更には，調和関数の境界値問題へ応用が自在となれば，微積分の高段者である．

1. $W(x,t)=\dfrac{1}{2\pi}\displaystyle\int_{-\infty}^{+\infty}e^{-t\xi^2+ix\xi}d\xi$ $(t>0)$

に対して，次の (i), (ii) が成立することを証明せよ：

(i) $t>0$ を固定する時，$x^jW\in L^\infty(\boldsymbol{R})$ $(j\geqq 0)$.

(ii) $t>0$, $-\infty<x<\infty$ で $\dfrac{\partial W}{\partial t}-\dfrac{\partial^2 W}{\partial x^2}=0$.

（北海道大学大学院入試）

2. $C[-\infty,+\infty]$ を $\lim\limits_{x\to-\infty}f(x)$, $\lim\limits_{x\to+\infty}f(x)$ が有限確定である様な数直線 $(-\infty,+\infty)$ 上の連続関数 $f(x)$ 全体とし，$C[-\infty,+\infty]$ の元 f に $(-\infty,+\infty)$ 上の関数を対応させる作用素 T_t $(t>0)$ を

$$(T_tf)(x)=\frac{1}{\sqrt{\pi t}}\int_{-\infty}^{+\infty}e^{-\frac{y^2}{t}}f(x+y)\,dy$$

で定義する時，次の (i), (ii) が成立することを証明せよ：

(i) $T_tf\in C[-\infty,+\infty]$ $(t>0)$.

(ii) $T_{t+s}f=T_tT_sf$ $(t>0, s>0)$.

（九州大学大学院入試）

3. $f(x,t)$ に関する微分方程式

$$\frac{\partial f}{\partial t}-f\frac{\partial f}{\partial x}-\frac{\partial^2 f}{\partial x^2}=0 \qquad (1)$$

は変数変換 $f=2\dfrac{\partial}{\partial x}(\log F)$ によって F に関する微分方程式 $\dfrac{\partial F}{\partial t}-\dfrac{\partial^2 F}{\partial x^2}=0$ とできることを示し，次にこのことを利用して，$f(x,0)=2\tanh\dfrac{x}{2}$, $-\infty<x<\infty$ を満足する (1) の解 $f(x,t)$ $(t\geqq 0)$ を求めよ．

（京都大学大学院入試）

4. $\boldsymbol{R}^2$ 上で有界かつ一様連続な関数 $f(x,y)$ に対して，上半空間 $D=\{(x,y,z)\in\boldsymbol{R}^3; z>0\}$ で

$$u(x,y,z)=\frac{1}{2\pi}\iint_{\boldsymbol{R}^2}f(\xi,\eta)\frac{z}{((x-\xi)^2+(y-\eta)^2+z^2)^{\frac{3}{2}}}d\xi d\eta$$

によって定義される関数 $u(x,y,z)$ に対して，次の (i), (ii) が成立することを証明せよ：

(i) $\Delta u=\dfrac{\partial^2 u}{\partial x^2}+\dfrac{\partial^2 u}{\partial y^2}+\dfrac{\partial^2 u}{\partial z^2}=0$ $((x,y,z)\in D)$.

(ii) $z\to 0$ の時，$u(x,y,z)$ は $\boldsymbol{R}^2$ 上 $f(x,y)$ に一様収束する．

（大阪大学大学院入試）

1. 積分そのものは A-6 と同じであるが二つのパラメーターについて偏微分し，熱伝導の方程式 $W_t-W_{xx}=0$ を導かせる所が，新たな展開．やはり A-2 を用いよ．

2. (ii) が新たな展開であるが，$T_t(T_sf)$ は累次積分

$$\int_{-\infty}^{+\infty}\frac{e^{-\frac{z^2}{t}}}{\sqrt{\pi t}}dz\int_{-\infty}^{+\infty}\frac{e^{-\frac{y^2}{s}}}{\sqrt{\pi s}}f(z+x+y)\,dy$$

で与えられるが，f の有界性より被積分関数の可積分性が得られるので，フビニの定理に基き，２重積分性が得られるので，フビニの定理に基き，２重積分とした所で，変数変換 $\eta=y$, $\zeta=y+z$, すなわち，$y=\eta$, $z=\zeta-\eta$ にて変数を η,ζ に変え，更に，再びフビニの定理を用いて，先ず η, 次に ζ で積分すればよい．$(T_t)_{t\geqq 0}$ は１パラメーター変換半群と呼ばれる．更に，t の所に $4t$ を代入すれば，

熱伝導方程式の初期値問題の解

$$u(x,t)=\frac{1}{2\sqrt{\pi t}}\int_{-\infty}^{+\infty}e^{\frac{-(x-y)^2}{4t}}f(y)\,dy$$

は熱伝導方程式

$$\frac{\partial u}{\partial t}=\frac{\partial^2 u}{\partial x^2}$$

の初期値問題

$$\lim_{t\to+0}u(x,t)=f(x)$$

の解である．

を得る．

3. 前半はよく計算すれば気付くであろう．後半は，上の公式に $f(x,0)=2\mathrm{th}\dfrac{x}{2}$ を代入すればよい．

4. 前半は A-2 を用いればよい．後半は

$$u(x,y,z)-f(x,y)=\frac{1}{2\pi}\iint(f(\xi,\eta)-f(x,y))\frac{z}{((x-\xi)^2+(y-\eta)^2+z^2)^{\frac{3}{2}}}d\xi d\eta$$

を

$$\iint_{(\xi-x)^2+(\eta-y)^2\leqq\delta^2}+\iint_{(\xi-x)^2+(\eta-y)^2\geqq\delta^2}$$

と分解し，|第１項| は f の一様連続性より $<\dfrac{\varepsilon}{2}$ なる様に $\delta>0$ を小さく取り，次に，z を小さくして，|第２項| $<\dfrac{\varepsilon}{2}$ なる様にすればよい．

解　　説　　編

高校一年生にも理解出来る様に詳しく説明を加えているので，模範答案ではない．

試験ではもっと要領よく解答すること．

本書は問題の解説を読むことにより，実力が増進する様に図っているので，正解を得ても，必らず解説を読むこと．

1章　数

A　基礎をかためる演習

1　$2x+3y\leqq 10$ より $2x\leqq 10$, $3y\leqq 10$ が成立し, $x\leqq 5$, $y\leqq\frac{10}{3}$. y は整数なので $y\leqq 3$. 案ずるよりも表を作るは易しで, 次の様に仕事に勤しむと, 適するものは, 右表の5組である. 人生の重大な段階では確実な方法を選ぶこと.　答　5組

x	1	1	2	2	3
y	1	2	1	2	1
$2x+3y$	5	8	7	10	9

2　2進法の九九の表を作ると, $0\times 1=0$, $1\times 1=1$ しかない. 10進法のまねをして, 小学生に戻ったつもりで, 2進法の九九ならぬ, 一一に従い, $1+1=2=10$ に注意して, 1が二つ重なる度に上のけたに1を送りつつ, 掛け算を筆算で実行すると, 右の表を得る. 解答はこれで終りであるが, 時間があれば, 2進法→10進法→10進法の掛け算→10進法→2進法と10進法に翻訳して検算する様な堅実な人柄でないと, 教職には就けぬであろう.

$$\begin{array}{r} 101101 \\ \times)\quad 1001 \\ \hline 101101 \\ 101101 \\ \hline 110010101 \end{array}$$

$101101=1+2^2+2^3+2^5=1+4+8+32=45$. $1001=1+2^3=1+8=9$. $45\times 9=405$. $2^6=64$, $2^7=128$, $2^8=256$ なので, $405-2^8=405-256=149$. $149-2^7=149-128=21$. $21-2^4=21-16=5$. $5-2^2=5-4=1$.
ゆえに $405=2^8+2^7+2^4+2^2+1=110010101$ で双方の結果は一致する. これより得る教訓として, 数字が沢山並ぶことの不便さを除けば, 2進法の計算の方が楽である.　答　110010101

3　$4+6=10$. p 進法のたし算であれば, p は3より大きく, 自然数 q があって $10=pq+3$ が成立せねばならない. これより $pq=10-3=7$. したがって, $p=7$ でなければならない. $2+3+5=10=1\times 7+3$ なので, 先ず, 最後のけたには3が残り, 1が次のけたに上って, $1+3+1+6=11=1\times 7+4$ なので, この1が更に上のけたに登って $1+2+5+4=12=1\times 7+5$ なので, 1543 が答である.　答　1543

4　p 進法の計算であれば, $24=2p+4$, $24\times 3=6p+12$, $132=p^2+3p+2$ より, $p^2+3p+2=6p+12$. これは p に関する2次方程式 $p^2-3p-10=0$ を与えるが, $10=5\times 2$. $5-2=3$ に注目して, 右の公式において $a=-5$, $b=2$ に気付いて, 因数分解して, $p^2-3p-10=(p-5)(p+2)$ を得る. 更に, 右の Schema より, 2次方程式 $(p-5)(p+2)=0$ を解き, $p=5$, -2 を得るが, p は正でなければならぬので, $p=5$ が答である.　答　5

SCHEMA
$x^2+(a+b)x+ab=(x+a)(x+b)$

SCHEMA
2次方程式 $(x+a)(x+b)=0$ の根は $x=-a, -b$

5　□の中を x とおくと, $43\square 6=4\times 10^3+3\times 10^2+x\times 10+6=4306+10x$. これが6の倍数なので, 自然数 y があって, $4306+10x=6y$. $4306=6\times 717+4$ なので, $10x+4=6(y-717)$. 6の掛け算で最後のけたに4を生み, 2けたにおさまるのは, $4\times 6=24$, $9\times 6=54$, $14\times 6=84$ の三つである. 24に対しては, $x=2$, $y=717+4=721$, $6y=4326$. 54に対しては, $x=5$, $y=717+9=726$, $6y=4356$, 84に対しては $x=8$, $y=717+14=731$, $6y=4386$. よって答は 2, 5, 8 である.　答　2, 5, 8

6　1から200までの3の倍数 $3p$ は $1\leqq 3p\leqq 200$ より, $\frac{1}{3}\leqq p\leqq\frac{200}{3}=66.6\cdots$, したがって, $1\leqq p\leqq 66$. 4が $3p$ を割れば, 4は p を割らねばならぬので, $p=4q$. つまり, その内で4でも割り切れるものは $3p=12q$ という形をした12の倍数である. それが1から200までの数であるから, $1\leqq 12q\leqq 200$ より, $1\leqq q\leqq\frac{200}{12}=16.6\cdots$, したがって, $1\leqq q\leqq 16$. 1から200までの3の倍数は, $1\leqq p\leqq 66$ に対する $3p$ で, 66個あるが, その内で, 4でも割り切れるものは, $1\leqq q\leqq 16$ に対する $12q$ であって, 16個である. ゆえに, 3で割り切れ, 4で割り切れないものは $66-16=50$ 個ある.　答　50個

7　①　$a=p^\alpha$ の時は, $N(a)=\alpha+1=20$ なので, $\alpha=19$. p^{19} の形の最小の自然数は 2^{19} であるが, $2^4=16$, $2^8=256$, $2^{16}=65536$, $2^{19}=65536\times 8=524288$.　②　$a=p^\alpha q^\beta$ の時は, $N(a)=(\alpha+1)(\beta+1)=20=(1+1)(9+1)=(3+1)(4+1)$ より, $\alpha=1$, $\beta=9$ と $\alpha=3$, $\beta=4$ の二組. この形で最小となるのは $p=3$, $q=2$ の時の $a=3\times 2^9=3\times 512$

$=1536$ と $a=3^3\times2^4=27\times16=432$ の小さい方なので，$a=432$． ③ $a=p^\alpha q^\beta r^\gamma$ の時は $N(a)=(\alpha+1)(\beta+1)(\gamma+1)=20=(1+1)(1+1)(4+1)$ より，$\alpha=1$，$\beta=1$，$\gamma=4$． この形の最小の自然数は $p=5$，$q=3$，$r=2$ の時の $a=5\times3\times2^4=240$．20 の素因数分解は $20=2\times2\times5$ なので，①,②,③ 以外の可能性はなく，求める自然数は，これらの最小の 240 である．

答 240

8 $2x=3y$ なので，3 は x を割り，その商 p は自然数であって，$x=3p$ は 3 の倍数である．この時，$y=2p$．p が 2 も 3 も約数に持たぬ時は，$x=3p$，$y=2p$ の最大公約数は p，最小公倍数は $6p$ である．その和 $p+6p=7p=105$ なので，$p=15$．この時，$x=3p=45$，$y=2p=30$．p が 2 の倍数 $2q$ であるが，3 を約数に持たぬ時は $x=6q=3\times2\times q$，$y=4q=2\times2\times q$ で，q は 3 を約数に持たぬので最大公約数 $2q=p$，最小公倍数は，$3\times2\times2\times q=6p$ で上の場合と同じである．p が 3 の倍数 $3q$ であるが，2 を約数に持たぬ時も，$x=9q=3\times3\times q$，$y=2\times3\times q$ で，q は 2 を約数に持たぬので，最大公約数は $3q=p$，最小公倍数は $2\times3\times3\times q=6p$ でやはり同じである．p が 2 と 3 の倍数の時は，p は 6 の倍数 $6q$ である．この時，$x=3p=2\times3\times3\times q$，$y=2p=2\times2\times3\times q$ の最小公倍数は $2\times2\times3\times3\times q=36q$，最大公約数は $2\times3\times q=6q$ であり，その和 $36q+6q=42q=105$．$q=\dfrac{105}{42}$ は自然数でないので，この場合は起り得ぬ．ゆえに，答は $x=45$，$y=30$ である．この様に，いろいろなケースに分けて考えるのを，古い日本語でメノコという．

答 $x=45$，$y=30$

9 $99x+370y=37$ より $99x=37(1-10y)$．37 は素数で $99x$ を割るので，x を割らねばならない．したがって，x の 37 による商 p は整数であって，$x=37p$ は 37 の倍数である．この時 $1-10y=99p$，$y=\dfrac{1-99p}{10}$．これが整数である様な p の例を一つ見出すには $99+1=100$ が 10 の倍数であることに注目して，$p=-1$ を代入し，$x=-37$，$y=10$．検算すると確かに $99x+370y=-3663+3700=37$．もう一つの解は直ぐ見出せそうにない．この様な場合に対処する微分方程式等にも通用する解析学の秘伝を伝えましょう．未知数 x,y より，一つの解 $-37,10$ を引いたものを X,Y とし，$X=x+37$，$Y=y-10$ とおくと，$x=X-37$，$y=Y+10$． これを $99x+370y=37$ に代入して，$99X+370Y+99\times(-37)+370\times10=99X+370Y+37=37$ より $99X+370Y=0$．この様にして，右辺が 0 でない**非同次方程式**と呼ばれる $99x+370y=37$ より，右辺が 0 である様な**同次方程式**と呼ばれる $99X+370Y=0$ を得る．非同次方程式より同次方程式の方が始末し易い．例えばわれわれの場合は，$99X=-370Y$ で 99 と 370 は 1 以外に共通の約数を持たぬので，Y が 99 で割り切れ，その商 m は整数であって，$Y=99m$．$99X=-370\times99m$ より $X=-370m$．これらを $x=X-37$，$y=Y+10$ に代入して，**一般解**と呼ばれる，早く云っても遅く云っても一般の解

$$x=-37-370m,\quad y=10+99m\quad (m=0,\pm1,\pm2,\cdots)$$

を得る．m は整数であれば，何でもよく，今度は x を正にしたければ，$m=-1$ とおき，$x=333$，$y=-89$．念のため検算すると $99x+370y=32967-32930=37$．正直者の頭にのみ神が宿り，栄冠をもたらす．本問を通じて，解析学の右の手筋を体得してほしい．

SCHEMA

非同次方程式の一般解＝非同次方程式の一つの解＋同次方程式の一般解

10 問題の文章は不明確で，意味の判らぬ読者の方が健全であろう．集合 $\{1,2,3,4,5\}$ の元の内で条件 (1),(2),(3),(4) の全てを満足するものはどれか？ という数学的意味を持つ様である．数学 I で学ぶ様に，二つの命題 a,b がある時，「a および b」が成立すれば「a または b」が成立する．したがって，われわれの場合，① と ② が成立すれば ① または ② が成立する，すなわち，① と ②$\Longrightarrow$① または ②．ところで，① と ②＝③，① または ②＝④ であるから，①,②,③,④ の全てを満すことと ③ を満すこととは同じである．素数かつ奇数なのは 3, 5 である．

答 3, 5

11 $\dfrac{\sqrt{48}}{2\sqrt{3}}=\dfrac{\sqrt{3\times16}}{2\sqrt{3}}=\dfrac{\sqrt{3\times4^2}}{2\sqrt{3}}=\dfrac{4\sqrt{3}}{2\sqrt{3}}=2$．ここで右の公式を用いた．

SCHEMA

$\sqrt{a^2b}=a\sqrt{b}\quad(a,b>0)$

答 2

12 $a^2+b=(\sqrt{2}+\sqrt{3})^2-2\sqrt{6}=(\sqrt{2})^2+2\sqrt{2}\sqrt{3}+(\sqrt{3})^2-2\sqrt{6}$
$=2+2\sqrt{6}+3-2\sqrt{6}=5$．ここで，右の諸公式を用いた．

SCHEMA

$(\sqrt{a})^2=a$，$\sqrt{a}\sqrt{b}=\sqrt{ab}\quad(a,b>0)$
$(a\pm b)^2=a^2\pm2ab+b^2$

答 5

13 上の公式より $x^2=(1-\sqrt{3})^2=1-2\sqrt{3}+(\sqrt{3})^2=1-2\sqrt{3}+3=4-2\sqrt{3}=2(2-\sqrt{3})$． $x^4=4(2-\sqrt{3})^2=4(4-4\sqrt{3}+(\sqrt{3})^2)=4(4-4\sqrt{3}+3)=4(7-4\sqrt{3})$． $x^5=4(7-4\sqrt{3})(1-\sqrt{3})=4(7-4\sqrt{3}-7\sqrt{3}+4(\sqrt{3})^2)=4(7-11\sqrt{3}+12)=4(19-11\sqrt{3})=76-44\sqrt{3}$．この様な計算に自信のある人はあまりおるまいが，中学程度の計算で中高の先生になれ

るとは**有難いと思い，うるさがらずに丁寧に計算し**，更に右の公式（二項定理）を用いて検算すると $(1-\sqrt{3})^5=1-5\sqrt{3}+10(\sqrt{3})^2-10(\sqrt{3})^3+5(\sqrt{3})^4-(\sqrt{3})^5=1-5\sqrt{3}+30-30\sqrt{3}+45-9\sqrt{3}=76-44\sqrt{3}$ を得る．ゆえに，$x^5+2x^2+1=76-44\sqrt{3}+8-4\sqrt{3}+1=85-48\sqrt{3}$　　答 $85-48\sqrt{3}$

SCHEMA

$(a\pm b)^5=a^5\pm 5a^4b+10a^3b^2\pm 10a^2b+5ab^4\pm b^5$

14 Example 4（E-4と略称）をそっくり真似ればよい．背理法によって証明し，$\sqrt{3}$ が有理数であることより矛盾を導き出す．$\sqrt{3}$ が有理数であれば，二つの自然数 p', q' の商として $\sqrt{3}=\dfrac{p'}{q'}$ で表される．この時，p', q' の最大公約数を d とし，$p=\dfrac{p'}{d}$，$q=\dfrac{q'}{d}$ とおくと，p, q も自然数で，1以外の共通の因数を持たない，すなわち，互に素である．この様に修正した p, q に対して $\sqrt{3}=\dfrac{p}{q}$ が成立し，両辺を自乗して $3=\dfrac{p^2}{q^2}$．移項して，$p^2=3q^2$．3は素数で，$p^2=p\times p$ を割るので，p 自身を割らねばならない．したがって p の3による商 m は自然数であり，$p=3m$．これを $p^2=3q^2$ に代入して，$9m^2=3q^2$，すなわち，$q^2=3m^2$ と同じ式を得るので，q の3による商 n は自然数であり，$q=3n$．この様にして，$p=3m$，$q=3n$ を得るが，これは3が p, q の公約数であることを意味し，p, q が互に素である様に作ったことに反し，矛盾である．ゆえに $\sqrt{3}$ は有理数でなく，無理数でなければならない．

15 $a+b\sqrt{3}=0$ が成立するのが，$a=b=0$ に限らなければ，$a=b=0$ でない a, b に対して，$a+b\sqrt{3}=0$ が成立している．$b=0$ であれば，$a+b\sqrt{3}=0$ より，$a=0$ を得 $a=b=0$ となり，$a=b=0$ でないとの仮定に反し，矛盾である．ゆえに，$b\neq 0$ であり，$a+b\sqrt{3}=0$ より，$\sqrt{3}=-\dfrac{a}{b}$．a, b は有理数なので $-\dfrac{a}{b}$ も有理数であり，$\sqrt{3}=-\dfrac{a}{b}$ は有理数となり，$\sqrt{3}$ が無理数であることに反して，矛盾である．ゆえに，有理数 a, b に対して $a+b\sqrt{3}=0$ であれば，$a=b=0$ が成立する．

16 分母の有理化 $\dfrac{3}{\sqrt{2}+1}=\dfrac{3(\sqrt{2}-1)}{(\sqrt{2}-1)(\sqrt{2}+1)}=\dfrac{3(\sqrt{2}-1)}{(\sqrt{2})^2-1}=\dfrac{3(\sqrt{2}-1)}{2-1}=3(\sqrt{2}-1)$ を行ってから証明してもよいが，五十歩，百歩なので，直接証明しよう．$\dfrac{3}{\sqrt{2}+1}$ が無理数でなければ，有理数であり，自然数 p, q の商で表されて，$\dfrac{3}{\sqrt{2}+1}=\dfrac{q}{p}$．ゆえに $3p=q\sqrt{2}+q$ より，$\sqrt{2}=\dfrac{3p-q}{q}$．$3p-q$ と q は整数であるから，その商 $\sqrt{2}=\dfrac{3p-q}{q}$ も有理数である．これは $\sqrt{2}$ が無理数であることに反して矛盾である．なぜ，この様な矛盾が出たかというと，それは $\dfrac{3}{\sqrt{2}+1}$ が無理数でないとしたことから出発している．したがって $\dfrac{3}{\sqrt{2}+1}$ が無理数でないとすることはできず，$\dfrac{3}{\sqrt{2}+1}$ は無理数である．この様に，結論を否定して矛盾を導き出す証明法を**背理法**という．これは人との論争において，自分の主張の正しさを論じる代りに，相手の主張の矛盾を衝いて，論争に勝とうとする姿勢に通じ，われわれが日常の生活でも，取り入れている方法である．しかし，この様な議論を常用する者は人から愛されないであろう．数学の証明では，別にかまわない．

B 基礎を活用する演習

1. この問題の文章も不明確で，意味の取れない人の数学的感度は鋭い．大学院入試でのトップ・クラスが教職試験に落ちる理由も判る様な気がする．x を2進法展開して $x=x_{3m+2}x_{3m+1}x_{3m}x_{3m-1}x_{3m-2}x_{3m-3}\cdots x_5x_4x_3x_2x_1x_0$ とした時の $y_m=x_{3m+2}x_{3m+1}x_{3m}$，$y_{m-1}=x_{3m-1}x_{3m-2}x_{3m-3}, \cdots, y_1=x_5x_4x_3$，$y_0=x_2x_1x_0$ には，$y_k=x_{3k+2}x_{3k+1}x_{3k}$ が2進数として持つ数の意味を持たせる．すなわち

$$x=x_{3m+2}2^{3m+2}+x_{3m+1}2^{3m+1}+x_{3m}2^{3m}+\cdots+x_52^5+x_42^4+x_32^3+x_22^2+x_12+x_0 \quad (0\leqq x_i\leqq 1)$$

に対して

$$y_k=x_{3k+2}2^2+x_{3k+1}2+x_{3k}$$

とおく．y は定義より

$$y=y_0+y_1+\cdots+y_m=(x_{3m+2}+x_{3m-1}+\cdots+x_2)2^2+(x_{3m+1}+x_{3m-2}+\cdots+x_1)2+(x_{3m}+x_{3m-3}+\cdots+x_0).$$

で与えられるが，$x-y$ を作ると

$$x-y=2^2(2^{3m}-1)x_{3m+2}+2(2^{3m}-1)x_{3m+1}+(2^{3m}-1)x_{3m}+\cdots+2^2(2^3-1)x_5+2(2^3-1)x_4+(2^3-1)x_3$$

を得る．ここで，右の公式に $a=2^3=8$，$b=1$ を代入すると，

SCHEMA

$a^m-b^m=(a-b)(a^{m-1}+a^{m-2}b+\cdots+ab^{m-2}+b^{m-1})$

$$2^{3m}-1=(2^3-1)(2^{3m-3}+2^{3m-6}+\cdots+2^3+1)=(8-1)\text{ の倍数}=7\text{ の倍数}$$

を得るので，$x-y$ は7の倍数である．したがって，y が7の倍数であれば，x 自身が7の倍数である．

2. 0ができるのは $2\times5=10$ の1個と10自身が始めから持っている1個である．1から10迄には，1, 2, 3, 4, 5, 6, 7, 8, 9, 10 の積では2と5の積と10自身の2個である．1から100迄の積では下一桁の数字が作る 2×5 と10が10回現れる他に 4×25，4×75，20×50 と100から更にもう一回余計に0が現れ，全体として $20+4=24$．　答　24

3. 分母を有理化するには，和と差の積＝自乗の差を用いた右の定石を用いて $\dfrac{1}{\sqrt{2}-1}-\dfrac{1}{\sqrt{2}+1}=\dfrac{\sqrt{2}+1}{(\sqrt{2}+1)(\sqrt{2}-1)}-\dfrac{\sqrt{2}-1}{(\sqrt{2}-1)(\sqrt{2}+1)}=\dfrac{\sqrt{2}+1}{2-1}-\dfrac{\sqrt{2}-1}{2-1}=2.$

SCHEMA

$$\frac{1}{\sqrt{a}\pm\sqrt{b}}=\frac{\sqrt{a}\mp\sqrt{b}}{(\sqrt{a}\mp\sqrt{b})(\sqrt{a}\pm\sqrt{b})}=\frac{\sqrt{a}\mp\sqrt{b}}{a-b}$$

4. (1)　x, y が有理数であれば，$r=\dfrac{x+y}{2}$ も有理数であって，$x<r<y$.

(2)　一般の場合は先ず x, y 共に正の時を考える．x, y を10進法で小数に展開して，小数第 n 位で打ち切ったものを，それぞれ，x_n, y_n とすると，x は x_n より小さくはなく，その差は $\dfrac{1}{10^n}$ より小さく，

$$x_n\leqq x<x_n+\frac{1}{10^n},\quad y_n\leqq y<y_n+\frac{1}{10^n} \tag{1}$$

が成立している．$x<y$ であるから $y-x$ は正数である．その逆数の倍 $\dfrac{2}{y-x}$ に対して，n を十分大きく取ると，10^n はどんどん大きくなるから，$10^n>\dfrac{2}{y-x}$，が成立する様にできる．この時

$$\frac{1}{10^n}<\frac{y-x}{2} \tag{2}$$

である．さて，(2) より $\dfrac{2}{10^n}<y-x$，すなわち，$x+\dfrac{1}{10^n}<y-\dfrac{1}{10^n}$ が成立しているから，(1) より $x<x_n+\dfrac{1}{10^n}<y-\dfrac{1}{10^n}<y_n<y$ を得る．小数 $r=x_n+\dfrac{1}{10^n}$ は勿論有理数であって，念願の

$$x<r<y$$

が成立している．

x, y が共に正でない場合は，$x<y\leqq0$，$x<0<y$，の2通りの場合がある．$x<y\leqq0$ の時は，$-x>-y\geqq0$ なので，$-x$ と $-y$ の組に上述の方法を適用すると，有理数 s で，$-x>s>-y$ を満すものが取れる．$r=-s$ も，勿論，有理数であって，$x<r<y$ が成立する　$x<0<y$ の時は，0自身が有理数なので，$r=0$ とすればよい．これで一件落着と思われるが，問題文の条件を用いていないので，何かたりないものがある．X生命暮しを守るではなく，X生命，保険殺人を作るとなっている所が，イカンである．以下，公理論的な取り扱いをしよう．

自然数全体の集合 $\boldsymbol{N}$ には

> **公理 W**　自然数全体の集合 $\boldsymbol{N}$ の空でない部分集合 S は最小数を持つ

がある．例えば，a, b を自然数とすると，ab は a, b の公倍数であり，a, b の公倍数全体の集合 S は空でない．上の公理Wより，S の最小数がある．この公理は $\boldsymbol{N}$ が整列集合 well ordered set であることを主張する公理なので，著者が仮に公理Wと称するだけで，この用語に普遍性はない．自然数と実数を結ぶ

> **アルキメデスの公理**　任意の正数 a, b に対して，$an>b$ をみたす自然数 n がある．

がある．この公理より，後述の9章の極限に関して

$$\lim_{n\to\infty}\frac{1}{n}=0$$

が導かれるが，ここではこれに触れない．この公理を公理Aと略称しよう．(2) の解答の様に，正数 x を考察する．任意の自然数 n に対して，$m10^n>x$ を満す自然数 m 全体の集合 S_n を考えよう：すなわち

$$S_n=\left\{m\in\boldsymbol{N}\ ;\ \frac{m}{10^n}>x\right\}$$

とおくと，この集合は n が変れば変るので，下添字 n を付ける．公理Aにて，$a=1$，$b=10^nx$ とおけば，自然数 m で $m>10^nx$ を満すものがあるから，S_n は空でない．したがって，公理Wより，S_n は最小の数をもつ．この自然数

は n に関係するので，これより1を引いた自然数を p_n とすると，S_n の最小数は p_n+1 である．p_n+1 は S_n の最小数なので，p_n はもはや S_n には属さず，$p_n>10^n x$ は成立しない．すなわち，$p_n \leqq 10^n x$．かくして

$$\frac{p_n}{10^n} \leqq x < \frac{p_n+1}{10^n}$$

が成立し，$x_n=\dfrac{p_n}{10^n}$ が求める x を10進法小数展開を小数第 n 位で打ち切ったものであることが判り，上述の (2) の解答を補完する．

本問は今迄の問題とは全く異質的で，自然数や実数を公理論的に処理している．これは，高校生諸君が大学に進学して，教養部で数学を学ぶ際，公理論的取扱いが好きな先生の講義を受けるハメに陥った時，学ぶであろう．その際，建前は公理 W, A を駆使することにあるが，本音はあく迄も x_n は x の小数展開を小数 n 位で打ち切ったものであり，この本音は表面には現れないけれども，この本音を念頭に置かずしては建前の公理論的展開についていけるものではない．なお，本問が嫌いな高校生諸君は，いかに微積分の機械的計算に長じていても，理学部数学科にだけは，進学するものではない．かかる意味で，本問は大学における数学教育を反映した好い問題であり，出題の先生に心から敬意を表明し，感謝したい．

5. 群，環，体の定義は，勿論，高校のカリキュラムにないが，その定義さえ知っておけば，本問は高校生の実力で解ける．田舎の高校より入学した大学の新入生が，キザな同級生が操るこの様な術語に劣等感を持たぬ様に，高校時代から，少しかじっておきましょう．物の集まりを集合という．集合について議論する数学の分野は**集合論**といい，**基礎論**の縄張りである．集合を唯それだけ考察するのは，少し物足りない．演算を導入して，始めて数学らしくなる．

何でもよいから，物の集まり S があり，何か物 x を持って来た時，S に属するかどうか，判定できる時，S を**集合**という．美人の集まりは，判然としないので，数学的には集合ではない．これに反し，整数全体はれっきとした集合である．さて，集合 G の任意の2元 a, b に対して，同じ集合 S の第3の元 c が唯一通り定まり，しかも，次の3条件が満たされる時，G は**群**をなすという．なお，唯1通り定まる時，**一意的**に定まるという．a, b によって，一意的に定まる c を a, b の積，または，結合といい，$a \circ b$ と書く．さて，その3条件は

(i)　G の任意の元 a, b, c に対して，**結合の法則** $(a \circ b) \circ c = a \circ (b \circ c)$ が成立する．

(ii)　G の全ての元 a に対して，$e \circ a = a$ を満足する様な，a に無関係な G の元 e がある．この e を**単位元**という．

(iii)　G の全ての元 a に対して，$x \circ a = e$ を満足する様な，a に関係する G の元 x がある．この x を a の**逆元**といい，a^{-1} と書く．

で与えられる．更に，G の任意の2元 a, b に対して，**交換の法則**（**可換律**）$a \circ b = b \circ a$ が成立つ時，G は**可換群**であるという．可換群は**加法群**とも呼ばれ，この時，a, b の結合を $a \circ b$ の代りに $a+b$ と書き，単位元を**零元**と呼び0と書き，a の逆元を $-a$ と書く．ここ迄説明されても，日本語としての説明は理解できるが，数学として理解できる読者は殆んどいないと思われる．これが，ノーマルなのだから，ノイローゼにならないで，気楽に読んで欲しい．例えば，整数全体の集合 $\boldsymbol{Z}$ は通常の加法に関しては，加法群をなし，零元は通常のゼロ0であり，a の逆元は通常のマイナス・エー，すなわち，$-a$ である．しかし，$\boldsymbol{Z}$ は通常の乗法に関し，(i), (ii) を満し，数1は単位元であり，更に可換律さえ成立するが，例えば，整数2に対し，$2x=1$ の解 $x=\dfrac{1}{2}$ は整数ではないので，(iii)が成立せず，群ではない．したがって，(2) は正しくない．

集合 R の任意の2元 a, b に対して2つの演算，加法 $a+b$ と乗法 ab が定義されて，これらがやはり R の元であって，しかも，次の3条件

(イ)　R は加法に関して可換群をなす．

(ロ)　R は乗法に関しては，**半群**をなす，すなわち，結合の法則 (i) を満す．

(ハ)　加法と乗法の間には，分配の法則（配分律）$a(b+c)=ab+ac$，$(a+b)c=ac+bc\ (a, b, c \in R)$ が成立する．

が成立する時，**環**をなすという．例えば，整数全体の集合 $\boldsymbol{Z}$ は，前述の様に，乗法に関して，± 1 以外は逆元を持たないが，環をなす．したがって，(1) は正しくない．次数 n を定めた時に，n 次の実正方行列全体 $M(n, \boldsymbol{R})$ や複素正方行列全体 $M(n, \boldsymbol{C})$ は行列としての加法と乗法に関して，可換でない環をなすことは，$n=2$ の時は，高校の数学で，一般の n の場合には，大学に入学して，教養の**線形代数**で学ぶが，本問では，次数が特定されていない正方行列全体であるから，例えば2次と3次の正方行列では，加法の定義さえできず，環をなさない．この様に，筆者でも誤りそうな，細かい所で，選別と差別を行おうとするのが，選抜試験であり，学力を直接反映しないので，細心の注

意を要する．いずれにせよ，(3)も正しくないが，余り気にしないで欲しい．

環 K は，0 元以外の元全体が乗法に関して群をなす時，**体**という．例えば，有理数全体 $\boldsymbol{Q}$ や実数全体 $\boldsymbol{R}$，更に，複素全体 $\boldsymbol{C}$ は数としての通常の加法と乗法に関して体をなす．しかし，整数全体 $\boldsymbol{Z}$ は，零でない元 2 が乗法に関する $\boldsymbol{Z}$ に属する逆元を持たぬから，つまり，逆数 $\frac{1}{2}$ は $\boldsymbol{Z}$ に属さないから，体ではない，したがって(4)も正しくない．(1)から(4)迄が正しくなければ，マーク・シート方式の特性として，残った(5)が正しそうであるが，実際正しいことをチェックすることができるので，解答は(5)である．

6． 整数全体の集合を $\boldsymbol{Z}$ と書こう．$m, r\in\boldsymbol{Z}$，すなわち，整数 m, r に対して，$p\in\boldsymbol{Z}$，すなわち，整数 p は，整数 q，すなわち $q\in\boldsymbol{Z}$ があって，$p=qm+r$ が成立する時，m を**法**として余りが r であるといい，$p\equiv r(\mathrm{mod}\, m)$ と書く．$0\leqq r<m$ の時，q を**商**，r を**余り**という．したがって，m を法として余りが r である整数全体の集合 A_r は $A_r=\{qm+r;\, q\in\boldsymbol{Z}\}$ とも書けるが，$m\boldsymbol{Z}+r$ とも略記される．所で，$q\in\boldsymbol{Z}$ があって，$p=qm+r$ が成立することは，英語で there exists $q\in\boldsymbol{Z}$ such that $p=qm+r$ であるが，講義では ${}^\exists q\in\boldsymbol{Z}$ s.t. $p=qm+r$，または，${}^\exists q\in\boldsymbol{Z}$; $p=qm+r$ と板書され，万国共通である．この論法では，$A_r=\{p\in\boldsymbol{Z};\, {}^\exists q\in\boldsymbol{Z} \text{ s.t. } p=qm+r\}$ であるが，いずれを解答に採用するかは，主観の問題であって，数学の問題ではないが，受験者には深刻な問題であろう．いずれにせよ，(1)の解答としては，

$$A_r=\{p\in\boldsymbol{Z};\, {}^\exists q\in\boldsymbol{Z} \text{ s.t. } p=qm+r\}=\{qm+r; q\in\boldsymbol{Z}\}=m\boldsymbol{Z}+r$$

が考えられる．∃ は exist の e の大文字を左右に折返したもので，存在を主張する記号である．

さて，2 つの集合 A_i, A_j に共通な元全体の集合を $A_i\cap A_j$ と書き，集合 A_i, A_j の**共通集合**という．$p\in A_i\cap A_j$ であれば，先ず $p\in A_i$ なので，${}^\exists s\in\boldsymbol{Z}$; $p=sm+i$，すなわち，$p=sm+i$ を満足する整数 s が存在する．更に，$p\in A_j$ なので，${}^\exists t\in\boldsymbol{Z}$; $p=tm+j$．$sm+i=p=tm+j$ より，$(s-t)m=j-i$．i, j は同じ整数 p の m を法とする余りであるから，$|i-j|<m$ が成立し，$i=j$．したがって，$i\neq j$ の時は $A_i\cap A_j$ は構成元を持たず，空集合 ϕ である．$i=j$ の時は，$A_i\cap A_j=A_i$．(2)の解答としては

$$A_i\cap A_j=\phi\,(i\neq j),\quad A_i\cap A_j=A_i=A_j\ (i=j)$$

を得る．

$p\in A_i$，$q\in A_j$ に対して，${}^\exists s, t\in\boldsymbol{Z}$; $p=si+i$，$q=tm+j$ であるから，$p+q=(s+t)m+(i+j)$，$0\leqq i, j<m$ であるから，$0\leqq i+j<2m$．$i+j<m$ の時は，$s+t$ が商，$i+j$ が余りであるが，$m\leqq i+j<2m$ の時は，$p+q=(s+t+1)m+(i+j-m)$ と書け，$s+t+1$ が商，$i+j-m$ が余りである．したがって，(3)の解答としては

$$A_i+A_j=\{p+q; p\in A_i, q\in A_j\}=A_{i+j}\ (i+j<m),\quad A_i+A_j=A_{i+j-m}\ (i+j\geqq m)$$

を得る．

なお，A_r を**剰余類**という．剰余類を一つの元と見ると，剰余類全体の集合は上の加法に関して可換群をなし，更に，$A_iA_j=\{pq; p\in A_i, q\in A_j\}$ によって，乗法を定義すると，加法と乗法に関して，環をなす．同値な有向線分全体のなす同値類が，ご存知，ベクトルの純粋数学的定義である．この様に，集合を元と見る考え方は，大学の理学部や教育学部専門課程の数学で始めて学ぶことであるから，諸君は，今の段階でよく理解できないからといって，ノイローゼになる必要はない．剰余類，つまり，Restklasse は学校の中での，一つ一つの学級に当るものと考えておけば十分である．

2章　式

A 基礎をかためる演習

1 $x^4+4=x^4+4x^2+4-4x^2=(x^2+2)^2-(2x)^2=(x^2+2+2x)(x^2+2-2x)=(x^2-2x+2)(x^2+2x+2)$．したがって，$x^4+4=0$ より，二つの 2 次方程式 $x^2\pm 2x+2=x^2\pm 2x+1+1=(x\pm 1)^2+1=0$ を得，$(x\pm 1)^2=-1$．自乗$=-1$ となる数は実数にないので，この数 i を新しく創造し，$i=\sqrt{-1}$ と書き，**虚数単位**という．$(\pm i)^2=i^2=-1$ なので，$(x\pm 1)^2=-1$ より $x\pm 1=\pm i$，したがって，$x=\mp 1\pm i$ のプラスとマイナスの組み合せは自由であり，$1+i$，$1-i$，$-1+i$，$-1-i$ の 4 個の根を得る．

剰余定理 代数方程式 $f(x)=0$ が $x=\alpha$ を根に持てば，多項式 $f(x)$ は $x-\alpha$ で割り切れる．

より，x^4+4 は $(x-1-i)(x-1+i)(x+1-i)(x+1+i)$ で割り切れるが，二つの式の x^4 の係数は共に1なので等しく，$x^4+4=(x-1-i)(x-1+i)(x+1-i)(x+1+i)$ を得る．これは複素数体での因数分解である．他方，$x^4+4=(x^2-2x+2)(x^2+2x+2)$ は整数環での因数分解である．この様に，因数分解はいかなる数の範囲で考えるかで，答えが違って来る．

2 $1-\dfrac{1}{1-x}=\dfrac{1-x-1}{1-x}=\dfrac{-x}{1-x}$，$\dfrac{1}{1-\dfrac{1}{1-x}}=1-\dfrac{1}{x}$，$1-\dfrac{1}{1-\dfrac{1}{1-x}}=\dfrac{1}{x}$，求める式$=1-x$．

3 必要条件 $x=0$ の時，$ax^2+bx+c=c$ であるが，これが0に等しいから，先ず $c=0$，次に $x=1$ の時，$ax^2+bx+c=ax^2+bx=a+b$ で，これが0であるから，$a+b=0$．更に，$x=-1$ の時，$ax^2+bx+c=ax^2+bx=a-b$ で，これが0であるから，$a-b=0$．これより $b=a$．$a+b=0$ に代入して $2a=0$，すなわち，$a=0$．$b=a$ なので，$b=0$．かくして，$a=b=c=0$ は必要．逆に，$a=b=c=0$ であれば，任意の x に対して $ax^2+bx+c=0$．

恒等的に零なので，係数$=0$，としては零点．

4 1から10迄の数の和を表すのに，律気に書けば $1+2+3+4+5+6+7+8+9+10$ であるが，アホラシイので，始めの二つと最後のみ記すことが許されて，$1+2+\cdots+10$ と書く．一般の自然数nに対しては1から n 迄の和は律気に書きたくとも書けぬので，$1+2+\cdots+n$ と記す．これを $1+\cdots+n$ とサボッテは何のことか分らなくなる．さて，自然数 n に関する命題 P_n に関して

数学的帰納法 $n=1$ の時，P_n が成立し，更に，P_n が成立するとの仮定の下で，P_{n+1} が成立すれば，任意の自然数 n に対して，命題 P_n が成立する．

がある．自然数全体の集合 $\boldsymbol{N}$ は先ず1，それに1を加えた $1+1=2$，次に，更に1を加えた $2+1=3$ なる様に，次々と1を加えることによって得られる．これは $\boldsymbol{N}$ に関する公理なので，証明できぬ人の方が尋常である．よく分らない人も特異な存在ではないが，これをウノミしないと，試験にパスしない．ユダヤの掟では万場一致の決定は正しくないそうであるが，建前としては，万人が認め得る命題が公理である．それはさておき，P_n が成立する自然数全体の集合を S としよう．すなわち，$S=\{n\in\boldsymbol{N}; P_n \text{正}\}$．$1\in S$，であり，$n\in S$ であれば $n+1\in S$ が成立すれば，先ず $1\in S$，次に，$2=1+1\in S$，$3=2+1\in S$ と次々に $4=3+1\in S$，$5=4+1\in S$ が得られるが，この様に，1を次々と加えて行った数全体の集合が $\boldsymbol{N}$ なのだから，$S=\boldsymbol{N}$，すなわち，全ての $n\in\boldsymbol{N}$ に対して，P_n が成立する．これが，数学的帰納法の説明であるが，どうせ公理と同値なので，ウノミにすることに抵抗を感じなければ十分である．証明できなくとも，よく分らなくともよいということである．帰納法の説明はこの位として，応用であるA-4を解説しよう．

$n=1$ の時 $1+2+\cdots+n$ は1から $n=1$ 迄の和であるから，$1+2+\cdots+n=1$．ここで，左辺に2があるから，これが1になるのは気味が悪い人の視力は抜群であるが，数学を見る眼は十分でないので，式を見るのではなく，式の意味を考えられたい．$n=1$ の時，$\dfrac{n(n+1)}{2}=\dfrac{1\times2}{2}=1$ なので，$1+2+\cdots+n=\dfrac{n(n+1)}{2}$ が成立している．さて，帰納法の作法に則(ノット)り n の時，われわれ（これをnon sense we というのだ）が成立したと仮定し，$n+1$ に進もう．$1+2+\cdots+(n+1)$ は1から n 迄の和に $n+1$ を加えたものであるから，1から n 迄の和に帰納法の仮定が適用できて，$1+2+\cdots+(n+1)=(1+2+\cdots n)+(n+1)=\dfrac{n(n+1)}{2}+(n+1)=(n+1)\left(\dfrac{n}{2}+1\right)=\dfrac{(n+1)(n+2)}{2}$．右辺は $\dfrac{n(n+1)}{2}$ に $n+1$ を代入したものになっているから，$1+2+\cdots+n=\dfrac{n(n+1)}{2}$ の n の所に $n+1$ を入れた式が成立し，われわれの命題は $n+1$ の時も成立する．帰納法という公理より，われわれの式は全ての自然数 n に対して成立する．

以上の解説が理解できぬ読者が一人でもおれば，この解説は教職試験に対する解答としては零点となる．

5 前問は等式であったが，本問は不等式，しかし，精神は同じである．精神一到，何事かならざらん！ $n\geqq2$ の時は，$n=2$ から始めればよいのであって，$n=1$ にあく迄も拘(コダ)わる人は教条主義者として嫌われるから，社会に出る前に，その性格を直した法がよい．さて，$n=2$ の時，左辺$=\dfrac{5}{4}<\dfrac{6}{4}=\dfrac{3}{2}=$右辺で，成立している．次に n の時

正しければ，$1+\frac{1}{2^2}+\cdots+\frac{1}{(n+1)^2}=\left(1+\frac{1}{2^2}+\cdots+\frac{1}{n^2}\right)+\frac{1}{(n+1)^2}<2-\frac{1}{n}+\frac{1}{(n+1)^2}=2-\frac{1}{n+1}+\left(\frac{1}{n+1}+\frac{1}{(n+1)^2}-\frac{1}{n}\right)$. しかし，$\frac{1}{n+1}+\frac{1}{(n+1)^2}-\frac{1}{n}=\frac{n(n+1)+n-(n+1)^2}{n(n+1)^2}=\frac{-1}{n(n+1)^2}<0$ なので，$1+\frac{1}{2^2}+\cdots+\frac{1}{(n+1)^2}<2-\frac{1}{n+1}$ を得，$n+1$ の時も正しい．よって，帰納法より全ての n に対して正しい．

6 $x>1$，$y>1$ が成立すれば，左辺の和>右辺の和，であり，$x+y>2$. 十分条件である．

7 この様な場合はヤヤコシイ方を簡単にする．易しい方を眺めるのは時間のロスである． さて，通分して，

右辺$=\frac{-(b-c)(x-b)(x-c)-(c-a)(x-a)(x-c)-(a-b)(x-a)(x-b)}{(a-b)(b-c)(c-a)(x-a)(x-b)(x-c)}$. 分子$=-(b-c)(x^2-(b+c)x+bc)-(c-a)(x^2-(a+c)x+ac)-(a-b)(x^2-(a+b)x+ab)=-((b-c)+(c-a)+(a-c))x^2-((b-c)(b+c)+(c-a)(c+a)+(a-b)(a+b))x-(b-c)bc-(c-a)ca-(a-b)ab=-((b^2-c^2)+(c^2-a^2)+(a^2-b^2))x-(b-c)bc-(c-a)ca-(a-b)ab=-(b-c)bc-(c-a)ca-(a-b)ab$， ここで， 和と差の積＝自乗の差 を用いた． これが $(a-b)(b-c)(a-c)$ に等しければよいと見当をつけて，面倒なりと展開し， $-(b-c)bc-(c-a)ca-(a-b)ab=-b^2c+bc^2-c^2a+a^2c-a^2b+ab^2=(a-b)(b-c)(a-c)$ に達し， 右辺$=\frac{(a-b)(b-c)(c-a)}{(a-b)(b-c)(c-a)(x-a)(x-b)(x-c)}=\frac{1}{(x-a)(x-b)(x-c)}$＝左辺，とめでたく証明終り．エレガントな解法を見出すことに時間を空費するより，上の計算を5分で完了した法がよい．旧制中学で花形であった問題なので，郷愁捨て難き人が出題する恐れがある．

8 本問は一章の A-13 であるが，中学や高校のテキストでは，$x=1-\sqrt{3}$ が2次方程式 $x^2-2x-2=0$ の根であることより，x^5+2x^2+1 を x^2-2x-2 で割り，$x^5+2x^2+1=(x^3+2x^2+6x+18)(x^2-2x-2)+48x+37$ として，その剰余 $48x+37$に$x=1-\sqrt{3}$ を代入した $48(1-\sqrt{3})+37=85-48\sqrt{3}$ なる解法もある．大学の数学の感覚（大学ではこの様な数学はやらない）では1章の A-13 で求めた解法が普遍的であるが，「蟹は自らの甲羅に似せて穴を埋る」の言葉の様に，この解法でないと受け付けぬ人がいる（大学入試で止り，大学の理学部で数学をやっていない！）ので，釈迦の教えに従い「人を見て法を説き」，相手に合せて，答案を作る配慮が重要である．

9 $z=\frac{x-1}{x}$，$y=1-\frac{1}{z}=\frac{-1}{x-1}$ より $xyz=-1$.

10 $ax^2+bx+c=a\left(x^2+2\cdot\frac{b}{2a}x+\frac{b^2}{4a^2}\right)+\frac{4ac-b^2}{4a}=a\left(x+\frac{b}{2a}\right)^2+\frac{4ac-b^2}{4a}=0$ より，$\left(x+\frac{b}{2a}\right)^2=\pm\frac{b^2-4ac}{4a^2}$，すなわち，$x+\frac{b}{2a}=\pm\frac{\sqrt{b^2-4ac}}{2a}$ より， 右の公式を得る．特に，b の所に $2b$ があれば，分母子が2で割れて，右の公式を得る．

> **SCHEMA**
>
> $ax^2+bx+c=0$ の根は $x=\frac{-b\pm\sqrt{b^2-4ac}}{2a}$

> **SCHEMA**
>
> $ax^2+2bx+c=0$ の根は $x=\frac{-b\pm\sqrt{b^2-ac}}{a}$

$3x^2-2x-5=0$ の場合は， $x=\frac{1\pm\sqrt{1-3(-5)}}{3}=\frac{1\pm\sqrt{16}}{3}=\frac{1\pm4}{3}=\frac{5}{3}$，又は，$-1$ としてもよいし， 因数分解の好きな人は， $3x^2-2x+5=(3x-5)(x+1)=0$ より $x=\frac{5}{3}$，又は，-1 としてもよい．ただし，因数分解に時間を空費するより，公式を用いて，確実に1分内に解答する方がよい．

11 $\frac{x-b-c}{a}+\frac{x-c-a}{b}+\frac{x-a-b}{c}-3=\left(\frac{1}{a}+\frac{1}{b}+\frac{1}{c}\right)x-\left(\frac{b+c}{a}+\frac{c+a}{b}+\frac{a+b}{c}+3\right)=\frac{ab+bc+ca}{abc}x-\frac{bc(b+c)+ac(c+a)+ab(a+b)+3abc}{abc}$. 所で， $ab(a+b)+bc(b+c)+ca(c+a)+3abc=(b+c)a^2+(b^2+3bc+c^2)a+bc(b+c)$ なので，$b+a$ になるべく関係付けて，$ab(a+b)+bc(b+c)+ca(c+a)+3abc=(b+c)a^2+((b+c)^2+bc)a+bc(b+c)=((b+c)a+bc)(a+(b+c))=(ab+bc+ca)(a+b+c)$ より方程式は $\frac{ab+bc+ca}{abc}x-\frac{(ab+bc+ca)(a+b+c)}{abc}=\frac{(ab+bc+ca)(x-(a+b+c))}{abc}=0$ に帰着される．係数 $ab+bc+ca\neq0$であれば，$x=a+b+c$. $ab+bc+ca=0$ であれば，x がどの様な値であっても，方程式は成立し， x＝任意，が解である．例えば $a=1$，$b=2$，$c=-\frac{2}{3}$ の時は $ab+bc+ca=0$ なので，x＝任意の数，が解．ここが選別の手段であり，文字が係数の時は，注意を要する．

12 $f(x)=\frac{2}{x+1}-\frac{1}{x-1}=\frac{2x-2-x-1}{(x-1)(x+1)}=\frac{x-3}{(x-1)(x+1)}$ とおく．f の分母子の零点が怪しいので，求めると，分母$=0$ より $x=\pm1$，分子$=0$ より $x=3$．これらを大きさの順に並べて，f の因数の符号の変化の表を右の様に作る，したがって，$f(x)\geqq0$ の解は $-1<x<1$，又は，$x\geqq3$．$x=\pm1$ では f の分母が零となり，f は定義できぬので，解の仲間に $x=\pm1$ を入れることはできない．

x	$x<-1$	$x=-1$	$-1<x<1$	$x=1$	$1<x<3$	$x=3$	$x>3$
$x-3$	$-$	$-$	$-$	$-$	$-$	0	$+$
$x-1$	$-$	$-$	$-$	0	$+$	$+$	$+$
$x+1$	$-$	0	$+$	$+$	$+$	$+$	$+$
f	$-$	／	$+$	／	$-$	0	$+$

13 $f(x)=(x-a)(x-b)+(x-c)(x-d)=x^2-(a+b)x+ab+x^2-(c+d)x+cd=2x^2-(a+b+c+d)x+ab+cd=0$ より $x=\frac{a+b+c+d\pm\sqrt{(a+b+c+d)^2-8(ab+cd)}}{4}$．根号内の $D=(a+b+c+d)^2-8(ab+cd)$ は判別式と呼ばれるが，$D>0$ を示せば，2実根が存在することになるが，ヤヤコシイ．条件 $d<a<c<b$ より $f(d)>0$，$f(a)<0$，$f(c)<0$，$f(b)>0$ であるから，f は d と a，c と b の間で零点を持つとの大学入試的解答は後述の9章の B—4 の中間値の定理を用いれば厳密な公理論的解答となり，大学生答案である．

14 第2式−第1式より，z が消去されて，$2x+3y=12$．第3式よりこの式を引き，$2x=6$，すなわち，$x=3$．$y=\frac{12-2x}{3}=\frac{12-6}{3}=\frac{6}{3}=2$．$z=2x-y-3=6-5=1$．答えは，$x=3$，$y=2$，$z=1$ の組．　この時，$2x-y-z=6-2-1=3$，$4x+2y-z=12+4-1=15$，$4x+3y=12+6=18$，検算によって，合格がいよいよ確実になる．

なお，この機会に行列式を用いた連立方程式の解法について解説しよう．連立一次方程式

$$a_{11}x_1+a_{12}x_2=b_1 \qquad (1)$$

$$a_{21}x_1+a_{22}x_2=b_2 \qquad (2)$$

を考察する．消去法に基き，$a_{22}\times(1)-a_{12}\times(2)$ を作ると，x_2 が消えて，$(a_{11}a_{22}-a_{12}a_{21})x_1=b_1a_{22}-b_2a_{12}$．したがって，$a_{11}a_{22}-a_{12}a_{21}\neq0$ の時，$x_1=\frac{b_1a_{22}-b_2a_{12}}{a_{11}a_{22}-a_{12}a_{21}}$．同様の手段で，$x_2$ をも求めると，解の公式

$$x_1=\frac{b_1a_{22}-b_2a_{12}}{a_{11}a_{22}-a_{12}a_{21}},\quad x_2=\frac{b_2a_{11}-b_1a_{21}}{a_{11}a_{22}-a_{12}a_{21}} \qquad (3)$$

を得る．(3) は暗記し難いが，先ず分母が共通であって，しかも，それは，連立方程式 (1)−(2) の未知数 x_1, x_2 の係数にしか関係しないので，このことを強調するため

$$\begin{vmatrix} a_{11} & a_{12} \\ a_{21} & a_{22} \end{vmatrix}=a_{11}a_{22}-a_{12}a_{21} \qquad (4)$$

なるものを定義し，2次の**行列式**と呼ぶと，(3) は

$$x_1=\frac{\begin{vmatrix} b_1 & a_{12} \\ b_2 & a_{22} \end{vmatrix}}{\begin{vmatrix} a_{11} & a_{12} \\ a_{21} & a_{22} \end{vmatrix}},\quad x_2=\frac{\begin{vmatrix} a_{11} & b_1 \\ a_{21} & b_2 \end{vmatrix}}{\begin{vmatrix} a_{11} & a_{12} \\ a_{21} & a_{22} \end{vmatrix}} \qquad (5)$$

なる形に書けて，無理に暗記しなくても，川の流れの様に自然に導かれる．(5) は

クラメルの解法

連立方程式の解は行列式の商で表され，x_i の分母は係数の行列式，分子は x_i の係数のみを右辺でおきかえて得られる行列式である．

と述べることができ，元の数が多い場合にも成立する．元の数が n 個の場合のクラメルの解法を用いるには，n 次の**行列式**

$$\begin{vmatrix} a_{11} & a_{12} & \cdots & a_{1n} \\ a_{21} & a_{22} & \cdots & a_{2n} \\ \cdots & \cdots & \cdots & \cdots \\ a_{n1} & a_{n2} & \cdots & a_{nn} \end{vmatrix}$$

の定義は知らなくとも，その計算方法を知れば，十分である．行列式は次の

> **行列式の基本変形**
> 行列式のある行に他の行の何倍かを加えても，行列式の値は変らない．列についても同様である．

によって，一つの行，又は，一つの列が，一つの要素を除いて0になる様にできる．その要素を i 行 j 列とすると，元の行列式はこの要素 a_{ij} を含む，行と列を除いて得られる一次低い行列式に $(-1)^{i+j}a_{ij}$ を掛けて，符号を修正したものに等しい．この方法を $n-2$ 回繰り返すと，n 次の行列式は2次の行列式に帰着されるので，究極においては(4)を用いて，行列式を求めることができる．例えば，本問の係数の行列式は次の様に，2行 −1行として

$$\begin{vmatrix}2&-1&-1\\4&2&-1\\4&3&0\end{vmatrix}=\begin{vmatrix}2&-1&-1\\2&3&0\\4&3&0\end{vmatrix}=(-1)^{1+3}\times(-1)\times\begin{vmatrix}2&3\\4&3\end{vmatrix}=-\begin{vmatrix}2&3\\4&3\end{vmatrix}=-(2\times3-4\times3)=-(6-12)=6$$

を得るが，これが全てに共通な分母である．x の分子は，x の係数 2, 4, 4 の代りに，右辺の 3, 15, 18 を持って来て得られる行列式で，これは，やはり2行 −1行として同様に

$$\begin{vmatrix}3&-1&-1\\15&2&-1\\18&3&0\end{vmatrix}=\begin{vmatrix}3&-1&-1\\12&3&0\\18&3&0\end{vmatrix}=-\begin{vmatrix}12&3\\18&3\end{vmatrix}=-(12\times3-18\times3)=-(36-54)=18.$$

y の分子は，y の係数 −1, 2, 3 の代りに 3, 15, 18 を用いた行列式で，やはり2行 −1行として

$$\begin{vmatrix}2&3&-1\\4&15&-1\\4&18&0\end{vmatrix}=\begin{vmatrix}2&3&-1\\2&12&0\\4&18&0\end{vmatrix}=-\begin{vmatrix}2&12\\4&18\end{vmatrix}=-(2\times18-4\times12)=-(36-48)=12.$$

z の分子は，z の係数 −1, −1, 0 を右辺の 3, 15, 18 で置き換えた行列式で，今度は2行+2×1行，3行+3×1行を実行し，

$$\begin{vmatrix}2&-1&3\\4&2&15\\4&3&18\end{vmatrix}=\begin{vmatrix}2&-1&3\\8&0&21\\10&0&27\end{vmatrix}=(-1)^{1+2}\times(-1)\times\begin{vmatrix}8&21\\10&27\end{vmatrix}=\begin{vmatrix}8&21\\10&27\end{vmatrix}=8\times27-10\times21=216-210=6$$

なので，クラメルの解法より $x=\dfrac{18}{6}=3$，$y=\dfrac{12}{6}=2$，$z=\dfrac{6}{6}=1$ を得る．この問題では，加減法の方が速い．

15
$$\begin{aligned}x+y-z+2t&=-8 \quad\cdots\cdots(1)\\2x+3y-2z+t&=-2 \quad\cdots\cdots(2)\\4x+2y+3z\quad&=17 \quad\cdots\cdots(3)\\-3x+2y+4z+3t&=1 \quad\cdots\cdots(4)\end{aligned}$$

にて，x を消去すべく，(2)−2×(1)，(3)−4×(1)，(4)+3×(1) を実行し

$$\begin{aligned}y-3t&=14 \quad\cdots\cdots(1)'\\-2y+7z-8t&=49 \quad\cdots\cdots(2)'\\5y+z+9t&=-23 \quad\cdots\cdots(3)'.\end{aligned}$$

更に，y を消去すべく，(2)′+2×(1)′，(3)′−5×(1)′ を実行し

$$\begin{aligned}7z-14t&=77 \quad\cdots\cdots(1)''\\z+24t&=-93 \quad\cdots\cdots(2)''.\end{aligned}$$

最後に，7×(2)″−(1)″ を実行し，$182t=-728$．ゆえに，$t=-4$．

行列式を用いる解法では，分母は係数の行列式であって，2列−1列，3列+1列，4列−2×1列を実行し，3次の行列式に帰着し，更に3列+3×1列を実行し，最終的には2次の行列式に持ち込んで，

$$\begin{vmatrix}1&1&-1&2\\2&3&-2&1\\4&2&3&0\\-3&2&4&3\end{vmatrix}=\begin{vmatrix}1&0&0&0\\2&1&0&-3\\4&-2&7&-8\\-3&5&1&9\end{vmatrix}=\begin{vmatrix}1&0&-3\\-2&7&-8\\5&1&9\end{vmatrix}=\begin{vmatrix}1&0&0\\-2&7&-14\\5&1&24\end{vmatrix}=\begin{vmatrix}7&-14\\1&24\end{vmatrix}=7\times24+14=7\times26.$$

分子は t の係数である第4列を右辺の −8, −2, 17, 1 で置き換え，2列−1列，3列+1列，4列+8×1列を実行し，3次の行列式に帰着し，更に3列−14×1列を実行し，2次の行列式に帰着させて

$$\begin{vmatrix} 1 & 1 & -1 & -8 \\ 2 & 3 & -2 & -2 \\ 4 & 2 & 3 & 17 \\ -3 & 2 & 4 & 1 \end{vmatrix} = \begin{vmatrix} 1 & 0 & 0 & 0 \\ 2 & 1 & 0 & 14 \\ 4 & -2 & 7 & 49 \\ -3 & 5 & 1 & -23 \end{vmatrix} = \begin{vmatrix} 1 & 0 & 14 \\ -2 & 7 & 49 \\ 5 & 1 & -23 \end{vmatrix} = \begin{vmatrix} 1 & 0 & 0 \\ -2 & 7 & 77 \\ 5 & 1 & -93 \end{vmatrix} = \begin{vmatrix} 7 & 77 \\ 1 & -93 \end{vmatrix} = -7\times 93 - 77 = -7\times 104$$

なので，クラメルの解法より $t=\dfrac{-7\times 104}{7\times 26}=-4$ を得る．今度はクラメルの解法が少し楽である．

B　基礎を活用する演習

1. ルートがある無理式や，無理不等式は条件反射の様に飛び付かないで，距離を置いて，冷静に眺める．

先ず，根号内が負では，定義できぬので，$x+1\geqq 0$，すなわち，$x\geqq -1$ でなければならぬ．$x\geqq -1$ の時，右辺が負であれば，左辺は負でないので，不等式は自動的に成立している．したがって，$2x-1<0$，すなわち，$-1\leqq x<\dfrac{1}{2}$ では，不等式は成立する．次に，$2x-1\geqq 0$ であれば，左辺も右辺も負でないので，この不等式は，両辺を自乗した $x+1>(2x-1)^2$ と同値である．$x+1-(2x-1)^2=5x-4x^2=x(5-4x)$ に注意し，表より $-1\leqq x<\dfrac{5}{4}$ が答であることを見る．

x	$x<-1$	-1	$-1<x<0$	0	$0<x<\frac{1}{2}$	$\frac{1}{2}$	$\frac{1}{2}<x<\frac{5}{4}$	$\frac{5}{4}$	$x>\frac{5}{4}$
$x+1$	$-$	0	$+$	$+$	$+$	$+$	$+$	$+$	$+$
$2x-1$	$-$	$-$	$-$	$-$	$-$	0	$+$	$+$	$+$
$5-4x$	$+$	$+$	$+$	$+$	$+$	$+$	$+$	0	$-$
$x(5-4x)$	$-$	$-$	$-$	0	$+$	$+$	$+$	0	$-$
$\sqrt{x+1}-(2x-1)$	／	$+$	$+$	$+$	$+$	$+$	$+$	0	$-$

2. 第2式 $xy+\dfrac{1}{x}+\dfrac{1}{y}=8$ より $xy+\dfrac{x+y}{xy}=8$．$x+y=12$ を代入し，$xy+\dfrac{12}{xy}=8$．

$z=xy$ とおけば，z の方程式 $z+\dfrac{12}{z}=8$ を得る．分母を払い，移項して，$z^2+12=8z$，$z^2-8z+12=(z-2)(z-6)=0$ より $z=2$，又は，6．$xy=2$ の時，$y=\dfrac{2}{x}$．$x+y=12$ に代入し，分母を払い，移項し，$x+\dfrac{2}{x}=12$，$x^2+2=12x$，$x^2-12x+2=0$．公式より $x=6\pm\sqrt{6^2-2}=6\pm\sqrt{34}$．$y=12-x=6\mp\sqrt{34}$．$xy=6$ の時，$y=\dfrac{6}{x}$．$x+y=12$ なので，$x+\dfrac{6}{x}=12$，$x^2+6=12x$，$x^2-12x+6=0$ より $x=6\pm\sqrt{6^2-6}=6\pm\sqrt{30}$．$y=12-x=6\mp\sqrt{30}$．したがって $\begin{cases}x=6+\sqrt{34}\\ y=6-\sqrt{34}\end{cases}$，$\begin{cases}x=6-\sqrt{34}\\ y=6+\sqrt{34}\end{cases}$，$\begin{cases}x=6+\sqrt{30}\\ y=6-\sqrt{30}\end{cases}$，$\begin{cases}x=6-\sqrt{30}\\ y=6+\sqrt{30}\end{cases}$ の四組が解であるが，$\begin{cases}x=6\pm\sqrt{34}\\ y=6\mp\sqrt{34}\end{cases}$，$\begin{cases}x=6\pm\sqrt{30}\\ y=6\mp\sqrt{30}\end{cases}$ （複号同順）と略記してもよい．

3.

$$x=\frac{\begin{vmatrix} 0 & -1 & 2 \\ -1 & 3 & -3 \\ 3 & 1 & 3 \end{vmatrix}}{\begin{vmatrix} 3 & -1 & 2 \\ 2 & 3 & -3 \\ 3 & 1 & 3 \end{vmatrix}},\quad y=\frac{\begin{vmatrix} 3 & 0 & 2 \\ 2 & -1 & -3 \\ 3 & 3 & 3 \end{vmatrix}}{\begin{vmatrix} 3 & -1 & 2 \\ 2 & 3 & -3 \\ 3 & 1 & 3 \end{vmatrix}},\quad z=\frac{\begin{vmatrix} 3 & -1 & 0 \\ 2 & 3 & -1 \\ 3 & 1 & 3 \end{vmatrix}}{\begin{vmatrix} 3 & -1 & 2 \\ 2 & 3 & -3 \\ 3 & 1 & 3 \end{vmatrix}}$$

の行列式を求めよう．分母の行列式は，第2列に1が多いことに注意し，2行$+3\times$1行，3行$+$1行を実行し

$$\begin{vmatrix} 3 & -1 & 2 \\ 2 & 3 & -3 \\ 3 & 1 & 3 \end{vmatrix} = \begin{vmatrix} 3 & -1 & 2 \\ 11 & 0 & 3 \\ 6 & 0 & 5 \end{vmatrix} = (-1)^{1+2}\times(-1)\times\begin{vmatrix} 11 & 3 \\ 6 & 5 \end{vmatrix} = 55-18=37.$$

x の分子の行列式は，xの係数 3, 2, 3 を右辺 0, -1, 3 で置き換えたものであり，3列$+2\times$2列を実行し

$$\begin{vmatrix} 0 & -1 & 2 \\ -1 & 3 & -3 \\ 3 & 1 & 3 \end{vmatrix} = \begin{vmatrix} 0 & -1 & 0 \\ -1 & 3 & 3 \\ 3 & 1 & 5 \end{vmatrix} = (-1)^{1+2}\times(-1)\times\begin{vmatrix} -1 & 3 \\ 3 & 5 \end{vmatrix} = -5-9=-14$$

を得る．したがって $x=\dfrac{-14}{37}$ であるが，割り切れぬので，割り切れぬ思いを残しながら，更に慎重に計算を続行す

る．y の分子の行列式は，y の係数 $-1, 3, 1$ の所に右辺 $0, -1, 3$ を入れたもので，先ず，第3行で共通な3を行列式の外に出して，因数分解した後に3行+2行を実行し

$$\begin{vmatrix} 3 & 0 & 2 \\ 2 & -1 & -3 \\ 3 & 3 & 3 \end{vmatrix} = 3\times\begin{vmatrix} 3 & 0 & 2 \\ 2 & -1 & -3 \\ 1 & 1 & 1 \end{vmatrix} = 3\times\begin{vmatrix} 3 & 0 & 2 \\ 2 & -1 & -3 \\ 3 & 0 & -2 \end{vmatrix} = 3\times(-2)^{2+2}\times(-1)\times\begin{vmatrix} 3 & 2 \\ 3 & -2 \end{vmatrix} = -3\times(-6-6) = 36.$$

したがって $y=\dfrac{36}{37}$．z の分子の行列式は z の係数 $2, -3, 3$ の所に，右辺 $0, -1, 3$ をブチ込んだもので，1列+3×2列を実行し，

$$\begin{vmatrix} 3 & -1 & 0 \\ 2 & 3 & -1 \\ 3 & 1 & 3 \end{vmatrix} = \begin{vmatrix} 0 & -1 & 0 \\ 11 & 3 & -1 \\ 6 & 0 & 3 \end{vmatrix} = (-1)^{1+2}\times(-1)\times\begin{vmatrix} 11 & -1 \\ 6 & 3 \end{vmatrix} = (33+6) = 39$$

なので，$z=\dfrac{39}{37}$ を得る．この様な分数の答には確信が持てぬので，検算すると $3x-y+2z=\dfrac{-3\times14-36+2\times39}{37}$ $=\dfrac{-42-36+78}{37}=0$，$2x+3y-3z=\dfrac{-2\times14+3\times36-3\times39}{37}=\dfrac{-28+108-117}{37}=\dfrac{-37}{37}=-1$，
$3x+y+3z=\dfrac{-3\times14+36+3\times39}{37}=\dfrac{-52+36+117}{37}=\dfrac{101}{37}=3$ が成立し，正解である．

しつこくなるが，消去法によって計算して見よう．

$3x-y+2z=0$ (1)

$2x+3y-3z=-1$ (2)

$3x+y+3z=3$ (3)

(2)+3×(1)，(3)+(1) より

$11x+3z=-1$ (4)

$6x+5z=3$ (5)

5×(4)−3×(5) より，$37x=-14$ より $x=\dfrac{-14}{37}$．(5) より $z=\dfrac{3-6x}{5}=\dfrac{3+6\times\frac{14}{37}}{5}=\dfrac{39}{37}$．(1) より
$y=3x+2z=\dfrac{-3\times14+2\times39}{37}=\dfrac{36}{37}$．これらの結果は当然のことながら，クラメルの解法と一致する．

4. ずばり，2行−1行，3行−1行を実行し，2次の行列式に持ち込み

$$\begin{vmatrix} a & a & a \\ a & b & b \\ a & b & c \end{vmatrix} = \begin{vmatrix} a & a & a \\ 0 & b-a & b-a \\ 0 & b-a & c-a \end{vmatrix} = (-1)^{1+1}a\begin{vmatrix} b-a & b-a \\ b-a & c-a \end{vmatrix} = a((b-a)(c-a)-(b-a)(b-a))$$

$=a(b-a)(c-a-b+a)=a(b-a)(c-b)=a(a-b)(b-c)$

を得るが，先ず，第1列の a を外へ出し，次に2行−1行，3行−1行を実行し，第2行の $b-a$ を外へ出し

$$\begin{vmatrix} a & a & a \\ a & b & b \\ a & b & c \end{vmatrix} = a\begin{vmatrix} 1 & a & a \\ 1 & b & b \\ 1 & b & c \end{vmatrix} = a\begin{vmatrix} 1 & a & a \\ 0 & b-a & b-a \\ 0 & b-a & c-a \end{vmatrix} = a(b-a)\begin{vmatrix} 1 & a & a \\ 0 & 1 & 1 \\ 0 & b-a & c-a \end{vmatrix} = a(b-a)\begin{vmatrix} 1 & 1 \\ b-a & c-a \end{vmatrix}$$

$=a(b-a)((c-a)-(b-a))=a(b-a)(c-b)$

としてもよい．逆に，このことにより，行列式の因数分解の理を悟られたい．

5. 2行−1行，3行−1行を実行し，2行より $a-b$，3行より $c-a$ を外に出し，2次の行列式にして

$$\begin{vmatrix} 1 & a & b+c \\ 1 & b & c+a \\ 1 & c & a+b \end{vmatrix} = \begin{vmatrix} 1 & a & b+c \\ 0 & b-a & a-b \\ 0 & c-a & a-c \end{vmatrix} = (a-b)(c-a)\begin{vmatrix} 1 & a & b+c \\ 0 & -1 & 1 \\ 0 & 1 & -1 \end{vmatrix} = (a-b)(c-a)\begin{vmatrix} -1 & 1 \\ 1 & -1 \end{vmatrix}$$

$=(a-b)(c-a)((-1)(-1)-1)=0.$

6. 各行から1行を引き，共通の因数は外に出し，次数を下げて行き

$$\begin{vmatrix} 1 & a & a^2 & a^3 \\ 1 & b & b^2 & b^3 \\ 1 & c & c^2 & c^3 \\ 1 & d & d^2 & d^3 \end{vmatrix} = \begin{vmatrix} 1 & a & a^2 & a^3 \\ 0 & b-a & b^2-a^2 & b^3-a^3 \\ 0 & c-a & c^2-a^2 & c^3-a^3 \\ 0 & d-a & d^2-a^2 & d^3-a^3 \end{vmatrix} = (b-a)(c-a)(d-a)\begin{vmatrix} 1 & a & a^2 & a^3 \\ 0 & 1 & b+a & b^2+ba+a^2 \\ 0 & 1 & c+a & c^2+ca+a^2 \\ 0 & 1 & d+a & d^2+da+a^2 \end{vmatrix}$$

$$=(b-a)(c-a)(d-a)\begin{vmatrix}1 & b+a & b^2+ba+a^2\\ 1 & c+a & c^2+ca+a^2\\ 1 & d+a & d^2+da+a^2\end{vmatrix}=(b-a)(c-a)(d-a)\begin{vmatrix}1 & b+a & b^2+ba+a^2\\ 0 & c-b & c^2-b^2+ca-ba\\ 0 & d-b & d^2-b^2+da-ba\end{vmatrix}$$

$$=(b-a)(c-a)(d-a)\begin{vmatrix}c-b & c^2-b^2+ca-ba\\ d-b & d^2-b^2+da-ba\end{vmatrix}=(b-a)(c-a)(d-a)\begin{vmatrix}c-b & (c-b)(c+b+a)\\ d-b & (d-b)(d+b+a)\end{vmatrix}$$

$$=(b-a)(c-a)(d-a)(c-b)(d-b)\begin{vmatrix}1 & c+b+a\\ 1 & d+b+a\end{vmatrix}=(b-a)(c-a)(d-a)(c-b)(d-b)(d+b+a-c-b-a)$$

$$=(b-a)(c-a)(d-a)(c-b)(d-b)(d-c)=(a-b)(a-c)(a-d)(b-c)(b-d)(c-d)$$

なる差積を導くテクニクを身につけられよ．

7. 式の数4が未知数の数3を上まわるので，何らかの条件がないと，一般には解がない．その条件が $9a-10b=0$ であることを導け，との主旨である．中学，高校以来の消去法により，連立方程式

$x+2z=a$　　(1)

$3y+z=0$　　(2)

$x-5y=b$　　(3)

$x+y-z=0$　　(4)

において，(1)+2×(4)，(2)+(4)，(3) はそのままにすると

$3x+2y=a$　　(5)

$x+4y=0$　　(6)

$x-5y=b$　　(7)

を得るが，(1), (2), (3), (4) の4式の連立と，(5), (6), (7), (4) の4式の連立とが同値である．(5)−3×(7)，(6)−(7) より

$17y=a-3b$　　(8)

$9y=-b$　　(9)

を得る．(8), (9), (7), (4) の4式の連立が，元の連立方程式 (1), (2), (3), (4) と同値である．したがって，この連立方程式が解を持つための必要十分条件は，連立方程式 (8), (9) が解を持つことであり，その解 y を (7) に代入し x を，x, y を (4) に代入し，zを得る段取りである．(8) より $y=\dfrac{a-3b}{17}$，(9) より $y=-\dfrac{b}{9}$．これらが等しいことが連立方程式 (8), (9)，したがって連立方程式 (1), (2), (3), (4) が解を持つための必要十分条件である．この条件は $\dfrac{a-3b}{17}=-\dfrac{b}{9}$ より $9a=27b-17b$，すなわち，$9a=10b$ である．

3章　関　　数

A　基礎をかためる問題

合成写像 $f\circ g$ の定義は，矛盾する $(f\circ g)(x)=f(g(x))$ と $(f\circ g)=g(f(x))$ の二通りがあり，国情により異なるが，本書では文部省の指導要領に従った．文部省に盲従する必要はないので，E−1 の石川県も誤りではなく，受験生は問題文を見て情況をよく把握することが肝要である．

1　x に対する f の値 $f(x)=x+2$ を $g(x)=2x-1$ の x の所に入れると，合成関数 $g\circ f$ の x に対する値 $g\circ f(x)=g(x+2)=2(x+2)-1=2x+3$ が得られ，これを更に x に対する h の値 $h(x)=-3x^2$ の x の所に入れると，合成関数 $h\circ(g\circ f)$ の x に対する値 $(h\circ(g\circ f))(x)=h((g\circ f)(x))=-3(2x+3)^2=-3(4x^2+12x+9)=-12x^2-36x-27$ が得られ，$(h\circ(g\circ f))(x)=-12x^2-36x-27$.

2　$y=f(x)$ において，x と y の役割を入れかえて，$x=f(y)=2y+1$ を y について解いた $y=\dfrac{x-1}{2}$ が f の逆関数 $f^{-1}(x)=\dfrac{x-1}{2}$ なのである．$f(h(x))=g(x)$ を求めるべき $h(x)$ について解くと，逆関数 f^{-1} の定義より，$h(x)=f^{-1}(g(x))$．そこで，g と f^{-1} のデータを次々と代入すればよい．$h(x)=f^{-1}(4x-2)=\dfrac{(4x-2)-1}{2}=2x-\dfrac{3}{2}$.

$y=g(x)$ において，x と y の役割を入れかえた，$x=g(y)=4y-2$ を y について解いた $y=\dfrac{x+2}{4}$ が g の逆関数

$g^{-1}(x)=\dfrac{x+2}{4}$ である．$k(g(x))=f(x)$ の x を y と書いてもよいので，$k(g(y))=f(y)$．このyに対して，$x=g(y)$ とおくことと，x に対して $y=g^{-1}(x)$ を考えることとは同じであり，$k(x)=f(g^{-1}(x))$ を得る．ここに g^{-1} と f のデータを代入し，$k(x)=f(g^{-1}(x))=f\left(\dfrac{x+2}{4}\right)=2\left(\dfrac{x+2}{4}\right)+1=\dfrac{x}{2}+2$.

3 前問の係数が文字となった感じであるが，$(g^{-1}\circ g)(x)=(g\circ g^{-1})(x)=x$ なので，$g\circ h=f$ の左から g^{-1} を掛けて，$g^{-1}\circ(g\circ h)=g^{-1}\circ f$ より，$h=(g^{-1}\circ g)\circ h=g^{-1}\circ(g\circ h)=g^{-1}\circ f$．$k\circ f=g$ の右から f^{-1} を掛けて，$(k\circ f)\circ f^{-1}=g\circ f^{-1}$ より，$k=k\circ(f\circ f^{-1})=(k\circ f)\circ f^{-1}=g\circ f^{-1}$．$x=f(y)=ay+b$ を y について解いて，$f^{-1}(x)=y=\dfrac{x-b}{a}$．$x=g(y)=py+q$ を y について解いて，$g^{-1}(x)=y=\dfrac{x-q}{p}$．これらを用いて合成関数を作り，$h(x)=g^{-1}(f(x))=g^{-1}(ax+b)=\dfrac{(ax+b)-q}{p}=\dfrac{ax+b-q}{p}$，$k(x)=g(f^{-1}(x))=g\left(\dfrac{x-b}{a}\right)=q\left(\dfrac{x-b}{a}\right)+q=\dfrac{qx-qb+aq}{a}$．$py+q=ax+b$ を y について解き，$y=\dfrac{ax+b-q}{p}$ を導いてもよい．

4 $f:x\to 2x+1$，$g:x\to\log_2(x+1)$ とは，$f(x)=2x+1$，$g(x)=\log_2(x+1)$ のことである．先ず，$f(x)=2x+1$ の x に3を代入して，$f(3)=2\times3+1=7$，更に $g(x)=\log_2(x+1)$ の x に $f(3)=7$ を代入して，$(g\circ f)(3)=g(f(3))=g(7)=\log_2(7+1)=\log_2 8$．所で，$y=\log_2 8$ は $8=2^y$ と同値であり，$2^y=8=2^3$ より，$y=3$，すなわち，$(g\circ f)(3)=3$.

次に，$f\circ g^{-1}(b)=3$ の左から f^{-1} を掛けて，$g^{-1}(b)=(f^{-1}\circ f)\circ g^{-1}(b)=f^{-1}\circ(f\circ g^{-1}(b))=f^{-1}(3)$．更に，$g^{-1}(b)=f^{-1}(3)$ の左から g を掛けて，$b=g\circ g^{-1}(b)=g(g^{-1}(b))=g\circ f^{-1}(3)$．$x=f(y)=2y+1$ を y について解いて，$f^{-1}(x)=y=\dfrac{x-1}{2}$．$x=3$ を代入して，$f^{-1}(3)=\dfrac{3-1}{2}=1$．よって，$b=g\circ f^{-1}(3)=g(f^{-1}(3))=g(1)=\log_2(1+1)=\log_2 2$．$b=\log_2 2$ とは，$2=2^b$ のことであり，$b=1$.

5 最初に準備が必要であり，一般的な公式を準備しておく．正数 a,b,c を考える．$x=\log_b a$ とは，$a=b^x$ のことである．$a^c=(b^x)^c=b^{cx}$ より $cx=\log_b a^c$，すなわち右の公式を得る．次に，$x=\log_b a$ より，$a=b^x$．両辺の c を底数とする対数を取ると，上の公式より $\log_c a=\log_c b^x=x\log_c b$．ゆえに $x=\dfrac{\log_a c}{\log_c b}$，すなわち，右の公式を得る．

> **SCHEMA**
> $\log_b a^c=c\log_b a$

> **SCHEMA**
> $\log_b a=\dfrac{\log_c a}{\log_c b}$

そこで本問の解答に入る．$a,b,1$ の何れよりも大きな，正数 c を取ると，$\log_c a>0$，$\log_c b>0$，$\log_c a\log_c b>0$ となり紛れが少ない．さて，公式より $\log_a b=\dfrac{\log_c b}{\log_c a}$，$\log_b a^3=\dfrac{\log_c a^3}{\log_c b}=\dfrac{3\log_c a}{\log_c b}$ なので，これらを $\log_a b>\log_b a^3-2$ に代入し，移項して，

$$\frac{\log_c b}{\log_c a}-\frac{3\log_c a}{\log_c b}+2=\frac{(\log_c b)^2+2(\log_c a)(\log_c b)-3(\log_c a)^2}{(\log_c a)(\log_c b)}=\frac{(\log_c b+3\log_c a)(\log_c b-\log_c a)}{(\log_c a)(\log_c b)}>0$$

であるが，分母は正なので $\log_c b-\log_c a>0$．$c>1$ なので，$\log_c b>\log_c a$ は $b>a$ と同値であり，$a<b<5a$ なる解答を得る．

6 若干の準備をし，一般的な公式を述べる：正数 a,b,c に対し，$x=\log_c a$，$y=\log_c b$ とおくと，対数の定義より $a=c^x$，$b=c^y$．ゆえに，$ab=c^xc^y=c^{x+y}$．再び，対数の定義より，$x+y=\log_c ab$，すなわち右の公式を得る．

> **SCHEMA**
> $\log_c a+\log_c b=\log_c ab$

さて，本問では，$\log_{10}x+\log_{10}y=2$ なので，$\log_{10}xy=2$．対数の定義より，$xy=10^2=100$，$y=\dfrac{100}{x}$．したがって，$\dfrac{1}{x}+\dfrac{1}{y}=\dfrac{x}{100}+\dfrac{1}{x}$．$f(x)=\dfrac{x}{100}+\dfrac{1}{x}$ の $x>0$ なる範囲での最小値を求める問題に帰着される．最も合理的な解法は微分法であるが，ここでは微分法によらぬ解法を与える．$a=\dfrac{x}{100}+\dfrac{1}{x}$ とおくと，$x^2-100ax+100=0$．したがって $x^2-2\times50ax+(50a)^2+100-(50a)^2=0$ より，$(x-50a)^2+100-(50a)^2=0$，$(50a)^2-100=(x-50a)^2\geqq0$ なので，$(50a-10)(50a+10)=(50a)^2-100\geqq0$ であり，$50a+10>0$ に注意すると $50a\geqq10$，したがって，$a\geqq\dfrac{10}{50}=\dfrac{1}{5}$．よって，$f(x)\geqq\dfrac{1}{5}(x>0)$ を得る．$a=\dfrac{1}{5}$ を実現するのは，$(50a)^2-100=(x-50a)^2$ より $x=50a=10$ の時である．実際 $f(10)=\dfrac{10}{100}+\dfrac{1}{10}=\dfrac{1}{10}+\dfrac{1}{10}=\dfrac{1}{5}$ で値 $\dfrac{1}{5}$ は $x=10$，$y=\dfrac{100}{x}=10$ の時に実現される．ゆえに，

$x=y=10$ の時最小値 $\dfrac{1}{5}$ を取る．この種の解答では論旨が明解でないと，答だけ出しても，点は半分以下である．

[7] a を定数，x を変数とすると，$(x+a)-(x^2-2)=-x^2+x+a+2=-\left(x^2-x+\dfrac{1}{4}\right)+a+\dfrac{9}{4}=-\left(x-\dfrac{1}{2}\right)^2+a+\dfrac{9}{4}$ なので，$x=\dfrac{1}{2}$ の時，最大値 $a+\dfrac{9}{4}$ を取る．したがって，最大値の絶対値 $=\left|a+\dfrac{9}{4}\right|$ は a を変数と考えると，$a=-\dfrac{9}{4}$ の時，最小値 0 を取る．

[8] 関数 f_i と f_j の合成 $f_i\circ f_j$ を $(f_i\circ f_j)(x)=f_i(f_j(x))$ によって定義し，この合成を f_i と f_j の積と考え，掛け算の，いわば，九九の表を作れという，御命令である．$f_1(x)=x$ なので，f_1 と合成しても不変であり，$f_1\circ f_2=f_2\circ f_1=f_2$ 等を得る．$f_2(f_2(x))=f_2\left(\dfrac{1}{x}\right)=x=f_1(x)$，$f_2(f_3(x))=f_2(1-x)=\dfrac{1}{1-x}=f_4(x)$，$f_2(f_4(x))=f_2\left(\dfrac{1}{1-x}\right)=1-x=f_3(x)$，$f_2(f_5(x))=f_2\left(\dfrac{x}{x-1}\right)=\dfrac{x-1}{x}=f_6(x)$，$f_2(f_6(x))=f_2\left(\dfrac{x-1}{x}\right)=\dfrac{x}{x-1}=f_5(x)$，$f_3(f_2(x))=f_3\left(\dfrac{1}{x}\right)=1-\dfrac{1}{x}=\dfrac{x-1}{x}=f_6(x)$，$f_3(f_3(x))=f_3(1-x)=1-(1-x)=x=f_1(x)$，$f_3(f_4(x))=f_3\left(\dfrac{1}{1-x}\right)=1-\dfrac{1}{1-x}=\dfrac{x}{x-1}=f_5(x)$，$f_3(f_5(x))=f_3\left(\dfrac{x}{x-1}\right)=1-\dfrac{x}{x-1}=\dfrac{1}{1-x}=f_4(x)$，$f_3(f_6(x))=f_3\left(\dfrac{x-1}{x}\right)=1-\dfrac{x-1}{x}=\dfrac{1}{x}=f_2(x)$，$f_4(f_2(x))=f_4\left(\dfrac{1}{x}\right)=\dfrac{1}{1-\dfrac{1}{x}}=\dfrac{x}{x-1}=f_5(x)$，$f_4(f_3(x))=f_4(1-x)=\dfrac{1}{1-(1-x)}=\dfrac{1}{x}=f_2(x)$，$f_4(f_4(x))=f_4\left(\dfrac{1}{1-x}\right)=\dfrac{1}{1-\dfrac{1}{1-x}}=\dfrac{x-1}{x}=f_6(x)$，$f_4(f_5(x))=f_4\left(\dfrac{x}{x-1}\right)=\dfrac{1}{1-\dfrac{x}{x-1}}=1-x=f_3(x)$，

$f_4(f_6(x))=f_4\left(\dfrac{x-1}{x}\right)=\dfrac{1}{1-\dfrac{x-1}{x}}=x=f_1(x)$，$f_5(f_2(x)=f_5\left(\dfrac{1}{x}\right)=\dfrac{\dfrac{1}{x}}{\dfrac{1}{x}-1}=\dfrac{1}{1-x}=f_4(x)$，$f_5(f_3(x))=f_5(1-x)=\dfrac{1-x}{(1-x)-1}=\dfrac{x-1}{x}=f_6(x)$，$f_5(f_4(x))=f_5\left(\dfrac{1}{1-x}\right)=\dfrac{\dfrac{1}{1-x}}{\dfrac{1}{1-x}-1}=\dfrac{1}{x}=f_2(x)$，$f_5(f_5(x))=f_5\left(\dfrac{x}{x-1}\right)=\dfrac{\dfrac{x}{x-1}}{\dfrac{x}{x-1}-1}=x=f_1(x)$，$f_5(f_6(x))=f_5\left(\dfrac{x-1}{x}\right)=\dfrac{\dfrac{x-1}{x}}{\dfrac{x-1}{x}-1}=1-x=f_3(x)$，$f_6(f_2(x))=f_6\left(\dfrac{1}{x}\right)=\dfrac{\dfrac{1}{x}-1}{\dfrac{1}{x}}=1-x=f_3(x)$，

$f_6(f_3(x))=f_6(1-x)=\dfrac{(1-x)-1}{1-x}=\dfrac{x}{x-1}=f_5(x)$，$f_6(f_4(x))=f_6\left(\dfrac{1}{1-x}\right)=\dfrac{\dfrac{1}{1-x}-1}{\dfrac{1}{1-x}}=x=f_1(x)$，$f_6(f_5(x))=f_6\left(\dfrac{x}{x-1}\right)=\dfrac{\dfrac{x}{x-1}-1}{\dfrac{x}{x-1}}=\dfrac{1}{x}=f_2(x)$，$f_6(f_6(x))=f_6\left(\dfrac{x-1}{x}\right)=\dfrac{\dfrac{x-1}{x}-1}{\dfrac{x-1}{x}}=\dfrac{1}{1-x}=f_4(x)$．以上の結果を表示すると右下の表を得る．一般に，写像の合成は結合の法則 $(f\circ g)\circ h=f\circ(g\circ h)$ を満すから，G は半群をなし，f_1 は単位元となっている．更に右の表の特徴は各行，各列に過不足なく，$f_1, f_2, f_3, f_4, f_5, f_6$ が一回づつ現れていることである．したがって $f_i\circ f_j=f_k$ の二つを任意に与えると，他は一通りに定まる．特に $f_k=f_1$ とすると逆元が一通りに定まり，G は群をなす．しかし $f_2\circ f_3=f_4\neq f_6=f_3\circ f_2$ なので，G は可換ではない．ところで，筆者に疑問あり，出題を予期せずして，果して，制限時間内に答案を完結するか？

$\circ$	f_1	f_2	f_3	f_4	f_5	f_6
f_1	f_1	f_2	f_3	f_4	f_5	f_6
f_2	f_2	f_1	f_4	f_3	f_6	f_5
f_3	f_3	f_6	f_1	f_5	f_4	f_2
f_4	f_4	f_5	f_2	f_6	f_3	f_1
f_5	f_5	f_4	f_6	f_2	f_1	f_3
f_6	f_6	f_3	f_5	f_1	f_2	f_4

[B] 基礎を活用する演習

1. $x>1$ のとき，$y=(x-1)^2>0$．x と y とを入れ換えて，逆関数の定義域は $x>0$ で，値域は $y>1$．更に，$y=(x-1)^2$ の x と y とを入れ換えて，$x=(y-1)^2$．$y>1$ なので，$y-1=\sqrt{x}$，すなわち，$y=\sqrt{x}+1$．逆関数は $y=\sqrt{x}+1$ で，定義域は $x>0$．

2. 定義より $8*x=(8\times8)+(x+x)=2x+64$ なので，$8*x=100$ より，$2x+64=100$，$2x=36$，$x=18$．更に，$2*1$

$=(2\times 2)+(1+1)=4+2=6$，$(2*1)*3=6*3=(6\times 6)+(3+3)=36+6=42$．この種の出題は教職試験のモードである．

3． 数1, 2, 3の並べ方 (i_1, i_2, i_3) を**順列**と呼ぶ．この順列には，1, 2, 3における値が，夫々，i_1, i_2, i_3 である写像 σ が対応する．σ により，$1\to i_1$，$2\to i_2$，$3\to i_3$ なる変換が行なわれるので，この σ を $\sigma=\begin{pmatrix}1&2&3\\i_1&i_2&i_3\end{pmatrix}$ と記すと，後々のためになる．さて，1, 2, 3の順列は (1, 2, 3)，(1, 3, 2)，(2, 1, 3)，(2, 3, 1)，(3, 1, 2)，(3, 2, 1) の6個で全てが記されている．$\sigma_1=\begin{pmatrix}1&2&3\\1&2&3\end{pmatrix}$，$\sigma_2=\begin{pmatrix}1&2&3\\1&3&2\end{pmatrix}$，$\sigma_3=\begin{pmatrix}1&2&3\\2&1&3\end{pmatrix}$，$\sigma_4=\begin{pmatrix}1&2&3\\2&3&1\end{pmatrix}$，$\sigma_5=\begin{pmatrix}1&2&3\\3&1&2\end{pmatrix}$，$\sigma_6=\begin{pmatrix}1&2&3\\3&2&1\end{pmatrix}$ と書くと，$S_3=\{\sigma_1, \sigma_2, \sigma_3, \sigma_4, \sigma_5, \sigma_6\}$．さて，$\sigma_2\circ\sigma_2=\begin{pmatrix}1&2&3\\1&3&2\end{pmatrix}\circ\begin{pmatrix}1&2&3\\1&3&2\end{pmatrix}=\begin{pmatrix}1&2&3\\1&2&3\end{pmatrix}=\sigma_1$ なる計算を説明すると，σ_2 により $1\to 1$，$2\to 3$，$3\to 2$ に写す，更に σ_2 により $1\to 1\to 1$，$2\to 3\to 2$，$3\to 2\to 3$ を表す．次に，$\sigma_2\circ\sigma_3=\begin{pmatrix}1&2&3\\1&3&2\end{pmatrix}\circ\begin{pmatrix}1&2&3\\2&1&3\end{pmatrix}=\begin{pmatrix}1&2&3\\3&1&2\end{pmatrix}=\sigma_5$ なる計算は $1\to 2\to 3$，$2\to 1\to 1$，$3\to 3\to 2$ を表す．以下，$\sigma_2\circ\sigma_4=\begin{pmatrix}1&2&3\\1&3&2\end{pmatrix}\circ\begin{pmatrix}1&2&3\\2&3&1\end{pmatrix}=\begin{pmatrix}1&2&3\\3&2&1\end{pmatrix}=\sigma_6$，$\sigma_2\circ\sigma_5=\begin{pmatrix}1&2&3\\1&3&2\end{pmatrix}\circ\begin{pmatrix}1&2&3\\3&1&2\end{pmatrix}=\begin{pmatrix}1&2&3\\2&1&3\end{pmatrix}=\sigma_3$，$\sigma_2\circ\sigma_6=\begin{pmatrix}1&2&3\\1&3&2\end{pmatrix}\circ\begin{pmatrix}1&2&3\\3&2&1\end{pmatrix}=\begin{pmatrix}1&2&3\\2&3&1\end{pmatrix}=\sigma_4$，$\sigma_3\circ\sigma_2=\begin{pmatrix}1&2&3\\2&1&3\end{pmatrix}\circ\begin{pmatrix}1&2&3\\1&3&2\end{pmatrix}=\begin{pmatrix}1&2&3\\2&3&1\end{pmatrix}=\sigma_4$，$\sigma_3\circ\sigma_3=\begin{pmatrix}1&2&3\\2&1&3\end{pmatrix}\circ\begin{pmatrix}1&2&3\\2&1&3\end{pmatrix}=\begin{pmatrix}1&2&3\\1&2&3\end{pmatrix}=\sigma_1$，$\sigma_3\circ\sigma_4=\begin{pmatrix}1&2&3\\2&1&3\end{pmatrix}\circ\begin{pmatrix}1&2&3\\2&3&1\end{pmatrix}=\begin{pmatrix}1&2&3\\1&3&2\end{pmatrix}=\sigma_2$，$\sigma_3\circ\sigma_5=\begin{pmatrix}1&2&3\\2&1&3\end{pmatrix}\circ\begin{pmatrix}1&2&3\\3&1&2\end{pmatrix}=\begin{pmatrix}1&2&3\\3&2&1\end{pmatrix}=\sigma_6$，$\sigma_3\circ\sigma_6=\begin{pmatrix}1&2&3\\2&1&3\end{pmatrix}\circ\begin{pmatrix}1&2&3\\3&2&1\end{pmatrix}=\begin{pmatrix}1&2&3\\3&1&2\end{pmatrix}=\sigma_5$，$\sigma_4\circ\sigma_2=\begin{pmatrix}1&2&3\\2&3&1\end{pmatrix}\circ\begin{pmatrix}1&2&3\\1&3&2\end{pmatrix}=\begin{pmatrix}1&2&3\\2&1&3\end{pmatrix}=\sigma_3$，$\sigma_4\circ\sigma_3=\begin{pmatrix}1&2&3\\2&3&1\end{pmatrix}\circ\begin{pmatrix}1&2&3\\2&1&3\end{pmatrix}=\begin{pmatrix}1&2&3\\3&2&1\end{pmatrix}=\sigma_6$，$\sigma_4\circ\sigma_4=\begin{pmatrix}1&2&3\\2&3&1\end{pmatrix}\circ\begin{pmatrix}1&2&3\\2&3&1\end{pmatrix}=\begin{pmatrix}1&2&3\\3&1&2\end{pmatrix}=\sigma_5$，$\sigma_4\circ\sigma_5=\begin{pmatrix}1&2&3\\2&3&1\end{pmatrix}\circ\begin{pmatrix}1&2&3\\3&1&2\end{pmatrix}=\begin{pmatrix}1&2&3\\1&2&3\end{pmatrix}=\sigma_1$，$\sigma_4\circ\sigma_6=\begin{pmatrix}1&2&3\\2&3&1\end{pmatrix}\circ\begin{pmatrix}1&2&3\\3&2&1\end{pmatrix}=\begin{pmatrix}1&2&3\\1&3&2\end{pmatrix}=\sigma_2$，$\sigma_5\circ\sigma_2=\begin{pmatrix}1&2&3\\3&1&2\end{pmatrix}\circ\begin{pmatrix}1&2&3\\1&3&2\end{pmatrix}=\begin{pmatrix}1&2&3\\3&2&1\end{pmatrix}=\sigma_6$，$\sigma_5\circ\sigma_3=\begin{pmatrix}1&2&3\\3&1&2\end{pmatrix}\circ\begin{pmatrix}1&2&3\\2&1&3\end{pmatrix}=\begin{pmatrix}1&2&3\\1&3&2\end{pmatrix}=\sigma_2$，$\sigma_5\circ\sigma_4=\begin{pmatrix}1&2&3\\3&1&2\end{pmatrix}\circ\begin{pmatrix}1&2&3\\2&3&1\end{pmatrix}=\begin{pmatrix}1&2&3\\1&2&3\end{pmatrix}=\sigma_1$，$\sigma_5\circ\sigma_5=\begin{pmatrix}1&2&3\\3&1&2\end{pmatrix}\circ\begin{pmatrix}1&2&3\\3&1&2\end{pmatrix}=\begin{pmatrix}1&2&3\\2&3&1\end{pmatrix}=\sigma_4$，$\sigma_5\circ\sigma_6=\begin{pmatrix}1&2&3\\3&1&2\end{pmatrix}\circ\begin{pmatrix}1&2&3\\3&2&1\end{pmatrix}=\begin{pmatrix}1&2&3\\2&1&3\end{pmatrix}=\sigma_3$，$\sigma_6\circ\sigma_2=\begin{pmatrix}1&2&3\\3&2&1\end{pmatrix}\circ\begin{pmatrix}1&2&3\\1&3&2\end{pmatrix}=\begin{pmatrix}1&2&3\\3&1&2\end{pmatrix}=\sigma_5$，$\sigma_6\circ\sigma_3=\begin{pmatrix}1&2&3\\3&2&1\end{pmatrix}\circ\begin{pmatrix}1&2&3\\2&1&3\end{pmatrix}=\begin{pmatrix}1&2&3\\2&3&1\end{pmatrix}=\sigma_4$，$\sigma_6\circ\sigma_4=\begin{pmatrix}1&2&3\\3&2&1\end{pmatrix}\circ\begin{pmatrix}1&2&3\\2&3&1\end{pmatrix}=\begin{pmatrix}1&2&3\\2&1&3\end{pmatrix}=\sigma_3$，$\sigma_6\circ\sigma_5=\begin{pmatrix}1&2&3\\3&2&1\end{pmatrix}\circ\begin{pmatrix}1&2&3\\3&1&2\end{pmatrix}=\begin{pmatrix}1&2&3\\1&3&2\end{pmatrix}=\sigma_2$，$\sigma_6\circ\sigma_6=\begin{pmatrix}1&2&3\\3&2&1\end{pmatrix}\circ\begin{pmatrix}1&2&3\\3&2&1\end{pmatrix}=\begin{pmatrix}1&2&3\\1&2&3\end{pmatrix}=\sigma_1$．以上の計算に基き，合成による掛け算の表を作ると**乗積表**と呼ばれる右の表を得る．この表で自分自身との積が σ_1 でないのは $\sigma_4{}^2=\sigma_5$，$\sigma_5{}^2=\sigma_4$ であり A-8 の表では $f_4{}^2=f_6$，$f_6{}^2=f_4$ であるので，σ_4, σ_5 が f_4, f_6 に当ることが分る．この様な考えの下で，番号の入れ換えを繰り返すと，試行錯誤の後に，$\tau_1=\sigma_1$，$\tau_2=\sigma_6$，$\tau_3=\sigma_2$，$\tau_4=\sigma_5$，$\tau_5=\sigma_3$，$\tau_6=\sigma_4$ と書き改めると，掛け算の表は右下の表となり，A-8 の表の f_i を τ_i に書き改めると，この表が得られる．したがって，$T(f_i)=\tau_i(i=1, 2, 3, 4, 5, 6)$ によって定義される写像 T は $G=\{f_1, f_2, f_3, f_4, f_5, f_6\}$ から $S_3=\{\tau_1, \tau_2, \tau_3, \tau_4, \tau_5, \tau_6\}$ の上への1対1対応であって，しかも G と S_3 における写像としての合成によって導かれる積の演算を写像 T は保存する．この様な意味で G と S_3 とは群として，**同型**である．この時 T を群 G から S_3 の上への**同型対応**という．

$\circ$	σ_1	σ_2	σ_3	σ_4	σ_5	σ_6
σ_1	σ_1	σ_2	σ_3	σ_4	σ_5	σ_6
σ_2	σ_2	σ_1	σ_5	σ_6	σ_3	σ_4
σ_3	σ_3	σ_4	σ_1	σ_2	σ_6	σ_5
σ_4	σ_4	σ_3	σ_6	σ_5	σ_1	σ_2
σ_5	σ_5	σ_6	σ_2	σ_1	σ_4	σ_3
σ_6	σ_6	σ_5	σ_4	σ_3	σ_2	σ_1

$\circ$	τ_1	τ_2	τ_3	τ_4	τ_5	τ_6
τ_1	τ_1	τ_2	τ_3	τ_4	τ_5	τ_6
τ_2	τ_2	τ_1	τ_4	τ_3	τ_6	τ_5
τ_3	τ_3	τ_6	τ_1	τ_5	τ_4	τ_2
τ_4	τ_4	τ_5	τ_2	τ_6	τ_3	τ_1
τ_5	τ_5	τ_4	τ_6	τ_2	τ_1	τ_3
τ_6	τ_6	τ_3	τ_5	τ_1	τ_2	τ_4

4． $f(x+y)=f(x)+f(y)$ に取り敢えず $x=y=0$ を代入すると，$f(0)=f(0)+f(0)$ なので，$f(0)=0$．次に $y=-x$ を代入すると，$f(0)=f(x)+f(-x)$

であるが，いま $f(0)=0$ を示したので，$f(-x)=-f(x)$，すなわち，関数 f は奇関数である．さて，任意の数 x に対して，m が自然数のとき，$f(mx)=mf(x)$ が成立することを，m に関する数学的帰納法で示そう．$m=1$ の時は，両辺共に $f(x)$ で等しく，成立している．m の時正しいと仮定して $m+1$ の時，$f((m+1)x)=f(mx+x)=f(mx)+f(x)=mf(x)+f(x)=(m+1)f(x)$ を得，$m+1$ に対しても成立するから，帰納法により，一般の m に対しても成立する．次に，このことを利用すると $f(x)=f\left(n\cdot\frac{x}{n}\right)=nf\left(\frac{x}{n}\right)$ なので，$f\left(\frac{x}{n}\right)=\frac{1}{n}f(x)$ を得る．

5．任意の有理数 x，任意の自然数 m,n に対して，前問の結果を適用すると，$f\left(\frac{n}{m}x\right)=f\left(n\frac{x}{m}\right)=nf\left(\frac{x}{m}\right)=n\cdot\frac{1}{m}f(x)=\frac{n}{m}f(x)$，すなわち，$f\left(\frac{n}{m}x\right)=\frac{n}{m}f(x)$．$f\left(-\frac{n}{m}\right)=\frac{n}{m}f(-1)$．しかし，前問で f は奇関数であることを示したので，$f(-1)=-f(1)=-1$．ゆえに $f\left(-\frac{n}{m}\right)=-\frac{n}{m}$．任意の有理数 r は，自然数 m,n を用いて $r=\frac{n}{m}$，または，$r=-\frac{n}{m}$ と書けるので，$f\left(\frac{n}{m}\right)=\frac{n}{m}$，または，$f\left(-\frac{n}{m}\right)=-\frac{n}{m}$ より，$f(r)=r$．つまり f は恒等写像である．なお，条件 $f(ab)=f(a)f(b)$ の方は用いていない．

6．$f(x+y)=f(x)f(y)$ に $x=y=0$ を代入し，$f(0)=f(0)f(0)$，すなわち，$f(0)(f(0)-1)=0$．仮定より $f(0)\neq 0$ なので，$f(0)=1$．$y=-x$ を代入し，$f(0)=f(x)f(-x)$．いま $f(0)=1$ を示したので，$f(-x)=\frac{1}{f(x)}$．更に $f(x-y)=f(x+(-y))=f(x)f(-y)$．$f(-y)=\frac{1}{f(y)}$ はいま示したので，$f(x-y)=\frac{f(x)}{f(y)}$．

任意の正数 a に対して，指数関数 $f(x)=a^x$ を考えると，$f(x+y)=f(x)f(y)$ は右の指数の法則に他ならない．具体例としては，更に具体的な $a=2$ の時の，$f(x)=2^x$ でも挙げるがよい．

指数の法則

$$a^{x+y}=a^xa^y$$

7．$|a|+|b|=1$ より $|b|=1-|a|$．これを $\frac{1}{|a|}+\frac{1}{|b|}=k$ に代入して，$\frac{1}{|b|}+\frac{1}{1-|a|}=k$．通分して，$|a|(1-|a|)k=1$，$k|a|^2-k|a|+1=0$．$k\left(|a|^2-2\cdot\frac{|a|}{2}+\frac{1}{4}\right)+1-\frac{k}{4}=k\left(|a|-\frac{1}{2}\right)^2+1-\frac{k}{4}=0$ より $\frac{k}{4}-1=k\left(|a|-\frac{1}{2}\right)^2$．$k=\frac{1}{|a|}+\frac{1}{|b|}>0$ なので，$\frac{k}{4}-1\geqq 0$．ゆえに，$k\geqq 4$．$\frac{k}{4}-1=k\left(|a|-\frac{1}{2}\right)^2$ に $k=4$ を代入すると，$|a|=\frac{1}{2}$．この時，$|b|=\frac{1}{2}$．したがって，$|a|=|b|=\frac{1}{2}$ の時、k は最小値 4 を取る．$k=\frac{9}{2}$ を $\frac{k}{4}-1=k\left(|a|-\frac{1}{2}\right)^2$ に代入して，$\frac{9}{8}-1=\frac{9}{2}\left(|a|-\frac{1}{2}\right)^2$，$\left(|a|-\frac{1}{2}\right)^2=\frac{1}{36}$，$|a|-\frac{1}{2}=\pm\frac{1}{6}$，$|a|=\frac{1}{2}\pm\frac{1}{6}$，$|a|=\frac{1}{2}+\frac{1}{6}=\frac{2}{3}$ または，$|a|=\frac{1}{2}-\frac{1}{6}=\frac{1}{3}$．$|a|=\frac{2}{3}$ の時，$|b|=\frac{1}{3}$，$|a|=\frac{1}{3}$ の時，$|b|=\frac{2}{3}$．$|a|$ と $|b|$ の符号の取り方は任意なので，$2\times2\times2=8$ 通りある．

8．連続性や一様連続性の議論は 9 章に譲り，先ず不等式についてのみ論じよう．$f(x)=x^2$ なので，$f(a)-f(b)=a^2-b^2=(a-b)(a+b)$，$|f(a)-f(b)|=|a-b||a+b|$．$|a-b|<\delta$ の時，常に $|f(a)-f(b)|<\varepsilon$ が成立するためには，$\delta|a+b|\leqq\varepsilon$ が $a,b\in[-1,2]$，すなわち，$-1\leqq a\leqq 2$，$-1\leqq b\leqq 2$ なる全ての a,b に対して成立することが必要十分である．このような a,b に対して，$|a+b|$ は $a=b=2$ の時，最大値 4 を取るから，$4\delta\leqq\varepsilon$ であることが必要十分である．したがって，任意に与えられた正数 ε に対して，$|a-b|<\delta$，$a,b\in[-1,2]$ であれば，$|f(a)-f(b)|<\varepsilon$ が成立するような δ の内で最大なものは $\delta=\frac{\varepsilon}{4}$ である．われわれの場合は $\varepsilon=\frac{1}{10}$ なので，$\delta=\frac{\varepsilon}{4}=\frac{1}{40}$．$\frac{1}{10}$，$\frac{1}{25}$，$\frac{1}{50}$，$\frac{1}{75}$，$\frac{1}{100}$ の中で，これを越えず，しかも最大なものは $\frac{1}{50}$．

一般に，関数 $f(x)$ が点 $x=a$ で連続であるとは，x を a に近づければ，$f(x)$ が $f(a)$ にどんなにでも近づくことを言う．$f(x)$ が $f(a)$ にどんなにでも近づくと言うことは，どんな正数 ε を取って来ても，$f(x)$ と $f(a)$ の差 $|f(x)-f(a)|$ がこの ε より小さくなり，$|f(x)-f(a)|<\varepsilon$ が成立することである．勿論，何も努力しなくてはこのことは実現しないのであって，それなりに，x を a に近づけなければならぬ．すなわち，正数 δ を取り，x と a との差 $|x-a|$ をこの δ より小さくしなければならぬ．その時，つまり，$|x-a|<\delta$ であれば，$|f(x)-f(a)|<\varepsilon$ が成立する時，$f(x)$ は点 $x=a$ で**連続**であると言う．この正数 δ は始めに任意の指定した δ に依存することは当然だが，一般には a にも関係する．a に無関係に δ が一様に取れる時，f を**一様連続**と言うのである．

4章 微 分

A 基礎をかためる演習

1 (1) $y=x^3+2x^2-3x-4$, $\dfrac{dy}{dx}=3x^2+4x-3$. (2) $y=2x+3\sqrt{x}=2x+3x^{\frac{1}{2}}$, $\dfrac{dy}{dx}=2+3\cdot\dfrac{1}{2}x^{\frac{1}{2}-1}=2+\dfrac{3}{2}x^{-\frac{1}{2}}=2+\dfrac{3}{2\sqrt{x}}$. $\sqrt{x}=x^{\frac{1}{2}}$ として公式 $\dfrac{d}{dx}x^a=ax^{a-1}$ に帰着させるテクニクが重要である. (3) $y=(2x-3)(5x+2)=10x^2-11x-6$, $\dfrac{dy}{dx}=20x-11$. (4) $y=x-\dfrac{1}{x^2}=x-x^{-2}$, $\dfrac{dy}{dx}=1-(-2)x^{-2-1}=1+2x^{-3}=1+\dfrac{2}{x^3}$. $\dfrac{1}{x^2}=x^{-2}$ と見なす手法を覚れば，分数関数や無理関数は恐くない．

2 (1) $z=y^3$, $y=2x-1$ と合成関数とシャレルと，$\dfrac{dz}{dy}=3y^2$, $\dfrac{dy}{dx}=2$ なので，$\dfrac{dz}{dx}=\dfrac{dz}{dy}\dfrac{dy}{dx}=3y^2\cdot 2=6(2x-1)^2$ と速く求まるが，愚直に展開しても，$y=(2x)^3-3(2x)^2+3(2x)-1=8x^3-12x^2+6x-1$, $\dfrac{dy}{dx}=24x^2-24x+6=6(4x^2-4x+1)=6(2x-1)^2$ と同じ結果が出る．下手な考えで休むよりも，どんな方法であれ，答が出ればよいのだ．
(2) $y=x\sqrt{x}=x^{\frac{3}{2}}$ に気付けば，シメタもので，$\dfrac{dy}{dx}=\dfrac{3}{2}x^{\frac{3}{2}-1}=\dfrac{3}{2}x^{\frac{1}{2}}=\dfrac{3}{2}\sqrt{x}$.

3 (1) こうなると合成関数の微分法でないと能率が悪く，$z=y^5$ は y の関数，その $y=3x-7$ は x の関数だから，$\dfrac{dz}{dy}=5y^4$, $\dfrac{dy}{dx}=3$ の積が $\dfrac{dz}{dx}=15y^4=15(3x-7)^4$. (2) 同じく，$z=y^3$, $y=2x^2+3x-4$ とおき，$\dfrac{dz}{dy}=3y^2$, $\dfrac{dy}{dx}=4x+3$ より，$\dfrac{dz}{dx}=\dfrac{dz}{dy}\dfrac{dy}{dx}=3(4x+3)y^2=3(4x+3)(2x^2+3x-4)^2$. (3) $y=\sqrt[4]{x^3}=x^{\frac{3}{4}}$ に気付くことが肝要で，$\dfrac{dy}{dx}=\dfrac{3}{4}x^{\frac{3}{4}-1}=\dfrac{3}{4}x^{-\frac{1}{4}}=\dfrac{3}{4\sqrt[4]{x}}$. (4) これは商の微分の公式を用い $\dfrac{d}{dx}\left(\dfrac{2x^2-3}{x^3+2}\right)$

$$=\frac{(x^3+2)\dfrac{d}{dx}(2x^2-3)-(2x^2-3)\dfrac{d}{dx}(x^3+2)}{(x^3+2)^2}=\frac{4x(x^3+2)-3x^2(2x^2-3)}{(x^3+2)^2}=\frac{-2x^4+9x^2+8x}{(x^3+2)^2}.$$

4 PはCからD迄定速度 v で動くので，時刻 t において，$\mathrm{CP}=vt+b$, ただし b は定数．$y=\mathrm{BQ}$ とおくと，$\mathrm{CQ}=\mathrm{BQ}-\mathrm{BC}=y-a$. △CQPと△BQAは相似なので，$\dfrac{\mathrm{CQ}}{\mathrm{BQ}}=\dfrac{\mathrm{CP}}{\mathrm{BA}}$，すなわち，$\dfrac{y-a}{y}=\dfrac{vt+b}{a}$. ゆえに $a(y-a)=y(vt+b)$, $(a-vt-b)y=a^2$, $y=\dfrac{a^2}{a-vt-b}$. Qの位置 y を時刻 t で微分すると点Qの速さが出る．やはり，合成関数の微分法を用いるべく，$y=\dfrac{a^2}{x}=a^2x^{-1}$, $x=a-vt-b$ とおくと，$\dfrac{dy}{dx}=-a^2x^{-1-1}=-a^2x^{-2}=-\dfrac{a^2}{x^2}$, $\dfrac{dx}{dt}=-v$ なので，$\dfrac{dy}{dt}=\dfrac{a^2v}{x^2}$. QがCDの中点を通る時には，$x=\mathrm{CP}=\dfrac{a}{2}$ なので，$\dfrac{dy}{dt}=\dfrac{a^2v}{x^2}=\dfrac{a^2v}{\left(\dfrac{a}{2}\right)^2}=4v$. 右のニュートン以来の物理学の基本事項を体得されよ． 答 $4v$

> **SCHEMA**
> **速度**＝変位の時刻による微分，
> **加速度**＝速度の時刻による微分

5 半径 r m の円の面積を S m² とすると $S=\pi r^2$. r は時刻 t の関数で，S は合成関数と考え，t で微分すると $\dfrac{dS}{dt}=2\pi r\dfrac{dr}{dt}$. 仮定より，$S$ の増加率 $\dfrac{dS}{dt}=1$ なので $\dfrac{dr}{dt}=\dfrac{1}{2\pi r}$. $r=1$ を代入して，$\dfrac{dr}{dt}=\dfrac{1}{2\pi}$. 答は単位を付けて，$\dfrac{1}{2\pi}$ m/sec.

6 円錐の体積 $V=\dfrac{\pi r^2h}{3}$. ところで $\dfrac{r}{h}=\dfrac{100}{10}=10$ なので，$r=10h$ を V に代入して $V=\dfrac{100\pi h^3}{3}$. V を合成関数と見て，t で微分すると，$\dfrac{dV}{dh}=100\pi h^2$ なので，$\dfrac{dV}{dt}=\dfrac{dV}{dh}\dfrac{dh}{dt}=100\pi h^2\dfrac{dh}{dt}$. V の増加率 $\dfrac{dV}{dt}=200-100=100$ であるから，$\dfrac{dh}{dt}=\dfrac{100}{100\pi h^2}=\dfrac{1}{\pi h^2}$. $h=\dfrac{2}{3}\times 10$ を代入して，$\dfrac{dh}{dt}=\dfrac{9}{400\pi}$. 物理的問題では，単位も付けて，答えは $\dfrac{9}{400\pi}$ m/min.

7　y は $x^2+y^2=25$ で与えられる関数 $y=\pm\sqrt{25-x^2}$ であるが，陽的にこの様に解かない時，**陰関数**という．y は x の関数なので，y^2 は合成関数である．合成関数の微分法より，y^2 を先ずyで微分して，$2y$，そのうち y は x の関数なので $\dfrac{dy}{dx}$ を掛け，$\dfrac{d}{dx}y^2=2y\dfrac{dy}{dx}$．和の微分法より $\dfrac{d}{dx}(x^2+y^2)=2x+2y\dfrac{dy}{dx}$．一方，関数 x^2+y^2 は定数25なので，平均変化率が0なので，その極限である微係数も0．したがって $2x+2y\dfrac{dy}{dx}=0$ を得る．以上のことを，今後は，$x^2+y^2=25$ の両辺を x で微分して，$2x+2y\dfrac{dy}{dx}=0$ と述べることにする．これを**陰関数の微分法**という．点 $(3,4)$ にて，$x=3$，$y=4$ なので，$\dfrac{dy}{dx}=-\dfrac{x}{y}=-\dfrac{3}{4}$．$(3,4)$ を通り，傾き $-\dfrac{3}{4}$ の直線 $y-4=-\dfrac{3}{4}(x-3)$ が求める接線で $3x+4y=25$.

8　$f(x)=x^3-3x^2-9x$，$f'(x)=3x^2-6x-9=3(x+1)(x-3)$，$f'(x)=0$ より $x=-1$，または 3．$f'(x)$ の符号が$f(x)$ の増減を決定するので，$-4\leqq x\leqq 4$ の間で表を書くと右の増減表を得る．$x=-1$ で関数は増加から減少に移るので，$x=-1$ の近くでは，$x\neq-1$ であれば，$f(x)<f(-1)$．この時，関数 f は $x=-1$ で極大値を取るという．同様にして，$x=3$ で関数fは極小値を取る．$-4\leqq x\leqq 4$ で最大値を取るのは，端点か極値を取る点であるが，比べてみると $f(-1)=5$ が一番大きいので，$x=-1$ で最大値5を取る．同様にして，$x=-4$ で最小値 -76 を取る．念のためグラフを画くと右の通りである．極大値5がこの場合は最大値になったが，一般には必らずしも極大値は最大値ではないので，特に試験の際は注意すること．なお，本問では極小値 -27 は最小値ではない．

x	-4		-1		3		4
$f'(x)$	$+$	$+$	0	$-$	0	$+$	$+$
$f(x)$	-76	増加状態	5 極大値	減少状態	-27 極小値	増加状態	-20

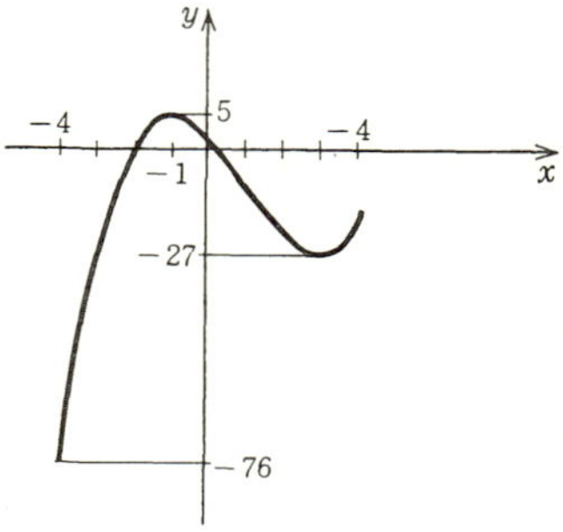

9　$f(x)=\sqrt[3]{x^2}$ に対して，$f(x)>0=f(0)\,(x\neq0)$ なので，定義より，$f(0)=0$ は極小値であるとともに最小値である．念のため微分すると，$f(x)=x^{\frac{2}{3}}$ より $f'(x)=\dfrac{2}{3}x^{\frac{2}{3}-1}=\dfrac{2}{3}x^{-\frac{1}{3}}=\dfrac{2}{3\sqrt[3]{x}}$．増減の表において，$x$ が負でありながら0に近づくと，$f'(x)$ は負であって，絶対値は限りなく大きくなる．この状態を $x\to-0$ の時，$f'(x)\to-\infty$ という．x が正でありながら0に近づくと，$f'(x)$ は正であって，絶対値は限りなく大きくなる．この状態を $x\to+0$ の時，$f'(x)\to+\infty$ という．いずれにせよ，$x=0$ では，$f'(x)$ は定義されていない．この様な点を**尖点**(せんてん)という．$f'(x)$ が定義されている時は，極値を取る点では $f'(x)=0$ が成立しなければならぬが，$f'(x)$ が定義されてなくとも，尖点では極値を取る．念のためグラフを左下に画く．

x		$-0+0$	
$f'(x)$	$-$	$-\infty+\infty$	$+$
$f(x)$	減小	極小	増加

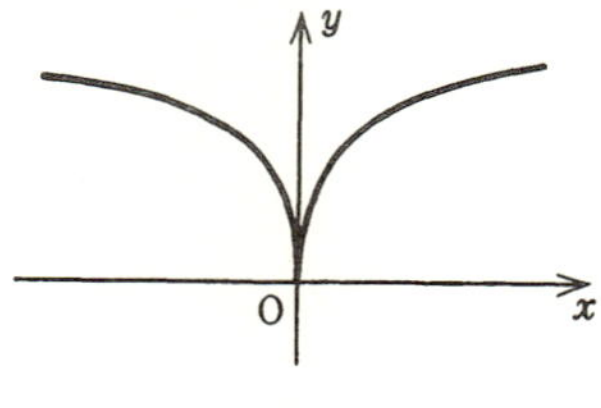

注　意

点 a で微係数が存在する時，$f'(a)=0$ は $f(a)$ が極値であるための必要条件だが，十分条件ではない．しかし，$f'(a)$ が存在しなくとも，極値になり得る．

10　先ず，この機会に積と商の微分の公式を導こう．二つの関数 $u(x), v(x)$ の積 $f(x)=u(x)v(x)$ については，定義通りに差分商を作り，これを u, v の差分商に因縁つけて

$$\frac{f(x+h)-f(x)}{h}=\frac{u(x+h)v(x+h)-v(x)v(x)}{h}=\frac{u(x+h)-u(x)}{h}v(x+h)+u(x)\frac{v(x+h)-v(x)}{h}$$

と変形し，$h\to0$ の時，右辺の各項が $u'(x), v(x), v'(x)$ に近づく，すなわち

$$\frac{u(x+h)-u(x)}{h}\to u'(x),\quad v(x+h)=\frac{v(x+h)-v(x)}{h}h+v(x)\to v'(x)\times0+v(x)=v(x),\quad \frac{v(x+h)-v(x)}{h}\to v'(x)$$

に注意すれば，

$f'(x) \to u'(x)v(x)+u(x)v'(x)$

すなわち，右の公式を得る．

SCHEMA

$$\frac{d}{dx}(uv)=\frac{du}{dx}v+u\frac{dv}{dx}$$

ついでに n 個の積 $f(x)=u_1(x)u_2(x)\cdots u_n(x)$ の場合を考え，右下の公式が，$n-1$ 個の積 $u=u_1u_2\cdots u_{n-1}$ に対して，$\dfrac{d}{dx}u=\dfrac{du_1}{dx}u_2\cdots u_{n-1}+u_1\dfrac{du_2}{dx}u_3\cdots u_{n-1}+u_1u_2\cdots u_{n-2}\dfrac{du_{n-1}}{dx}$

SCHEMA

$$\frac{d}{dx}(u_1u_2\cdots u_n)=\frac{du_1}{dx}v_2\cdots u_n+u_1\frac{du_2}{dx}u_3\cdots u_n+\cdots+u_1u_2\cdots u_{n-1}\frac{du_n}{dx}$$

と成立しているものと仮定すると，$v=u_n$ に対して，f は $f=uv$ と2個の積で表されるので，

$$\frac{d}{dx}f=\frac{du}{dx}v+u\frac{dv}{dx}=\left(\frac{du_1}{dx}u_2\cdots u_{n-1}+u_1\frac{du_2}{dx}u_3\cdots u_{n-1}+u_1u_2\cdots u_{n-2}\frac{du_{n-1}}{dx}\right)u_n+(u_1u_2\cdots u_{n-1})\frac{du_n}{dx}$$

$$=\frac{du_1}{dx}u_2\cdots u_n+u_1\frac{du_2}{dx}u_3\cdots u_n+\cdots+u_1u_2u_{n-1}\frac{du_n}{dx}$$

と n 個の場合も導かれるので，数学的帰納法により，任意の n に対して，上の公式は成立する．

次に，関数 v の逆関数 $f=\dfrac{1}{v}$ を合成関数とみなし，f を v で微分すると $\dfrac{df}{dv}=\dfrac{d}{dv}v^{-1}=(-1)v^{-1-1}=-v^{-2}$ $=-\dfrac{1}{v^2}$．なので，その v を x で微分した $\dfrac{dv}{dx}$ を掛けると，右の公式を得る．

SCHEMA

$$\frac{d}{dx}\left(\frac{1}{v}\right)=-\frac{\dfrac{dv}{dx}}{v^2}$$

更に，二つの関数 u, v の商 $\dfrac{u}{v}$ は，上の公式と積の公式を用いれば

$$\frac{d}{dx}\left(\frac{u}{v}\right)=\frac{d}{dx}\left(u\frac{1}{v}\right)=\frac{du}{dx}\frac{1}{v}+u\frac{d}{dx}\left(\frac{1}{v}\right)=\frac{du}{dx}\frac{1}{v}+u\left(-\frac{1}{v^2}\frac{dv}{dx}\right)$$

すなわち，右の公式に達する．分子のマイナスに十分過ぎる程注意して，計算の誤りを防ぐことが肝要である．

SCHEMA

$$\frac{d}{dx}\left(\frac{u}{v}\right)=\frac{\dfrac{du}{dx}v-u\dfrac{dv}{dx}}{v^2}$$

本問では，上の商の公式が必須であって

$$f'(x)=\frac{d}{dx}\frac{4x-3}{x^2+1}=\frac{\left(\dfrac{d}{dx}(4x-3)\right)(x^2+1)-(4x-3)\dfrac{d}{dx}(x^2+1)}{(x^2+1)^2}=\frac{4(x^2+1)-(4x-3)(2x)}{(x^2+1)^2}=\frac{-4x^2+6x+4}{(x^2+1)^2}$$

$$=-\frac{2(2x^2-3x-2)}{(x^2+1)^2}$$

を因数分解し

$$f'(x)=-\frac{2(2x+1)(x-2)}{(x^2+1)^2}$$

なので，極値の候補者は $f'(x)=0$ の解 $x=-\dfrac{1}{2}, 2$ である．必らずしも当選するとは限らぬので，増減の表を減少状態には↘，増加状態には↗なる略号を用いて書くと，視覚に訴えて便利で

x		$-\frac{1}{2}$		2	
$f'(x)$	$-$	0	$+$	0	$-$
$f(x)$	↘	-4	↗	1	↘

$x=-\dfrac{1}{2}$ で極小値 -4，$x=2$ で極大値1を取ることが分る．

11 無理関数 $y=\sqrt{2x^2+x^3}$ の微分は，$y=\sqrt{u}$ の $u=2x^2+x^3$ なる合成関数と考えて，$\dfrac{dy}{du}=\dfrac{d}{du}u^{\frac{1}{2}}=\dfrac{1}{2}u^{\frac{1}{2}-1}=\dfrac{1}{2}u^{-\frac{1}{2}}$ $=\dfrac{1}{2\sqrt{u}}$，$\dfrac{du}{dx}=4x+3x^2=x(4+3x)$ の積を作り $\dfrac{dy}{dx}=\dfrac{x(4+3x)}{2\sqrt{2x^2+x^3}}$ を得るが根号内は $\sqrt{x^2}=|x|$ に注意し

$$\frac{dy}{dx}=\frac{-(4+3x)}{2\sqrt{2+x}}\quad(x<0),\qquad \frac{dy}{dx}=\frac{4+3x}{2\sqrt{2+x}}\quad(x>0)$$

の零点 $x=-\dfrac{4}{3}$ が極値の候補者である．筆者も忘れかけたが，根号内の $2x^2+x^3=x^2(2+x)\geqq 0$，すなわち $x\geqq -2$ が $f(x)$ の定義域である．分母の次数 $\dfrac{1}{2}$ は分子の1より小なので，x がどんどん大きくなると，$f'(x)$ もどんどん大きくなり $x\to+\infty$ の時，$f'(x)\to+\infty$．このことを考慮に入れ，右の公式

x	$-2+0$		$-\frac{4}{3}$		-0	$+0$		$+\infty$
$f'(x)$	$+\infty$	$+$	0	$-$	$-\sqrt{2}$	$\sqrt{2}$	$+$	$+\infty$
$f(x)$	$+0$	↗	$\frac{4\sqrt{6}}{9}$	↘	0		↗	$+\infty$

を得る．ただし，$x\to -0$ は左から，$x\to +0$ は右から 0 に近づいた極限を表す．したがって，$x=-\frac{4}{3}$ で極大値 $\frac{4\sqrt{6}}{9}$ を取る．念のため，グラフを画くと右の図となり，原点では左右の微係数が一致せず**角点**であり，微係数が定義されぬにも拘らず，極小値 0 を与える．いずれにせよ，無理関数では，増減の表を怠ると，誤った結果を得，見事不合格．

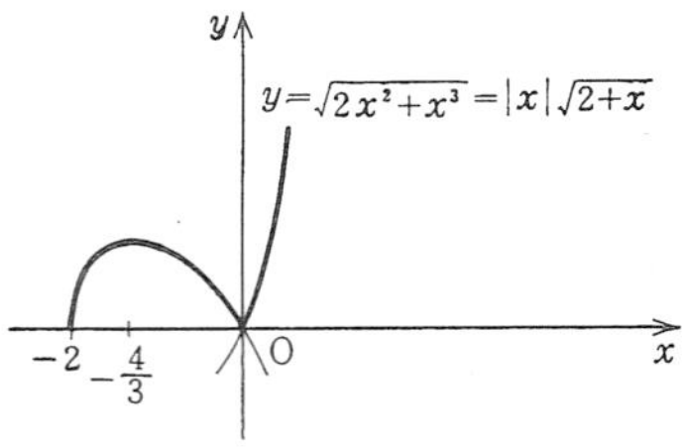

B　基礎を活用する演習

1．速度 $v=\frac{dS}{dt}=25-10t$．地上に落下した時は $S=0$ なので，$5t^2-25t-30=5(t^2-5t-6)=5(t+1)(t-6)=0$ の $t>0$ なる解は $t=6$．この時 $v=25-60=-35$．マイナスなので，落下であり，単位も忘れずに，落下速度は 35 m/sec．$S=-5(t^2-5t)+30=-5\left(t-\frac{5}{2}\right)^2+30+5\left(\frac{5}{2}\right)^2=-5\left(t-\frac{5}{2}\right)^2+\frac{245}{4}\leqq\frac{245}{4}$ なので，$t=\frac{5}{2}$ の時，最高の高さ $\frac{245}{4}$m に達する．

2．$\frac{x^2}{a^2}+\frac{y^2}{b^2}=1$ の両辺は x の関数なので，微分した式も等しい．合成関数の微分法により $\frac{d}{dx}y^2=\frac{dy^2}{dy}\frac{dy}{dx}=2y\frac{dy}{dx}$ なので $\frac{2x}{a^2}+\frac{2y}{b^2}\frac{dy}{dx}=0$，すなわち，$\frac{dy}{dx}=-\frac{b^2x}{a^2y}$，だ円上の点 (x, y) における接線の方程式は，x を動かしたいので，X, Y を変数として，$Y-y=\frac{dy}{dx}(X-x)$，すなわち，$Y-y=-\frac{b^2x}{a^2y}(X-x)$ より，$\frac{xX}{a^2}+\frac{yY}{b^2}=\frac{x^2}{a^2}+\frac{y^2}{b^2}=1$，つまり $\frac{xX}{a^2}+\frac{yY}{b^2}=1$．$X, Y$ 軸との交点は，それぞれ，$Y=0$，$X=0$ として，$X=\frac{a^2}{x}$，$Y=\frac{b^2}{y}$．したがって三角形の面積 S は $S=\frac{1}{2}\times\frac{a^2}{x}\times\frac{b^2}{y}=\frac{a^2b^2}{2xy}$．ゆえに $\frac{1}{S^2}=\frac{4x^2y^2}{a^4b^4}$ に，$y^2=b^2\left(1-\frac{x^2}{a^2}\right)$ を代入し $\frac{1}{S^2}=-\frac{4}{a^6b^2}(x^4-a^2x^2)$ $=-\frac{4}{a^6b^2}\left(x^4-2\frac{a^2x^2}{2}+\left(\frac{a^2}{2}\right)^2\right)+\frac{4}{a^6b^2}\left(\frac{a^2}{2}\right)^2=-\frac{4}{a^6b^2}\left(x^2-\frac{a^2}{2}\right)^2+\frac{1}{a^2b^2}\leqq\frac{1}{a^2b^2}$ なので，$x^2=\frac{a^2}{2}$，すなわち，$x=\frac{a}{\sqrt{2}}$ の時，$\frac{1}{S^2}$ は $0<x<a$ での最大値 $\frac{1}{a^2b^2}$ を取る．したがって，S は $x=\frac{a}{\sqrt{2}}$ で最小値 ab を取る．

3．半径 1 の円の周長は 2π である，というより，これが円周率 π の定義である．なお π は超越数で 3.1415926535897 9323846264338327950 28… であるが，「産医師異国に向う．産後厄無く．産児御社に，虫惨々闇に鳴く頃にや」と暗記する必要はない．さて，通常角は度で表され，360° が丁度円周を一周する角であるが，微積分では次に述べる弧度法をよしとする．半径 1 の扇形 AOB において，右の図の様に，

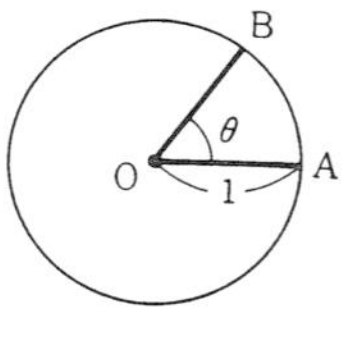

$$\angle\mathrm{AOB}=\text{弧 AB の長さ}$$

を角 AOB の大きさとする角の計り方を**弧度法**という．弧度法では，360° は円周長 $=2\pi$ なので，$\alpha°$ の角は $\frac{\alpha}{360}\times 2\pi=\frac{\alpha\pi}{180}$ である．本問の $0\leqq\theta\leqq 2\pi$ は明らかに弧度法に従っている．さて $\angle\mathrm{ACB}=\text{直角}=\frac{\pi}{2}$ である様な直角三角形 ABC において，$\theta=\angle\mathrm{ABC}$ とする時，

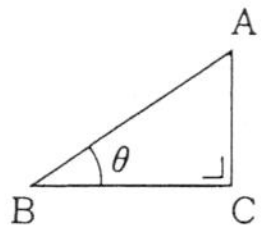

$$\cos\theta=\frac{\mathrm{BC}}{\mathrm{AB}},\quad \sin\theta=\frac{\mathrm{AC}}{\mathrm{AB}}$$

を，それぞれ，角 θ の sine（**サイン**），cosine（**コサイン**）といい，**正弦, 余弦**ともいう．ピタゴラスの定理より $\mathrm{AB}^2=\mathrm{AC}^2+\mathrm{BC}^2$ なので，$\left(\frac{\mathrm{BC}}{\mathrm{AB}}\right)^2+\left(\frac{\mathrm{AC}}{\mathrm{AB}}\right)^2=1$，すなわち，右の公式を得る．本問では，三角関数の性質は上述の $\cos^2\theta+\sin^2\theta=1$ さえ知っておけば十分である．

SCHEMA
$\cos^2\theta+\sin^2\theta=1$

さて，$x=a\cos^3\theta$ により，θ は x の関数，その θ を媒介として，$y=a\sin^3\theta$ は x の関数なので，$x=a\cos^3\theta$，$y=a\sin^3\theta$ を媒介変数や助変数，または，**パラメーター表示**といい，θ を**媒介変数, 助変数, パラメーター**等という．さて，$\cos\theta=\left(\frac{x}{a}\right)^{\frac{1}{3}}$，$\sin\theta=\left(\frac{y}{a}\right)^{\frac{1}{3}}$ なので，$\left(\frac{x}{a}\right)^{\frac{2}{3}}+\left(\frac{y}{a}\right)^{\frac{2}{3}}=\cos^2\theta+\sin^2\theta=1$，すなわち，**陰関数表示**

$$x^{\frac{2}{3}}+y^{\frac{2}{3}}=a^{\frac{2}{3}}$$

に達する．これもアステロイドの表現の一つである．われわれはこちらを用いよう．陰関数の微分法に従い，両辺を x で微分して，

$$\frac{2}{3}x^{\frac{2}{3}-1}+\frac{2}{3}y^{\frac{2}{3}-1}\frac{dy}{dx}=\frac{2}{3}x^{-\frac{1}{3}}+\frac{2}{3}y^{-\frac{1}{3}}\frac{dy}{dx}=0,$$

すなわち，$\dfrac{dy}{dx}=-\left(\dfrac{y}{x}\right)^{\frac{1}{3}}$ を得る．したがって，アステロイド上の点 (x, y) における接線の方程式は，x を動かしたいので，前問同様，接線上の点を (X, Y) と表すと，公式 $Y-y=\dfrac{dy}{dx}(X-x)$ より，$Y-y=-\left(\dfrac{y}{x}\right)^{\frac{1}{3}}(X-x)$，すなわち，$y^{-\frac{1}{3}}Y+x^{-\frac{1}{3}}X=x^{\frac{2}{3}}+y^{\frac{2}{3}}=a^{\frac{2}{3}}$ より，

$$x^{-\frac{1}{3}}X+y^{-\frac{1}{3}}Y=a^{\frac{2}{3}}$$

を得る．座標軸との交点は $Y=0$，$X=0$ として $X=a^{\frac{2}{3}}x^{\frac{1}{3}}$，$Y=a^{\frac{2}{3}}y^{\frac{1}{3}}$ なので，線分 AB の長さは，ピタゴラスの定理 $AB^2=OB^2+OA^2$ に $OB=a^{\frac{2}{3}}x^{\frac{1}{3}}$，$OA=a^{\frac{2}{3}}y^{\frac{1}{3}}$ を代入し，$AB^2=a^{\frac{4}{3}}(x^{\frac{2}{3}}+y^{\frac{2}{3}})$ を得るが，(x, y) はアステロイド $x^{\frac{2}{3}}+y^{\frac{2}{3}}=a^{\frac{2}{3}}$ 上の点なので，$AB^2=a^{\frac{4}{3}}a^{\frac{2}{3}}=a^2$，すなわち，$AB=a=$定数．

4. 商の微分の公式を商 $f(x)=\dfrac{x^2-3x}{x^2+3}$ に適用し

SCHEMA

$$\frac{d}{dx}\left(\frac{u}{v}\right)=\frac{v\dfrac{du}{dx}-u\dfrac{dv}{dx}}{v^2}$$

$$f'(x)=\frac{(x^2+3)\dfrac{d}{dx}(x^2-3x)-(x^2-3x)\dfrac{d}{dx}(x^2+3)}{(x^2+3)^2}$$

$$=\frac{(x^2+3)(2x-3)-(x^2-3x)2x}{2x(x^2+3)^2}=\frac{3(x+3)(x-1)}{(x^2+3)^2}$$

を得るので，分子の零点 $x=-3, 1$ が極値を与える点の候補者である．x が負の値を取りながら絶対値が限りなく大きくなる時，すなわち，$x\to-\infty$ の時，$\dfrac{1}{x}$ は 0 に限りなく近づき，$\dfrac{1}{x}\to 0$．x が正の値を取りながら限りなく大きくなる時も，$\dfrac{1}{x}\to 0$．したがって

$$f(x)=\frac{x^2-3x}{x^2+3}=\frac{1-\dfrac{3}{x}}{1+\dfrac{3}{x^2}}\to 1 \quad (x\to\pm\infty)$$

を得る．これは，$x\to\pm\infty$ の時，$y=f(x)$ のグラフが直線 $y=1$ に近づくことを意味し，直線 $y=1$ を**漸近線**という．このことを考慮に入れて下の増減表を得るので，$x=-3$ で極大値 $\dfrac{3}{2}$，$x=1$ で極小値 $-\dfrac{1}{2}$ を取り，そのグラフは次の通りである．

x	$-\infty$		-3		1		$+\infty$
$f'(x)$	$+0$	$+$	0	$-$	0	$+$	0
$f(x)$	$1+0$	↗	$\frac{3}{2}$	↘	$-\frac{1}{2}$	↗	$1-0$
備考		増加	極大	減小	極小	増加	

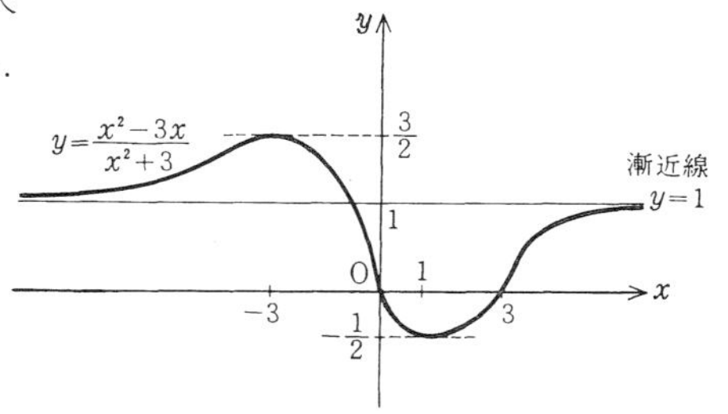

5. 条件反射の様に $f(x)=x^3-3x-a$ とおき，$f'(x)=3x^2-3=3(x-1)(x+1)$ の零点を求め，$x=\pm1$．下の増減表に基き，$x=-1$ で極大値 $2-a$，$x=1$ で極小値 $-2-a$ を取る．これらの極値と 0 との大小関係で次頁の図の 5 通りの場合がある．

x	$-\infty$		-1		1		$+\infty$
$f'(x)$	$+\infty$	$+$	0	$-$	0	$+$	$+\infty$
$f(x)$	$-\infty$	↗	$2-a$	↘	$-2-a$	↗	$+\infty$

$a<-2$ の時は極小値 $-2-a>0$ であって，実の単根 <-1 が一つ，したがって虚根が二つである．

$a=-2$ の時は，極小値が 0 であって，x 軸に接し，実の単根 <-1 が一つと，2 重根 1 である．

$-2<a<2$ の時は，極小値と極大値の間に 0 が来て $x<-1$，$-1<x<1$，$x>1$ において，それぞれ，実の単根がある．

$a=2$ の時は，-1 が 2 重根，他に実根 >1 がある．

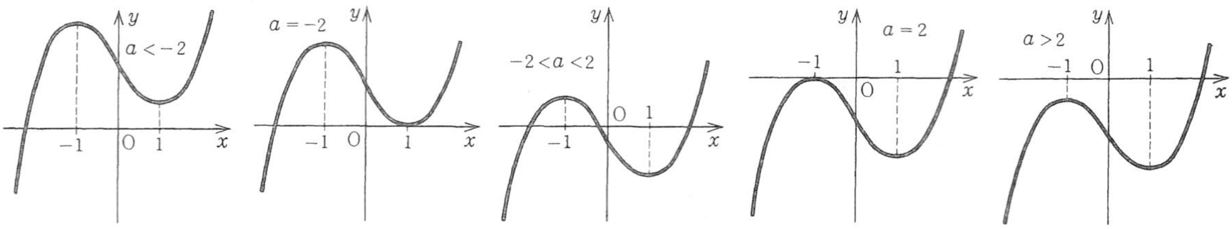

$a>2$ の時は，実根>1 が一つで，他の二つは虚根である．答えは左の様に表示するがよい．

a	$a<-2$	-2	$-2<a<2$	2	$a>2$
実根の数	1	2	3	2	1
虚根の数	2	0	0	0	2
備　考		1は2重根		−1は2重根	

6．$f(x)=ax^3+bx^2+cx$，$f'(x)=3ax^2+2bx+c$．極値があるための必要十分条件は2次関数 $f'(x)$ が定符号でなく，符号の変化をすることであり，判別式$=b^2-3ac>0$．

7．ワン・パターンで $f(x)=x^4+4p^3x+1$，$f'(x)=4(x^3+p^3)$．$f'(x)=0$ の解は $x=-p$ のみで右の増減表に基き，$x=-p$ の時，極小値 $1-3p^4$ は最小値でもある．求める条件は最小値$=1-3p^4>0$，すなわち，$-\dfrac{1}{\sqrt[4]{3}}<p<\dfrac{1}{\sqrt[4]{3}}$．

x	$-\infty$		$-p$		$+\infty$
$f'(x)$	$-\infty$	$-$	0	$+$	$+\infty$
$f(x)$	$+\infty$	↘	$1-3p^4$	↗	$+\infty$

8．微係数 $f'(a)$ の定義式 $f'(a)=\lim\limits_{h\to0}\dfrac{f(a+h)-f(a)}{h}$ を，$x=a+h$，$h=x-a$ とおいて右の Schema の様に書く流儀があり，都がそうである．極限 lim に移る前の式を

SCHEMA
$$f'(a)=\lim_{x\to a}\frac{f(x)-f(a)}{x-a}$$

$g(x)=\dfrac{f(x)-f(a)}{x-a}$ で表す様努力すべく，この式の分母を払って，$f(x)=f(a)+(x-a)g(x)$ を代入し，

$$\frac{x^2f(a)-a^2f(x)}{x-a}=\frac{x^2f(a)-a^2(f(a)+(x-a)g(x))}{x-a}=\frac{f(a)(x^2-a^2)}{x-a}-a^2g(x)=f(a)(x+a)-a^2g(x)$$

において，$x\to a$ の時，すなわち x が a にどんどん近づく時，$x+a$ は $2a$ に近づき，$g(x)$ は定義より $f'(a)$ に近づくので，上式は $2af(a)-a^2f'(a)$ に近づき，

$$\lim_{x\to a}\frac{x^2f(a)-a^2f(x)}{x-a}=2af(a)-a^2f'(a).$$

を得る．要するに，戦略が正しければ，戦術は少々まずく，戦力は余りなくてもよい．

9．商の微分の公式より $\dfrac{d}{dx}\left(\dfrac{f(x)}{x}\right)=\dfrac{xf'(x)-f(x)}{x^2}$．$x=a\neq0$ で極値を取るからといって，必らずしも微係数が存在するとは限らぬが，その様なヤボなことを書いて，上司の命令に従わぬ傾向ありと見られるのは心外なので，「$x=a$ で $f(x)$ の微係数が存在すると仮定すると」とサラリと書こう．さて，$af'(a)-f(a)=0$．この時は題意にある様に点 $(a,f(a))$ にて曲線 $y=f(x)$ の接線が引けて，その方程式は $y-f(a)=f'(a)(x-a)$．原点$(x,y)=(0,0)$ は条件 $af'(a)-f(a)=0$ より，この1次式を満すので，接線は原点を通る．

5章　積　　分

A　基礎をかためる演習

1　$x^2-x-2=(x+1)(x-2)$ は $0\leqq x\leqq2$ の時 $\leqq0$ なので，$|x^2-x-2|=-x^2+x+2$．したがって右の公式が使える形となり，

SCHEMA
$$\int_a^b x^n\,dx=\left[\frac{x^{n+1}}{n+1}\right]_a^b=\frac{b^{n+1}-a^{n+1}}{n+1}$$

$$\int_0^2|x^2-x-2|\,dx=\int_0^2(-x^2+x+2)\,dx=\left[-\frac{x^3}{3}+\frac{x^2}{2}+2x\right]_0^2$$

$$=-\frac{8}{3}+\frac{4}{2}+4=\frac{10}{3}.$$

[2] 符号の変化の表を作成すると右の様になるので，$-1\leqq x\leqq 0$ 及び $1\leqq x\leqq 2$ では $|x(x+2)(x-1)|=x(x+2)(x-1)=x^3+x^2-2x$，$0\leqq x\leqq 1$ では $|x(x+2)(x-1)|=-x(x+2)(x-1)=-x^3-x^2+2x$．したがって，積分区間を三つに分割する必要があり

x	$-$	-2	$-$	0	$+$	1	$+$
$x+2$	$-$	0	$+$	$+$	$+$	$+$	$+$
$x-1$	$-$	$-$	$-$	$-$	$-$	0	$+$
$x(x+2)(x-1)$	$-$	0	$+$	0	$-$	0	$+$

$$\int_{-1}^{2}|x(x+2)(x-1)|\,dx=\int_{-1}^{0}+\int_{0}^{1}+\int_{1}^{2}=\int_{-1}^{0}(x^3+x^2-2x)\,dx+\int_{0}^{1}(-x^3-x^2+2x)\,dx+\int_{1}^{2}(x^3+x^2-2x)\,dx$$
$$=\left[\frac{x^4}{4}+\frac{x^3}{3}-x^2\right]_{-1}^{0}+\left[-\frac{x^4}{4}-\frac{x^3}{3}+x^2\right]_{0}^{1}+\left[\frac{x^4}{4}+\frac{x^3}{3}-x^2\right]_{1}^{2}=-\left(\frac{1}{4}-\frac{1}{3}-1\right)+\left(-\frac{1}{4}-\frac{1}{3}+1\right)$$
$$+\left(\frac{16}{4}+\frac{8}{3}-4\right)-\left(\frac{1}{4}+\frac{1}{3}-1\right)=\frac{13}{12}+\frac{5}{12}+\frac{32}{12}+\frac{5}{12}=\frac{55}{12}.$$

[3] $y=-x^2+3x-2=-(x^2-3x+2)=-(x-1)(x-2)$ は $1\leqq x\leqq 2$ でのみ $y\geqq 0$ であって x 軸の上に来るから，求める面積は，東京の特性で著者も忘れ掛けた，$0\leqq x\leqq 1$ で x, y 軸に囲まれる部分も考慮して

$$\int_{0}^{1}(x^2-3x+2)\,dx+\int_{1}^{2}(-x^2+3x-2)\,dx=\left[\frac{x^3}{3}-\frac{3}{2}x^2+2x\right]_{0}^{1}+\left[-\frac{x^3}{3}+\frac{3}{2}x^2-2x\right]_{1}^{2}=\left(\frac{1}{3}-\frac{3}{2}+2\right)$$
$$+\left(-\frac{8}{3}+\frac{3}{2}\cdot 4-4\right)-\left(-\frac{1}{3}+\frac{3}{2}-2\right)=1.$$

省資源の目的でグラフを省略するが，読者は広告の裏でも利用して，必らずグラフを画かれよ．以下は，グラフを画かねば理解できない！グラフを画く事をサボルのも落ち零れとなる学生の特質の一つである．

[4] $x\geqq 0$ で $\sqrt{x}$，x^2 は共に $\geqq 0$．自乗の差$=(\sqrt{x})^2-(x^2)^2=x-x^4=x(1-x^3)$ は $0\leqq x\leqq 1$ の時のみ $\geqq 0$ なので，$0\leqq x\leqq 1$ の時のみ $\sqrt{x}\geqq x^2$．求める面積は

$$\int_{0}^{1}(\sqrt{x}-x^2)\,dx=\int_{0}^{1}(x^{\frac{1}{2}}-x^2)\,dx=\left[\frac{x^{\frac{1}{2}+1}}{\frac{1}{2}+1}-\frac{x^{2+1}}{2+1}\right]_{0}^{1}=\left[\frac{2}{3}x^{\frac{3}{2}}-\frac{x^3}{3}\right]_{0}^{1}=\frac{2}{3}-\frac{1}{3}=\frac{1}{3}.$$

[5] (1) $y=x^2$ 上の点 $\mathrm{P}=(a, a^2)$ における接線の方程式は，$\dfrac{dy}{dx}=2x$ なので，$y-a^2=2a(x-a)$，すなわち $y=2ax-a^2$．$y=x^2-1$ と連立させて $x^2-1=2ax-a^2$ より，$x^2-2ax+a^2-1=(x-a)^2-1=0$ より，$x-a=\pm 1$．$x=a\pm 1$ の時，$y=2a(a\pm 1)-a^2=a^2\pm 2a$．したがって，交点は $\mathrm{Q}=(a-1, a^2-2a)$，$\mathrm{R}=(a+1, a^2+2a)$ としてよい．座標の平均 $\dfrac{(a-1)+(a+1)}{2}=a$，$\dfrac{(a^2-2a)+(a^2+2a)}{2}=a^2$ が丁度点 $\mathrm{P}=(a, a^2)$ のそれに等しいので，点Pは線分QRの中点である． (2) $a-1\leqq x\leqq a+1$，すなわち，$|x-a|\leqq 1$ の時，$(2ax-a^2)-(x^2-1)=1-(x-a)^2\geqq 0$ なので，求める面積は $\displaystyle\int_{a-1}^{a+1}(1-(x-a)^2)\,dx$ であるが，変数変換 $t=x-a$，$\dfrac{dx}{dt}=1$ を用いると計算が楽で，$x=a\pm 1$ の時，$t=\pm 1$ に注意しつつ，変数変換の公式を用いると，計算が幾らか楽になり

$$\int_{a-1}^{a+1}(1-(x-a)^2)\,dx=\int_{-1}^{1}(1-t^2)\,dt=\left[t-\frac{t^3}{3}\right]_{-1}^{1}=\frac{4}{3}$$

の第2式の段階でこの面積は既に a，すなわち点Pに無関係であることを知る．

[6] $(x^2+5x+6)-(2x^2+3x-2)=-(x^2-2x-8)=-(x-4)(x+2)$ は $-2\leqq x\leqq 4$ の時のみ $\geqq 0$ であるので，求める面積は公式より

$$\int_{-2}^{4}(-x^2+2x+8)\,dx=\left[-\frac{x^3}{3}+x^2+8x\right]_{-2}^{4}=-\frac{64}{3}+16+32-\left(\frac{8}{3}+4-16\right)=36.$$

[7] (1) $y=4x-2x^2$．$\dfrac{dy}{dx}=4-4x$．$x=2$ の時，$\dfrac{dy}{dx}=-4$ なので，点 $(2, 0)$ における接線の方程式は公式より $y-0=-4(x-2)$，すなわち，$y=-4x+8$． (2) $4x-2x^2-\dfrac{x}{2}=\dfrac{x(7-4x)}{2}$ は $0\leqq x\leqq \dfrac{7}{4}$ の時のみ $\geqq 0$ なので，面積は公式より

$$\int_{0}^{\frac{7}{4}}\left(\frac{7}{2}x-2x^2\right)dx=\left[\frac{7}{4}x^2-2\frac{x^3}{3}\right]_{0}^{\frac{7}{4}}=\left(\frac{7}{4}\right)^3-\frac{2}{3}\left(\frac{7}{4}\right)^3=\frac{1}{3}\left(\frac{7}{4}\right)^3=\frac{343}{192}.$$

[8] (1) $y=(x-a)\sqrt{x-b}=(x-a)(x-b)^{\frac{1}{2}}$ を積の微分の公式を用いて微分する際，$\dfrac{d}{dx}(x-b)^{\frac{1}{2}}$ には $t=x-b$ とお

き，合成関数の微分法 $\frac{d}{dx}(x-b)^{\frac{1}{2}}=\frac{d}{dx}t^{\frac{1}{2}}=\frac{d}{dt}t^{\frac{1}{2}}\frac{dx}{dt}=\frac{d}{dt}t^{\frac{1}{2}}=\frac{1}{2}t^{\frac{1}{2}-1}=\frac{1}{2}t^{-\frac{1}{2}}=\frac{1}{2\sqrt{t}}=\frac{1}{2\sqrt{x-b}}$ を用いると，

$$\frac{dy}{dx}=\left(\frac{d}{dx}(x-a)\right)\sqrt{x-b}+(x-a)\frac{d}{dx}\sqrt{x-b}=\sqrt{x-b}+\frac{x-a}{2\sqrt{x-b}}=\frac{2(x-b)+x-a}{2\sqrt{x-b}}=\frac{3x-(a+2b)}{2\sqrt{x-b}}.$$

$b<x<\frac{a+2b}{3}$ の時，$\frac{dy}{dx}<0$ で y は↘．$\frac{a+2b}{3}<x$ の時，$\frac{dy}{dx}>0$ で y は↗．したがって $x=\frac{a+2b}{3}$ の時極小かつ最小値 $y=-\frac{2\sqrt{(a-b)^3}}{3\sqrt{3}}$ を取る．　(2) $b\leqq x\leqq a$ で $y\leqq 0$ なので，求める面積 $S=-\int_b^a(x-a)\sqrt{x-b}\,dx$ であるが，この積分は公式より直ちには求められない．その根源は無理関数 $\sqrt{x-b}$ にあるので，これを有理化すべく $t=\sqrt{x-b}$，すなわち，$x=b+t^2$ とおくと，$x-a=b-a+t^2$，$\frac{dx}{dt}=2t$，$x=b$ の時 $t=0$，$x=a$ の時 $t=\sqrt{a-b}$ なので，変数変換 $x=b+t^2$ を施し，公式より

$$S=-\int_b^a(x-a)\sqrt{x-b}\,dx=-\int_0^{\sqrt{a-b}}(x-a)\sqrt{x-b}\frac{dx}{dt}dt=-\int_0^{\sqrt{a-b}}(b-a+t^2)t(2t)\,dt$$

$$=-2\int_0^{\sqrt{a-b}}((b-a)t^2+t^4)\,dt=-2\left[(b-a)\frac{t^3}{3}+\frac{t^5}{5}\right]_0^{\sqrt{a-b}}=-2\left((b-a)\frac{(a-b)^{\frac{3}{2}}}{3}+\frac{(a-b)^{\frac{5}{2}}}{5}\right)$$

$$=-2(a-b)^2\left(-\frac{\sqrt{a-b}}{3}+\frac{\sqrt{a-b}}{5}\right)=\frac{4(a-b)^2\sqrt{a-b}}{15}.$$

9 $y=\pm x\sqrt{x+1}$ なので，前問にて，$a=0$，$b=-1$ した面積の2倍$=2\times\frac{4}{15}=\frac{8}{15}$.

10 点 $(1,2)$ を通り傾き m の直線の方程式は $y-2=m(x-1)$，すなわち，$y=mx-m+2$．$(mx-m+2)-x^2=-(x^2-mx+m-2)$．2次方程式 $x^2-mx+m-2=0$ の根を $\alpha=\frac{m-\sqrt{m^2-4m+8}}{2}<\beta=\frac{m+\sqrt{m^2-4m+8}}{2}$ とおくと，$\alpha\leqq x\leqq\beta$ でのみ，上の差は $\geqq 0$．したがって，求める面積 S は

$$S=-\int_\alpha^\beta(x^2-mx+(m-2))\,dx=-\left[\frac{x^3}{3}-m\frac{x^2}{2}+(m-2)x\right]_\alpha^\beta=-\frac{\beta^3-\alpha^3}{3}+\frac{m(\beta^2-\alpha^2)}{2}-(m-2)(\beta-\alpha)$$

$$=\frac{(\beta-\alpha)}{6}(-2(\beta^2+\beta\alpha+\alpha^2)+3m(\beta+\alpha)-6m+12).$$

SCHEMA

$ax^2+bx+c=0$ の二根を α,β とすると，

α，$\beta=-\frac{b}{a}$，$\alpha\beta=\frac{c}{a}$

ここで，根と係数の関係より，$\alpha+\beta=m$，$\alpha\beta=m-2$ なので，$\alpha^2+\alpha\beta+\beta^2=(\alpha+\beta)^2-\alpha\beta=m^2-m+2$．更に，最初に α,β を解いた式より，$\beta-\alpha=\sqrt{m^2-4m+8}$ なので，

$S=\frac{\sqrt{m^2-4m+8}}{6}(-2m^2+2m-4+3m^2-6m+12)=\frac{(m^2-4m+8)\sqrt{m^2-4m+8}}{6}=\frac{(m^2-4m+8)^{\frac{3}{2}}}{6}$．$S$ を微分するには，合成関数の微分法により，$t=m^2-4m+8$ とおき，$\frac{dt}{dm}=2m-4$ なので，$\frac{d}{dt}t^{\frac{3}{2}}=\frac{3}{2}t^{\frac{3}{2}-1}=\frac{3}{2}t^{\frac{1}{2}}=\frac{3\sqrt{t}}{2}$ との積を作り，$\frac{d}{dm}(m^2-4m+8)^{\frac{3}{2}}=3(m-2)\sqrt{m^2-4m+8}$．$m<2$ の時 $\frac{dS}{dm}<0$ で S は↘，$m>2$ の時は $\frac{dS}{dm}>0$ で S は↗なので，$m=2$ の時，S は極小かつ最小値 $S=\frac{(4-8+8)^{\frac{3}{2}}}{6}=\frac{4^{\frac{3}{2}}}{6}=\frac{4}{3}$ を取る．

11 $\sqrt{m}\leqq\sqrt{x}+\sqrt{y}\leqq\sqrt{n}$ なので，$(\sqrt{m}-\sqrt{x})^2\leqq y\leqq(\sqrt{n}-\sqrt{x})^2$．$0\leqq x\leqq m$ の時は，$(\sqrt{n}-\sqrt{x})^2-(\sqrt{m}-\sqrt{x})^2=(n-m)-2(\sqrt{n}-\sqrt{m})\sqrt{x}$ であり，この部分の面積への寄与は，$\int_0^m\left((n-m)-2(\sqrt{n}-\sqrt{m})x^{\frac{1}{2}}\right)dx=\left[(n-m)x-2(\sqrt{n}-\sqrt{m})\frac{2}{3}x^{\frac{3}{2}}\right]_0^m=m(n-m)-2(\sqrt{n}-\sqrt{m})\frac{2}{3}m\sqrt{m}=mn+\frac{m^2}{3}-\frac{4}{3}m\sqrt{mn}$．$m\leqq x\leqq n$ の時は，$\sqrt{m}\leqq\sqrt{x}+\sqrt{y}$ は自動的に成立しているので，条件は $\sqrt{y}\leqq\sqrt{n}-\sqrt{x}$，すなわち，$y\leqq n+x-2\sqrt{n}\sqrt{x}$ のみであり，この部分の面積への寄与は，$\int_m^n(n+x-2\sqrt{n}x^{\frac{1}{2}})\,dx=\left[nx+\frac{x^2}{2}-2\sqrt{n}\frac{2}{3}x^{\frac{3}{2}}\right]_m^n=n(n-m)+\frac{n^2-m^2}{2}-\frac{4}{3}\sqrt{n}(\sqrt{n^3}-\sqrt{m^3})=\frac{n^2}{6}-\frac{m^2}{2}-mn+\frac{4}{3}m\sqrt{mn}$．したがって，面積$=\frac{n^2-m^2}{6}=2$ より $n^2=m^2+12$．$n=m+l$ とおき，$n^2=m^2+2ml+l^2=m^2+12$ より，$l(2m+l)=12$．したがって，l は12の約数の $1,2,3,4,6,12$ の何れか．$l=1$ の時，$2m+l=12$ より $m=\frac{11}{2}$ で，これは整数でない．$l=2$ の時，$2m+l=6$，$m=2$ でこれは解 $m=2$，$n=4$ を与える．$l=3$ の時，$2m+l=4$，$m=\frac{1}{2}$ で，ダメ．$l=4$ の時，$2m+l=3$ より，$m<0$ でダメ．$l=6$ の時，$2m+l=2$ より，$m<0$ でダメ．$l=$

12 の時，$2m+l=1$ より $m<0$ でダメ．したがって，解は一意的であって，$m=2$，$n=4$．

12 $\sqrt{x}+\sqrt{y}=1$ より，$0\leqq x\leqq 1$，$\sqrt{y}=1-\sqrt{x}$，両辺を 4 乗して，$y^2=(1-\sqrt{x})^4$，ここで，右の公式を用いて展開し，$y^2=1-4x^{\frac{1}{2}}+6x-4x^{\frac{3}{2}}+x^2$ として，回転体の体積の公式より，体積 V

SCHEMA

$$(a-b)^4=a^4-4a^3b+6a^2b^2-4ab^3+b^4$$

$$V=\pi\int_0^1 y^2\,dx=\pi\int_0^1(1-4x^{\frac{1}{2}}+6x-4x^{\frac{3}{2}}+x^2)\,dx=\pi\left[x-4\frac{x^{\frac{1}{2}+1}}{\frac{1}{2}+1}+6\frac{x^{1+1}}{1+1}-4\frac{x^{\frac{3}{2}+1}}{\frac{3}{2}+1}+\frac{x^{2+1}}{2+1}\right]_0^1$$

$$=\pi\left(1-4\cdot\frac{2}{3}+6\cdot\frac{1}{2}-4\cdot\frac{2}{5}+\frac{1}{3}\right)=\frac{\pi}{15}$$

を導くもよし，変数変換，$t=1-\sqrt{x}$，$\sqrt{x}=1-t$，$x=(1-t)^2=1-2t+t^2$，$\dfrac{dx}{dt}=-2+2t$ を行い，$x=0$ の時 $t=1$，$x=1$ の時 $t=0$ を考慮に入れて

$$V=\pi\int_0^1(1-\sqrt{x})^4dx=\pi\int_1^0 t^4\frac{dx}{dt}dt=\pi\int_1^0 t^4(-2+2t)\,dt=\pi\int_1^0(-2t^4+2t^5)\,dt=\pi\left[-\frac{2}{5}t^5+\frac{2}{6}t^6\right]_1^0$$

$$=\pi\left(\frac{2}{5}-\frac{2}{6}\right)=\frac{\pi}{15}$$

とするもよい．なお，この様に積分の上端と下端の大きさが逆になっても驚く必要はない．上の様に計算するか，右の公式を用いて，順序を入れ換えて求めてもよい．

SCHEMA

$$\int_b^a f(x)\,dx=-\int_a^b f(x)\,dx$$

13 これは有名な**シュワルツ** (Schwarz) **の不等式**である．一般に $a\leqq x\leqq b$ で $f(x)\geqq 0$ ならば，定積分は三直線 $x=a$，$x=b$，$y=0$ と曲線 $y=f(x)$ で囲まれた部分の面積を表すから，右の定理を得る．この単純明解な事柄が本問の骨子である．さて，任意の λ に対して，これを米語で述べると for any λ，この any の a の大文字を上下に転倒させたら，数字を表す文字と混同する恐があるので，$\forall\lambda$．これは大学の講義で乱用されるので，高校時代から慣れて，大学の講義に免疫を作りましょう．さて，$\forall\lambda$，$a\leqq x\leqq b$，$(\lambda f(x)-g(x))^2\geqq 0$ なので，上述の定理より

SCHEMA

$f(x)\geqq 0$ $(a\leqq x\leqq b)$ ならば $\int_a^b f(x)dx\geqq 0$ であり，

更に $\int_a^b f(x)dx=0$ であれば，$f(x)\equiv 0$.

$$0\leqq\int_a^b(\lambda f(x)-g(x))^2dx=\int_a^b(\lambda^2(f(x))^2-2\lambda f(x)g(x)+(g(x))^2)\,dx=\lambda^2\int_a^b(f(x))^2dx-2\lambda\int_a^b f(x)g(x)dx$$

$$+\int_a^b(g(x))^2dx.$$

この右辺は λ の 2 次式である．その λ^2 の係数 $\int_a^b(f(x))^2dx$ が 0 であれば，$f(x)\equiv 0$．この時 $f(x)g(x)\equiv 0$ なので，不等式はその両辺が 0 と言う等号の形で成立している．さて，$\int_a^b(f(x))^2dx>0$ の時，

$$\text{右辺}=\left(\int_a^b(f(x))^2dx\right)\left(\lambda^2-2\lambda\frac{\int_a^b f(x)g(x)dx}{\int_a^b(f(x))^2dx}+\frac{\left(\int_a^b f(x)g(x)dx\right)^2}{\left(\int_a^b(f(x))^2\right)^2}\right)+\int_a^b(g(x))^2dx-\frac{\left(\int_a^b f(x)g(x)dx\right)^2}{\int_a^b(f(x))^2dx}$$

$$=\left(\int_a^b(f(x))^2dx\right)\left(\lambda-\frac{\int_a^b f(x)g(x)dx}{\int_a^b(f(x))^2dx}\right)^2+\frac{\left(\int_a^b(f(x))^2dx\right)\left(\int_a^b(g(x))^2dx\right)-\left(\int_a^b f(x)g(x)dx\right)^2}{\int_a^b(f(x))^2dx}\geqq 0$$

が λ の如何に拘らず成立しているので，定数項の分子 $\left(\int_a^b(f(x))^2dx\right)\left(\int_a^b(g(x))^2dx\right)-\left(\int_a^b f(x)g(x)\right)^2\geqq 0$．移項して右下の不等式を得る．この不等式で等号が成立すれば，上の λ の 2 次関数は

Schwarz の不等式

$$\left(\int_a^b f(x)g(x)dx\right)^2\leqq\int_a^b f^2(x)\,dx\int_a^b g^2(x)dx$$

$$\lambda=\frac{\int_a^b f(x)g(x)dx}{\int_a^b f^2(x)\,dx}$$

の時に 0 になり，これは

$$\int_a^b (\lambda f(x)-g(x))^2 dx=0$$

をもたらすので，この λ に対して．$\lambda f(x)-g(x)\equiv 0$ が成立する．この様な時，関数 f, g は**一次従属**であるという．なお $a>b$ の時は $\int_a^b=-\int_b^a$ であり，マイナス掛けマイナスはプラスなので，上の場合に帰着される．

注　意　Schwarz の不等式で等号が成立すれば，f, g は1次従属である．

14　関数 $g(x)$ の原始関数を $G(x)$ とすると，公式より $\int_a^b g(x)dx=\Big[G(x)\Big]_a^b=G(b)-G(a)$．ここで，変数 x を $t, b=x$，とすると $\int_a^x g(t)dt=G(x)-G(a)$．両辺を$x$で微分すると $\frac{d}{dx}\int_a^x g(t)dt=\frac{d}{dx}G(x)=g(x)$，すなわち，右の関係を得る．要するに，微分は積分の逆演算であるという当り前のことである．さて，この公式にて $a=0$，$g(t)=tf(t)$，または，$g(t)=(t+2)f(t)$ を代入すると，

SCHEMA　$\frac{d}{dx}\int_a^x g(t)dt=g(x)$

$$\frac{d}{dx}\int_0^x tf(t)dt=xf(x),\quad \frac{d}{dx}\int_0^x (t+2)f(t)dt=(x+2)f(x).$$

方程式

$$x+2\int_0^x tf(t)dt=3\int_0^x (t+2)f(t)dt$$

の様なものは，**積分方程式**と呼ばれ，その解とは，その方程式を満す関数であり，それを解くということは，その様な関数を求めることをいう．

さて，上に得た結果をもとにして，上の積分方程式の両辺を x で微分して，$1+2xf(x)=3(x+2)f(x)$．ゆえに $(x+6)f(x)=1$ より．$f(x)=\frac{1}{x+6}$．本問では f は連続であればよく，微分可能性は仮定しなくともよい．

15　(1)　$F(x)=\int_0^x (x-t)f(t)dt=x\int_0^x f(t)dt-\int_0^x tf(t)dt$

の右辺の第1項を積の微分の公式を用い，後は前問の考えに従って微分して

$$\frac{d}{dx}F(x)=\left(\frac{dx}{dx}\right)\int_0^x f(t)dt+x\frac{d}{dx}\int_0^x f(t)dt-\frac{d}{dx}\int_0^x tf(t)dt$$

$$=\int_0^x f(t)\,dt+xf(x)-xf(x)=\int_0^x f(t)dt.$$

したがって $F'(0)=\int_0^0 f(t)dt=0$．なお $F(x)$ は x の関数 $\int_0^x f(t)dt$ の $F(0)=0$ なる原始関数であるから，右の関係を得，$f(x)$ を2回積分したものであることが分る．なお，定積分の変数は何を用いても変りがないので，上端のxと換えた方が趣味がよい．

SCHEMA　$\int_0^x (x-t)f(t)dt=\int_0^x\left(\int_0^s f(t)dt\right)ds$

(2)　$F(x)=ax^3+bx^2+cx+d$ とおくと，条件 $F(0)=0$ より $d=0$．$F'(x)=\frac{d}{dx}F(x)=\frac{d}{dx}(ax^3+bx^2+cx+d)=3ax^2+2bx+c$ に $x=0$ を代入し，$F'(0)=c$．条件 $F'(0)=0$ より $c=0$．$x=\pm 1$ を代入して，$F'(\pm 1)=3a\pm 2b+c=3a\pm 2b$．条件 $F(\pm 1)=1$ より，$3a+2b=1$，$3a-2b=1$．両辺を加えて，$6a=2$，$3a=1$，$a=\frac{1}{3}$．よって $b=\frac{1-3a}{2}=0$．したがって，$F(x)=\frac{x^3}{3}$．

B　基礎を活用する演習

1.　パラメーター parameter と呼ばれる，変数 θ を媒介として関数関係を結ぶ，変数 $x=a(\theta-\sin\theta)$，$y=a(1-\cos\theta)$ を38頁右下の公式で，θ に付いて微分すると，$dx/d\theta=a(1-\cos\theta)>0$　$\theta\neq\pi/2$，$3\pi/2$ であるから，θ が0から 2π 迄増加するにつれて，x も0から $2\pi a$ 迄増加するので，この x を独立変数に見立てよう．

もう一つの y は，$dy/d\theta=a\sin\theta$ が $0<\theta<\pi$ で正，$\pi<\theta<2\pi$ で負であるから，$\theta=\pi$，$x=a\pi$ で極大値 $2a$ を取り，右端点 $\theta=2\pi$，即ち，$x=2a$ にて $y=0$ に戻る．従って，

(i) **サイクロイド**の長さ $L=\int_{x=0}^{x=2a}\sqrt{|dx|^2+|dy|^2}=\int_{\theta=0}^{\theta=2\pi}\sqrt{\left|\frac{dx}{d\theta}\right|^2+\left|\frac{dy}{d\theta}\right|^2}\,d\theta=$

$$\int_0^{2\pi}\sqrt{a^2(1-\cos\theta)^2+a^2\sin^2\theta}\,d\theta=\int_0^{2\pi}\sqrt{2a^2(1-\cos\theta)}\,d\theta=$$

39 頁半倍角の公式より $\int_0^{2\pi}\sqrt{4a^2\sin^2\frac{\theta}{2}}\,d\theta=2a\int_0^{2\pi}\sin\frac{\theta}{2}d\theta=$ 39 頁右中の公式より $2a2\left(-\cos\frac{\theta}{2}\right)\Big|_0^{2\pi}=8a$.

(ii) $S=\int_{x=0}^{x=2a}y\,dx=\int_{\theta=0}^{\theta=2\pi}y\frac{dx}{d\theta}d\theta=\int_0^{2\pi}a^2(1-\cos\theta)^2=a^2\int_0^{2\pi}(1-2\cos\theta+\cos^2\theta)d\theta=$

39 頁倍角の公式より $a^2\int_0^{2\pi}\left(1-2\cos\theta+\frac{1+\cos 2\theta}{2}\right)d\theta=a^2\left(\frac{3}{2}\theta-2\sin\theta+\frac{\sin 2\theta}{4}\right)\Big|_0^{2\pi}=3\pi a^2$.

2. (1) $x=0$ の時，積分$=0$ だから，$k=0$. $\int_0^x(f(t))^2dt=\frac{x^5}{5}+\frac{2}{3}x^3+x+k$ の両辺をxで微分して，$(f(x))^2=x^4+2x^2+1=(x^2+1)^2$. ゆえに $f(x)=\pm(x^2+1)$. $+$の時を考える.

$$F(a)=\int_a^{a+1}f(x)dx=\int_a^{a+1}(x^2+1)dx=\left[\frac{x^3}{3}+x\right]_a^{a+1}=\frac{(a+1)^3-a^3}{3}+(a+1)-a=a^2+a+\frac{4}{3}=\left(a+\frac{1}{2}\right)^2+\frac{4}{3}-\frac{1}{4}$$

$=\left(a+\frac{1}{2}\right)^2+\frac{13}{12}\geqq\frac{13}{12}$ なので，$a=-\frac{1}{2}$ の時最小値 $\frac{13}{12}$. $-$の時は $a=-\frac{1}{2}$ の時最大値 $-\frac{13}{12}$.

3. 難解な文章であり，集合論の記号をこの様に用いては本問の美しさが損なわれるが，要するに条件 $f'(0)=1$ の下で関数方程式 $f(x+y)=f(x)+f(y)+xy$ の解 $f(x)$ を求めよということである．一応 y を定数，x を変数として両辺を x で微分．その際，$t=x+y$ とおいて，$f(t)$ を合成関数の微分法で微分すると，$\frac{d}{dx}f(t)=\frac{d}{dt}f(t)\frac{dx}{dt}=f'(t)=f'(x+y)$. 少し説明が必要で，$f'(x+y)$ は関数 f の導関数に $x+y$ を代入したものであり，このことは後に響く．さて，上の考えで，y を定数，x を変数とみて $f(x+y)=f(x)+f(y)+xy$ の両辺を x で微分すると，$f'(x+y)=f'(x)+y$. ここで $x=0$ を代入すると，$f'(y)=f'(0)+y$. y の関数 $f(y)$ の導関数が1次関数 $f'(0)+y$ なのだから，$f(y)$ はその原始関数であり，定数 c を用いて，$f(y)=\frac{y^2}{2}+f'(0)y+c$. $y=0$ を代入して，$c=f(0)$. ところで，$f(x+y)=f(x)+f(y)+xy$ に$x=y=0$ を代入すると，$f(0)=f(0)+f(0)$，すなわち $c=f(0)=0$. ゆえに $f(y)=\frac{y^2}{2}+f'(0)y$. $\left\{(0,1)\in(x,y)\,\middle|\,y=\frac{d}{dx}f(x)\right\}$ ということは，導関数のグラフが点$(0,1)$を通るということであり，$f'(0)=1$. ゆえに $f(y)=\frac{y^2}{2}+y$. 変数を x にした方が趣味がよく，$f(x)=\frac{x^2}{2}+x$.

4. 対数関数の形而上学的な定義の一つである．定義より $\log xy=\int_1^{xy}\frac{dt}{t}$. $\int_1^{xy}$ を $\int_1^x+\int_x^{xy}$ とし，後者に変数変換，$t=xs$, $\frac{dt}{ds}=x$ を施す．$t=x$ の時 $s=1$, $t=xy$ の時 $s=y$ なので，

$$\int_x^{xy}\frac{dt}{t}=\int_1^y\frac{1}{xs}x\,ds=\int_1^y\frac{ds}{s}=\log y.$$

ここで1から y 迄の定積分の変数は t だろうが，s だろうが，同じである事を用いた．まとめると

$$\log xy=\int_1^{xy}\frac{dt}{t}=\int_1^x\frac{dt}{t}+\int_x^{xy}\frac{dt}{t}=\int_1^x\frac{dt}{t}+\int_1^y\frac{dt}{t}=\log x+\log y.$$

5. 商の微分の公式と $\frac{d}{dx}\int_0^x f(t)dt=f(x)$ に従い，

$$\frac{d}{dx}F(x)=\frac{xf(x)-\int_0^x f(t)dt}{x^2}.$$

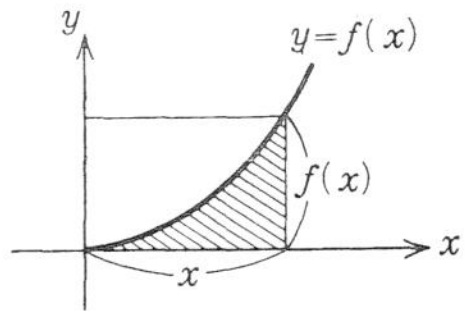

f は増加なので，そのグラフは右図の様な事情にあり

$\int_0^x f(t)dt=$斜線の面積$\leqq$長方形の面積$=xf(x)$ なので，$\frac{d}{dx}F(x)\geqq 0$（狭義ならば>0)，ゆえに$F(x)$ も（狭義）増加である．

6. (i) $\int_{2x}^{x^2}=\int_a^{x^2}-\int_a^{2x}$ の右辺第一項を先ず $t=x^2$ で微分し，$f(y)=f(x^2)$，その $y=2x^2$ の x での微分 $\frac{dy}{dx}=2x$ を乗じ $\frac{d}{dx}\int_{2x}^{x^2}f(t)dt=2xf(x^2)-2f(2x)$. (ii) は A−15 の f の所に f' を代入し，$\frac{d}{dx}\int_a^x(x-t)f'(t)dt=\int_a^x f'(t)dt$

$=\Big[f(t)\Big]_a^x=f(x)-f(a).$

7. 無限区間の積分は有限区間の積分の極限として

$$\int_{-\infty}^{+\infty}f(x)dx=\lim_{\substack{a\to-\infty\\ b\to+\infty}}\int_a^b f(x)dx$$

で与えられる．したがって A–13 のシュワルツの不等式

$$\left(\int_a^b f(x)g(x)dx\right)^2\leqq\left(\int_a^b f^2(x)\,dx\right)\left(\int_a^b g^2(x)\,dx\right)$$

にて，$a\to-\infty$，$b\to+\infty$ としてもよいし，または，A–13 の証明の技法を用いて直接証明してもよいが，やはりシュワルツの不等式

$$\left(\int_{-\infty}^{+\infty}f(x)g(x)dx\right)^2\leqq\left(\int_{-\infty}^{+\infty}f^2(x)\,dx\right)\left(\int_{-\infty}^{+\infty}g^2(x)\,dx\right)$$

が成立し，等号が成立するのは，f,g が 1 次従属の時に限る．

以上の予備知識の下で，本問に挑もう．上式に $g(x)=f(x+h)$ を代入して

$$\left(\int_{-\infty}^{+\infty}f(x)f(x+h)\,dx\right)^2\leqq\left(\int_{-\infty}^{+\infty}f^2(x)\,dx\right)\left(\int_{-\infty}^{+\infty}f^2(x+h)\,dx\right).$$

最後の積分は変数変換，$t=x+h$，$x=t-h$，$\dfrac{dx}{dt}=1$，$x=\pm\infty$ の時 $t=\pm\infty$，を施すと，公式より $\int_{-\infty}^{+\infty}f^2(x+h)dx$ $=\int_{-\infty}^{+\infty}f^2(t)dt$．定積分の変数は t であろうと x であろうと同じなので $=\int_{-\infty}^{+\infty}f^2(x)dx$ となり，結局

$$\left(\int_{-\infty}^{+\infty}f(x)f(x+h)\,dx\right)^2\leqq\left(\int_{-\infty}^{+\infty}f^2(x)\,dx\right)^2$$

より

$$\int_{-\infty}^{+\infty}f(x)f(x+h)\,dx\leqq\int_{-\infty}^{+\infty}f^2(x)\,dx$$

を得る．これが前半の解答であるが，配点は恐らく，25 点満点の 5 点位であろう．

次に，$f\neq0$，$h\neq0$ の時は不等号であることを背理法で示そう，すなわち，等号が成立したとして，矛盾を導こう．$f\neq0$ なので，$\int_{-\infty}^{+\infty}f^2(x)dx>0$．したがって，等号が成立すれば A–13 で述べた理由で，定数 λ をみつくろって $f(x+h)=\lambda f(x)$ $(-\infty<x<\infty)$ とできる．$f(x+h)\neq0$ なので $\lambda\neq0$．$h<0$ であれば，上式の x の所に $x-h$ を代入して，$f(x-h)=\dfrac{1}{\lambda}f(x)$ となり，$-h>0$ である．したがって，$h>0$ と仮定して一般性を失わない．つまり，$f(x+h)=\lambda f(x)(-\infty<x<\infty,\ h>0)$． 数学的帰納法により，任意の自然数 k に対して $f(x+kh)=\lambda^k f(x)$ を示そう．この式は $k=1$ の時は成立し，k の時を仮定すると $k+1$ に対して，$f(x+(k+1)h)=f((x+kh)+h)=$ $\lambda f(x+kh)=\lambda\lambda^k f(x)=\lambda^{k+1}f(x)$ で $k+1$ の時も成立するので，一般の k に対して成立する．次に $f(x+kh)=\lambda^k f(x)$ の x の所に $x-kh$ を代入すると，$f(x-kh)=\lambda^{-k}f(x)$ を得る．

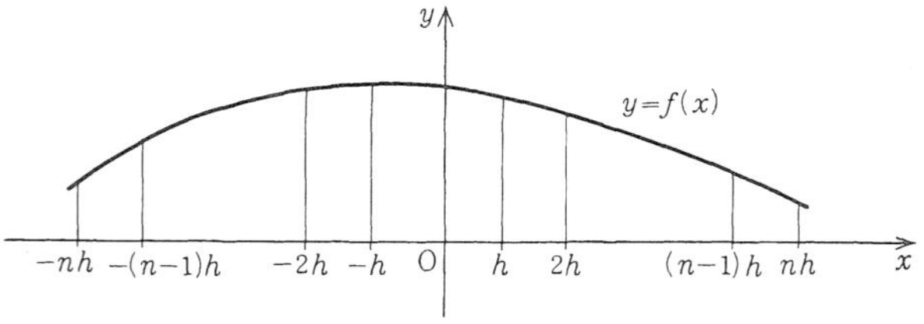

任意の自然数 n に対して，区間 $-nh\leqq x\leqq nh$ を右図の様に幅 h の区間に分割すると，定積分はこれらの区間の和となり，

$$\int_{-nh}^{nh}f^2(x)\,dx=\int_{-nh}^{-(n-1)h}+\int_{-(n-1)h}^{-(n-2)h}+\cdots+\int_{-h}^{0}+\int_0^h+\cdots+\int_{(n-2)h}^{(n-1)h}+\int_{(n-1)h}^{nh}.$$

ところで $\int_{(k-1)h}^{kh}$ は，変数変換 $x=t+(k-1)h$ を施し，$\dfrac{dx}{dt}=1$，$x=(k-1)h$ の時 $t=0$，$x=kh$ の時 $t=1$ であるが，更に重要なことは，上に得た結果より $f(x)=f(t+(k-1)t)=\lambda^{k-1}f(t)$ なので，

$$\int_{(k-1)h}^{kh}f^2(x)\,dx=\lambda^{2(k-1)}\int_0^h f^2(t)\,dt=\lambda^{2(k-1)}\int_0^h f^2(x)\,dx.$$

同様にして，$\int_{-kh}^{-(k-1)h}$ に，変数変換，$x=t-kh$ を施すと，$\dfrac{dx}{dt}=1$，$x=-kh$ の時 $t=0$，$x=-(k-1)h$ の時 $t=1$，$f(x)=f(t-kh)=\lambda^{-k}f(t)$ なので，

$$\int_{-kh}^{-(k-1)h}f^2(x)dx=\lambda^{-2k}\int_0^h f^2(x)\,dx.$$

したがって，$\int_{-nh}^{nh}$ は $2n$ 個の区間の積分の和として

$$\int_{-nh}^{nh} f^2(x)\,dx=(\lambda^{-2n}+\lambda^{-2n+2}+\cdots+\lambda^{-2}+1+\lambda^2+\cdots+\lambda^{2n-2})\int_0^h f^2(x)\,dx.$$

SCHEMA

$$1+\lambda+\cdots+\lambda^{n-1}=\frac{1-\lambda^n}{1-\lambda}(\lambda\neq 1)$$

ここで，**等比級数の和の公式**と呼ばれる右の関係式を n に関する数学的帰納法で示そう．$n=1$ の時は $1+\lambda=\frac{1-\lambda^2}{1-\lambda}$ として成立．n の時仮定すると，$n+1$ の時 $1+\lambda+\cdots+\lambda^n=(1+\lambda+\cdots+\lambda^{n-1})+\lambda^n=\frac{1-\lambda^n}{1-\lambda}+\lambda^n=\frac{1-\lambda^n+\lambda^n-\lambda^{n+1}}{1-\lambda}=\frac{1-\lambda^{n+1}}{1-\lambda}$ で $n+1$ の時も正しく，一般の n に対して正しいことを知る．λ の代りに $\frac{1}{\lambda}$ を代入し，$\lambda^{-1}+\lambda^{-2}+\cdots+\lambda^{-n}=\lambda^{-1}(1+\lambda^{-1}+\cdots+\lambda^{-(n-1)})$ $=\lambda^{-1}\frac{1-\lambda^{-(n-1)}}{1-\lambda^{-1}}=\frac{1-\lambda^{1-n}}{\lambda-1}$．これを λ^2 に対して適用し，上の積分の式に代入し

$$\int_{-nh}^{nh} f^2(x)\,dx=\left(\frac{1-\lambda^{2-2n}}{\lambda^2-1}+\frac{1-\lambda^{2n}}{1-\lambda^2}\right)\int_0^h f^2(x)\,dx\ (\lambda\neq 1).$$

$0\leqq x\leqq h$ で $f(x)\equiv 0$ であれば，任意の n に対して，$f(x+nh)=\lambda f(x)\equiv 0$，$(fx-nh)=\lambda^{-n}f(x)\equiv 0(0\leqq x\leqq h)$ となり，これで，$-\infty<x<\infty$ の全ゆる点が網羅されるので，$f(x)\equiv 0(-\infty<x<\infty)$ となり，仮定に反する．ゆえに

$$\int_0^h f^2(x)dx>0$$

でなければならぬ．いよいよ最後の追込みであるが，

(1) $|\lambda|=1$ の時は，$n\to\infty$ の時

$$\int_{-nh}^{nh} f^2(x)\,dx=(\lambda^{-2n}+\lambda^{-2n-2}+\cdots+\lambda^{-2}+1+\lambda^2+\cdots+\lambda^{2n})\int_0^h f^2(x)\,dx=2n\int_0^h f^2(x)\,dx\to\infty$$

なので，その極限が無限積分であり，$\int_{-\infty}^{+\infty} f^2(x)dx=+\infty$ を得て，これが有限，すなわち，$\int_{-\infty}^{+\infty} f^2(x)dx<\infty$ という仮定に反し矛盾である．

(2) $|\lambda|>1$ の時は

SCHEMA

$$\lambda>1 \text{ の時，} \lim_{n\to\infty}\lambda^n=+\infty$$

により，$\lambda^2>1$ なので，$n\to\infty$ の時

$$\int_{-nh}^{nh} f^2(x)\,dx=\frac{\lambda^{2-2n}-1}{1-\lambda^2}\left(\int_0^h f^2(x)\,dx\right)+\frac{\lambda^{2n}-1}{\lambda^2-1}\left(\int_0^h f^2(x)\,dx\right)$$

の右辺第２項の $\lambda^{2n}\to+\infty$ なので，$\int_{-\infty}^{+\infty} f^2(x)dx=+\infty$ となり矛盾である．

(3) $|\lambda|<1$ の時は，その右辺第１項の $\lambda^{2-2n}\to+\infty$ なので，やはり，$\int_{-\infty}^{+\infty} f^2(x)dx=+\infty$ となり矛盾である．正に，あちら立てればこちら立たず，なるべくあちらで立てて貰いたくないという矛盾に富んだ状況である．

この様にして，結論を否定して矛盾を導き出す証明法が**背理法**である．解答は長くなったが，高校生諸君は，本書によって，高校の教材の基礎解析，または，微分・積分をワープ学習法で学んだがため，大学受験の前に，東工大，慶応大，京大教養入試ならぬ大学院入試問題を理解できる様になった．正に長足の進歩であり，自信を持って前進しましょう．もちろん，学問に王道は無く，柳の下にどじょうがいつも居るとは限らず，本書によって∀院試問題が解けるという訳でもない．それが事実であれば，大学に入学しなくて，京大院に進学できることになり，大学は不用であるという矛盾に達するからである．更に，本書はあく迄も，大学junior一年のカリキュラムを上限とするからである．しかし，本問によって，大学の雰囲気は理解できるであろう．なお，どうしてもＫ大やＴ大に行きたい人は，共通１次テストの結果が示すストレートに合格できそうな大学に進み，その大学で本書やその類書で大学院受験の勉強をして，志望大学の大学院に進む方が，何年も浪人して履歴書を汚すより賢明である．学歴とは最終学歴を指し，最後に笑う者が最も好く笑う．端的にいって，本問が分った人は何年も京大を受験して浪人をくり返すより，その期間∀大学で学び，京大の大学院に行った方がよい．この命題は数学専攻ばかりでなく，∀専攻に妥当する．

6章　三角関数

A　基礎をかためる演習

<u>1</u> 先ず，右の公式を導こう．加法定理と倍角の公式より，$\cos 3\alpha=\cos(2\alpha+\alpha)=\cos 2\alpha\cos\alpha-\sin 2\alpha\sin\alpha=(2\cos^2\alpha-1)\cos\alpha-2\cos\alpha\sin\alpha\sin\alpha=(2\cos^2\alpha-1)\cos\alpha-2\cos(1-\cos^2\alpha)=4\cos^3\alpha-3\cos\alpha$．$\sin 3\alpha=\sin(2\alpha+\alpha)=\sin 2\alpha\cos\alpha+\cos 2\alpha\sin\alpha=2\sin\alpha\cos\alpha\cos\alpha+(1-2\sin^2\alpha)\sin\alpha=2\sin\alpha(1-\sin^2\alpha)+(1-2\sin^2\alpha)\sin\alpha=3\sin\alpha-4\sin^3\alpha$．$\tan 2\alpha=\dfrac{2\tan\alpha}{1-\tan^2\alpha}$ なので，

> **三倍角の公式**
>
> $\cos 3\alpha=4\cos^3\alpha-3\cos\alpha$
>
> $\sin 3\alpha=3\sin\alpha-4\sin^3\alpha$
>
> $\tan 3\alpha=\dfrac{3\tan\alpha-\tan^3\alpha}{1-3\tan^2\alpha}$

$$\tan 3\alpha=\tan(2\alpha+\alpha)=\frac{\tan 2\alpha+\tan\alpha}{1-\tan 2\alpha\tan\alpha}=\frac{\dfrac{2\tan\alpha}{1-\tan^2\alpha}+\tan\alpha}{1-\dfrac{2\tan\alpha}{1-\tan^2\alpha}\tan\alpha}=\frac{3\tan\alpha-\tan^3\alpha}{1-3\tan^2\alpha}.$$

さて，本問は正弦の倍角の公式と余弦の三倍角の公式を用い，$\sin 2\alpha=\cos 3\alpha$ より $2\sin\alpha\cos\alpha=4\cos^3\alpha-3\cos\alpha$．移項し，余弦でくくって，$\cos\alpha(2\sin\alpha-4\cos^2\alpha+3)=\cos\alpha(2\sin\alpha-4(1-\sin^2\alpha)+3)=\cos\alpha(4\sin^2\alpha+2\sin\alpha-1)=0$．$0<\alpha<\dfrac{\pi}{2}$ では $\cos\alpha>0$ なので，$4\sin^2\alpha+2\sin\alpha-1=4\left(\sin^2\alpha+2\cdot\dfrac{1}{4}\sin\alpha+\left(\dfrac{1}{4}\right)^2\right)-1-\dfrac{1}{4}=4\left(\sin\alpha+\dfrac{1}{4}\right)^2-\dfrac{5}{4}=0$．したがって，$\sin\alpha+\dfrac{1}{4}=\pm\dfrac{\sqrt{5}}{4}$ より $\sin\alpha=\dfrac{-1\pm\sqrt{5}}{4}$．$0<\alpha<\dfrac{\pi}{2}$ なので，$\sin\alpha=\dfrac{\sqrt{5}-1}{4}$．試験問題の解答としては $\sin\alpha$ の値 $\dfrac{\sqrt{5}-1}{4}$ を答えているので完結しており，埼玉県教委の見識では合格と思うが，他府県で出題された場合の解答としては α が求まらず，現実の問題としては逆正弦(アークサイン) $\alpha=\sin^{-1}\dfrac{\sqrt{5}-1}{4}=18°$ を数表またはマイコンで見出せばすむが，試験問題の解答としては，これでは，不合格であろう．

考えを変え，正弦と余弦の間には右の関係があるので，どちらか一方，例えば，正弦を余弦 $\sin 2\alpha=\cos\left(\dfrac{\pi}{2}-2\alpha\right)$ にし，余弦の差を正弦の積に持ち込み，$\sin 2\alpha-\cos 3\alpha=\cos\left(\dfrac{\pi}{2}-2\alpha\right)-\cos 3\alpha=-2\sin\dfrac{\left(\dfrac{\pi}{2}-2\alpha\right)+3\alpha}{2}\sin\dfrac{\left(\dfrac{\pi}{2}-2\alpha\right)-3\alpha}{2}=-2\sin\left(\dfrac{\alpha}{2}+\dfrac{\pi}{4}\right)\sin\left(\dfrac{\pi}{4}-\dfrac{5}{2}\alpha\right)=0$．$0<\alpha<\dfrac{\pi}{2}$ では，$\dfrac{\pi}{4}<\dfrac{\alpha}{2}+\dfrac{\pi}{4}<\pi$ で $\sin\left(\dfrac{\alpha}{2}+\dfrac{\pi}{4}\right)>0$ なので，$\sin\left(\dfrac{\pi}{4}-\dfrac{5}{2}\alpha\right)=0$．$0<\alpha<\dfrac{\pi}{2}$ では，$-\pi<\dfrac{\pi}{4}-\dfrac{5}{2}\alpha<\dfrac{\pi}{4}$．この間で正弦が 0 となるのは，$\dfrac{\pi}{4}-\dfrac{5}{2}\alpha=0$，すなわち，$\alpha=\dfrac{\pi}{10}$ に限る．したがって，万全な答えは，$\alpha=\dfrac{\pi}{10}$ の時の $\sin\dfrac{\pi}{10}=\dfrac{\sqrt{5}-1}{4}$．

> **SCHEMA**
>
> $\cos\alpha=\sin\left(\dfrac{\pi}{2}-\alpha\right)$，$\sin\alpha=\cos\left(\dfrac{\pi}{2}-\alpha\right)$

> **教　訓**
>
> 余弦と正弦の和,差はどちらか一方の和,差にして，積に持込め．

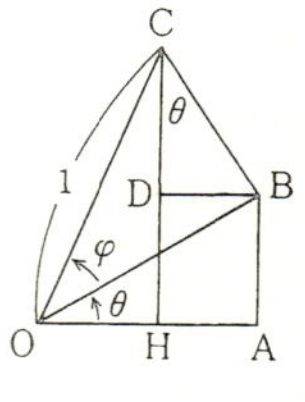

なお，この機会に加法定理を証明しておこう．右図の様に $\angle\mathrm{OBC}=\angle\mathrm{OAB}=\dfrac{\pi}{2}$ なる直角 $\triangle\mathrm{OAB}$, $\triangle\mathrm{OBC}$ が辺 OB にて重なっているものとし，$\angle\mathrm{AOB}=\theta$，$\angle\mathrm{BOC}=\varphi$，更に，便宜上 $\mathrm{OC}=1$ とし，C から OA に下した垂線の足を H，B を通り OA に平行な直線と垂線 CH との交点を D とする．$\mathrm{OC}=1$，$\angle\mathrm{OBC}=\dfrac{\pi}{2}$ なので，余弦,正弦の定義より $\mathrm{OB}=\cos\varphi$，$\mathrm{BC}=\sin\varphi$．更に，$\angle\mathrm{OAB}=\dfrac{\pi}{2}$ なので，$\mathrm{OA}=\mathrm{OB}\cos\theta=\cos\theta\cos\varphi$，$\mathrm{AB}=\mathrm{OB}\sin\theta=\sin\theta\cos\varphi$．他方直角 $\triangle\mathrm{CDB}$ に余弦,正弦の定義を適用する際，$\angle\mathrm{DCB}=\angle\mathrm{AOB}=\theta$ に注意し，$\mathrm{CD}=\mathrm{CB}\cos\theta=\sin\varphi\cos\theta$，$\mathrm{DB}=\mathrm{CB}\sin\theta=\sin\varphi\sin\theta$．さて，直角 $\triangle\mathrm{HOC}$ に余弦,正弦の定義を適用し，$\mathrm{OC}=1$，$\angle\mathrm{HOC}=\theta+\varphi$ なので，$\cos(\theta+\varphi)=\mathrm{OH}=\mathrm{OA}-\mathrm{AH}=\mathrm{OA}-\mathrm{DB}=\cos\theta\cos\varphi-\sin\theta\sin\varphi$，$\sin(\theta+\varphi)=\mathrm{CH}=\mathrm{CD}+\mathrm{DH}=\mathrm{CD}+\mathrm{AB}=\sin\theta\cos\varphi+\cos\theta\sin\varphi$．よって加法定理に達する．正弦は奇関数，余弦は偶関数，したがって正接は奇関数なので，φ の所に $-\varphi$ を代入し，$\cos(-\varphi)=\cos\varphi$，$\sin(-\varphi)=-\sin\varphi$，$\tan(-\varphi)=-\tan\varphi$

> **加法定理**
>
> $\cos(\theta+\varphi)=\cos\theta\cos\varphi-\sin\theta\sin\varphi$
>
> $\sin(\theta+\varphi)=\sin\theta\cos\varphi+\cos\theta\sin\varphi$
>
> $\tan(\theta+\varphi)=\dfrac{\tan\theta+\tan\varphi}{1-\tan\theta\tan\varphi}$

に注意すれば，減法定理を得る．微分の公式と併せて

注　意

余弦の符号にはくれぐれも注意し，計算間違いのない様，確認と点検を繰り返せ．

減法定理

$\cos(\theta-\varphi)=\cos\theta\cos\varphi+\sin\theta\sin\varphi$

$\sin(\theta-\varphi)=\sin\theta\cos\varphi-\cos\theta\sin\varphi$

$\tan(\theta-\varphi)=\dfrac{\tan\theta-\tan\varphi}{1+\tan\theta\tan\varphi}$

弧度法

$\text{弧度}=\dfrac{\text{度}}{180}\times\pi$

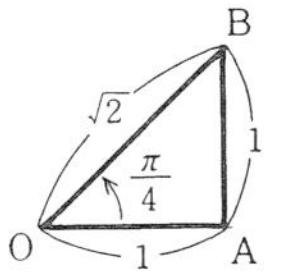

2 (1)　底辺と高さが1である様な直角三角形の斜辺はピタゴラスの定理より $\sqrt{1^2+1^2}=\sqrt{2}$．360° が弧度法で円周の長さ 2π なので，α° は弧度法で θ とすると，$\dfrac{\theta}{\alpha}=\dfrac{2\pi}{360}$，すなわち，$\theta=\dfrac{\alpha}{180}\pi$ を得る．特に，上の△OAB では，$\alpha=45°$ なので，$\theta=\dfrac{45}{180}\pi=\dfrac{\pi}{4}$．ゆえに，余弦と正弦の定義より右の関係を得る．さて，加法定理，減法定理を用いると　$\sin\theta+\cos\theta=\sqrt{2}\left(\sin\theta\dfrac{1}{\sqrt{2}}+\cos\theta\dfrac{1}{\sqrt{2}}\right)$ $=\sqrt{2}\left(\sin\theta\cos\dfrac{\pi}{4}+\cos\theta\sin\dfrac{\pi}{4}\right)=\sqrt{2}\sin\left(\theta+\dfrac{\pi}{4}\right)$，及び，$\sin\theta+\cos\theta=\sqrt{2}\left(\cos\theta\cos\dfrac{\pi}{4}+\sin\theta\sin\dfrac{\pi}{4}\right)=\sqrt{2}\cos\left(\theta-\dfrac{\pi}{4}\right)$ より，右上の関係に達する．

SCHEMA

$\cos\dfrac{\pi}{4}=\sin\dfrac{\pi}{4}=\dfrac{1}{\sqrt{2}}$

SCHEMA

$\sin\theta+\cos\theta=\sqrt{2}\,\sin\left(\theta+\dfrac{\pi}{4}\right)=\sqrt{2}\cos\left(\theta-\dfrac{\pi}{4}\right)$

一般に，角を弧度で表し，鋭でない一般の角に対する余弦，正弦を右下の図が示す様に，$\angle x$OP を反時計の向きに計った時の，$\angle x$OP を θ とし，点 P の x 座標を $\cos\theta$，y 座標を $\sin\theta$ と定義する．この時，下の余弦曲線(コサイン・カーブ)，正弦曲線(サイン・カーブ)を得る．これより分る様に $x=\cos\theta$，$y=\sin\theta$ は -1 と 1 の間を周期 2π で振動し，**単振動**と呼ばれる．$k=\sin\theta+\cos\theta$ はこれらを**合成**したものである．$k=\sqrt{2}\cos\theta-\dfrac{\pi}{4}$ なので，$-\sqrt{2}\leqq k\leqq\sqrt{2}$ であって，k の最大値は $\sqrt{2}$，最小値は

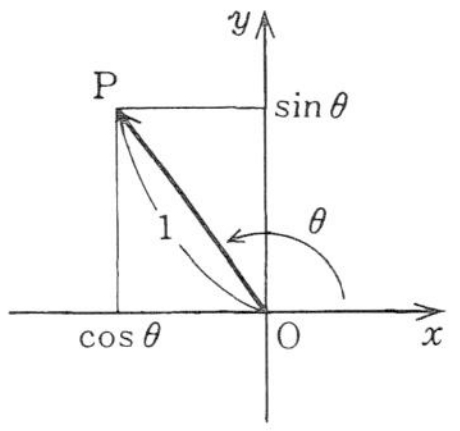

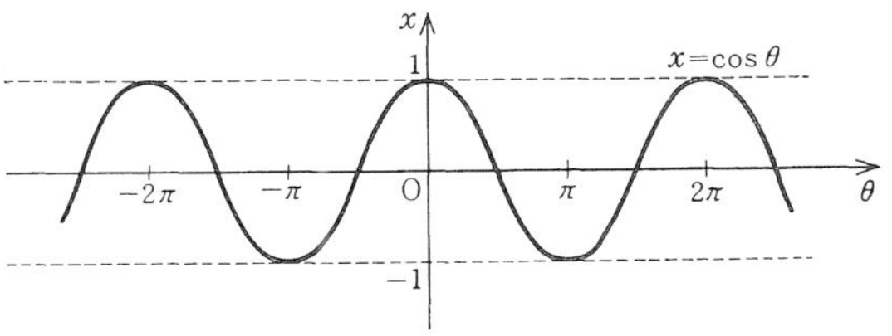

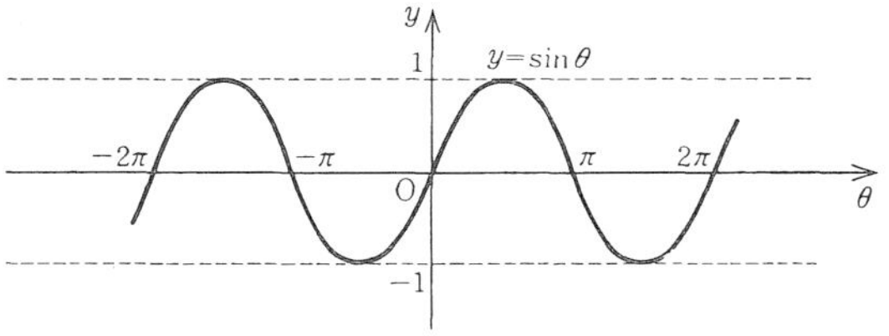

$-\sqrt{2}$ である．　(2)　面倒なりと，$k=\sin\theta+\cos\theta$ を3乗し，$k^3=\sin^3\theta+3\sin^2\theta\cos\theta+3\sin\theta\cos^2\theta+\cos^3\theta=\sin^3\theta+\cos^3\theta+3\sin\theta\cos\theta(\sin\theta+\cos\theta)$．条件 $\sin^3\theta+\cos^3\theta=1$ より，$k^3=1+3k\sin\theta\cos\theta$ を得る．これでは，まだ決着がついていないので，右の公式を想起し，$1=\sin^3\theta+\cos^3\theta=(\sin\theta+\cos\theta)(\sin^2\theta-\cos\theta\sin\theta+\cos^2\theta)=k(1-\sin\theta\cos\theta)$．したがって，前の式より $\sin\theta\cos\theta=\dfrac{k^3-1}{3k}$，今の式より $\sin\theta\cos\theta=1-\dfrac{1}{k}$ を得るので，等しいとおき，3次方程式 $\dfrac{k^3-1}{3k}=1-\dfrac{1}{k}$，$k^3-1=3(k-1)$，すなわち，上の公式を $x=k$，$y=-1$ に適用し，$k^3-1-3(k-1)=(k-1)(k^2+k+1)-3(k-1)=(k-1)(k^2+k-2)=(k-1)(k-1)(k+2)=(k-1)^2(k+2)=0$ を得る．$|k|\leqq\sqrt{2}$ なので，$k+2>0$．したがって $k=1$．　(3)　$k=\sin\theta+\cos\theta$ を自乗して，$k^2=\sin^2\theta+\cos^2\theta+2\sin\theta\cos\theta=1+2\sin\theta\cos\theta$ より $\sin\theta\cos\theta=\dfrac{k^2-1}{2}$．選別が目的でなく，教育が目的であれば，(2)と(3)の順序を入れ換えた方が解き易い．

SCHEMA

$x^3+y^3=(x+y)(x^2-xy+y^2)$

3　$y=A\cos mx+B\sin mx$ において，$t=mx$ とおき，$y=A\cos t+B\sin t$ を先ず，公式に従って，符号に神経を使いながら微分すると，$\dfrac{dy}{dt}=-A\sin t+B\cos t$，その $t=mx$ を x で微分し，$\dfrac{dx}{dt}=m$．合成関数の微分法より $\dfrac{dy}{dx}=-Am\sin mx+Bm\cos mx$．同じ方法で，$x$ についてもう一度微分して $\dfrac{d}{dx}\left(\dfrac{dy}{dx}\right)=-Am^2\cos mx$

$-Bm^2\sin mx=-m^2y$，すなわち，微分方程式 $\dfrac{d^2y}{dx^2}+m^2y=0$ を得る．この様に，導関数を微分して得られる関数 $\dfrac{d}{dx}\left(\dfrac{dy}{dx}\right)$ を $\dfrac{d^2y}{dx^2}$ や y'' と記して，**2次の導関数**という．また，$\dfrac{d^2y}{dx^2}+m^2y=0$ の様に関数とその導関数の間の方程式を**微分方程式**といい，それを満す関数 $y=A\cos mx+B\sin mx$ をその**解**という．対照的に5章のA–14は積分方程式と呼ばれる．微分方程式や積分方程式を総称して，**関数方程式**というが，5章のB–3等も関数方程式と呼ばれる．関数方程式論は数学の一分野で，もちろん，日本数学会の一分科会を構成する．

4 一般に**単振動**は $y=A\sin\omega x+B\cos\omega x$ の形で，余弦と正弦の和で表される．$\cos x, \sin x$ の周期が 2π なので，この周期 T は $\omega T=2\pi$，すなわち，$T=\dfrac{2\pi}{\omega}$ で与えられる．さて $s=\dfrac{A}{\sqrt{A^2+B^2}}$，$t=\dfrac{B}{\sqrt{A^2+B^2}}$ とおくと，$s^2+t^2=1$ が成立し，点 $\mathrm{P}(s,t)$ は単位円周上にある．OP と x 軸のなす角を弧度で表し θ とすると，定義より $s=\cos\theta$，$t=\sin\theta$．したがって，加法定理より $y=\sqrt{A^2+B^2}\left(\sin\omega x\dfrac{A}{\sqrt{A^2+B^2}}+\cos\omega x\dfrac{B}{\sqrt{A^2+B^2}}\right)=\sqrt{A^2+B^2}\,(\sin\omega x\cos\theta+\cos\omega x\sin\theta)=\sqrt{A^2+B^2}\sin(\omega x+\theta)$．ここで θ は $\tan\theta=\dfrac{\sin\theta}{\cos\theta}=\dfrac{B}{A}$ を満すので，逆正接 $\tan^{-1}$（アークタンゼント）を用い $\theta=\tan^{-1}\dfrac{B}{A}$.

単振動の合成

$$A\sin\omega x+B\cos\omega x=\sqrt{A^2+B^2}\sin(\omega x+\theta)$$

$$\theta=\tan^{-1}\frac{B}{A}$$

$\sqrt{A^2+B^2}$ を**全振幅**，$T=\dfrac{2\pi}{\omega}$ を**周期**，θ を**位相**という．

時刻は t（time, temps）で表すのが，趣味がよいので，全振幅 A，周期 T，位相 θ の単振動は

$$x=A\sin\left(\frac{2\pi}{T}t+\theta\right)$$

で与えられる．前問同様 $s=\dfrac{2\pi}{T}t+\theta$ とおき，合成関数の微分法で微分する．$\dfrac{ds}{dt}=\dfrac{2\pi}{T}$，$x=A\sin s$．$\dfrac{dx}{ds}=A\cos s$ なので，$\dfrac{dx}{dt}=\dfrac{dx}{ds}\dfrac{ds}{dt}$ より

$$\frac{dx}{dt}=\frac{2\pi A}{T}\cos\left(\frac{2\pi}{T}t+\theta\right).$$

同様にして

$$\frac{d^2x}{dt^2}=\frac{d}{dt}\left(\frac{dx}{dt}\right)=-\frac{4\pi^2}{T^2}A\sin\left(\frac{2\pi}{T}T+\theta\right)=-\frac{4\pi^2}{T^2}x.$$

x を t で微分したのが速度，速度を t で微分したものが加速度 $\dfrac{d^2x}{dt^2}$ である．上の第2式より，その最大値 $\dfrac{4\pi^2}{T^2}A$ は全振幅 A に比例し，周期 T の自乗に反比例する．

5 加法定理より　$\cos 2\theta=\cos(\theta+\theta)=\cos^2\theta-\sin^2\theta=\cos^2\theta-(1-\cos^2\theta)=2\cos^2\theta-1$，　$\cos 2\theta=1-\sin^2\theta-\sin^2\theta=1-2\sin^2\theta$，$\sin 2\theta=2\sin\theta\cos\theta$，$\tan 2\theta=\dfrac{\sin 2\theta}{\cos 2\theta}=\dfrac{2\sin\theta\cos\theta}{\cos^2\theta-\sin^2\theta}=\dfrac{2\tan\theta}{1-\tan^2\theta}$ なので，右の公式を得る．$\theta=\dfrac{x-2}{2}$ に対する倍角の公式と，$x\to 2$ の時，$x-2\to 0$，したがって $\cos\dfrac{x-2}{2}\to 1$ が成立することを用い，$x\to 2$ の時，

倍角の公式

$$\cos 2\theta=2\cos^2\theta-1=1-2\sin^2\theta,\quad \sin 2\theta=2\sin\theta\cos\theta$$

$$\tan 2\theta=\frac{2\tan\theta}{1-\tan^2\theta}$$

$$\frac{1-\cos(x-2)}{\sin^2(x-2)}=\frac{2\sin^2\dfrac{x-2}{2}}{\left(2\sin\dfrac{x-2}{2}\cos\dfrac{x-2}{2}\right)^2}=\frac{1}{2\cos^2\dfrac{x-2}{2}}\to\frac{1}{2}.$$

6 $t=2x$，$x=\dfrac{t}{2}$ とおくと，$\dfrac{dx}{dt}=\dfrac{1}{2}$，$x=0$ の時 $t=0$，$x=\dfrac{\pi}{2}$ の時 $t=\pi$ なので，公式より

$$\int_0^{\frac{\pi}{2}}\cos 2x\,dx=\frac{1}{2}\int_0^{\pi}\cos t\,dt=\left[\frac{1}{2}\sin t\right]_0^{\pi}=\frac{\sin\pi-\sin 0}{2}=0.$$

7 $\int f(x)dx=F(x)$ の時，定数 $a\neq 0, b$ に対して，$x=at+b$ とおくと，$\dfrac{dx}{dt}=a$ なので，合成関数の微分法より，$\dfrac{d}{dt}F(at+b)=\dfrac{dx}{dt}\dfrac{d}{dx}F(x)=af(x)=af(at+b)$ なので，$\int f(at+b)dt=\dfrac{1}{a}F(at+b)$，したがって，変数 t を

x と書き換えると，右の公式を得る．

SCHEMA

$$\int f(x)dx=F(x)\ \text{の時，}\int f(ax+b)dx=\frac{1}{a}F(ax+b)$$

倍角の公式より　$\cos 2x=1-2\sin^2 x$，　$\sin^2 x=\dfrac{1-\cos^2 x}{2}$．したがって，右の公式より

$$\int \sin^2 x\,dx=\int\frac{1-\cos 2x}{2}dx=\frac{1}{2}\int dx-\frac{1}{2}\int\cos 2x\,dx=\frac{x}{2}-\frac{1}{2}\cdot\frac{1}{2}\sin 2x=\frac{2x-\sin 2x}{4}=\frac{x-\sin x\cos x}{2}.$$

8　倍角の公式より　$\cos 2x=2\cos^2 x-1$，$\cos^2 x=\dfrac{1+\cos 2x}{2}$．したがって，前問と同じく

$$\int_0^{\frac{\pi}{2}}(\cos^2 x+2\sin x)\,dx=\int_0^{\frac{\pi}{2}}\left(\frac{1+\cos 2x}{2}+2\sin x\right)dx=\left[\frac{x}{2}+\frac{\sin 2x}{4}-2\cos x\right]_0^{\frac{\pi}{2}}=\frac{\pi}{4}+2.$$

9　$\cos^4 x=(\cos^2 x)^2=\left(\dfrac{1+\cos 2x}{2}\right)^2=\dfrac{1+2\cos 2x+\cos^2 2x}{4}=\dfrac{1+2\cos 2x+\dfrac{1+\cos 4x}{2}}{4}=\dfrac{3+4\cos 2x+\cos 4x}{8}$ なので　$\displaystyle\int\cos^4 x\,dx=\int\left(\frac{3}{8}+\frac{4}{8}\cos 2x+\frac{1}{8}\cos 4x\right)dx=\frac{3}{8}x+\frac{4}{8}\cdot\frac{1}{2}\sin 2x+\frac{1}{8}\cdot\frac{1}{4}\sin 4x=\frac{3}{8}x+\frac{1}{4}\sin 2x+\frac{1}{32}\sin 4x.$

10　積の微分の公式，　$\dfrac{d}{dx}(uv)=\dfrac{du}{dx}v+u\dfrac{dv}{dx}$　より，　$uv=\displaystyle\int\frac{du}{dx}v\,dx+\int u\frac{dv}{dx}dx$，移項して右の公式を得る．これは，積分の重要な手法である．

部分積分の公式

$$\int\frac{du}{dx}v\,dx=uv-\int u\frac{dv}{dx}dx$$

例えば，本問では余弦に x が掛っているのが問題を複雑にしている．それゆえ　$\dfrac{du}{dx}=x$　とおくと，$u=\dfrac{x^2}{2}$　で，事態はいよいよ複雑になる．そこで，$\dfrac{du}{dx}=\cos x$，$u=\sin x$，$v=x$，$\dfrac{dv}{dx}=1$ とおけば，合目的的であって，右上の部分積分の公式より

$$\int x\cos x\,dx=\int\frac{du}{dx}v\,dx=uv-\int u\frac{dv}{dx}dx=x\sin x-\int\sin x\,dx=x\sin x+\cos x.$$

11　やはり，$\dfrac{du}{dx}=\sin x$，$u=-\cos x$，$v=x$，$\dfrac{dv}{dx}=1$　とおくと，右上の部分積分の公式より

$$\int x\sin x\,dx=\int\frac{du}{dx}v\,dx=uv-\int u\frac{dv}{dx}dx=-x\cos x+\int\cos x\,dx=-x\cos x+\sin x.$$

12　$t=\tan\theta$　とおくと，$\dfrac{dt}{d\theta}=\sec^2\theta$，$1+t^2=1+\tan^2\theta=\sec^2\theta$，$0\leqq t\leqq 1$　の時，　$0\leqq\tan\theta\leqq 1$　すなわち，　$0\leqq\theta\leqq\dfrac{\pi}{4}$．
したがって，

$$f(1)=\int_0^1\frac{dt}{1+t^2}=\int_0^{\frac{\pi}{4}}\frac{\sec^2\theta}{\sec^2\theta}d\theta=\int_0^{\frac{\pi}{4}}d\theta=\Big[t\Big]_0^{\frac{\pi}{4}}=\frac{\pi}{4}.$$

ついでに，x の関数 $f(x)$ の原始関数が $F(x)$ で，その x が t の関数　$x=x(t)$　とすると，合成関数の微分法より $\dfrac{d}{dt}F(x(t))=\left(\dfrac{d}{dx}F(x)\right)\dfrac{d}{dt}x(t)=f(x)\dfrac{dx}{dt}$　なので，　t に関する不定積分として，定積分同様右の公式を得るが，右辺の分母と分子の dt を約算すると左辺となるムードを理解すれば，暗記の要はない．

変数変換の公式

$$\int f(x)dx=\int f(x(t))\frac{dx(t)}{dt}dt$$

$\cos^2\theta+\sin^2\theta=1$　の両辺を $\cos^2\theta$ で割ると，

$$\sec\theta=\frac{1}{\cos\theta}$$

の定義の下で，$1+\tan^2\theta=\sec^2\theta$　を得る．

SCHEMA

$$1+\tan^2\theta=\sec^2\theta$$

例えば，上の様に　$x=a\tan\theta\,(a>0)$　とおけば，$\dfrac{dx}{d\theta}=a\sec^2\theta$，　$x^2+a^2=a^2(\tan^2\theta+1)=a^2\sec^2\theta$　なので，$\sqrt{x^2+a^2}=a\sec\theta$　と有理化できて，右の公式を得る．この時，$\cos\theta=\dfrac{1}{\sqrt{\sec^2\theta}}=\dfrac{1}{\sqrt{1+\tan^2\theta}}=\dfrac{1}{\sqrt{1+\dfrac{x^2}{a^2}}}$
$=\dfrac{a}{\sqrt{x^2+a^2}}$，$\sin\theta=\sqrt{1-\cos^2\theta}=\sqrt{1-\dfrac{a^2}{x^2+a^2}}=\sqrt{\dfrac{x^2}{x^2+a^2}}=\dfrac{x}{\sqrt{x^2+a^2}}$　なので，

SCHEMA

$$\int P(x,\sqrt{x+a^2})\,dx=\int P(a\tan\theta,a\sec\theta)a\sec^2\theta\,d\theta$$

$x=a\tan\theta$

$$\int\frac{dx}{\sqrt{(x^2+a^2)^3}}=\int\frac{a\sec^2\theta}{a^3\sec^3\theta}d\theta=\frac{1}{a^2}\int\cos\theta\,d\theta=\frac{1}{a^2}\sin\theta=\frac{x}{a^2\sqrt{x^2+a^2}}$$

を得る．上の公式はもちろん $\sqrt{\ }$ がない時も重宝(チョウホウ)であって $\int \frac{dx}{x^2+a^2}=\int \frac{a\sec^2\theta}{a^2\sec^2\theta}d\theta=\frac{1}{a}\int d\theta=\frac{\theta}{a}$ だが $\tan\theta=\frac{x}{a}$，すなわち，逆正接(アークタンゼント)を用いて $\theta=\mathrm{arc}\tan\frac{x}{a}=\tan^{-1}\frac{x}{a}$ なので，右上の公式を得る．神経質な人は，上の $\sqrt{\frac{x^2}{x^2+a^2}}=\frac{x}{\sqrt{x^2+a^2}}$ なる，符号に注意を払わぬ計算を嫌悪されるが，結果は正しいので，余り気にしなくてよい（一致の定理を使えば明らかなのだ）．

SCHEMA

$$\int \frac{dx}{x^2+a^2}=\frac{1}{a}\tan^{-1}\frac{x}{a}\ (a>0)$$

13 条件反射の様に2次関数を完全平方の形にして，$x^2+x+1=x^2+2\cdot\frac{x}{2}x+\left(\frac{1}{2}\right)^2+\frac{3}{4}=\left(x+\frac{1}{2}\right)^2+\left(\frac{\sqrt{3}}{2}\right)^2$ なので，変数変換，$t=x+\frac{1}{2}$，$x=t-\frac{1}{2}$，$\frac{dx}{dt}=1$ を施し，$x=0$ の時，$t=\frac{1}{2}$，$x=1$ の時，$t=\frac{3}{2}$ なので，上の原始関数を用いて

$$\int_0^1 \frac{dx}{x^2+x+1}=\int_0^1 \frac{dx}{\left(x+\frac{1}{2}\right)^2+\left(\frac{\sqrt{3}}{2}\right)^2}=\int_{\frac{1}{2}}^{\frac{3}{2}} \frac{dt}{t^2+\left(\frac{\sqrt{3}}{2}\right)^2}=\left[\frac{1}{\frac{\sqrt{3}}{2}}\tan^{-1}\frac{t}{\frac{\sqrt{3}}{2}}\right]_{\frac{1}{2}}^{\frac{3}{2}}=\left[\frac{2}{\sqrt{3}}\tan^{-1}\frac{2t}{\sqrt{3}}\right]_{\frac{1}{2}}^{\frac{3}{2}}$$

$$=\frac{2}{\sqrt{3}}\left(\tan^{-1}\sqrt{3}-\tan^{-1}\frac{1}{\sqrt{3}}\right).$$

右図より右の公式を得るので，

SCHEMA

$$\tan^{-1}\frac{1}{\sqrt{3}}=\frac{\pi}{6},\ \tan^{-1}\sqrt{3}=\frac{\pi}{3}$$

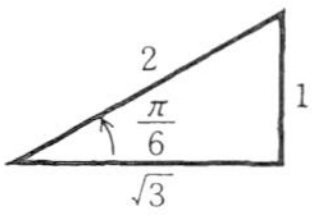

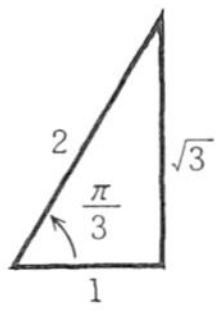

答$=\frac{2}{\sqrt{3}}\left(\frac{\pi}{3}-\frac{\pi}{6}\right)=\frac{2}{\sqrt{3}}\ \frac{\pi}{6}=\frac{\pi}{3\sqrt{3}}$.

大学の答案は分子と分母の比が明確なこのままが趣味がよく，高校の答案では分母を有理化した $\frac{\pi}{3\sqrt{3}}=\frac{\sqrt{3}\pi}{3\sqrt{3}\sqrt{3}}=\frac{\sqrt{3}\pi}{9}$ が正解．人を見て法を説け．

ついでに，無理関数 $\sqrt{x^2-a^2}$ を含む積分の有理化を試みよう．$x=a\sec\theta=\frac{a}{\cos\theta}$ とおくと，$\frac{d}{d\theta}\sec\theta=(\cos\theta)^{-1}$，$t=\cos\theta$ とすると $\frac{d}{dt}t^{-1}=-t^{-2}=\frac{-1}{t^2}$，その t は $\frac{dt}{d\theta}=\frac{d}{d\theta}\cos\theta=-\sin\theta$ なので，合成関数の微分法より，$\frac{d}{d\theta}\sec\theta=\left(-\frac{1}{\cos^2\theta}\right)(-\sin\theta)=\tan\theta\sec\theta$，すなわち，右の公式を得る．前触れが長くなったが，$\frac{dx}{d\theta}=\frac{d}{d\theta}a\sec\theta=a\tan\theta\sec\theta$，$x^2-a^2=a^2(\sec^2\theta-1)=a^2\tan^2\theta$ なので，$\sqrt{x^2-a^2}=a\tan\theta$ と有理化できて，右の公式を得る．

SCHEMA

$$\frac{d}{d\theta}\sec\theta=\tan\theta\sec\theta,\ \int\tan\theta\sec d\theta=\sec\theta$$

SCHEMA

$$\int P(x,\sqrt{x^2-a^2})dx=\int P(a\sec\theta, a\tan\theta)a\tan\theta\, d\theta$$

14 前々問と前問で，無理関数 $\sqrt{x^2\pm a^2}$ を含む積分の三角関数を用いる有理化を試みたが，本問では $\sqrt{a^2-x^2}$ を含む積分の有理化を試みよう．$x=a\sin\theta$ とおくと，$\frac{dx}{d\theta}=a\cos\theta$，$a^2-x^2=a^2(1-\sin^2\theta)=a^2\cos^2\theta$ なので，$\sqrt{a^2-x^2}=a\cos\theta$ と有理化できて，右の公式を得る．

SCHEMA

$$\int P(x,\sqrt{a^2-x^2})dx=\int P(a\sin\theta, a\cos\theta)a\cos\theta\, d\theta$$

例えば，$\sin\theta=\frac{x}{a}$ は逆正弦(アークサイン)を用いて，$\theta=\sin^{-1}\frac{x}{a}=\arcsin\frac{x}{a}$ なので，$\int\frac{dx}{\sqrt{a^2-x^2}}=\int\frac{a\cos\theta}{a\cos\theta}d\theta=\theta=\sin^{-1}\frac{x}{a}$ を得る．

SCHEMA

$$\int\frac{dx}{\sqrt{a^2-x^2}}=\sin^{-1}\frac{x}{a}$$

15 前問に引続き，$x=r\sin\theta$ とおくと，$0\leqq x\leqq r$ の時，$0\leqq\theta\leqq\frac{\pi}{2}$ なので

$$\int_0^r\sqrt{r^2-x^2}\,dx=\int_0^{\frac{\pi}{2}}(r\cos\theta)(r\cos\theta)d\theta=r^2\int_0^{\frac{\pi}{2}}\cos^2\theta\, d\theta=r^2\int_0^{\frac{\pi}{2}}\frac{1+\cos 2\theta}{2}d\theta=r^2\left[\frac{\theta+\frac{\sin 2\theta}{2}}{2}\right]_0^{\frac{\pi}{2}}=\frac{\pi r^2}{4}.$$

16 $x=a\tan\theta$ とおくと，前頁の A-12 の公式より

$$\int\frac{x}{\sqrt{a^2+x^2}}dx=\int\frac{a\tan\theta}{a\sec\theta}a\sec^2\theta\, d\theta=a\int\frac{\sin\theta}{\cos^2\theta}d\theta$$

なので，$t=\cos\theta$ とおくと，$\dfrac{d}{dt}\cos\theta=-\sin\theta$，$a\displaystyle\int\frac{\sin\theta}{\cos^2\theta}d\theta=-a\int\frac{1}{t^2}\frac{dt}{d\theta}d\theta=-a\int t^{-2}\,dt=-a\left(\frac{t^{-2+1}}{-2+1}\right)=at^{-1}$ $=\dfrac{a}{\cos\theta}=a\sec\theta=a\sqrt{1+\tan^2\theta}=a\sqrt{1+\dfrac{x^2}{a^2}}=\sqrt{x^2+a^2}$ を得る．しかし，本問では直接 $y=a^2+x^2$ とおくと，$\dfrac{dy}{dx}$ $=2x$ の x が分子にあるので，雑にいうと $x\,dx=\dfrac{dy}{2}$ とできて

$$\int\frac{x}{\sqrt{a^2+x^2}}dx=\frac{1}{2}\int\frac{1}{\sqrt{a^2+x^2}}\frac{dy}{dx}dx=\frac{1}{2}\int y^{-\frac{1}{2}}dy=\frac{1}{2}\frac{y^{-\frac{1}{2}+1}}{-\frac{1}{2}+1}=y^{\frac{1}{2}}=\sqrt{x^2+a^2}$$

を得るが，これは偶然である．E-3-4 も同様であって，$z=a^2-x^2$ とおくと，$\dfrac{dz}{dx}=-2x$ なので，

$$\int\frac{x}{\sqrt{a^2-x^2}}dx=-\frac{1}{2}\int\frac{1}{\sqrt{a^2-x^2}}\frac{dz}{dx}dx=-\frac{1}{2}\int z^{-\frac{1}{2}}dz=-\frac{1}{2}\frac{z^{-\frac{1}{2}+1}}{-\frac{1}{2}+1}=-z^{\frac{1}{2}}=-\sqrt{a^2-x^2}$$

を得るが，これも偶然である．

17 y が x の関数 $y=y(x)$ であれば，これを x について解いた $x=x(y)$ は y の関数である．これを $y=y(x)$ に代入した両辺は合成関数として y の関数であって，y に等しい．したがって，その両辺を合成関数の微分法で微分し，$1=\dfrac{dy}{dx}\cdot\dfrac{dx}{dy}$．移項して，右の公式を得る．この公式は分母の分母を分子に持って来るという自然の操作で，暗記の要がない．本問では，x の関数 y の微分は $\dfrac{dy}{dx}=k\sqrt{1-y^2}$ なので，その逆関数である y の関数 x の微分は，上の公式より $\dfrac{dx}{dy}=\dfrac{1}{k}\dfrac{1}{\sqrt{1-y^2}}$．A-14 の公式より $x=\dfrac{1}{k}(\sin^{-1}y)+c$（$c$=積分定数）．$\sin^{-1}y$ $=kx+kc$ なので，$\omega=kc$=任意定数とおき，$y=\sin(kx+\omega)$ なる単振動を得る．他に $y\equiv\pm1$ も解であり，特異解と呼ばれる．$y=\sin(kx+\omega)$ を一般解と言う．本問の方程式は，もちろん，微分方程式である．

> **逆関数の微分法**
>
> $$\frac{dx}{dy}=\frac{1}{\dfrac{dy}{dx}}$$

18 二曲線の交点は差積の公式より $\sin 2x-\sin x=2\cos\dfrac{2x+x}{2}\sin\dfrac{2x-x}{2}=2\cos\dfrac{3}{2}x\sin\dfrac{x}{2}=0$．$0\leqq x\leqq 2\pi$ では，$0\leqq\dfrac{x}{2}\leqq\pi$ なので，$x=0,\ 2\pi$ で 0 になることを除いては $\sin\dfrac{x}{2}>0$．したがって，$0<x<\dfrac{\pi}{3}$ では $\cos\dfrac{3}{2}x>0$，$\dfrac{\pi}{3}<x<\pi$ では $\cos\dfrac{3}{2}x<0$，$\pi<x<\dfrac{5}{3}\pi$ では $\cos\dfrac{3}{2}x>0$，$\dfrac{5}{3}\pi<x<2\pi$ では $\cos\dfrac{3}{2}x<0$ であって，$x=0,\dfrac{\pi}{3},\pi,\dfrac{5}{3}\pi,2\pi$ では $\cos\dfrac{3}{2}x\sin\dfrac{x}{2}=0$ である．したがって求める面積は，

$$\int_0^{\frac{\pi}{3}}(\sin 2x-\sin x)\,dx+\int_{\frac{\pi}{3}}^{\pi}(\sin x-\sin 2x)\,dx+\int_{\pi}^{\frac{5\pi}{3}}(\sin 2x-\sin x)\,dx+\int_{\frac{5\pi}{3}}^{2\pi}(\sin x-\sin 2x)dx$$

$$=\left[-\frac{\cos 2x}{2}+\cos x\right]_0^{\frac{\pi}{3}}+\left[-\cos x+\frac{\cos 2x}{2}\right]_{\frac{\pi}{3}}^{\pi}+\left[-\frac{\cos 2x}{2}+\cos x\right]_{\pi}^{\frac{5\pi}{3}}+\left[-\cos x+\frac{\cos 2x}{2}\right]_{\frac{5\pi}{3}}^{2\pi}$$

$$\left(\frac{-\cos\frac{2\pi}{3}+\cos 0}{2}+\cos\frac{\pi}{3}-\cos 0\right)+\left(-\cos\pi+\cos\frac{\pi}{3}+\frac{\cos 2\pi-\cos\frac{2\pi}{3}}{2}\right)$$

$$+\left(\frac{\cos 2\pi-\cos\frac{10\pi}{3}}{2}+\cos\frac{5\pi}{3}-\cos\pi\right)+\left(-\cos 2\pi+\cos\frac{5\pi}{3}+\frac{\cos 4\pi-\cos\frac{10\pi}{3}}{2}\right)$$

$$=\left(\frac{\frac{1}{2}+1}{2}+\frac{1}{2}-1\right)+\left(1+\frac{1}{2}+\frac{1+\frac{1}{2}}{2}\right)+\left(\frac{1+\frac{1}{2}}{2}+\frac{1}{2}+1\right)+\left(-1+\frac{1}{2}+\frac{1+\frac{1}{2}}{2}\right)=5.$$

19 $\dfrac{x^2}{a^2}+\dfrac{y^2}{b^2}=1$ より $y=\pm\dfrac{b}{a}\sqrt{a^2-x^2}\,(-a\leqq x\leqq a)$．対称性より，求める面積は第 1 象限の 4 倍であって，A-15 より $\dfrac{4b}{a}\displaystyle\int_0^a\sqrt{a^2-x^2}\,dx=\frac{4b}{a}\cdot\frac{\pi a^2}{4}=\pi ab$.

B 基礎を活用する演習

1. x,y 共に助変数 t の関数 $x=x(t)$，$y=y(t)$ として，関数関係があると思ってよく，移項して，両辺を dt で割り，$\dfrac{\sin dy}{\cos^2 y}\dfrac{dy}{dt}=\dfrac{1}{\cos^2 x}\dfrac{dx}{dt}$．両辺は共に t の関数として等しいから，積分関数も定数を除いて等しく，$\displaystyle\int\frac{\sin y}{\cos^2 y}\frac{dy}{dt}dt$

$=\int \frac{1}{\cos^2 x}\frac{dx}{dt}dt$，両辺にそれぞれ，変数変換 $y=y(t)$，$x=x(t)$ を施して，$\int \frac{\sin y}{\cos^2 y}dy=\int \frac{dx}{\cos^2 x}$．実際は，こんなカッタルイ（岸恵子がフランスのテレビを評して，こう表現した）ことをせず，$\frac{\sin y}{\cos^2 y}dy=\frac{dx}{\cos^2 x}$ より直ちに $\int \frac{\sin y}{\cos^2 y}dy=\int \frac{dx}{\cos^2 x}$ としてよい．左辺の積分は $z=\cos y$ とおくと，$\frac{dz}{dy}=-\sin y$ なので，$\int \frac{\sin y}{\cos^2 y}dy=\int \frac{1}{z^2}\left(-\frac{dz}{dy}\right)dy=-\int \frac{dz}{z^2}=-\frac{z^{-2+1}}{-2+1}=z^{-1}=\frac{1}{\cos y}$．これも，実際は，$z=\cos y$ とおくと，$dz=-\sin y\,dy$ なので，$\int \frac{\sin y}{\cos^2 y}dy=\int \frac{-dz}{z^2}=\frac{1}{z}$ としてよい．今後は，どしどし，この便法で行く．右辺は公式より $\tan x$．したがって $\frac{1}{\cos y}=\tan x+c$，すなわち，$(\tan x+c)\cos y=1$（$c$＝任意定数）が一般解である．他に特異解 $y\equiv\left(n+\frac{1}{2}\right)\pi$ がある．

2．前問は微分方程式だったが，しばらく，積分方程式が続く．積分方程式を満す関数 $f(t)$ は未知関数なので，その定積分 $k=\int_{-\pi}^{\pi}f(t)dt$ は未知数である．したがって，$f(x)=\sin^2 x+a\int_{-\pi}^{\pi}f(t)dt=\sin^2 x+ak$ なる三角関数の定積分が上の k であって，$k=\int_{-\pi}^{\pi}f(t)dt=\int_{-\pi}^{\pi}(\sin^2 t+ak)dt=\int_{-\pi}^{\pi}\left(\frac{1-\cos 2t}{2}+ak\right)dt=\left[\frac{t-\frac{\sin 2t}{2}}{2}+akt\right]_{-\pi}^{\pi}=(1+2ak)\pi$．ゆえに，$k=(1+2ak)\pi$ より，$k=\frac{\pi}{1-2a\pi}$，$f(x)=\sin^2 x+\frac{a\pi}{1-2a\pi}$．

3．前問と同じ着想で，$k=\int_0^{\frac{\pi}{2}}f(t)dt$ とおき，A–8 の結果を用い，$f(x)=\cos^2 x+2\sin x+\int_0^{\frac{\pi}{2}}f(t)dt=\cos^2 x+2\sin x+k$ より，$k=\int_0^{\frac{\pi}{2}}f(t)dt=\int_0^{\frac{\pi}{2}}(\cos^2 t+2\sin t+k)dt=\frac{\pi}{4}+2+\frac{k\pi}{2}$．したがって $k=\frac{\frac{\pi}{4}+2}{1-\frac{\pi}{2}}=\frac{-\pi-8}{2(\pi-2)}$，$f(x)=\cos^2 x+2\sin x-\frac{\pi+8}{2(\pi-2)}$，$f\left(\frac{\pi}{2}\right)=2-\frac{\pi+8}{2(\pi-2)}=\frac{3\pi-16}{2(\pi-2)}$．

4．やはり，$k=\int_0^{\pi}f(\pi-x)|\cos x|\,dx$ とおく．$f(x)=\cos 2x+k$ であり，$0\leqq x\leqq\frac{\pi}{2}$ の時 $\cos x\geqq 0$，$\frac{\pi}{2}\leqq x\leqq\pi$ の時 $\cos x\leqq 0$ なので，$k=\int_0^{\pi}f(\pi-x)|\cos x|\,dx=\int_0^{\frac{\pi}{2}}f(\pi-x)\cos x\,dx-\int_{\frac{\pi}{2}}^{\pi}f(\pi-x)\cos x\,dx=\int_0^{\frac{\pi}{2}}((\cos 2(\pi-x)+k)\cos x\,dx-\int_{\frac{\pi}{2}}^{\pi}(\cos 2(\pi-x)+k)\cos x\,dx=\int_0^{\frac{\pi}{2}}(\cos 2x\cos x+k\cos x)dx-\int_{\frac{\pi}{2}}^{\pi}(\cos 2x\cos x+k\cos x)dx=\int_0^{\frac{\pi}{2}}\left(\frac{\cos 3x+\cos x}{2}+k\cos x\right)dx-\int_{\frac{\pi}{2}}^{\pi}\left(\frac{\cos 3x+\cos x}{2}+k\cos x\right)dx=\left[\frac{\frac{\sin 3x}{3}+\sin x}{2}+k\sin x\right]_0^{\frac{\pi}{2}}-\left[\frac{\frac{\sin 3x}{3}+\sin x}{2}+k\sin x\right]_{\frac{\pi}{2}}^{\pi}=\frac{-\frac{1}{3}+1}{2}+k+\frac{-\frac{1}{3}+1}{2}+k=2k+\frac{2}{3}$ より $k=2k+\frac{2}{3}$，すなわち，$k=-\frac{2}{3}$，$f(x)=\cos 2x-\frac{2}{3}$．

5．同じく，$k=\int_0^{\pi}g'(t)dt$ とおくと，$f(x)=2\sin x+k$．ゆえに $g(x)=\cos x+\int_0^x t(2\sin t+k)dt$．ここで $\int t\sin t\,dt$ は A–11 で求めたので

$$\int_0^x(2t\sin t+kt)dt=\left[-2t\cos t+2\sin t+\frac{kt^2}{2}\right]_0^x=-2x\cos x+2\sin x+\frac{kx^2}{2},$$

したがって，$g(x)=-2x\cos x+2\sin x+\cos x+\frac{kx^2}{2}$．ところで $k=\int_0^{\pi}g'(t)dt=\Big[g(t)\Big]_0^{\pi}=g(\pi)-g(0)$ であり，$g(\pi)=2\pi-1+\frac{k\pi^2}{2}$，$g(0)=1$ なので，$k=g(\pi)-g(0)=2\pi-1+\frac{k\pi^2}{2}-1=2\pi-2+\frac{k\pi^2}{2}$ $k=\frac{4\pi-4}{2-\pi^2}$．ゆえに $f(x)=2\sin x+\frac{4\pi-4}{2-\pi^2}$，$g(x)=-2x\cos x+2\sin x+\cos x+\frac{2\pi-2}{2-\pi^2}x^2$．

6．(i) $\cos y=x$ を y について解いたものを $y=\cos^{-1}x=\arccos x$ と書き，逆余弦(アークコサイン)と呼ぶ．定義より $\cos(\cos^{-1}x)=x$．$\sin(\cos^{-1}x)=\sqrt{1-\cos^2(\cos^{-1}x)}=\sqrt{1-x^2}$．$\cos(n\cos^{-1}x)=n$ 次の多項式 $P_n(x)$，$\sin(n\cos^{-1}x)=\sqrt{1-x^2}\times$（$(n-1)$ 次の多項式 $Q_{n-1}(x)$）と仮定すると，$n+1$ の時，加法定理より $\cos((n+1)\cos^{-1}x)=\cos(n\cos^{-1}x+\cos^{-1}x)=\cos(n\cos^{-1}x)\cos(\cos^{-1}x)-\sin(n\cos^{-1}x)\sin(\cos^{-1}x)=xP_n(x)-(1-x^2)Q_{n-1}(x)$，$\sin((n+1)\cos^{-1}x)=\sin(n\cos^{-1}x+\cos^{-1}x)=\sin(n\cos^{-1}x)\cos(\cos^{-1}x)+\cos(n\cos^{-1}x)\sin(\cos^{-1}x)=\sqrt{1-x^2}(xQ_{n-1}(x)+P_n(x))$ を得，上の命題は一般の n に対して成立し，特に，$\cos(n\cos^{-1}x)$ は x の n 次の多

項式である．

(ii) 本問では変数変換 $x=\cos\theta$ により cos を用いて，$\dfrac{dx}{d\theta}=-\sin\theta$，$\sqrt{1-x^2}=\sqrt{1-\cos^2\theta}=\sin\theta$，$x=-1$ の時，$\theta=\pi$，$x=1$ の時，$\theta=0$ によって有理化するのが定石であって

$$\int_{-1}^{1}\frac{T_m(x)T_n(x)}{\sqrt{1-x^2}}dx=\int_{\pi}^{0}\frac{\cos(m\cos^{-1}x)\cos(n\cos^{-1}x)}{\sqrt{1-x^2}}\frac{dx}{d\theta}d\theta=\int_{\pi}^{0}\frac{\cos m\theta\cos n\theta}{\sin\theta}(-\sin\theta)d\theta$$

$$=\int_{0}^{\pi}\cos m\theta\cos n\theta\,d\theta=\int_{0}^{\pi}\frac{\cos(m+n)\theta+\cos(m-n)\theta}{2}d\theta.$$

$m+n\neq0$，$m-n\neq0$ であれば，

$$\int_{-1}^{1}\frac{T_m(x)T_n(x)}{\sqrt{1-x^2}}dx=\left[\frac{\dfrac{\sin(m+n)\theta}{m+n}+\dfrac{\sin(m-n)\theta}{m-n}}{2}\right]_0^{\pi}=\frac{\dfrac{\sin(m+n)\pi}{m+n}+\dfrac{\sin(m-n)\pi}{m-n}}{2}=0.$$

特別な場合として，$m=n\neq0$ であれば，

$$\int_{-1}^{1}\frac{T_m(x)T_n(x)}{\sqrt{1-x^2}}dx=\int_{0}^{\pi}\frac{\cos 2m\theta+1}{2}d\theta=\left[\frac{\dfrac{\sin 2m\theta}{2m}+\theta}{2}\right]_0^{\pi}=\frac{\pi}{2},$$

$m=n=0$ であれば，

$$\int_{-1}^{1}\frac{T_m(x)T_n(x)}{\sqrt{1-x^2}}dx=\int_{0}^{\pi}d\theta=\pi.$$

上の結果では，$\displaystyle\int_{-1}^{1}\frac{f^2(x)}{\sqrt{1-x^2}}dx<+\infty$ を満す関数の作る空間の中で，関数 f, g の内積と f のノルムを

$$(f,g)=\int_{-1}^{1}\frac{f(x)g(x)}{\sqrt{1-x^2}}dx,\quad \|f\|=\sqrt{\int_{-1}^{1}\frac{f^2(x)}{\sqrt{1-x^2}}dx}$$

で定義すると，シュワルツの不等式より

$$|(f,g)|=\left(\int_{-1}^{-1}\frac{f(x)}{\sqrt[4]{1-x^2}}\frac{g(x)}{\sqrt[4]{1-x^2}}dx\right)^2\leqq\left(\int_{-1}^{1}\frac{f^2(x)}{\sqrt{1-x^2}}dx\right)\left(\int_{-1}^{1}\frac{g^2(x)}{\sqrt{1-x^2}}dx\right)=\|f\|\,\|g\|$$

が成立しているので，f と g のなす**角** θ を

$$\cos\theta=\frac{(f,g)}{\|f\|\,\|g\|}$$

で定義することができる．直交条件 $\cos\theta=0$ は $(f,g)=0$ と同値であるのでチェビシェフ多項式列はこの空間で直交座標系をなすことが分る．

7. 差積の公式より

$$|F(x)-F(y)|=\left|\int_{-\infty}^{+\infty}f(t)(\cos(xt)-\cos(yt))\,dt\right|=\left|\int_{-\infty}^{+\infty}f(t)\,2\sin\frac{(x+y)t}{2}\sin\frac{(y-x)t}{2}dt\right|$$

$$\leqq2\left(\int_{-\infty}^{+\infty}|f(t)|\left|\sin\frac{(x-y)t}{2}\right|dt\right).$$

ところで，無限積分 $\displaystyle\int_{-\infty}^{+\infty}|f(t)|dt=\lim_{T\to\infty}\int_{-T}^{T}|f(t)|\,dt$ なので，差 $\displaystyle\int_{-\infty}^{+\infty}|f(t)|\,dt-\int_{-T}^{T}|f(t)|\,dt=\int_{-\infty}^{-T}+\int_{T}^{\infty}$ は，T をどんどん大きくすれば，どんな正数 $\dfrac{\varepsilon}{4}$ よりも小さくなるはずである．すなわち，講義風には $^\forall\varepsilon>0$，$^\exists T$；

$$\int_{-\infty}^{-T}|f(t)|dt+\int_{T}^{\infty}|f(t)|dt<\frac{\varepsilon}{4},$$

文章で述べれば，任意の正数 ε に対して，上の不等式を満す正数 T がある．この T に対して，不等式 $|\sin\theta|\leqq|\theta|$ より

$$\int_{-T}^{T}|f(t)|\left|\sin\frac{(x-y)t}{2}\right|dt\leqq\frac{|x-y|T}{2}\left(\int_{-T}^{T}|f(t)|dt\right).$$

したがって，$\delta=\dfrac{\varepsilon}{1+2T\displaystyle\int_{-T}^{T}|f(t)|dt}$ とおくと，$|x-y|<\delta$ である限り

$$|F(x)-F(y)|\leqq2\int_{-\infty}^{+\infty}|f(t)|\left|\sin\frac{(x-y)t}{2}\right|dt\leqq2\int_{-\infty}^{T}|f(t)|dt+2\int_{T}^{\infty}|f(t)|dt+2\int_{-T}^{T}|f(t)|\left|\sin\frac{(x-y)t}{2}\right|dt$$

$$\leqq2\int_{-\infty}^{T}|f(t)|dt+2\int_{T}^{\infty}|f(t)|dt+2\frac{|x-y|T}{2}\int_{-T}^{T}|f(t)|dt<\frac{\varepsilon}{2}+\frac{\varepsilon}{2}=\varepsilon$$

が成立する．ε を勝手に取ると，それに伴って正数 T，したがって δ が定まるが，この δ は x, y には無関係に取れたので，3章 B-8 の定義の意味で，関数 $F(x)$ は一様連続である．なお，この証明では，関数 f は積分 $\int_{-\infty}^{+\infty}|f(t)|dt$ が定義できて有限であれば，連続である必要は無く，Lebesgue の意味で可測であればよい．上の論法が，悪名高き，ε–δ 法である．ε–δ 法を修得すると，教養部より学部へ進学できる．

8. $\int_{-\infty}^{+\infty}|f(t)|dt<+\infty$ なので，積分 $F(x)$ は 被積分関数の絶対値 $\leqq|f(t)|$ であり収束する．微分するため，差分商を作る際，差積の公式を用いると

$$\frac{F(x+h)-F(x)}{h}=\frac{1}{h}\left(\int_{-\infty}^{+\infty}f(t)\cos(x+h)t\,dt-\int_{-\infty}^{+\infty}f(t)\cos xt\,dt\right)=\int_{-\infty}^{+\infty}\frac{\cos(x+h)t-\cos xt}{h}f(t)\,dt$$

$$=\int_{-\infty}^{+\infty}\left(-2\sin\left(x+\frac{h}{2}\right)t\frac{\sin\frac{ht}{2}}{h}\right)f(t)\,dt$$

であるが，積分記号内が

$$\lim_{h\to 0}\left(-2\sin\left(x+\frac{h}{2}\right)t\frac{\sin\frac{ht}{2}}{\frac{ht}{2}}\frac{t}{2}\right)=-t\sin xt$$

に近づくことを考慮に入れ

$$\frac{F(x+h)-F(x)}{h}+\int_{-\infty}^{+\infty}tf(t)\sin xt\,dt=\int_{-\infty}^{+\infty}\left(-2\sin\left(x+\frac{h}{2}\right)t\frac{\sin\frac{ht}{2}}{h}+t\sin x\,t\right)f(t)\,dt.$$

ここで，前問と同じ論法，すなわち，ε–δ 法を駆使しよう．無限区間の積分 $\int_{-\infty}^{+\infty}|tf(t)|dt<\infty$ なので，$^{\forall}\varepsilon>0$，$^{\exists}T>1$；$\left(\int_{-\infty}^{-T}+\int_{T}^{\infty}\right)|t||f(t)|dt<\frac{\varepsilon}{12}$．上の積分の太い（ ）の中はやはり差積の公式より

$$-2\sin\left(x+\frac{h}{2}\right)t\frac{\sin\frac{ht}{2}}{h}+t\sin xt=t\left(\sin xt-\sin xt\frac{\sin\frac{ht}{2}}{\frac{ht}{2}}\right)-t\left(\sin\left(x+\frac{h}{2}\right)t-\sin xt\right)\frac{\sin\frac{ht}{2}}{\frac{ht}{2}}$$

$$=t\sin xt\left(1-\frac{\sin\frac{ht}{2}}{\frac{ht}{2}}\right)-2t\cos\left(x+\frac{h}{4}\right)t\sin\frac{ht}{4}\frac{\sin\frac{ht}{2}}{\frac{ht}{2}}.$$

右辺の第一項を評価すべく，関数 $h(t)=\sin t-t+\frac{t^3}{6}$ を考察すると，$h'(t)=\cos t-1+\frac{t^2}{2}$，その微分 $h''(t)=-\sin t+t$，そのまた微分 $h'''(t)=-\cos t+1$．$h''(0)=0$で，その微分 $h'''(t)=1-\cos t\geqq 0$ なので，h'' は $\nearrow$．したがって，$h''(t)\geqq h''(0)=0$ $(t\geqq 0)$．$h''(t)\geqq 0$ なので，h' は $\nearrow$．$h'(0)=0$ なので，$h'(t)\geqq h'(0)=0(t\geqq 0)$．$h'(t)\geqq 0$ なので，h は $\nearrow$．$h(0)=0$ なので，$h(t)\geqq h(0)=0$．かくして，右の不等式を導いた．任意の正数 ε に対して，上に取った正数 $T>1$ に基いて，正数 $\delta<1$ を $\delta T^3\int_{-T}^{T}|f(t)|dt<\frac{\varepsilon}{2}$ が成立する様に十分小さく取れば，$0<|h|<\delta$ の時，

SCHEMA

$$t-\sin t\leqq\frac{t^3}{6}(t\geqq 0),\quad 1-\frac{\sin t}{t}\leqq\frac{t^2}{6}(t>0)$$

$$\frac{F(x+h)-F(x)}{h}+\int_{-\infty}^{+\infty}tf(t)\sin xt\,dt=\int_{-\infty}^{-T}\left(-2\sin\left(x+\frac{h}{2}\right)t\frac{\sin\frac{ht}{2}}{\frac{th}{2}}+\sin xt\right)tf(t)\,dt$$

$$+\int_{T}^{+\infty}\left(-2\sin\left(x+\frac{h}{2}\right)t\frac{\sin\frac{ht}{2}}{\frac{th}{2}}+\sin xt\right)tf(t)\,dt+\int_{-T}^{T}t\sin xt\left(1-\frac{\sin\frac{ht}{2}}{\frac{ht}{2}}\right)f(t)\,dt$$

$$-\int_{-T}^{T}2t\cos\left(x+\frac{h}{4}\right)t\sin\frac{ht}{4}\frac{\sin\frac{ht}{2}}{\frac{ht}{2}}dt$$

であるが，$\left|-2\sin\left(x+\frac{h}{2}\right)t\frac{\sin\frac{ht}{2}}{\frac{ht}{2}}+\sin xt\right|\leqq 3$，$\left|t\sin xt\left(1-\frac{\sin\frac{ht}{2}}{\frac{ht}{2}}\right)\right|\leqq\frac{|t|^3h^2}{6}\leqq\frac{T^3h^2}{6}(-T\leqq t\leqq T)$，

$$\left|2t\cos\left(x+\frac{h}{4}\right)t\sin\frac{ht}{4}\frac{\sin\frac{ht}{2}}{\frac{ht}{2}}\right|\leqq\left|2t\sin\frac{ht}{4}\right|\leqq\frac{|h|t^2}{2}\leqq\frac{|h|T^2}{2}(-T\leqq t\leqq T)$$

であるから，各積分の絶対値内の積分を取り

$$\left|\frac{F(x+h)-F(x)}{h}+\int_{-\infty}^{+\infty}tf(t)\sin xt\,dt\right|\leqq 3\int_{-\infty}^{-T}|tf(t)|dt+3\int_{T}^{\infty}|tf(t)|dt+\frac{T^3|h|^2}{6}\int_{-T}^{T}|f(t)|dt$$
$$+\frac{T^2|h|}{2}\int_{-T}^{T}|f(t)|dt<\frac{\varepsilon}{4}+\frac{\varepsilon}{4}+\delta T^3\int_{-T}^{T}|f(t)|dt<\varepsilon.$$

ε はどの様にでも小さくでき，それに対して，δ を小さく取れば，$0<|h|<\delta$ と h が小さい時，差分商との積分の差がこの小さな ε より小さくできるので，

$$F'(x)=\lim_{h\to 0}\frac{F(x+h)-F(x)}{h}=-\int_{-\infty}^{+\infty}tf(t)\sin xt\,dt.$$

これは $\dfrac{d}{dx}\cos xt=-t\sin xt$ なので，

$$\frac{d}{dx}\int_{-\infty}^{+\infty}f(t)\cos xt\,dt=\int_{-\infty}^{+\infty}\frac{d}{dx}(f(t)\cos xt)dt$$

と積分記号の中で微分できるという，ごく当り前のことをご苦労にも示したことになる．この様な問題がスラスラと解答できれば，諸君は大学院に入院していることになり，年令的に矛盾である．したがって，この様な高級な問題も，基本的には，われわれが学んでいる微積分の学力に帰着されることを学びつつ，上の説明が観賞できればよい．理解できぬからといって，ノイローゼになり数学科でなく精神科の方に入院しないこと．

最後に

$$\frac{dF(x)}{d\,x}=\int_{-\infty}^{+\infty}tf(t)(-\sin xt)dt$$

は前問と全く同じ方法で，一様連続である．導関数が連続の時，**連続微分可能**という．

7章　指数関数

A　基礎をかためる演習

1　$y=\log(x^2+x+1)$ の $t=x^2+x+1$ とおくと，$\dfrac{dt}{dx}=2x+1$ なので合成関数の微分法より $\dfrac{dy}{dx}=\dfrac{dt}{dx}\dfrac{d}{dt}\log t$ $=\dfrac{2t+1}{t}=\dfrac{2x+1}{x^2+x+1}$．一般に，関数 $f(x)$ に対して，$t=f(x)$ とおくと，$\dfrac{dt}{dx}=f'(t)$．$\dfrac{d}{dx}\log f(x)=\dfrac{dt}{dx}\dfrac{d}{dt}\log t$ $=\dfrac{f'(x)}{t}=\dfrac{f'(x)}{f(x)}$ なので右の関係を得る．しかし，E-2 で comment した様に，$\dfrac{d}{dt}\log|t|=\dfrac{1}{t}$ $(t\neq 0)$ なので，教職試験を受験する人は右下の公式の方を覚えていた方がよい．関数論の立場では前者の方が，解析的で秀れているが，人を見て法を説け！

SCHEMA

$$\frac{d}{dx}\log f(x)=\frac{f'(x)}{f(x)},\quad \int\frac{f'(x)}{f(x)}dx=\log f(x)$$

SCHEMA

$$\frac{d}{dx}\log|f(x)|=\frac{f'(x)}{f(x)},\quad \int\frac{f'(x)}{f(x)}dx=\log|f(x)|$$

2　商の微分の公式より $f'(x)=\dfrac{d}{dx}\dfrac{\log x}{x^2}$ $=\dfrac{x^2\cdot\dfrac{1}{x}-2x\log x}{x^4}=\dfrac{1-2\log x}{x^3}$．積の微分の公式より $f'(x)=\dfrac{d}{dx}x^{-2}\log x=-2x^{-3}\log x+x^{-2}x^{-1}=\dfrac{1-2\log x}{x^3}$．どちらを選ぶかは，好みの問題である．$1-2\log x=0$ より $x^2=e$，すなわち，$x=\sqrt{e}$．$0<x<\sqrt{e}$ では，$f'(x)>0$，$x>\sqrt{e}$ では $f'(x)<0$ なので，$x=\sqrt{e}$ で，$f(x)$ は極大かつ最大値 $\dfrac{\log\sqrt{e}}{e}=\dfrac{1}{2e}$ を取る．

3　(1)　$y=x^x$，$\log y=x\log x$．積の微分の公式より両辺を x で微分し，$\dfrac{1}{y}\dfrac{dy}{dx}=\dfrac{dy}{dx}\dfrac{d}{dy}\log y=\dfrac{d}{dx}x\log x$ $=\dfrac{dx}{dx}\log x+x\dfrac{d}{dx}\log x=\log x+1$ なので，$\dfrac{dy}{dx}=y(\log x+1)=x^x(\log x+1)$．$0<x<e^{-1}$ の時，$y'<0$，$x>e^{-1}$ の時 $y'>0$ なので，$x=e^{-1}$ の時，極小値 $\left(\dfrac{1}{e}\right)^{\frac{1}{e}}=e^{-\frac{1}{e}}$ を求めたくなる様であれば，シメタものである．

(2)　$x=e^{\frac{x-y}{y}}$，$\log x=\dfrac{x-y}{y}$．$\dfrac{1}{x}=\dfrac{d}{dx}\log x=\dfrac{d}{dx}\dfrac{x-y}{y}=\dfrac{y\left(1-\dfrac{dy}{dx}\right)-(x-y)\dfrac{dy}{dx}}{y^2}=\dfrac{y-x\dfrac{dy}{dx}}{y^2}$ を $\dfrac{dy}{dx}$ につい

て解き，$\dfrac{dy}{dx}=\dfrac{y(x-y)}{x^2}$ とすると不合格で，$\log x=\dfrac{x}{y}-1$ より，$y=\dfrac{x}{\log x+1}$ に商の微分の公式を用いて，$\dfrac{dy}{dx}$ $=\dfrac{\log x+1-x\cdot\dfrac{1}{x}}{(\log x+1)^2}=\dfrac{\log x}{(\log x+1)^2}$ なる非本質的な所で受験生の〝能力〟（>0 か <0 かは知らぬが）を験す趣味を，この学校の出題者は一貫して持っている．前問(i)は対数微分の必然性があり，こちらの(ii)は陰関数を用いる必然性はない．グランドの上に針を落し，探せという様なもので，探した人と探せなかった人について，数学上の能力の差はない．どちらかといえば，できる人程よく落ち，大学へ通わず，塾でアルバイトした人程よく通る．

4　$e^{x^2-y^2}=1+x-y$ は前問と違って，必然的に陰関数である．$z=x^2-y^2$ を x で微分する時，y は x の関数なので，$\dfrac{dz}{dx}=2x-2y\dfrac{dy}{dx}$．したがって $2\left(x-y\dfrac{dy}{dx}\right)e^{x^2-y^2}=\dfrac{dz}{dx}\dfrac{d}{dz}e^z=\dfrac{d}{dx}e^{x^2-y^2}=\dfrac{d}{dx}(1+x-y)=1-\dfrac{dy}{dx}$．$x=y=\dfrac{1}{2}$ を代入すると，$\dfrac{dy}{dx}=f'\left(\dfrac{1}{2}\right)$なので，$1-f'\left(\dfrac{1}{2}\right)=1-f'\left(\dfrac{1}{2}\right)$ なるトートロジーを得て，得る所が無いが，諦めては，不合格．条件 $x-y\neq0$ を用いておらぬことを想起し，先程の式を $\dfrac{dy}{dx}$ について解き，

$$\frac{dy}{dx}=\frac{2xe^{x^2-y^2}-1}{2ye^{x^2-y^2}-1} \qquad (1).$$

$x=y=\dfrac{1}{2}$では，分母，分子共に零である．今，微分をやっているはずで，行き詰ったら原点

$$g'\left(\frac{1}{2}\right)=\lim_{x\to\frac{1}{2}}\frac{g(x)-g\left(\frac{1}{2}\right)}{x-\frac{1}{2}} \qquad (2)$$

に帰るのが定石である．上の$\dfrac{dy}{dx}$を与える式の分母，分子を，それぞれ，x, y の合成関数として，x の関数と思えば，$x=\dfrac{1}{2}$ を代入すると共に零になるということは，上の $g'\left(\dfrac{1}{2}\right)$ を与える式で $g\left(\dfrac{1}{2}\right)=0$ であり却って手掛りとなり，$x\to\dfrac{1}{2}$ の時 $y\to\dfrac{1}{2}$，$\dfrac{dy}{dx}\to f'\left(\dfrac{1}{2}\right)$ なので，

$$f'\left(\frac{1}{2}\right)=\frac{dy}{dx}=\lim_{x\to\frac{1}{2}}\frac{\dfrac{2xe^{x^2-y^2}-1}{x-\frac{1}{2}}}{\dfrac{2ye^{x^2-y^2}-1}{x-\frac{1}{2}}}=\frac{\displaystyle\lim_{x\to\frac{1}{2}}\frac{2xe^{x^2-y^2}-1}{x-\frac{1}{2}}}{\displaystyle\lim_{x\to\frac{1}{2}}\frac{2ye^{x^2-y^2}-1}{x-\frac{1}{2}}}=\left.\frac{\dfrac{d}{dx}(2xe^{x^2-y^2}-1)}{\dfrac{d}{dx}(2ye^{x^2-y^2}-1)}\right|_{x=\frac{1}{2}}$$

$$=\left.\frac{2\left(e^{x^2-y^2}2x+\left(x-y\dfrac{dy}{dx}\right)e^{x^2-y^2}\right)}{2\left(\dfrac{dy}{dx}e^{x^2-y^2}+2y\left(x-y\dfrac{dy}{dx}\right)e^{x^2-y^2}\right)}\right|_{x=\frac{1}{2}}=\frac{\dfrac{3}{2}-\dfrac{f'\left(\frac{1}{2}\right)}{2}}{\dfrac{1}{2}+\dfrac{f'\left(\frac{1}{2}\right)}{2}}=\frac{3-f'\left(\frac{1}{2}\right)}{1+f'\left(\frac{1}{2}\right)} \qquad (3)$$

を得るので，今回は tautology でない2次の方程式 $f'\left(\dfrac{1}{2}\right)^2+2f'\left(\dfrac{1}{2}\right)-3=\left(f'\left(\dfrac{1}{2}\right)+3\right)\left(f'\left(\dfrac{1}{2}\right)-1\right)=0$ を得，$f'\left(\dfrac{1}{2}\right)=1$ または -3．なお，$x\neq\dfrac{1}{2}$ の時 $x\neq y$ なる条件は，上の極限を取る前の分母子が，$x=\dfrac{1}{2}$ の近くで，$x\neq\dfrac{1}{2}$ であれば，零でなく，上の割り算ができるということを保証している．

次に $2\left(x-y\dfrac{dy}{dx}\right)e^{x^2-y^2}=1-\dfrac{dy}{dx}$の両辺を上と同じ要領で，$x$ につきもう一回微分して，積の微分の公式より，$2\left(1-\dfrac{dy}{dx}\dfrac{dy}{dx}-y\dfrac{d^2y}{dx^2}\right)e^{x^2-y^2}+2\left(x-y\dfrac{dy}{dx}\right)2\left(x-y\dfrac{dy}{dx}\right)e^{x^2-y^2}=-\dfrac{d^2y}{dx^2}$．$x=y=\dfrac{1}{2}$，$y'=1$ または -3 を代入すると $-y''=-y''$ なるトートロジー．$\dfrac{d^2y}{dx^2}$ について解き

$$\frac{d^2y}{dx^2}=\frac{2\left(1-\left(\dfrac{dy}{dx}\right)^2\right)e^{x^2-y^2}+4\left(x-y\dfrac{dy}{dx}\right)^2e^{x^2-y^2}}{2ye^{x^2-y^2}-1} \qquad (4).$$

$x\to\dfrac{1}{2}$の時，$y\to\dfrac{1}{2}$，$\dfrac{dy}{dx}\to1$ または -3 で上の式の分子と分母は同時に0に支束するので，$f'\left(\dfrac{1}{2}\right)$ と全く同じ理由により，$f'\left(\dfrac{1}{2}\right)=1$，または，$-3$に従って，それぞれ，

$$f''\left(\frac{1}{2}\right)=\frac{d^2y}{dx^2}=2\frac{\displaystyle\lim_{x\to\frac{1}{2}}\frac{1-\left(\frac{dy}{dx}\right)^2+2\left(x-y\frac{dy}{dx}\right)^2}{x-\frac{1}{2}}}{\displaystyle\lim_{x\to\frac{1}{2}}\frac{2ye^{x^2-y^2}-1}{x-\frac{1}{2}}}\lim_{x\to\frac{1}{2}}e^{x^2-y^2}=2\left.\frac{\frac{d}{dx}\left(1-\left(\frac{dy}{dx}\right)^2+2\left(x-y\frac{dy}{dx}\right)^2\right)}{\frac{d}{dx}(2ye^{x^2-y^2}-1)}\right|_{x=\frac{1}{2}}$$

$$=2\left.\frac{\left(-2\frac{dy}{dx}\frac{d^2y}{dx^2}\right)+4\left(1-\left(\frac{dy}{dx}\right)^2-y\frac{d^2y}{dx^2}\right)\left(x-y\frac{dy}{dx}\right)}{2\frac{dy}{dx}e^{x^2-y^2}+2y\left(2x-2y\frac{dy}{dx}\right)e^{x^2-y^2}}\right|_{x=\frac{1}{2}}=-2f''\left(\frac{1}{2}\right)\ \text{または}\ -2f''\left(\frac{1}{2}\right)+64 \tag{5}$$

より $3f''\left(\frac{1}{2}\right)=0$ または $3f''\left(\frac{1}{2}\right)=64$，すなわち，$f''\left(\frac{1}{2}\right)=0$ または $\frac{64}{3}$ を得る．従って，答は $f'\left(\frac{1}{2}\right)=0$，$f''\left(\frac{1}{2}\right)=1$，または，$f'\left(\frac{1}{2}\right)=-3$，$f''\left(\frac{1}{2}\right)=\frac{64}{3}$．前者は後述の様に $y=x$ を与え，条件に適さぬので，$f'\left(\frac{1}{2}\right)=-3$，$f''\left(\frac{1}{2}\right)=\frac{64}{3}$ のみが解である．この問題は前問とは全く対照的に見掛けによらずヤヤコシクウルトラCであった．解答に気付かなくても，計算が合わなくても，ノーマルなので，ノイローゼにならぬこと．入試の選択問題で易しそうだと飛び付くと，時間ばかり消耗して，この問題から離れることができず，時間切れでアウトになると悟り，もう少し抽象的な別の問題を選ぶこと．ロピタルの公式は，

> **L'Hospital の公式**
>
> $f(a)=g(a)=0$，$f'(a)\neq 0$ であれば
>
> $$\lim_{x\to a}\frac{g(x)}{f(x)}=\frac{g'(a)}{f'(a)}$$

$$\frac{g(x)}{f(x)}=\frac{\frac{g(x)-g(a)}{x-a}}{\frac{f(x)-f(a)}{x-a}}\to\frac{g'(a)}{f'(a)}$$ より導かれ，本問の骨子であった．

$f'\left(\frac{1}{2}\right)=1$，$f''\left(\frac{1}{2}\right)=0$ より，$f^{(n)}\left(\frac{1}{2}\right)=0\ (n\geqq 2)$，即ち，$y=x$ が導かれ，条件に適さぬ事を下のライプニッツの公式を用いて，n に関する数学的帰納法によって示そう．その際 $e^{x^2-y^2}$ は，その計算に馴染まぬので，(1) の右辺の $e^{x^2-y^2}$ を $1+x-y$ で置き換え，通分すると

> **Leibnitz の公式**
>
> $$(uv)^{(n)}=u^{(n)}v+nu^{(n-1)}v'+\cdots+\frac{n(n-1)\cdots(n-k+1)}{k!}u^{(n-k)}v^{(k)}+\cdots+uv^{(n)}$$

$$(2y(1+x-y)-1)y'=2x(1+x-y)-1 \tag{6}$$

を得る．(3)，(4)，(5) の計算もこの手法の方が楽になる．(6) の両辺を上のライプニッツの公式で $n(\geqq 2)$ 回微分すると

$$\begin{aligned}&(2y(1+x-y)-1)y^{(n+1)}+n(2y'(1+x-y)+2y(1-y'))y^{(n)}\\&+\sum_{k=2}^{n-1}\frac{n(n-1)\cdots(n-k+1)}{k!}(2y(1+x-y)-1)^{(k)}y^{(n+1-k)}+(2y(1+x-y)-1)^{(n)}y'\\&=\begin{cases}4-4y'-2xy''\ (n=2)\\-2xy^{(n)}-2ny^{(n-1)}\ (n\geqq 3)\end{cases}\end{aligned} \tag{7}$$

を得る．(7) の左辺に現れる k 次の導関数に対しては，やはりライプニッツの公式を用いて

$$\begin{aligned}&(2y(1+x-y)-1)^{(k)}=2y^{(k)}(1+x-y)+2ky^{(k-1)}(1-y')\\&-2\sum_{\nu=2}^{k}\frac{k(k-1)\cdots(k-\nu+1)}{\nu!}y^{(k-\nu)}y^{(\nu)}\end{aligned} \tag{8}$$

を得る．まず，$n=2$ の時，(7) を y''' について解き，先程の手法で $y'''\left(\frac{1}{2}\right)=0$ を導く，次に，$n\geqq 3$ の時，(7)，(8) より

$$\begin{aligned}y^{(n+1)}=&-\frac{y^{(n)}}{2y(1+x-y)-1}(2ny'(1+x-y)+2ny(1-y'))\\&-\sum_{k=2}^{n-1}\frac{n(n-1)\cdots(n-k+1)}{k!}\frac{y^{(n+1-k)}}{2y(1+x-y)-1}(2y(1+x-y)-1)^{(k)}\\&-2\frac{y^{(n)}}{2y(1+x-y)-1}(1+x-y)-2n\frac{y^{(n-1)}}{2y(1+x-y)-1}(1-y')+2\sum_{\nu=2}^{n}\frac{y^{(n-\nu)}}{2y(1+x-y)-1}y^{(\nu)}\end{aligned}$$

$$-2x\frac{y^{(n)}}{2y(1+x-y)-1}-2n\frac{y^{(n-1)}}{2y(1+x-y)-1} \qquad (9)$$

を得る．(9) の分母 $2y(1+x-y)$ は $x=\frac{1}{2}$ の時 0 であり，しかも

$$\frac{d}{dy}2y(1+x-y)=2y'(1+x-y)+2y(1-y')=2$$

であるから，(9) において $2y(1+x-y)$ を含む分数をロピタルの公式を用いて，分母子の導関数の極限を取る事により，$x\to\frac{1}{2}$ とする．帰納法の仮定，$x\frac{1}{2}$ の時 $y''=y'''=\cdots=y^{(n)}=0$ より，(9) の右辺で生き残るのは，$y^{(n)}$ の導関数 $y^{(n+1)}$ のみであり，$x\to\frac{1}{2}$ の時

$$y^{(n+1)}=-\frac{y^{(n+1)}}{2}(2n)-y^{(n+1)}-\frac{y^{(n+1)}}{2} \qquad (10)$$

を得る．(10) より $\left(n+\frac{5}{2}\right)y^{(n1)}=0$，即ち，$y^{(n+1)}\left(\frac{1}{2}\right)=0$ を得，数学的帰納法により，$y'=1$，$y''=0$ であれば，$y^{(n)}=0\ (n\geqq 2)$ 即ち，$y=x$ が示された．

勿論，出題者の意図はこのような手法になく，11 章のテイラー展開の手法にあると思われるが，できる学生が入試に失敗する一つのパターンに，易しいと思った選択問題が，意外に手こずり，制限時間内に解答できずに，他の問題所か，その問題すら完全に解けず，見事不合格となる事が多い．適当な所で撤退する智恵と柔軟性が肝要である．不幸にして，このような解答に突入し，撤退できぬ時は，後半の帰納法の部分は筋道のみを示し，時間がないので，詳しくは口頭試問で述べると記し，試験が終ったら，口頭試問迄に先輩や先生の指導を受けてもよいのであるから，準備して，チャント説明できるようにしておくこと．迫力ある説明を口頭試問で行えば，試験官も答案以上の学力があることを納得するであろう．

5　**双曲線関数**は数学を専攻しない理工学部学生には必須であって，右の定義によって与えられる．先ず

$$\mathrm{ch}^2x-\mathrm{sh}^2x=\left(\frac{e^x+e^{-x}}{2}\right)^2-\left(\frac{e^x-e^{-x}}{2}\right)^2$$
$$=\frac{e^{2x}+2+e^{-2x}}{4}-\frac{e^{2x}-2+e^{-2x}}{4}=1$$

が成立し，$X=\mathrm{ch}\,x$，$Y=\mathrm{sh}\,x$ とおくと，$X^2-Y^2=1$ となるのが，**双曲**なる名称の由来である．三角関数は対照的に，$X=\cos x$，$Y=\sin x$ とすると，$X^2+Y^2=1$ を満すので，**円関数**とも呼ばれる．さて，加法定理は

定義

双曲余弦 hyperbolic cosine

$$\mathrm{ch}\,x=\cosh x=\frac{e^x+e^{-x}}{2}$$

双曲正弦 hyperbolic sine

$$\mathrm{sh}\,x=\sinh x=\frac{e^x-e^{-x}}{2}$$

双曲正接 hyperbolic tangent

$$\mathrm{th}\,x=\tanh x=\frac{\sinh x}{\cosh x}=\frac{e^x-e^{-x}}{e^x+e^{-x}}$$

$$\mathrm{ch}\,x\,\mathrm{ch}\,y+\mathrm{sh}\,x\,\mathrm{sh}\,y=\frac{e^x+e^{-x}}{2}\,\frac{e^y+e^{-y}}{2}+\frac{e^x-e^{-x}}{2}\,\frac{e^y-e^{-y}}{2}$$
$$=\frac{e^{x+y}+e^{-x+y}+e^{x-y}+e^{-x-y}}{4}+\frac{e^{x+y}-e^{-x+y}-e^{x-y}+e^{-x-y}}{4}=\frac{e^{x+y}+e^{-x-y}}{2}=\mathrm{ch}(x+y),$$

$$\mathrm{sh}\,x\,\mathrm{ch}\,y+\mathrm{ch}\,x\,\mathrm{sh}\,y=\frac{e^x-e^{-x}}{2}\,\frac{e^y+e^{-y}}{2}+\frac{e^x+e^{-x}}{2}\,\frac{e^y-e^{-y}}{2}$$
$$=\frac{e^{x+y}-e^{-x+y}+e^{x-y}-e^{-x-y}}{4}+\frac{e^{x+y}+e^{-x+y}-e^{x-y}-e^{-x-y}}{4}=\frac{e^{x+y}-e^{-x-y}}{2}=\mathrm{sh}(x+y),$$

$$\mathrm{th}\,x=\frac{\mathrm{sh}(x+y)}{\mathrm{ch}(x+y)}=\frac{\mathrm{sh}\,x\,\mathrm{ch}\,y+\mathrm{ch}\,x\,\mathrm{sh}\,y}{\mathrm{ch}\,x\,\mathrm{ch}\,y+\mathrm{sh}\,x\,\mathrm{sh}\,y}=\frac{\mathrm{th}\,x+\mathrm{th}\,y}{1+\mathrm{th}\,x\,\mathrm{th}\,y}.$$

$\mathrm{ch}(-x)=\frac{e^{(-x)}+e^{-(-x)}}{2}=\frac{e^x+e^{-x}}{2}=\mathrm{ch}\,x$，$\mathrm{sh}(-x)=\frac{e^{(-x)}-e^{-(-x)}}{2}=-\frac{e^x-e^{-x}}{2}=-\mathrm{sh}\,x$，$\mathrm{th}(-x)=\frac{\mathrm{sh}(-x)}{\mathrm{ch}(-x)}=\frac{-\mathrm{sh}\,x}{\mathrm{ch}\,x}=-\mathrm{th}\,x$，なので $\mathrm{ch}\,x$ は偶，$\mathrm{sh}\,x, \mathrm{th}\,x$ は奇関数である．したがって，加法定理の y の所に $-y$ を代入し，

$$\mathrm{ch}(x-y)=\mathrm{ch}\,x\,\mathrm{ch}\,y-\mathrm{sh}\,x\,\mathrm{sh}\,y,\ \mathrm{sh}(x-y)=\mathrm{sh}\,x\,\mathrm{ch}\,y-\mathrm{ch}\,x\,\mathrm{sh}\,y,\ \mathrm{th}(x-y)=\frac{\mathrm{th}\,x-\mathrm{th}\,y}{1-\mathrm{th}\,x\,\mathrm{th}\,y}.$$

微分の公式は

$$\frac{d}{dx}\mathrm{ch}\,x=\frac{d}{dx}\frac{e^x+e^{-x}}{2}=\frac{e^x-e^{-x}}{2}=\mathrm{sh}\,x,\ \frac{d}{dx}\mathrm{sh}\,x=\frac{d}{dx}\frac{e^x-e^{-x}}{2}=\frac{e^x+e^{-x}}{2}=\mathrm{ch}\,x,$$

$$\frac{d}{dx}\,\mathrm{th}\,x=\frac{d}{dx}\,\frac{\mathrm{sh}\,x}{\mathrm{ch}\,x}=\frac{\mathrm{ch}^2x-\mathrm{sh}^2x}{\mathrm{ch}^2x}=\frac{1}{\mathrm{ch}^2x}=\mathrm{sech}^2x.$$

$t=\mathrm{ch}\,x$ とおくと $\dfrac{dt}{dx}=\mathrm{sh}\,x$ なので

$$\int\mathrm{th}\,x\,dx=\int\frac{\mathrm{sh}\,x}{\mathrm{ch}\,x}dx=\int\frac{1}{t}\,\frac{dt}{dx}dx=\int\frac{dt}{t}=\log t=\log\mathrm{ch}\,x.$$

一方三角関数に対しても $t=\cos x$ とおくと，$\dfrac{dt}{dx}=-\sin x$ なので，

$$\int\tan x\,dx=\int\frac{\sin x}{\cos x}dx=-\int\frac{1}{t}\,\frac{dt}{dx}dx=-\int\frac{dt}{t}=-\log|t|=-\log|\cos x|.$$

本問の主題である逆関数は $x=\mathrm{ch}\,y=\dfrac{e^y+e^{-y}}{2}$ を e^y の2次方程式 $e^{2y}-2xe^y+1=0$ と考え，$e^y=x\pm\sqrt{x^2-1}$. $(x+\sqrt{x^2-1})(x-\sqrt{x^2-1})=1$ なので，$y=\log(x\pm\sqrt{x^2-1})=\pm\log(x+\sqrt{x^2-1})$. ＋の方を**主値**といい，逆余弦 $\mathrm{ch}^{-1}x=\log(x+\sqrt{x^2-1})$ を得る．逆正弦は $x=\mathrm{sh}\,y=\dfrac{e^y-e^{-y}}{2}$ より，$e^{2y}-2xe^y-1=0$，$e^y=x\pm\sqrt{x^2+1}>0$，　$y=\log(x+\sqrt{x^2+1})$ なので，逆正弦 $\mathrm{sh}^{-1}x=\log(x+\sqrt{x^2+1})$ を得る．したがって，本問の解答は，逆正弦の逆関数である所の双曲正弦 $\mathrm{sh}\,x=\dfrac{e^x-e^{-x}}{2}$ であることは，眺めた瞬間に分り，直ちにマーク・シートを塗り潰すことができる．学問をすればする程，計算しなくて結果が洞察できる．それゆえ，大学や大学院に行くのである．

逆双曲は無理関数の積分によく現れる．$x=a\,\mathrm{ch}\,t$ とおくと，$x^2-a^2=a^2(\mathrm{ch}^2t-1)=a^2\,\mathrm{sh}^2t$，$\sqrt{x^2-a^2}=a\,\mathrm{ch}\,t$，$\dfrac{dx}{dt}=a\,\mathrm{sh}\,t$ なので，

$$\int P(x,\sqrt{x^2-a^2})dx=\int P(a\,\mathrm{ch}\,t,a\,\mathrm{sh}\,t)a\,\mathrm{sh}\,t\,dt$$

と有理化できる．また，$x=a\,\mathrm{sh}\,t$ とおくと，$x^2+a^2=a^2(\mathrm{sh}^2t+1)=a^2\,\mathrm{ch}^2t$，$\sqrt{x^2+a^2}=a\,\mathrm{ch}\,t$，$\dfrac{dx}{dt}=a\,\mathrm{ch}\,t$ なので

$$\int P(x,\sqrt{x^2+a^2})dx=\int P(a\,\mathrm{sh}\,t,a\,\mathrm{ch}\,t)a\,\mathrm{ch}\,t\,dt$$

と有理化できる．実は，これらのことが，双曲関数のレゾンデートル raison d'être（存在理由）である．特に

$$\int\frac{dx}{\sqrt{x^2-a^2}}=\int\frac{a\,\mathrm{sh}\,t}{a\,\mathrm{sh}\,t}dt=t=\mathrm{ch}^{-1}\frac{x}{a}=\log(x+\sqrt{x^2-a^2})-\log a$$

$$\int\frac{dx}{\sqrt{x^2+a^2}}=\int\frac{a\,\mathrm{ch}\,t}{a\,\mathrm{ch}\,t}dt=t=\mathrm{sh}^{-1}\frac{x}{a}=\log(x+\sqrt{x^2+a^2})-\log a$$

の $\log a$ は共に積分定数の中に繰り入れ，略してよい．

以上の結果を総合すると，双曲と円関数の諸公式はよく似ていて，符号が少し違うだけである．

双曲と円関数の対照表

双　　曲	円
$\mathrm{ch}^2x-\mathrm{sh}^2x=1$	$\cos^2x+\sin^2x=1$
$\mathrm{ch}(x+y)=\mathrm{ch}\,x\,\mathrm{ch}\,y+\mathrm{sh}\,x\,\mathrm{sh}\,y$	$\cos(x+y)=\cos x\cos y-\sin x\sin y$
$\mathrm{sh}(x+y)=\mathrm{sh}\,x\,\mathrm{ch}\,y+\mathrm{ch}\,x\,\mathrm{sh}\,y$	$\sin(x+y)=\sin x\cos y+\cos y\sin y$
$\mathrm{th}(x+y)=\dfrac{\mathrm{th}\,x+\mathrm{th}\,y}{1+\mathrm{th}\,x\,\mathrm{th}\,y}$	$\tan(x+y)=\dfrac{\tan x+\tan y}{1-\tan x\tan y}$
$\dfrac{d}{dx}\mathrm{ch}\,x=+\mathrm{sh}\,x$	$\dfrac{d}{dx}\cos x=-\sin x$
$\dfrac{d}{dx}\mathrm{sh}\,x=\mathrm{ch}\,x$	$\dfrac{d}{dx}\sin x=\cos x$
$\dfrac{d}{dx}\mathrm{th}\,x=\mathrm{sech}^2x$	$\dfrac{d}{dx}\tan x=\sec^2x$
$\int\mathrm{ch}\,x\,dx=\mathrm{sh}\,x$	$\int\cos x\,dx=\sin x$
$\int\mathrm{sh}\,x\,dx=+\mathrm{ch}\,x$	$\int\sin x\,dx=-\cos x$

$\int \mathrm{th}\, x\, dx = \log \mathrm{ch}\, x$	$\int \tan x\, dx = \log \lvert \cos x \rvert$
$\mathrm{ch}^{-1} x = \log(x+\sqrt{x^2-1})$	対応するものなし
$\mathrm{sh}^{-1} x = \log(x+\sqrt{x^2+1})$	対応するものなし
$\int P(x, \sqrt{x^2+a^2})dx$ $=\int P(a\,\mathrm{sh}\, t, a\,\mathrm{ch}\, t)a\,\mathrm{ch}\, t\, dt$	$\int P(x, \sqrt{x^2+a^2})dx$ $=\int P(a\tan t, a\sec t)a\sec^2 t\, dt$
$\int P(x, \sqrt{x^2-a^2})dx$ $=\int P(a\,\mathrm{ch}\, t, a\,\mathrm{sh}\, t)a\,\mathrm{sh}\, t\, dt$	$\int P(x, \sqrt{x^2-a^2})dx$ $=\int P(a\sec t, a\tan t)\tan t\sec t\, dt$
対応するものなし	$\int P(x, \sqrt{a^2-x^2})dx$ $=\int P(a\sin t, a\cos t)a\cos t\, dt$
$\int \frac{dx}{\sqrt{x^2+a^2}} = \mathrm{sh}^{-1}\frac{x}{a} = \log(x+\sqrt{x^2+a^2})-\log a$ $\int \frac{dx}{\sqrt{x^2-a^2}} = \mathrm{ch}^{-1}\frac{x}{a} = \log(x+\sqrt{x^2-a^2})-\log a$	対応するものなし
対応するものなし	$\int \frac{dx}{\sqrt{a^2-x^2}} = \sin^{-1}\frac{x}{a}$
$\int \frac{dx}{\mathrm{sh}\, x} = \log \left\lvert \mathrm{th}\frac{x}{2} \right\rvert$	$\int \frac{dx}{\sin x} = \log \left\lvert \tan\frac{x}{2} \right\rvert$
$\int \frac{dx}{x^2-a^2} = \frac{1}{a}\int \frac{dt}{\mathrm{sh}\, t} = \frac{1}{a}\log \left\lvert \mathrm{th}\frac{t}{2} \right\rvert = \frac{1}{2a}\log \left\lvert \frac{x-a}{x+a} \right\rvert$	対応するものなし
対応するものなし	$\int \frac{dx}{x^2+a^2} = \frac{1}{a}\tan^{-1}\frac{x}{a}$

を得る．少し，追加説明すると，$t=\tan\frac{x}{2}$，$\frac{dt}{dx}=\frac{1}{2}\sec^2\frac{x}{2}$ とおくと

$$\int \frac{dx}{\sin x} = \int \frac{1}{\frac{\sin\frac{x}{2}}{\cos\frac{x}{2}}} \frac{dx}{2\cos^2\frac{x}{2}} = \int \frac{dt}{t} = \log \lvert t \rvert = \log \left\lvert \tan\frac{x}{2} \right\rvert.$$

双曲正弦も同様である．次に部分分数分解 $\frac{1}{x^2-a^2}=\frac{1}{2a}\left(\frac{1}{x-a}-\frac{1}{x+a}\right)$ が成立しているから

$$\int \frac{dx}{x^2-a^2} = \frac{1}{2a}\left(\int \frac{dx}{x-a} - \int \frac{dx}{x+a}\right) = \frac{1}{2a}\log\frac{x-a}{x+a}$$

であるが，$x=a\,\mathrm{ch}\, t$ とおくと，$\frac{dx}{dt}=a\,\mathrm{sh}\, t$，$x^2-a^2=a^2(\mathrm{ch}^2 t-1)=a^2\,\mathrm{sh}^2 t$ なので，

$$\int \frac{dx}{x^2-a^2} = \frac{1}{a}\int \frac{dt}{\mathrm{sh}\, t} = \frac{1}{a}\log \left\lvert \mathrm{th}\frac{t}{2} \right\rvert$$

としても，$\mathrm{th}^2\frac{t}{2} = \frac{2\,\mathrm{sh}^2\frac{t}{2}}{2\,\mathrm{ch}^2\frac{t}{2}} = \frac{\mathrm{ch}\, t-1}{\mathrm{ch}\, t+1} = \frac{x-a}{x+a}$ なので，$\log \left\lvert \mathrm{th}\frac{t}{2} \right\rvert = \frac{1}{2}\log \left\lvert \mathrm{th}^2\frac{t}{2} \right\rvert = \frac{1}{2}\log \left\lvert \frac{x-a}{x+a} \right\rvert$ となり，上の公式を得るが，こちらは双曲の利用が特にメリットをもたらす訳ではない．しかし，$\frac{x-a}{x+a}$ の意味は分ったと思う．

6 $\int (e^x+\sin x)dx = \int e^x\, dx + \int \sin x\, dx = e^x - \cos x.$

7 $t=x^2$ とおくと，$\frac{dt}{dx}=2x$ なので，$\int xe^{x^2}dx = \int e^t\frac{dt}{2} = \frac{e^t}{2} = \frac{e^{x^2}}{2}$．不安であれば，微分して，確めること．

8 $\dfrac{du}{dx}=e^x$，$v=x$ とおくと，$u=e^x$，$\dfrac{dv}{dx}=1$ なので，部分積分の公式を用い．

> **SCHEMA**
>
> $\int xe^x\,dx=xe^x-e^x$

$\int xe^x\,dx=\int\dfrac{du}{dx}v\,dx=uv-\int u\dfrac{dv}{dx}dx=xe^x-\int e^x\,dx=xe^x-e^x$，より右の公式を得る．

$\dfrac{du}{dx}=x$，$v=e^x$ とすると，$u=\dfrac{x^2}{2}$，$\dfrac{dv}{dx}=e^x$ となり，

$$\int xe^x\,dx=\frac{x^2e^x}{2}-\int\frac{x^2e^x}{2}dx$$

の様に事態は益々混迷の度を深める．しかし，$\int xe^x\,dx=xe^x-e^x$ を上の式に代入すると

$$\int x^2e^x\,dx=x^2e^x\,dx-2\int xe^x\,dx=(x^2-2x+2)e^x$$

> **SCHEMA**
>
> $\int x^2e^x\,dx=(x^2-2x+2)e^x$

より右の関係を得るので，完全に無駄骨折でもない．本問は定積分であって

$$\int_{-1}^{1}xe^x\,dx=\Big[xe^x-e^x\Big]_{-1}^{1}=\frac{2}{e}.$$

9 $\dfrac{du}{dx}=x$，$v=\log x$，$u=\dfrac{x^2}{2}$，$\dfrac{dv}{dx}=\dfrac{1}{x}$ とおき，やはり，部分積分の公式を定積分に適用し，

$$\int_1^e x\log x\,dx=\left[\frac{x^2\log x}{2}\right]_1^e-\int_1^e\frac{x^2}{2}\,\frac{dx}{x}=\frac{e^2}{2}-\int_1^e\frac{x}{2}\,dx=\frac{e^2}{2}-\left[\frac{x^2}{4}\right]_1^e=\frac{e^2}{4}+\frac{1}{4}.$$

10 (1)　積分 $\int_{-\infty}^{+\infty}e^{-x^2}\,dx$ は e^{-x^2} の原始関数が初等関数で表されないにも拘らず，無限積分の値は17章のA-7で求める様に $\sqrt{\pi}$ である．さて，$x=t^2$，$\dfrac{dx}{dt}=2t$ とおくと，

$$\Gamma\Big(\frac{1}{2}\Big)=\int_0^\infty e^{-x}x^{\frac{1}{2}-1}\,dx=\int_0^\infty e^{-t^2}t^{-1}2t\,dt=2\int_0^\infty e^{-t^2}\,dt=\sqrt{\pi}.$$

(2)　多項式の次数が下る方向で，$\dfrac{du}{dx}=e^{-x}$，$v=x^p$，$u=-e^{-x}$，$\dfrac{dv}{dx}=px^{p-1}$ と部分積分し，

$$\Gamma(p+1)=\int_0^\infty e^{-x}x^p\,dx=\int_0^\infty\frac{du}{dx}v\,dx=\Big[uv\Big]_0^\infty-\int_0^\infty u\frac{dv}{dx}dx=\Big[-x^pe^{-x}\Big]_0^\infty+p\int_0^\infty x^{p-1}e^{-x}\,dx.$$

ここで，馬鹿丁寧に行くと，無限積分 $\int_0^\infty$ は有限積分 $\int_0^T$ の極限であるから，

$$\Gamma(p+1)=\lim_{T\to+\infty}\int_0^T e^{-x}x^p\,dx=\lim_{T\to+\infty}\left(\Big[-x^pe^{-x}\Big]_0^T+p\int_0^T x^{p-1}e^{-x}\,dx\right)$$

$$=\lim_{T\to+\infty}\left(-T^pe^{-T}+p\int_0^T x^{p-1}e^{-x}\,dx\right).$$

ところで，$T\to+\infty$ の時，T^p は多項式のスピードで $+\infty$ に，e^{-T} は超スピードで0に行くから，$T^pe^{-T}\to 0$ と覚えておけばよいのであるが，厳密には，E-1 の Comment で述べた論法で $T^pe^{-T}=\dfrac{T^p}{e^T}<\dfrac{T^p}{\dfrac{T^{p+1}}{(p+1)!}}=\dfrac{p+1}{T}\to 0$ $(T\to+\infty)$ である．と述べれば，形式主義者をも満足させることができて

$$\Gamma(p+1)=\Big[-x^pe^{-x}\Big]_0^\infty+p\int_0^\infty x^{p-1}e^{-x}\,dx=p\int_0^\infty x^{p-1}e^{-x}\,dx=p\Gamma(p)$$

が示される．一々，上の様に述べるのはアホラシイので，今後は省略し本音で述べるが，求めに応じて，建前に戻れる様でないとエリートにはなれない．上の計算は $p>0$ であれば，整数でなくてもよい．

11 $\int_0^\infty e^{-t}t^n=n!(n-1)\cdot\cdots\cdot3\cdot2\cdot1$ を仮定すると，前問より $\int_0^\infty e^{-t}t^{n+1}\,dt=\Gamma(n+2)=(n+1)\Gamma(n+1)$ $=(n+1)\int_0^\infty e^{-t}t^n dt=n!(n+1)=(n+1)!$ を得，数学的帰納法により，$\int_0^\infty e^{-t}t^n\,dt=n!$ が一般の n に対して成立する．

12 前問より $\int_0^\infty x^2e^{-x}\,dx=2!=2$ のマーク・シートを塗り潰せ．

13 $\dfrac{1}{x^3+1}=\dfrac{1}{(x+1)(x^2-x+1)}=\dfrac{A}{x+1}+\dfrac{Bx+C}{x^2-x+1}$

と条件反射的に部分分数分解する様になれば，シメタモノである．通分して，$1=A(x^2-x+1)+(Bx+C)(x+1)$．$x=-1$ を代入して，$3A=1$ より $A=\dfrac{1}{3}$．x^2 の係数 $A+B=0$ なので，$B=-A=-\dfrac{1}{3}$．定数項$=A+C=1$ なので，$C=1-A=\dfrac{2}{3}$．更に

SCHEMA

$$\int \frac{u'(x)}{u(x)}dx=\log|u(x)|,\ \text{特に}\int\frac{2ax+b}{ax^2+bx+c}dx=\log|ax^2+bx+c|$$

SCHEMA

$$\int\frac{dx}{(x+\alpha)^2+\beta^2}=\frac{1}{\beta}\tan^{-1}\frac{x+\alpha}{\beta}$$

が使える様に細工し，$\frac{1}{6}+\alpha=\frac{2}{3}$ の解 $\alpha=\frac{2}{3}-\frac{1}{6}=\frac{1}{2}$ を次式第3積分の係数とし

$$\int\frac{dx}{x^3+1}=\frac{1}{3}\int\frac{dx}{x+1}-\frac{1}{6}\int\frac{2x-1}{x^2-x+1}dx+\frac{1}{2}\int\frac{dx}{\left(x-\frac{1}{2}\right)^2+\left(\frac{\sqrt{3}}{2}\right)^2}$$

$$=\frac{1}{3}\log|x+1|-\frac{1}{6}\log(x^2-x+1)+\frac{1}{2}\cdot\frac{2}{\sqrt{3}}\tan^{-1}\frac{2x-1}{\sqrt{3}}=\frac{1}{6}\log\frac{(x+1)^2}{x^2-x+1}+\frac{1}{\sqrt{3}}\tan^{-1}\frac{2x-1}{\sqrt{3}}$$ より下の

公式を得る．暗記力のある人は右の公式を暗記し，計算力のある人は上の公式が3分内に計算できる様にしておけば，暗記の必要がない．いずれにせよ，同じことである．なお，この問題は教職試験なので，対数の中数は正でない限り，絶対値記号を付けておくこと．

SCHEMA

$$\int\frac{dx}{x^3+1}=\frac{1}{6}\log\frac{(x+1)^2}{x^2-x+1}+\frac{1}{\sqrt{3}}\tan^{-1}\frac{2x-1}{\sqrt{3}}$$

14 $t=e^x$ とおくと $\frac{dt}{dx}=e^x=t$，$\frac{dx}{dt}=\frac{1}{t}$ なので，

$$\int_0^1\frac{e^x-1}{e^x+1}dx=\int_1^e\frac{e^x-1}{e^x+1}\,\frac{dx}{dt}\,dt=\int_1^e\frac{t-1}{t(t+1)}dt.$$

条件反射的に

$$\frac{t-1}{t(t+1)}=\frac{A}{t}+\frac{B}{t+1}$$

と部分分数分解し，通分し，$t-1=A(t+1)+Bt$．$t=0$ を代入し，$A=-1$．$t=-1$ を代入し $-2=-B$ より $B=2$．したがって

$$\int_0^1\frac{e^x-1}{e^x+1}dx=\int_1^e\left(\frac{2}{t+1}-\frac{1}{t}\right)dt=\Big[2\log(t+1)-\log t\Big]_1^e=2\log(e+1)-1-2\log 2.$$

次は，$t=\sqrt{\frac{1-x}{1+x}}$ と一挙に有理化すると $\frac{1-x}{1+x}=t^2$，$x=\frac{1-t^2}{1+t^2}$，商の微分の公式より $\frac{dx}{dt}=\frac{-2t(t^2+1)-2t(1-t^2)}{(t^2+1)^2}$

$=\frac{-4t}{(t^2+1)^2}$，$x+2=\frac{1-t^2}{1+t^2}+2=\frac{t^2+3}{t^2+1}$ なので

$$\int_0^1\frac{1}{x+2}\sqrt{\frac{1-x}{1+x}}\,dx=\int_1^0\frac{t^2+1}{t^2+3}\cdot t\cdot\frac{-4t}{(t^2+1)^2}dt=4\int_0^1\frac{t^2}{(t^2+1)(t^2+3)}dt.$$

直ぐに飛び付いてもよいが，$s=t^2$ と考える方が計算が楽で，部分分数分解

$$\frac{s}{(s+1)(s+3)}=\frac{A}{s+1}+\frac{B}{s+3}$$

を行うと，$s=A(s+3)+B(s+1)$ に $s=-1$ を代入し，$A=-\frac{1}{2}$．$s=-3$ を代入し $B=\frac{3}{2}$．したがって

$$\int_0^1\frac{1}{x+2}\sqrt{\frac{1-x}{1+x}}\,dx=2\int_0^1\left(\frac{-1}{t^2+1}+\frac{3}{t^2+3}\right)dt=2\int_0^1\left(\frac{-1}{t^2+1}+\frac{3}{t^2+(\sqrt{3})^2}\right)dt$$

$$=2\left[-\tan^{-1}t+\sqrt{3}\tan^{-1}\frac{t}{\sqrt{3}}\right]_0^1=2\left(-\tan^{-1}1+\sqrt{3}\tan^{-1}\frac{1}{\sqrt{3}}\right)=2\left(-\frac{\pi}{4}+\sqrt{3}\cdot\frac{\pi}{6}\right)=\frac{2\sqrt{3}-3}{6}\pi.$$

15 $\frac{du}{dx}=(x+1)^{-3}$，$v=\log x$ とおくと，$u=\frac{(x+1)^{-3+1}}{-3+1}=-\frac{1}{2}(x+1)^{-2}$，$\frac{dv}{dx}=\frac{1}{x}$ であって，部分積分を行い，

$$\int\frac{\log x}{(x+1)^3}dx=\int\frac{du}{dx}v\,dx=uv-\int u\frac{dv}{dx}dx=-\frac{\log x}{2(x+1)^2}+\frac{1}{2}\int\frac{dx}{x(x+1)^2}.$$

第二の積分は，部分分数分解

$$\frac{1}{x(x+1)^2}=\frac{A}{x}+\frac{B}{x+1}+\frac{C}{(x+1)^2}$$

を通分し，$1=A(x+1)^2+Bx(x+1)+Cx$ に $x=0$ を代入し，$A=1$，$x=-1$ を代入し，$C=-1$，x^2 の係数を比較し $A+B=0$ より $B=-A=-1$ なので，

$$\int\frac{dx}{x(x+1)^2}=\int\left(\frac{1}{x}-\frac{1}{x+1}-\frac{1}{(x+1)^2}\right)dx=\log x-\log(x+1)+\frac{1}{x+1}$$

であるが $\int_0^\infty$ は $x=0$ と ∞ で怪しく臭うので，$\int_\varepsilon^T$ の $\varepsilon\to+0$，$T\to+\infty$ とした極限として定義し

$$\int_0^\infty \frac{\log x}{(x+1)^3}dx=\lim_{\substack{T\to+\infty\\ \varepsilon\to+0}}\int_\varepsilon^T \frac{\log x}{(x+1)^3}dx=\lim_{\substack{T\to+\infty\\ \varepsilon\to+0}}\frac{1}{2}\left[-\frac{\log x}{(x+1)^2}+\log x-\log(x+1)+\frac{1}{x+1}\right]_\varepsilon^T$$

$$=\frac{1}{2}\lim_{\substack{T\to+\infty\\ \varepsilon\to+0}}\left(-\frac{\log T}{(T+1)^2}+\log T-\log(T+1)+\frac{1}{T+1}+\frac{\log\varepsilon}{(\varepsilon+1)^2}-\log\varepsilon+\log(\varepsilon+1)-\frac{1}{\varepsilon+1}\right)$$

$$=\frac{1}{2}\lim_{\substack{T\to+\infty\\ \varepsilon\to+0}}\left(-\frac{\log T}{(T+1)^2}+\log\frac{1}{1+\frac{1}{T}}+\frac{1}{T+1}-\frac{\varepsilon+2}{(\varepsilon+1)^2}\varepsilon\log\varepsilon+\log(\varepsilon+1)-\frac{1}{\varepsilon+1}\right).$$

$S=\log T$ とおくと，$T=e^S$ なので，E-1 で Comment した様に任意の正数 a に対して $\dfrac{\log T}{T^a}=\dfrac{S}{e^{aS}}<\dfrac{S}{\frac{(aS)^2}{2!}}=\dfrac{2}{a^2S}\to0(T\to+\infty)$ なので，右の公式を得る．特に

SCHEMA

$$\lim_{T\to+\infty}\frac{\log T}{T^a}=0\ (a>0)$$

$\displaystyle\lim_{T\to+\infty}\frac{\log T}{(T+1)^2}=\lim_{T\to\infty}\frac{1}{\left(1+\frac{1}{T}\right)^2}\frac{\log T}{T^2}=0$．やはり $S=-\log\varepsilon=\log\dfrac{1}{\varepsilon}$ とおくと，$\varepsilon\to+0$ の時，$S\to+\infty$ であって，$|\varepsilon^a\log\varepsilon|=\dfrac{S}{e^{aS}}\to0(\varepsilon\to+0)$ なので右の公式を得る．したがって，

SCHEMA

$$\lim_{\varepsilon\to+0}\varepsilon^a\log\varepsilon=0$$

$$\int_0^\infty\frac{\log x}{(x+1)^3}dx=-\frac{1}{2}$$

を得る．それゆえ，以上の極限の予備知識の下で，不定積分を求めて，$x=\infty$ や $x=0$ における値は極限を意味するものと頭の中で考えて，

$$\int_0^\infty\frac{\log x}{(x+1)^3}dx=\frac{1}{2}\left[-\frac{\log x}{(x+1)^2}+\log x-\log(x+1)+\frac{1}{x+1}\right]_0^\infty=-\frac{1}{2}$$

としてよい．

16　前問は留数計算による解答を予期して出題されたものであるが，偶然，部分積分で解けた．本問も対数掛け有理関数の積分で，通常は留数計算のカテゴリーに属し，原始関数が初等関数で表されぬにも拘らず，偶然旨く行く．$x=\dfrac{1}{t}$ とおくと，$\dfrac{dx}{dt}=-\dfrac{1}{t^2}$ なので，

$$\int_0^\infty\frac{\log x}{x^2+1}dx=\int_0^1+\int_1^\infty=\int_0^1+\int_1^0\frac{\log\frac{1}{t}}{\frac{1}{t^2}+1}\left(-\frac{1}{t^2}\right)dt=\int_0^1-\int_0^1\frac{\log t}{t^2+1}dt=\int_0^1-\int_0^1=0.$$

$\displaystyle\int_0^\infty\frac{\log x}{(x+1)^2}dx=0$ も全く同様にして示される．

17　関数 $\dfrac{1}{x^2}$ は $x=0$ で定義されていないのに，これを含む区間で

$$\int_{-1}^1\frac{dx}{x^2}=\left[-\frac{1}{x}\right]_{-1}^1=-2<0$$

とすると大失敗である．特異点 $x=0$ を避けて

$$\int_{-1}^1\frac{dx}{x^2}=\lim_{\varepsilon,\delta\to+0}\left(\int_{-1}^{-\delta}\frac{dx}{x^2}+\int_\varepsilon^1\frac{dx}{x^2}\right)=\lim_{\varepsilon,\delta\to+0}\left(\left[-\frac{1}{x}\right]_{-1}^{-\delta}+\left[-\frac{1}{x}\right]_\varepsilon^1\right)=\lim_{\varepsilon,\delta\to+0}\left(\frac{1}{\delta}+\frac{1}{\varepsilon}\right)=+\infty$$

として，右の斜線の部分の面積の極限$=+\infty$ と考える．その際，$x=0$ を正数 δ,ε で避ける避け方は互に独立であるとする．この論法だと，

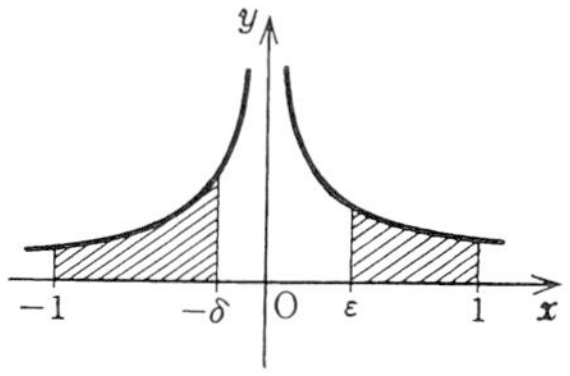

$$\int_{-1}^1\frac{dx}{\sqrt[3]{x^2}}=\lim_{\varepsilon,\delta\to+0}\left(\int_{-1}^{-\delta}x^{-\frac{2}{3}}dx+\int_\varepsilon^1x^{-\frac{2}{3}}dx\right)$$

$$=\lim_{\varepsilon,\delta\to+0}\left(\left[3x^{\frac{1}{3}}\right]_{-1}^{-\delta}+\left[3x^{\frac{1}{3}}\right]_\varepsilon^1\right)=\lim_{\varepsilon,\delta\to+0}\left(6-3\delta^{\frac{1}{3}}-3\varepsilon^{\frac{1}{3}}\right)=6$$

で，この積分は有限である．しかし，

$$\int_{-1}^1\frac{dx}{x}=\lim_{\varepsilon,\delta\to+0}\left(\int_{-1}^{-\delta}\frac{dx}{x}+\int_\varepsilon^1\frac{dx}{x}\right)=\lim_{\varepsilon,\delta\to+0}\left(\left[\log|x|\right]_{-1}^{-\delta}+\left[\log|x|\right]_\varepsilon^1\right)=\lim_{\varepsilon,\delta\to+0}(\log\delta-\log\varepsilon)=\lim_{\varepsilon,\delta\to+0}\log\frac{\delta}{\varepsilon}$$

は不定であり，δ と ε の比のあり方によって，さまざまな状況が得られる．しかし，$\delta=\varepsilon$ と $x=1$ を左右同じ幅だけ避けた極限

$$\mathrm{P}\int_{-1}^{1}\frac{dx}{x}=\lim_{\varepsilon\to+0}\left(\int_{-1}^{-\varepsilon}\frac{dx}{x}+\int_{\varepsilon}^{1}\frac{dx}{x}\right)=\lim_{\varepsilon\to+0}\log 1=0$$

は存在して，右下のような，ごく当り前の結果と整合する理論が樹立することを主張している．この積分を**主値**（principal value）といい，上の様に積分記号の前に P を付けて表す．

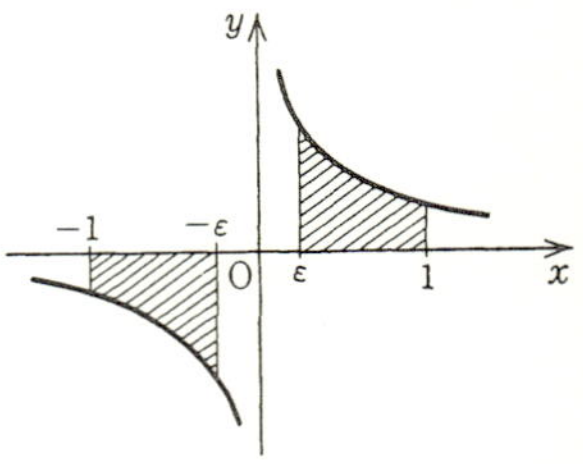

さて，本問では

$$\mathrm{P}\int_{0}^{a}\frac{dx}{1-x}=\lim_{\varepsilon\to+0}\left(\int_{0}^{1-\varepsilon}\frac{dx}{1-x}+\int_{1+\varepsilon}^{a}\frac{dx}{1-x}\right)$$

$$=\lim_{\varepsilon\to+0}\left(-\Big[\log|1-x|\Big]_{0}^{1-\varepsilon}-\Big[\log|1-x|\Big]_{1+\varepsilon}^{a}\right)$$

$$=\lim_{\varepsilon\to+0}(-\log\varepsilon-\log(a-1)+\log\varepsilon)=\log\frac{1}{a-1}.$$

SCHEMA

奇関数の $x=0$ に対称な区間上の積分は零

18 ファンデルワールスより

$$w=\int_{v_1}^{v_2}P\,dV=\int_{v_1}^{v_2}\left(\frac{RT}{V-b}-\frac{a}{V^2}\right)dV=\left[RT\log(V-b)+\frac{a}{V}\right]_{v_1}^{v_2}=RT\log\frac{v_2-b}{v_1-b}+a\left(\frac{1}{v_2}-\frac{1}{v_1}\right).$$

B 基礎を活用する演習

1. $a=\dfrac{1}{2kT}$，$f(v)=v^2e^{-av^2}$ とおくと，$f'(v)=2ve^{-av^2}-2av\cdot v^2e^{-av^2}=2v(1-av^2)e^{-av^2}$． $0<v<\dfrac{1}{\sqrt{a}}$ で $f'(v)>0$，$v>\dfrac{1}{\sqrt{a}}$ で $f'(v)<0$ なので，$v=\dfrac{1}{\sqrt{a}}=\sqrt{2kT}$ の時，極大かつ最大値を取る．

2. 積率母関数は$e^{\theta x}$の期待値なので，密度関数に $e^{\theta x}$ を掛けて積分すればよい．したがって

$$\int_{0}^{\infty}e^{\theta x}e^{-x}\,dx=\int_{0}^{\infty}e^{-(1-\theta)x}\,dx=\left[-\frac{e^{-(1-\theta)x}}{1-\theta}\right]_{0}^{\infty}=\frac{1}{1-\theta}\ (0\leqq\theta<1).$$

3. 積率母関数 $\varphi_n(\theta)$ は次式で与えられるので，変数変換 $t=(\beta-\theta)x$ を施すと A-11 より

$$\varphi_n(\theta)=\int_{0}^{\infty}e^{\theta x}\frac{\beta^n x^{n-1}}{(n-1)!}e^{-\beta x}\,dx=\frac{\beta^n}{(n-1)!}\int_{0}^{\infty}x^{n-1}e^{-(\beta-\theta)x}\,dx=\frac{\beta^n}{(n-1)!}(\beta-\theta)^{-n}\int_{0}^{\infty}t^{n-1}e^{-t}\,dt=\left(\frac{\beta}{\beta-\theta}\right)^n.$$

積分記号の下で θ で微分し，$\theta=0$ を代入すると

$$\varphi_n{}'(\theta)=\int_{0}^{\infty}xe^{\theta x}\frac{\beta^n x^{n-1}}{(n-1)!}e^{-\beta x}\,dx,\quad \varphi_n{}'(0)=\int_{0}^{\infty}x\frac{\beta^n x^{n-1}}{(n-1)!}e^{-\beta x}\,dx$$

を得る．これは，$\varphi_n{}'(0)$ が 1 次の積率，すなわち，x の**期待値, 平均**であることを意味する．更に

$$\varphi_n{}''(\theta)=\int_{0}^{\infty}x^2e^{\theta x}\frac{\beta^n x^{n-1}}{(n-1)!}e^{-\beta x}\,dx,\quad \varphi_n{}''(0)=\int_{0}^{\infty}x^2\frac{\beta^n x^{n-1}}{(n-1)!}e^{-\beta x}\,dx$$

は，$\varphi''(0)$ が 2 次の積率であることを意味する．18 章の A-12 で論じる様に，これらの推論は正しく，一般に $\varphi^{(k)}(0)$ は k 次の積率を与える．したがって，$\varphi_n(\theta)$ は積率母関数と呼ばれる． さて，$\varphi_n(\theta)=\beta^n(\beta-\theta)^{-n}$ を微分すると，$\varphi_n{}'(\theta)=n\beta^n(\beta-\theta)^{-n-1}$，平均値$=\varphi'(0)=\dfrac{n}{\beta}$． $\varphi''(\theta)=n(n+1)\beta^n(\beta-\theta)^{-n-2}$，$\varphi''(0)=\dfrac{n(n+1)}{\beta^2}$． よって分散$=\mathrm{E}\left(\left(X-\dfrac{n}{\beta}\right)^2\right)=\mathrm{E}\left(X^2-2\dfrac{n}{\beta}X+\dfrac{n^2}{\beta^2}\right)=\mathrm{E}(X^2)-\dfrac{2n}{\beta}\mathrm{E}(X)+\dfrac{n^2}{\beta^2}=\varphi''(0)-\dfrac{2n}{\beta}\varphi'(0)+\dfrac{n^2}{\beta^2}=\dfrac{n(n+1)}{\beta^2}-\dfrac{2n^2}{\beta^2}+\dfrac{n^2}{\beta^2}=\dfrac{n}{\beta^2}$.

しかし，本問では積率母関数を求めている訳ではないので，k 次の積率を A-11 より直接求めて

$$\mathrm{E}(X^k)=\int_{0}^{\infty}x^k\frac{\beta^n x^{n-1}}{(n-1)!}e^{-\beta x}\,dx=\frac{\beta^n}{(n-1)!}\int_{0}^{\infty}x^{k+n-1}e^{-\beta x}\,dx=\frac{\beta^{-k}}{(n-1)!}\int_{0}^{\infty}(\beta x)^{k+n-1}e^{-\beta x}\beta\,dx$$

$$=\frac{\beta^{-k}}{(n-1)!}\int_{0}^{\infty}t^{k+n-1}e^{-t}\,dt=\frac{\beta^{-k}}{(n-1)!}(k+n-1)!$$

なので，$\mathrm{E}(X)=\dfrac{n}{\beta}$，$\mathrm{E}(X^2)=\dfrac{n(n+1)}{\beta^2}$ とした方が，微分記号と積分記号の可換性を論じなくてすむだけ，入試の答案としては賢明である．

4. 分母を因数分解すべく，$ax^4+2bx^2+c=0$ より $x^2=\dfrac{-b\pm\sqrt{b^2-ac}}{a}$． $\alpha^2=\dfrac{b+\sqrt{b^2-ac}}{a}$，$\beta^2=\dfrac{b-\sqrt{b^2-ac}}{a}$ で正数

α, β を定義すると，$\alpha^2+\beta^2=\dfrac{2b}{a}$，$\alpha^2\beta^2=\dfrac{c}{a}$，$\alpha^2-\beta^2=\dfrac{2\sqrt{b^2-ac}}{a}$，$(\alpha+\beta)^2=\alpha^2+\beta^2+2\alpha\beta=\dfrac{2(b+\sqrt{ac})}{a}$，$(\alpha-\beta)^2=\alpha^2+\beta^2-2\alpha\beta=\dfrac{2b}{a}-2\sqrt{\dfrac{c}{a}}$ 等が得られる．さて，$ax^4+2bx^2+c=a(x^2+\alpha^2)(x^2+\beta^2)$ なので，部分分数分解は x を含まぬ x^2 のみで表されて

$$\frac{1}{ax^4+2bx^2+c}=\frac{A}{x^2+\alpha^2}+\frac{B}{x^2+\beta^2}.$$

通分して，$1=aA(x^2+\beta^2)+aB(x^2+\alpha^2)$，係数を比較し，$A+B=0$，$a(A\beta^2+B\alpha^2)=1$ より，$B=-A=\dfrac{1}{a(\alpha^2-\beta^2)}$.
ゆえに

$$\int_0^{\infty}\frac{dx}{ax^4+2bx^2+c}=\frac{1}{a(\alpha^2-\beta^2)}\int_0^{\infty}\left(\frac{1}{x^2+\beta^2}-\frac{1}{x^2+\alpha^2}\right)dx=\frac{1}{a(\alpha^2-\beta^2)}\left[\frac{1}{\beta}\tan^{-1}\frac{x}{\beta}-\frac{1}{\alpha}\tan^{-1}\frac{x}{\alpha}\right]_0^{\infty}=\frac{\pi}{2a(\alpha^2-\beta^2)}\left(\frac{1}{\beta}-\frac{1}{\alpha}\right)$$

$$=\frac{\pi}{2a(\alpha^2-\beta^2)}\cdot\frac{\alpha-\beta}{\alpha\beta}=\frac{\pi}{2\alpha\beta(\alpha+\beta)a}=\frac{\pi}{2a\sqrt{\dfrac{c}{a}}\sqrt{\dfrac{2(b+\sqrt{ac})}{a}}}=\frac{\pi}{2\sqrt{2c(b+\sqrt{ac})}}.$$

5. 公式 $X^3+1=(X+1)(X^2-X+1)$ より $x^6+1=(x^2+1)(x^4-x^2+1)$．もう一つの因数 x^4-x^2+1 は前問に似ている．見通しのよい解法は，複素数を用いた2項方程式の解法に待たねばならぬが，ここでは，和と差の積=2乗の差を用いて，天下り的に $x^4-x^2+1=(x^2+1)^2-3x^2=(x^2-1+\sqrt{3}x)(x^2+1+\sqrt{3}x)$ と因数分解，更に部分分数

$$\frac{1}{x^6+1}=\frac{1}{(x^2+1)(x^2-\sqrt{3}x+1)(x^2+\sqrt{3}x+1)}=\frac{Ax+B}{x^2+1}+\frac{Cx+D}{x^2-\sqrt{3}x+1}+\frac{Ex+F}{x^2+\sqrt{3}x+1}$$

に分解し，通分し，$1=(Ax+B)(x^2-\sqrt{3}x+1)(x^2+\sqrt{3}x+1)+(Cx+D)(x^2+1)(x^2+\sqrt{3}x+1)+(Ex+F)(x^2+1)(x^2-\sqrt{3}x+1)=(A+C+E)x^5+(B+\sqrt{3}C+D-\sqrt{3}E+F)x^4+(-A+2C+\sqrt{3}D+2E-\sqrt{3}F)x^3+(-B+\sqrt{3}C+2D-\sqrt{3}E+2F)x^2+(A+C+\sqrt{3}D+E-\sqrt{3}F)x+B+D+F$ なので，係数を比較し，6元連立1次方程式 $A+C+E=0$，$B+\sqrt{3}C+D-\sqrt{3}E+F=0$，$-A+2C+\sqrt{3}D+2E-\sqrt{3}F=0$，$-B+\sqrt{3}C+2D-\sqrt{3}E+2F=0$，$A+C+\sqrt{3}D+E-\sqrt{3}F=0$，$B+D+F=1$ を得る．第1式を最後から2番目の式に代入し $D=F$．第2式から第4式を減じて，$2B-D-F=2B-2D=0$ より $B=D$．最後の式より $B=D=F=\dfrac{1}{3}$．第1式に第3式を加えて，$3C+\sqrt{3}D+3E-\sqrt{3}F=3C+3E=0$ より，$E=-C$．第1式より $A=0$．これらを第2式に代入し $B+\sqrt{3}C+D-\sqrt{3}E+F=1+2\sqrt{3}C=0$．ゆえに $C=-\dfrac{1}{2\sqrt{3}}$，$E=-C=\dfrac{1}{2\sqrt{3}}$．かくして，$\dfrac{1}{4}+\dfrac{1}{12}=\dfrac{1}{3}$ に注意し右の公式を使い易い形にすると，

SCHEMA

$$\int\frac{2ax+b}{ax^2+bx+c}dx=\log(ax^2+bx+c),\quad \int\frac{dx}{(x+a)^2+b^2}=\frac{1}{b}\tan^{-1}\frac{x+a}{b}$$

$$\int_{-\infty}^{+\infty}\frac{dx}{x^6+1}=\int_{-\infty}^{+\infty}\left(\frac{1}{3}\frac{1}{x^2+1}-\frac{1}{4\sqrt{3}}\frac{2x-\sqrt{3}}{x^2-\sqrt{3}x+1}+\frac{1}{12}\frac{1}{\left(x-\frac{\sqrt{3}}{2}\right)^2+\left(\frac{1}{2}\right)^2}+\frac{1}{4\sqrt{3}}\frac{2x+\sqrt{3}}{x^2+\sqrt{3}x+1}\right.$$

$$\left.+\frac{1}{12}\frac{1}{\left(x+\frac{\sqrt{3}}{2}\right)^2+\left(\frac{1}{2}\right)^2}\right)dx=\left[\frac{1}{3}\tan^{-1}x+\frac{1}{4\sqrt{3}}\log\frac{x^2+\sqrt{3}x+1}{x^2-\sqrt{3}x+1}+\frac{1}{6}\tan^{-1}(2x-\sqrt{3})+\frac{1}{6}\tan^{-1}(2x+\sqrt{3})\right]_{-\infty}^{+\infty}$$

$$=\frac{1}{3}\left(\frac{\pi}{2}-\left(-\frac{\pi}{2}\right)\right)+\frac{1}{6}\left(\frac{\pi}{2}-\left(-\frac{\pi}{2}\right)\right)+\frac{1}{6}\left(\frac{\pi}{2}-\left(-\frac{\pi}{2}\right)\right)=\left(\frac{1}{3}+\frac{1}{6}+\frac{1}{6}\right)\pi=\frac{2\pi}{3}.$$

本問もA–15同様，留数計算による解答を予期して出題されたものであるが，上の方法でも解ける．微積分だろうと関数論だろうと，解ければよいのである．勝てば官軍，敗れば賊軍！　最後に笑う者が，最も良く笑う．

6. $x=\tan\theta$ とおくと，$\dfrac{dx}{d\theta}=\sec^2\theta$，$1+x^2=1+\tan^2\theta=\sec^2\theta$，$\dfrac{x^4}{(1+x^2)^4}=\dfrac{\tan^4\theta}{\sec^8\theta}$ なので

$$\int_{-\infty}^{+\infty}\frac{x^4}{(1+x^2)^4}dx=\int_{-\frac{\pi}{2}}^{\frac{\pi}{2}}\frac{\tan^4\theta}{\sec^8\theta}\sec^2\theta\,d\theta=\int_{-\frac{\pi}{2}}^{\frac{\pi}{2}}\tan^4\theta\cos^6\theta\,d\theta=\int_{-\frac{\pi}{2}}^{\frac{\pi}{2}}\sin^4\theta\cos^2\theta\,d\theta=\int_{-\frac{\pi}{2}}^{\frac{\pi}{2}}\sin^4\theta\,d\theta$$

$$-\int_{-\frac{\pi}{2}}^{\frac{\pi}{2}}\sin^6\theta\,d\theta=2\int_0^{\frac{\pi}{2}}\sin^4\theta\,d\theta-2\int_0^{\frac{\pi}{2}}\sin^6\theta\,d\theta.$$

一般に

$$I_n=\int_0^{\frac{\pi}{2}}\sin^n\theta\,d\theta=\int_0^{\frac{\pi}{2}}\sin^{n-1}\theta\sin\theta\,d\theta$$

にて，$\dfrac{du}{d\theta}=\sin\theta$，$v=\sin^{n-1}\theta$，$u=-\cos\theta$，$\dfrac{dv}{d\theta}=(n-1)\sin^{n-2}\theta\cos\theta$ とおき，部分積分を行うと

$$I_n=\Big[-\sin^{n-1}\theta\cos\theta\Big]_0^{\frac{\pi}{2}}+(n-1)\int_0^{\frac{\pi}{2}}\sin^{n-2}\theta\cos^2\theta\,d\theta$$

$$=(n-1)\int_0^{\frac{\pi}{2}}\sin^{n-2}\theta\,d\theta-(n-1)\int_0^{\frac{\pi}{2}}\sin^n\theta\,d\theta,$$

すなわち，$I_n=(n-1)I_{n-1}-(n-1)I_n$ を得るので，漸化式 $I_n=\dfrac{n-1}{n}I_{n-1}$ を得る．ところで $I_0=\int_0^{\frac{\pi}{2}}d\theta=\dfrac{\pi}{2}$，$I_1=\int_0^{\frac{\pi}{2}}\sin\theta\,d\theta=\Big[-\cos\Big]_0^{\frac{\pi}{2}}=1$ なので右の公式を得る．したがって，本問は

SCHEMA

$$\int_0^{\frac{\pi}{2}}\cos^{2m}\theta\,d\theta=\frac{2m-1}{2m}\,\frac{2m-3}{2m-2}\cdots\frac{3}{4}\,\frac{1}{2}\,\frac{\pi}{2}$$

$$\int_0^{\frac{\pi}{2}}\cos^{2m+1}\theta\,d\theta=\frac{2m}{2m+1}\,\frac{2m-2}{2m-1}\cdots\frac{2}{3}$$

SCHEMA

$$\int_0^{\frac{\pi}{2}}\sin^{2m}\theta\,d\theta=\frac{2m-1}{2m}\,\frac{2m-3}{2m-2}\cdots\frac{3}{4}\,\frac{1}{2}\,\frac{\pi}{2}$$

$$\int_0^{\frac{\pi}{2}}\sin^{2m+1}\theta\,d\theta=\frac{2m}{2m+1}\,\frac{2m-2}{2m-1}\cdots\frac{2}{3}$$

$$\int_{-\infty}^{+\infty}\frac{x^4}{(1+x^2)^4}dx=2\cdot\frac{3}{4}\,\frac{1}{2}\,\frac{\pi}{2}-2\cdot\frac{5}{6}\cdot\frac{3}{4}\cdot\frac{1}{2}\cdot\frac{\pi}{2}=2\cdot\frac{1}{6}\cdot\frac{3}{4}\cdot\frac{1}{2}\cdot\frac{\pi}{2}=\frac{\pi}{16}.$$

7. x^2 の代りに t とおいて，部分分数に分解して，

$$\frac{3t-\varepsilon^2}{(t+\varepsilon^2)^3(t+1)}=\frac{A}{t+\varepsilon^2}+\frac{B}{(t+\varepsilon^2)^2}+\frac{C}{(t+\varepsilon^2)^3}+\frac{D}{t+1}.$$

通分して，$3t-\varepsilon^2=A(t+\varepsilon^2)^2(t+1)+B(t+\varepsilon^2)(t+1)+C(t+1)+D(t+\varepsilon^2)^3$．$t=-1$ を代入して，$D=\dfrac{3+\varepsilon^2}{(1-\varepsilon^2)^3}$．$t=-\varepsilon^2$ を代入して，$C=\dfrac{-4\varepsilon^2}{1-\varepsilon^2}$．両辺を t で微分して，$3=2A(t+\varepsilon^2)(t+1)+A(t+\varepsilon^2)^2+B(t+\varepsilon^2)+B(t+1)+C+3D(t+\varepsilon^2)^2$．$t=-\varepsilon^2$ を代入して，$3=(1-\varepsilon^2)B+C$，$B=\dfrac{3-C}{1-\varepsilon^2}=\dfrac{3+\varepsilon^2}{(1-\varepsilon^2)^2}$．$t=-1$ を代入して，$3=A(1-\varepsilon^2)^2-B(1-\varepsilon^2)+C+3D(1-\varepsilon^2)^2=(A+3D)(1-\varepsilon^2)^2-B(1-\varepsilon^2)+C=(A+3D)(1-\varepsilon^2)^2-\dfrac{3+\varepsilon^2}{1-\varepsilon^2}-\dfrac{4\varepsilon^2}{1-\varepsilon^2}=(A+3D)(1-\varepsilon^2)^2-\dfrac{3+5\varepsilon^2}{1-\varepsilon^2}$，$A+3D=\dfrac{3+\frac{3+5\varepsilon^2}{1-\varepsilon^2}}{(1-\varepsilon^2)^2}=\dfrac{6+2\varepsilon^2}{(1-\varepsilon^2)^3}$，$A=\dfrac{6+2\varepsilon^2}{(1-\varepsilon^2)^3}-3\dfrac{3+\varepsilon^2}{(1-\varepsilon^2)^3}=\dfrac{-3-\varepsilon^2}{(1-\varepsilon^2)^3}$．

これらの A,B,C,D を用いて，

$$I(\varepsilon)=\varepsilon\int_0^1\frac{3x^2-\varepsilon^2}{(x^2+\varepsilon^2)^3(x^2+1)}dx=\varepsilon A\int_0^1\frac{dx}{x^2+\varepsilon^2}+\varepsilon B\int_0^1\frac{dx}{(x^2+\varepsilon^2)^2}+\varepsilon C\int_0^1\frac{dx}{(x^2+\varepsilon^2)^3}+\varepsilon D\int_0^1\frac{dx}{x^2+1}.$$

$$I_n=\int\frac{dx}{(x^2+\varepsilon^2)^n}=\frac{1}{\varepsilon^2}\int\frac{x^2+\varepsilon^2-x^2}{(x^2+\varepsilon^2)^n}dx=\frac{1}{\varepsilon^2}\int\frac{dx}{(x^2+\varepsilon^2)^{n-1}}-\frac{1}{\varepsilon^2}\int\frac{x}{(x^2+\varepsilon^2)^n}\cdot x\,dx$$

とおき，$\dfrac{du}{dx}=\dfrac{x}{(x^2+\varepsilon^2)^n}$，$v=x$，$u=\dfrac{1}{2}\cdot\dfrac{1}{-n+1}\cdot\dfrac{1}{(x^2+\varepsilon^2)^{n-1}}$，$\dfrac{dv}{dx}=1$ と部分積分すると，漸化式

$$I_n=\frac{1}{\varepsilon^2}I_{n-1}-\frac{1}{\varepsilon^2}\left(-\frac{1}{2(n-1)}\cdot\frac{x}{(x^2+\varepsilon^2)^{n-1}}+\frac{1}{2(n-1)}\int\frac{dx}{(x^2+\varepsilon^2)^{n-1}}\right)=\frac{2n-3}{2(n-1)\varepsilon^2}I_{n-1}+\frac{x}{2(n-1)\varepsilon^2(x^2+\varepsilon^2)^{n-1}}$$

を得る．ε は $\to0$ にするという数学上の特別な思い入れがあるので，a と書き換えて，漸化式を右に記す．

漸化式

$I_n=\displaystyle\int\frac{dx}{(x^2+a^2)^n}$ の時

$$I_n=\frac{2n-3}{2(n-1)a^2}I_{n-1}+\frac{x}{2(n-1)a^2(x^2+a^2)^{n-1}}\ (n\geqq2)$$

$$I_1=\frac{1}{a}\tan^{-1}\frac{x}{a}$$

さて，$I_1=\dfrac{1}{\varepsilon}\tan^{-1}\dfrac{x}{\varepsilon}$，$I_2=\dfrac{1}{2\varepsilon^2}\,\dfrac{1}{\varepsilon}\tan^{-1}\dfrac{x}{\varepsilon}+\dfrac{x}{2\varepsilon^2(x^2+\varepsilon^2)}$，$I_3=\dfrac{3}{4\varepsilon^2}\left(\dfrac{1}{2\varepsilon^3}\tan^{-1}\dfrac{x}{\varepsilon}+\dfrac{x}{2\varepsilon^2(x^2+\varepsilon^2)}\right)+\dfrac{x}{4\varepsilon^2(x^2+\varepsilon^2)^2}$ なので

$$I(\varepsilon)=\left[\varepsilon A\cdot\frac{1}{\varepsilon}\tan^{-1}\frac{x}{\varepsilon}+\varepsilon B\left(\frac{1}{2\varepsilon^3}\tan^{-1}\frac{x}{\varepsilon}+\frac{x}{2\varepsilon^2(x^2+\varepsilon^2)}\right)+\varepsilon C\left(\frac{3}{4\varepsilon^2}\left(\frac{1}{2\varepsilon^3}\tan^{-1}\frac{x}{\varepsilon}+\frac{x}{2\varepsilon^2(x^2+\varepsilon^2)}\right)+\frac{x}{4\varepsilon^2(x^2+\varepsilon^2)^2}\right)\right.$$

$$\left.+\varepsilon D\tan^{-1}x\right]_0^1=\left(A+\frac{B}{2\varepsilon^2}+\frac{3C}{8\varepsilon^4}\right)\tan^{-1}\frac{1}{\varepsilon}+\left(\frac{B}{2\varepsilon}+\frac{3C}{8\varepsilon^3}\right)\frac{1}{1+\varepsilon^2}+\frac{C}{4\varepsilon(1+\varepsilon^2)^2}+\frac{\pi\varepsilon D}{4}.$$

$$\frac{B}{2\varepsilon^2}+\frac{3C}{8\varepsilon^4}=\frac{1}{2\varepsilon^2}\cdot\frac{3+\varepsilon^2}{(1-\varepsilon^2)^2}+\frac{3}{8\varepsilon^4}\cdot\frac{-4\varepsilon^2}{1-\varepsilon^2}=\frac{3+\varepsilon^2-3(1-\varepsilon^2)}{2\varepsilon^2(1-\varepsilon^2)^2}=\frac{2}{(1-\varepsilon^2)^2},\quad \frac{B}{2\varepsilon}+\frac{3C}{8\varepsilon^3}=\frac{2\varepsilon}{(1-\varepsilon^2)^2},\quad \frac{C}{4\varepsilon(1+\varepsilon^2)}=\frac{-\varepsilon}{1-\varepsilon^4}$$

なので，$\varepsilon\to0$ の時，$A\to-3$，$\dfrac{B}{2\varepsilon^2}+\dfrac{3C}{8\varepsilon^4}\to2$，$\varepsilon D\to0$，$\tan^{-1}\dfrac{1}{\varepsilon}\to\dfrac{\pi}{2}$，$\dfrac{B}{3\varepsilon}+\dfrac{3C}{8\varepsilon^3}\to0$，$\dfrac{1}{1+\varepsilon^2}\to1$，$\dfrac{C}{4\varepsilon(1+\varepsilon^2)}\to0$，

$\varepsilon D \to 0$ なので，

$$\lim_{\varepsilon\to 0} I(\varepsilon)=(-3+2)\frac{\pi}{2}=-\frac{\pi}{2}.$$

ついで，前頁の漸化式を用いて，定積分の公式を右上に与えておく．

SCHEMA

$$\int_{-\infty}^{+\infty}\frac{dx}{(x^2+a^2)^n}=\frac{(2n-3)(2n-5)\cdots 3\cdot\pi}{2^{n-1}(n-1)!a^{2n-1}}=\frac{(2n-2)!2\pi}{((n-1)!)^2(2a)^{2n+1}}$$

8. 三角関数の積分は $t=\tan\frac{\theta}{2}$ とおくと， $\cos\theta=2\cos^2\frac{\theta}{2}-1=\dfrac{2}{1+\tan^2\frac{\theta}{2}}-1=\dfrac{1-\tan^2\frac{\theta}{2}}{1+\tan^2\frac{\theta}{2}}=\dfrac{1-t^2}{1+t^2}$， $\sin\theta=2\sin\frac{\theta}{2}\cos\frac{\theta}{2}=2\tan\frac{\theta}{2}\cos^2\frac{\theta}{2}=\dfrac{2\tan\frac{\theta}{2}}{1+\tan^2\frac{\theta}{2}}=\dfrac{2t}{1+t^2}$，

$\dfrac{dt}{d\theta}=\dfrac{1}{2}\sec^2\dfrac{\theta}{2}=\dfrac{1+\tan^2\frac{\theta}{2}}{2}=\dfrac{1+t^2}{2}$， $\dfrac{d\theta}{dt}=\dfrac{2}{1+t^2}$ なので右上の公式と，定積分では右下の関係式を得，いずれも有理関数の積分に帰着できるので，たとえ労らわしいにせよ， B-4, B-5, B-7 の様に部分分数に分解して，解くことができる．ただし，B-6 の様に有理関数を三角関数の積分の漸化式を用いて積分する法もあるので，固定的に捉えてはいけない．また，前問の様な計算をシンドイと嫌ってはいけない．仕事に有り付いて有難いと感謝すべきである．

SCHEMA

$t=\tan\frac{\theta}{2}$ とおくと

$$\int P(\cos\theta,\sin\theta)\,d\theta=\int P\left(\frac{1-t^2}{1+t^2},\frac{2t}{1+t^2}\right)\frac{2}{1+t^2}dt$$

SCHEMA

$$\int_0^{\pi}P(\cos\theta,\sin\theta)d\theta=\int_0^{\infty}P\left(\frac{1-t^2}{1+t^2},\frac{2t}{1+t^2}\right)\frac{2}{1+t^2}\,dt$$

本問の分母は，変換変数 $t=\tan\frac{\theta}{2}$ により

$$R^2+2Rr\cos\theta+r^2=R^2+2Rr\frac{1-t^2}{1+t^2}+r^2=\frac{R^2+R^2t^2+2Rr-2Rrt^2+r^2+r^2t^2}{1+t^2}=\frac{(R+r)^2+(R-r)^2t^2}{1+t^2}$$

なので，一番上の公式より

$$\int_0^{\pi}\frac{d\theta}{R^2+2Rr\cos\theta+r^2}=\int_0^{\infty}\frac{t^2+1}{(R-r)^2t^2+(R+r)^2}\cdot\frac{2}{t^2+1}dt=\int_0^{\infty}\frac{2}{(R-r)^2t^2+(R+r)^2}dt$$

$$=\frac{2}{(R-r)^2}\int_0^{\infty}\frac{dt}{t^2+\left(\dfrac{R+r}{R-r}\right)^2}=\frac{2}{(R-r)^2}\cdot\frac{1}{\dfrac{R+r}{R-r}}\cdot\frac{\pi}{2}=\frac{\pi}{(R-r)(R+r)}=\frac{\pi}{R^2-r^2}$$

と有難や分母分子の t^2+1 が約されて， 部分分数分解せずに直ちに公式より求められる． この様なバーゲンセールにおける目玉商品的問題を入試においては条件反射の如く短時間に着実に解き，頭を働かせるべき他の高尚な問題に時間をかける様にできないと合格はおぼつかない．その様な，大学入試における共通１次的役割を果す問題と同様な役割を大学卒業予定者が受ける試験において果すであろう問題をわれわれは今から学んでいるのである．

9. $R^2+r^2=a$ と $2Rr=b$, すなわち，$R^2r^2=\dfrac{b^2}{4}$ を満し，R^2 と r^2 は２次方程式 $t^2-at+\dfrac{b^2}{4}=0$ の解 $t=\dfrac{a\pm\sqrt{a^2-b^2}}{2}$ である様に選べば，前問に帰着できて，積分$=2\int_0^{\pi}=\dfrac{2\pi}{R^2-r^2}=\dfrac{2\pi}{\sqrt{a^2-b^2}}$， とやって終っては入試においては見事零点であり，前問同様，直接求めねばならない．

10. この問題も B-8 に帰着できるが，上の様な訳で，直接求めよう．公式より

$$\int_{-\pi}^{\pi}\frac{d\theta}{a+b\sin\theta}=\int_{-\infty}^{\infty}\frac{1}{a+b\dfrac{2t}{1+t^2}}\cdot\frac{2}{1+t^2}dt=2\int_{-\infty}^{\infty}\frac{dt}{at^2+2bt+a}=\frac{2}{a}\int_{-\infty}^{\infty}\frac{dt}{\left(t+\dfrac{b}{a}\right)^2+\left(\sqrt{\dfrac{a^2-b^2}{a^2}}\right)^2}$$

$$=\frac{2}{a}\cdot\frac{1}{\sqrt{\dfrac{a^2-b^2}{a^2}}}\cdot\pi=\frac{2\pi}{\sqrt{a^2-b^2}}$$

となり，余弦だろうと正弦だろうと値は同じであることが分る．

11. やはり中年のワン・パターンで $t=\tan\frac{x}{2}$ とおくと，分母は

$$(1+k\cos x)^2=\left(1+k\frac{1-t^2}{1+t^2}\right)^2=\left(\frac{(1-k)t^2+(1+k)}{1+t^2}\right)^2$$

なので，公式，特に B-7 の終りで与えた公式より

$$\int_0^{2\pi}\frac{dx}{(1+k\cos x)^2}=2\int_0^{\pi}=2\int_0^{\infty}\frac{(1+t^2)^2}{((1-k)t^2+(1+k))^2}\frac{2}{t^2+1}dt=4\int_0^{\infty}\frac{t^2+1}{((1-k)t^2+(1+k))^2}dt$$

$$=\frac{4}{1-k}\int_0^{\infty}\frac{(1-k)t^2+(1+k)}{((1-k)t^2+(1+k))^2}dt+4\left(1-\frac{1+k}{1-k}\right)\int_0^{\infty}\frac{dt}{((1-k)t^2+(1+k))^2}=\frac{4}{1-k}\int_0^{\infty}\frac{dt}{(1-k)t^2+(1+k)}$$

$$-\frac{8k}{1-k}\int_0^{\infty}\frac{dt}{((1-k)t^2+(1+k))^2}=\frac{4}{(1-k)^2}\int_0^{\infty}\frac{dt}{t^2+\left(\sqrt{\frac{1+k}{1-k}}\right)^2}-\frac{8k}{(1-k)^3}\int_0^{\infty}\frac{dt}{\left(t^2+\left(\sqrt{\frac{1+k}{1-k}}\right)^2\right)^2}$$

$$=\frac{4}{(1-k)^2}\cdot\frac{1}{\sqrt{\frac{1+k}{1-k}}}\cdot\frac{\pi}{2}-\frac{8k}{(1-k)^3}\cdot\frac{1}{2}\cdot\frac{1}{\left(\sqrt{\frac{1+k}{1-k}}\right)^3}\cdot\frac{\pi}{2}=2\pi\left(\frac{1}{(1-k)^2}-\frac{k}{(1-k)^2}\cdot\frac{1}{1+k}\right)\sqrt{\frac{1-k}{1+k}}$$

$$=\frac{2\pi}{(1+k)(1-k)^2}\sqrt{\frac{1-k}{1+k}}=\frac{2\pi}{\sqrt{(1-k^2)^3}}.$$

くどくなるが，B-4, B-5, B-8, B-9, B-10, B-11 は皆，関数論の留数定理を用いると割に簡単に解け，東大院等の出題の意図はそこにある．しかし，別に解答の方法が指定されている訳ではないので，「勝てば官軍」であって，要は解ければよいのである．智恵のある者は智恵を使い，智恵の無い者は力を使うべきである．

さて，本章において，有理関数の積分は部分分数分解の後に，漸化式等の公式を用いることにより，また，三角関数の積分は $t=\tan\frac{\theta}{2}$ とおき，有理関数の積分に帰着することにより，いずれも，**必らず解ける**ことが分った．この**必勝の信念**が重要であり，自信の無い計算は合うはずがないし，採点者や試験官を納得させることができない．なせばなる．なさねばならぬ，何事も．ならぬは人のなさぬなりけり．とにかく，腕力に訴えて，積分し，合格する力を養なわれたい．更にくどくなるが，高校→大学への入口で将来全く役に立たぬことを学びつつ何年も浪人するより，大学に入学して，大学のカリキュラムを一生懸命学んだ方が，本人のためであるし，社会のために科学技術を捧げることができることにもなり，余程よろしい．この様な人生の智恵は勉強より重要である．

8章　線形微分方程式

A　基礎をかためる演習

1 (1) $(1+x)y+(1-x)\frac{dy}{dx}=0$ より $\int\frac{1+x}{1-x}dx+\int\frac{dy}{y}=$定数．$\int\frac{1+x}{1-x}dx=\int\left(-\frac{2}{x-1}-1\right)dx=-2\log|x-1|-x$ なので，$-2\log|x-1|-x+\log|y|=$定数 c'．$|y|=e^{c'}e^{x+2\log|x-1|}$ より，$y=\pm e^{c'}(x-1)^2e^x$ なので，$c=\pm e^{c'}$ とおくと $y=c(x-1)^2e^x$．ところで，$c=0$ に対応する $y\equiv 0$ も解なので，任意の c に対して，$y=c(x-1)^2e^x$ は一般解．(2) $(1-y)x\frac{dy}{dx}+(1+x)y=0$ より $\int\left(\frac{1}{y}-1\right)dy+\int\left(\frac{1}{x}+1\right)dx=$定数，$\log|y|-y+\log|x|+x=$定数$c'$，$\log|xy|=y-x+c'$，$xy=\pm e^{c'}e^{y-x}$．$c=\pm e^{c'}$ とおくと $xy=ce^{y-x}$．$c=0$ に対応する $y\equiv 0$ も解なので，任意定数 c に対して，$xy=ce^{y-x}$ は一般解．(3) $2x\frac{dy}{dx}+2y=xy\frac{dy}{dx}$ より $x(2-y)\frac{dy}{dx}+2y=0$，$\int\left(\frac{2}{y}-1\right)dy+2\int\frac{dx}{x}=$定数 c'．$2\log|y|-y+2\log|x|=c'$，$\log|xy|^2=c'+y$．$x^2y^2=\pm e^{c'}e^y$．$c=e^{c'}$ とおくと，$x^2y^2=ce^y$．$c=0$ に対応する $y\equiv 0$ も解なので，一般解は $x^2y^2=ce^y$．(4) $\frac{dy}{dx}-y=x+1$ は線形であって，公式を誤りなく適用すべく，$P=-1$，$Q=x+1$，$\int Pdx=-x$ とおくと，$\int Qe^{\int Pdx}dx=\int(x+1)e^{-x}dx$．部分積分をすべく，$\frac{du}{dx}=e^{-x}$，$v=x+1$ とおくと，$u=-e^{-x}$，$\frac{dv}{dx}=1$．$\int(x+1)e^{-x}dx=uv-\int u\frac{dv}{dx}dx=-(x+1)e^{-x}+\int e^{-x}dx=-(x+1)e^{-x}-e^{-x}=-(x+2)e^{-x}$ なので，任意定数 c に対して $y=e^{-\int Pdx}\left(\int Qe^{\int Pdx}dx+c\right)=e^x(-(x+2)e^{-x}+c)$，すなわち，$y=-x-2+ce^x$ が一般解である．(5) $\frac{dy}{dx}=\frac{x^2+y^2}{2xy}=\frac{1}{2}\left(\frac{y}{x}\right)^{-1}+\frac{1}{2}\left(\frac{y}{x}\right)$ は同次形なので，$u=\frac{y}{x}$ とおくと，$y=xu$，$\frac{dy}{dx}=x\frac{du}{dx}+u=\frac{u^{-1}}{2}+\frac{u}{2}$ より $x\frac{du}{dx}=\frac{u^{-1}}{2}-\frac{u}{2}=\frac{1-u^2}{2u}$ すなわち，変数分離形 $\frac{2u}{u^2-1}\frac{du}{dx}+\frac{1}{x}=0$ を得る．du については，分母の微分が分子なので，$\int\frac{2u}{u^2-1}du+\int\frac{dx}{x}=$定数，$\log|u^2-1|+\log|x|=$定数 c'．$\log|u^2-1||x|=\log\left|\frac{y^2-x^2}{x}\right|=c'$．$y^2-x^2=\pm e^{c'}x$．$c=\pm e^{c'}$ とおくと，$y^2-x^2=cx$．$c=0$ に対応する $y=\pm x$ は $\frac{dy}{dx}=\pm 1=\frac{x^2+y^2}{2xy}$ を満し，確かに解

なので，$y^2-x^2=cx$ が一般解である．(6) ベルヌーイ形であって，$z=y^2$ とおくと，$\dfrac{dz}{dx}=2y\dfrac{dy}{dx}$ なので，$2yy'=x-y^2$ は線形 $\dfrac{dz}{dx}+z=x$ となる．公式にて，$P=1$，$Q=x$，$\int Pdx=x$ とおくと，$\int Qe^{\int Pdx}dx=\int xe^xdx$． 部分積分をすべく，$\dfrac{du}{dx}=e^x$，$v=x$ とおくと，$u=e^x$，$\dfrac{dv}{dx}=1$ であって，$\int Qe^{\int Pdx}dx=\int\dfrac{du}{dx}vdx=uv-\int u\dfrac{dv}{dx}dx=xe^x-\int e^xdx=xe^x-e^x$． 公式より $y^2=e^{-x}(xe^x-e^x+c)$，すなわち，一般解は $y^2=x-1+ce^{-x}$ (c は任意定数)．

2 $\dfrac{di}{dt}-Si=\dfrac{E}{L}e^{St}$．$P=-S$，$Q=\dfrac{E}{L}e^{St}$ とおくと，$\int Pdt=-St$，$\int Qe^{\int Pdt}dt=\dfrac{E}{L}\int dt=\dfrac{E}{L}t$．任意定数 c に対して，$i=e^{St}\left(\dfrac{E}{L}t+c\right)$ は一般解．$t=0$ の時 $i=0$ なので，$c=0$．ゆえに，初期条件を満す解は $i=\dfrac{E}{L}te^{St}$．$\dfrac{di}{dt}=\dfrac{E}{L}(St+1)e^{St}$．$0<t<-\dfrac{1}{S}=\dfrac{L}{R}$ の時，$\dfrac{di}{dt}>0$，$t>\dfrac{L}{R}$ の時，$\dfrac{di}{dt}<0$ なので，$t=\dfrac{L}{R}$ の時， 極大かつ最大値を取る．

3 題意は x のいかんに拘らず，右図にて長方形：斜線＝4：3 ということであり，積分方程式 $\int_0^x f(t)dt=\dfrac{3}{4}xf(x)$ を得るので，両辺を x で微分し， 微分方程式 $f(x)=\dfrac{3}{4}f(x)+\dfrac{3}{4}xf'(x)$ を得る．$\dfrac{f}{4}=\dfrac{3}{4}x\dfrac{df}{dx}$ は変数分離形で $3\int\dfrac{df}{f}=\int\dfrac{dx}{x}$ より $3\log|f|=\log|x|+c'$． $|f|^3=e^{c'}e^{\log|x|}$，$f^3=\pm e^{c'}x$．$c=\pm e^{c'}$ とおくと $f(x)=c\sqrt[3]{x}$ ($c\neq 0$) が一般的な解である． $c=0$ の時の $y\equiv 0$ は微分方程式の解ではあるが，題意に添わない．

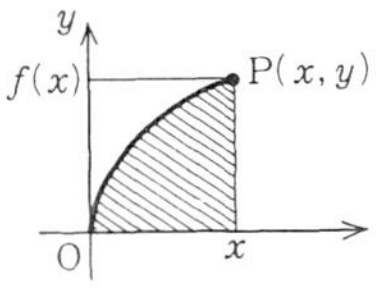

4 接線の傾きは y' なので，それと直交する法線の傾きは $-\dfrac{1}{y'}$ であり，その方程式は $Y-y=-\dfrac{1}{y'}(X-x)$．$Y=0$ として，Q の X 座標は $X=x+yy'$．$y^2+y^2y'^2=\mathrm{PQ}^2=\mathrm{OQ}^2=(x+yy')^2$ より $y^2+y^2y'^2=x^2+2xyy'+y^2y'^2$．$2xyy'=y^2-x^2$．これは A-1-5 とよく似ておる．今度はベルヌーイ形として解こう．$z=y^2$ とすると $\dfrac{dz}{dx}=2yy'$．ゆえに $\dfrac{dz}{dx}-\dfrac{1}{x}z=-x$．$P=-\dfrac{1}{x}$，$Q=-x$ とおくと，$\int P\,dx=-\log x$，$e^{\int Pdx}=\dfrac{1}{x}$．$\int Qe^{\int Pdx}dx=-\int dx=-x$．したがって，$z=x(-x+2a)$，$x^2+y^2=2ax$， すなわち $(x-a)^2+y^2=a^2$ (a＝任意定数$\neq 0$) なる原点において y 軸に接する円が求める曲線である．$a=0$ の時は題意に適さない．

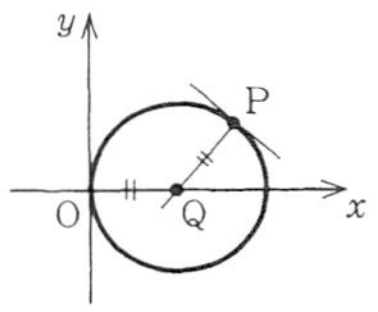

5 線形の公式において，$P=-\dfrac{1+3x^2}{x(x^2+1)}$，$Q=\dfrac{x(1-x^2)}{1+x^2}$ とおく．まず，P を部分分数 $-\dfrac{3x^2+1}{x(x^2+1)}=\dfrac{A}{x}+\dfrac{Bx+C}{x^2+1}$ に分解し，通分して，$-(3x^2+1)=A(x^2+1)+x(Bx+C)$．$x=0$ を代入し， $A=-1$．x^2 の係数を比較し，$A+B=-3$，$B=-3-A=-2$．x の係数を比較し $C=0$．かくして

$\int Pdx=-\int\dfrac{3x^2+1}{x(x^2+1)}dx=-\int\dfrac{dx}{x}-\int\dfrac{2x}{x^2+1}dx=-\log x-\log(x^2+1)$．$e^{\int Pdx}=e^{-\log x-\log(x^2+1)}=\dfrac{1}{x(x^2+1)}$，

$\int Qe^{\int Pdx}dx=\int\dfrac{1-x^2}{(x^2+1)^2}dx$．$x=\tan\theta$ を代入すると，$\dfrac{dx}{d\theta}=\sec^2\theta$ なので，$\int Qe^{\int Pdx}dx=\int\dfrac{1-\tan^2\theta}{\sec^4\theta}\sec^2\theta\,d\theta$

$=\int(\cos^2\theta-\sin^2\theta)d\theta=\int\cos 2\theta d\theta=\dfrac{\sin 2\theta}{2}=\sin\theta\cos\theta=\tan\theta\cos^2\theta=\dfrac{\tan\theta}{1+\tan^2\theta}=\dfrac{x}{1+x^2}$． ゆえに， 一般解は

$y=x(x^2+1)\left(\dfrac{x}{x^2+1}+C\right)=x^2+Cx(x^2+1)$．$x=-2$ の時 $y=-1$ なので，$-1=4-10C$ より，$C=\dfrac{1}{2}$． 任意定数は $\dfrac{1}{2}$ のマーク・シートを塗り潰せばよい．

6 $x\dfrac{dy}{dx}-y=2xy^2$ はベルヌーイ形であって，$-y^{-2}\dfrac{dy}{dx}+\dfrac{1}{x}y^{-1}=-2$ にて $z=y^{-1}$ とおくと，$\dfrac{dz}{dx}=-y^{-2}\dfrac{dy}{dx}$ なので，線形となり，$\dfrac{dz}{dx}+\dfrac{z}{x}=-2$．$P=\dfrac{1}{x}$，$Q=-2$ とおくと，$\int Pdx=\int\dfrac{dx}{x}=\log x$，$e^{\int Pdx}=x$．$\int Qe^{\int Pdx}dx=\int(-2x)dx=-x^2$ なので，$z=\dfrac{1}{x}(-x^2+c)=\dfrac{c-x^2}{x}$ より，$y=\dfrac{x}{c-x^2}$ (c は任意定数) は一般解．$y\equiv 0$ も解であって，$c=\infty$ に対応する．

7 連立微分方程式は学んでいないので，加減法により単独方程式に持込まざるを得ない．第１式，第２式，第３式に，それぞれ，定数 α,β,γ を掛けて加えた

$$\frac{d}{dt}(\alpha x+\beta y+\gamma z)=\alpha\frac{dx}{dt}+\beta\frac{dy}{dt}+\gamma\frac{dz}{dt}=\alpha(2x-2y+z)+\beta(2x-3y+2z)+\gamma(-x+2y)$$

$$=(2\alpha+2\beta-\gamma)x+(-2\alpha-3\beta+2\gamma)y+(\alpha+2\beta)z$$

が $\alpha x+\beta y+\gamma z$ の λ 倍となっていれば，$\alpha x+\beta y+\gamma z$ に関する線形微分方程式

$$\frac{d}{dt}(\alpha x+\beta y+\gamma z)=\lambda(\alpha x+\beta y+\gamma z)$$

が得られ，解 $\alpha x+\beta y+\gamma z=ce^{\lambda t}$ を得る．問題はその様な α,β,γ を見出すことである．それは，何も計算しなくて気付くのが一番よいが，理詰めで見出すには，α,β,γ に関する同次連立１次方程式

$$(2-\lambda)\alpha+2\beta-\gamma=0$$
$$-2\alpha+(-3-\lambda)\beta+2\gamma=0$$
$$\alpha+2\beta-\lambda\gamma=0$$

が $\alpha=\beta=\gamma=0$ でない解を持つ条件を見出せばよい．係数の行列式 $\neq 0$ であれば，２章の A–14 で解説したクラメルの解法より $\alpha=\beta=\gamma=0$ となるので，それ以外の解があるには**固有多項式**と呼ばれる行列式が０でなければならぬ．そこで固有多項式なる行列式を求めよう．

$$\begin{vmatrix} 2-\lambda & 2 & -1 \\ -2 & -3-\lambda & 2 \\ 1 & 2 & -\lambda \end{vmatrix} \overset{\substack{1行+(\lambda-2)\times 3行\\ 2行+2\times 3行}}{=} \begin{vmatrix} 0 & 2(\lambda-1) & -(\lambda-1)^2 \\ 0 & 1-\lambda & 2(1-\lambda) \\ 1 & 2 & -\lambda \end{vmatrix} \overset{\substack{1,2行より\\ \lambda-1を出す}}{=}(\lambda-1)^2 \begin{vmatrix} 0 & 2 & 1-\lambda \\ 0 & -1 & -2 \\ 1 & 2 & -\lambda \end{vmatrix}=(\lambda-1)^2\begin{vmatrix} 2 & 1-\lambda \\ -1 & -2 \end{vmatrix}$$

$$=-(\lambda-1)^2(\lambda+3)$$

なので，$\lambda=1, 1, -3$ が，固有多項式の零点でありこれらは**固有値**と呼ばれる．これに対する上の α,β,γ が**固有ベクトル**を与えるが，実体が重要であってこれらの術語はどうでもよい．$\lambda=1$ に対しては，$\alpha+2\beta-\gamma=0$，$-2\alpha-4\beta+2\gamma=0$，$\alpha+2\beta-\gamma=0$．固有値が２重根の時は上の様に第一式以外の二つの式は余計である．解は $\gamma=\alpha+2\beta$ で，α,β は任意であるから，例えば，$\alpha=1$，$\beta=1$，$\gamma=3$ や $\alpha=1$，$\beta=-1$，$\gamma=-1$ の組合せでよい．$\lambda=-3$ に対して $5\alpha+2\beta-\gamma=0$，$-2\alpha+2\gamma=0$，$\alpha+2\beta+3\gamma=0$．第２式の $\gamma=\alpha$ を第３式に代入し，$\beta=-2\alpha$．今度は $\beta=-2\alpha$，$\gamma=\alpha$ で α のみが任意である．$\alpha=1$，$\beta=-2$，$\gamma=1$ の組合せでよい．

次のことが計算無しで気付けば，直ちにここから答案を書き，気付かねば，10分位の上記計算の末，

$$\frac{d}{dt}(x-y-z)=\frac{dx}{dt}-\frac{dy}{dt}-\frac{dz}{dt}=(2x-2y+z)-(2x-3y+2z)-(-x+2y)=x-y-z$$

より，$x-y-z=c_1e^t$，

$$\frac{d}{dt}(x+y+3z)=\frac{dx}{dt}+\frac{dy}{dt}+3\frac{dz}{dt}=(2x-2y+z)+(2x-3y+2z)+3(-x+2y)=x+y+3z$$

より，$x+y+3z=c_2e^t$

$$\frac{d}{dt}(x-2y+z)=\frac{dx}{dt}-2\frac{dy}{dt}+\frac{dz}{dt}=(2x-2y+z)-2(2x-3y+2z)+(-x+2y)=-3(x-2y+z)$$

より，$x-2y+z=c_3e^{-3t}$ を得る．$t=0$ の時，$x=y=1$ なので，$c_1=-1$，$c_2=5$，$c_3=0$ である．ゆえに $x-y-z=-e^t$，$x+y+3z=5e^t$，$x-2y+z=0$．$z=2y-x$ を第１, ２式に代入し $2x-3y=-e^t$，$-2x+7y=5e^t$．加えて，$4y=4e^t$，$y=e^t$．$x=\dfrac{3y-e^t}{2}=e^t$，$z=2y-x=e^t$．結局 $x=e^t$，$y=e^t$，$z=e^t$ が $t=0$ の時，$x=y=1$ なる解である．最初から $x=y=z=e^t$ が解になると書いても零点である．

8 (1) $\dfrac{dy}{dx}+xy=x$ は線形であり，$P=x$，$Q=x$ とおくと，$\int P\,dx=\dfrac{x^2}{2}$，$\int Qe^{\int P dx}dx=\int xe^{\frac{x^2}{2}}dx=e^{\frac{x^2}{2}}$．$y=e^{-\frac{x^2}{2}}(e^{\frac{x^2}{2}}+c)$ より，$y=1+ce^{-\frac{x^2}{2}}$ (c＝任意定数)は一般解．(2) 下手な考え休むに似たりと，$xp^2-2yp-x=0$ を p について解けば，$\dfrac{dy}{dx}=p=\dfrac{y\pm\sqrt{y^2+x^2}}{x}=\left(\dfrac{y}{x}\right)\pm\sqrt{\left(\dfrac{y}{x}\right)^2+1}$ は有難や同次形．定石通り $u=\dfrac{y}{x}$，$y=xu$ とおくと．$\dfrac{dy}{dx}=x\dfrac{du}{dx}+u=u\pm\sqrt{u^2+1}$ より $x\dfrac{du}{dx}=\pm\sqrt{u^2+1}$ と却って簡単になった．そこで，変数分離形の作法に則り $\displaystyle\int\frac{du}{\sqrt{u^2+1}}=\pm\int\frac{dx}{x}$ より $\mathrm{sh}^{-1}u=\pm(\log x+c')$．$u=\mathrm{sh}(\pm\log x+c'))=\pm\mathrm{sh}(\log x+c')=\pm\dfrac{e^{\log x+c'}-e^{-\log x-c'}}{2}$ $=\pm\dfrac{cx-\frac{1}{cx}}{2}$．よって，$y=\pm\dfrac{c^2x^2-1}{2c}$ (c＝任意定数$\neq 0$) は一般解．念のため，検算すると，$p=\pm cx$ なので，$xp^2-2yp-x=c^2x^3-2\dfrac{c^2x^2-1}{2c}cx-x=0$．

9　（＊）の解 $x(t)$ は $\frac{d}{dt}(e^{at}x(t))=e^{at}\left(\frac{dx(t)}{dt}+ax(t)\right)=e^{at}f(t)$ を満すので，両辺を $0\leqq s\leqq t$ において積分し，$e^{at}x(t)-x(0)=\int_0^t e^{as}f(s)ds$，$x(t)=e^{-at}x(0)+e^{-at}\int_0^t e^{as}f(s)ds$，と答案に書けば，ケチの付け様がない．

(i)　$\int_0^\infty |f(s)|ds=\lim_{T\to+\infty}\int_0^T|f(s)|ds$，すなわち，$\lim_{T\to+\infty}\int_T^\infty|f(s)|ds=\lim_{T\to+\infty}\left(\int_0^\infty|f(s)|ds-\int_0^T|f(s)|ds\right)=0$ ということは，$\int_T^\infty$ が T を大きくしたら，どんなにでも小さくなるということであり，どんな小さな正数 ε（ε(イプシロン）という文字には小さいという数学上の思い入れがあり，フランス語であいつは ε だといったら，小人物の事）をもって来ても，それに見合って大きく正数 T_0 を取れば，$T\geqq T_0$ の時，大学の講義の板書風に書けば，$^\forall\varepsilon>0$，$^\exists T_0$；$\int_T^\infty|f(s)|ds<\frac{\varepsilon}{2}(T\geqq T_0)$．なお，大きいとか小さいとかは主観的だし，第一，ハシタナイので，数学では，そのことを大変気にしながらも，表向きはいっさい触れないカマトト振りをする．さて，この T_0 は大きいけれども，ε を一旦取って終えば，それに伴って定まった数である．ここがだいじな所で，したがって $|x(0)|+\int_0^{T_0}e^{as}|f(s)|ds$ も定った数である．よって，更に T_0 よりもズット大きな T を取れば，$t\geqq T$ の時，$e^{-aT}\left(|x(0)|+\int_0^{T_0}e^{as}|f(s)|ds\right)<\frac{\varepsilon}{2}$ とできる．こんな式がなぜ出て来るのか，分らない読者が多いと思うが，4 行後の式が最後に ε となる様，後でツジツマを合せたもので，この原稿（及び入試の答案）は後から順に書いていく．さて，この時，積分 $\int_0^t$ を $\int_0^{T_0}+\int_{T_0}^t$ と二つに分けるのが，積分論の極意であって，上に定めた T_0，及び，T に対して，$t\geqq T$の時，

$$|x(t)|=\left|e^{-at}x(0)+e^{-at}\int_0^{T_0}e^{as}f(s)ds+\int_{T_0}^t e^{a(s-t)}f(s)ds\right|\leqq e^{-aT}\left(|x(0)|+\int_0^{T_0}e^{as}|f(s)|ds\right)+\int_{T_0}^t|f(s)|ds$$

$$\leqq e^{-aT}\left(|x(0)|+\int_0^{T_0}e^{as}|f(s)|ds\right)+\int_{T_0}^\infty|f(s)|ds<\frac{\varepsilon}{2}+\frac{\varepsilon}{2}=\varepsilon.$$

どんな小さな ε を取って，それに見合って，大きく T を取り，この T 以上に $t\geqq T$ と t を大きくしたら，$|x(t)|<\varepsilon$ が成立したので，t をどんどん大きくすると，$x(t)$ は限りなく小さくなり，$\lim_{t\to+\infty}x(t)=0$．なお，上の式の右辺の様に最後を ε で終える所が，ウルトラ C の体操のフィニッシュの様に芸術的でよろしい．数学は理論上の美しさを追求する芸術であるからである．そのためには，その前の式は ε の半分ずつの $\frac{\varepsilon}{2}$ で押えられねばならない．この順で逆向きを辿って，つじつまが合う様に不等式を定めて行き，書物や講義や答案では，種を明さない手品の様に天下り的に進めて行くのである．この様な進め方に慣れない学生諸君は留年を繰り返すことになる．

なお京大入試では，係数が定数 a の代りに関数 $a(t)$ となってはいるが，$^\exists t_0, {}^\exists a_0; a(t)\geqq a_0>0(t\geqq t_0)$ なので，本質的には同じである．

(ii)　関数 f が $-\infty<t<\infty$ で有界であるということは，正数 M があって，$-\infty<t<\infty$ のすべての t に対して，$|f(t)|\leqq M$ が成立すること，大学の板書風だと，$^\exists M>0$; $|f(t)|\leqq M(-\infty<{}^\forall t<\infty)$．前にも説明したが，∃は存在 (existence)，∀ は任意 (any) を示す，万国共通の記号であり，数学上の命題をこの ∃ と ∀ で表現する様訓練するのが，数学科のゼミである．諸君はボチボチ行けばよい．慣れなくてどうしても，∃と∀に相性が悪い人は数学科以外に行けばよいだけである．数学科の学生諸君はどうなるか？処置なしである．数学科の数学は，受験数学で受けた機械的計算の訓練とは正反対の学問である．次章において，少々，解説するが，イヤな人は数学科に来なければ，いいかえれば，数学の先生にならねばよいだけである．(イ)　$a>0$ の時を考察しよう．$t\geqq 0$ であれば，$\left|\int_0^t e^{as}f(s)ds\right|\leqq M\int_0^t e^{as}ds=\frac{M(e^{at}-1)}{a}$ なので，$|x(t)|\leqq|x(0)|e^{-at}+e^{-at}\left|\int_0^t e^{as}f(s)ds\right|\leqq|x(0)|+\frac{M}{a}$ であり，$0\leqq t<\infty$ では無条件に，任意の解 $x(t)$ は有界である．$t<0$ であれば，$e^{-at}\to+\infty(t\to-\infty)$ なので，$x(t)=e^{-at}\left(x(0)+\int_0^t e^{as}f(s)ds\right)$ の（　）の中の $t\to-\infty$ の時の極限 $\lim_{t\to-\infty}\left(x(0)+\int_0^t e^{as}f(s)ds\right)=x(0)-\int_{-\infty}^0 e^{as}f(s)ds=0$，すなわち

$$x(0)=\int_{-\infty}^0 f(s)ds\quad(**)$$

が，解 $x(t)$ が有界であるための必要条件である．十分性を示すため，$F(t)=\int_{-\infty}^t e^{as}f(s)ds$ を考える．$|e^{as}f(s)|\leqq Me^{as}$ で $\int_{-\infty}^t Me^{as}ds=\frac{Me^{at}}{a}<+\infty$ なので，M より絶対値が小さな関数の積分 $F(t)$ は収束して意味を持つ．さて，$\int_0^t e^{as}f(s)ds=\int_{-\infty}^t e^{as}f(s)ds-\int_{-\infty}^0 e^{as}f(s)ds$ なので，（＊）より $x(t)=e^{-at}\left(x(0)-\int_{-\infty}^0 e^{as}f(s)ds+\int_{-\infty}^t e^{as}f(s)ds\right)$ を得るが，初期条件（＊＊）より

$$x(t)=e^{-at}\int_{-\infty}^{t}e^{as}f(s)ds(***)$$

とスッキリして来る．よって，$t<0$ の時，$|f(s)|\leqq M(-\infty<s\leqq 0)$ を考慮に入れると

$$|x(t)|\leqq e^{-at}M\int_{-\infty}^{t}e^{as}ds=\frac{M}{a}$$

が成立し，$-\infty<t\leqq 0$ で $x(t)$ は有界である．$0\leqq t<\infty$ では $x(0)$ に関しては無条件で有界であったから，（＊＊）は解 $x(t)$ が有界であるための必要十分条件であり，解はこの初期条件（＊＊）を満す（＊＊＊）しかない．

(ロ)　$a<0$の時は，$t>0$ が怪しく，求める条件は

$$x(0)=-\int_{0}^{+\infty}e^{as}f(s)ds$$

で与えられる．

(iii)　解 $x(t)=e^{-at}\left(x(0)+\int_0^t e^{as}f(s)ds\right)$ が周期 T を持つためには $x(T)=x(0)$，つまり，$e^{-aT}\left(x(0)+\int_0^T e^{as}f(s)ds\right)=x(0)$ すなわち，初期条件

$$x(0)=\frac{\int_0^T e^{as}f(s)ds}{e^{aT}-1}\quad(****)$$

が成立することが必要である．したがって，周期解はあっても一つしかない，いい換えれば，周期解の存在は一意的である．この条件が成立する時，任意の t に対し

$$x(t+T)=e^{-a(t+T)}\left(x(0)+\int_0^{t+T}e^{as}f(s)ds\right)=e^{-a(t+T)}\left(x(0)+\int_0^T e^{as}f(s)ds+\int_T^{t+T}e^{as}f(s)ds\right).$$

そこで，右辺の第3の積分に変数の変換 $s=T+u$ を施すと，$\frac{ds}{du}=1$，$s=T$ の時 $u=0$，$s=t+T$ の時 $u=t$ なので，$f(T+u)=f(u)$ を用い，

$$\int_T^{t+T}e^{as}f(s)ds=\int_0^t e^{a(T+u)}f(T+u)du=e^{aT}\int_0^t e^{au}f(u)du=e^{aT}\int_0^t e^{as}f(s)ds$$

を得るので，更に条件 $x(0)+\int_0^T e^{as}f(s)ds=e^{aT}x(0)$ を用い，

$$x(t+T)=e^{-at}e^{-aT}\left(e^{aT}x(0)+e^{aT}\int_0^t e^{as}f(s)ds\right)=e^{-at}\left(x(0)+\int_0^t e^{as}f(s)ds\right)=x(t)$$

が成立し，初期条件（＊＊＊＊）を満す解 $x(t)$ は周期 T を持つ．

10　(i)　関数 $y=\frac{x^3}{9}$は $x=0$ の時，$y=0$ を満し，$\frac{dy}{dx}=\frac{x^2}{3}=\sqrt{\frac{x^4}{9}}=\sqrt{|xy|}$ が成立するので，関数 $f(x,y)=\sqrt{|xy|}$ を右辺に持つ微分方程式 $\frac{dy}{dx}=f(x,y)$ の初期条件 $y(0)=0$ を満す解である．しかし，$y\equiv 0$ も同じ初期値問題の解であり，初期値問題の解は一意的でなく，条件 $|f(x,y)|\leqq\sqrt{|xy|}$ は，$f(x,y)=\sqrt{|xy|}$ が反例を与える様に，単独条件になっていない．(ii)　連続関数 $f(x,y)$ は，$|f|\leqq\frac{y^2}{x^2}$ を満すので，$y\to 0$ として，$f(x,0)=0(x\neq 0)$．従って $f(0,0)=0$．任意の正の定数 $a<1$ に対して，正数 r があって，$|x|\leqq r$，$|y|\leqq r$ ならば，$|f(x,y)|\leqq a$．初期値問題 $y'=f(x,y)$，$y(0)=0$ の解 $y(x)$ に対して，正数 $\delta<r$ があって，$|y(x)|\leqq r(|x|\leqq\delta)$．解 $y(x)$ は積分方程式 $y(x)=\int_0^x f(t,y(t))dt$ の解なので，$|y(x)|\leqq a|x|(|x|\leqq\delta)$．$|y(x)|\leqq a^{2^{n-1}}|x|(|x|\leqq\delta)$ であれば，$y(x)$ は積分不等式，$|y(x)|\leqq\left|\int_0^x\frac{y^2(t)}{t^2}dt\right|$ の解なので，$|y(x)|\leqq\left|\int_0^x\frac{a^{2^n}t^2}{t^2}dt\right|=a^{2^n}|x|(|x|\leqq\delta)$．$0<a<1$ なので，$|y(x)|\leqq a^{2^n}|x|(|x|\leqq\delta)$ にて $n\to\infty$ として，$y(x)\equiv 0$．初期値問題に単独性が成立する．

B　基礎を活用する演習

1.　(i)　初期値問題 $\frac{dy}{dx}=f(y)$，$y(\beta)=b$ を考察しよう．2通りの場合が考えられる．(イ)　$f(b)=0$ の時，関数 $z(x)=y(x+\beta)$ を考察し，$t=x+\beta$ とおくと，合成関数の微分法より，$\frac{dz}{dx}=\frac{dt}{dx}\frac{dy}{dt}=\frac{dy}{dt}=f(y(t))=f(z(x))$，$z(0)=y(\beta)=b$ なので，初期値問題 $\frac{dz}{dx}=f(z)$，$z(0)=b$ の解 z は $f(b)=0$ の時は，仮定より，$z(x)\equiv b$．ゆえに $y(x)\equiv b$．つまり，この場合，初期値問題の解は $y(x)\equiv b$ しかない．(ロ)　$f(b)\neq 0$ の時，もしもある点 $x=\alpha$ で，値 $a=y(\alpha)$ が $f(a)=0$ を満せば，この解 $y(x)$ は初期値問題 $y(\alpha)=a$，$f(a)=0$ の解であり，(イ)の論法より

$y(x)\equiv a$ となり，$b=y(\beta)=y(\alpha)=a$ が，$f(b)=f(a)=0$ を満し，矛盾である．ゆえに，いかなる点 x においても $f(y)\neq 0$ である．中間値の定理（9章のB-3, 4参照）によると，連続関数は相異なる二つの値の中間の値を全て取るので，$f(y(x))$ がある点で正，他の点で負という値を取れば，値 $f(y)\neq 0$ に反して，矛盾である．したがって，$\dfrac{dy}{dx}=f(y)$ は定符号であり，正ならば $y(x)$ は増加，負ならば $y(x)$ は減少で，要するに単調である．よって関数 $y=y(x)$ は逆関数を持ち，$y=y(x)$ を x について解いた $x=x(y)$ も単調である．逆関数の微分法より y の関数 x の導関数は $\dfrac{dx}{dy}=\dfrac{1}{\dfrac{dy}{dx}}=\dfrac{1}{f(y)}$．両辺を b から y 迄積分して，$x(y)=\beta+\int_b^y\dfrac{dt}{f(t)}$．これは，初期条件 $x(b)=\beta$，したがって，$y(\beta)=b$ を満す解が上の求積法による解として一通りに与えられることを意味する．(ii) 点 x_0 で $\sqrt{|y|}+c\neq 0$ なる解があれば，x_0 の近くでも $\sqrt{|y|}+c\neq 0$ であり，求積法により $\int\dfrac{dy}{\sqrt{|y|}+c}=x+$定数．$s=\sqrt{|y|}$ とおくと，$y=\pm s^2$, $\dfrac{dy}{ds}=\pm 2s$．$\int\dfrac{dy}{\sqrt{|y|}+c}=\int\dfrac{1}{\sqrt{|y|}+c}\dfrac{dy}{ds}ds=\pm\int\dfrac{2s}{s+c}ds=\pm 2\int\left(1-\dfrac{c}{s+c}\right)ds=\pm 2(s-c\log|s+c|)=\pm 2(\sqrt{|y|}-c\log|\sqrt{|y|}+c|)$．複号は $|y|=s^2$ の $y=\pm s^2$ に由来するので，y の符号に対応する．さて，$\pm 2(\sqrt{|y|}-c\log|\sqrt{|y|}+c|)=x+$定数 の解が点 x で $\sqrt{|y|}+c=0$ となれば，$|x|=\infty$ となり矛盾．したがって $\sqrt{|y|}+c=0$ とは決してならない．よって，$\sqrt{|y|}+c=0$ となる解は $y\equiv\pm c^2$ 定数しかなく，(i) の論法により初期値問題の解の存在は一意的である．

2．$x=x(t)$ とすると，この微分方程式は変数分離形 $\dfrac{dx}{dt}=a-x^2$ なので，ヤミクモに解き，$\dfrac{dx}{a-x^2}=dt$ より，$\dfrac{1}{2\sqrt{a}}\int\left(\dfrac{1}{\sqrt{a}-x}+\dfrac{1}{\sqrt{a}+x}\right)dx=\int dt$，$\dfrac{1}{2\sqrt{a}}\log\dfrac{\sqrt{a}+x}{\sqrt{a}-x}=t+c'$，$\log\dfrac{\sqrt{a}+x}{\sqrt{a}-x}=2\sqrt{a}t+2\sqrt{a}c'$，$\dfrac{\sqrt{a}+x}{\sqrt{a}-x}=e^{2\sqrt{a}t+2\sqrt{a}c'}$．$c=e^{2\sqrt{a}c'}$ とおくと，$\dfrac{\sqrt{a}+x}{\sqrt{a}-x}=ce^{2\sqrt{a}t}$，$\sqrt{a}+x=c\sqrt{a}e^{2\sqrt{a}t}-ce^{2\sqrt{a}t}x$，$x=\dfrac{\sqrt{a}(ce^{2\sqrt{a}t}-1)}{1+ce^{2\sqrt{a}t}}$．$t=0$ の時，$x=\dfrac{\sqrt{a}(c-1)}{1+c}=0$ より $c=1$．したがって，$x(t)=f(t)=\sqrt{a}\dfrac{e^{2\sqrt{a}t}-1}{e^{2\sqrt{a}t}+1}=\sqrt{a}\dfrac{e^{\sqrt{a}t}-e^{-\sqrt{a}t}}{e^{\sqrt{a}t}+e^{-\sqrt{a}t}}=\sqrt{a}\coth\sqrt{a}t$ となり，$0\leqq f(t)<\sqrt{a}$，$f(t)$ は↗，$f(t)\neq\sqrt{a}$ は直ちに出るが，果して，これでよいのか．唯計算するのが数学ではない．何か足りないものがあり，一抹の不安が残る．実際，この答案は零点に限りなく近い．なぜか？ それは，この計算は $a-x^2\neq 0$ という仮定の下で正しいのであって，$f(t)\neq\sqrt{a}$ である様な解が上の式で表されることを示すのみで，$f(t)\neq\sqrt{a}$ との仮定の下で $f(t)\neq\sqrt{a}$ という結論を得たのみであり，何ら証明にならない．この時点において，今迄の計算のみの数学から離脱する必要を感じる．もちろん，生兵法は怪我の素で，上昇稈の代りに下降稈を握れば，モスクワ空港における JAL 機の二の舞となる．離着陸は慎重な対処が必要である．という訳で，次章から，数学上の論理の展開の基礎付けを行うが，ここでは予告編的な応急処置を施しておこう．

x, y 2変数の関数 $f(x,y)$ は，正数 L があって，y の値を変えた差 $|f(x,y)-f(x,z)|$ が y の値の差 $|y-z|$ 程度で押えられ，

$$|f(x,y)-f(x,z)|\leqq L|y-z|$$

が成立する時，y について Lipschitz（**リプシッツ**）**条件**を満すといい，L を**リプシッツ定数**という．たとえば，$f(x,y)$ が x の有界関数を係数とする y の多項式

$$f(x,y)=a_0(x)y^n+a_1(x)y^{n-1}+\cdots+a_{n-1}(x)y+a_n(x)$$

であれば，右の公式より

> **SCHEMA**
>
> $$y^n-z^n=(y-z)(y^{n-1}+y^{n-2}z+\cdots+yz^{n-2}+z^{n-1})$$

$$f(x,y)-f(x,z)=(y-z)[a_0(x)(y^{n-1}+y^{n-2}z+\cdots+yz^{n-2}+z^{n-1})+\cdots+a_{n-1}(x)]$$

なので，正数 M を $|a_i(x)|\leqq M(0\leqq i\leqq n)$ なる様に定めると，定数 $b>1$ に対して $|y|,|z|\leqq b$ であれば

$$|f(x,y)-f(x,z)|\leqq n^2b^nM|y-z|$$

が成立し，$|y|,|z|\leqq b$ かつ x が $a_i(x)$ が有界である様な定義域を動く時，$f(x,y)$ はリプシッツ条件を満す．なお，この時は，もう少し，強い条件

「$\dfrac{f(x,y)-f(x,z)}{y-z}$ が有界な連続関数」

が成立している．

右の定理を多項式の場合の様に

$\dfrac{f(x,y)-f(x,z)}{y-z}$ が有界な連続関数

> **単独性定理**
>
> 関数 $f(x,y)$ が点 (x_0,y_0) の近くで，y についてリプシッツ条件を満せば，微分方程式の初期値問題
>
> (I) $\dfrac{dy}{dx}=f(x,y)$，$y(x_0)=y_0$
>
> は，x_0 の近くで，二つ以上の解を持たない．

$F(x,y,z)$ を与える特別な場合に示そう．そのまた準備として，線形の場合を考えると，連続関数 $P(x), Q(x)$ に対して，初期値問題

$$\frac{dy}{dx}+P(x)y=Q(x),\ \ y(x_0)=y_0 \qquad (*)$$

が解 $y(x)$ を持てば，何度も述べた様に，$y(x)$ は $\dfrac{d}{dx}\left(e^{\int_{x_0}^{x}P(t)dt}y(x)\right)=e^{\int_{x_0}^{x}P(t)dt}\left(\dfrac{dy}{dx}+P(x)y\right)=Q(x)e^{\int_{x_0}^{x}P(t)dt}$ を満すので，両辺を x_0 から x 迄積分すると原始関数と定積分の関係より

$$e^{\int_{x_0}^{x}P(t)dt}y(x)=\int_{x_0}^{x}Q(s)e^{\int_{x_0}^{x}P(t)dt}ds+y_0$$ なので，公式

$$y(x)=e^{-\int_{x_0}^{x}P(t)dt}\left(\int_{x_0}^{x}Q(s)e^{\int_{x_0}^{x}P(t)dt}ds+y_0\right)$$

に達し，式の形等はどうでもよいが，解 $y(x)$ は上の式で一通りに表されて，**線形微分方程式の初期値問題の解の存在は一意的である**．単独性定理の証明に戻ろう．$y(x)$ と $z(x)$ が共に問題(Ｉ)の解であれば，差 $v(x)=y(x)-z(x)$ は $\dfrac{d}{dx}v(x)=\dfrac{dy}{dx}-\dfrac{dz}{dx}=f(x,y)-f(x,z)=(y-z)F(x,y(x),z(x))$．$v(x_0)=y_0-y_0=0$．$y(x), z(x)$ は(Ｉ)の解であるにせよ定った関数であるから，関数 $A(x)=F(x,y(x),z(x))$ は x の定った連続関数である．したがって，関数 v は，線形微分方程式の初期値問題

$$\frac{dv}{dx}=A(x)v,\ \ v(x_0)=0$$

の解である．しかし，何も計算しなくても，眺めただけで $v\equiv 0$ はこの問題の解であることが分り，しかも，上述の様に，この線形問題の解は一つしかないから，必然的に，われわれの $v(x)=y(x)-y(z)\equiv 0$，すなわち，$y(x)\equiv z(x)$ が成立し，解は二つ以上存在しない．A-10 の $f(x,y)=\sqrt{|xy|}$ では初期値問題の解の単独性が壊れるので，$f(x,y)$ はリプシッツ条件を満さぬことになる．$f(x,y)$ が y の $\dfrac{1}{2}$ 乗だからである．以上の教養の下で，変数分離形微分方程式

$$\frac{dy}{dx}=P(x)Q(y)$$

を考察し，$P(x), Q(y)$ 共に連続としよう．方程式 $Q(y)=0$ が解を持たなければ，いい換えれば，定義域内の全ての y に対して，$Q(y)\neq 0$ であれば，この変数分離形微分方程式の解は，公式

$$\int\frac{dy}{Q(y)}=\int P(x)dx+\text{定数}$$

によって与えられる解しかなく，全てが微積分の計算力に帰着される．しかし，方程式 $Q(y)=0$ が根 b を持てば，定数関数 $y\equiv b$ は $\dfrac{dy}{dx}=0=P(x)Q(b)$ を満すので，やはり微分方程式の解である．この $y\equiv b$ と上の公式で与えられる解との絡み合いが問題なのである．

例えば，$P(x)=1$，$Q(y)=y^{\frac{2}{3}}$ の場合は，$\dfrac{dy}{dx}=y^{\frac{2}{3}}$，$\int y^{-\frac{2}{3}}dy=\int dx+\text{定数}$，$3y^{\frac{1}{3}}=x-\alpha$ より，α を任意定数として，$y=\dfrac{(x-\alpha)^3}{27}$ が一般解である．この解とともに $Q(y)=0$ の根 0 を用いた $y\equiv 0$ も解であって，一般解の特別な場合でなく，**特異解**と呼ばれる．したがって，$\alpha_1\leqq\alpha\leqq\alpha_2$ の時右図にて，$x\leqq\alpha_1$ 迄は 3 次関数 $y=\dfrac{(x-\alpha_1)^3}{27}$，$\alpha_1\leqq x\leqq\alpha_2$ では，$y\equiv 0$，$x\geqq\alpha_2$ では $y=\dfrac{(x-\alpha_2)^3}{27}$ を用いる関数も解である．3 次関数を用いないで，左側で，$x\leqq\alpha_2$ では $y\equiv 0$ としてもよいし，右側で，$x\geqq\alpha_2$ では $y\equiv 0$ としてもよい．いずれにせよ，$y\equiv 0$ と 3 次関数は相互乗入れが可能である．初期値問題 $x=\alpha$ の時，$y=0$ なる解を $x=\alpha$ の近く（近傍ともいうが）でのみ考える時，$x\leqq\alpha$ の左で，$x=\alpha$ の近くで $y\equiv 0$ を用いる場合と $y=\dfrac{(x-\alpha)^3}{27}$ を用いる場合，$x=\alpha$ の右で，$x=\alpha$ の近くで $y\equiv 0$ を用いる場合と $y=\dfrac{(x-\alpha)^3}{27}$ を用いる場合の $2\times 2=4$ 通りの解があり，初期値問題の解は一通りでなく，解の単独性が破られるのが注意すべき点である．

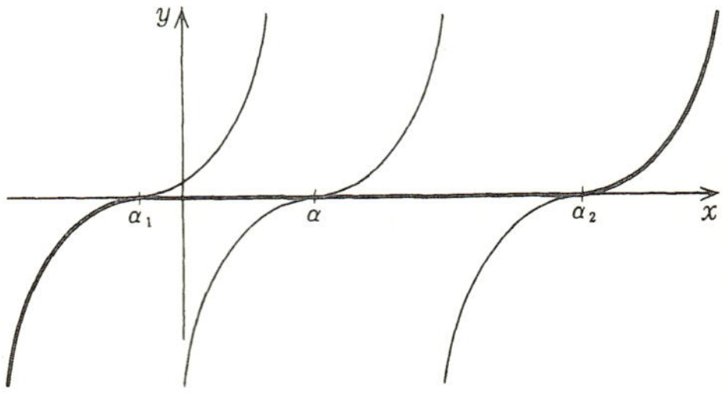

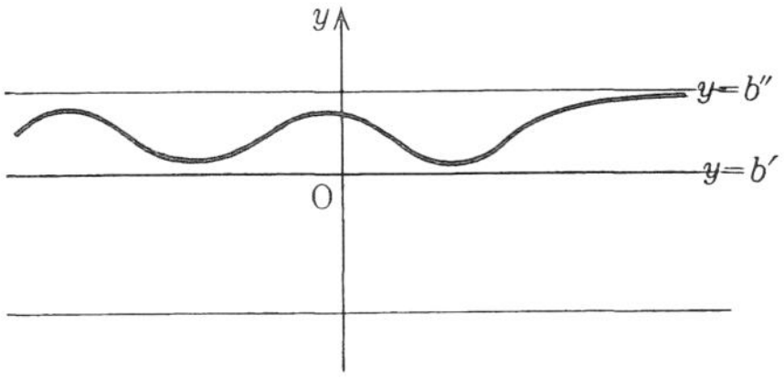

しかし，関数 $Q(y)$ がリプシッツ条件を満せば，方程式 $Q(y)=0$ の解 b に対して，任意の点 $x=\alpha$ において，$y=b$ となる，初期条件 $x=\alpha$，$y=b$ を満す解は，単独性定理より，始めから解と分っている $y\equiv b$ 以外にはない．$Q(y)=0$ の根は少らずしも，一つではないが，これらの二根を b', b'' とし，$b'<b''$ で，$Q(y)\neq 0$ $(b'<y<b'')$ と仮定すると，隣合った二個の解 $y\equiv b'$ と $y\equiv b''$ の間を，$b'<\beta<b''$ に対して，$y(\alpha)=\beta$，$\int_\beta^y \frac{ds}{Q(s)}=\int_\alpha^x P(t)dt+$定数，で与えられる解が振動したり，せいぜい漸近したりして，さまよい，決して，$Q(y)=0$ の根 b で与えられる直線 $y\equiv b$ に触れることはなく，事態が明解となる．

以上を要約すると

変数分離形の解

微分方程式 $\frac{dy}{dx}=P(x)Q(y)$ の解について，常に $Q(y)\neq 0$ である様な解は全て，求積法

$$\int\frac{dy}{Q(y)}=\int P(x)dx+\text{定数}$$

で与えられる一般解に含まれる．この一般解以外に，方程式 $Q(y)=0$ の任意の根 b を用いた $y\equiv b$ も解である．$Q(y)$ がリプシッツ条件を満せば，これ以外に解はなく，求積法の解 $y=y(x)$ は恒に $Q(y)\neq 0$ を満す．$Q(y)$ がリプシッツ条件を満さぬ時は，一般解と上述の定数関数が相互乗入れ可能となり，初期値問題の解の単独性が破れることがあり，注意を要する．

なる展望を得，ただヤミクモに計算するだけが数学でなく，より高度の洞察が必要であることが分る．ここが高校数学と大学数学との岐れ目なのだ．

この様な予備知識の下では，$Q(y)=a-y^2$ は多項式なので，もちろん**リプシッツ条件を満し**，変数分離形微分方程式

$$\frac{dy}{dx}=a-y^2$$

の**初期値問題の解は一通り**しかなく，それは，冒頭に**求積法**（積分を用いた解法はこの様に呼ばれ，低く見られる）で公式によって解いた解か，もしくは，2 次方程式 $a-y^2=0$ の解 $y=\pm\sqrt{a}$ を用いた，二つの定数関数 $y\equiv\pm\sqrt{a}$ しかなく．求積法の解がこの直線に触れることはなく，したがって $a-y^2\neq 0$．さて，$x=0$ の時 $y=0$ という初期条件を満す解が $y\equiv\pm a\neq 0$ ではありえぬから，この解 $f(x)$ をどの様に伸ばそうと，常に $a-y^2\neq 0$．$x=0$ で $y=0$，すなわち，$f(0)=0$ であるから $Q=a-(f(0))^2>0$．$\alpha>0$ なる点 $x=\alpha$ で $Q=a-(f(\alpha))^2<0$ となることはない．それは，右の図から分る様に，連続関数 $Q=a-(f(x))^2$ が $x=0$ で正で，連続的に値が変化していって，$x=\alpha$ で負になったら，途中のある点 α' で 0 にならざるを得ない．これは，解 $y=f(x)$ が $a^2-y^2=0$ なる点 α' を持つことになり，矛盾である．この論法では，中間値の定理を用いており，それは直観的には右上の図より明らかであるが，それを次章の B-3, 4 で公理より導こう．この様な中間値の定理等をなぜ学ばねばならぬか，公理をなぜ学ばねばならぬのか，その位置付けを正しく把んで欲しい．定理を明らかであるとするならば，本問も明らかであり，更に延長すれば，A-10 の単独性迄成立することになり兼ねないからである．それでは誤った推論がなされて困るのだ．

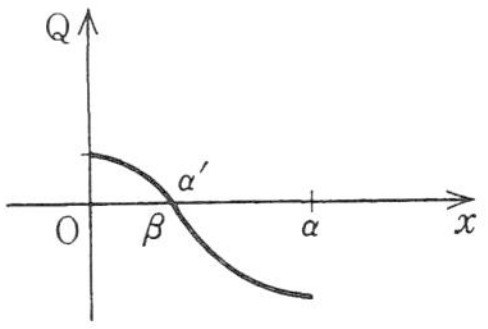

中間値の定理

$a\leqq x\leqq b$ で連続な関数 $f(x)$ が a, b で異なる値を取れば，$f(a)$ と $f(b)$ の中間の任意の値 C は，$a<c<b$ なる点 c における関数 $f(x)$ の値 $C=f(c)$ である．

その様な訳で，$0\leqq t<+\infty$ では $f(t)<\sqrt{a}$ なので，$f'(t)=a-(f(t))^2>0$ であり，$f(t)$ は狭い意味で単調増加であり，もちろん，$f(t)=\sqrt{a}$ なる t は存在しない．

上の解答を見れば分る様に，本問の解答には，求積法の解法等全く不用で，殆んど計算らしい計算をせずに結果を見通すことができる．ただ計算するばかりが数学ではない．万人が認め得る公理に立脚した正しい推論に基く議論こ

そ数学の生命であり，それは，単に数学のカリキュラムを超えて，現代社会にて普遍的に貴重なものであろう．

3. 条件(ロ)より，定数 k があって，$\int_1^x f(t)dt=k\left(\frac{f(x)}{x}-a\right)$．やはり両辺を x で微分して，$f(x)=k\left(\frac{f'(x)}{x}-\frac{f(x)}{x^2}\right)$ より $\frac{f'(x)}{f(x)}=\frac{x}{k}+\frac{1}{x}$．条件(イ)より $f'(2)=0$ なので，$\frac{2}{k}+\frac{1}{2}=0$，すなわち，$k=-4$．よって，$\frac{f'(x)}{f(x)}=-\frac{x}{4}+\frac{1}{x}$．ゆえに $\int_1^x \frac{f'(t)}{f(t)}dt=\int_1^x\left(-\frac{t}{4}+\frac{1}{t}\right)dt$，$\log\left|\frac{f(x)}{f(1)}\right|=-\frac{x^2}{8}+\log|x|+\frac{1}{8}$．ところで，$\int_1^x f(t)dt=-4\left(\frac{f(x)}{x}-a\right)$ に $x=1$ を代入して，$f(1)=a$ を得るので $\left|\frac{f(x)}{a}\right|=e^{-\frac{x^2}{8}+\log|x|+\frac{1}{8}}$ より $f(x)=\pm ax\,e^{-\frac{x^2-1}{8}}$．再び $x=1$ を代入し，$a=f(1)=\pm a$ なので，正号のみ取り，$f(x)=ax\,e^{-\frac{x^2-1}{8}}$．くどくなるが教職試験では $|\,|$ を用いないとヤバイ．大学の数学では，その必要はない．というのは，右に記した一致の定理より，$x>0$ の時，等しければ，自動的に $x\leqq 0$ の時も等しいから，$|\,|$ を付けて場合分けする必要がないのである．更に関数論では後述の様に高数と異なり $\log x$ に $x<0$ を代入してもよいのである．値が複素数になるだけである．だから，人を見て法を説かねばならぬ．答案や説明は，相手を理解させるためにあるのだから．入試やゼミで先生から質問されて，それは trivial です，と答える学生がいるが non sense. trivial だったら，試験や試問は不用である．どこ迄も，相手の水準にこちらを下げて，説得できる様にしなければならない．大学院入試の top class 程教職試験に不合格となるので，敢えて，秀才諸君に形而下学的なことを説いているのである．試験官や教師として心得るべきことは，おかしな答案の作成者は，余程愚か者であるか，自分の理解を遥かに超えた大人物であるかのどちらかである．後者を見抜ける者が，真の管理職である．学力の無い人が教師になると権威や（その権威も学力がないことを生徒から見抜かれると消え失せて）暴力でのみ生徒を圧する教師となる例を新聞は報じる．

> **一致の定理**
> 二つの解析関数 $f(x)$，$g(x)$ が定義域内で収束する点列の上で等しければ，恒等的に等しい．

> **檄**
> 高級な理論を用いれば用いる程，計算無しに結果が洞察される．そのために学問するのである．

4. (＊)は変数分離形であって，

$$\int\frac{dx}{x}+\int p(t)dt=\text{定数より}\ \log x+\int_0^t p(s)ds=\text{定数，すなわち，}x(t)=Ce^{-\int_0^t p(s)ds}\quad(C=\text{任意定数})$$

を得るが，B–2 の $Q(x)=x=0$ の解 $x=0$ より得る $x\equiv 0$ は上の一般解に含まれているので，$x(0)=C$ という初期条件の下で，解は一意的である．$y(t)=x(t)\exp\left(\frac{t}{T}\int_0^T p(s)ds\right)=C\exp\left(\frac{t}{T}\int_0^T p(s)ds-\int_0^t p(s)ds\right)$ なので，

$$y(t+T)=C\exp\left(\frac{t+T}{T}\int_0^T p(s)ds-\int_0^{t+T}p(s)\,ds\right)=C\exp\left(\frac{t+T}{T}\int_0^T p(s)ds-\int_0^T p(s)ds-\int_T^{t+T}p(s)ds\right)$$
$$=C\exp\left(\frac{t}{T}\int_0^T p(s)ds-\int_T^{t+T}p(s)ds\right)$$

迄は p の周期性と無関係に得られるが，p の周期性，すなわち，$p(s+T)=p(s)\,(-\infty<s<\infty)$ より，次の積分にて，変数変換 $s=u+T$ を施すと，$\frac{ds}{du}=1$，$s=T$ の時 $u=0$，$s=t+T$ の時 $u=T$ なので，

$$\int_T^{t+T}p(s)ds=\int_0^t p(u+T)du=\int_0^t p(u)du=\int_0^t p(s)ds$$

であり，定積分の変数は u だろうと s だろうと何でもよく（t とすると上端の t と一致するので悪趣味），y の周期性

$$y(t+T)=C\exp\left(\frac{t}{T}\int_0^t p(s)ds-\int_0^t p(s)ds\right)=y(t)$$

に達する．本問の骨子は解の公式と変数変換 $s=u+T$ に尽る．$x(t)\neq 0$ と $C\neq 0$ とは $y(t)\neq 0$ とも同値であり，更に周期性 $x(t+T)=x(t)$ は $x(t+T)=y(t+T)\exp\left(-\frac{t+T}{T}\int_0^T p(s)ds\right)=y(t)\exp\left(-\frac{t+T}{T}\int_0^T p(s)ds\right)$ と $x(t)=y(t)\exp\left(-\frac{t}{T}\int_0^T p(s)ds\right)$ が等しいことと同値であり，必要十分条件 $\int_0^T p(s)ds=0$ を得る．

5. (＊)の一般解は公式より

$$x(t)=e^{\int_0^t a(s)ds}\left(\int_0^t f(u)e^{-\int_0^u a(s)ds}du+c\right)$$

で与えられ，定数 c は初期条件 $x(0)=c$ によって決定される．条件 $x(0)=x(1)$ は，任意の f に対して

$$e^{\int_0^1 a(s)ds}\left(\int_0^1 f(u)e^{-\int_0^u a(s)ds}du+c\right)=c,\ \text{すなわち，１次方程式}\ \left(1-e^{\int_0^1 a(s)ds}\right)c=\int_0^1 f(u)e^{\int_u^1 a(s)ds}du$$

が f に依存してもよいがとにかく解 c を持つことと同値である．ここで a は与えられた関数なので定っているが，f は任意である．特に，正値連続関数 $f(u)=e^{\int_u^1 a(s)ds}>0$ に対しても，この式が解 c を持たねばならない．しかし，その右辺は

$$\int_0^1 f(u)e^{\int_u^1 a(s)ds}du=\int_0^1 (f(u))^2du>0$$

なので，この f に対して，上の１次方程式が解 c を持つためには条件

$$1-e^{\int_0^1 a(s)ds}\neq 0,\ \text{すなわち，}\int_0^1 a(s)ds\neq 0$$

が必要であるが，この条件が満されれば，上の１次方程式を c について解くことができるので，この条件は十分条件でもある．さて，同次方程式

$$\frac{dy}{dt}=a(t)y$$

の一般解はやはり

$$y(t)=Ae^{\int_0^t a(s)ds}$$

で与えられ，この任意定数 A（文字 c を用いてもよいが，一度用いた c を別の意味で使うのは悪趣味であろう）も初期条件 $y(0)=A$ によって決定される．さて，条件，$y(0)=y(1)$ は，$A=Ae^{\int_0^1 a(s)ds}$，すなわち，$\left(1-e^{\int_0^1 a(s)ds}\right)A=0$ と同値であり，これより $y\equiv 0$ すなわち，$A=0$ が導かれることと条件 $1-e^{\int_0^1 a(s)ds}\neq 0$ とは同値である．かくして，本問の様な芸術作品を得る．この美しい定理を導く際に用いた計算は，求積法による解の公式を書く以外は，１次方程式の理論であり，殆んど具体的な計算なしに，推論だけで得られる所に注意されよ．ここに，数学と芸術が一脈相通じる所があり，逆に，数学者が人様からは，文学者同様おかしく見える原因の一つでもある．

9章　実数の連続性公理

A　基礎をかためる演習

公理A

$\forall\varepsilon>0,\ \forall M>0,\ \exists$自然数 $N;N\varepsilon>M$

1　もう一度，アルキメデスの公理を記すと，右の公理Ａ，すなわち，任意の正数 ε, M に対して，自然数 N があって，$N\varepsilon>M$．このことをいい換えれば，どんなに小さな数 ε を取り，どんなに大きな数 M を取っても，塵も積れば山となるで，この小さな数 ε を N 個集めると，大きな数 M よりも大きくすることができる，と主張している．これは，ごく当り前の常識というよりも，よくいい聞かされる教訓であり，公理と認めよう．すると，$n\geqq N$ なる自然数 n に対して，$\dfrac{M}{n}\leqq\dfrac{M}{N}<\varepsilon$．数列の極限の定義より，任意の正数 M に対して

$$\lim_{n\to\infty}\frac{M}{n}=0$$

が成立している事を示している．逆に，任意の正数 M に対して $\lim_{n\to\infty}\dfrac{M}{n}=0$ が成立すれば，任意の正数 ε，M に対して，自然数 N があって，$n\geqq N$ なる自然数に対して，$\dfrac{M}{n}<\varepsilon$，特に $n=N$ の時，$N\varepsilon>M$ が成立し，公理Ａを得る．

SCHEMA

公理Ａは任意の正数 M に対して

$$\lim_{n\to\infty}\frac{M}{n}=0$$

が成立することと同値である．

かくして，以前よりわれわれがしばしば用いて来た $\lim_{n\to\infty}\dfrac{1}{n}=0$ は公理Ａに由来することが分った．本書で，これを証明なしに用いて来たのは，このためである．

定　義

$\lim_{n\to\infty}a_n=+\infty$ とは

$\forall M>0,\ \exists N;\ n\geqq N,\ a_n>M$

さて，数列 $(a_n)_{n\leqq 1}$ については，右の定義に従うと，どんなに大きな数

M を取っても，番号 N を十分に大きく取れば，番号 n が N 番目より先の $n \geqq N$ では，a_n はこの大きな数 M より大きくなる時，$a_n \to +\infty\ (n \to \infty)$ という．

正数 r が 1 より大きいと，$\delta = r-1 > 0$．任意の正数 M に対して，公理 A より，自然数 N があって，$N\delta > M$．二項定理より，$n \geqq N$ の時

$$r^n = (1+\delta)^n = 1 + n\delta + \cdots + \delta^n > n\delta \geqq N\delta > M$$

が成立するので，上の定義より，等比数列の右の公式がやはり公理 A より導かれるものであることを知る．更に，正数 $r<1$ の時は $\delta = \frac{1}{r} - 1 > 0$ に対して，公理 A を適用すると，任意の正数 ε に対して，自然数 N があって，$N\varepsilon\delta > 1$．ゆえに，やはり，二項定理を用いると，$\frac{1}{r} = 1+\delta$ なので，$\frac{1}{r^n} = (1+\delta)^n > n\delta$ であり，$r^n < \frac{1}{n\delta}$．したがって，$n \geqq N$ の時 $r^n < \frac{1}{nr} \leqq \frac{1}{N\delta} < \varepsilon$，すなわち，等比数列の公式 $\lim_{n\to\infty} r^n = 0$ がやはり公理 A から導かれることを知る．これらの等比数列の極限の公式も，われわれは今迄全く証明無しに用いて来たが，それは公理無しには証明できないからであった．

なお，最後の場合として，$r=1$ の時，常に $r^n = 1$ なので，右上の関係を述べておかないと，解答は完結しない．

SCHEMA
$r > 1$ であれば，$\lim_{n\to\infty} r^n = +\infty$

SCHEMA
$r = 1$ の時，$\lim_{n\to\infty} r^n = 1$

SCHEMA
$0 < r < 1$ の時，$\lim_{n\to\infty} r^n = 0$

[2] 二通りの解法がある．その 1 は，E–2 の証明方法をそっくりそのまま真似て，$a = \lim_{n\to\infty} a_n$ とおくと，$a_n \to a$ だから，$\forall\varepsilon > 0,\ \exists N;\ n \geqq N$ の時，$|a_n - a| < \frac{\varepsilon}{2}$．$\left|\frac{a_1+a_2+\cdots+a_n}{n} - a\right| = \left|\frac{(a_1-a)+(a_2-a)+\cdots+(a_n-a)}{n}\right|$

$= \left|\frac{(a_1-a)+(a_2-a)+\cdots+(a_N-a)+(a_{N+1}-a)+\cdots+(a_n-a)}{n}\right| \leqq \frac{|a_1-a|+|a_2-a|+\cdots+|a_N-a|}{n}$

$+ \frac{|a_{N+1}-a|+\cdots+|a_n-a|}{n}$．公理Aより，$\exists N';N'\varepsilon > 2(|a_1-a|+|a_2-a|+\cdots+|a_N-a|)$．$N_0 = \max(N, N')$ とおくと，$n \geqq N$ の時，上の不等式より，$\left|\frac{a_1+a_2+\cdots+a_n}{n} - a\right| \leqq \frac{|a_1-a|+|a_2-a|+\cdots+|a_N-a|}{n}$

$+ \frac{|a_{N+1}-a|+\cdots+|a_n-a|}{n} < \frac{\varepsilon}{2} + \frac{\varepsilon}{2} = \varepsilon$．定義より，$\lim_{n\to\infty} \frac{a_1+a_2+\cdots+a_n}{n} = a$．

その二は上下極限と極限との関係を得る方法である．E–1 で上極限の定義を述べたが，復習しよう．数列 $(a_n)_{n\geqq 1}$ に対して，$b_p = \sup_{n\geqq p} a_n \leqq +\infty$ とおくと，$\bar{a} = \overline{\lim_{n\to\infty}}\, a_n = \lim_{p\to\infty} b_p = \lim_{p\to\infty} \sup_{n\geqq p} a_n$ が上極限であった．$-\infty \leqq \bar{a} \leqq +\infty$ で，無限大でも有り得るが，これが有限な数 $\bar{a}$ であれば，極限 $\lim_{p\to\infty} b_p$ の定義より，$\forall\varepsilon > 0,\ \exists N; p \geqq N$ の時，$\bar{a} - \varepsilon < b_p < \bar{a} + \varepsilon$．$b_p = \sup_{n\geqq p} a_n$ であったから，$n \geqq p \geqq N$ なる $a_n \leqq b_p < \bar{a} + \varepsilon$．つまり，$a_n < \bar{a} + \varepsilon\ (n \geqq N)$．上限＝最小上界 $b_p > \bar{a} - \varepsilon$．最小上界より小さな $\bar{a} - \varepsilon$ は決して上界とはなり得ず $\exists n \geqq p; a_n > \bar{a} - \varepsilon$．$p \geqq N$ は任意なので，$\bar{a} - \varepsilon$ より大きな a_n が無数にある．かくして，右の必要性を示したので，十分性に移ろう．$\forall\varepsilon > 0,\ \exists N; a_n < \bar{a} + \varepsilon (n \geqq N)$ なので，$b_p = \sup_{N\geqq n} a_n \leqq \bar{a} + \varepsilon (p \geqq N)$．また，$a_n > \bar{a} - \varepsilon$ なる n が無数にあるので，$\forall p,\ b_p = \sup_{n\geqq p} a_n \geqq \bar{a} - \varepsilon$．よって，$\overline{\lim_{n\to\infty}}\, a_n = \lim_{p\to\infty} b_p$ は $\bar{a} + \varepsilon$ と $\bar{a} - \varepsilon$ の間にあり，$\bar{a} - \varepsilon \leqq \overline{\lim}\, a_n \leqq \bar{a} + \varepsilon$．$\varepsilon$ は任意なので，$\bar{a} \leqq \overline{\lim}\, a_n \leqq \bar{a}$，すなわち，$\bar{a} = \overline{\lim_{n\to\infty}}\, a_n$．上の必要十分条件の後半の $\bar{a} - \varepsilon < a_n$ なる n が無数にあるの代りに，$\bar{a} - \varepsilon \leqq a_n (n \geqq N)$ となってしまえば，$\bar{a}$ は極限であることを注意しておく．

上極限の特徴付け
$\bar{a} = \overline{\lim}\, a^n$ であるための必要十分条件は
$\forall\varepsilon > 0,\ \forall N;\ a_n < \bar{a} + \varepsilon (n \geqq N)$ かつ $a_n > \bar{a} - \varepsilon$
なる n が無数にある．

同様にして，$\underline{a} = \underline{\lim_{n\to\infty}}\, a_n = \lim_{n\to\infty} \inf a_n = \lim_{p\to\infty} \inf_{n\geqq p} a_n$ で下極限を定義することができる．上極限の sup の代りに inf にし，不等号の向きを換えればよいので，右上の下極限の特徴付けを得る．$\inf_{n\geqq p} a_n \leqq \sup_{n\geqq p} a_n\ (p \geqq 1)$ なので，$\underline{a} \leqq \bar{a}$ であるが，右の極限の定義と比較して見ると，次頁の Shema が分る．

下極限の特徴付け
$\underline{a} = \underline{\lim}\, a_n$ であるための必要十分条件は
$\forall\varepsilon > 0,\ \exists N;\ a_n > \underline{a} - \varepsilon\ (n \geqq N)$ かつ $a_n < \underline{a} + \varepsilon$
なる n は無数にある．

極限の定義
$a = \lim_{n\to\infty} a_n$ であるとは
$\forall\varepsilon > 0,\ \exists N;\ a - \varepsilon < a_n < a + \varepsilon\ (n \geqq N)$

以上の予備知識の下で，本問の別解を得る．E–1 の $\overline{\lim}$ と全く同様にして，$\underline{\lim}\, a_n \leqq \underline{\lim}\, \dfrac{a_1+a_2+\cdots+a_n}{n}$． よって，

$$\underline{\lim}\, a_n \leqq \underline{\lim}\, \frac{a_1+a_2+\cdots+a_n}{n} \leqq \overline{\lim}\, \frac{a_1+a_2+\cdots+a_n}{n} \leqq \overline{\lim}\, a_n$$

が成立している．極限 $\lim a_n$ が存在すれば，最左翼と最右翼とが等しく $\lim a_n$ に等しいので中の左翼と右翼が等しく，これは $\lim \dfrac{a_1+a_2+\cdots+a_n}{n}$ が存在して，これらは等しいことを意味し，$\lim a_n = \lim \dfrac{a_1+a_2+\cdots+a_n}{n}$ を得る．以上の文章を図式化すると，

SCHEMA

$\underline{\lim}_{n\to\infty}\, a_n \leqq \overline{\lim}_{n\to\infty}\, a_n$ であって，極限が存在するための必要十分条件は両者が等しいことであり，この時，三者は等しく

$\underline{\lim}\, a_n = \lim a_n = \overline{\lim}\, a_n$

$$\lim a_n \text{ の } \exists \Longrightarrow \underline{\lim}\, a_n = \overline{\lim}\, a_n = \lim a_n \Longrightarrow \underline{\lim}\, \frac{a_1+a_2+\cdots+a_n}{n} = \overline{\lim}\, \frac{a_1+a_2+\cdots+a_n}{n} \Longrightarrow$$

$$\lim \frac{a_1+a_2+\cdots+a_n}{n} \text{ が } \exists \text{ して，} \lim_{n\to\infty} \frac{a_1+a_2+\cdots+a_n}{n} = \lim a_n.$$

3 x_n は $\dfrac{m}{10^n}$ の形の分数で $\sqrt{2}$ より小さいものの最大のものであり，$x_n=\dfrac{m}{10^n}$ は $\dfrac{m}{10^n}<\sqrt{2}$ だが，一つ大きくして，$m+1$ とすると $\sqrt{2} \leqq \dfrac{m+1}{10^n}$ である．自然数のカテゴリーのみで論じる純潔さを保ちたいので自乗し分母を払うと，$2\cdot 10^{2n}<(m+1)^2$．よって，任意の自然数 n に対して，$S_n=\{p\in\boldsymbol{N};\, p^2>2\cdot 10^{2n}\}$ なる自然数全体の集合 $\boldsymbol{N}$ を考える．N が整列集合であることを主張する，$\boldsymbol{N}$ に関する公理 W より集合 S_n は最小値 p_n を持つ．これが上の $m+1$ に当るので，一つ引き，$x_n=\dfrac{p_n-1}{10^n}$ とおくと，$p_n \in S_n$（つまり p_n は S_n に属する）だから，$p_n{}^2>2\cdot 10^{2n}$，すなわち，$x_n+\dfrac{1}{10^n}=\dfrac{p_n}{10^n}>\sqrt{2}$．$p_n$ は S_n の最小元なので，$p_n-1 \notin S_n$（つまり p_n-1 は S_n に属しない）であり，$(p_n-1)^2 \leqq 2\cdot 10^{2n}$，すなわち，$x_n=\dfrac{p_n-1}{10^n} \leqq \sqrt{2}$．まとめると

$$\sqrt{2}-\frac{1}{10^n} \leqq x_n \leqq \sqrt{2}.$$

自然数 m, n に対して，$\sqrt{2}-\dfrac{1}{10^n} \leqq x_n \leqq \sqrt{2}$ の各辺の符号を変えて，$-\sqrt{2} \leqq -x_n \leqq -\sqrt{2}+\dfrac{1}{10^n}$，$\sqrt{2}-\dfrac{1}{10^m} \leqq x_m \leqq \sqrt{2}$ と辺々相加える（各辺を加え，符号はそのままにすること）と $-\dfrac{1}{10^m} \leqq x_m - x_n \leqq \dfrac{1}{10^n}$．さて，$^\forall\varepsilon>0$，公理 A より，$^\exists N; 9N\varepsilon>1$．$m, n \geqq N$ とするとやはり 2 項定理より $10^m=(1+9)^m=1+9m+\cdots+9^m>9m$，$10^m>9m$ なので $\dfrac{1}{10^m}<\dfrac{1}{9m} \leqq \dfrac{1}{9N}<\varepsilon$，$\dfrac{1}{10^n}<\varepsilon$．したがって，$^\forall\varepsilon>0$，$^\exists N; |x_m-x_n|<\varepsilon\,(m, n\geqq N)$ という状況になり，定義より，数列 $(x_n)_{n\geqq 1}$ は Cauchy 列をなす．この有理数列は $|x_n-\sqrt{2}| \leqq \dfrac{1}{10^n}<\varepsilon\,(n\geqq N)$ も満すので，やはり定義より，数列 $(x_n)_{n\geqq 1}$ は $\sqrt{2}$ に収束する．$x_n \to \sqrt{2}\,(n\to\infty)$ を示せば，収束列 $(x_n)_{n\geqq 1}$ はもちろん Cauchy 列である事を示した事になるが，答案としては上の様に Cauchy 列であることを直接示した方がきれいである．

なお，上の証明で，$\sqrt{2}$ の代りの任意の実数 x とすると，そのまま有理数列 $(x_n)_{n\geqq 1}$ があって $x_n \to x$ とできる．この有理数列は，x を小数点下第 n 位迄展開して，第 n 位で打ち切ったものに他ならないから，常識的に考えれば，$x-\dfrac{1}{10^n} \leqq x_n \leqq x$ となり，$|x_n-x| \leqq \dfrac{1}{10^n}$ なので，$\lim_{n\to\infty} x_n = x$ と，二,三行で片が付くが，これはあく迄も本音であって，入試の様な公的な場では，上の様な公理に基いて建前を貫いた答案が作成できないとエリートにはなれない．だからといって，いつも建前で思考するのではなく，すぐ上に述べた本音で本質を把握しなければならない．建前と本音を使い分けることが重要である．脱線したが，行きがけの駄賃で，右の事実を示したことになる．

有理数の稠密性

任意の実数は有理数列の極限である．

4 数列 $(a_n)_{n\geqq 1}$ が a に収束すれば，定義の ε は $\forall$ なので $\dfrac{\varepsilon}{2}$ としてもよく，$^\forall\varepsilon>0$, $^\exists N; |a_n-a|<\dfrac{\varepsilon}{2}\,(n\geqq N)$．したがって，$m, n\geqq N$ の時，$|a_m-a_n|=|(a_m-a)+(a-a_n)| \leqq |a_m-a|+|a-a_n|<\dfrac{\varepsilon}{2}+\dfrac{\varepsilon}{2}=\varepsilon$，ときれいに右辺を ε で終えることができて，右下の Schema を得る．

SCHEMA

収束列は Cauchy 列である．

本問の数列 $(a_n)_{n\geqq 1}$ は収束列であるから，Cauchy 列である．したがって，問題に書いてある定った（欧文だと定冠詞を使用する所）正数 α に対して，$^\exists N; |a_m-a_n|<\alpha\,(m, n\geqq N)$．$m=n+1$ としてもよいので，$|a_{n+1}-a_n|<\alpha\,(n\geqq N)$．仮定より，$|a_{n+1}-a_n| \geqq \alpha$，また

は，$a_{n+1}-a_n=0$ のいずれかが各 n に対して成立しなければならないが，今示したことより，$n \geqq N$ の時は前者は成立しないので，後者が成立し，$a_{n+1}-a_n=0$，すなわち，$a_{n+1}=a_n(n \geqq N)$．よって N 番目以降は $a_n=a_N(n \geqq N)$ と定った値であり，$^{\forall}\varepsilon>0$，この N が，$|a_m-a_N|=0<\varepsilon(m \geqq N)$ を与え，定義より $a_N=\lim_{m\to\infty} a_m$．まとめると，$^{\exists}N;$ $a_n=\lim_{m\to\infty} a_m(n \geqq N)$．

5　N を自然数とする時，N 個の実数 $x_1, x_2, \cdots, x_N$ の順序をも考慮に入れた組 $x=(x_1, x_2, \cdots, x_N)$ 全体の集合を $\boldsymbol{R}^N$ と書く．各 x_i を x の**座標**という．これは印刷上の問題であるが，座標 x_i の活字 i を**下添字**という．今迄，下添字は数列の番号 i を表すのに用いた．実際，今度の x も，N 個の項からなる有限数列 $x_1, x_2, \cdots, x_N$ を一つの点と見たものと解釈してもよい．しかし，更に $\boldsymbol{R}^N$ の点列を表したいが，下添字は既に座標を表すのに用いて来たので，点列の番号を表すのに，$x^{(1)}, x^{(2)}, \cdots, x^{(n)}, \cdots$ と**上添字** n を付けた $x^{(n)}$ で，点列の第 n 項を表そう．すると，n 番目の点 $x^{(n)}$ の座標は $x^{(n)}=(x_1{}^{(n)}, x_2{}^{(n)}, \cdots, x_N{}^{(n)})$ と苦しまぎれに，上にも下にも添字を付けた悪趣味になるが，我慢して欲しい．

点列の収束

$x^{(n)}=(x_1{}^{(n)}, x_2{}^{(n)}, \cdots, x_N{}^{(n)}) \to x=(x_1, x_2, \cdots, x_n)$ $(n\to\infty)$
とは各座標のなす数列が
$x_i{}^{(n)} \to x_i$　$(n\to\infty)$
と対応する座標に収束することをいう．

さて，$\boldsymbol{R}^N$ の点列 $(x^{(n)})_{n\geqq1}$ が $\boldsymbol{R}^N$ の点 $x=(x_1, x_2, \cdots, x_N)$ に収束することは，様々な同値な定義があるが，取り敢えず右上の定義で与えておこう．

本問の(iii)が本章に直結していて，$p=(p_1, p_2, \cdots, p_N)$ と座標で表すと，$x^{(n)} \leqq p(n \geqq 1)$ は，定義より，各座標が，$i=1, 2, \cdots, N$ について，$x_i{}^{(n)} \leqq p_i(n \geqq 1)$ を満し，数列 $(x_i{}^{(n)})_{n\geqq1}$，すなわち，$x_i{}^{(1)}, x_i{}^{(2)}, \cdots, x_i{}^{(n)}, \cdots$ が上に有界であることに他ならない．更に，$x^{(n)} \leqq x^{(n+1)}$ は，各 i について，$x_i{}^{(n)} \leqq x_i{}^{(n+1)}$，すなわち，数列$(x_i{}^{(n)})_{n\geqq1}$ が単調非減少であることに他ならない．各 i について，上に有界な単調非減小数列 $(x_i{}^{(n)})_{n\geqq1}$ は公理Ⅲより収束する．その極限を x_i とし，これを i 座標とする点を $x=(x_1, x_2, \cdots, x_N)$ とすると，$x_i{}^{(n)} \to x_i(n\to\infty)(i=1, 2, \cdots, N)$ は $x^{(n)} \to x(n\to\infty)$ に他ならない．(i) $x \leqq y$ なので定義より $y-x \in A$．$y \leqq x$ なので，$x-y \in A$，すなわち，$y-x \in -A=\{-z; z\in A\}$．$y-x\in A$，$y-x \in -A$ なので，$y-x \in A\cap(-A)=(0)$．ゆえに $y-x=0$，すなわち，$y=x$．ここでは A が開ということは用いていない．(2) A が**凸**であるとは，$x, y\in A$ の時，x, y を結ぶ線分上の点 $sx+(1-s)y \in A(0\leqq s\leqq 1)$．更に，**錐**であるとは，$x\in A$，$s\geqq 0$ であれば $sx\in A$．$x\leqq y$，$y \leqq z$ なので，$y-x\in A$，$z-y\in A$．A は凸なので，その中点 $\dfrac{z-x}{2}=\dfrac{1}{2}(y-x)+\dfrac{1}{2}(z-y)\in A$．$A$ は錐なので，その 2 倍 $z-x=2\dfrac{z-x}{2}\in A$．定義より $x\leqq z$．ここでも A が開は用いていない．

結局，全く用いなくてすんだ開なる概念を説明しよう．一般に，$\boldsymbol{R}^N$ の点 $x=(x_1, x_2, \cdots, x_N)$，$y=(y_1, y_2, \cdots, y_N)$ の距離 $d(x, y)$ を

$$d(x, y)=\sqrt{(x_1-y_1)^2+(x_2-y_2)^2+\cdots+(x_N-y_N)^2}$$

で定義しよう．正数 δ に対して，x 中心半径 δ の**球**を

$$B(x;\delta)=\{y\in\boldsymbol{R}^N; d(y, x)<\delta\}$$

で表す．$\boldsymbol{R}^N$ の点 x と $\boldsymbol{R}^N$ の部分集合 V は，$^{\exists}\delta>0; B(x;\delta)\subset V$ の時，いいかえれば，どんな小さな数でもよいが，正数 δ があって，x を中心として，半径 δ の球に含まれる全ての点 y が V に含まれる時，点 x の**近傍**という．V が x の近傍であれば，$^{\exists}\delta; x$ からの距離 $d(x, y)<\delta$ という意味で x に近い点は全て V に含まれる．この様にして，x の近傍は，x のごく近くの点をゴッソリ含んでいる．

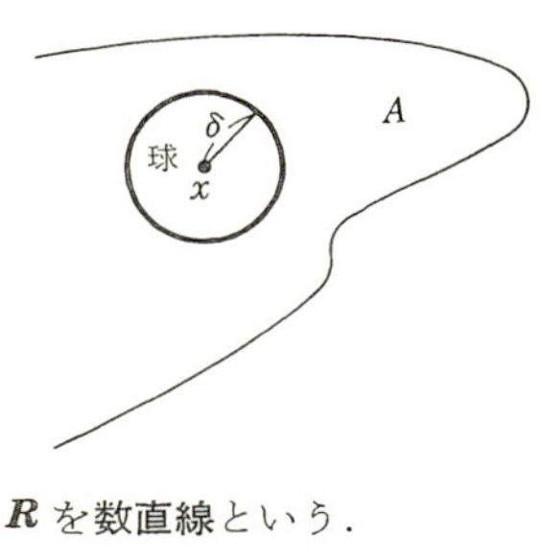

さて，集合 A が与えられた時，A が x の近傍の時，x を A の**内点**という．x 中心の球が A に含まれるので，A の内点は全て A に含まれる．A の内点全体の集合を A の**内部**といい，$\mathring{A}$ や A^i と書く．上述の様に，一般に $\mathring{A}\subset A$ が成立しているが，$\mathring{A}=A$ の時，A を**開**という．したがって

開の特徴付け

A が開 $\Longleftrightarrow$ $^{\forall}x\in A$，A は x の近傍 $\Longleftrightarrow$ $^{\forall}x\in A$, $^{\exists}\delta>0; B(x;\delta)\subset A$

を得る．この様に開や収束の概念を具えた $\boldsymbol{R}^N$ を N 次元の**ユークリッド空間**といい，$\boldsymbol{R}$ を**数直線**という．

さて，開集合 O は，二つの開集合 O_1, O_2 に分けられない時，**連結**という．すなわち，連結でないことは右の開集合の不連結性で定義される．右下の定理を証明しよう．

> **開集合の不連結性**
> 開集合 O が連結でないとは，空でない開集合 O_1, O_2 があって，$O_1 \cap O_2 = \phi$, $O = O_1 \cup O_2$ が成立することをいう．

> **定　理**
> 数直線 $\boldsymbol{R}$ の連結性より公理 I が導かれる．

背理法による．(A, B) をデデキントの切断とし，切断の数を持たないとしよう．任意の $x \in A$ を取る．$x<y$ なる $y \in A$ がなければ，x は A の最大数であり，$A=(-\infty, x]$, $B=(x, +\infty)$ が成立し，x は切断の数となり矛盾．よって，$^{\exists}y \in A; x<y$．切断の定義より $(-\infty, y) \subset A$．特に，x を中心とし，$y-x$ 幅の開区間 $(2x-y, y) \subset A$．これは x 中心半径 $y-x$ の 1 次元の球と考えられるから，定義より A は x の近傍，したがって x は A の内点．A の任意の点 x が A の内点なので，定義より A は開である．全く同様にして，B も開．$A \neq \phi$, $B \neq \phi$, $\boldsymbol{R}=A \cup B$, $A \cap B=\phi$ となり，数直線 $\boldsymbol{R}$ が左, 右に真二つに空でない開 A, B に分けられて，数直線 $\boldsymbol{R}$ は不連結となり，仮定に反し，矛盾である．次に，逆の（右の定理）をやはり背理法で示そう．

> **定　理**
> 公理 I より数直線 $\boldsymbol{R}$ の連結性が導かれる．

$\boldsymbol{R}$ が不連結であれば，定義より $^{\exists}O_1 \neq \phi$, $^{\exists}O_2 \neq \phi; \boldsymbol{R}=O_1 \cup O_2$, $O_1 \cap O_2=\phi$．O_1, O_2 は空でないので，それぞれ，点 $a \in O_1$, 点 $b \in O_2$ がある．$a<b$ でなければ 1 と 2 を入れかえればよいので $a<b$ と仮定してよい．a は開 O_1 の点なので，a の近くは皆 O_1 に含まれる．a から右にズット O_1 の中を進んだそのさいはてが問題だ．この本音を，数学上，デデキントの切断で述べる教養を身に付けよう．A は a より左にあって，$x \leqq a$ が成立するか，a より右にあって，a から x 迄がズット O_1 に含まれ，$[a, x] \subset O_1$ が成立するか，いずれかを満す点 x 全体の集合とし，B をその補集合としよう．作り方より A は B の左にあり，$a \in A$, $b \in B$ なので，$A \neq \phi$, $B \neq \phi$, しかも $\boldsymbol{R}=A \cup B$, $A \cap B=\phi$ であり，(A, B) はデデキントの切断である．公理 I より，切断の数 c がある．$\boldsymbol{R}=O_1 \cup O_2$ なので，$c \in O_1$ か $c \in O_2$ のどちらかが成立しなければならない．$c \in O_1$ とすると，O_1 は開なので，その点 c の十分近くの点を全て含み，$^{\exists}\varepsilon>0; [c-\varepsilon, c+\varepsilon] \subset O_1$．$c$ は切断の数なので，$(-\infty, c) \subset A$．$a \in A$ なので，$a \leqq c$．したがって，集合 A の定義より $[a, c] \subset O_1$, $[c-\varepsilon, c+\varepsilon] \subset O_1$ でもあるので，$[a, c+\varepsilon]=[a, c] \cup [c, c+\varepsilon] \subset O_1$．よって，$c+\varepsilon \in A$ が成立し，これより小さな c が切断の数ということになり，矛盾．$c \in O_2$ であれば，やはり O_2 は開なので，$^{\exists}\varepsilon>0; [c-\varepsilon, c+\varepsilon] \subset O_2$．$c$ は切断の数なので，これより小さな $c-\varepsilon \in A$．$c-\varepsilon \leqq a$ であるか，$c-\varepsilon>a$ であって $[a, c-\varepsilon] \subset O_1$ が成立するかのいずれか．$c-\varepsilon \leqq a$ ならば，$a \leqq c$ なので，$a \in [c-\varepsilon, c+\varepsilon] \subset O_2$，すなわち，$a \in O_2$ となり，$a \in O_1$ に反し矛盾である．$c-\varepsilon>a$ の場合は，$c-\varepsilon \in O_1 \cap O_2$ となり，$O_1 \cap O_2=\phi$ に反し，矛盾．この証明は，新しい予備知識は不要であるが，丁寧に定義と公理に付き合わねばならない．これが，嫌な人は理学部の数学科に来なければよいだけである．結論として，右の事実を示したことになり，公理 I，したがって，これと同値な公理は皆，数直線が連がっていることを示す公理であることが分った．この様な訳で，これらの公理を**実数の連続性公理**という．むしろ，連結性公理と呼びたいのであるが，誰も賛同者がいない．

> **数直線の連続性**
> 公理 I は数直線の連結性と同値である．

6 先ず，関数 $f(x)$ の点 a における極限が A であるということは，x が a に限りなく近づく時，$f(x)$ が A に限りなく近づくことをいう．$f(x)$ が A に限りなく近づくとは，どんなに小さい正数 ε を取って来ても，$f(x)$ と A との差 $|f(x)-A|$ がこの小さな数 ε より小さくなるということである．それは x が a に近づく時，保証される．これは ε に応じて，$\delta>0$ を小さく取り，x と a との差を δ より小さくした $0<|x-a|<\delta$ の時に成立つことである．この様に考えると，右の定義は自然である．さて，関数 $f(x)$ が点 $x=a$ で連続であるとは，$f(a)=\lim_{x \to a} f(x)$ をいう．これは，上の定義で $A=f(a)$ とおいたものであるが，この場合は $x=a$ の時も，$0=|f(x)-f(a)|<\varepsilon$ が成立するので，右の定義も自然である．上の様な論法は **ε-δ 法**と呼ばれ，高校数学的機械的な計算を超えた数学を展開

> **極限の定義**
> $A=\lim_{x \to a} f(x)$ とは
> $^{\forall}\varepsilon>0, {}^{\exists}\delta>0; 0<|x-a|<\delta$ の時，$|f(x)-A|<\varepsilon$

> **連続性の定義**
> 関数 $f(x)$ が点 a で連続であるとは
> $^{\forall}\varepsilon>0, {}^{\exists}\delta>0; |x-a|<\delta$ の時 $|f(x)-f(a)|<\varepsilon$

する時，必須である．さて，$A=\lim_{x\to a}f(x)$ であって，点列 $(x_n)_{n\geqq a}$ が点 a に収束しているとしよう．まず，$^\forall\varepsilon>0$, $^\exists\delta>0;|f(x)-A|<\varepsilon(0<|x-a|<\delta)$．この $\delta>0$ に対して，$x_n\to a(n\to\infty)$ なので，$^\exists N;|x_n-a|<\delta(n\geqq N)$．ゆえに $|f(x_n)-A|<\varepsilon(n\geqq N)$．これは，$A=\lim_{n\to\infty}f(x_n)$ を意味する．よって右の Schema を得る．

SCHEMA

$\lim_{n\to\infty}x_n=a$ とする．更に $A=\lim_{x\to a}f(x)$ であれば $A=\lim_{n\to\infty}f(x_n)$．
特に f が a で連続であれば
$f(a)=\lim_{n\to\infty}f(x_n)$．

関数 f が $[a,b]$ の各点 t で連続であれば，$^\forall\varepsilon>0$, $^\exists\delta>0;|f(x)-f(t)|<\varepsilon(|x-t|<\delta)$ であるが，この δ は一般に ε のみならず，点 t にも依存する．しかし，この δ が t に無関係に取れる時，関数 $f(x)$ は $[a,b]$ で一様連続であるという．本問では差積の公式より，$f(x)=\sin x$ に対しては，

$$|f(x)-f(y)|=|\sin x-\sin y|=\left|2\cos\frac{x+y}{2}\sin\frac{x-y}{2}\right|\leqq 2\left|\frac{x-y}{2}\right|$$

$=|x-y|$ が成立する．したがって，$^\forall\varepsilon>0$，$\delta=\varepsilon$ とおけば，$|x-y|<\delta$ の時，$|f(x)-f(y)|<\varepsilon$ が成立し，この δ は点 x によらないで，関数 $f(x)$ は数直線全体で一様連続である．

一様連続性の定義

関数 $f(x)$ が I で一様連続であるとは，
$^\forall\varepsilon>0$, $^\exists\delta>0$; $|x-t|<\delta$，$x,t\in I$ であれば，
$|f(x)-f(t)|<\varepsilon$

7　先ず，ある命題の否定の作り方を学ぼう．全てに(∀)という命題を全称命題，存在する(∃)という命題を特称命題という．

SCHEMA

全称肯定の否定は，特称否定であり，特称肯定の否定は，全称否定である．すなわち，否定を作るには ∀ と ∃，肯定と否定とを入れ換えればよい．

ここで，本問に移り，背理法により証明するため，命題を記述しよう．$f(x)$ が $[a,b]$ で有界であるとは，∀ と ∃ で述べると

$^\exists M>0;{}^\forall x\in[a,b]$，$|f(x)|\leqq M$．

右上の Schema に従って，否定を作れば，

$^\forall M>0$, $^\exists x\in[a,b];|f(x)|>M$．

この M の所に任意の自然数 n を代入してよい．その時の x は n に関係するので，x_n と書くと，

$^\exists x_n\in[a,b];|f(x_n)|>n$．

$(x_n)_{n\geqq1}$ は $[a,b]$ にあるから，有界数列である．したがって，公理 Ⅵ より，その部分列 $(x_{\nu_n})_{n\geqq1}$ があって，収束している．その極限を α としよう．$a\leqq x_{\nu_n}\leqq b$ なので，$a\leqq\alpha\leqq b$．関数 $f(x)$ は点 α で連続であって，$x_{\nu_n}\to\alpha(n\to\infty)$ なので，$f(x_{\nu_n})\to f(\alpha)(n\to\infty)$．一方 $|f(x_{\nu_n})|>\nu_n\to\infty(n\to\infty)$ なので，$|f(\alpha)|=\infty$ となり，値 $f(\alpha)$ が有限なことに反し，矛盾である．ゆえに，関数 f は $[a,b]$ で有界である．

本問の解答は，これで終りであるが，更に話を進めよう．関数 f の値の集合 $\{f(x);a\leqq x\leqq b\}$ は，今示した様に有界であるから，公理 Ⅱ より，上限 M を持つ．任意の自然数 n に対して，$M-\frac{1}{n}$ は最小上界より小さいから，上界ではない．ゆえに，$^\exists x_n\in[a,b]$；$f(x_n)>M-\frac{1}{n}$．やはり $(x_n)_{n\geqq1}$ は有界数列なので，部分列 $(x_{\nu_n})_{n\geqq1}$ があって収束し，その極限を α とすると，$f(\alpha)=\lim_{n\to\infty}f(x_{\nu_n})$．そこで，$f(x_{\nu_n})\geqq M-\frac{1}{\nu_n}$ にて $n\to\infty$ とすると，$f(\alpha)\geqq M$．一方，M は上界なので，$f(x)\leqq M({}^\forall x\in[a,b])$．ゆえに $M=f(\alpha)\geqq f(x)({}^\forall x\in[a,b])$ が成立し，$M=f(\alpha)$ は関数 $f(x)$ の $[a,b]$ における最大値である．同様にして最小値を取ることも証明できて右のワイエルシュトラスの定理を得る．

ワイエルシュトラスの定理

$[a,b]$ において連続な関数は最大値，最小値を取る．

8　集合 A，点 a が与えられた時，a が A の**集積点**とは，$x_n\neq a$ なる A の点列 $(x_n)_{n\geqq1}$ があって，$x_n\to a(n\to\infty)$ をいう．次に I 上で定義された関数列 $(f_n(x))_{n\geqq1}$ が I 上の関数 $f(x)$ に I 上各点収束するとは，任意の $x\in I$ に対して，数列 $(f_n(x))_{n\geqq1}$ が数 $f(x)$ に収束することであり，$^\forall\varepsilon>0$, $^\exists N(x);|f_n(x)-f(x)|<\varepsilon(n\geqq N(x))$．この $N(x)$ は一般には x に依存するが，x に無関係に選べる時，**一様収束**するという．すなわち一様収束の右の定義を得る．

一様収束の定義

関数列 $(f_n(x))_{n\geqq1}$ が I 上 $f(x)$ に一様収束するとは $^\forall\varepsilon>0$, $^\exists N;|f_n(x)-f(x)|<\varepsilon({}^\forall x\in I)$

9 (ii)の方が早い．$\forall\varepsilon>0$, $\exists N; |f_n(x)-f(x)|<\dfrac{\varepsilon}{b-a}$ $(\forall x\in[a,b], \forall n\geqq N)$．この N に対して，$n\geqq N$ の時，

$$\left|\int_a^b f_n(x)dx-\int_a^b f(x)dx\right|=\left|\int_a^b (f_n(x)-f(x))dx\right|\leqq\int_a^b |f_n(x)-f(x)|dx<\int_a^b \frac{\varepsilon}{b-a}dx=\varepsilon$$

が成立するので，$\lim_{n\to\infty}\int_a^b f_n(x)dx=\int_a^b f(x)dx$．すなわち，右の可換性を得る．

積分記号と極限記号の可換性

収束 $\lim_{n\to\infty} f_n(x)=f(x)$ が一様であれば，

$$\lim_{n\to\infty}\int_a^b f_n(x)dx=\int_a^b \lim_{n\to\infty} f_n(x)dx$$

次に(i)に戻る．α を $[a,b]$ の任意の点とする．一様収束性より，$\forall\varepsilon>0$, $\exists N; |f_n(x)-f(x)|<\dfrac{\varepsilon}{3}$ $(\forall n\geqq N, \forall x\in[a,b])$．$\varepsilon$ に依存するにせよ，N は ε を定めれば，定った数であり，定った関数 $f_N(x)$ が $x=\alpha$ で連続であるから，この ε に対して，$\exists\delta>0; x\in[a,b]$，$|x-\alpha|<\delta$ であれば，$|f_N(x)-f_N(\alpha)|<\dfrac{\varepsilon}{3}$．上の δ に対して，$|x-\alpha|<\delta$，$x\in I$ であれば，

$$|f(x)-f(\alpha)|=|(f(x)-f_N(x)+(f_N(x)-f_N(\alpha))+(f_N(\alpha)-f(\alpha))|\leqq|f(x)-f_N(x)|+|f_N(x)-f_N(\alpha)|$$
$$+|f_N(\alpha)-f(\alpha)|<\frac{\varepsilon}{3}+\frac{\varepsilon}{3}+\frac{\varepsilon}{3}=\varepsilon.$$

これは，関数 f の点 α における連続性を物語る．$[a,b]$ の各点 α で連続な関数 f を単に連続という．理論的には(i)で連続性を保証されて始めて f の定積分が意味を持つので，(i)→(ii)が正しい．

10 一様収束性の仮定の下で，$\forall\varepsilon>0$, $\exists N; |f_n(x)-f(x)|<\dfrac{\varepsilon}{2}$ $(\forall x\in[0,1], \forall n\geqq N)$．前問より f は点 x_0 で連続なので，この ε に対して，$\exists\delta>0; |x-x_0|<\delta$ の時，$|f(x)-f(x_0)|<\dfrac{\varepsilon}{2}$．$x_n\to x_0(n\to\infty)$ なので，この δ に対して，$\exists N'; |x_n-x_0|<\delta(n\geqq N')$．そこで，$N_0=\max(N,N')$ とおくと，$n\geqq N_0$ の時，$|f_n(x_n)-f(x_0)|\leqq|f_n(x_n)-f(x_n)|+|f(x_n)-f(x_0)|<\dfrac{\varepsilon}{2}+\dfrac{\varepsilon}{2}=\varepsilon$ が成立し，$f(x_0)=\lim_{n\to\infty} f_n(x_n)$．

11 ユークリッド空間 $\boldsymbol{R}^p$ の集合 S はある球に含まれる時，**有界**であるという．これは S の点の各座標の集合が有界であることと同値である．次に，集合 S に属さない点全体の集合を S の**補集合**といい，CS と記すが，この CS が開の時，S を**閉**という．右の事実を示そう．$a=(a_1,a_2,\cdots,a_p)$ を閉集合 S の集積点としよう．S の点列 $(x^{(n)})_{n\geqq1}$ があって，$x^{(n)}=(x_1^{(n)},x_2^{(n)},\cdots,x_p^{(n)})\to a(n\to\infty)$，$x\neq a$．もしも $a\notin S$ であれば，a は開集合 CS に属する．正数 δ があって，

閉集合の特徴付け

S が閉であるための必要十分条件は，S の任意の集積点が S に属することである．

$$\{x=(x_1,x_2,\cdots,x_p); |x_i-a_i|<\delta(1\leqq i\leqq p)\}\subset CS.$$

$x^{(n)}\to a(n\to\infty)$ とは各 $x_i^{(n)}\to a_i(n\to\infty)$ なので，上の $\delta>0$ に対して，$\exists N_i; |x_i^{(n)}-a_i|<\delta(n\geqq N_i)$．$N=\max_{1\leqq i\leqq p} N_i$ とおくと，$x^{(N)}\in CS$ となり，$x^{(N)}\in S$ に反し，矛盾である．ゆえに $a\in S$．逆に S の任意の集積点が S に属すると仮定しよう．やはり，背理法により，S が閉でないと仮定すると，補集合 CS は開でなく，CS の点 a で内点でない点がある．ということは，任意の $n\geqq1$ に対して，a 中心半径 $\dfrac{1}{n}$ の球が CS に含まれず，S の点 $x^{(n)}$ を持つ．$x^{(n)}\to a(n\to\infty)$，$x^{(n)}\neq a$ なので，a は S の集積点であり，仮定より，$a\in S$．これは $a\notin S$ に反し矛盾である．かくして，必要十分性を示した．

点列コンパクトの定義

$\boldsymbol{R}^p$ の集合 K はその任意の点列が K の点に収束する部分列を持つ時，**点列コンパクト**という．

次に，右上の定義を与え，右下の特徴付けを証明しよう．まず，K が有界でなければ，任意の自然数 n に対して，K は球 $B(0;n)$ に含まれず，その球に含まれない点 $x^{(n)}$ があり，$d(x^{(n)},0)\geqq n$．K の点列 $(x_n)_{n\geqq1}$ は収束部分列を持たず，矛盾であり，K は有界でなければならない．次に K が閉でなければ，CK は開でなく，CK の点 a と上述の様に，$x^{(n)}\in K$ があり，$x^{(n)}\to a(n\to\infty)$．$a\notin K$ なので，この部分列が K の点に収束する訳がなく，K の点列コンパクト性に反し矛盾である．ゆえに K は閉である．したがって，K は有界閉である．逆に，有界閉集合 K の任意の点列 $x^{(n)}=(x_1^{(n)},x_2^{(n)},\cdots,x_p^{(n)})$ を考えよう．第1成分の数列 $(x_1^{(n)})_{n\geqq1}$ は有界なので，公理 VI より，収束部分列 $(x_1^{(n,1)})_{n\geqq1}$ を持つ．この番号の付け方に対して，第2成分の数列 $(x_2^{(n,1)})_{n\geqq1}$ は収束部分列 $(x_2^{(n,2)})_{n\geqq1}$ を持つ．帰納法により，p 段階で，自然数列 $((n,p))_{n\geqq1}$ を取り，各 $(x_i^{(n,p)})_{n\geqq1}$ が数 x_i に収束する様にできる．これを i 成分とする点列を $(y^{(n)})_{n\geqq1}$ と書くと，$(x^{(n)})_{n\geqq1}$ の

点列コンパクトの特徴付け

$\boldsymbol{R}^p$ の集合 K が点列コンパクトであるための必要十分条件は K が有界閉集合であることである．

部分列であって，点 $x=(x_1, x_2, \cdots, x_p)$ に収束する．K は閉なので $x\in K$．したがって，任意の点列が K の点に収束する部分列を持つ K は，定義より，点列コンパクトである．なお，この論法より右の命題を得る．

> **有限閉区間の点列コンパクト性**
> 任意の有限閉区間が点列コンパクトであることは公理Ⅵと同値である．

前置きが長くなったが，本問の解答に移ろう．有界閉集合 K 上の連続関数 f が一様連続であることの定義は，$^\forall\varepsilon>0, {}^\exists\delta>0;|f(x)-f(y)|<\varepsilon(^\forall x, y\in K;d(x,y)<\delta)$．背理法により証明するため，∀と∃，肯定と否定を入れ換えながら，これを否定すると，$^\exists\varepsilon_0>0|$ (such that が二度現れる時は | も使う) $^\forall\delta>0, {}^\exists x, y\in K;d(x,y)<\delta$ だが，$|f(x)-f(y)|\geqq\varepsilon_0$．この δ の所に，任意の自然数 n の逆数 $\dfrac{1}{n}$ を代入すると，$^\exists x^{(n)}, y^{(n)}\in K;d(x^{(n)}, y^{(n)})<\dfrac{1}{n}$ だが $|f(x^{(n)})-f(y^{(n)})|\geqq\varepsilon_0$．$K$ は有界閉なので，点列コンパクトであり，K の点列 $(x^{(n)})_{n\geqq1}$ は収束部分列 $(x^{(n,1)})_{n\geqq1}$ を持つ．同じく K の点列 $(y^{(n,1)})_{n\geqq1}$ は収束部分列 $(y^{(n,2)})_{n\geqq1}$ を持つ．しかし，$d(x^{(n)}, y^{(n)})<\dfrac{1}{n}$ なので，これらの点列の極限は同じ点であり，これを a とする．$|f(x^{(n,2)})-f(y^{(n,2)})|\geqq\varepsilon_0$ にて $n\to\infty$ とすると，f は a で連続で，$x^{(n,2)}\to a$，$y^{(n,2)}\to a(n\to\infty)$ であるから，$0=|f(a)-f(a)|\geqq\varepsilon_0>0$ となり矛盾．ゆえに，f は一様連続である．

12 x と B との距離 $d(x,B)$ を，$d(x,B)=\inf_{y\in B} d(x,y)$ で定義する．これは上に有界な集合 $\{-d(x,y)\}$ の上限のマイナスなので，公理Ⅱより定義される．$^\forall\varepsilon>0$，$d(x,y)<\dfrac{\varepsilon}{2}$ であれば，$^\exists x', y'\in B;d(x,B)\leqq d(x,x')<d(x,B)+\dfrac{\varepsilon}{2}$，$d(y,B)\leqq d(y,y')<d(y,B)+\dfrac{\varepsilon}{2}$．ゆえに，$d(x,B)-d(y,B)<d(x,x')-\left(d(y,y')-\dfrac{\varepsilon}{2}\right)=d(x,x')-d(y,y')+\dfrac{\varepsilon}{2}\leqq d(x,y)+\dfrac{\varepsilon}{2}<\varepsilon$ が成立．x と y の役割を入れ換えることにより $|d(x,B)-d(y,B)|<\varepsilon$ が示され，$d(x,B)$ は x の連続関数である．A-6 のワイエルシュトラスの定理の証明は，$[a,b]$ の点列コンパクト性が本質的であって，$\boldsymbol{R}^p$ の有界閉（＝点列コンパクト）A に対してもそのまま通用する．したがって連続関数 $d(x,B)$ は有界閉集合 K で，最小値 $d(x_0,B)$ を取る．

この x_0 に対して，B の任意の点 y' を取ると，有界閉集合 $K=\{y\in\boldsymbol{R}^p;d(x_0,y)\leqq d(x_0,y')\}$ 上で連続関数 $d(x_0,y)$ は最小値 $d(x_0,y_0)$ を取る．$y\notin K$ では，$d(x_0,y)>d(x_0,y')\geqq d(x_0,y_0)$ なので，この $d(x_0,y_0)$ は $x\in A$，$y\in B$ の時の $d(x,y)$ の最小値である．

B 基礎を活用する演習

1. 互に素な開集合族 $O=(O_i)_{i\in I}$ を考え，各 O_i の任意の点 $x^{(i)}$ を取る．$x^{(i)}$ は開 O^i の内点なので，正数 δ_i があって $B(x^{(i)};\delta_i)\subset O_i$．$x^{(i)}=(x_1{}^{(i)}, x_2{}^{(i)}, \cdots, x_p{}^{(i)})$ の各座標 $x_j{}^{(i)}$ は実数であり，A-3 より，有理数 $y_j{}^{(i)}$ があって，$|x_j{}^{(i)}-y_j{}^{(i)}|<\dfrac{\delta_i}{\sqrt{p}}$．この時，有理点 $y^{(i)}=(y_1{}^{(i)}, y_2{}^{(i)}, \cdots, y_p{}^{(i)})$ は $d(x^{(i)}, y^{(i)})=\sqrt{\sum_{j=1}^{p}(x_j{}^{(i)}-y_j{}^{(i)})^2}<\delta_i$ なので，$y^{(i)}\in O_i$．$i\neq k$ の時 $O_i\cap O_k=\phi$ なので，$y^{(i)}\neq y^{(k)}$．したがって，$\tau(i)=y^i(i\in I)$　$Y=\{y^{(i)};i\in I\}$ とおくと，写像 τ は O から Y の上への1対1写像を与える．次に示す右上の定理より有理点全体の集合 Y の部分集合は高々可算なので，O も高々可算である．

> **定　理**
> 可算集合 A_i の可算個の合併 $A=\bigcup_{i=1}^{\infty}A_i$ で可算である．

自然数全体の集合 $\boldsymbol{N}$ と1対1の対応が付けられる集合 S は**可算**と呼ばれる．各自然数 j に S の元 x_j を対応させると，$x_1, x_2, \cdots, x_j, \cdots$ と算えることができるのが，この名の由来である．さて，各 A_i は可算なので，その元を $x_{i1}, x_{i2}, \cdots, x_{ij}, \cdots$ と並べて2重添字 ij を付けて表すことができる．$A=\bigcup_{i=1}^{\infty}A_i$ を次の様に同じ物が二つの A_i, A_k に含まれる時は，1回現れたら，その後は飛ばし，

$$x_{11}, x_{12}, x_{21}, x_{13}, x_{22}, x_{31}, \cdots$$

と，$i+j=k$ なる k が若い順に，その同じ k に対しては i が若い順に並べると，A の元を重複や不足なく算えることができ，A は可算である．有理数全体の集合 $\boldsymbol{Q}=\left\{\dfrac{j}{i};i, j=1, 2, \cdots\right\}$ は，$A_i=\left\{\dfrac{j}{i};j=1, 2, \cdots\right\}$ は $\dfrac{j}{i}\to j$ なる対応で可算なので，その合併 $A=\bigcup_{i=1}^{\infty}A_i$ も上の定理から可算である．同様にして，p に関する帰納法により，ユークリッド空間 $\boldsymbol{R}^p$ の有理点全体の集合も可算であることを示すことができる．

2. (イ)を点列連続，(ロ)を連続という．(イ)→(ロ)　(ロ)は $^\forall\varepsilon>0$，$^\exists\delta>0\,|\,|x-a|<\delta$ なる $^\forall x$ は，$|f(x)-f(a)|<\varepsilon$ を満た

す，なので，背理法で証明すべく，この命題(ロ)の否定を作る時，$\forall$ と $\exists$ を入れ換え，肯定と否定を入れ換えると，$^{\exists}\varepsilon>0 \mid {}^{\forall}\delta>0, {}^{\exists}x; |x-a|<\delta$ かつ $|f(x)-f(a)|\geqq\varepsilon$．$\delta$ の所に，$^{\forall}$自然数 n の逆数 $\frac{1}{n}$ を持って来ると，$^{\exists}x; |x-a|<\frac{1}{n}$ かつ $|f(x)-f(a)|\geqq\varepsilon$．このxはnに関係するので，$x_n$ と書くと，$|x_n-a|<\frac{1}{n}$ かつ $|f(x_n)-f(a)|\geqq\varepsilon$．公理Aより $\lim_{n\to\infty}\frac{1}{n}=0$ なので，$x_n\to a$．条件(イ)より $f(x_n)-f(a)\to 0(n\to\infty)$．$|f(x_n)-f(a)|\geqq\varepsilon(n\geqq 1)$ にて $n\to\infty$ として，$0=|f(a)-f(a)|\geqq\varepsilon>0$．これは矛盾である．なお，この証明法を吟味すると，$^{\forall}n\geqq 1$，集合 $S_n=\{x\in R; |x-a|<\frac{1}{n}, |f(x)-f(a)|\geqq\varepsilon\}$ は空でない，この無限個の集合 S_n の，それぞれから，同時に，それに属する点 $x_n\in S_n$ を選んでいる．右に記した一般の選択公理において，丁度 I が可算集合 $\boldsymbol{N}=\{1,2,3,\cdots\}$ の場合に当る，この場合は，先ず $S_1\neq\phi$ なので，$^{\exists}x_1\in S_1$．$x_1\in S_1,\cdots,x_{n-1}\in S_{n-1}$ が選べたとすると，$S_n\neq\phi$ なので，$^{\exists}x_n\in S_n$．数学的帰納法で，$^{\forall}n\geqq 1$，$^{\exists}x_n\in S_n$ を選ぶことができる．この様に，I が可算の時は，数学的帰納法を用いて証明することもできるが，元来，帰納法なるものが $\boldsymbol{N}$ に対する公理であり，公理を避けては，無限個の集合から，いっせいに，それに属する点を一つずつ取ることはできない．無から有は生じないのだ．(ロ)→(イ) $^{\forall}\varepsilon>0, {}^{\exists}\delta>0; |f(x)-f(a)|<\varepsilon(|x-a|<\delta)$．$x_n\to a(n\to\infty)$ なので，この δ に対して，$^{\exists}n_0; |x_n-a|<\delta(n\geqq n_0)$．ゆえに $|f(x_n)-f(a)|<\varepsilon(n\geqq n_0)$ を得るが，これは，$f(a)=\lim_{n\to\infty}f(x_n)$ を意味している．

> **Zermelo の選択公理**
>
> 空でない集合の族 $(S_i)_{i\in I}$ が与えられた時，写像 $\tau: I\to\bigcup_{i\in I}S_i$ で，$\tau(i)\in S_i$ を満すものが存在する．

3． 写像の連続性を復習すると，ユークリッド空間においても，f が点 a で連続であるとは，$^{\forall}\varepsilon>0, {}^{\exists}\delta>0; d(x,a)<\delta$ ならば，$\rho(f(x),f(a))<\varepsilon$．ただし，$d$ は定義域，ρ は値域における距離．ところで，a の近傍 V とは，a 中心のある半径 δ の球 $B(a;d,\delta)$ を含む集合であった．また，$f(a)$ の近傍 V' とは $f(a)$ 中心のある半径 ε の球 $B(f(a);\rho,\varepsilon)$ であったので右下の Schema に近傍概念を用いて表現することができる．更に，集合 O が開とは，$^{\forall}a\in O$，O が a の近傍であった．なお，各点で連続な写像を単に連続といった．像の方の空間の集合 O' に対して，その**原像**を

> **SCHEMA**
>
> f が a で**連続**$\Longleftrightarrow{}^{\forall}f(a)$ の近傍 V', $^{\exists}a$ の近傍 $V; f(x)\in V'(x\in V)$

$$f^{-1}(O')=\{x; f(x)\in O\}$$

と定義する．この時，開集合の概念のみを用いて，右の特徴付けを与えよう．必要性 $^{\forall}a\in f^{-1}(O')$．原像の定義より $f(a)\in O'$．O' は開なので，定義より $f(a)$ の近傍．仮定より，a の近傍 V があって，$x\in V$ ならば，$f(x)\in O'$，つまり，$x\in f^{-1}(O')$．ゆえに $V\subset f^{-1}(O')$ となり，a の近傍 V を含む $f^{-1}(O')$ は a の近傍．その任意の点 a の近傍である $f^{-1}(O')$ は，定義より，開．十分性．任意の点 a と $f(a)$ の任意近傍 V' を考えると，$f(a)$ を含む開 O' があって，V' に含まれる．仮定より，$f^{-1}(O')$ は開．したがって，開の定義より，$f^{-1}(O')(=V$ とおく) は a の近傍．$x\in V$ であれば，$f(x)\in O'\subset V'$ なので，上の Schema より f は点 a で連続である．

> **連続写像の特徴付け**
>
> f が連続であるための必要十分条件は，任意の開集合 O' の原像 $f^{-1}(O')$ が開であることである．

上の様に，写像の連続性は近傍概念，または，開集合の概念のみによって特徴付けられる．われわれの数直線 $\boldsymbol{R}$ や，ユークリッド空間 $\boldsymbol{R}^p$ は距離を持っている．この様に，距離を持つ空間，距離空間では，a 中心の球を含む集合を近傍と定義することができる．しかし，更に，一般に，何らかの方法で近傍が定義でき，一定の公理が成立する空間を位相空間という．近傍や開の概念を導くことを位相という．解析学で，連続性は最も重要な事項であるが，これも，上述の様に位相にのみ基いて論じることができる．数学のみならず，学問一般，人生一般で，何が最も本質的であるかを洞察することは重要であろう．ここでは，位相が連続性を貫く最も本質的なことであることを指摘するにとどめ，位相には深入りせず，次の拙著で学んで頂くことを期待するにとどめる．

梶原壌二，新修解析学，現代数学社

梶原壌二，解析学序説，森北出版株式会社

ところで，数直線 $\boldsymbol{R}$ の開区間 $(a,b)=\{x\in\boldsymbol{R}; a<x<b\}(-\infty\leqq a>b\leqq+\infty)$ は，開という形容が冠されているという理由からではなく，次に示す様に，開の条件を満しているがゆえに開であり，この形容と矛盾しない．$^{\forall}c\in(a,b)$ は $a<c<b$ を満している．$c-a$，$b-c$ は正数なので小さい方を ε とする，すなわち，$\varepsilon=\min(c-a,b-c)>0$．開

区間 $(c-\varepsilon, c+\varepsilon)$ は c を中心とする1次元の球と考えられ，しかもこれが (a, b) に含まれ，$(c-\varepsilon, c+\varepsilon)\subset(a, b)$ が成立するから，点 c の近傍である．(a, b) はその任意の点 c の近傍なので，定義より，開である．なお，閉区間 $[a, b]$ の補集合は開区間 $(-\infty, a)$，$(b, +\infty)$ の合併であるがゆえに開であり，補が開の $[a, b]$ は，定義より，閉であり，その名を負う．

以上の予備知識があれば，本問は眺めた瞬間に分る．もちろん，その証明は背理法による．c が値域に属さないとしよう．上に述べた様に $O_1=(-\infty, c)$，$O_2=(c, +\infty)$ は開集合であり，その連続写像 f による原像 $f^{-1}(O_1)$，$f^{-1}(O_2)$ は位相空間 X で開である．仮定より，$f(x_1)=a<c$，$f(x_2)=b>c$ なので，$a\in f^{-1}(O_1)$，$b\in f^{-1}(O_2)$ が成立し，$f^{-1}(O_1)\neq\phi$，$f^{-1}(O_2)\neq\phi$．集合論の公式より $f^{-1}(O_1)\cap f^{-1}(O_2)=f^{-1}(O_1\cap O_2)=f^{-1}(\phi)=\phi$．ここが一番重要な所であるが，背理法の作法に則り，c は f の値域に属さないと仮定したから，$(-\infty, c)\cup(c, +\infty)\supset f(X)$．やはり，集合論の公式より，$X\subset f^{-1}(f(X))\subset f^{-1}((-\infty, c)\cup(c, +\infty))=f^{-1}((-\infty, c))\cup f^{-1}((c, +\infty))=f^{-1}(O_1)\cup f^{-1}(O_2)$．元来，$f^{-1}(O_1)\cup f^{-1}(O_2)\subset X$ なので，$X=f^{-1}(O_1)\cup f^{-1}(O_2)$．かくして，位相空間 X は，互に素な空でない二つの開集合 $f^{-1}(O_1)$，$f^{-1}(O_2)$ の合併で表されるから，A-5で解説した定義より，X は不連結．これは X が連結であるとの仮定に反し，矛盾である．ゆえに，c は f の値であり，$^\exists x\in X; f(x)=c$．

> **定　理**
> 連結な位相空間の連続写像による像は連結である．

なお，右上の定理の証明も，上に与えたものと全く同じである．

4．［証明1］　位相空間論的証明をする．$[a, b]$ はA-5の方法で，デデキントの公理を用いて，連結であることが証明できる．したがって，前問より，右の定理が示される．数学の教師は，この論法で中間値の定理を思考しつつも，教養部の学生には：次の様な証明を与える．

> **中間値の定理**
> $[a, b]$ で連続な関数 $f(x)$ に対して，$f(a)\neq f(b)$ であれば，$f(a)$ と $f(b)$ の中間の任意の値 μ は (a, b) のある点 x における f の値 $f(x)=\mu$ である．

［証明2］　微積分学的証明をする．$f(a)<f(b)$ でなければ，f の代りに，$-f$ と $-\mu$ を考えればよいので，$f(a)<f(b)$ と仮定してよい．したがって $f(a)<\mu$．関数 $f(x)$ は $x=a$ で連続なので，$\varepsilon=\mu-f(a)>0$ に対して，正数 $\delta<b-a$ があって，$[a-\delta, a+\delta]\cap[a, b]=[a, a+\delta]$ の各点 x において $f(x)<f(a)+\varepsilon=\mu$．集合 $S=\{\xi\in[a, b]; f(x)<\mu(a\leqq{}^\forall x\leqq\xi)\}$ は上に有界だから，ワイエルシュトラスの公理より上限 $c=\sup S$ を持つ．三通りの場合がある．(イ)　もしも $f(c)<\mu$ であれば，上の論法を再び繰り返すと，$^\exists\delta>0; [c-\delta, c+\delta]$ の各点 x で $f(x)<\mu$．c は S の最小上界なので，$c-\delta$ はもはや S の上界ではない．ゆえに，$^\exists c'\in S; c-\delta\leqq c'<b$．$S$ の元の定義より，$a\leqq x\leqq c'$ の時 $f(x)<\mu$ なので，$[a, c']\cup[c-\delta, c+\delta]=[a, c+\delta]$ の各点 x で $f(x)<\mu$．再び，S の元の定義より $c+\delta\in S$．これは，c が S の上界であるという仮定に反し，矛盾である．(ロ)　もしも $f(c)>\mu$ であれば，$^\exists\delta>0; [c-\delta, c+\delta]$ の各点 x で $f(x)>\mu$．一方 c は S の最小上界なので，$^\exists c'\in S; c-\delta<c'$．$S$ の元 c' の定義より，$[a, c']$ の点 $c-\delta$ にて $f(c-\delta)<\mu$．これは，$f(c-\delta)>\mu$ に反し，矛盾である．ゆえに，第三の場合 (ハ)　$f(c)=\mu$ しか起り得ない．

以上，二通りの証明法を紹介したが，いずれも，実数の連続性公理を用いていることには違いがない．外国語での作文は，その外国語を母国語とする人の文章を模範とすべきなので，著者による欧訳は書かない．

5．(1)　問題の写像 f：円周 $\to\boldsymbol{R}$ に対して，右図の角 θ の関数 $g(\theta)=f(P)-f(Q)(0\leqq\theta\leqq2\pi)$ を考察しよう．$g(0)=0$ ならば，証明する迄もない．$g(0)>0$ の時，$g(\pi)$ は P と Q の役割が入れ代るので，$g(\pi)<0$．$[0, \pi]$ で連続関数 g に対して，B-4の中間値の定理を適用して，$^\exists\theta\in(0, \pi); g(\theta)=0$，すなわち，この角 θ の直径の両端の f の値は等しい．$g(0)<0$ の時も全く同様である．(2)　P を通る一つの平面 π_0 を取り固定する．

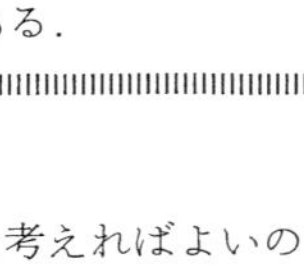

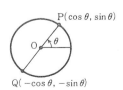

更に平面 π_0 に P を通る直線 l を固定する．平面 π_0 とこの直線 l で角 θ で交る平面 π によって，分けられる A の面積の差に対して，(1) と全く同じ論法を用いると，B-4の中間値の定理より，$^\exists\theta$；角 θ の平面 π によって分けられる A の面積の差$=0$．

6．$^\forall b\in[0, 1]$，$^\forall n\geqq1$，b は f_n の値であるから，$^\exists a_n\in[0, 1]; f_n(a_n)=b$．有界数列 $(a_n)_{n\geqq1}$ はワイエルシュトラス-ボルツァノの公理より，収束部分列 $(a_{k_n})_{n\geqq1}$ を持つ．その極限を a とする．$(f_n)_{n\geqq1}$ の部分列である関数列 $(f_{k_n})_{n\geqq1}$ も

もちろん一様収束しているから，A-10 より，$b=\lim_{n\to\infty} f_{k_n}(a_{k_n})=f(a)$．ゆえに $f([0,1])=[0,1]$．

7．$f(x)$ は $x=0$ で連続なので，$^\forall\varepsilon>0,\ ^\exists\delta>0; |f(x)-f(0)|<\varepsilon(-2\delta\leqq x\leqq 2\delta)$．$\int_x^{2x}\frac{f(0)}{t}dt=f(0)\Big[\log t\Big]_x^{2x}=f(0)\log 2$ なので，$\left|\int_x^{2x}\frac{f(t)}{t}dt-f(0)\log 2\right|=\left|\int_x^{2x}\frac{f(t)-f(0)}{t}dt\right|\leqq\int_x^{2x}\frac{|f(t)-f(0)|}{t}dt<\varepsilon\int_x^{2x}\frac{dt}{t}=\varepsilon\log_e 2<\varepsilon(0<x<\delta)$ なので，$\lim_{x\to+0}\int_x^{2x}\frac{f(t)}{t}dt=f(0)\log 2$．

10章　平均値の定理

A　基礎をかためる演習

1　$f(x)=\log x\ (x>0)$，$f'(x)=\frac{1}{x}$ に対して，E−2 の平均値の定理を適用する，$0<{}^\forall a<{}^\forall b,\ a<{}^\exists c<b; f(b)-f(a)=f'(c)(b-a)$，すなわち，任意の正数 $a, b(a<b)$ に対して，上式を満す c が存在する．したがって $\log b-\log a=\frac{b-a}{c}$．ここで，$a=x$，$b=x+1$ を代入すると，$x<c<x+1$ であって，$\log(x+1)-\log x=\frac{1}{c}$ であるが，$\frac{1}{x+1}<\frac{1}{c}<\frac{1}{x}$ なので，$\frac{1}{x+1}<\log(x+1)-\log x<\frac{1}{x}$．

2　上の $\log\frac{b}{a}=\log b-\log a=\frac{b-a}{c}$ にて，$\frac{1}{c}>\frac{1}{b}$ に注意すると，$\log\frac{b}{a}>\frac{b-a}{b}$．ゆえに $b\log\frac{b}{a}>b-a$．本問では $a>b>1$ なので，a, b の役割を入れかえて，$a\log\frac{a}{b}>a-b$．本問の方がアルファベの順で趣味がよい．

3　任意の自然数 n に対し，x が十分 0 に近ければ，$n<\frac{1}{x}$ が成立するので，どの x^n よりも早いスピードで $\lim_{x\to+0} y=0$ が成立し，$x=0$ の近くで右下の図の様な状態になる．また $\log y=\frac{\log x}{x}$ は $x\to+\infty$ の時，$\frac{\infty}{\infty}$ 型なので，ロピタルの公式より，$\lim_{x\to+\infty}\log y=\lim_{x\to+\infty}\frac{1}{x}=0$．ゆえに $\lim_{x\to+\infty} y=\lim_{x\to+\infty} e^{\log y}=1$．なお，$y$ のままでは，∞^0 型で，極限の計算はできない．次に，$\log y=\frac{\log x}{x}$ の両辺を x で微分し，$\frac{1}{y}\frac{dy}{dx}=\frac{x\cdot\frac{1}{x}-\log x}{x^2}$ より $\frac{dy}{dx}=y\frac{1-\log x}{x^2}=x^{\frac{1}{x}}\frac{1-\log x}{x^2}$．増減表を書き，グラフを画くと，右図のようになる．

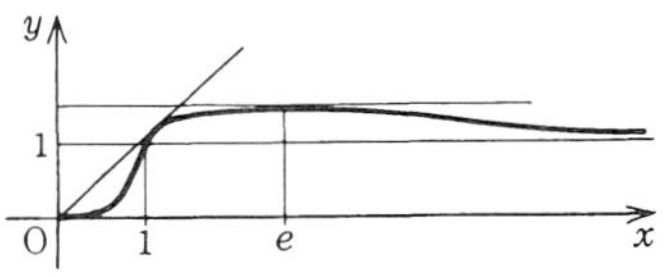

4　今回は，4 章の B-8 のような小細工をせず，$\frac{0}{0}$ 型の不定型なので，ロピタルの公式を使って，分母，分子を委細構わず微分し

$$\lim_{x\to a}\frac{x^2f(a)-a^2f(x)}{x-a}=\lim_{x\to a}\frac{2xf(a)-a^2f'(x)}{1}=2af(a)-a^2f'(a).$$

5　(1)　これは $y=e^x$ の $x=0$ の微係数に他ならぬが，$\frac{0}{0}$ 型なので，ロピタルの公式を用いれば $\lim_{h\to0}\frac{e^h-1}{h}=\lim_{h\to0}\frac{e^h}{1}=1$．(2)　やはり，$y=\sin x$ の $x=0$ における微係数に他ならぬので，ロピタルの公式を用いるのは，論理的にはおかしいが，公式を忘れた時は，$\frac{0}{0}$ 型なので，ロピタルの公式を用いれば $\lim_{x\to0}\frac{\sin x}{x}=\lim_{x\to0}\frac{\cos x}{1}=1$．くどくなるが，$\lim_{h\to0}\frac{e^h-1}{h}=1$ が成立するように自然対数の底 $e=2.71828\cdots$ を定めると $\frac{d}{dx}e^x=e^x$ が導かれ，更に公式 $\lim_{x\to0}\frac{\mathrm{sim}\,x}{x}=1$ より $\frac{d}{dx}\mathrm{sim}\,x=\cos x$ が導かれるのであって，これらの計算は論理的にはナンセンス．(3)　先ず $y=(1+x)^{\frac{1}{x}}$ とおくと，$\log y=\frac{\log(1+x)}{x}$ であり，$x\to0$ のとき，$\log y$ は $\frac{0}{0}$ 型の不定型であってロピタルの公式が適用でき，$\lim_{x\to0}\log y=\lim_{x\to0}\frac{\frac{1}{1+x}}{1}=1$．したがって，$\lim_{x\to0} y=\lim_{x\to0} e^{\log y}=e$．このようにして，求める極限は $\frac{e-e}{0}=\frac{0}{0}$ 型であり，与式にロピタルの公式が適用できることを知る．そのためには，分子の微分が必要で，$\log y=\frac{\log(x+1)}{x}$ の両辺を x で微分し，$\frac{1}{y}\frac{dy}{dx}=\frac{x\cdot\frac{1}{x+1}-\log(x+1)}{x^2}$．ゆえに $\lim_{x\to0}\frac{(1+x)^{\frac{1}{x}}-e}{x}=\lim_{x\to0}\frac{d}{dx}(1+x)^{\frac{1}{x}}=$

$\lim_{x\to 0}\dfrac{\dfrac{x}{x+1}-\log(x+1)}{x^2}\cdot y$．分子で，$\lim_{x\to 0} y=e$ はすでに求めていたので，積の極限の考えでこれを lim の外に出すのが肝要で，$\lim_{x\to 0}\dfrac{(1+x)^{\frac{1}{x}}-e}{x}=e\lim_{x\to 0}\dfrac{\dfrac{x}{x+1}-\log(x+1)}{x^2}$．これも$\dfrac{0}{0}$型なので，再びロピタルより，$\lim_{x\to 0}\dfrac{(1+x)^{\frac{1}{x}}-e}{x}$ $=e\lim_{x\to 0}\dfrac{\dfrac{1}{(x+1)^2}-\dfrac{1}{x+1}}{2x}=e\lim_{x\to 0}\dfrac{-1}{2(x+1)^2}=-\dfrac{e}{2}$．ロピタルの公式で一発で勝負が付かぬときは，このように，ケリが付く迄，挑めばよい．なお，既知の極限は lim の外に出し，計算を簡略化して時間を稼ぎ，誤りを防ぐのが，合否の岐れ目．

(4) $\dfrac{0}{0}$ 型なので，ロピタルの公式を 2 回用いて

$$\lim_{\theta\to 0}\frac{\theta\sin\theta}{1-\cos 2\theta}=\lim_{\theta\to 0}\frac{\sin\theta+\theta\cos\theta}{2\sin 2\theta}=\lim_{\theta\to 0}\frac{2\cos\theta-\theta\sin\theta}{4\cos 2\theta}=\frac{1}{2}.$$

(5) $\dfrac{0}{0}$ 型なのでロピタルの公式より $\lim_{x\to 2}\dfrac{1-\cos(x-2)}{\sin^2(x-2)}=\lim_{x\to 2}\dfrac{\sin(x-2)}{2\sin(x-2)\cos(x-2)}=\lim_{x\to 2}\dfrac{1}{2\cos(x-2)}=\dfrac{1}{2}$.

(6) ロピタルの公式を 3 度用いる際，0 でない極限を持つ因数は全て，極限で置き換えるのが**合否の分岐点**.

$\lim_{x\to 0}\dfrac{\tan x-\sin x}{x^3}=\lim_{x\to 0}\dfrac{\sec^2 x-\cos x}{3x^2}=\lim_{x\to 0}\dfrac{1-\cos^3 x}{3x^2\cos^2 x}=\lim_{x\to 0}\dfrac{1-\cos^3 x}{3x^2}=\lim_{x\to 0}\dfrac{3\cos^2 x\sin x}{6x}=\lim_{x\to 0}\dfrac{\cos^2 x}{2}\dfrac{\sin x}{x}=$ $\dfrac{1}{2}\lim_{x\to 0}\dfrac{\sin x}{x}=\dfrac{1}{2}\lim_{x\to 0}\dfrac{\cos x}{1}=\dfrac{1}{2}$ とやる際，$\cos x$ は $x\to 0$ の極限が 1 なので，外に出して終うテクニクが重要である．さもないと計算がいやがうえにも複雑となり誤りのチャンスは増え，その上時間切れとなる．出題される問題は本問の他に沢山あるのだ！

(7) まず通分して $\dfrac{0}{0}$ 型にし，ロピタルの公式を用いる際，前問の経験より，極限値 1 を持つ $\cos^2 x$ は外に出し，$\sin^2 x$ は通分して，ロピタルの公式を 2 度用いて

$$\lim_{x\to 0}\left(\frac{1}{x^2}-\frac{1}{\sin^2 x}\right)\tan^2 x=\lim_{x\to 0}\frac{\sin^2 x-x^2}{x^2\sin^2 x}\cdot\frac{\sin^2 x}{\cos^2 x}=\lim_{x\to 0}\frac{\sin^2 x-x^2}{x^2}=\lim_{x\to 0}\frac{2\sin x\cos x-2x}{2x}$$
$$=\lim_{x\to 0}\frac{2\cos^2 x-2\sin^2 x-2}{2}=0.$$

(8) まず通分し，ロピタルの公式を分母の極限が 0 でなくなるまで何回も使わねばならぬので，分母は微分すればするほど簡単になるように，$\dfrac{\sin x}{x}\to 1\,(x\to 0)$ を考慮して次の論法で x^5 で置き換えるのが岐れ目で

$$\lim_{x\to 0}\left(\frac{1}{x^2}-\frac{x}{\sin^3 x}\right)=\lim_{x\to 0}\frac{\sin^3 x-x^3}{x^2\sin^3 x}=\lim_{x\to 0}\frac{\sin^3 x-x^3}{x^5}\left(\frac{x}{\sin x}\right)^3=\lim_{x\to 0}\frac{\sin^3 x-x^3}{x^5}=\lim_{x\to 0}\frac{3\sin^2 x\cos x-3x^2}{5x^4}$$
$$=\lim_{x\to 0}\frac{6\sin x\cos^2 x-3\sin^3 x-6x}{20x^3}=\lim_{x\to 0}\frac{6\cos^3 x-21\sin^2 x\cos x-6}{60x^2}=\lim_{x\to 0}\frac{-60\cos^2 x\sin x+21\sin^3 x}{120x}$$
$$=\lim_{x\to 0}\frac{-60\cos^3 x+183\cos x\sin^2 x}{120}=\frac{-60}{120}=-\frac{1}{2}.$$

(9) まず通分し，ロピタルの公式を 2 回用いると

$$\lim_{x\to 0}\frac{x\cos x-\log(1+x)}{x\log(1+x)}=\lim_{x\to 0}\frac{\cos x-x\sin x-\dfrac{1}{1+x}}{\log(1+x)+\dfrac{x}{1+x}}=\lim_{x\to 0}\frac{-2\sin x-x\cos x+\dfrac{1}{(1+x)^2}}{\dfrac{1}{1+x}+\dfrac{1}{(1+x)^2}}=\frac{1}{2}.$$

(10) 面倒なので 2 次方程式 $y^2-xy+x^3=0$ を y について解き，$y=\dfrac{x\pm\sqrt{x^2-4x^3}}{2}$．ゆえに $\lim_{x\to 0}\dfrac{y}{x}=\lim_{x\to 0}\dfrac{1\pm\sqrt{1-4x}}{2}$ $=0$ または 1 という大学入試型で，ロピタルでないので要注意，以下同じであり，生兵法は怪我の基という教訓.

(11) $\lim_{x\to+\infty}(x-\sqrt{x^2-a^2})=\lim_{x\to+\infty}\dfrac{(x+\sqrt{x^2-a^2})(x-\sqrt{x^2-a^2})}{x+\sqrt{x^2-a^2}}=\lim_{x\to+\infty}\dfrac{a^2}{x+\sqrt{x^2-a^2}}=0.$

(12) $\lim_{n\to\infty}(\sqrt{n^2+3n+1}-n)=\lim_{n\to\infty}\dfrac{n^2+3n+1-n^2}{\sqrt{n^2+3n+1}+n}=\lim_{n\to\infty}\dfrac{3+\dfrac{1}{n}}{\sqrt{1+\dfrac{3}{n}+\dfrac{1}{n^2}}+1}=\dfrac{3}{2}.$

(13) $\lim_{x\to\infty}(\log_{10}x-\log_{10}(x-1))=\lim_{x\to\infty}\log_{10}\dfrac{x}{x-1}=\lim_{x\to\infty}\log_{10}\dfrac{1}{1-\dfrac{1}{x}}=\log 1=0.$

6　極限が存在するためには $f(1)=0$，$f(2)=0$ でなければならず，この時，$f'(1)=\lim_{x\to1}\dfrac{f(x)-f(1)}{x-1}=-1$，$f'(2)=\lim_{x\to2}\dfrac{f(x)-f(2)}{x-2}=1$．$x-1$，$x-2$ で割り切れる最低次の多項式は $f(x)=a(x-1)(x-2)=a(x^2-3x+2)$．$f'(x)=a(2x-3)$．$f'(1)=-a=-1$ より $a=1$．この時，偶然 $f'(2)=a=1$．よって $f(x)=x^2-3x+2$．旨く行かねば，a の代りに整式とすればよかったが，その必要が生じなかっただけ．

7　極限が存在するには，$f(1)=4$ でしかも，この時 $f'(1)=\lim_{x\to1}\dfrac{f(x)-f(1)}{x-1}=k$．$f(x)=x^3+px^2+qx+\mathrm{r}$ に $x=1$ を代入し，$1+p+q+\mathrm{r}=4$，即ち，$p+q+\mathrm{r}=3$．$f'(x)=3x^2+2px+q$ に $x=1$ を代入し，$f'(1)=3+2p+q=k=3$ より，$2p+q=0$，$f'(-2)=12-4p+q=0$ より $4p-q=12$．この式に $q=-2p$ を代入し，$6p=12$ より $p=2$，$q=-2p=-4$，$\mathrm{r}=3-p-q=3-2+4=5$，よって，$f(x)=x^3+2x^2-4x+5$，$f'(x)=3x^2+4x-4=(3x-2)(x+2)=0$ より $x=\dfrac{2}{3}$ または $x=-2$，$x<-2$ では $f'(x)>0$，$-2<x<\dfrac{2}{3}$ では $f'(x)<0$ なので，$x=-2$ で極大値 $f(-2)=-8+8+8+5=13$ を取る．

8　$f'(x)=3x^2-2px+p^2-2p=3\left(x^2-2\cdot\dfrac{p}{3}x+\dfrac{p^2}{9}\right)+p^2-2p-\dfrac{p^2}{3}=3\left(x-\dfrac{p}{3}\right)^2+\dfrac{2}{3}p^2-2p$ なので，$f(x)$ が極値を持つための必要十分条件は $f'(x)$ が符号の変化をすること，すなわち，$\dfrac{2}{3}p^2-2p=\dfrac{2p}{3}(p-3)<0$ が成立することであり，$0<p<3$．そのような整数 p は 1，または，2．$f(x)=0$ が一つの負根と二つの正根を持つためには下図のように $f(x)$ が極値を持つことが必要であり，$p=1$，または，2 でなければならぬ．$p=1$ のとき，$f(x)=x^3-x^2-x+q$，$f'(x)=3x^2-2x-1=(3x+1)(x-1)=0$ より $x=-\dfrac{1}{3}$ または 1．$x=-\dfrac{1}{3}$ の時，極大値 $f\left(-\dfrac{1}{3}\right)=\dfrac{5}{27}+q$，$x=1$ の時極小値 $f(1)=q-1$．$f(0)=q$ であるが，一つの負根，二つの正根を持つための必要十分条件は，下図から分るように $f(0)=q>0$，極大値 $f(\alpha)>0$．極小値を取る $x=\beta>0$，かつ，$f(\beta)<0$ であるから，この場合は，$q-1<0$．$0<q<1$ なる整数はないから，$p=1$ の場合はダメ．$p=2$ の時，$f(x)=x^3-2x^2+q$，$f'(x)=3x^2-4x$．$f'(x)=0$ より $x=0$，または，$\dfrac{4}{3}$ なので，$f(0)=q>0$，極大値 $f(0)=q>0$，極小値 $f\left(\dfrac{4}{3}\right)=q-\dfrac{32}{27}<0$ が必要十分である．$0<q<\dfrac{32}{27}$ を満す整数 $q=1$．したがって，$p=2$，$q=1$ が求める整数の組である．なお，大学入試の答案であれば，これでよいが，蛇足を加えると $\lim_{x\to-\infty}f(x)=-\infty$ なので，負数 γ があって $f(\gamma)<0$．更に $\lim_{x\to+\infty}f(x)=+\infty$ なので，正数 $\delta>\beta$ があって，$f(\delta)>0$．区間 $[\gamma,0]$，区間 $[0,\beta]$，区間 $[\beta,\delta]$ で中間値の定理を適用すると，$f(\gamma)<0<f(0)$，$f(0)>0>f(\beta)$，$f(\beta)<0<f(\delta)$ なので，$\gamma<{}^{\exists}x_1<0, 0<{}^{\exists}x_2<\beta, \beta<{}^{\exists}x_3<\delta; f(x_i)=0\,(i=1,2,3)$，この様に，中間値の定理を使って，上図のような $f(x)=0$ の根 x_1, x_2, x_3 の存在が確められる．

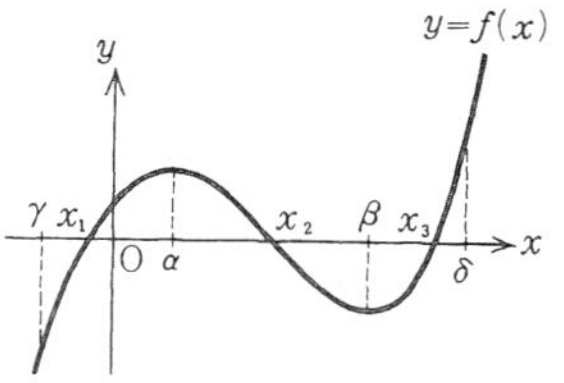

9　$y=\left(1+\dfrac{1}{x}\right)^x$ の両辺の対数を取り $\log y=x\log\left(1+\dfrac{1}{x}\right)$．$t=\dfrac{1}{x}$ とおくと，$x\to+\infty$ の時，$t\to+0$，$\dfrac{0}{0}$ 型の極限に変えてロピタルの公式を適用し，$\lim_{x\to+\infty}\log y=\lim_{t\to+0}\dfrac{\log(1+t)}{t}=\lim_{t\leftarrow0}\dfrac{\frac{1}{1+t}}{1}=1$ より $\lim_{x\to+\infty}y=\lim_{x\to+\infty}e^{\log y}=e$，したがて $\lim_{n\to\infty}\left(1+\dfrac{1}{n}\right)^n=e$ としたいのであるが，実は，この最後の式を e の定義式とするのが，本問のような公理論的立場である．

二項定理

$$(a+b)^n=a^n+na^{n-1}b+\cdots+\frac{n(n-1)\cdots(n-k+2)(n-k+1)}{k(k-1)\cdots2\cdot1}a^{n-k}b^k+\cdots+b^n$$

二項定理に $a=1$，$b=\dfrac{1}{n}$ を代入し

$$a_n=\left(1+\frac{1}{n}\right)^n=1+n\cdot\frac{1}{n}+\frac{n(n-1)}{1\cdot2}\cdot\frac{1}{n^2}+\cdots+\frac{n(n-1)\cdots(n-k+2)(n-k+1)}{k(k-1)\cdots2\cdot1}\cdot\frac{1}{n^k}+\cdots+\frac{1}{n^n}$$

$$=1+1+\frac{1\left(1-\frac{1}{n}\right)}{1\cdot2}+\cdots+\frac{1\cdot\left(1-\frac{1}{n}\right)\cdots\left(1-\frac{k-2}{n}\right)\left(1-\frac{k-1}{n}\right)}{k(k-1)\cdots2\cdot1}+\cdots+\frac{1\cdot\left(1-\frac{1}{n}\right)\cdots\left(1-\frac{n-2}{n}\right)\left(1-\frac{n-1}{n}\right)}{n(n-1)\cdots2\cdot1}$$

と最後の式のように分母，分子を n^k で割る所がミソである．更に，この式の n の所に $n+1$ を代入すると

$$a_{n+1}=1+1+\frac{1\cdot\left(1-\frac{1}{n+1}\right)}{1\cdot2}+\cdots+\frac{1\cdot\left(1-\frac{1}{n+1}\right)\cdots\left(1-\frac{k-2}{n+1}\right)\left(1-\frac{k-1}{n+1}\right)}{k(k-1)\cdots2\cdot1}$$

$$+\cdots+\frac{1\cdot\left(1-\frac{1}{n+1}\right)\cdots\left(1-\frac{n-2}{n+1}\right)\left(1-\frac{n-1}{n+1}\right)}{n(n-1)\cdots2\cdot1}+\frac{1\cdot\left(1-\frac{1}{n+1}\right)\cdots\left(1-\frac{n-1}{n+1}\right)\left(1-\frac{n}{n+1}\right)}{(n+1)n\cdots2\cdot1}$$

と項の数は a_{n+1} が a_n よりも一つ多くなる上に，一般項もマイナスの分母が大きくなるので，結果的に大きくなり，$a_n<a_{n+1}(n\geqq1)$．しかも，分子の $1-\frac{1}{n}$ を1で，分母の2以上を2で置き換えると

$$a_n<2+\frac{1}{1\cdot2}+\frac{1}{1\cdot2\cdot3}+\cdots+\frac{1}{k(k-1)\cdots2\cdot1}+\cdots$$
$$<2+\frac{1}{2}+\frac{1}{2^2}+\cdots+\frac{1}{2^{k-1}}+\cdots=3(n\geqq1)$$

の様に上界3を得る．したがって，数列 $(a_n)_{n\geqq1}$ は上に有界で，単調増加となり，9章の公理 III より収束し，その極限を e とすると

$$e=\lim_{n\to\infty}\left(1+\frac{1}{n}\right)^n=2\cdot718281828\cdots\ =鮒一鉢二鉢一鉢二鉢\cdots$$

は超越数である．

B 基礎を活用する演習

1. 9章の A-7 の解説の中で実数の連続性公理を用いて示したワイエルシュトラスの定理により関数 f は $[a,b]$ の点 c で最小値 m を取る．もしも $c=a$ であれば，$\lim_{h\to0}\frac{f(c+h)-f(c)}{h}=f'(c)=f'(a)<0$ なので，十分小さな $h>0$ に対して，$\frac{f(c+h)-f(c)}{h}<0$ が成立している．$f(c+h)<f(c)=m$ なので，m が最小値であることに反し矛盾である．また，$c=b$ であれば，$f'(b)>0$ なので，同じく，十分小さな $h<0$ に対して $f(c+h)<f(c)=m$ が導かれ矛盾である．ゆえに $a<c<b$ である．微係数 $f'(c)$ の定義より，任意の正数 ε に対して，正数 δ があって，$f'(c)-\varepsilon<\frac{f(c+h)-f(c)}{h}<f'(c)+\varepsilon\ (0<|h|<\delta)$．ところで $f(c)=m$ は最小値なので，$f(c+h)-f(c)=f(c+h)-m\geqq0$ であり，$0<h<\delta$ では，$f'(c)+\varepsilon>\frac{f(c+h)-f(c)}{h}>0$． 一方 $-\delta<h<0$ では，$f'(c)-\varepsilon<\frac{f(c+h)-f(c)}{h}<0$．かくして，任意の正数 ε に対して，$|f'(c)|<\varepsilon$ が成立する．もしも，$f'(c)\neq0$ であれば，この正数 ε に $|f'(c)|>0$ を代入した $|f'(c)|<\varepsilon=|f'(c)|$ も成立しなければならず，矛盾である．ゆえに $f'(c)=0$ となり，右下のような，今迄，何度となく用いて来た極く当り前のことを，公理と定義のみに基き，いっさいの直観を排して証明したことになる．もっとも，直観を排してと言ったが，証明の展望は勿論直観より見通している．ただ，この本音が，建前の上では現れないだけである．誤解して，教条主義に陥らぬよう，注意しておく．

> **ワイエルシュトラスの定理**
> $[a,b]$ で連続な関数は最大値，最小値を取る

> **SCHEMA**
> 関数 f が定義域の内点の微分可能な点 c で最大値，または，最小値（極大値，または，極小値でも可）を取れば，$f'(c)=0$

後半は $F(x)=f(x)-Ax$ とおくと，$F'(x)=f'(x)-A$ なので，$F'(a)=f'(a)-A<0$，$F'(b)=f'(b)-A>0$ が成立し，関数 F に前半を適用すれば，F が最小値を取る点 c にて，$F'(c)-A=0$．

2. 先ず，極限 $A=\lim_{x\to+0}f(x)$ について掘り下げて考えて見よう．この極限の ε–δ 式定義は，${}^\forall\varepsilon>0, {}^\exists\delta>0; |f(x)-A|<\varepsilon(0<x<\delta)$，言い換えれば，任意の（どんなに小さな）正数 ε に対して(も)，(十分小さな) 正数 δ があって，(h が) $0<h<\delta$（と十分小さなければ）ならば，$A-\varepsilon<f(x)<A+\varepsilon$．この ε は何でもよいので，終りを完うするため $\frac{\varepsilon}{2}$ とすると，（答案や原稿では $\frac{\varepsilon}{\ }$ と分母を空白にしておき，最後につじつまが合うような数を分母に入れていく．）これに対して，${}^\exists\delta'>0; |f(x)-A|<\frac{\varepsilon}{2}(0<x<\delta')$．もう一つの $0<y<\delta'$ に対しても $|f(y)-A|<\frac{\varepsilon}{2}$ が成立しているから，$|f(x)-f(y)|=|(f(x)-A)+(A-f(y))|\leqq|f(x)-A|+|A-f(y)|<\frac{\varepsilon}{2}+\frac{\varepsilon}{2}=\varepsilon$．ここで δ' の上ツキのダッシュ（大学ではプライムと呼ぶ先生が多いが）は目障りなので δ とすると，右のコーシーの条件が成立している．$x_n=\frac{1}{n}$ とおくと，アルキメデスの公理より，任意の ε に対して上の様に定まる δ に対して，${}^\exists N; n\geqq N, N\delta>1$．$n\geqq N$ であれば，$0<x_n<\delta$．したがって，${}^\forall\varepsilon>0, {}^\exists N; m, n\geqq N$ の時，$|f(x_m)$

> **コーシーの条件**
> ${}^\forall\varepsilon>0, {}^\exists\delta>0; |f(x)-f(y)|<\varepsilon(0<x, y<\delta)$

$-f(x_m)|<\varepsilon$ と言う状況を呈し，数列 $(f(x_n))_{n\geq 1}$ はコーシー列である．実数の連続性公理 V より，数列 $(f(x_n))_{n\geq 1}$ は収束する． その極限を $A=\lim_{n\to\infty}f(x_n)$ とおく． コーシーの条件の ε は，上述のように $\frac{\varepsilon}{2}$ としてもよいので，$^\forall\varepsilon>0,\ ^\exists\delta>0;|f(x)-f(y)|<\frac{\varepsilon}{2}(0<x,y<\delta)$，アルキメデスの公理より，$^\exists N';\frac{1}{N'}<\delta$．すると，$0<x<\delta$ の時，一つ $n\geqq N'$ を取ると， $|f(x)-A|=|f(x)-f(x_n)|+|f(x_n)-A|\leqq|f(x)-f(x_n)|+|f(x_n)-A|$． この右辺の第1項は $0<x,x_n<\delta$ なので $<\frac{\varepsilon}{2}$． 第2項は，$f(x_n)-A\to 0$ なので，更に大きな n を取れば，$|f(x_n)-A|<\frac{\varepsilon}{2}$． かくして，$x_n$ を仲介として，$0<x<\delta$ の時 $|f(x)-A|\leqq|f(x)-f(x_n)|+|f(x_n)-A|<\frac{\varepsilon}{2}+\frac{\varepsilon}{2}=\varepsilon$． これは $A=\lim_{x\to+0}f(x)$ に他ならない．

コーシーの収束判定法

$\lim_{x\to a+0}f(x)$ が存在するための必要十分条件は

$^\forall\varepsilon>0,\ ^\exists\delta>0;|f(a)-f(y)|<\varepsilon(0<x-a,\ y-a<\delta)$

コーシーの収束判定法

$\lim_{x\to a-0}f(x)$ が存在するための必要十分条件は

$^\forall\varepsilon>0,\ ^\exists\delta>0;|f(x)-f(y)|<\varepsilon(0<a-x,\ a-y<\delta)$

コーシーの収束判定法

$\lim_{x\to a}f(x)$ が存在するための必要十分条件は

$^\forall\varepsilon>0,\ ^\exists\delta>0;|f(x)-f(y)|<\varepsilon(0<|x-a|,\ |y-a|<\delta)$

コーシーの収束判定法

$\lim_{x\to+\infty}f(x)$ が存在するための必要十分条件は

$^\forall\varepsilon>0,\ ^\exists M>0;|f(x)-f(y)|<\varepsilon(x,\ y>M)$

コーシーの収束判定法

$\lim_{x\to-\infty}f(x)$ が存在するための必要十分条件は

$^\forall\varepsilon>0,\ ^\exists M>0;|f(x)-f(y)|<\varepsilon(x,\ y<-M)$

同様な論法で，右の諸定理の様に数列に対して与えられた公理 V の関数版を得る．

さて，本問で，$\lim_{x\to+0}f(x)$ の存在を示すには，右上のコーシーの収束判定法に基き，$^\forall\varepsilon>0,\ ^\exists\delta>0;0<x<y<\delta$ の時，$|f(y)-f(x)|<\varepsilon$，すなわち，

$$\lim_{0<x<y\to 0}(f(y)-f(x))=0$$

を示せばよい． そのためには，区間 $[x,y]$ において平均値の定理を用いる以外に手掛りはなく， $x<{}^\exists z<y;$ $f(y)-f(x)=f'(z)(y-x)$． さて，$^\forall\varepsilon>0$，$\delta=\frac{\varepsilon}{M+1}$ とおくと， $0<x<y<\delta$ である限り $|f(y)-f(x)|=|f'(z)||y-x|\leqq M(y-x)<My<M\delta<\varepsilon$， つまり，$\lim_{0<x<y\to 0}(f(y)-f(x))=0$ が言えて，コーシーの収束判定法より，$^\exists\lim_{x\to+0}f(x)$ なので， これを $f(0)$ とおく．何時の間にか (ii) にはいり，仮定より $^\exists\lim_{x\to+0}f'(x)$ なので，この極限を A とおくと，$^\forall\varepsilon>0,\ ^\exists\delta>0;|f'(x)-A|<\varepsilon$ $(0<x<\delta)$．目標は $\lim_{x\to 0}\frac{f(x)-f(0)}{x}=A$ なので，平均値の定理を用うべく，f が定義されているのは $(0,1]$ なので， 0を避けて，$0<{}^\forall x<\delta$ に対して，$0<{}^\forall t<x$ なる t を取り，$[t,x]$ で平均値の定理を適用し，$0<t<{}^\exists z<x;f(x)-f(t)=f'(z)(x-t)$．この z はどこにあるのか正確な所は分らないが，兎にも角にも $t<z<x$ だけははっきりしていて，$0<z<\delta$ なので，$A-\varepsilon<f'(z)<A+\varepsilon$．したがって $(A-\varepsilon)(x-t)<f(x)-f(t)<(A+\varepsilon)(x-t)$． この式は x と t にしか関係しないし，t は $0<t<x$ であれば任意なので，$t\to+0$ とすると，$f(t)\to f(0)$ なので，$(A-\varepsilon)x\leqq f(x)-f(0)\leqq(A+\varepsilon)x$，すなわち $A-\varepsilon\leqq\frac{f(x)-f(0)}{x}\leqq A+\varepsilon$ $(0<x<\delta)$ を得る． 等号が付いているのが気になる人は， 始めに ε の代りに $\frac{\varepsilon}{2}$ とすればよく， これは $\lim_{x\to+0}\frac{f(x)-f(0)}{x}=A$，すなわち，$f$ の右微係数 $f'(+0)=A$ の存在を物語り，f は $x=0$ で右微分可能である．

3. 今迄，関数 $f(x)$ の $[a,b]$ における定積分 $\int_a^b f(x)dx$ を $y=f(x)$ と x 軸，二直線 $x=a$，$x=b$ で囲まれた図形の面積に符号を付けて加えたものとしてしか把握していなかったので，この機会に定積分をチャント定義しておく．そうしないと証明問題が解けないからである．だからと言って，今迄の行き方が誤りであるのではない．

さて，関数 $f(y)$ が点 x で連続であるとは， $f(x)=\lim_{y\to x}f(y)$，ε-δ 法で書けば， $^\forall\varepsilon>0,\ ^\exists\delta>0;|f(y)-f(x)|<\varepsilon\ (|y-x|<\delta)$．この δ は ε には勿論関係するが，一般には点 x にも関係する． しかし， この δ が区間 I に属する x について一様に取れて，$|f(y)-f(x)|<\varepsilon\ (x,y\in I,|y-x|<\delta)$ が成立する時，関数 $f(y)$ は区間 I で**一様連続**であると言う（3章の B-8 参照）．9章の A-11 で実数の連続性公理を用いて証明した様に，閉区間 $[a,b]$ で連続な関数は一様連続である．したがって

$$^\forall\varepsilon>0,\ ^\exists\delta>0;|f(y)-f(x)|<\varepsilon\ (a\leqq x,y\leqq b,|y-x|<\delta).$$

$[a,b]$ に点 $x_0,x_1,x_2,\cdots,x_n$ を取り $a=x_0<x_1<\cdots<x_{n-1}<x_n=b$ と $[a,b]$ を小区間 $[x_{i-1},x_i]\ (1\leqq i\leqq n)$ に分割したものを $[a,b]$ の**分割**と呼ぶことにし，$\Delta:a=x_0<x_1<\cdots<x_n=b$ と標記しよう． 更に各小区間 $[x_{i-1},x_i]$ から，何

でもよいから一点 ξ_i を取る．これは端点であってもよい．そして，**リーマン和**と呼ばれる和

$$S(\Delta)=S(f;\Delta,(\xi_i))=\sum_{i=1}^{n} f(\xi_i)(x_i-x_{i-1})$$

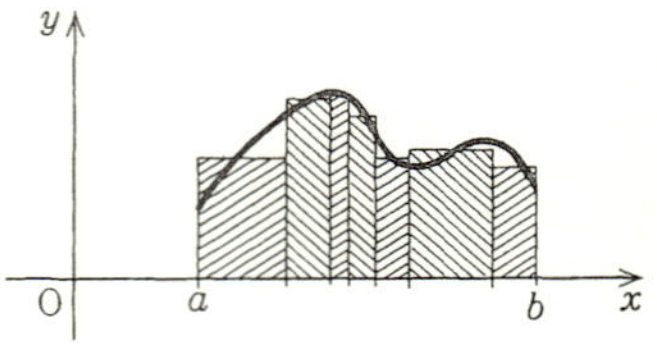

を作ろう．これは幾何学的には，右下の図の様な長方形の面積の和を表す．

したがって，この分割を細かくした極限は面積になる筈である．しかし，厳密には〝細かくした極限〃と更に肝心の〝面積〃の定義が問題なのだ．そのことについて講釈しよう．分割 Δ の小区間の幅 x_i-x_{i-1} の最大値をもって分割 Δ の幅と言い $|\Delta|$ と書く，すなわち

$$|\Delta|=\max_{1\leqq i\leqq n}(x_i-x_{i-1}).$$

二つの分割 Δ, Δ' があると，その分点をすべて分点として，新たな分割 Δ'' が得られ，Δ'' は Δ と Δ' の双方の細分となっている．Δ と Δ'' の関係に注目すると，Δ の一つの小区間 $[x_{i-1}, x_i]$ は Δ'' では更に細分されているかも知れない．これを $x_{i-1}=t^{(i)}{}_0<t^{(i)}{}_1<\cdots<t^{(i)}{}_m=x_i$（この m も本当は i に依存する．）とでもしよう．Δ については $[x_{i-1}, x_i]$ の一点 ξ_i が取られているが，Δ'' については各 $[t_{\nu-1}{}^{(i)}, t_\nu{}^{(i)}]$ から点 $\eta_\nu{}^{(i)}$ が取られている．これらがリーマン和に寄与する部分の値の差の絶対値は

$$\left|f(\xi_i)(x_i-x_{i-1})-\sum_{\nu=1}^{m} f(\eta_\nu{}^{(i)})(\xi_\nu{}^{(i)}-\xi_{\nu-1}{}^{(i)})\right|=\left|\sum_{\nu=1}^{m}(f(\xi_i)-f(\eta_\nu{}^{(i)}))(\xi_\nu{}^{(i)}-\xi_{\nu-1}{}^{(i)})\right|$$

で与えられるが，分割の幅を $|\Delta|, |\Delta'|<\delta$ と小さくすれば，$|\xi_i-\eta^{(i)}{}_\nu|<\delta$ なので，δ の作り方より $|f(\xi_i)-f(\eta^{(i)}{}_\nu)|<\varepsilon$．したがって，$\xi_\nu{}^{(i)}-\xi_{\nu-1}{}^{(i)}>0$ と $\sum_{\nu=1}^{m}(\xi_\nu{}^{(i)}-\xi_{\nu-1}{}^{(i)})=x_i-x_{i-1}$ に注目すると

$$\left|f(\xi_i)(x_i-x_{i-1})-\sum_{\nu=1}^{m} f(\eta_\nu{}^{(i)})(\xi_\nu{}^{(i)}-\xi_{\nu-1}{}^{(i)})\right|<\varepsilon(x_i-x_{i-1}).$$

更に $|S(\Delta)-S(\Delta'')|$ はこの様な $\varepsilon(x_i-x_{i-1})$ の和で押えられるので，$\sum_{i=1}^{n}(x_i-x_{i-1})=b-a$ に注意すると $|S(\Delta)-S(\Delta'')|<(b-a)\varepsilon$．全く同様にして $|S(\Delta'')-S(\Delta')|<(b-\varepsilon)\varepsilon$ も得られるので，$S(\Delta'')$ を仲介にして $|S(\Delta)-S(\Delta')|=|(S(\Delta)-S(\Delta''))+(S(\Delta'')-S(\Delta'))|\leqq|S(\Delta)-S(\Delta'')|+|S(\Delta'')-S(\Delta')|\leqq 2(b-a)\varepsilon$.

かくして，右下の Schema を得る．

SCHEMA

> $|f(y)-f(x)|<\varepsilon$ $(|y-x|<\delta)$ なる仮定の下で，分割 Δ, Δ' が，$|\Delta|, |\Delta'|<\delta$ を満せば，リーマン和は $|S(\Delta)-S(\Delta')|<2(b-a)\varepsilon$

さて，任意の自然数 n に対して，$[a, b]$ を等分して，$x_i=a+\dfrac{i(b-a)}{n}$ $(0\leqq i\leqq n)$ とおき，$\xi_i=x_i$ としよう．この時のリーマン和

$$S_n=\sum_{i=1}^{n} f(x_i)(x_i-x_{i-1})$$

を考えると，$(S_n)_{n\geqq 1}$ は数列であり，9章の実数の連続性公理 V の射程内に入る．$^\forall\varepsilon>0$ に対して，f の一様連続性から定まる上の $\delta>0$ に対して，アルキメデスの公理より，$^\exists N; N\delta>b-a$．$m, n\geqq N$ であれば，等分の分割の幅 $\dfrac{b-a}{m}$，$\dfrac{b-a}{n}<\delta$．右上の Schema より $|S_m-S_n|<2(b-a)\varepsilon$．$\varepsilon$ は $\forall$ なので，始めに ε の代りに $\dfrac{\varepsilon}{2(b-a)}$ とでもしておけば，最後の式は $|S_m-S_n|<\varepsilon(m, n\geqq N)$ となり，$(S_n)_{n\geqq 1}$ はコーシー列である．よって，公理 V より，数列 $(S_n)_{n\geqq 1}$ はある実数 S に収束する．さて，S と $S(\Delta)$ との関係は，$S_n\to S$ $(n\to\infty)$ なので，$^\exists n\geqq N; |S_n-S|<(b-a)\varepsilon$（$\varepsilon$ の方がよいがどうせ前の方のは $b-a$ がついているので，毒食わば皿迄の心境でここにも $b-a$ を付けておく），すると $|\Delta|<\delta$ であればこの S_n を媒介にして，$|S(\Delta)-S|=|(S(\Delta)-S_n)+(S_n-S)|\leqq|S(\Delta)-S_n|+|S_n-S|<2(b-a)\varepsilon+(b-a)\varepsilon=3(b-a)\varepsilon$．かくして，分割 Δ の幅 $|\Delta|$ さえ小さくすれば，$S(\Delta)$ は一定の数 S に限りなく近づくことが分った．この S を $\int_a^b f(x)dx$ と書き，関数 $f(x)$ の $[a, b]$ 上の**定積分**と呼ぶ．更に S が $S(\Delta)$ の上の意味での極限であることを

$$\int_a^b f(x)dx=\lim_{|\Delta|\to 0}\sum_{i=1}^{n} f(\xi_i)(x_i-x_{i-1})$$

と記し，定積分はリーマン和の極限であると言う．特に，等分に対しては通常の数列の極限である．これが実は**面積**の定義であって，天下り的に面積が与えられているものではない．

SCHEMA

> $$\int_a^b f(x)dx=\lim_{n\to\infty}\sum_{i=1}^{n} f\left(a+\frac{i(b-a)}{n}\right)\frac{b-a}{n}$$

今のは f の値が数であったが，f の値がベクトルであって，そのベクトル空間がノルム $\|\cdot\|$ を持ち，そのベクトル

空間が完備，すなわち，任意のコーシー列が収束列であれば，上の証明は，f の値をベクトルと思い，絶対値 $|\cdot|$ をノルム $\|\cdot\|$ と思うだけで，そのまま成立し，そのベクトルが何であろうと，そのノルムが何であろうと一向支障がない．この抽象性が数学の面白さである．

本問では，上の Schema の $\|\ \|$ を取り

$$\left\|\int_a^b f(x)\,dx\right\| = \left\|\lim\sum_{i=1}^n f\left(a+\frac{i(b-a)}{n}\right)\frac{b-a}{n}\right\| \leqq \lim\sum_{i=1}^n \left\|f\left(a+\frac{i(b-a)}{u}\right)\right\|\frac{b-a}{n} = \int_a^b \|f(x)\|dx.$$

4. $\displaystyle\int_a^b f(x)\,dx = \lim_{n\to\infty}\sum_{i=1}^n f\left(a+\frac{i(b-a)}{n}\right)\frac{b-b}{n}$ は上に述べた通りである．ここで，ワイエルシュトラスの定理を用いると，連続関数 $f(x)$ は $[a, b]$ で最小値 m，最大値 M を取る．

したがって，$\displaystyle m \leqq \frac{1}{b-a}\sum_{i=1}^n f\left(a+\frac{i(b-a)}{n}\right)\frac{b-a}{n} \leqq M$，$n\to\infty$ として，$\displaystyle m \leqq \frac{1}{b-a}\int_a^b f(x)\,dx \leqq M$．$m$ と M とは f の値であるから，値が，夫々，m, M となる点を端点とする閉区間と連続関数 $f(x)$，及び，m, M の中間値 $\displaystyle\int_a^b f(x)\,dx$ に中間値の定理を適用すると，$\displaystyle a<{}^\exists c<b;\ \frac{1}{b-a}\int_a^b f(x)\,dx = f(c)$．

関数 f が点 x で連続なので，${}^\forall\varepsilon>0, {}^\exists\delta>0; |h|<\delta$ ならば $|f(x+h)-f(x)|<\varepsilon$．$h>0$ の時は $\displaystyle\int_x^{x+h} f(x)\,dt$ に，$h<0$ の時は $\displaystyle\int_x^{x+h} f(t)\,dt = -\int_{x+h}^x f(t)\,dt$ に上の結果を適用すると，$\displaystyle 0<|{}^\exists k|<|h|;\ \int_x^{x+h} f(t)\,dt = hf(x+k)$．ゆえに，$0<|h|<\delta$ ならば

$$\left|\frac{1}{h}\left(\int_a^{x+h} f(t)\,dt - \int_a^x f(t)\,dt\right) - f(x)\right| = \left|\frac{1}{h}\int_x^{x+h} f(t)\,dt - f(x)\right| = |f(x+k)-f(x)| < \varepsilon.$$

これが，実は，公理と定義に基く $\displaystyle\frac{d}{dx}\int_a^x f(t)\,dt = f(x)$ の厳密な証明であるが，今迄はこのことを意識しないで用いて来た．それで間に合っていただけであり，決して誤りではない．

5. $0<x<y$ の時，$[x, y]$ で関数 u に平均値の定理を適用すると，$x<{}^\exists z<y; u(y)-u(x) = u'(z)(y-x)$．仮定より $|u(y)-u(x)| \leqq Az^{\alpha-1}|y-x|$．$\displaystyle\left|\frac{u(x)-u(y)}{(x-y)^\alpha}\right| \leqq Az^{\alpha-1}|y-x|^{1-\alpha}$ となり．これ以上進展しない．

平均値の定理に拘るよりも，むしろ，前問で厳密に証明したが，それ以前にもしばしば用いて来た原始関数と定積分の関係 $\displaystyle u(y)-u(x) = \int_x^y u'(t)\,dt$ を用いて，$\displaystyle|u(y)-u(x)| \leqq \int_x^y |u'(t)|\,dt$（この不等式を B–3 で始めて証明したが，それ以前にもしばしば用いて来た）．仮定より，$|u(t)| \leqq At^{\alpha-1}$ なので，$\displaystyle|u(y)-u(x)| \leqq \int_x^y At^{\alpha-1}dt = \left[\frac{At^\alpha}{\alpha}\right]_x^y = \frac{A(y^\alpha-x^\alpha)}{\alpha}$ となり，$\dfrac{A}{\alpha}$ が現れて，解答も中葉に達したことを知る．$\displaystyle\left|\frac{u(y)-u(x)}{(y-x)^\alpha}\right| \leqq \frac{A}{\alpha}\,\frac{y^\alpha-x^\alpha}{(y-x)^\alpha}$ なので，$y^\alpha-x^\alpha \leqq (y-x)^\alpha$ を示せばよい．そこで，正の定数 a に対して，$g(x) = x^\alpha-a^\alpha-(x-a)^\alpha\ (x \geqq a)$ とおくと，$\displaystyle g'(x) = \alpha x^{\alpha-1}-\alpha(x-a)^{\alpha-1} = \alpha x^{\alpha-1}\left(1-\left(\frac{x-a}{x}\right)^{\alpha-1}\right) = \alpha x^{\alpha-1}\left(1-\left(\frac{x}{x-a}\right)^{1-\alpha}\right)$ であるが，$\dfrac{x}{x-a}>1$，$1-\alpha>0$ なので，$\left(\dfrac{x}{x-a}\right)^{1-\alpha}>1$．したがって，$g'(x)<0\ (x>a)$．$g(x)$ は減少関数で，$g(a)=0$ なので，$g(x) \leqq 0\ (x \geqq a)$．ゆえに $x^\alpha-a^\alpha \leqq (x-a)^\alpha$ $(x \geqq a, 0<\alpha \leqq 1)$．かくして，$\displaystyle\left|\frac{u(y)-u(x)}{(y-x)^\alpha}\right| \leqq \frac{A}{\alpha}\,\frac{y^\alpha-x^\alpha}{(y-x)^\alpha} \leqq \frac{A}{\alpha}\ (0<x<y)$，すなわち，$\displaystyle\sup_{\substack{x>0,\,y>0\\ x\neq y}}\left|\frac{u(x)-u(y)}{(y-x)^\alpha}\right| \leqq \frac{A}{\alpha}$ に達する．

教　訓

平均値の定理 $x<{}^\exists z<y; u(y)-u(x) = u'(z)(y-x)$ よりも，定積分と原始関数の関係

$$u(y)-u(x) = \int_x^y u'(t)\,dt$$

の方が精密な評価式を与えるが，後者は $u'(t)$ が連続でないと適用できないのに反し，前者は $u'(t)$ が $\exists$ するだけでよい．

6. $x \leqq 0$ でも同様なので，$x \geqq 0$ で考える．$f(0)=0$ なので，$\displaystyle f(x) = \int_0^x f'(t)\,dt$．両辺の絶対値を取り，$\displaystyle|f(x)| \leqq \int_0^x |f'(t)|\,dt$．仮定 $|f'(t)| \leqq |f(t)|$ より $\displaystyle|f(x)| \leqq \int_0^x |f(t)|\,dt$．任意の正数 a を取り固定し，ワイエルシュトラスの定理によって保証される $[0, a]$ における関数 $|f(x)|$ の最大値を $M = M(a) \geqq 0$ とする．**積分不等式** $\displaystyle|f(x)| \leqq \int_0^x |f(t)|\,dt$ の右辺に $|f(t)| \leqq M$ を代入して，$\displaystyle|f(x)| \leqq \int_0^x M\,dt = Mx$．さて，自然数 n に対して，$\displaystyle|f(x)| \leqq \frac{Mx^n}{n!}\ (n \geqq 0)$ を仮定し，これを $\displaystyle|f(x)| \leqq \int_0^x |f(t)|\,dt$ の右辺に代入して，$\displaystyle|f(x)| \leqq \int_0^x \frac{Mt^n}{n!}\,dt = \frac{Mx^{n+1}}{(n+1)!}$．したがって，数学的帰納法によ

り任意の自然数 n に対して，$|f(x)|\leqq\frac{Mx^n}{n!}(0\leqq x\leqq a)$ が成立するので，$|f(x)|\leqq\frac{Ma^n}{n!}$. M は $0\leqq x\leqq a$ における $|f(x)|$ の最大値であったから，$M\leqq\frac{Ma^n}{n!}$.

ところで，正数 a に対して，アルキメデスの公式より，$^\exists N;N\geqq 2a$. この N は一つ取ると定数であり，$n\geqq N$ の時，$\frac{a^n}{n!}=\frac{a}{n}\frac{a}{n-1}\cdots\frac{a}{N}\frac{a}{N-1}\cdots\frac{a}{2}\cdot\frac{a}{1}<\left(\frac{1}{2}\right)^{n-N}\frac{a^N}{N!}$. 二項定理より $2^{n-N}=(1+1)^{n-N}=1+(n-N)+\cdots>n-N$ なので，$\frac{a^n}{n!}<\left(\frac{1}{2}\right)^{n-N}\frac{a^N}{N!}<\frac{a^N}{(n-N)N!}$. やはりアルキメデスの公理より，$^\exists$自然数 $n>N+\frac{a^N}{N!}$. したがって $\frac{a^n}{n!}<\frac{a^N}{(n-N)N!}<1$，つまり，$1-\frac{a^n}{n!}>0$. $M\leqq\frac{Ma^n}{n!}$ より，$\left(1-\frac{a^n}{n!}\right)M\leqq 0$ であるが，$1-\frac{a^n}{n!}>0$，$M\geqq 0$ なので，$M=0$. 任意の a に対して，$M(a)=\max_{0\leqq x\leqq a}|f(x)|=0$ なので，$f(x)=0(^\forall x\geqq 0)$. $x<0$ では $f(x)=\int_0^x f'(t)\,dt$ より，$|f(x)|\leqq\int_x^0|f(t)|dt$ となるだけで，後は全く同様にして，$f(x)=0(^\forall x\leqq 0)$. よって $f(x)\equiv 0$.

ところで，アルキメデスの公理より，$^\forall\varepsilon>0$，$^\exists$自然数 $n>N+\frac{a^N}{\varepsilon N!}$ なので，$\frac{a^n}{n!}<\frac{a^N}{(n-N)N!}<\varepsilon$. これは右の公式を与える.

SCHEMA

$a>0$ の時，$\lim_{n\to\infty}\frac{a^n}{n!}=0$

11章　テイラー展開

A 基礎をかためる演習

1 $y=x^3+3ax^2-x+b$, $y'=3x^2+6ax-1$, $y''=6x+6a=0$ より $x=-a$. その時，$y=-a^3+3a^3+a+b=2a^3+a+b$, $y'=3a^2-6a^2-1=-3a^2-1$ なので，変曲点 $(-a, 2a^3+a+b)$ における法線の傾きは $-y'=3a^2+1$ の逆数，方程式は $y=2a^3+a+b+\frac{x+a}{3a^2+1}$. $x=0$ の時 $y=0$ であるための必要十分条件は $b=-2a^3-a-\frac{a}{3a^2+1}$. この時，変曲点の 座標は $x=-a$, $y=2a^3+a+b=\frac{-a}{3a^2+1}$. $a=-x$ を代入して，$y=\frac{x}{3x^2+1}$ 上を動く.

2 (1) ライプニッツの公式より $\frac{d^n}{dx^n}(x^2e^x)=x^2\left(\frac{d^n}{dx^n}e^x\right)+n\left(\frac{d}{dx}x^2\right)\left(\frac{d^{n-1}}{dx^{n-1}}e^x\right)+\frac{n(n-1)}{2}\left(\frac{d^2}{dx^2}x^2\right)\left(\frac{d^{n-2}}{dx^{n-2}}e^x\right)=(x^2+2nx+n(n-1))e^x$.

(2) 先ず $\frac{d}{dx}x^n=nx^{n-1}$, $\frac{d^2}{dx^2}x^n=n(n-1)x^{n-2}$, $\cdots$, $\frac{d^k}{dx^k}x^n=n(n-1)\cdots(n-k+1)x^{n-k}$. ライプニッツの公式より，$\frac{d^n}{dx^n}(x^{n-1}\log x)=\left(\frac{d^n}{dx^n}x^{n-1}\right)\log x+\sum_{k=1}^{n}\frac{n!}{k!(n-k)!}\frac{d^{n-k}}{dx^{n-k}}x^{n-1}\frac{d^{k-1}}{dx^{k-1}}x^{-1}=\sum_{k=1}^{n}\frac{n!}{k!(n-k)!}(n-1)(n-2)\cdots(n-1-(n-k)+1)x^{n-1-(n-k)}(-1)(-2)\cdots(-1-(k-1)+1)x^{-1-(k-1)}=\sum_{k=1}^{n}\frac{n!}{k!(n-k)!}\cdot\frac{(n-1)!}{(k-1)!}(-1)^{k-1}(k-1)!\,x^{-1}$
$=\frac{(n-1)!}{x}\sum_{k=1}^{n}\frac{n!}{k!(n-k)!}(-1)^{k-1}=\frac{(n-1)!}{x}\left(-\sum_{k=0}^{n}\frac{n!(-1)^k}{k!(n-k)!}+1\right)=\frac{(n-1)!}{x}(1-(1-1)^n)=\frac{(n-1)!}{x}$.

(3) $y=e^x\sin x$, $y'=e^x(\sin x+\cos x)=\sqrt{2}e^x\left(\sin x\frac{1}{\sqrt{2}}+\cos x\frac{1}{\sqrt{2}}\right)=\sqrt{2}e^x\sin\left(x+\frac{\pi}{4}\right)$. $y''=\sqrt{2}e^x\left(\sin\left(x+\frac{\pi}{4}\right)+\cos\left(x+\frac{\pi}{4}\right)\right)=(\sqrt{2})^2e_x\sin\left(x+\frac{2\pi}{4}\right)$. $y^{(n)}=2^{\frac{n}{2}}e^x\sin\left(x+\frac{n\pi}{4}\right)$ を仮定すると，$y^{(n+1)}=2^{\frac{n}{2}}e^x\left(\sin\left(x+\frac{n\pi}{4}\right)+\cos\left(x+\frac{n\pi}{4}\right)\right)=2^{\frac{n+1}{2}}e^x\sin\left(x+\frac{n\pi}{4}+\frac{\pi}{4}\right)=2^{\frac{n+1}{2}}\sin\left(x+\frac{(n+1)\pi}{4}\right)$ なので，数学的帰納法により，一般の n に対して，$y^{(n)}=2^{\frac{n}{2}}e^x\sin\left(x+\frac{n\pi}{4}\right)$ は正しい.

(4) $y=\sin^3x=\frac{3\sin x-\sin 3x}{4}$ なので，やはり，数学的帰納法で示される公式 $\frac{d^n}{dx^n}\sin x=\sin\left(x+\frac{n\pi}{2}\right)$ を用いて $y^{(n)}=\frac{3}{4}\cdot2^{\frac{n}{2}}\sin\left(x+\frac{n\pi}{2}\right)-\frac{1}{4}\cdot3^n\sin\left(3x+\frac{n\pi}{2}\right)$.

3 $y=a\cosh\frac{x}{a}$ なので，$y'=\sinh\frac{x}{a}$, $y''=\frac{1}{a}\cosh\frac{x}{a}$. $1+y'^2=1+\sinh^2\frac{x}{a}=\cosh^2\frac{x}{a}$ なので，公式より，曲率半径$=\frac{(1+y'^2)^{\frac{3}{2}}}{y''}=\frac{\cosh^3\frac{x}{a}}{\frac{1}{a}\cosh\frac{x}{a}}=a\cosh^2\frac{x}{a}=\frac{a(e^{\frac{x}{a}}+e^{-\frac{x}{a}})^2}{4}=\frac{a(e^{\frac{2x}{a}}+e^{\frac{-2x}{a}}+2)}{4}$.

4　3次の項迄のテイラー展開，$f(x)=f(k)+f'(k)(x-k)+\frac{f''(k)}{2}(x-k)^2+\frac{f'''(\xi)}{6}(x-k)^3(\xi=k+\theta(x-k))$ に，$f(k)=k^3+pk^2+qk+r$，$f'(k)=3k^2+2pk+q$，$f''(k)=6k+2p$，$f'''(\xi)=6$ を代入し，$f(x)=(k^3+pk^2+qk+r)+(3k^2+2pk+q)(x-k)+(3k+p)(x-k)^2+(x-k)^3$．$k=h$，$x=y+h$ を代入して $f(y+h)=(h^3+ph^2+qh+r)+(3h^2+2ph+q)y+(3h+p)y^2+y^3$．$y^2$ の係数$=3h+p=0$ より $h=-\frac{p}{3}$．これを $f(y+h)=0$ に代入し，$y^3+\left(q-\frac{p^2}{3}\right)y+\left(r-\frac{pq}{3}+\frac{2p^3}{27}\right)=0$．

この様にして，一般の3次方程式は2乗の項がない $x^3+3ax+b=0$ に帰着される．$x=u+v$ とおくと $x^3=u^3+3u^2v+3uv^2+v^3=u^3+v^3+3uv(u+v)$．したがって $(u^3+v^3+b)+3(uv+a)(u+v)=0$ を得るが，$u^3+v^3=-b$，$uv=-a$ が成立すれば十分である．$u^3+v^3=-b$，$u^3v^3=-a^3$ が成立し，u^3 と v^3 は2次方程式 $t^2+bt-a^3=0$ の根であり，$t=\frac{-b\pm\sqrt{b^2+4a^3}}{2}$．$s^3=1$ の虚根は，$s^2+s+1=0$ の根 $s=\frac{-1\pm\sqrt{3}i}{2}$ なので，$\omega=\frac{-1+\sqrt{3}i}{2}$，$\omega^2=\frac{-1-\sqrt{3}i}{2}$ とおくと，$x=\sqrt[3]{\frac{-b+\sqrt{b^2+4a^3}}{2}}+\sqrt[3]{\frac{-b-\sqrt{b^2+4a^3}}{2}}$，$x=\omega\sqrt[3]{\frac{-b+\sqrt{b^2+4a^3}}{2}}+\omega^2\sqrt[3]{\frac{-b-\sqrt{b^2+4a^3}}{2}}$，$x=\omega^2\sqrt[3]{\frac{-b+\sqrt{b^2+4a^3}}{2}}+\omega\sqrt[3]{\frac{-b-\sqrt{b^2+4a^3}}{2}}$ が3次方程式 $x^3+3ax+b=0$ の3根である．一見実根は一つであるが，三乗根が虚数であってしかもその和や ω や ω^2 との積の和が実数となり，3実根を得る場合もあることに注意しておく．これがルネッサンスの頃，アラビヤからイタリヤに輸入された数学であり，純粋なヨーロッパ製ではない．

5　$f(x)=\log(1+\sin x)$ に合成関数の微分法を施し，$f'(x)=\frac{\cos x}{1+\sin x}$．商の微分法より

$f''(x)=\frac{-\sin x(1+\sin x)-\cos x\cos x}{(1+\sin x)^2}=\frac{-\sin x-1}{(1+\sin x)^2}=-\frac{1}{1+\sin x}$ なので $-1<f''(x)<-\frac{1}{2}$ $\left(0<x<\frac{\pi}{2}\right)$．

$f(x)$ を $x=0$ において2次の項迄テイラー展開すると，$0<{}^\exists\theta<1$；

$$f(x)=f(0)+f'(0)x+\frac{f''(\theta x)}{2}x^2=x-\frac{x^2}{2(1+\sin\theta x)}>x-\frac{x^2}{2}\quad\left(0<x<\frac{\pi}{2}\right).$$

6　$f(x)$ に $x=a$ で平均値の定理を適用すると，題意のごとく $0<{}^\exists\theta<1$；$f(a+h)=f(a)+f'(a+\theta h)h$．更に $f'(a+\theta h)$ に a で平均値の定理を適用すると，$0<{}^\exists\varphi_1<1$；$f'(a+\theta h)=f'(a)+f''(a+\varphi_1\theta h)\theta h$．一方，$f$ を $x=a$ で2次の項迄テイラー展開すると，$0<{}^\exists\varphi_2<1$；$f(a+h)=f(a)+f'(a)h+\frac{f''(a+\varphi_2 h)}{2}h^2$．かくして，

$f(a)+(f'(a)+f''(a+\varphi_1\theta h)\theta h)h=f(a+h)=f(a)+f'(a)h+\frac{f''(a+\varphi_2 h)}{2}h^2$ より $\theta=\frac{\frac{f''(a+\varphi_2 h)}{2}}{f''(a+\varphi_1\theta h)}\to\frac{1}{2}$ $(h\to 0)$．

7　この機会に，今迄証明無しに用いて来た

Taylor の定理

$[a,b]$ 上の C^{n-1} 級関数 $f(x)$ が，更に (a,b) で $f^{(n)}(x)$ を持つとする．この時，$a<{}^\exists\xi<b$；

$$f(b)=f(a)+\frac{f'(a)}{1!}(b-a)^2+\frac{f''(a)}{2!}(b-a)^2+\cdots+\frac{f^{(n-1)}(a)}{(n-1)!}(b-a)^{n-1}+\frac{f^{(n)}(\xi)}{n!}(b-a)^n.$$

を証明しよう．そのためには，大変天下り的であるが（数学は元来民主的ではない），関数 $F(x)$ を

$$F(x)=f(b)-\left\{f(x)+\frac{f'(x)}{1!}(b-x)+\frac{f''(x)}{2!}(b-x)^2+\cdots+\frac{f^{(n-1)}(x)}{(n-1)!}(b-x)^{n-1}+\frac{A}{n!}(b-x)^n\right\}$$

で定義し，$F(b)=0$ が成立しているので，定数 A は更に

$$F(a)=f(b)-\left\{f(a)+\frac{f'(a)}{1!}(b-a)+\frac{f''(a)}{2!}(b-a)^2+\cdots+\frac{f^{(n-1)}(a)}{(n-1)!}(b-a)^{n-1}+\frac{A}{n!}(b-a)^n\right\}=0$$

が成立し，Rolle の定理の条件が満される様に定める．この様に準備すると，Rolle の定理が適用できて，$a<{}^\exists\xi<b$；$F'(\xi)=0$．ところで，関数 F を積の微分の公式にしたがって微分し

$$F'(x)=-\left\{f'(x)+\frac{f''(x)}{1!}(b-x)-\frac{f'(x)}{1!}+\frac{f'''(x)}{2!}(b-x)^2-\frac{f''(x)}{1!}(b-x)+\cdots+\frac{f^{(n)}(x)}{(n-1)!}(b-x)^{n-1}\right.$$
$$\left.-\frac{f^{(n-1)}(a)}{(n-2)!}(b-x)^{n-2}-\frac{A}{(n-1)!}(b-x)^{n-1}\right\}.$$

この長い式をよく眺めると，$\frac{f^{(n)}(x)}{(n-1)!}(b-x)^{n-1}-\frac{A}{(n-1)!}(b-x)^{n-1}$ 以外の項は，符号を変えて2回現れるので，互

に打消し合って

$$F'(x)=-\frac{f^{(n)}(x)}{(n-1)!}(b-x)^{n-1}+\frac{A}{(n-1)!}(b-x)^{n-1}$$

と二つの項のみが生残る．面白いことには，条件 $F'(\xi)=0$ より $A=f^{(n)}(\xi)$ が得られ，この A を $F(a)=0$ に代入すると，丁度 Taylor の公式となり，証明が終る．なお，$h=b-a$，$\theta=\dfrac{\xi-a}{b-a}$ とおくと，$0<\theta<1$，$\xi=a+\theta h$ であるから， Taylor の定理は右の公式としても表現される．

SCHEMA

$$0<{}^{\exists}\theta<1;f(a+h)=f(a)+\frac{f'(a)}{1!}h+\frac{f''(a)}{2!}h^2+\cdots+\frac{f^{(n-1)}(a)}{(n-1)!}h^{n-1}+\frac{f^{(n)}(a+\theta h)}{n!}h^n$$

さて，本問の解説に移ろう．高々 $(n-1)$ 次の多項式

$$f(x)=a_0+a_1x+\cdots+a_{n-1}x^{n-1}$$

全体の集合 V は，更にもう一つ $g(x)=b_0+b_1x+\cdots+b_{n-1}x^{n-1}$ が与えられた時，スカラー(実数) α, β に対して，1次結合を

$$\alpha f+\beta g=(\alpha a_0+\beta b_0)+(\alpha a_1+\beta b_1)x+\cdots+(\alpha a_{n-1}+\beta b_{n-1})x^{n-1}$$

で定義すると，$\alpha f+\beta g\in V$ であって，線形空間をなす．更に，1次独立な $(n-1)$ 個の V の元 $1, \dfrac{x}{1!}, \dfrac{x^2}{2!}, \cdots, \dfrac{x^{n-1}}{(n-1)!}$ に対して，V の任意の元 f は

$$f(x)=a_0\cdot 1+1!\,a_1\frac{x}{1!}+2!\,a_2\frac{x^2}{2!}+\cdots+(n-1)!\,a_{n-1}\frac{x^{n-1}}{(n-1)!}$$

とこれらの1次結合で表されるので，$1, \dfrac{x}{1!}, \dfrac{x^2}{2!}, \cdots, \dfrac{x^{n-1}}{(n-1)!}$ は線形空間 V の基底をなす．

V の任意の元 f は $(n-1)$ 次以下の多項式なので，$D^nf=\dfrac{d^nf}{dx^n}=0$．よって，上のテイラーの定理より，${}^{\forall}x\in\boldsymbol{R}$, ${}^{\forall}h\in\boldsymbol{R}$, $0<{}^{\exists}\theta<1$；

$$f(x+h)=f(x)+\frac{f'(x)}{1!}h+\frac{f''(x)}{2!}h^2+\cdots+\frac{f^{(n-1)}(x)}{(n-1)!}h^{n-1}+\frac{f^{(n)}(x+\theta h)}{n!}h^n$$

$$=f(x)+\frac{(Df)(x)}{1!}h+\cdots+\frac{(D^{n-1}f)(x)}{(n-1)!}h^{n-1}=\left(1+\frac{D}{1!}h+\frac{D^2}{2!}h^2+\cdots+\frac{D^{n-1}}{(n-1)!}h^{n-1}\right)f$$

に $h=1$ を代入し，平行移動 σ と微分 D の両演算の間の関係式

$$\sigma=1+\frac{D}{1!}+\frac{D^2}{2!}+\cdots+\frac{D^{n-1}}{(n-1)!}$$

を得て，後半の解答が終る．前半は，直接微分の計算をして

$$D1=0,\ D\frac{x}{1!}=1,\ D\frac{x^2}{2!}=\frac{x}{1!},\ \cdots, D^k\frac{x^k}{k!}=\frac{x^{k-1}}{(k-1)!},\ \cdots,\ D\frac{x^{n-1}}{(n-1)!}=\frac{x^{n-2}}{(n-2)!}$$

と一つずつずれるので，列ベクトルと行列の積の定義より

$$D\begin{bmatrix}1\\ \frac{x}{1!}\\ \frac{x^2}{2!}\\ \vdots\\ \frac{x^{n-1}}{(n-2)!}\end{bmatrix}=\begin{bmatrix}0\\ 1\\ \frac{x}{1!}\\ \vdots\\ \frac{x^{n-2}}{(n-2)!}\end{bmatrix}=\begin{bmatrix}0&0&0&\cdots&0&0\\1&0&0&\cdots&0&0\\0&1&0&\cdots&0&0\\ &&\cdots\cdots&&&\\0&0&0&\cdots&1&0\end{bmatrix}\begin{bmatrix}1\\ \frac{x}{1!}\\ \frac{x^2}{2!}\\ \vdots\\ \frac{x^{n-1}}{(n-1)!}\end{bmatrix} \text{ より } D=\begin{bmatrix}0&0&0&\cdots&0&0\\1&0&0&\cdots&0&0\\0&1&0&\cdots&0&0\\ &&\cdots\cdots&&&\\0&0&0&\cdots&1&0\end{bmatrix}$$

と D を対角線より一路下が1で，残りは全て0という n 次の正方行列で表現することができる．

8 チョット手掛りが少いので，自然数 n に関する数学的帰納法で臨もう．$n=1$ の時は $f(x_1)=f(x_1)$ と等号が成立している．$n=2$ の時を考察するのに，行きがけの駄賃で，$f''(x)\geqq 0$ の時，平均値の定理を用いて，関数 $f(x)$ は右図の様に下に凸であることを示そう．${}^{\forall}x_1<{}^{\forall}x<{}^{\forall}x_2$．弦 AP の傾き$=\dfrac{f(x)-f(x_1)}{x-x_1}$，弦 PB の傾き$=\dfrac{f(x_2)-f(x)}{x_2-x}$ であるが，それぞれに平均値の定理を適用し，$x_1<{}^{\exists}\xi_1<x, x<{}^{\exists}\xi_2<x_2$；$\dfrac{f(x)-f(x_1)}{x-x_1}=f'(\xi_1)$，

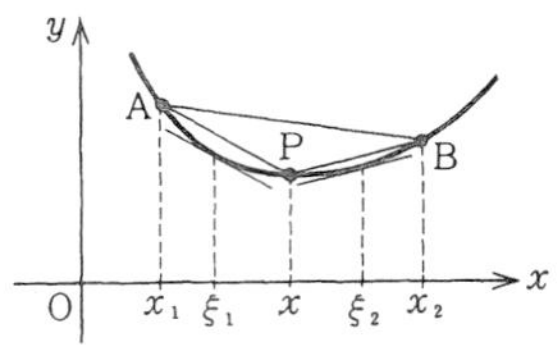

$\dfrac{f(x_2)-f(x)}{x_2-x}=f'(\xi_2)$. 更に，関数 f' に平均値の定理を適用し，$\xi_1<{}^\exists\eta<\xi_2$；$f'(\xi_2)-f'(\xi_1)=f''(\eta)(\xi_2-\xi_2)\geqq 0$. ゆえに $\dfrac{f(x)-f(x_1)}{x-x_1}\leqq\dfrac{f(x_2)-f(x)}{x_2-x}$. $f(x)$ について解くと，

$$f(x)\leqq\frac{x_2-x}{x_2-x_1}f(x_1)+\frac{x-x_1}{x_2-x_1}f(x_2)=\text{弦 AB の方程式.}$$

さて，x として x_1, x_2 の平均値 $x=\dfrac{x_1+x_2}{2}$ を代入すると

$$f\left(\frac{x_1+x_2}{2}\right)\leqq\frac{1}{2}f(x_1)+\frac{1}{2}f(x_2)=\frac{f(x_1)+f(x_2)}{2}$$

を得て，$n=2$ の時，われわれの不等式が成立することを知る．

次に $n-1$ の時を仮定して，n の時へと進みたい．$n-1$ の時不等式が成立したと仮定しよう．n 個の点が $x_1\leqq x_2\leqq\cdots\leqq x_{n-1}\leqq x_n$ と大きさの順に並んでいると仮定してよい．その始めの $(n-1)$ 個の平均を $y_1=\dfrac{x_1+x_2+\cdots+x_{n-1}}{n-1}$ とおくと，$x_1\leqq y_1\leqq x_n$. この時，$y_2=\dfrac{x_1+x_2+\cdots+x_n}{n}$ との関係は，$y_2-y_1=\dfrac{x_1+x_2+\cdots+x_n}{n}-\dfrac{x_1+x_2+\cdots+x_{n-1}}{n-1}$ $=\dfrac{(n-1)x_n-x_1-x_2-\cdots-x_{n-1}}{n(n-1)}\geqq 0$ であるが，$x_1\leqq x_2\leqq\cdots\leqq x_n$ なので，$y_1=y_2$ と $(x_n-x_1)+(x_n-x_2)+\cdots+(x_n-x_{n-1})=0$，すなわち，$x_1=x_2=\cdots=x_n$ とは同値であり，この時は $f\left(\dfrac{x_1+x_2+\cdots+x_n}{n}\right)=f(x_1)$ $=\dfrac{f(x_1)+f(x_2)+\cdots+f(x_n)}{n}$ と等号が成立している．よって $y_1<y_2$ としてよい．また，$x_n-y_2=\dfrac{(x_n-x_1)+(x_n-x_2)+\cdots+(x_n-x_{n-1})}{n}\geqq 0$ であるが，$x_n=y_2$ と $x_1=x_2=\cdots=x_n$ とも同値で，やはり $y_2<x_n$ としてよい．結局 $y_1<y_2<x_n$ の場合を考えると，最初に得た不等式より $f(y_2)\leqq\dfrac{x_n-y_2}{x_n-y_1}f(y_1)+\dfrac{y_2-y_1}{x_n-y_1}f(x_n)$ であるが，$x_n-y_1=\dfrac{(n-1)x_n-x_1-x_2-\cdots-x_{n-1}}{n-1}$ なので，上に得た式より，$\dfrac{x_n-y_2}{x_n-y_1}=\dfrac{n-1}{n}$，$\dfrac{y_2-y_1}{x_n-y_1}=\dfrac{1}{n}$，更に帰納法の仮定より $f(y_1)=f\left(\dfrac{x_1+x_2+\cdots+x_{n-1}}{n-1}\right)\leqq\dfrac{f(x_1)+f(x_2)+\cdots+f(x_{n-1})}{n-1}$ なので，

$$f\left(\frac{x_1+x_2+\cdots+x_n}{n}\right)=f(y_2)\leqq\frac{n-1}{n}\cdot\frac{f(x_1)+f(x_2)+\cdots+f(x_{n-1})}{n-1}+\frac{1}{n}f(x_n)=\frac{f(x_1)+f(x_2)+\cdots+f(x_n)}{n}$$

と n の時の不等式に達し，数学的帰納法により，前半の証明を完結する．

なお後半は $f(x)=e^x$，$f'(x)=e^x$，$f''(x)=e^x>0$ に対して，上の結果を用いる際，各 x_i の所に $\log x_i$ を代入すると，

$$\sqrt[n]{x_1x_2\cdots x_n}=e^{\frac{\log x_1+\log x_2+\cdots+\log x_n}{n}}\leqq\frac{e^{\log x_1}+e^{\log x_2}+\cdots+e^{\log x_n}}{n}=\frac{x_1+x_2+\cdots+x_n}{n}$$

を得る．かくして，右の公式に達する．

SCHEMA

相乗平均 ≦ 相加平均

この問題の解答は以上で終るが，実は $f\left(\dfrac{x_1+x_2}{2}\right)\leqq\dfrac{f(x_1)+f(x_2)}{2}$ なる仮定より $f\left(\dfrac{x_1+x_2+\cdots+x_n}{n}\right)$ $\leqq\dfrac{f(x_1)+f(x_2)+\cdots+f(x_n)}{n}$ が導かれることを示そう．$n-1$ の時を仮定し，n の時に進もうとしてもそうは問屋が卸さぬ．自然数 p に対して $n=2^p$ に対してわれわれの不等式が成立することを仮定し，$n=2^{p+1}$ の時，下の様に最初 2 ブロックに分けてこの時の結果を用い，

$$f\left(\frac{x_1+x_2+\cdots+x_{2^p}+x_{2^p+1}+\cdots+x_{2^{p+1}}}{2^{p+1}}\right)=f\left(\frac{\dfrac{x_1+x_2+\cdots+x_{2^p}}{2^p}+\dfrac{x_{2^p+1}+x_{2^p+2}+\cdots+x_{2^{p+1}}}{2^p}}{2}\right)$$

$$\leqq\frac{f\left(\dfrac{x_1+x_2+\cdots+x_{2^p}}{2^p}\right)+f\left(\dfrac{x_{2^p+1}+x_{2^p+2}+\cdots+x_{2^{p+1}}}{2^p}\right)}{2}$$

$$\leqq\frac{\dfrac{f(x_1)+f(x_2)+\cdots+f(x_{2^p})}{2^p}+\dfrac{f(x_{2^p+1})+f(x_{2^p+2})+\cdots+f(x_{2^{p+1}})}{2^p}}{2}=\frac{f(x_1)+f(x_2)+\cdots+f(x_{2^{p+1}})}{2^{p+1}}$$

と $n=2^{p+1}$ の時正しく，従って，p に関する数学的帰納法により，一般の p に対して，$n=2^p$ の時，不等式が正しいことを知る．

一般の自然数 n に対してはどうするか．更に華麗な技巧を展げる．2 項定理より $m=2^n=(1+1)^n=1+n+\cdots>n$. $m=2^n$ に対しては，今の不等式が成立しているので，$x_1, x_2, \cdots, x_n$ は与えられたものとし，$n+1$ から m 迄のその平均 $x=\dfrac{x_1+x_2+\cdots+x_n}{n}$ を取ると，有難や全体の平均も $\dfrac{x_1+x_2+\cdots+x_n+x+\cdots+x}{m}=\dfrac{nx+(m-n)x}{m}=x$. 2^n 個

の $x_1, x_2, \cdots, x_n, x, x, \cdots, x$ には晴れて不等式が適用できて $f\left(\dfrac{x_1+x_2+\cdots+x_n+x+x+\cdots+x}{m}\right)$
$\leqq\dfrac{f(x_1)+f(x_2)+\cdots+f(x_n)+f(x)+f(x)+\cdots+f(x)}{m}$ を得るが，これは上述のことより，所望した
$f\left(\dfrac{x_1+x_2+\cdots+x_n}{n}\right)\leqq\dfrac{f(x_1)+f(x_2)+\cdots+f(x_n)}{n}$ である．

この様なテクニックは，一度学んだら忘れられぬが，先に学ばずして，20分位の限られた試験時間内に解けるはずが無い．しかし若い数学者は，教育的配慮を持たぬので，選別の目的を持たぬ学期末試験でも平気で，講義で教えること無しに出題する．その結果はどうなるか．友人や先輩と交際して，先生の出題傾向を知る社会常識を持つ人は合格するが，その様な常識を持たぬ人や，今迄ママや先生の教えの通りに行動してきた，マーク・シート方式的人物は，留年を繰り返すか，精神が疲れて，大学の健康センターのお世話になる．数日前の新聞によれば，東大の健康センターが，この様な東大生のために家庭教師（もちろん東大院生）を世話しているそうである．本書は，この様な東大健康センターの代りにあるといってよい．本問は一度学んだことのない人はできぬのが普通であるが，社会常識のある学生は，先生の傾向を友人先輩より聞き，自ら「傾向と対策」を知り，結果的には試験場で解答できる様になっているのが，これまた普通である．しかし，最近は，日本語を話せぬマーク・シート方式的大学生が増えたので，この様なＴ大生向きに執筆したのが，本著である．私は，この解答をしながら，寒い日に教養の図書館で本問の解答を学んだことを想起している．18の時一度学べば，この様な特異なテクニックは46になっても忘れることはない．

9 $n=2$ の時，$\dfrac{a_1+a_2}{2}-\sqrt{a_1a_2}=\dfrac{(\sqrt{a_1})^2+(\sqrt{a_2})^2-2\sqrt{a_1a_2}}{2}=\dfrac{(\sqrt{a_1}-\sqrt{a_2})^2}{2}\geqq 0$ なので成立し，上述の様な n に関する数学的帰納法で，一般の n に対しても成立する．A-8 に述べた様な学問的背景を持つ問題をしかも上述の様な教育的配慮に基いて出題する埼玉県教委は全く人材に恵まれている．

10 $\sin^3 x=\left(x-\dfrac{x^3}{3!}+O(x^5)\right)^3=\left(x-\dfrac{x^3}{3!}+O(x^5)\right)\left(x-\dfrac{x^3}{3!}+O(x^5)\right)\left(x-\dfrac{x^3}{3!}+O(x^5)\right)=\left(x^2-\dfrac{x^4}{3}+O(x^5)\right)\left(x-\dfrac{x^3}{3!}+O(x^5)\right)=x^3-\dfrac{x^5}{2}+O(x^6)$ と先ず5次に6次以上の項 $O(x^6)$ を無視して，掛算すると，
$\dfrac{\sin^3 x-x^3}{x^2\sin^3 x}=\left(\dfrac{x}{\sin x}\right)^3\dfrac{\sin^3 x-x^3}{x^5}=\left(\dfrac{x}{\sin x}\right)^3\left(-\dfrac{1}{2}+O(x^2)\right)\to-\dfrac{1}{2}$． 10章の A-5-8 の計算と比較し，テイラー展開の有難さを知ろう．

11 指数関数 e^z は $\dfrac{d^n}{dz^n}e^z=e^z\ (n\geqq 0)$ を満すので，A-7 で証明したテイラー展開にて，$a=0$，$h=z$，$f^{(n)}(z=e^z)$ を代入して，右の公式を得る．

指数関数のテイラー展開

$$e^z=1+\frac{z}{1!}+\frac{z^2}{2!}+\cdots+\frac{z^{n-1}}{(n-1)!}+\frac{e^{\theta z}}{n!}z^n\quad(0<{}^\exists\theta<1)$$

さて，本問の x の陰関数 $y=f(x)$ に戻り，計算の都合上

$$s=x-\frac{1}{2},\quad t=y-\frac{1}{2}$$

とおくと，$s=t=0$ の近くでの話となり，

$$x-y=s-t,\quad x^2-y^2=(x-y)(x+y)=(s-t)(1+s+t),\quad (x^2-y^2)^2=(s-t)^2(1+2s+2t+O(t^2)),$$
$$(x^2-y^2)^3=(s-t)^3(1+O(t)).$$

これらを $n=4$ の時の上の指数関数のテイラー展開の公式

$$e^z=1+z+\frac{z^2}{2}+\frac{z^3}{6}+O(z^4)$$

に代入し

$$e^{x^2-y^2}=1+x^2-y^2+\frac{(x^2-y^2)^2}{2}+\frac{(x^2-y^2)^3}{6}+O((x^2-y^2)^4)$$
$$=1+(s-t)(1+s+t)+\frac{(s-t)^2}{2}(1+2s+2t+O(t^2))+\frac{(s-t)^3}{6}(1+O(t)).$$

これを

$$1+x-y=1+s-t$$

に等しいと置き，移項すると

$$(s-t)\left(\frac{3s+t}{2}+s^2-t^2+\frac{(s-t)^2}{6}+O(t^3)\right)\equiv 0.$$

ここで，$x\neq\dfrac{1}{2}$ の時 $y\neq x$ と言う与えられた条件を活用し，$s\neq 0$ の時，両辺を $s-t\neq 0$ で割り，s の関数 t の $s=0$

におけるテイラー展開

$$t=c_1s+c_2s^2+O(s^3)$$

を代入し

$$\frac{3s+t}{2}+s^2-t^2+\frac{(s-t)^2}{6}+O(t^3)=\frac{c_1+3}{2}s+\left(\frac{c}{2}+1-c_1{}^2+\frac{(1-c_1)^2}{6}\right)s^2+O(s^3)\equiv 0.$$

s と s^2 の係数を 0 とおき，

$$c_1=-3,\ \ c_2=-2\left(1-c_1{}^2+\frac{(1-c_1)^2}{6}\right)=\frac{32}{3}$$

を得るので

$$f'\left(\frac{1}{2}\right)=c_1=-3,\quad f''\left(\frac{1}{2}\right)=2c_2=\frac{64}{3}$$

となり，7 章の A-4 の結果と一致する．

テイラー展開を用いた計算の方が，陰関数の微分法やライプニッツの公式を用いた計算より楽である事が分る．くどくなるが，高級な理論を用いれば用いる程，数学の計算は易しくなる．

それでは 7 章の計算は本章のそれより，劣り，その様な解答をした学生は劣等生であろうか．確かに 7 章の解答を試みた受験生は入試の制限時間内には解答できず不合格であろう．しかしながら，あく迄もこの解答を貫徹しようとする学生，即ち，精神一到何事か成らざらんの精神で本問に挑む学生は，たとえ，完全な解答を与える事はできなくても，もしも大学院に入院が許されるならば，スマートな解答を与えた学生や，途中で転向して別の問題でよい点を取った学生より，優れた研究者に育つであろう．これが，私の教師としての体験が与える教訓である．研究者として創造的仕事を試みる場合，始めから，模範解答等与えられていない．たとえ下品な方法であろうと複雑な計算であろうと，一生掛ってもよいから，失敗を恐れず，やりとげようとする気迫が望ましい．入試と違い，制限時間は一生であり，何回失敗してもよい．僅かな手掛りから，たとえ馬鹿馬鹿しいと思われる方法でも，コツコツとケリがつく迄試みることが肝要である．そして，一つの方法で失敗したら，他の方法を試みるべく，新たな学問を身に付ける為に，具体的な問題を解決しようと言う，目的意識を持って，数学の書物や論文を読むべきである．論文を書かずに，数学的教養ばかりが高い人は，かえって，数学者仲間では軽んじられる．本問に即して言えば，陰関数の微分法で失敗しテイラー展開で成功した人は，テイラー展開の真価を悟るであろう．人生とは，失敗の総括であり，挫折無き人に成功は無い．岡潔先生は生前，論文の原稿には，1000 に一つしか vérité（真実）が無いと，おっしゃった．

B 基礎を活用する演習

1. $g(x)=f(x)-f(0)$ もやはり，$g\left(\dfrac{x_1+x_2}{2}\right)=\dfrac{g(x_1)+g(x_2)}{2}$ を満すが，この時は $g(0)=0$．さて，任意の定数 x を取り固定する．上式に $x_1=x$，$x_2=0$ を代入し，$g(0)=0$ なので，$g\left(\dfrac{x}{2}\right)=\dfrac{g(x)}{2}$．$g\left(\dfrac{x}{2^m}\right)=\dfrac{g(x)}{2^m}$ を仮定し，先程の式の x の所に $\dfrac{x}{2^m}$ を代入すると，$g\left(\dfrac{x}{2^{m+1}}\right)=\dfrac{1}{2}g\left(\dfrac{x}{2^m}\right)=\dfrac{g(x)}{2^{m+1}}$ が成立し，数学的帰納法により $g\left(\dfrac{x}{2^m}\right)=\dfrac{g(x)}{2^m}$ は任意の自然数 m に対して成立する．自然数 n に対して，$g\left(\dfrac{nx}{2^m}\right)=\dfrac{n}{2^m}g(x)$ を仮定すると，$g\left(\dfrac{(n+1)x}{2^m}\right)=$
$g\left(\dfrac{\frac{nx}{2^{m-1}}+\frac{x}{2^{m-1}}}{2}\right)=\dfrac{g\left(\frac{nx}{2^{m-1}}\right)+g\left(\frac{x}{2^{m-1}}\right)}{2}=\dfrac{\frac{n}{2^{m-1}}g(x)+\frac{g(x)}{2^{m-1}}}{2}=\dfrac{n+1}{2^m}g(x)$．かくして，自然数 m, n に対して，$g\left(\dfrac{nx}{2^m}\right)=\dfrac{n}{2^m}g(x)$ が成立する．$x_1=x$，$x_2=-x$ を代入し，再び $g(0)=0$ を用いると，$0=g(0)=\dfrac{g(x)+g(-x)}{2}$ より $g(-x)=-g(x)$．ゆえに，$g\left(-\dfrac{nx}{2^m}\right)=-\dfrac{n}{2^m}g(x)$．$x=1$ を代入して，$p=\dfrac{\pm n}{2^m}$ なる形の有理数（nombre diadique）p に対して $g(p)=g(1)p$ が成立する．任意の実数 x を 2 進法展開して，小数第 m 位で切り捨てたものを x_m とおくと，x_m は nombre diadique であって，$g(x_m)=g(1)x_m$．$m\to\infty$ の時，$x_m\to x$ なので（9 章の A-3 参照），g の連続性の仮定が生きて，$g(x)=g(1)x$．f に戻して，$f(x)-f(0)=(f(1)-f(0))x$ より $f(x)=(f(1)-f(0))x+f(0)$，つまり，f は x の 1 次式である．

2. 対数関数は連続であり，定積分はリーマン和の極限なので，$\log\left(\lim_{n\to\infty}\left\{f(a)f\left(a+\dfrac{c}{n}\right)\cdots f\left(a+\dfrac{n-1}{n}c\right)\right\}^{\frac{1}{n}}\right)$

$=\dfrac{1}{c}\lim_{n\to\infty}\dfrac{c}{n}\left(\log f(a)+\log f\left(a+\dfrac{c}{n}\right)+\cdots+\log f\left(a+\dfrac{n-1}{n}c\right)\right)=\dfrac{1}{c}\int_a^{a+c}\log f(x)\,dx$．一方，A–9 の相乗平均≦相加平均，より $\left\{f(a)f\left(a+\dfrac{c}{n}\right)\cdots f\left(a+\dfrac{n-1}{n}c\right)\right\}^{\frac{1}{n}}\leqq\dfrac{1}{c}\cdot\dfrac{c}{n}\left(f(a)+f\left(a+\dfrac{c}{n}\right)+\cdots+f\left(a+\dfrac{n-1}{n}c\right)\right.$ が成立するので，上式を考慮に入れて $n\to\infty$ とすると，$e^{\frac{1}{c}\int_a^{a+c}\log f(x)dx}\leqq\dfrac{1}{c}\int_a^{a+c}f(x)\,dx$．

3．(i)　E–1 で述べた様に，$^\forall x$ における左右の微係数は存在するので，$^\forall x_1<x<x_2$，$\dfrac{f(x)-f(x_1)}{x-x_1}\leqq\dfrac{f(x_2)-f(x)}{x_2-x}$ において $x_1\to x$，$x_2\to x$ として，$f'_-(x)\leqq f'_+(x)$．

(ii)　もしもその様な a があれば，$\dfrac{f(x)-f(x_0)}{x-x_0}\geqq a(x>x_0)$，したがって，$x>x_0$ としつつ $x\to x_0$ として $f'_+(x_0)\geqq a$．更に $\dfrac{f(x_0)-f(x)}{x_0-x}\leqq a(x_0>x)$ も成立しなければならぬ．したがって，$x<x_0$ としつつ，$x\to x_0$ として $f'_-(x_0)\leqq a$ も成立しなければならぬ．かくして，$f'_-(x_0)\leqq a\leqq f'_+(x_0)$ は必要条件である．先程示した様に $f'_-(x_0)\leqq f'_+(x_0)$ であるので，中間に $f'_-(x_0)\leqq{}^\forall a\leqq f'_+(x_0)$ を取る．E–1 で示した様に，$^\forall x_1<{}^\forall x_2<x_0<{}^\forall x_3<{}^\forall x_4$ に対して，

$\dfrac{f(x_0)-f(x_1)}{x_0-x_1}\leqq\dfrac{f(x_0)-f(x_2)}{x_0-x_2}\leqq\dfrac{f(x_3)-f(x_0)}{x_3-x_0}\leqq\dfrac{f(x_4)-f(x_0)}{x_4-x_0}$．ここで，$x_1$ と x_4 は固定して，$x_2\to x_0$，$x_3\to x_0$ とすると，$\dfrac{f(x_0)-f(x_1)}{x_0-x_1}\leqq f'_-(x_0)\leqq a\leqq f'_+(x_0)\leqq\dfrac{f(x_4)-f(x_0)}{x_4-x_0}$．$x_1$ と x_4 は $\forall$ なので，通分して $f(x_0)-f(x_1)\leqq a(x_0-x_1)$，$f(x_4)-f(x_0)\geqq a(x_4-x_0)$．これを x と書けば，$x<x_0$ であろうと $x>x_0$ であろうと $x=x_0$ であろうと，$f(x)\geqq f(x_0)+a(x-x_0)$．これは証明しなくても当り前な右図の示すことを公理論的に示しただけである．この $y=f(x_0)+a(x-x_0)$ を Schutzgeraden という．

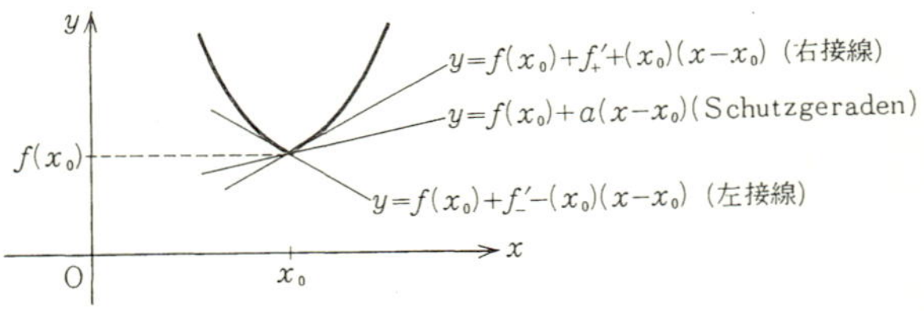

4．φ の台が有界とは，$^\exists a<b;\ \varphi(x)=0(x\leqq a$ または $x\geqq b)$．部分積分を２回行って（この問題に限らず京大は部分積分が好きです），

$$0\leqq\int_{-\infty}^{+\infty}f(x)\varphi''(x)\,dx=\int_a^b f(x)\varphi''(x)\,dx=\Big[f(x)\varphi'(x)\Big]_a^b-\int_a^b f'(x)\varphi'(x)\,dx=-\int_a^b f'(x)\varphi'(x)\,dx=\Big[-f'(x)\varphi(x)\Big]_a^b$$
$$+\int_a^b f''(x)\varphi(x)\,dx=\int_{-\infty}^{+\infty}f''(x)\varphi(x)\,dx,$$

すなわち，$\int_{-\infty}^{+\infty}f''(x)\varphi(x)\,dx\geqq 0(^\forall\varphi)$ が示された．もしも $f''(x)\geqq 0$ でなければ，$^\exists x_0;\ f''(x_0)<0$．$f''$ は連続なので，$^\exists\delta>0;|f''(x)-f''(x_0)|<-\dfrac{f''(x_0)}{2}(|x-x_0|\leqq\delta)$．よって $f''(x)<f''(x_0)-\dfrac{f''(x_0)}{2}=\dfrac{f''(x_0)}{2}<0$ $(|x-x_0|\leqq\delta)$．さて，例えば，$\varphi(x)=((x-x_0)^2-\delta^2)^4(|x-x_0|\leqq\delta)$，$\varphi(x)\equiv 0(|x-x_0|\geqq\delta)$ とおくと，$y=\varphi(x)$ のグラフは右図の様であるが，$\varphi'(x)=8(x-x_0)((x-x_0)^2-\delta^2)^3$，$\varphi''(x)=48(x-x_0)^2((x-x_0)^2-\delta^2)^2+8((x-x_0)^2-\delta^2)^3$ が成立し，$|x-x_0|=\delta$ にて，$\varphi(x)=\varphi'(x)=\varphi''(x)=0$ となり，$|x-x_0|\geqq\delta$ における $\varphi(x)\equiv 0$ と２次の微係数迄込めて連続に接続し，$\varphi\in C^2$ であって，しかも，$|x-x_0|\geqq\delta$で $\varphi(x)\equiv 0$，$|x-x_0|<\delta$ で $\varphi(x)>0$ なので，関数 $\varphi(x)$ の台 (support, carrier)$=[x_0-\delta,x_0+\delta]$ は有界であって，題意にかなった関数である．更に $|x-x_0|\leqq\delta$ では，$f''(x)<\dfrac{f''(x_0)}{2}$ であり，しかも，計算する迄もなく $\int_{x_0-\delta}^{x_0+\delta}\varphi(x)\,dx>0$ なので，

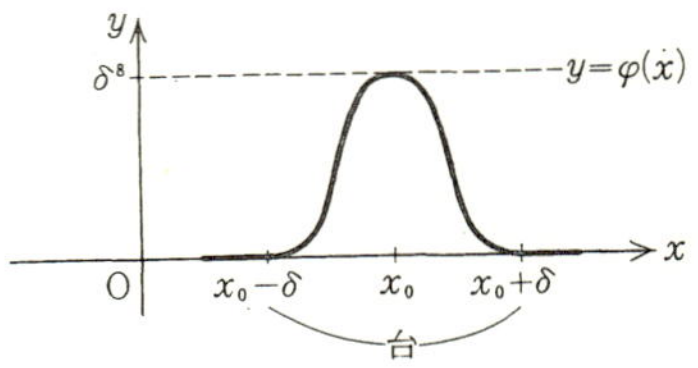

$$\int_{-\infty}^{+\infty}f(x)\varphi''(x)\,dx=\int_{-\infty}^{+\infty}f''(x)\varphi(x)\,dx=\int_{x_0-\delta}^{x_0+\delta}f''(x)\varphi(x)\,dx\leqq\frac{f''(x_0)}{2}\int_{x_0-\delta}^{x_0+\delta}\varphi(x)\,dx<0$$

を得て，$\int_{-\infty}^{+\infty}f(x)\varphi''(x)\,dx\geqq 0$ に反し，矛盾である．ゆえに $f''(x)\geqq 0$ であって，$f(x)$ は凸である．

蛇足ながら，この様な考察における $\varphi(x)$ を**資料関数**と呼ぶ．$^\forall$資料関数 φ に対して，$\int_{-\infty}^{+\infty}f(x)\varphi''(x)\,dx\geqq 0$ の時，関数 f は**超関数の意味で** $f''\geqq 0$ であるという．本問は，C^2 級の関数 f が超関数の意味で $f''(x)\geqq 0$ を満せば，真の意味で $f''(x)\geqq 0$ であることを示せという問題と同値である．この様にして，超関数論を展開する場合にも，究極において，微積分学の腕力が必要であることを理解されたい．微積分の学力無き理工科系の学生は戦力無き軍隊に

等しい.

5. $1>^{\exists}\delta>0$; 関数 $f(x)$ は閉区間 $[0,\delta]$ を含む開区間で C^m 級すなわち，m 回連続微分可能である．部分積分により，$\int_0^\delta e^{-xt}f(t)dt=\left[\frac{e^{-xt}}{-x}f(t)\right]_0^\delta+\frac{1}{x}\int_0^\delta e^{-xt}f'(t)dt=\frac{f(0)-e^{-\delta t}f(\delta)}{x}+\frac{1}{x}\int_0^\delta e^{-xt}f'(t)dt$. 上の f の所に f' を代入して，$\int_0^\delta e^{-xt}f'(t)dt=\frac{f'(0)-e^{-\delta x}f'(\delta)}{x}+\frac{1}{x}\int_0^\delta e^{-xt}f''(t)dt$ を得るので，$\int_0^\delta e^{-xt}f(t)dt=\frac{f(0)-e^{-\delta x}f(\delta)}{x}+\frac{f'(0)-e^{-\delta x}f'(\delta)}{x^2}+\frac{1}{x^2}\int_0^\delta e^{-xt}f'(t)dt$. $0\leqq k<m$ に対して $\int_0^\delta e^{-xt}f(t)dt=\sum_{j=0}^{k}\frac{f^{(j)}(0)-e^{-\delta x}f^{(j)}(\delta)}{x^{j+1}}+\frac{1}{x^{k+1}}\int_0^\delta e^{-xt}f^{(k)}(t)dt$ を仮定すると，最初の式の f の所に $f^{(k)}$ を代入した式より，$\int_0^\delta e^{-xt}f(t)dt=\sum_{j=0}^{k}\frac{f^{(j)}(0)-e^{-\delta x}f^{(j)}(\delta)}{x^{j+1}}+\frac{1}{x^{x+1}}\left(\frac{f^{(k)}(0)-e^{-\delta x}f^{(k)}(\delta)}{x}+\int_0^\delta e^{-xt}f^{(k+1)}(t)dt\right)=\sum_{j=0}^{k+1}\frac{f^{(j)}(0)-e^{-\delta x}f^{(j)}(\delta)}{x^{j+1}}+\frac{1}{x^{k+1}}\int_0^\delta e^{-xt}f^{(k+1)}(t)dt$ を得るので，数学的帰納法より，任意の $k\leqq m$ に対して，したがってこの $m\geqq 0$ に対して，$\int_0^\delta e^{-xt}f(t)dt=\sum_{j=0}^{m}\frac{f^{(j)}(0)-e^{-\delta x}f^{(j)}(\delta)}{x^{j+1}}+\frac{1}{x^{m+1}}\int_0^\delta e^{-xt}f^{(m)}(t)dt$を得る．したがって $I(x)=\int_0^\delta e^{-xt}f(t)dt-\sum_{j=0}^{m}x^{-j-1}\frac{\partial^j f}{\partial x^j}(0)+\int_\delta^\infty e^{-xt}f(t)dt=-\sum_{j=0}^{m}\frac{e^{-\delta x}f^{(j)}(\delta)}{x^{j+1}}+\frac{1}{x^{m+1}}\int_0^\delta e^{-xt}f^{(m)}(t)dt+\int_\delta^\infty e^{-xt}f(t)dt$.

右辺の各項を丁寧に調べることにして，上式の右辺の第1項を $I_1(x)$，第2項を $I_2(x)$，第3項を $I_3(x)$ とする．指数関数 $g(x)=e^x$ に対して，$g^{(k)}(x)=e^x(k\geqq 1)$ なので，任意の自然数 l に対して，$0<^{\exists}\theta<1$; $g(x)=g(0)+\frac{g'(0)}{1!}x+\frac{g''(0)}{2!}x^2+\cdots+\frac{g^{(l)}(0)}{l!}x^l+\frac{g^{(l+1)}(\theta x)}{(l+1)!}x^{l+1}=1+\frac{x}{1!}+\frac{x^2}{2!}+\cdots+\frac{x^l}{l!}+\frac{e^{\theta x}}{(l+1)!}x^{l+1}>\frac{x^l}{l!}(x>0)$ が成立し，右の公式を得る．

SCHEMA

$$e^x>\frac{x^l}{l!}(x>0)$$

さて，第1項は $l=m+2$ の時，上の不等式を適用し，$|x^{m+1}I_1(x)|=\left|\sum_{j=0}^{m}\frac{x^{m+1}}{x^{j+1}e^{\delta x}}f^{(j)}(\delta)\right|\leqq\frac{(m+2)!\,x^{m+1}}{(\delta x)^{m+2}}\sum_{j=0}^{m}|f^{(j)}(\delta)|=\frac{(m+2)!}{\delta^{m+2}x}\sum_{j=0}^{m}|f^{(j)}(\delta)|\to 0\ (x\to+\infty)$. 次の第2項は ε-δ 式が必要である．$^{\forall}\varepsilon>0$, δ は既に用いたので，$1>^{\exists}\eta>0$; $\eta<\delta$, $|f^{(m)}(t)-f^{(m)}(0)|<\frac{\varepsilon}{2}(0\leqq t\leqq\eta)$. よって $|x^{m+1}I_2(x)|\leqq\int_0^\eta e^{-xt}|f^{(m)}(t)|dt+\int_\eta^\delta e^{-xt}|f^{(m)}(t)|dt$
$\leqq\int_0^\eta e^{-xt}|f^{(m)}(0)|dt+\int_0^\eta e^{-xt}|f^{(m)}(t)-f^{(m)}(0)|dt+\int_\eta^\delta e^{-xt}|f^{(m)}(t)|dt<\frac{1-e^{-x\eta}}{x}|f^{(m)}(0)|+e^{-\eta x}\max_{\eta\leqq t\leqq\delta}|f^{(m)}(t)|+\frac{\varepsilon}{2}$.
$^{\exists}T>0$; $\frac{2}{T}|f^{(m)}(0)|+e^{-\eta T}\max_{\eta\leqq t\leqq\delta}|f^{(m)}(t)|<\frac{\varepsilon}{2}$. この時，$x>T$ であれば，$|x^{m+1}I_2(x)|<\frac{\varepsilon}{2}+\frac{\varepsilon}{2}=\varepsilon$，ゆえに $\lim_{x\to+\infty}x^{m+1}I_2(x)=0$. 第3項は f の有界性を用い，$^{\exists}M>0$; $|f(t)|\leqq M(^{\forall}t\geqq 0)$. $\left|\int_\delta^\infty e^{-xt}f(t)dt\right|\leqq M\int_\delta^\infty e^{-xt}dt=\frac{Me^{-\delta x}}{x}\to 0(x\to+\infty)$. かくして，$\lim_{x\to+\infty}x^{m+1}I(x)=0$. この様に積分区間を分けるのが，積分論の作法である．

6. (a) テイラー展開 $0<^{\exists}\theta<1$; $f(x)=f(0)+f'(0)x+\frac{f''(\theta x)}{2}x^2$ において $f(0)=f'(0)=0$ を代入し，$f(x)=\frac{f''(\theta x)}{2}x^2$. $f\in C^2$ ということは，$f''(x)$ も連続なことであり，$f''(x)$ の $x=0$ における連続性より，$^{\forall}\varepsilon>0$, $^{\exists}\delta>0$; $0\leqq x\leqq\delta$ にて，$f''(0)-\varepsilon<f''(x)<f''(0)+\varepsilon$. $|x|<\delta$ の時，上のテイラー展開の $|\theta x|<\delta$ なので，$(f''(0)-\varepsilon)\frac{x^2}{2}\leqq f(x)\leqq(f''(0)+\varepsilon)\frac{x^2}{2}$. なお細かいことであるが，等号も付けたのは，$x=0$ の時の配慮からである．

(b) (a)において $\varepsilon=-\frac{f''(0)}{2}>0$ とした時の $0<\delta<1$ に対して，$f(\delta)\leqq\frac{f''(0)}{4}\delta^2$. 仮定より f は↘なので，$f(t)\leqq\frac{f''(0)}{4}\delta^2(0\leqq t\leqq\delta)$. したがって，

$$\sqrt{t}\int_\delta^1 e^{tf(x)}dx\leqq\sqrt{t}\int_\delta^1 e^{\frac{f''(0)}{4}\delta^2 t}dx=\sqrt{t}(1-\delta)e^{\frac{f''(0)}{4}\delta^2 t}$$

ここで $f''(0)$ に注意しつつ，B-5 で導いた不等式 $e^{\frac{f''(0)}{4}\delta^2 t}=\frac{1}{e^{-\frac{f''(0)}{4}\delta^2 t}}<\frac{-4}{f''(0)\delta^2 t}$ を活用しつつ

$$\sqrt{t}\int_\delta^1 e^{tf(x)}dx<\frac{-4}{f''(0)\delta^2\sqrt{t}}\to 0\ (t\to\infty)$$

を得る．

(c) 積分区間 $[0,1]$ を $[0,\delta]$ と $[\delta,1]$ に分けるのが，積分論の定石であり，

$$\sqrt{t}\int_0^1 e^{tf(x)}dx=\sqrt{t}\int_0^\delta e^{tf(x)}dx+\sqrt{t}\int_\delta^1 e^{tf(x)}dx$$

の右辺の第2の積分は(b)より $\lim_{t\to\infty}\sqrt{t}\int_\delta^1 e^{tf(x)}dx=0$ なので，第1の積分に取組めばよい．これを0に近づけるのであれば，(b)の様な雑な計算で間に合うが，具体的なかなりヤヤコシイ数を求めているので，精密な計算を要すると腹を据える．更にヒントを見ると $\sqrt{\pi}=2\int_0^\infty e^{-x^2}dx$ とあるので，e の肩は2次の項迄が問題なのだなと薄々感じつつ，(a)を振り返ると，これはしたり，(a)は2次の項の問題そのものズバリではないか．

さて，$0<\varepsilon<-f''(0)$ を満す $\forall$ の ε に対して，(a)より $0<{}^\exists\delta<1$; $(f''(0)-\varepsilon)\dfrac{x^2}{2}\leqq f(x)\leqq(f''(0)+\varepsilon)\dfrac{x^2}{2}$. これを第1の積分に代入して，不等式

$$\sqrt{t}\int_0^\delta e^{t(f''(0)-\varepsilon)\frac{x^2}{2}}dx\leqq\sqrt{t}\int_0^\delta e^{tf(x)}dx\leqq\sqrt{t}\int_0^\delta e^{t(f''(0)+\varepsilon)\frac{x^2}{2}}dx$$

を得る．左辺と右辺は e の肩の x^2 の係数が負であるという共通の性質を持ち，積分 $\sqrt{t}\int_0^\delta e^{-atx^2}dx\ (a>0)$ でまとめられる．変数変換 $x=\dfrac{y}{\sqrt{at}}$ を施すと，$\dfrac{dx}{dy}=\dfrac{1}{\sqrt{at}}$，$x=\delta$ の時，$y=\delta\sqrt{at}$ なので，

$$\sqrt{t}\int_0^\delta e^{-atx^2}dx=\sqrt{t}\int_0^{\delta\sqrt{at}}e^{-y^2}\frac{1}{\sqrt{at}}dy=\frac{1}{\sqrt{a}}\int_0^{\delta\sqrt{at}}e^{-y^2}dy\to\frac{1}{\sqrt{a}}\int_0^\infty e^{-y^2}dy=\frac{\sqrt{\pi}}{2\sqrt{a}}\quad(t\to\infty).$$

したがって，$\sqrt{t}\int_0^\delta e^{tf(x)}dx$ を挟む不等式にて $t\to\infty$ とすると，左辺 $\to\dfrac{\sqrt{\pi}}{2\sqrt{\dfrac{-f''(0)+\varepsilon}{2}}}=\sqrt{\pi}(-2f''(0)+2\varepsilon)^{-\frac{1}{2}}$.
右辺 $\to\sqrt{\pi}(-2f''(0)-2\varepsilon)^{-\frac{1}{2}}$. よって，$t$ を十分大きくとれば，$\sqrt{t}\int_0^\delta e^{tf(x)}dx$ は $\sqrt{\pi}(-2f''(0)+2\varepsilon)^{-\frac{1}{2}}$ より小さな $-\varepsilon+\sqrt{\pi}(-2f''(0)+2\varepsilon)^{-\frac{1}{2}}$ と $\sqrt{\pi}(-2f''(0)-2\varepsilon)^{-\frac{1}{2}}$ より大きな $\varepsilon+\sqrt{\pi}(-2f''(0)-2\varepsilon)^{-\frac{1}{2}}$ で挟まれるはずであり，${}^\exists T>0$; $t>T$ の時

$$-\varepsilon+\sqrt{\pi}(-2f''(0)+2\varepsilon)^{-\frac{1}{2}}<\sqrt{t}\int_0^\delta e^{tf(x)}dx<\varepsilon+\sqrt{\pi}(-2f''(0)-2\varepsilon)^{-\frac{1}{2}}$$

が成立するが，$\varepsilon>0$ は任意なので，これは $\lim_{t\to\infty}\sqrt{t}\int_0^\delta e^{tf(x)}dx=\sqrt{\pi}(-2f''(0))^{-\frac{1}{2}}$ に他ならない．
かくして，公式

$$\lim_{t\to+\infty}\sqrt{t}\int_0^1 e^{tf(x)}dx=\sqrt{\pi}(-2f''(0))^{-\frac{1}{2}}$$

に達する．なお，$\sqrt{\pi}=\int_{-\infty}^{+\infty}e^{-x^2}dx$ は17章の A-7 で論じるであろう．

ここで，高校の数学と大学教養の数学，更には，大学教養の数学と理学部や教育学部等の数学専門課程の数学の違いについて一言しよう．高等学校の数学においても，もちろん，関数 $f(x)$ という表現は現れるが，具体的な考察の対象はあくまでも A-1～5 迄の様に，例えば $f(x)=x^3+px^2+qx+r$ という，多項式や $f(x)=\log(1+\sin x)-x+\dfrac{x^2}{2}$ という初等関数であり，$\forall$ の元を表す文字が現れるにしろ，上の3次式の様に p, q, r という係数である．この様な訓練を受けて来た生徒が大学に進学して戸惑うことは，入学と同時に，9章の様な実数の連続性公理を展開され，チンプンカンプン，まるでお経を聴くかの様である．何回かの講義の後にお経がやっと終ったかと思うと，今度は演習問題に現れる計算問題の対象が，本問の様な，関数 $f(x)$ という素性の余り分らぬ一般的な関数 $f(x)$ で，その表現の抽象性に融け込めず，先生のお説教にも従いて行けない．お経もお説教にも馴染めねば，自然とお寺から遠ざかるのみである．しかし，数学とは，文字通り学問である．学問とは未知なるものを究めるものである．したがって，本章の〔B〕に現れる様な，素性のはっきりしない関数を取扱う方が自然なのである．この様に，腹を据える以外に単位を取れる道はない．この悟りの境地に赴り着くと，逆に，〔B〕の諸問題には推理物に主体的に取組むかの様な歓びを感じるであろう．大半の理工科の学生諸君は，不得要領の内に，何とか単位だけを取って（その様に計るのが真の教育者である），専門課程に進学し，ここで，関数論や微分方程式を学ぶ以外は，数学とは縁がなくなる．しかし，理学部や教育学部の数学専門課程に進学した人は，更に抽象的な世界を通過しなければならない．すなわち，教養で本問の様な関数 $f(x)$ という講義の抽象性に悩まされ，それでもどうにか，期末試験で機械的な計算問題は解けて，単位を辛じて貰ったのに，その様な危い状態なのに，ああそれなのに，それなのに，学部で学ぶ対象は関数等を一つの点と見る抽象的な空間であり，教養の関数 $f(x)$ の x に当るのが関数なのである．例えば，B-4をこの様な立場で述べると，台が有界で，普通は台がコンパクトで，というが，2階連続微分可能な関数 $\varphi(x)$ 全体の作る線形空間 $C_0{}^2(\boldsymbol{R})$ を考察し，別に関数 $f(x)$ を取る．この時，$C_0{}^2(\boldsymbol{R})$ 上の関数 T_f を

$$T_f(\varphi)=\int_{-\infty}^{+\infty}f(x)\varphi(x)\,dx \quad ({}^{\forall}\varphi\in C_0{}^2(\boldsymbol{R}))$$

によって定義する．T_f は写像 $T_f: C_0{}^2(\boldsymbol{R})\to\boldsymbol{R}$ であり，$C_0{}^2(\boldsymbol{R})$ の元 φ における値が上記の積分によって与えられる数 $T_f(\varphi)$ である．したがって，変数 φ は関数であって，**資料関数**と呼ばれる．これと対照的な T_f は関数 φ の関数なので，**汎関数**とか**超関数**と呼ばれる．超関数 T_f の微分とは

$$\left(\frac{d}{dx}T_f\right)(\varphi)=-\int_{-\infty}^{+\infty}f(x)\varphi'(x)\,dx,\quad \left(\frac{d^2}{dx^2}T_f\right)(\varphi)=\int_{-\infty}^{+\infty}f(x)\varphi''(x)\,dx$$

で与えられる超関数 $\dfrac{d}{dx}T_f$，$\dfrac{d^2}{dx^2}T_f$ である．f が C^1 級，C^2 級であれば，B–4 で部分積分を用いて示した様にそれぞれ，$\dfrac{d}{dx}T_f=T_{f'}$，$\dfrac{d^2}{dx^2}T_f=T_{f''}$ が成立し，微係数 f', f'' が与える超関数と一致する．B–4 は f が超関数の意味で $\dfrac{d^2}{dx^2}T_f\geqq 0$ を満す時，凸であることを示せというに等しい．ここで注意しておきたいことは，B–4 の解答が示す様に，更に高級な数学でも，問題を具体的に解くに要する腕力は微積分の力である．数学科志望の学生諸君も，教養の時，微積分の力を付けておかないと，戦力無き軍隊となる．

もう一つ，高校数学と大学数学を分つものは，不等式の活用である．確かに本問の対象は，素性のはっきりしない一般的な関数 $f(x)$ である．しかし，具体的計算の遂行に当っては，テイラー展開を利用して，被積分関数の e の肩を二つの 2 次式で挟んで，左右両辺は具体的な初等関数とし，露骨に計算を行って，極限移行によって値を求めた．これによって得る教訓は，高校数学と大学数学の違いは不等式にあり，その不等式を導き，初等的な計算への道を拓くものこそテイラー展開である．その剰余項 $\dfrac{f^{(n)}(\xi)}{n!}(b-a)^n$ の $a<\xi<b$ はヨすることは分るが，これまた，どこにあるのかは分らない．それゆえ，上と下とで評価すると必然的に不等式となるのである．解析学の論文においてさえ，不等式が出て来ない様な論文は，学問的価値が薄いと極論する解析学者が多い．ブールバキ的なツルツルの数学だと，馬鹿にする．数学者を目指す学生諸君！その日のためにテイラー展開，特に剰余項を評価する計算力を鍛えておこう．只今のは，純粋数学の立場からのテイラー展開学習の勧めであるが，実は応用数学，特に，数値解析学の立場では，近似値はテイラー展開によって求め，その誤差は剰余項の評価に基く．これを次問において説こう．

7. 関数 $f(x)$ の $[a,b]$ における**定積分**は $[a,b]$ を小区間 $[x_{i-1},x_i]$ $(1\leqq i\leqq n)$ に分割し，各小区間 $[x_{i-1},x_i]$ から一点 ξ_i を取り，長方形の面積 $f(\xi_i)(x_i-x_{i-1})$ を加えた**リーマン和の極限**

$$\int_a^b f(x)\,dx=\lim_{n\to\infty}\sum_{i=1}^{n}f(\xi_i)(x_i-x_{i-1})$$

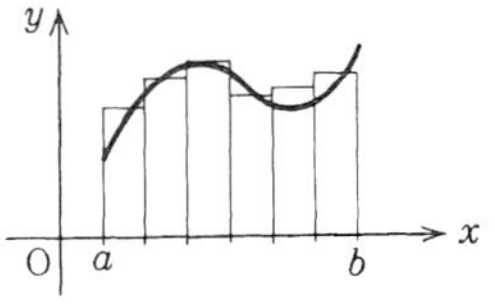

で与えられる．これは関数 $f(x)$ を各小区間では定数関数 $f(\xi_i)$ で近似して積分した和の極限であるから，極限を取る前の和は当然のことながら，積分の近似値である．しかし，右上の図で分る様に，その精度は粗い．各小区間では f を定数関数で近似したからその精度が粗いのであって，多項式で近似したら，右上の図で元来の関数と見分けが付かぬ位精度が高くなる（したがって，この図は記せない）．この考えで，様々な数値積分の公式が与えられるが，3 次関数で近似する方法としてのシンプソン (Simpson) の方法が有名である．先ず，その準備として右上の公式が与えられるが，それは，変数変換 $x=t+\dfrac{a+b}{2}$，$h=\dfrac{b-a}{2}$ によって，$P(x)=Q(t)$ とおくと

> **SCHEMA**
>
> 3 次以下の多項式 $P(x)$ に対しては
>
> $$\int_a^b P(x)\,dx=\frac{b-a}{6}\left(P(a)+P(b)+4P\left(\frac{a+b}{4}\right)\right)$$

$$\int_a^b P(x)\,dx=\int_{-h}^{h}Q(t)\,dt=\frac{h}{3}(Q(h)+Q(-h)+4Q(0))$$

を示すことに帰着される．$Q(t)=a_0+a_1t+a_2t^2+a_3t^3$ に対して，計算を嫌わずに行い，

$$\int_{-h}^{h}Q(t)\,dt=\int_{-h}^{h}(a_0+a_1t+a_2t^2+a_3t^3)\,dt=\left[a_0t+\frac{a_1t^2}{2}+\frac{a_2t^3}{3}+\frac{a_4t^4}{4}\right]_{-h}^{h}=2a_0h+\frac{2a_2h^3}{3},$$

$$\frac{h}{3}(Q(h)+Q(-h)+4Q(0))=\frac{h}{3}(a_0+a_1h+a_2h^2+a_3h^3+a_0-a_1h+a_2h^2-a_3h^3+4a_0)=2a_0h+\frac{2a_2h^3}{3}$$

によって確かめることができる．任意の C^4 級の関数 $f(x)$ に対しては，剰余項も考慮に入れると，$a<{}^{\exists}\xi<b$;右の公式が成立する．

> **SCHEMA**
>
> $$\int_a^b f(x)\,dx=\frac{b-a}{6}\left(f(a)+f(b)+4f\left(\frac{a+b}{2}\right)\right)-\frac{(b-a)^5}{2^5\cdot 90}f^{(4)}(\xi)$$

その証明に際しては，上述の理由で，$x>0$ の関数

$$\varphi(x)=\int_{-x}^{x}f(t)dt-\frac{x}{3}(f(x)+f(-x)+4f(0))$$

を考察すれば十分である．$\int_{-x}^{x}=-\int_{0}^{-x}+\int_{0}^{x}$ なので，

$$\varphi'(x)=f(x)+f(-x)-\frac{f(x)+f(-x)+4f(0)}{3}-\frac{x(f'(x)-f'(-x))}{3}$$

$$=\frac{2f(x)+2f(-x)-4f(0)}{3}-\frac{x(f'(x)-f'(-x))}{3},$$

$$\varphi''(x)=\frac{2f'(x)-2f'(-x)}{3}-\frac{f'(x)-f'(-x)}{3}-\frac{x(f''(x)+f''(-x))}{3}=\frac{f'(x)-f'(-x)}{3}-\frac{x(f''(x)+f''(-x))}{3},$$

$$\varphi'''(x)=\frac{f''(x)+f''(-x)}{3}-\frac{f''(x)+f''(-x)}{3}-\frac{x(f'''(x)-f'''(-x))}{3}=-\frac{x(f'''(x)-f'''(-x))}{3}$$

と遂に3次だけの導関数で表され，更に，f''' に平均値の定理を適用すると，$-x<{}^{\exists}\xi<x$；$f'''(x)-f'''(-x)=2xf^{(4)}(\xi)$ なので，$\varphi(0)=\varphi'(0)=\varphi''(0)$，$\varphi'''(x)=-\dfrac{2x^2f^{(4)}(\xi)}{3}$．ここで，最後に証明する

Taylor の公式

$$f(b)=f(a)+\frac{b-a}{1!}f'(a)+\frac{(b-a)^2}{2!}f''(a)+\cdots+\frac{(b-a)^{n-1}}{(n-1)!}f^{(n-1)}(a)+\frac{1}{(n-1)!}\int_a^b f^{(n)}(t)(b-t)^{n-1}dt.$$

において，$a=0$，$b=x$，$f=\varphi$，$n=3$ として

$$\varphi(x)=-\frac{1}{2}\int_0^x\frac{2}{3}f^{(4)}(\xi)t^2(x-t)^2dt$$

を得る．$[0,x]$ における関数 $f^{(4)}(t)$ の最大値，最小値を，それぞれ，M,mとすると，$x^2(x-t)^2\geqq 0$ なので

$$m\int_0^x t^2(x-t)^2dt\leqq\int_0^x f^{(4)}(\xi)t^2(x-t)^2dt\leqq M\int_0^x t^2(x-t)^2dt.$$

$\int_0^x t^2(x-t)^2dt=\int_0^x(x^2t^2-2xt^3+t^4)dt=\dfrac{x^5}{3}-\dfrac{2x^5}{4}+\dfrac{x^5}{5}=\dfrac{x^5}{30}$ なので

$$m\leqq\frac{30}{x^5}\int_0^x f^{(4)}(\xi)t^2(x-t)^2dt\leqq M.$$

真中の値は姿はヤヤコシイが，$[0,x]$ における連続関数 $f^{(4)}(t)$ の最小値 m と最大値 M の中間の値に過ぎないので，中間値の定理より，$0<{}^{\exists}\zeta<x$；

$$\varphi(x)=-\frac{1}{2}\int_0^x\frac{2}{3}f^{(4)}(\xi)t^2(x-t)^2dt=-\frac{1}{3}\int_0^x f^{(4)}(\xi)t^2(x-t)^2dt=-\frac{x^5}{90}f^{(4)}(\zeta).$$

$b-a=2x$ を代入すると，求める公式となる．

シンプソンの公式は，その応用であり，$[a,b]$ を偶数の $2n$ 等分して $a=x_0<x_1<x_2<\cdots<\cdots<x_{2n}=b$．$y_i=f(x_i)\,(0\leqq i\leqq 2n)$ とおいて，区間 $[x_{2i-2},x_{2i}]$ $(i=1,2,\cdots,n)$ に上記の公式を適用し，$h=\dfrac{b-a}{2n}$ とおくと，

$$\int_a^b f(x)dx=\sum_{i=1}^{n}\int_{x_{2i-2}}^{x_{2i}}f(x)dx=\sum_{i=1}^{n}\left(\frac{h}{3}(y_{2i-2}+y_{2i}+4y_{2i-1})-\frac{h^5}{90}f^{(4)}(\xi_i)\right)$$

$$=\frac{h}{3}(y_0+y_{2n}+2(y_2+y_4+\cdots+y_{2n-2})+4(y_1+y_3+\cdots+y_{2n-1}))-\frac{h^4}{90}\cdot\frac{(b-a)}{2}\cdot\frac{1}{n}\sum_{i=1}^{n}f^{(4)}(\xi_i).$$

最後の剰余項の処理も，また，中間値の定理のお世話になるが，その考え方が，やはりコロンブスの卵的で，一度学ばないと仲々気付かぬ．$[a,b]$ における連続関数 $f^{(4)}(x)$ の最大，最小値 M，m に対して，$m\leqq\dfrac{1}{n}\sum_{i=1}^{n}f^{(4)}(\xi_i)\leqq M$ なので，中間値 $\dfrac{1}{n}\sum_{i=1}^{n}f^{(4)}(\xi_i)$ は，$a<{}^{\exists}\xi<b$；$f^{(4)}(\xi)$ に等しい．かくして

Simpson の公式

$$\int_a^b f(x)dx=\frac{h}{3}(y_0+y_{2n}+2(y_2+y_4+\cdots+y_{2n-2})+4(y_1+y_3+\cdots+y_{2n-1}))-\frac{(b-a)^5f^{(4)}(\xi)}{2880n^4},\quad a<{}^{\exists}\xi<b$$

に達する．なお，最後の剰余項無しには，その近似値がどこ迄正しいのか分らぬので，剰余項が是非必要であることを注意しておく．

最後に懸案の Taylor の公式を仮定し，部分積分 $u'=(b-t)^{n-1}$, $v=f^{(n)}(t)$, $u=\dfrac{-(b-t)^n}{n}$, $v'=f^{(n+1)}(t)$ を施し，

$$\frac{1}{(n-1)!}\int_a^b f^{(n)}(t)(b-t)^{n-1}dt=\left[\frac{-(b-t)^n f^{(n)}(t)}{n!}\right]_a^b+\frac{1}{n!}\int_a^b f^{(n+1)}(t)(b-t)^n dt$$
$$=\frac{(b-a)^n f^{(n)}(a)}{n!}+\frac{1}{n!}\int_a^b f^{(n+1)}(t)(b-t)^n dt$$

を得るので，これを Taylor 展開の剰余項に代入すると，$(n+1)$ の時の公式を得て，数学的帰納法により，一般の n に対して，Taylor の公式が正しいことを知る．B-5 に如実に表れている様に，Taylor の公式と部分積分とは同じであり，これはまた，平均値の定理からも導かれ，これらは一見異なるかに見えるが，同じ穴の狸(ムジナ)である．なお，本文の様に，途中に出て来る定理は，答案に書くに留め，時間に余裕がある時，この様に追記すればよい．ボンクラでない所の浪人や留年を繰り返す人の習性の一つに，ことの軽重が全く分らず，∀ゆることを答案に証明しなければ，気が済まぬということがある．∀ゆる定理を公理に還って証明していたら，本書の様な一冊の書物になり，一定の時間に限られた試験で完結するはずがなく，したがって，単位を取ったり，卒業したり，入試に合格したりすることはできない．証明終り．この様な人は，ゼミの準備にも，完璧を期し，前夜に徹夜して，当日の日中は白河夜舟，同級生を派遣しないと目覚めない．また，レポートを提出すれば済む科目のレポートも，同じ要領なので，この人から是非卒業したい指導教官が令息を是非卒業させたい点では同じ気持のママを呼び出して，監視させ，担当教官への提出迄同行させてレポートの∃定理を証明せねばならぬ．これらの人々は，成績通りのボンクラか．事実は，全く相違し，拙著（大学院対象の専門書）の誤りを次々と，見出す，秀才である．要するに完全主義者ということに尽きる．

12章　級　数

A 基礎をかためる演習

1 $0.751515\cdots=0.75+0.0015\left(1+\dfrac{1}{100}+\dfrac{1}{100^2}+\cdots\right)=0.75+0.0015\dfrac{1}{1-\dfrac{1}{100}}=\dfrac{75}{100}+\dfrac{15}{10000}\,\dfrac{100}{99}=\dfrac{75}{100}+\dfrac{15}{9900}=\dfrac{3}{4}+\dfrac{1}{660}=\dfrac{124}{165}$ でもよいし，$0.7515151\cdots=0.7+0.051\left(1+\dfrac{1}{100}+\dfrac{1}{100^2}+\cdots\right)=0.7+0.051\dfrac{1}{1-\dfrac{1}{100}}=\dfrac{7}{10}+\dfrac{51}{1000}\cdot\dfrac{100}{99}=\dfrac{7}{10}+\dfrac{51}{990}=\dfrac{124}{165}$ でもよい．

2 部分分数に分解する着想は同じである．(1) $\displaystyle\sum_{k=1}^n\frac{1}{k(k+1)}=\sum_{k=1}^n\left(\frac{1}{k}-\frac{1}{k+1}\right)=\left(\frac{1}{1}-\frac{1}{2}\right)+\left(\frac{1}{2}-\frac{1}{3}\right)+\cdots+\left(\frac{1}{n}-\frac{1}{n+1}\right)=1-\frac{1}{n+1}$ と始めと終りの差となる所がポイントで，後は，アルキメデスの公理より $\displaystyle\lim_{n\to\infty}\frac{1}{n+1}=0$ なので，$\displaystyle\sum_{k=1}^\infty\frac{1}{k(k+1)}=1$　(2) $\displaystyle\sum_{k=0}^n\frac{1}{k^2+5k+5}=\sum_{k=0}^n\frac{1}{(k+1)(k+5)}=\Sigma\frac{1}{4}\sum_{k=0}^n\left(\frac{1}{k+1}-\frac{1}{k+5}\right)=\left(\frac{1}{1}-\frac{1}{5}\right)+\left(\frac{1}{2}-\frac{1}{6}\right)+\left(\frac{1}{3}-\frac{1}{7}\right)+\left(\frac{1}{4}-\frac{1}{8}\right)+\left(\frac{1}{5}-\frac{1}{9}\right)+\left(\frac{1}{6}-\frac{1}{10}\right)+\cdots+\left(\frac{1}{n-3}-\frac{1}{n+1}\right)+\left(\frac{1}{n-2}-\frac{1}{n+2}\right)+\left(\frac{1}{n-1}-\frac{1}{n+3}\right)+\left(\frac{1}{n}-\frac{1}{n+4}\right)+\left(\frac{1}{n+1}-\frac{1}{n+5}\right)=1+\frac{1}{2}+\frac{1}{3}+\frac{1}{4}-\frac{1}{n+2}-\frac{1}{n+3}-\frac{1}{n+4}-\frac{1}{n+5}$ と前後の 4 項づつが連れ合いが無くて売れ残り，$n\to\infty$ として，$\displaystyle\sum_{k=1}^\infty\frac{1}{k^2+6k+5}=1+\frac{1}{2}+\frac{1}{3}+\frac{1}{4}=\frac{25}{12}$.

3 $\underline{\lim}\leqq\overline{\lim}$ なので，真中の不等号は証明不要．両端は同様なので，右端の証明のみを行う．$^\forall R>\overline{\lim}\dfrac{a_{n+1}}{a_n}$, 上極限の性質より，$^\exists N;\dfrac{a_{n+1}}{a_n}<R(n\geqq N)$．$a_n>0$ なので，$a_{n+1}<Ra_n(n\geqq N)$．n の代りに $n-1$ とした方がカッコよく，$a_n<Ra_{n-1}(n>N)$．数学的帰納法により，$a_n<Ra_{n-1}<R^2a_{n-2}<\cdots<R^{n-N}a_N(n>N)$．$n$ 乗根を取り，上極限を取り，$\sqrt[n]{a_n}<R^{1-\frac{N}{n}}a_N{}^{\frac{1}{n}}(n\geqq N)$, $\displaystyle\overline{\lim_{n\to\infty}}\sqrt[n]{a_n}\leqq R$．$R\geqq\overline{\lim}\dfrac{a_{n+1}}{a_n}$ は ∀ なので，$\overline{\lim}\sqrt[n]{a_n}\leqq\overline{\lim}\dfrac{a_{n+1}}{a_n}$.

更に，$\lim\dfrac{a_{n+1}}{a_n}$ が ∃ するための必要十分条件は，9 章の A-2 で解説した様に，$\underline{\lim}\dfrac{a_{n+1}}{a_n}=\overline{\lim}\dfrac{a_{n+1}}{a_n}$．ゆえに，

$\lim\limits_{n\to\infty}\dfrac{a_{n+1}}{a_n}$ が存在すれば，不等式 $\underline{\lim}\dfrac{a_{n+1}}{a_n}\leqq\underline{\lim}\sqrt[n]{a_n}\leqq\overline{\lim}\sqrt[n]{a_n}\leqq\overline{\lim}\dfrac{a_{n+1}}{a_n}$ より，$\underline{\lim}\sqrt[n]{a_n}=\overline{\lim}\sqrt[n]{a_n}=\lim\dfrac{a_{n+1}}{a_n}$．よって $\lim\sqrt[n]{a_n}$ が存在して，$\lim\dfrac{a_{n+1}}{a_n}$ に等しく，有名かつ有用な右の定理に達する．

SCHEMA

> $a_n>0\,(n\geqq1)$ の時 $\lim\dfrac{a_{n+1}}{a_n}$ が存在すれば，$\lim\sqrt[n]{a_n}$ も存在して
>
> $$\lim\sqrt[n]{a_n}=\lim\frac{a_{n+1}}{a_n}$$

4 $\lim\limits_{n\to\infty}\dfrac{1}{n}\sqrt[n]{{}_{2n}P_n}=\lim\limits_{n\to\infty}\sqrt[n]{\dfrac{{}_{2n}P_n}{n^n}}$ なので，$a_n=\dfrac{{}_{2n}P_n}{n^n}=\dfrac{(2n)!}{n^n\,n!}\,(n\geqq1)$ とおくと，$\dfrac{a_{n+1}}{a_n}=\dfrac{(2n+2)!}{(n+1)^{n+1}(n+1)!}\cdot\dfrac{n^n n!}{(2n)!}$

$$=\frac{(2n+2)(2n+1)}{(n+1)(n+1)\left(1+\frac{1}{n}\right)^n}\to\frac{4}{e}\,(n\to\infty)$$

なので，ベキ根の極限を比の極限で表す公式より $\lim\limits_{n\to\infty}\sqrt[n]{a_n}=\dfrac{4}{e}$．ついでに右上の判定法を証明しよう．$\rho<1$ であれば，$r=\dfrac{1+\rho}{2}$ は $\rho<r<1$ を満し，上極限より大きいので，上極限の性質より，$\exists N;\sqrt[n]{|c_n|}<r\,(n\geqq N)$，$|c_n|<r^n\,(n\geqq N)$．$N$ 番目から先の等比級数 $\sum\limits_{n=N}^{\infty}r^n$ は公比 $r<1$ なので収束しているが，優級数 $\sum\limits_{n=N}^{\infty}r^n$ が収束するので，劣級数 $\sum\limits_{n=N}^{\infty}c_n$ も絶対収束する．級数の収束発散は番号が小さい部分 $n\leqq N$ の c_n の動向には無関係であるから，級数 $\sum\limits_{n=1}^{\infty}c_n$ も絶対収束する．次に $\rho>1$ であれば，$R=\dfrac{1+\rho}{2}$ は $\rho>R>1$．上極限より小さな R に対しては，$\sqrt[n]{|c_n|}>R$ なる n が無数にある．したがって $|c_n|>R^n$ なる n は無数にある．$R>1$ なので，$R^n\to\infty\,(n\to\infty)$．一方 $\sum\limits_{n=1}^{\infty}c_n$ が収束すれば，その一般項 $c_n\to0\,(n\to\infty)$ なので，矛盾である．ゆえに，$\sum c_n$ は発散する．

ベキ根判定法

> 級数 $\sum c_n$ は，ベキ根の極限 $\rho=\overline{\lim}\sqrt[n]{|c_n|}<1$ であれば絶対収束し $\rho>1$ であれば，発散する．

A–3 より $\lim\limits_{n\to\infty}\sqrt[n]{|c_n|}=\lim\limits_{n\to\infty}\left|\dfrac{c_{n+1}}{c_n}\right|$ であるから，右の比判定法を得る．ベキ根判定法は，上極限が常に存在するので，理論の上で便利であり，比判定法は計算上便利である．

比判定法

> $\rho=\lim\limits_{n\to\infty}\left|\dfrac{c_{n+1}}{c_n}\right|$ が存在すれば，級数 $\sum c_n$ は $\rho<1$ の時，絶対収束し，$\rho>1$ の時，発散する．

$\rho=1$ と等号が成立する場合を考察しよう．$c_n=1$ とすると，$\lim\limits_{n\to\infty}\dfrac{c_{n+1}}{c_n}=1$ であるが，$\sum\limits_{n=1}^{\infty}c_n=\infty$．収束する例を与えるために次の考察を行う．関数 $f(x)>0$ が↘としよう．右図より $f(k+1)\leqq\int_k^{k+1}f(x)dx\leqq f(k)$ を得る．よって $\sum\limits_{k=1}^{n}f(k)-f(1)=\sum\limits_{k=1}^{n-1}f(k+1)\leqq\int_1^n f(x)dx$，$\int_1^{n+1}f(x)dx\leqq\sum\limits_{k=1}^{n}f(k)$．したがって不等式 $\int_1^{n+1}f(x)dx\leqq\sum\limits_{k=1}^{n}f(k)\leqq f(1)+\int_1^n f(x)dx$ を得る．これより，右の Schema を得る．$s>0$ に対して

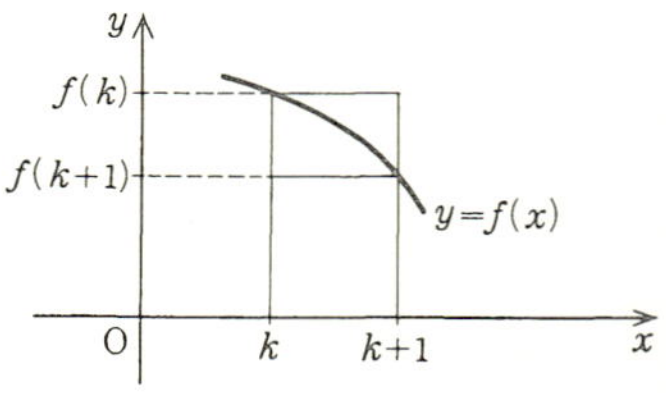

$$\int_1^x\frac{dt}{t^s}=\left[\frac{t^{-s+1}}{-s+1}\right]_1^x=\frac{x^{-s+1}-1}{-s+1}\,(s\neq1),$$

$$\int_1^x\frac{dt}{t}=\log x\ (s=1)$$

なので，$\int_1^{\infty}\dfrac{ds}{t^s}$ は $s>1$ の時に限り収束し右の Schema を，更に，$x=\log t$ とおくと，$\dfrac{dx}{dt}=\dfrac{1}{t}$ なので

$$\int_e^x\frac{dt}{t(\log t)^s}=\int_1^{\log x}\frac{du}{u^s}.$$

したがって右の Schema を得る．

SCHEMA

> $f(x)>0$ が↘であれば，
>
> $\sum\limits_{k=1}^{\infty}f(k)$ と $\int_1^{\infty}f(x)dx$ は同時に収束発散する．

SCHEMA

> $\sum\limits_{k=1}^{\infty}\dfrac{1}{k^s}$ は $s>1$ の時収束し，$s\leqq1$ の時発散する．

SCHEMA

> $\sum\limits_{k=1}^{\infty}\dfrac{1}{k(\log k)^s}$ は $s>1$ の時収束し，$s\leqq1$ の時発散する．

更に条件収束級数の例を作るために右の定理を証明しよう．部分和の列を考えると，

定　理

> $a_n\geqq a_{n+1}\,(n\geqq1)$，$a_n\to0\,(n\to\infty)$ なる交代級数 $\sum\limits_{n=1}^{\infty}(-1)^{n-1}a_n$ は収束する．

$S_1=a_1$，$S_3=a_1-(a_2-a_3)\leqq a_1=S_1$，…，$S_{2n+1}=(a_1-(a_2-a_3)-\cdots-(a_{2n-2}-a_{2n-1}))-(a_{2n}-a_{2n+1})\leqq a_1-(a_2-a_3)-$

$\cdots-(a_{2n-2}-a_{2n-1})=S_{2n-1}$, 奇数個の和の列は単調非増加, $S_2=a_1-a_2$, $S_4=(a_1-a_2)+(a_3-a_4)\geqq a_1-a_2=S_2$, $S_{2n+2}=(a_1-a_2)+\cdots+(a_{2n-1}-a_{2n})+(a_{2n+1}-a_{2n+2})\geqq(a_1-a_2)+(a_3-a_4)+\cdots+(a_{2n-1}-a_{2n})=S_{2n}$, 偶数個の和の列は単調非減少であって，しかも，$S_1\geqq S_{2n-1}\geqq S_{2n}\geqq S_2$ でこれらは有界であり，それぞれ，実数の連続性公理Ⅲより収束する．しかも，$S_{2n-1}-S_{2n}=a_{2n}\to0(n\to\infty)$ なので，これらの極限は同じであって，

$$^\exists\sum_{k=1}^{\infty}a_k=\lim_{n\to\infty}S_n=\lim_{n\to\infty}S_{2n-1}=\lim_{n\to\infty}S_{2n}.$$

この様に，一般項の符号が順に変る級数を**交代級数**という．

さて，$\alpha>0$ の時，交代級数 $\sum_{k=1}^{\infty}(-1)^{k-1}\frac{1}{k^\alpha}$ や $\sum_{k=1}^{\infty}(-1)^{k-1}\frac{1}{k(\log k)^\alpha}$ は上の定理より収束している．しかし，$\alpha>1$ であれば $\sum_{k=1}^{\infty}\frac{1}{k^\alpha}<\infty$, $\sum_{k=1}^{\infty}\frac{1}{k(\log k)^\alpha}<\infty$ であるが，$\alpha\geqq1$ の時は $\sum_{k=1}^{\infty}\frac{1}{k^\alpha}=\sum_{k=1}^{\infty}\frac{1}{k(\log k)^\alpha}=+\infty$ なので，$\alpha>1$ の時は，交代級数 $\sum_{k=1}^{\infty}(-1)^{k-1}\frac{1}{k^\alpha}$ と $\sum_{k=1}^{\infty}(-1)^{k-1}\frac{1}{k(\log k)^\alpha}$ は絶対収束し，$0<\alpha\leqq1$ の時は交代級数 $\sum_{k=1}^{\infty}(-1)^{k-1}\frac{1}{k^\alpha}$ と $\sum_{k=1}^{\infty}(-1)^{k-1}\frac{1}{k(\log k)^\alpha}$ は条件収束する．

5 $\alpha>1$ に対して $\sum_{n=3}^{\infty}\frac{1}{n(\log n)^\alpha}<\infty$. $n(\log n)^\alpha=n^{1+\alpha_n}(n\geqq3)$ とおき，両辺の対数を取ると $\log n+\alpha\log(\log n)=(1+\alpha_n)\log n$. ゆえに $\alpha_n=\frac{\alpha\log(\log n)}{\log n}>0$ でしかも，$t=\log n$ とおくと，ロピタルの公式より $\lim_{t\to\infty}\frac{\log t}{t}=\lim_{t\to\infty}\frac{\frac{1}{t}}{1}=0$ なので，もちろん，$\lim_{n\to\infty}\alpha_n=0$. α_1,α_2 はどうでもよいので，$\alpha_1=\alpha_2=1$ としておくと，われわれの $\alpha_n>0(n\geqq1)$ に対して，$\alpha_n\to0(n\to\infty)$ でしかも $\sum_{n=1}^{\infty}\frac{1}{n^{1+\alpha_n}}<+\infty$. この様な問題は，計算が単純なだけに，一度学んだことが無いとコロンブスの卵的に仲々気付かぬであろう．受験生が好い成績を取るものと期待して出題すると，殆んど確実にその期待は裏切られ，合格者の定員割れを来す．こんな問題もできない学生はバカだと力む先生は学者馬鹿といえよう．数学者ではあるが教育者ではない（念のため付言すると名大の話ではない）．

6 先ず，有名かつ有用な右の M-判定法を証明しよう．優級数 $\sum_{n=1}^{\infty}M_n$ が収束する劣級数 $S(x)=\sum_{n=1}^{\infty}f_n(x)$ は絶対収束する．$\sum_{n=1}^{\infty}M_n<+\infty$ なので，$^\forall\varepsilon>0$, $^\exists N$; $\sum_{k=N+1}^{\infty}M_k<\varepsilon$. この N は当然のことながら，X の点 x には無関係である．この状況の下で

> **ワイエルシュトラス（Weierstrass）の M-判定法**
>
> 集合 X 上で定義された関数列 $(f_n(x))_{n\geqq1}$ に対して，数列 $(M_n)_{n\geqq1}$ があって
>
> $|f_n(x)|\leqq M_n(^\forall n\geqq1, {}^\forall x\in X)$, $\sum_{n=1}^{\infty}M_n<+\infty$
>
> が成立する時，関数項級数 $\sum_{n=1}^{\infty}f_n(x)$ は X 上で絶対かつ一様収束する．

$$\left|S(x)-\sum_{k=1}^{n}f_k(x)\right|=\left|\sum_{k=n+1}^{\infty}f_k(x)\right|\leqq\sum_{k=n+1}^{\infty}|f_k(x)|\leqq\sum_{k=N+1}^{\infty}M_k<\varepsilon(^\forall n\geqq N, {}^\forall x\in X)$$

が成立し，級数 $\sum_{k=1}^{\infty}f_k(x)$ は X 上一様収束する．

さて，本問に移ろう．任意の閉区間 $[a,b]$ において，$\left|\frac{(-1)^nx}{n^2}\right|\leqq\frac{|a|+|b|}{n^2}(n\geqq1)$, A-4 で述べた様に $\sum_{n=1}^{\infty}\frac{|a|+|b|}{n^2}<+\infty$ が成立し，ワイエルシュトラスの M-判定法より，$\sum_{n=1}^{\infty}\frac{(-1)^nx}{n^2}$ は $[a,b]$ 上絶対かつ一様収束する．同じく A-4 より $\sum_{n=1}^{\infty}(-1)^{n-1}\frac{1}{n}$ の方は条件収束し，こちらは x に無関係なので，一様収束する．したがって，一様収束級数の和 $\sum_{n=1}^{\infty}(-1)^n\frac{x+n}{n^2}$ も $[a,b]$ で一様収束する．もしも，ある点 x で $\sum_{n=1}^{\infty}(-1)^n\frac{x+n}{n^2}$ が絶対収束すれば，絶対収束級数の和として $\sum_{n=1}^{\infty}(-1)^n\frac{1}{n}=\sum_{n=1}^{\infty}(-1)^n\frac{x+n}{n^2}+\sum_{n=1}^{\infty}(-1)^{n-1}\frac{x}{n^2}$ も絶対収束することになり，その条件収束性に反し，矛盾である．

ワイエルシュトラスの M-判定法は有用であるが，更に一発で定まる形にしよう．正数列 $(M_n)_{n\geqq1}$ があって，$r=\lim_{n\to\infty}\frac{M_{n+1}}{M_n}$ が存在して1より小さければ，A-4 で述

> **SCHEMA**
>
> $\lim_{n\to\infty}\frac{M_{n+1}}{M_n}<1$ なる正数列 $(M_n)_{n\geqq1}$ に対して，
>
> $|f_n(x)|\leqq M_n(^\forall n\geqq1, {}^\forall x\in X)$ を満す関数項級数 $\sum_{n=1}^{\infty}f_n(x)$ は X 上絶対かつ一様収束し，関数列 $(f_n(x))_{n\geqq1}$ は 0 に一様収束する．

べた比判定法より，$\sum_{n=1}^{\infty} M_n < +\infty$．したがって，ワイエルシュトラの M-判定法より，大概の場合はこれで間に合う．極めて有用な前頁右下の判定法を得る．

7 この様なものは下手な考え休むに似たりで，条件反射の様に $\frac{1}{1-z^k}-\frac{1}{1-z^{k+1}}=\frac{(1-z^{k+1})-(1-z^k)}{(1-z^k)(1-z^{k+1})}$ $=\frac{z^{k-1}(z-z^2)}{(1-z^k)(1-z^{k+1})}$．$z\neq 0,1$ の時，$\sum_{k=1}^{n}\frac{z^{k-1}}{(1-z^k)(1-z^{k+1})}=\frac{1}{z-z^2}\sum_{k=1}^{n}\left(\frac{1}{1-z^k}-\frac{1}{1-z^{k+1}}\right)=\frac{1}{z-z^2}\left(\frac{1}{1-z}-\frac{1}{1-z^{n+1}}\right)$．$0<|z|<1$ の時，$\lim_{n\to\infty} z^n=0$ なので $\sum_{k=1}^{\infty}\frac{z^{k-1}}{(1-z^k)(1-z^{k+1})}=\frac{1}{z-z^2}\left(\frac{1}{1-z}-1\right)=\frac{z}{(z-z^2)(1-z)}=\frac{1}{(1-z)^2}$．$z=0$ の時，和$=1$ で，これは，$|z|<1$ の場合の式に含まれる．$|z|>1$ の時，$\lim_{n\to\infty}\frac{1}{1-z^{n+1}}=0$ なので，$\sum_{k=1}^{\infty}\frac{z^{k-1}}{(1-z^k)(1-z^{k+1})}$ $=\frac{1}{z(1-z)^2}$．これで後半の計算問題が終ったので，より配点の多い，前半の理論面を追求しよう（ここ迄だと 25 満点の 10 点足らず）と思うが，その前に，今後の議論を能率よくするために右の Schema を示そう．

> **SCHEMA**
>
> $\sum_{k=1}^{\infty} f_k(x)$ が X 上一様収束するための必要十分条件は $\forall\varepsilon>0,\ \exists N;\left|\sum_{k=n+1}^{m} f_k(x)\right|<\varepsilon\ (\forall m>\forall n\geqq N,\ \forall x\in X)$．

$S(x)=\sum_{k=1}^{\infty} f_k(x)$ の収束が一様であれば，$\forall\varepsilon>0,\ \exists N;$ $\left|S(x)-\sum_{k=1}^{n} f_k(x)\right|<\frac{\varepsilon}{2}\ (\forall n\geqq N,\ \forall x\in X)$．三角不等式より，$\left|\sum_{k=n+1}^{m} f_k(x)\right|=\left|\sum_{k=1}^{m} f_k(x)\right|=\left|\left(\sum_{k=1}^{m}(f_k(x)-S(x)\right)+\left(S(x)-\sum_{k=1}^{n} f_k(x)\right)\right|\leqq\left|\sum_{k=1}^{m} f_k(x)-S(x)\right|+\left|S(x)-\sum_{k=1}^{n} f_k(x)\right|<$ $\frac{\varepsilon}{2}+\frac{\varepsilon}{2}=\varepsilon\ (\forall m>\forall n\geqq N,\ \forall x\in X)$．逆に，上記条件が成立すれば，$\forall x\in X$ において，コーシーの収束判定法が適応されて，$S(x)=\sum_{k=1}^{\infty} f_k(x)$ は収束する．したがって $\left|\sum_{k=n+1}^{m} f_k(x)\right|<\varepsilon\ (\forall m>\forall n\geqq N,\ \forall x\in X)$ にて，一応 $\forall$ の n と x を固定しておいて，$m\to\infty$ と m を ∞ に飛ばすと，等号がついて，$\left|S(x)-\sum_{k=1}^{n} f_k(x)\right|=\left|\sum_{k=n+1}^{\infty} f_k(x)\right|\leqq\varepsilon\ (\forall n\geqq N,\ \forall x\in X)$．これは，$S(x)=\sum_{k=1}^{\infty} f_k(x)=\lim_{n\to\infty}\sum_{k=1}^{n} f_k(x)$ の収束が X において一様であることを示す．

さて，本問の前半に戻ると，$0<\forall r<1$，$\lim_{n\to\infty} r^n=0$ なので，$\frac{1}{2}>\forall\varepsilon>0,\ \exists N; n\geqq N$ の時，$r^n<\frac{1-r}{4}\varepsilon$（$\varepsilon$ の係数は始めは空白にしておいて最後の式が ε でまとまる様に後で埋めればよい，入試の答案で埋めるのを忘れた所で減点は多くない）．この番号 N に対して，$|\forall z|\leqq r$ について，$1-r^k>\frac{1}{2}$ に留意すると，$\left|\sum_{k=n+1}^{m}\frac{z^{k-1}}{(1-z^k)(1-z^{k+1})}\right|$ $\leqq\sum_{k=n+1}^{m}\frac{|z|^{k-1}}{(1-|z|^k)(1-|z|^{k+1})}<\sum_{k=n+1}^{m}\frac{r^{k-1}}{(1-r^k)(1-r^{k+1})}<4\sum_{k=n+1}^{m} r^{k-1}<\frac{4}{1-r}r^n<\frac{4}{1-r}\cdot\frac{1-r}{4}=\varepsilon$（となるように細工した）．ゆえに，$|z|\leqq r$ にて収束は一様である．同様にして $|z|\geqq\frac{1}{r}$ では $\left|\sum_{k=n+1}^{m}\frac{z^{k-1}}{(1-z^k)(1-z^{k+1})}\right|$ $\leqq\sum_{k=n+1}^{m}\left|\frac{z^{k-1}}{z^{2k+1}}\cdot\frac{1}{\left(1-\frac{1}{z^k}\right)\left(1-\frac{1}{z^{k+1}}\right)}\right|\leqq 4\sum_{k=n+1}^{m} r^{k+2}<\frac{4r^2}{1-r}\cdot r^n<\frac{4r^2}{1-r}\cdot\frac{1-r}{4}\varepsilon<\varepsilon\left(\forall m>\forall n\geqq N,\ |\forall z|\geqq\frac{1}{r}\right)$ なので，$|z|\geqq\frac{1}{r}$ でも収束は一様である．この状況を $|z|\neq 1$ で収束は広義一様であるという．なお，実数であろうと複素数であろうと計算には何の変化もないが，本問の z は複素変数である．一般に，説明無しに z と書いたら複素変数を，x と書いたら実変数を表す習慣がある．

8 $\int_0^1\sum_{k=1}^{\infty}\frac{x}{((k-1)x+1)(kx+1)}dx=\sum_{k=1}^{\infty}\int_0^1\frac{x}{((k-1)x+1)(kx+1)}dx$ が成立すれば，**項別積分可能**という．

$S(x)=\sum_{k=1}^{\infty}\frac{x}{((k-1)x+1)(kx+1)}=\lim_{n\to\infty}\sum_{k=1}^{n}\frac{x}{((k-1)x+1)(kx+1)}$ の収束が $[0,1]$ で一様であれば，9 章の A-9 より $\int_0^1 S(x)dx=\lim_{n\to\infty}\int_0^1\sum_{k=1}^{n}\frac{x}{((k-1)x+1)(kx+1)}dx=\lim_{n\to\infty}\sum_{k=1}^{n}\int_0^1\frac{x}{((k-1)x+1)(kx+1)}dx=\sum_{k=1}^{\infty}\int_0^1\frac{x}{((k-1)x+1)(kx+1)}dx$ が成立し，項別積分可能である．一般項を部分分数に分解して $\frac{x}{((k-1)x+1)(kx+1)}=\frac{1}{(k-1)x+1}-\frac{1}{kx+1}$．ゆえに $\int_0^1\frac{x}{((k-1)x+1)(kx+1)}dx=\int_0^1\left(\frac{1}{(k-1)x+1}-\frac{1}{kx+1}\right)dx=\left[\frac{1}{k-1}\log((k-1)x+1)-\frac{1}{k}\log(kx+1)\right]_0^1$ $=\frac{\log k}{k-1}-\frac{\log(k+1)}{k}\ (k\neq 1)$．$k=1$ の時は，$\int_0^1\frac{x}{((k-1)x+1)(kx+1)}dx=\int_0^1\left(1-\frac{1}{x+1}\right)dx=1-\log 2$．したがって，$\sum_{k=1}^{n}\int_0^1\frac{x}{((k-1)x+1)(kx+1)}dx=\left(1-\frac{\log 2}{1}\right)+\left(\frac{\log 2}{1}-\frac{\log 3}{2}\right)+\cdots+\left(\frac{\log n}{n-1}-\frac{\log(n+1)}{n}\right)=1-\frac{\log(n+1)}{n}$．

ロピタルの公式より，$\lim_{x\to+\infty}\frac{\log(x+1)}{x}=\lim_{x\to+\infty}\frac{\frac{1}{x+1}}{1}=0$ なので，$\sum_{k=1}^{\infty}\int_0^1\frac{x}{((k-1)x+1)(kx+1)}dx=\lim_{n\to\infty}\left(1-\frac{\log(n+1)}{n}\right)$ $=1$．一方 $S_n(x)=\sum_{k=1}^{n}\frac{x}{((k-1)x+1)(kx+1)}=\sum_{k=1}^{n}\left(\frac{1}{(k-1)x+1}-\frac{1}{kx+1}\right)=1-\frac{1}{nx+1}$．$x>0$ の時は $S(x)=\lim_{n\to\infty}S_n(x)=1$，$x=0$ の時は，$S(0)=\lim_{n\to\infty}S_n(0)=0$．連続関数列 $(S_n(x))_{n\geqq1}$ が関数 $S(x)$ に一様収束すれば，極限関数 $S(x)$ は 9 章 A–9 より連続であるべきであるから，極限関数 $S(x)$ が $x=0$ で連続でないこの収束は一様でないにも拘らず，$\int_0^1 S(x)=1$ なので，項別積分可能，すなわち，$\int_0^1\sum=\sum\int_0^1$ が成立している．

9 $\lim_{n\to\infty}f_n(x)=0(\forall x\in\boldsymbol{R})$ である．もしもこの収束が一様であれば，$1>\forall\varepsilon>0$, $\exists N;|f_n(x)|<\varepsilon(\forall n\geqq N,\forall x\in\boldsymbol{R})$ この不等式は $n=N$，$x=N$ でも成立すべきであるにも拘らず，$|f_N(N)|=1>\varepsilon$ となり矛盾である．したがって，この収束は数直線 $\boldsymbol{R}$ 全体では一様ではない．しかしながら $\forall a\in\boldsymbol{R}$，区間 $(-\infty,a]$ に限定すると，$\forall\varepsilon>0$, $\exists N;N>a+\frac{1}{\sqrt{\varepsilon}}$．この時，$|f_n(x)|=\frac{1}{1+(a-n)^2}<\frac{1}{(n-a)^2}\leqq\frac{1}{(N-a)^2}<\varepsilon$ $(\forall x\in(-\infty,a],\forall n\geqq N)$ なので，$(-\infty,a]$ では一様収束している．したがって，この収束は $\boldsymbol{R}$ 上広義一様であるが，狭義一様収束でない．

10 (i) $f_n(x)=\frac{1}{1+nx}$ に対して，$x>0$ の時 $f(x)=\lim_{n\to\infty}f_n(x)=0$，$x=0$ の時 $f(0)=\lim_{n\to\infty}f_n(0)=1$．したがって，極限関数 $f(x)$ が連続でないこの収束は，9 章の A–9 より一様でない．といってもよいが，もしもこの収束が一様であれば，$\frac{1}{2}>\forall\varepsilon>0$, $\exists N;|f_n(x)|<\varepsilon(\forall n\geqq N,\forall x>0)$．$x=\frac{1}{N}$，$n=N$ に対しても，この不等式が成立すべきであるから，$\left|f_N\left(\frac{1}{N}\right)\right|=\frac{1}{2}>\varepsilon$ となり，矛盾．ゆえにこの収束は一様でない．という直接的な答案の方をよしとする．ただし，ゼミでは前者の述べ方をしないと，融通がきかない学生と見なされる．TPO が大事である．以下同じである．

(ii) $S_n(x)=\sum_{k=0}^{n}kxe^{-kx}$ の和の公式を求めよう．そのために公比 t の等比級数の和の公式 $T_n(t)=\sum_{k=0}^{n}t^k=\frac{1-t^{n+1}}{1-t}(t\neq1)$ の両辺を t で微分して，$T_n'(t)=\sum_{k=1}^{n}kt^{k-1}=\frac{-(n+1)t^n(1-t)+(1-t^{n+1})}{(1-t)^2}$．したがって $|t|<1$ の時，ロピタルの公式より $\lim_{x\to+\infty}xt^x=\lim_{x\to+\infty}\frac{x}{t^{-x}}=\lim_{x\to+\infty}\frac{1}{-t^{-x}\log t}=0$ なので，上の公式にて $n\to\infty$ として右上の Schema を得る．この要領で，次々と微分して更に右の Schema を得るが，数学的帰納法により正しさを示すことができる．

SCHEMA

$$\sum_{k=1}^{n}kt^{k-1}=\frac{1-(n+1)t^n+nt^{n+1}}{(1-t)^2}(t\neq1)$$

SCHEMA

$$\sum_{k=1}^{\infty}kt^{k-1}=\frac{1}{(1-t)^2}(|t|<1)$$

SCHEMA

$$\sum_{k=m}^{\infty}k(k-1)\cdots(k-m+1)t^{k-m}=\frac{m!}{(1-t)^{m+1}}(|t|<1)$$

さて，$t=e^{-x}$ を代入すると，$x>0$ の時

$$S_n(x)=\sum_{k=0}^{n}kxe^{-kx}=xe^{-x}\sum_{k=1}^{n}ke^{-(k-1)x}=xe^{-x}\frac{1-(n+1)e^{-nx}+ne^{-(n+1)x}}{(1-e^{-x})^2},\quad S(x)=\lim_{n\to\infty}S_n(x)=\frac{xe^{-x}}{(1-e^{-x})^2}$$

を得るが，$x=0$ の時も，$S_n(0)=0$，$S(0)=\lim_{n\to\infty}S_n(0)=0$ でこの式は成立している．$\lim_{x\to+0}s(x)=+\infty$ であり，$S(x)$が $x=0$ で連続でないので，収束は一様でないが，(i)同様，直接的な矛盾を導こう．極限と部分和との差を作り，$S(x)-S_n(x)=\frac{xe^{-x}((n+1)e^{-nx}-ne^{-(n+1)x})}{(1-e^{-x})^2}>0(x>0)$．先ず，分子を調べるべく，$(n+1)e^{-nx}-ne^{-(n+1)x}$ $=ne^{-nx}\left(\left(1+\frac{1}{n}\right)-\frac{n}{n+1}e^{-x}\right)>(1-e^{-1})ne^{-nx}$．分母を調べるべく，$h(x)=1-e^{-x}$，$h'(x)=e^{-x}$，$h''(x)=-e^{-x}$ なので，$0<\exists\theta<1;1-e^{-x}=h(x)=h(0)+h'(0)x+\frac{h''(\theta x)}{2}x^2=x-\frac{e^{-\theta x}}{2}x^2$．よって，$(1-e^{-x})^2=x^2\left(1-\frac{e^{-\theta x}}{2}x\right)^2\leqq x^2$ $(0\leqq x\leqq1)$．ゆえに $S(x)-S_n(x)>\frac{e^{-1}(1-e^{-1})ne^{-nx}}{x}$．もしも収束が $0\leqq x\leqq1$ で一様ならば，$0<\forall\varepsilon<(1-e^{-1})e^{-2}$, $\exists N;S(x)-S_n(x)<\varepsilon(\forall n\geqq N,0\leqq x\leqq1)$．$n=N$，$x=\frac{1}{n}=\frac{1}{N}$ においても，この不等式は成立するはずであり，$\varepsilon>\frac{e^{-1}(1-e^{-1})ne^{-nx}}{x}=N^2(1-e^{-1})e^{-2}>(1-e^{-1})e^{-2}$ が成立し矛盾である．ゆえに，この収束は一様でない．

(iii) $f_n(x)=nx(1-x)^n$ は，$f_n'(x)=n(1-x)^n-n^2x(1-x)^{n-1}=n(1-x)^{n-1}(1-(n+1)x)$，より $x=\frac{1}{n+1}$ で最大値 $y=\frac{n}{n+1}\left(\frac{n}{n+1}\right)^n$ を取る．この値は $\lim_{n\to\infty}f_n\left(\frac{1}{n+1}\right)=\lim_{n\to\infty}\frac{n}{n+1}\left(\frac{n}{n+1}\right)^n=\lim_{n\to\infty}\frac{1}{\left(1+\frac{1}{n}\right)\left(1+\frac{1}{n}\right)^n}=\frac{1}{e}$ なる 0

でない極限値を持ち，怪しい状態である．さて，$f_n(0)=0$ なので，$\lim_{n\to\infty} f_n(0)=0$．$0<x\leqq 1$ の時は，$0\leqq r<1$ に対してロピタルの公式より $\lim_{t\to+\infty} tr^t=\lim_{t\to+\infty}\frac{t}{r^{-t}}=\lim_{t\to+\infty}\frac{1}{(-\log r)r^{-t}}=0$ なので，$\lim_{n\to\infty} f_n(x)=\lim_{n\to\infty} nx(1-x)^n=0$．極限関数 0 が連続であるからといって，収束が一様であると即断しては，いけない．もしも $\lim_{n\to\infty} f_n(x)=0$ の収束が $0\leqq x\leqq 1$ が一様であれば，$0<{}^\forall\varepsilon<\frac{1}{e}$, ${}^\exists N$; $f_n(x)<\varepsilon({}^\forall n\geqq N, 0\leqq{}^\forall x\leqq 1)$．$\lim_{n\to\infty} f_n\left(\frac{1}{n+1}\right)=\frac{1}{e}>\varepsilon$ なので，${}^\exists m\geqq N$; $f_m\left(\frac{1}{m+1}\right)>\varepsilon$．これは $f_n(x)<\varepsilon({}^\forall n\geqq N, 0\leqq x\leqq 1)$ が，$m\geqq N$ と $x=\frac{1}{m+1}$ に対して成立しないことを意味し，矛盾である．

11 $0\leqq x<1$ の時，公比 $x, x^2<1$ なる等比級数の和の公式より，$\sum_{k=1}^{\infty} f_k(x)=\sum_{k=1}^{\infty} x^{k-1}-2\sum_{k=1}^{\infty} x^{2k-1}=\frac{1}{1-x}-\frac{2x}{1-x^2}$．ゆえに，$\int_0^1\sum_{k=1}^{\infty} f_k(x)dx=\Big[-\log(1-x)+\log(1-x^2)\Big]_0^1=\Big[\log(1+x)\Big]_0^1=\log 2$．一方，$\int_0^1 f_k(x)dx=\frac{1}{k}-\frac{2}{2k}=0$ なので，$\sum_{k=1}^{\infty}\int_0^1 f_k(x)dx=0$．したがって，$\int_0^1\sum_{k=1}^{\infty} f_k(x)dx\neq$ 項別積分 $\sum_{k=1}^{\infty}\int_0^1 f_k(x)dx$．したがって，収束 $\sum_{k=1}^{\infty} f_k(x)$ は $0\leqq x\leqq 1$ で一様でない．

12 $\frac{1}{\sqrt[3]{x^2+n}}\searrow 0\ (n\to\infty)$ なので，交代級数は $\sum_{n=1}^{\infty}(-1)^{n-1}\frac{1}{\sqrt[3]{x^2+n}}$ は収束するが，$\frac{1}{\sqrt[3]{x^2+n}}\geqq\frac{1}{\sqrt[3]{2n}}(n\geqq x^2)$ で，$\frac{1}{3}<1$ なので A-4 で解説した様に $\sum_{n=1}^{\infty}\frac{1}{\sqrt[3]{n}}=+\infty$ であり，絶対収束しない．したがって，条件収束級数である．一様収束性を見るには，コーシーの判定法に基くのも一案であって，$m>n$ の時 $(-1)^n\sum_{k=n+1}^{m}(-1)^{k-1}\frac{1}{\sqrt[3]{x^2+k}}=\frac{1}{\sqrt[3]{x^2+n+1}}-\left(\frac{1}{\sqrt[3]{x^2+n+2}}-\frac{1}{\sqrt[3]{x^2+n+3}}\right)-\cdots-\left(\frac{1}{\sqrt[3]{x^2+m-1}}-\frac{1}{\sqrt[3]{x^2+m}}\right)<\frac{1}{\sqrt[3]{x^2+n+1}}\leqq\frac{1}{\sqrt[3]{n+1}}$ ($m-n=$奇数の時)．$m-n=$偶数の時は，これに最後の項がマイナスとして加わるので，やはり $<\frac{1}{\sqrt[3]{n+1}}$．${}^\forall\varepsilon>0$, ${}^\exists N$; $N\geqq\frac{1}{\varepsilon^3}$．この時，$\left|\sum_{k=n+1}^{n}(-1)^{k-1}\frac{1}{\sqrt[3]{x^2+k}}\right|<\frac{1}{\sqrt[3]{n+1}}\leqq\frac{1}{\sqrt[3]{N}}<\varepsilon$ $({}^\forall m>{}^\forall n\geqq N, {}^\forall x\in\boldsymbol{R})$．A-7 で解説した様に収束は $-\infty<x<\infty$ で一様である．9 章の A-9 より $f(x)$ は連続であり，項別積分できる．もしも，項別微分ができれば，$\frac{d}{dx}\sum_{n=1}^{\infty}(-1)^{n-1}\frac{1}{\sqrt[3]{x^2+n}}=-\sum_{n=1}^{\infty}(-1)^{n-1}\frac{2x}{3\sqrt[3]{(x^2+n)^4}}$．任意の $R>0$を 取り固定し，$|{}^\forall x|\leqq R$, $\left|(-1)^{n-1}\frac{2x}{3\sqrt[3]{(x^2+n)^4}}\right|\leqq\frac{2R}{3\sqrt[3]{n^4}}$．$\frac{4}{3}>1$ なので，A-4 で解説した様に，$\sum_{n=1}^{\infty}\frac{2R}{3\sqrt[3]{n^4}}<+\infty$．ワイエルシュトラス の M-判定法より，$[-R, R]$ にて $-\sum_{n=1}^{\infty}(-1)^{n-1}\frac{2x}{3\sqrt[3]{(x^2+n)^4}}$ は絶対かつ広義一様収束する．したがって，右上の 定理より $[-R, R]$ で 項別 微分可能であるが，R は $\forall$ なので数直線 $-\infty<x<\infty$全体で項別微分可能である．

> **定　理**
>
> $f_k(x)$ が $[a, b]$ で C^1 級，すなわち，連続微分可能な時 $f(x)=\sum_{k=1}^{\infty} f_k(x)$，$g(x)=\sum_{k=1}^{\infty} f'_k(x)$ が $[a, b]$ で一様収束すれば，$f'(x)=g(x)$，つまり，$\frac{d}{dx}\sum_{k=1}^{\infty} f_k(x)=\sum_{k=1}^{\infty}\frac{d}{dx}f_k(x)$ が成立し，$f(x)$ は**項別微分可能**である．

[定理の証明]　9 章の A-9 より $g(x)$ は連続であって，項別積分ができる，すなわち，$a\leqq{}^\forall x\leqq b$,

$$\int_a^x g(t)dt=\int_a^x\sum_{k=1}^{\infty} f_k'(t)dt=\sum_{k=1}^{\infty}\int_a^x f_k'(t)dt=\sum_{k=1}^{\infty} f_k(x)-\sum_{k=1}^{\infty} f_k(a)=f(x)-f(a).$$

これは，$\frac{d}{dx}f(x)=g(x)$ を物語る．この様に，一様収束性があれば，形式的計算が許される，と把握しておけばよい．

B　基礎を活用する演習

> **シュワルツの不等式**
>
> $$\left(\sum_{i=1}^{n} a_i b_i\right)^2\leqq\left(\sum_{i=1}^{n} a_i^2\right)\left(\sum_{i=1}^{n} b_i^2\right)$$

1. 5 章の A-13 の積分に対するシュワルツの不等式の級数版であるが，級数の和であるリーマン和の極限が定積分なので，両者は本質的に同じであり，証明も全く同じである．先ず，有限な n 個の時右のシュワルツの不等式を示そう．$a_1=a_2=\cdots=a_n=0$ の時は両辺は等しく，等号が成立している．したがって，$\sum_{i=1}^{n} a_i^2>0$ の時を考察しよう．任意の定数 t に対して

$$0\leqq\sum_{i=1}^{n}(ta_i+b_i)^2=\sum_{i=1}^{n}(t^2a_i^2+2ta_ib_i+b_i^2)=\left(\sum_{i=1}^{n}a_i^2\right)t^2+2\left(\sum_{i=1}^{n}a_ib_i\right)t+\left(\sum_{i=1}^{n}b_i^2\right)$$

は定符号の2次関数なので，大学入試から解放されて忘れたかも知れぬが，

$$判別式=\left(\sum_{i=1}^{n}a_ib_i\right)^2-\left(\sum_{i=1}^{n}a_i^2\right)\left(\sum_{i=1}^{n}b_i^2\right)\leqq 0$$

が成立し，これは上のシュワルツの不等式に他ならない．等号成立は2次式$=0$ が2重根を持ち，$\exists t;\ ta_i+b_i=0(i=1,2,\cdots,n)$，すなわち，ベクトル $(a_1,a_2,\cdots,a_n)$，$(b_1,b_2,\cdots,b_n)$ が1次従属なことと同値である．次に無限個の場合に臨み，$\sum_{i=1}^{\infty}a_i^2<+\infty$，$\sum_{i=1}^{\infty}b_i^2<+\infty$ と仮定しよう．$\forall n$ に対して，上の不等式より $\left(\sum_{i=1}^{n}|a_ib_i|\right)^2\leqq\left(\sum_{i=1}^{\infty}a_i^2\right)\left(\sum_{i=1}^{\infty}b_i^2\right)$ が成立し，左辺は n について単調有界な数列であるから，実数の連続性公理Ⅲより収束し，$n\to\infty$ として，$\left(\sum_{i=1}^{\infty}|a_ib_i|\right)^2\leqq\left(\sum_{i=1}^{\infty}a_i^2\right)\left(\sum_{i=1}^{\infty}b_i^2\right)<+\infty$ なので $\sum_{i=1}^{\infty}a_ib_i$ は絶対収束し，もちろん右のシュワルツの不等式を満す．歴史的には，数列に関するシュワルツの不等式はコーシーの不等式と呼ぶのが正しいが，数学的にはシュワルツの不等式として，一般的に把える方がよい．

シュワルツの不等式

$$\left(\sum_{i=1}^{\infty}a_ib_i\right)^2\leqq\left(\sum_{i=}^{\infty}a_i^2\right)\left(\sum_{i=1}^{\infty}b_i^2\right)$$

2. 対数を取れば，積が和に移るので，その準備として，$f(t)=\log(1-t)(t<1)$ とおくと，$f'(t)=\dfrac{-1}{1-t}$ なので，平均値の定理：$0<\exists\theta<1;\ f(t)=f(0)+f'(\theta t)t$ より，$\log(1-t)=-\dfrac{t}{1-\theta t}$．$0\leqq t\leqq\dfrac{1}{2}$ であれば，$-2t<\log(1-t)<-t$．$\lim_{n\to\infty}a_n=0$ なので，$\exists N;0\leqq a_n\leqq\dfrac{1}{2}(n\geqq N)$．よって，$\forall m>N$，$-2\sum_{n=N}^{m}a_n<\sum_{n=N}^{m}\log(1-a_n)<\sum_{n=N}^{m}a_n$．ゆえに，$e^{-2\sum_{n=N}^{m}a_n}<\prod_{n=N}^{m}e^{\log(1-a_n)}=e^{\sum_{n=N}^{m}\log(1-a_n)}<e^{-\sum_{n=N}^{m}a_n}(\forall m>N)$．$m\to\infty$ とすると，$\sum_{n=N}^{m}a_n\to\infty$ なので，$\lim_{m\to\infty}\prod_{n=N}^{m}(1-a_n)=0$．もちろん，$\prod_{n=1}^{\infty}(1-a_n)=\lim_{m\leftarrow\infty}\prod_{n=1}^{m}(1-a_n)=0$．

このまま引き下るのは惜しいので，$\sum_{k=1}^{\infty}a_k<+\infty$，$a_n\neq 1(n\geqq 1)$ の場合を考えると，$\forall m>\forall n\geqq N$ に対して，$0>\sum_{k=n+1}^{m}\log(1-a_k)>-2\sum_{k=n+1}^{m}a_k\to 0\ (m>n\to\infty)$ なので，$\sum_{k=1}^{\infty}\log(1-a_k)$ は収束する．したがって $\prod_{k=1}^{\infty}(1-a_k)=\lim_{n\to\infty}\prod_{k=1}^{n}(1-a_k)=\lim_{n\to\infty}e^{\sum_{k=1}^{n}\log(1-a_k)}$ も収束する．その極限値はもちろん0でない．逆に $\prod_{k=1}^{\infty}(1-a_k)$ が0でない値に収束すれば，$\sum_{k=1}^{n}a_k<-\sum_{k=1}^{n}\log(1-a_k)=\log\dfrac{1}{\prod_{k=1}^{n}(1-a_k)}\leqq\log\dfrac{1}{\prod_{k=1}^{\infty}(1-a_k)}(\forall n\geqq N)$．上に有界な単調数列 $\sum_{k=1}^{n}a_k$ は実数の連続性公理Ⅲより収束する．かくして右下の無限乗積の収束判定法を得る．

無限乗積の収束判定法

$a_n>0$，$a_n\neq 1(n\geqq 1)$ の時，乗積級数

$$\prod_{k=1}^{\infty}(1-a_k)=\lim_{n\to\infty}\prod_{k=1}^{n}(1-a_k)$$

が0でない値に収束するための必要十分条件は

$$\sum_{k=1}^{\infty}a_k<+\infty$$

3. (1) 各点における一様収束性の条件は，各点におけるコーシーの収束条件の成立より強いので，$f(x)=\sum_{k=1}^{\infty}f_k(x)$ が各点で収束している．この収束が $[a,b]$ で一様であるとは，$\forall\varepsilon>0,\forall N,\exists n\geqq N;\ \left|f(x)-\sum_{k=1}^{n}f_k(x)\right|=\left|\sum_{k=n+1}^{\infty}f_k(x)\right|<\varepsilon\ (\forall n\geqq N,a\leqq\forall x\leqq b)$．もしも一様収束でなければ，$\exists\varepsilon>0,\forall N,\exists n\geqq N,a\leqq\exists x\leqq b;\left|\sum_{k=n+1}^{\infty}f_k(x)\right|\geqq\varepsilon$．先ず，$N=1$ に対して，$\exists\nu(1),a\leqq x_1\leqq b;\left|\sum_{k=\nu(1)+1}^{\infty}f_k(x_1)\right|\geqq\varepsilon$．次に，上の N として $\nu(1)+1$ を採用し，$\exists\nu(2)\geqq\nu(1)+1,a\leqq\exists x_2\leqq b;\left|\sum_{k=\nu(2)+1}^{\infty}f_k(x_2)\right|\geqq\varepsilon$．以下，数学的帰納法により，$\nu(1)<\nu(2)<\cdots<\nu(n)<\nu(n+1)<\cdots$，なる自然数列 $(\nu(n))_{n\geqq 1}$ と点列 $(x_n)_{n\geqq 1}$ があって，$a\leqq x_n\leqq b$，$\left|\sum_{k=\nu(n)+1}^{\infty}f_k(x_n)\right|\geqq\varepsilon$．有界数列 $(x_n)_{n\geqq 1}$ は実数の連続性公理Ⅵより収束部分列を持つが，記号を変えると面倒なので，$x_n\to x_0\ (n\to\infty)$ と仮定してもよい，点 x_0 における一様収束性より，上の ε に対して，$\exists\delta>0;\exists N;|\forall x-x_0|<\delta$，$\forall m>\forall n\geqq N$，$\left|\sum_{k=n+1}^{m}f_k(x)\right|\leqq\dfrac{\varepsilon}{2}$．ところで $x_n\to x_0$ なので，$\exists n;|x_n-x_0|<\delta$．この n は上の N より大きく取れる．n を一つ取り固定すると，$\nu(n)\geqq n\geqq N$ なので，$\forall m>\nu(n)$，$\left|\sum_{k=\nu(n)+1}^{m}f_k(x_n)\right|\leqq\dfrac{\varepsilon}{2}$．$m\to\infty$ として，$\left|\sum_{k=\nu(n)+1}^{\infty}f_k(x_n)\right|\leqq\dfrac{\varepsilon}{2}$．これは，上の不等式 $\left|\sum_{k=\nu(n)+1}^{\infty}f_k(x_n)\right|\geqq\varepsilon$ に反し矛盾である．ゆえに各点で一様収束したら，$[a,b]$ 全体で一様収束する．この結果より，E-2 では各点での一様収束性を示してもよい．

(2)　$a \leqq {}^\forall x_0 \leqq b$ を取り固定する．$\displaystyle\sum_{k=n+1}^{m} f_k(x)=\sum_{k=n+1}^{m} f_k(x_0)+\int_{x_0}^{x}\sum_{k=n+1}^{m} f_k'(t)dt$．${}^\forall\varepsilon>0$, ${}^\exists N$; $\displaystyle\left|\sum_{k=n+1}^{m} f_k(x_0)\right|<\frac{\varepsilon}{2}({}^\forall m>{}^\forall n\geqq N)$．$\displaystyle\left|\sum_{k=n+1}^{m} f_k(x)\right|=\left|\sum_{k=1}^{m} f_k(x)-\sum_{k=1}^{n} f_k(x)\right|\leqq\left|\sum_{k=1}^{m} f_k(x)\right|+\left|\sum_{k=1}^{n} f_k(x)\right|\leqq 2K(m\geqq n\geqq 2)$ に注意しよう．$\displaystyle\delta=\frac{\varepsilon}{1+4K}$ とおくと，$m>n\geqq N$, $|x-x_0|<\delta$ であれば，$\displaystyle\left|\sum_{k=n+1}^{m} f_k(x)\right|<\left|\sum_{k=n+1}^{m} f_k(x_0)\right|+\int_{x_0}^{x}\left|\sum_{k=n+1}^{m} f_k'(t)\right|dt<\frac{\varepsilon}{2}+2K|x-x_0|<\frac{\varepsilon}{2}+2K\delta<\frac{\varepsilon}{2}+\frac{\varepsilon}{2}=\varepsilon$ が成立し，各点での一様収束が示されるので，(1)より $[a,b]$ で一様収束する．

4.　(1)　この積分の特異性は $x=0$ と $x=\infty$ にある．先ず，$x=0$ の時の様子を調べるため，行き掛けの駄賃で一般論を展開すべく右の公式を証明しよう．$0<{}^\forall\varepsilon$, $\displaystyle\delta_0=\left(\frac{(1-\alpha)\varepsilon}{K}\right)^{\frac{1}{1-\alpha}}$ とおく（実は右辺は空白にしておいて最後に都合が好い様に定めるのだ．!）．$0<\delta_1<\delta_2<\delta_0$ であれば

SCHEMA

> $(0,a]$ にて，正数 $\alpha<1$, K に対して $\displaystyle|f(x)|\leqq\frac{K}{x^\alpha}$ であれば
>
> $\displaystyle\int_0^a f(x)dx=\lim_{\delta\to+0}\int_\delta^a f(x)dx$ は絶対収束し
>
> 正数 $\alpha>1$, K に対して，$\displaystyle f(x)\geqq\frac{K}{x^\alpha}$ であれば，
>
> $\displaystyle\int_0^a f(x)dx=\lim_{\varepsilon\to+0}\int_\varepsilon^a f(x)=+\infty.$

$$\left|\int_{\delta_1}^a f(x)dx-\int_{\delta_2}^a f(x)dx\right|=\left|\int_{\delta_1}^{\delta_2} f(x)dx\right|\leqq\int_{\delta_1}^{\delta_2}|f(x)|dx<\int_{\delta_1}^{\delta_2}\frac{K}{x^\alpha}dx=\left[\frac{Kx^{1-\alpha}}{1-\alpha}\right]_{\delta_1}^{\delta_2}=\frac{K(\delta_2{}^{1-\alpha}-\delta_1{}^{1-\alpha})}{1-\alpha}<\frac{K\delta_0{}^{1-\alpha}}{1-\alpha}=\varepsilon$$

が成立するので（本当はこれが成立する様に今 δ_0 を定めたのだが），コーシーの収束判定法より，極限 $\displaystyle\int_0^a f(x)dx=\lim_{\delta\to+0}\int_\delta^a f(x)dx$ が存在するが，上の証明で f の代りに $|f|$ を考えれば，$\displaystyle\int_0^a|f(x)|dx=\lim_{\delta\to+0}\int_\delta^a|f(x)|dx$ も収束しているので，この積分は絶対収束という．後半については，$\alpha>1$ の時は，

$$\int_\varepsilon^a f(x)dx\geqq\int_\varepsilon^a\frac{K}{x^\alpha}dx=\left[\frac{Kx^{-\alpha+1}}{-\alpha+1}\right]_\varepsilon^a=\frac{K}{\alpha-1}\left(\frac{1}{\varepsilon^{\alpha-1}}-\frac{1}{a^{\alpha-1}}\right)\to+\infty\ (\varepsilon\to+0)),$$

$\alpha=1$ の時は，

$$\int_\varepsilon^a f(x)dx\geqq\int_\varepsilon^a\frac{K}{x}dx=K\log\frac{a}{\varepsilon}\to+\infty\ (\varepsilon\to+0)$$

なので，$\displaystyle\int_0^a f(x)dx=+\infty$ で積分は発散する．無限区間の積分に関しても右の Schema が全く同様の手法で示される．

SCHEMA

> $[a,\infty)$ にて，正数 $\alpha>1$, K に対して，$\displaystyle|f(x)|\leqq\frac{K}{x^\alpha}$ であれば
>
> $\displaystyle\int_a^\infty f(x)dx=\lim_{M\to+\infty}\int_a^M f(x)dx$ は絶対収束し
>
> 正数 $\alpha<1$, K に対して，$\displaystyle f(x)\geqq\frac{K}{x^\alpha}$ であれば，
>
> $\displaystyle\int_a^\infty f(x)dx=\lim_{M\to+\infty}\int_a^M f(x)=+\infty.$

さて，本問に戻ると，怪し気な点は 0 と ∞ なので，$\displaystyle\int_0^\infty=\int_0^1+\int_1^\infty$ と二つに分けて考えるのが積分論の作法である．$x=0$ では $\displaystyle\lim_{x\to+0}\frac{\sin x}{x}=1$ なので，$(0,1]$ にて，正数 K があって（実は $f=x-\sin x$ とおくと，$f'=1-\cos x\geqq 0$, $f(0)=0$ なので $f\geqq 0$ すなわち $K=1$ とできる），$\displaystyle\left|\frac{\sin x}{x^\nu}\right|=\left|\frac{\sin x}{x}\frac{1}{x^{\nu-1}}\right|\leqq\frac{K}{x^{\nu-1}}$．$\nu-1<1$ なので，上の判定法より，$\displaystyle\int_0^1$ は絶対収束する．$x=\infty$ では，$[1,\infty)$ にて，$\displaystyle\left|\frac{\sin x}{x^\nu}\right|\leqq\frac{1}{x^\nu}$ でしかも $\nu>1$ なので，やはり，直ぐ上の判定法より $\displaystyle\int_1^\infty$ も絶対収束する．したがって

$$\int_0^\infty\left|\frac{\sin x}{x^\nu}\right|dx=\int_0^1+\int_1^\infty<+\infty.$$

(2)　(1)と異なりこの論法は，コロンブスの卵的であり一度学んだことが無いと，アーベルクラスの天才でない限り，試験場では気付かぬであろう．$[0,\infty)$ を無限個の重なり合わぬ区間 $[n\pi,(n+1)\pi]$ に分割する．∞ になることを示すのだから，過小評価する．$x=n\pi+t$ とおくと，下の積分にて，$n\pi\leqq x\leqq(n+1)\pi$ の時，$0\leqq t\leqq\pi$, $\displaystyle\frac{dx}{dt}=1$ なので

$$\int_{n\pi}^{(n+1)\pi}\frac{\sin x}{x^\nu}dx=\int_0^\pi\frac{\sin(n\pi+t)}{(n\pi+t)^\nu}dt=(-1)^n\int_0^\pi\frac{\sin t}{(n\pi+t)^\nu}dt.$$

絶対値を考えると

$$\left|\int_{n\pi}^{(n+1)\pi}\frac{\sin x}{x^\nu}dx\right|=\int_0^\pi\frac{\sin t}{(n\pi+t)^\nu}dt\geqq\frac{1}{((n+1)\pi)^\nu}\int_0^\pi\sin t\,dt=\frac{2}{((n+1)\pi)^\nu}.$$

A-4 で述べた様に，$0 \leqq \nu \leqq 1$ の時，$\sum_{n=1}^{\infty} \frac{1}{n^\nu} = +\infty$ なので，

$$\int_0^\infty \left|\frac{\sin x}{x^\nu}\right| dx = \lim_{n\to\infty} \int_0^{n\pi} \left|\frac{\sin x}{x^\nu}\right| dx = \lim_{n\to\infty} \sum_{k=1}^{n} \int_{(k-1)\pi}^{k\pi} \left|\frac{\sin x}{x^\nu}\right| dx \geqq \lim_{m\to\infty} \sum_{k=1}^{m} \frac{2}{((k+1)\pi)^\nu} = \sum_{k=1}^{\infty} \frac{2}{((k+1)\pi)^\nu}$$

$$= \frac{2}{\pi^\nu} \sum_{k=2}^{\infty} \frac{1}{k^\nu} = +\infty \text{ より } \int_0^\infty \left|\frac{\sin x}{x^\nu}\right| dx = +\infty.$$

一方 $\int_0^\infty \frac{\sin x}{x^\nu} dx = \lim_{M\to+\infty} \int_0^M \frac{\sin x}{x^\nu} dx$ の方は，もう少しきめ細かく見る必要がある．$^\forall M>0$，$^\exists$自然数 n；$n \leqq M < n+1$．この時

$$\int_0^M \frac{\sin x}{x^\nu} dx = \int_0^n + \int_n^M, \quad \left|\int_n^M \frac{\sin x}{x^\nu} dx\right| \leqq \int_n^M \frac{dx}{x^\nu} \leqq \frac{M-n}{n^\nu} < \frac{1}{n^\nu} < \frac{1}{(M-1)^\nu} \to 0 \quad (M \to +\infty)$$

なので，$\lim_{M\to+\infty} \int_0^M$ の代りに，$\lim_{n\to\infty} \int_0^n$ を考えれば十分である．さて，前頁の下から三行目の計算より

$$\int_0^n \frac{\sin x}{x^\nu} dx = \sum_{k=1}^{n} \int_{(k-1)\pi}^{k\pi} \frac{\sin x}{x^\nu} dx = \sum_{k=1}^{n} (-1)^k a_k, \quad a_k = \int_0^\pi \frac{\sin t}{((k-1)\pi+t)^\nu} dt$$

において，$a_k = \int_0^\pi \frac{\sin t}{((k-1)\pi+t)^\nu} dt > \int_0^\pi \frac{\sin t}{(k\pi+t)^\nu} dt = a_{k+1} (k \geqq 1)$，かつ $0 < a_k < \frac{1}{((k-1)\pi)^\nu} \to 0\ (k\to\infty)$ なので，A-4 で解説した様に，交代級数 $\sum_{k=1}^{\infty} (-1)^k a_k$ は収束する．したがって $\lim_{n\to\infty} \int_0^n \frac{\sin x}{x^\nu} dx$ も収束し，究極において，$\int_0^\infty \frac{\sin x}{x^\nu} dx = \lim_{M\to+\infty} \int_0^M \frac{\sin x}{x^\nu} dx$ も収束する．この論法も，一度学んだ経験がないと，試験場で解答に気付くことはできないであろう．くれぐれも，算術の一題や二題，または，$\forall$が解けぬかといって，首を吊らぬこと．

5．先ず，微分記号と極限記号の可換性を論じ，右の Schema を示そう．連続関数列 $(f_n'(x))_{n\geqq1}$ の一様収束極限 $g(x)$ は 9 章の A-9 より $[a, b]$ で連続である．したがって $a \leqq {}^\forall x \leqq b$，$\int_a^x g(t)dt$ を考察することができる．しかも，収束の一様性より

> **SCHEMA**
>
> $[a, b]$ で C^1 級の関数列 $(f_n(x))_{n\geqq1}$ が，$[a, b]$ の各点で関数 $f(x)$ に収束し，しかも，関数列 $(f_n'(x))_{n\geqq1}$ が $[a, b]$ で一様収束すれば，
>
> $$\frac{d}{dx} f(x) = \lim_{n\to\infty} \frac{d}{dx} f_n(x),$$
>
> すなわち，微分記号 $\frac{d}{dx}$ と極限記号 $\lim_{n\to\infty}$ は可換であって
>
> $$\frac{d}{dx} \lim_{n\to\infty} f_n(x) = \lim_{n\to\infty} \frac{d}{dx} f_n(x).$$

$$\int_a^x g(t)dt = \int_a^x \lim_{n\to\infty} f_n'(t)dt = \lim_{n\to\infty} \int_a^x f_n'(t)dt = \lim_{n\to\infty} (f_n(x) - f_n(a)) = f(x) - f(a)$$

が成立する．これは，f が C^1 級で，しかも，$f'(x) = g(x)$ を意味する．級数の和とは，部分和の極限であるから，

> **定　理**
>
> $[a, b]$ で C^1 級の関数 $f_n(x)$ を項とする級数 $\sum_{n=1}^{\infty} f_n(x)$ が，$[a, b]$ の各点で収束し，しかも級数 $\sum_{n=1}^{\infty} f_n'(x)$ が $[a, b]$ で一様収束すれば，$\sum_{n=1}^{\infty} f_n(x)$ は項別微分可能，すなわち
>
> $$\frac{d}{dx} \sum_{n=1}^{\infty} f_n(x) = \sum_{n=1}^{\infty} \frac{d}{dx} f_n(x).$$
>
> が $a \leqq x \leqq b$ で成立する．

を得る．更に，任意の自然数 α に対して，α に関する帰納法により，

> **定　理**
>
> $[a, b]$ で C^α 級の関数 $f_n(x)$ の β 次の導関数を項とする級数 $\sum_{n=1}^{\infty} f_n^{(\beta)}(x)$ が，$0 \leqq \beta \leqq \alpha$ に対して，$[a, b]$ で一様収束すれば，$\sum_{n=1}^{\infty} f_n(x)$ は α 回項別微分可能であって，
>
> $$\frac{d^\alpha}{dx^\alpha} \sum_{n=1}^{\infty} f_n(x) = \sum_{n=1}^{\infty} \frac{d^\alpha}{dx^\alpha} f_n(x).$$
>
> が $a \leqq x \leqq b$ が成立する．

を得る．

以上の予備知識の下では，本問は明解である．すなわち，$f_n(x)=\dfrac{\cos(2^n x)}{n!}$ に対して，

$f_n^{(\alpha)}=\pm\dfrac{2^{\alpha n}(\cos \text{または} \sin)(2^n x)}{n!}(\alpha\geqq 0)$ なので，$|f_n^{(\alpha)}(x)|\leqq\dfrac{2^{\alpha n}}{n!}$．右辺を $M_n=\dfrac{2^{\alpha n}}{n!}$ とおくと，α が何であろうと，指数より階乗の方がスゴク，$\dfrac{M_{n+1}}{M_n}=\dfrac{2^{\alpha}}{n+1}\to 0$ $(n\to\infty)$ なので，A-6 で述べた判定法より，$-\infty<x<\infty$ にて，$\sum_{n=1}^{\infty}f_n^{(\alpha)}(x)$ は絶対かつ一様収束する．したがって，上述の理論より，$f(x)$ は任意の α 回，つまり無限回連続微分可能であって，しかも，項別微分ができて

$$f^{(\alpha)}(x)=\sum_{n=1}^{\infty}f_n^{(\alpha)}(x)\quad(-\infty<x<\infty).$$

なお，いつの年か，大学院入試で，連続微分可能と無限回微分可能とを取り違えた受験生がいた．この様な学生を ε-δ 法より大学院で指導することは困難なので，この様な受験生の合格も困難である．連続微分可能とは，微分可能で導関数が連続のことであり，∞回微分可能とは任意の回数微分可能ということなのだ．

6. この定理は次章の B−9 で具体例を与える様に，フーリエ級数等に応用され，アーベルの総和法と呼ばれる有名な方法で示される．v の方の部分和

$$V_k(x)=v_0(x)+v_1(x)+\cdots+v_k(x)$$

を考察すると，$v_k(x)=V_k(x)-V_{k-1}(x)$ $(k\geqq 1)$．コーシーテストの準備として，$m>n$ に対して，和を $\sum_{k=n+1}^{m}u_k(x)v_k(x)=\sum_{k=n+1}^{m}u_k(x)(V_k(x)-V_{k-1}(x))$ と V_k で表す所が肝要で，部分積分 $\int uv'dx$ と同じココロである．右辺を二つの項に分け，$V_k(x)$ で統一すべく後者には $l=k-1$ とおくと，$n+1\leqq k\leqq m$ の時，$n\leqq l\leqq m-1$ であり，右辺$=\sum_{k=n+1}^{m}u_k(x)V_k(x)-\sum_{k=n+1}^{m}u_k(x)V_{k-1}(x)=\sum_{k=n+1}^{m}u_k(x)V_k(x)-\sum_{l=n}^{m-1}u_{l+1}(x)V_l(x)$ となるが，記号 $\sum$ の下の変数 l は l であろうと k であろうと同じなので，k に統一すると，右辺$=\sum_{k=n+1}^{m}u_k(x)V_k(x)-\sum_{k=n}^{m-1}u_{k+1}(x)V_k(x)$．ここで k が二式で共通に動く範囲は $n+1\leqq k\leqq m-1$ であることを考慮に入れると

$$\sum_{k=n+1}^{m}u_k(x)v_k(x)=u_m(x)V_m(x)-u_{n+1}(x)V_n(x)+\sum_{k=n+1}^{m-1}(u_k(x)-u_{k+1}(x))V_k(x)$$

を得る．これを**アーベルの総和法**と呼び，部分積分の公式 $\int_a^b u(x)v'(x)dx=u(b)v(b)-u(a)v(a)-\int_a^b u'(x)v(x)dx$ によく似ているが，よく考えると，定積分はリーマン和の極限なので，本質的には同じである．

$(u_k(x))_{k\geqq 0}$ は 0 に一様収束するので，任意の正数 ε を取ると，自然数 N があって，$0\leqq u_k(x)<\dfrac{\varepsilon}{2M}$ $(n\geqq N,$ $a\leqq x\leqq b)$，端的にいえば，$\forall\varepsilon>0,\ \exists N;\ 0\leqq u_k(x)<\dfrac{\varepsilon}{2M}$ $(\forall k\geqq N,\ a\leqq\forall x\leqq b)$．$(u_k)_{k\geqq 0}$ は単調減少なので，$u_k(x)-u_{k+1}(x)\geqq 0$ であり，上のアーベルの総和法にて，各項の絶対値を取る際，この条件が光り，$m>n\geqq N$，$a\leqq x\leqq b$ であれば，$|V_k(x)|=\left|\sum_{\nu=0}^{k}v_\nu(x)\right|\leqq M$ に注意すると，

$$\left|\sum_{k=n+1}^{m}u_k(x)v_k(x)\right|\leqq u_m(x)M+u_{n+1}(x)M+\sum_{k=n+1}^{m-1}(u_k(x)-u_{k+1}(x))M$$
$$=u_m(x)M+u_{n+1}(x)M+u_{n+1}(x)M-u_m(x)M=2Mu_{n+1}(x)<\varepsilon$$

が成立し，コーシーの収束判定法より，$\sum_{k=0}^{\infty}u_k(x)v_k(x)$ は $[a,b]$ で一様収束する．

似ているが，少し違う

定　理

連続関数列 $(u_n(x))_{n\geqq 0}$ が $[a,b]$ で $\geqq 0$，単調減少で，$\sum_{n=0}^{\infty}v_n(x)$ が $[a,b]$ で一様収束すれば，級数 $\sum_{n=0}^{\infty}u_n(x)v_n(x)$ は $[a,b]$ で一様収束する．

をついでに証明しておこう．9章の A-7 ワイエルシュトラスの定理より，連続関数 $u_0(x)$ は最大値 M を取る．$\sum_{k=0}^{\infty}u_k(x)v_k(x)$ が一様収束するから，$\forall\varepsilon>0,\ \exists N;\ \left|\sum_{k=n+1}^{m}v_k(x)\right|<\dfrac{\varepsilon}{2M}$ $(\forall m>\forall n\geqq N,\ a\leqq\forall x\leqq b)$．ここで V_k の定め方を少し修正し，この N に対して，$k>N$ の時

$$V_k(x)=\sum_{l=N+1}^{k}v_l(x)=v_{N+1}(x)+v_{N+2}(x)+\cdots+v_k(x)$$

とおき，$m>n\geqq N$ に対して，上のアーベルの総和法を適用すると，前とは微妙に違うが大勢は同じで，$0\leqq u_{n+1}(x)\leqq u_0(x)\leqq M$ に注意し，今度は，$|V_k(x)|<\dfrac{\varepsilon}{2M}$ として，$m>n\geqq N$，$a\leqq x\leqq b$ であれば，

$$\left|\sum_{k=n+1}^{m}u_k(x)v_k(x)\right|\leqq u_m(x)\frac{\varepsilon}{2M}+u_{n+1}(x)\frac{\varepsilon}{2M}+\sum_{k=n+1}^{m-1}(u_k(x)-u_{k+1}(x))\frac{\varepsilon}{2M}$$

$$=u_m(x)\frac{\varepsilon}{2M}+u_{n+1}(x)\frac{\varepsilon}{2M}+(u_{n+1}(x)-u_m(x))\frac{\varepsilon}{2M}=2u_{n+1}(x)\frac{\varepsilon}{2M}<\varepsilon.$$

コーシーの判定法より，$\sum_{k=0}^{\infty}u_k(x)v_k(x)$ は $[a,b]$ で一様収束する．

7．天下り的に，

> **定　理**
>
> 関数 $f_j(t,x_1,x_2,\cdots,x_n)(1\leqq j\leqq n)$ が $|t-a|\leqq r$，$|x_j-b_j|\leqq\rho(1\leqq j\leqq n)$ で連続であって，しかも定数 $L>0$ に対して，$|f_j(t,x_1,x_2,\cdots,x_n)-f_j(t,y_1,y_2,\cdots,y_n)|\leqq L\max_{1\leqq k\leqq n}|x_k-y_k|$ $(1\leqq j\leqq n)$ $(|t-a|\leqq r$，$|x_j-b_j|\leqq\rho$，$|y_j-b_j|\leqq\rho(1\leqq j\leqq n))$ を満す時
>
> 初期条件 $x_j(a)=b_j(1\leqq j\leqq n)$　（＊）
>
> を満す，微分方程式系
>
> $$\frac{dx_j}{dt}=f_j(t,x_1,x_2,\cdots,x_n)(1\leqq j\leqq n)\quad(**)$$
>
> の解が，$|t-a|\leqq r'=\min\left(r,\dfrac{1}{L}\log\left(1+\dfrac{L\rho}{M_0}\right)\right)$ で一意的に存在する．ただし $M_0=\max_{\substack{1\leqq j\leqq n\\|t-a|\leqq r}}|f_j(t,b_1,b_2,\cdots,b_n)|$

を述べ，これを証明し，8章以来の懸案を解決しよう．$x(t)=(x_1(t),x_2(t),\cdots,x_n(t))$ がこの初期値問題の解があれば，定積分と原始関数の関係より

$$x_j(t)-b_j=x_j(t)-x_j(a)=\int_a^t\frac{dx_j}{dt}(s)ds=\int_a^t f_j(s,x_1(s),x_2(s),\cdots,x_n(s))ds$$

が成立する．逆に，この式が成立すれば，先ず，$t=a$ を代入して，$x_j(a)=b_j$ を得，t で微分して，$\dfrac{dx_j}{dt}=f_j$ を得る．したがって，初期値問題（＊）－（＊＊）は，積分方程式系

$$x_j(t)=b_j+\int_a^t f_j(s,x_1(s),s_2(s),\cdots,x_n(s))ds\ (1\leqq j\leqq n)\quad(***)$$

と同値である．この積分方程式系を**逐次近似（反復）法**で解くべく，先ず，第0近似を

$x_j^{(0)}(t)\equiv b_j\ (1\leqq j\leqq n)$

で定義すれば，これは初期条件（＊）を満す．更に，第 ν 近似 $x_j^{(\nu)}(t)$ 迄がうまく定義できたとして，第 $(\nu+1)$ 近似 $x_j^{(\nu+1)}(t)$ を

$$x_j^{(\nu+1)}(t)=b_j+\int_a^t f_j(s,x_1^{(\nu)}(s),x_2^{(\nu)}(s),\cdots,x_n^{(\nu)}(s))ds\ (1\leqq j\leqq n)$$

で定義しよう．ここで，$x_j^{(\nu)}$ の上ツキ ν は ν 番目を表し，ν 次の導関数ではないことを注意しておく．$x_j^{(\nu)}$ は $x_j^{(\nu-1)}$ で表わされていて

$$x_j^{(\nu)}(t)=b_j+\int_a^t f_j(s,x_1^{(\nu-1)}(s),x_2^{(\nu-1)}(s),\cdots,x_n^{(\nu-1)}(s))ds\ (1\leqq j\leqq n)$$

なので，その差を作り，**リプシッツ条件**と呼ばれる $|f_j(s,x_1,x_2,\cdots,x_n)-f_j(s,y_1,y_2,\cdots,y_n)|\leqq L\max_{1\leqq k\leqq n}|x_k-y_k|$ に注意すると

$$|x_j^{(\nu+1)}(t)-x_j^{(\nu)}(t)|=\left|\int_a^t(f_j(s,x_1^{(\nu)}(s),x_2^{(\nu)}(s),\cdots,x_n^{(\nu)}(s))-f_j(s,x_1^{(\nu-1)}(s),x_2^{(\nu-1)}(s),\cdots,x_n^{(\nu-1)}(s)))ds\right|$$

$$\leqq\left|\int_a^t L\max_{1\leqq k\leqq n}|x_k^{(\nu)}(s)-x_k^{(\nu-1)}(s)|ds\right|$$

を得るが，関数 $\max_{1\leqq k\leqq n}|x_k^{(\mu)}(s)-x_k^{(\mu-1)}(s)|$ の表記は長過ぎるので，これを $W_\mu(s)(1\leqq\mu)$ と書くと，

$$W_{\mu+1}(t)\leqq L\left|\int_a^t W_\mu(s)ds\right|\quad(1\leqq\mu\leqq\nu)$$

を得る．積分の外に絶対値を付けたのは $t<a$ なる場合の配慮である．$\nu=1$ の時，$M_0=\max_{j,t}|f_j(t,b)|$ の定義より

$$W_1(t)=\max_{1\leqq j\leqq n}|x_j{}^{(1)}(t)-x_j{}^{(0)}(t)|=\max_{1\leqq j\leqq n}|x_j{}^{(1)}(t)-b_j|=\max_{1\leqq j\leqq n}\left|\int_a^t f_j(s,b_1,b_2,\cdots,b_n)ds\right|\leqq M_0|t-a|$$

が成立し，

$$W_\mu(t)\leqq M_0\frac{L^{\mu-1}(|t-a|)^\mu}{\mu!}$$

が $\mu=1$ の時成立している．μ の時を仮定し，$t\geqq a$ と $t<a$ の場合に分けて積分すると

$$W_{\mu+1}(t)\leqq L\left|\int_a^t W_\mu(s)ds\right|\leqq L\left|\int_a^t M_0\frac{L^{\mu-1}(|s-a|)^\mu}{\mu!}ds\right|=M_0\frac{L^\mu(|t-a|)^{\mu+1}}{(\mu+1)!}$$

が成立し，$\mu+1$ の場合も成立するから，数学的帰納法により，$1\leqq\mu\leqq\nu$ に対して，この不等式が成立することを識る．$|x_j{}^{(\nu+1)}(t)-b_j|\leqq\rho$ でないと，次に $x_j{}^{(\nu+2)}$ を定義すべく，$x_j{}^{(\nu+1)}(s)$ を $f_j(s,x_1{}^{(\nu+1)}(s),x_2{}^{(\nu+1)}(s),\cdots,x_n{}^{(\nu+1)}(s))$ の中に代入することはできない．さて，

$$x_j{}^{(\nu+1)}(t)-b_j=(x_j{}^{(1)}(t)-b_j)+(x_j{}^{(2)}(t)-x_j{}^{(1)}(t))+\cdots+(x_j{}^{(\nu+1)}(t)-x_j{}^{(\nu)}(t))$$

に気付くことがキーで

$$|x_j{}^{(\nu+1)}(t)-b_j|\leqq M_0\frac{|t-a|}{1!}+M_0\frac{L|t-a|^2}{2!}+\cdots+M_0\frac{L^\nu|t-a|^{\nu+1}}{(\nu+1)!}$$

を得る．

ここで，指数関数 $g(t)=e^t$ のテイラー展開，$0<{}^\exists\theta<1; g(t)=g(0)+\dfrac{g'(0)}{1!}t^2+\cdots+\dfrac{g^{(\nu)}(0)}{\nu!}t^\nu+\dfrac{g^{(\nu+1)}(\theta t)}{(\nu+1)!}t^{\nu+1}$ を研究せねばならぬ．$g^{(\nu)}(t)=e^t$ $(\nu\geqq0)$ なので，剰余項 $R_\nu=\dfrac{g^{(\nu+1)}(\theta t)}{(\nu+1)!}t^{\nu+1}$ は $|R_\nu|\leqq\dfrac{e^{\theta|t|}|t|^{\nu+1}}{(\nu+1)!}\leqq\dfrac{e^{|t|}|t|^{\nu+1}}{(\nu+1)!}$.

任意の正数 R に対して，$|t|\leqq R$ であれば，$|R_\nu|\leqq\dfrac{e^RR^{\nu+1}}{(\nu+1)!}$. 右辺を A_ν とすると，$\dfrac{A_{\nu+1}}{A_\nu}=\dfrac{R}{\nu+2}\to0(\nu\to\infty)$ なので，A–3 より $\lim_{\nu\to\infty}\sqrt[\nu]{A_\nu}=\lim_{\nu\to\infty}\dfrac{A_{\nu+1}}{A_\nu}=0$，よって，$\lim_{\nu\to\infty}A_\nu=0$．したがって，

$$e^t=1+\frac{t}{1!}+\frac{t^2}{2!}+\cdots+\frac{t^\nu}{\nu!}+\cdots$$

は，任意の R に対して，$|t|\leqq R$ で一様収束，すなわち，数直線 $\boldsymbol{R}$ で広義一様収束する．特に

$$1+\frac{t}{1!}+\frac{t^2}{2!}+\cdots+\frac{t^\nu}{\nu!}<e^t\ (t>0,\nu\geqq1).$$

この不等式を用いると，先に導いた不等式より

$$|x_j{}^{(\nu+1)}(t)-b_j|\leqq\frac{M_0}{L}\left(1+\frac{L|t-a|}{1!}+\frac{L^2|t-a|}{2!}+\cdots+\frac{L^{\nu+1}|t-a|^{\nu+1}}{(\nu+1)!}-1\right)<\frac{M_0}{L}(e^{L|t-a|}-1)$$

$$\leqq\frac{M_0}{L}(e^{Lr'}-1)\leqq\rho\quad(\text{実はそうなる様に } r' \text{ を定めたのだ！})$$

が成立し，$(s,x_1{}^{(\nu+1)}(s),x_2{}^{(\nu+1)}(s),\cdots,x_n{}^{(\nu+1)}(s))$ が f_j の定義域に入り，次の $x_j{}^{(\nu+2)}(t)$ が定義できる．この様にして数学的帰納法によって，$x_j{}^{(\nu)}(t)$ $(1\leqq j\leqq n)$ が任意の $\nu\geqq0$ に対して定義ができることが示された．更に

$$|x_j{}^{(\nu+1)}(t)-x_j{}^{(\nu)}(t)|\leqq M_0\frac{L^\nu r'^{\nu+1}}{(\nu+1)!}\quad(\nu\geqq0,|t-a|\leqq r')$$

で，しかも，$\sum_{\nu=0}^\infty M_0\dfrac{L^\nu r'^{\nu+1}}{(\nu+1)!}=\dfrac{M_0}{L}(e^{Lr'}-1)<+\infty$ なので，級数 $\sum_{\nu=0}^\infty(x_j{}^{(\nu+1)}(t)-x_j{}^{(\nu)}(t))$ は，$|t-a|\leqq r'$ で絶対かつ一様収束する．すなわち，$\lim_{l\to\infty}\sum_{\nu=0}^{l-1}(x_j{}^{(\nu+1)}(t)-x_j{}^{(\nu)}(t))=\lim_{l\to\infty}(x_j{}^{(l)}(t)-b_j)$ が $|t-a|\leqq r'$ で一様収束する．$x_j(t)=\lim_{\nu\to\infty}x_j{}^{(\nu)}(t)$ とおくと，一様収束極限は積分記号や連続関数記号と可換なので，

$$x_j(t)=\lim_{\nu\to\infty}x_j{}^{(\nu+1)}(t)=\lim_{\nu\to\infty}b_j+\int_a^t f_j(s,x_1{}^{(\nu)}(s),x_2{}^{(\nu)}(s),\cdots,x_n{}^{(\nu)}(s))ds=b_j+\int_a^t f_j(s,x_1(s),x_2(s),\cdots,x_n(s))ds$$

が成立し，関数 $x_j(t)$ $(1\leqq j\leqq n)$ は積分方程式系（＊＊＊），したがって，初期値問題（＊）-（＊＊）の解である．

二つの解 $x_j(t),y_j(t)$ $(1\leqq j\leqq n)$ があったとすると，差 $x_j(t)-y_j(t)$ を上の様に積分で表すと

$$|x_j(t)-y_j(t)|\leqq L\int_a^t\max_{1\leqq j\leqq n}|x_j(s)-y_j(s)|ds$$

を得るので，$M=\max_{\substack{|t-a|\leqq r'\\1\leqq j\leqq n}}|x_j(s)-y_j(s)|$ に対して，上と同様にして，任意の ν に対して，$|x_j(t)-y_j(t)|\leqq M\dfrac{L^\nu|t-a|^\nu}{\nu!}$ を得，$\nu\to\infty$ とすると，$x_j(t)\equiv y_j(t)$ $(|t-a|\leqq r')$ となり，解は一つしかなく，解の存在は一意的である．

13章 整 級 数

A 基礎をかためる演習

1 $f(x)=e^x$ に対して，$f^{(k)}(x)=e^x(k\geqq 0)$．テイラー展開の剰余項 $R_k=\dfrac{e^{\theta x}x^{k+1}}{(k+1)!}$ は12章A–3の公式より $\lim\limits_{k\to\infty}\sqrt[k]{|R_k|}=\lim\limits_{k\to\infty}\left|\dfrac{R_{k+1}}{R_k}\right|=\lim\limits_{k\to\infty}\left|\dfrac{x}{k+1}\right|=0$ したがって，$\lim\limits_{k\to\infty}R_k=0$．よって，$e^x=\sum\limits_{\nu=0}^{k}\dfrac{f^{(\nu)}(0)}{\nu!}x^\nu+R_k$ にて，$k\to\infty$ として，

$$e^x=\sum_{\nu=0}^{\infty}\frac{x^\nu}{\nu!}\quad(-\infty<x<\infty).$$

右辺は全ての実数xに対して収束しているので，E–2 の Abel の定理より，右辺の収束半径は∞であり，右辺は全ての複素数zに対して成立している．それゆえ，複素変数zに対する**指数関数**を

$$e^z=\sum_{\nu=0}^{\infty}\frac{z^\nu}{\nu!}$$

で定義することは全く自然である．

2 $f(x)=\sin x$ に対して，$f'(x)=\cos x$，$f''(x)=-\sin x$，$f'''(x)=-\cos x$，$f^{(4)}(x)=\sin x$ なので4を法として導関数を求めることができる．k 乗の x^{2k} 迄テイラー展開した剰余項を R_k とすると，$f(x)=\sum\limits_{\nu=0}^{2k}\dfrac{f^{(\nu)}(0)}{\nu!}x^\nu+R_k$，$R_k=\dfrac{f^{(2k+1)}(\theta x)}{(2k+1)!}x^{2k+1}$ より，$\sin x=x-\dfrac{x^3}{3!}+\dfrac{x^5}{5!}-\cdots+(-1)^{k-1}\dfrac{x^{2k-1}}{(2k-1)!}+R_k$ にて，A–1 で述べた様に $|R_k|\leqq\dfrac{|x|^{2k+1}}{(2k+1)!}\to 0\ (k\to\infty)$ なので，

$$\sin x=x-\frac{x^3}{3!}+\frac{x^5}{5!}-\cdots+(-1)^{k-1}\frac{x^{2k-1}}{(2k-1)!}+\cdots$$

を得る．したがって，上の整級数の収束半径は∞であり，複素変数zに対する**正弦関数**を

$$\sin z=z-\frac{z^3}{3!}+\frac{z^5}{5!}-\cdots+(-1)^{k-1}\frac{z^{2k-1}}{(2k-1)!}+\cdots$$

で定義する．同様にして，$\cos x$ のテイラー展開が得られ，その x の所に複素変数zを代入して，**余弦関数**

$$\cos z=1-\frac{z^2}{2!}+\frac{z^4}{4!}-\cdots+(-1)^k\frac{z^{2k}}{(2k)!}+\cdots$$

を得る．

なお本書の立場では幾何学的に $\sin\theta$ を定義し，これに基いて，不等式 $\cos\theta<\dfrac{\sin\theta}{\theta}<1\left(0<\theta<\dfrac{\pi}{2}\right)$ を導き，その結果 $\lim\limits_{\theta\to 0}\dfrac{\sin\theta}{\theta}=1$ を得て，上のテイラー展開にたどり着いたので，われわれが $\lim\limits_{\theta\to 0}\dfrac{\sin\theta}{\theta}=1$ の証明にテイラー展開を用いるのは循環論法である．しかし，直観的な定義を嫌う，形式論理を重んじる人々は上のテイラー展開を三角関数の定義として，議論の出発点としている様である．われわれも，複素変数に対しては，この立場を取ることにする．

この立場では，整級数の連続性より

$$\lim_{\theta\to 0}\frac{\sin\theta}{\theta}=\lim_{\theta\to 0}\left(1-\frac{\theta^2}{3!}+\frac{\theta^4}{5!}-\cdots\right)=1\ (\theta=0\ を代入).$$

3 A–2より $\cos x+\sin x=1+x-\dfrac{x^2}{2!}-\dfrac{x^3}{3!}+\dfrac{x^4}{4!}+\dfrac{x^5}{5!}-\cdots$

4 A–1 で与えた指数関数の定義式に純虚数 $z=i\theta$ を代入し，実部と虚部に分け，A–2 を用いて

$$e^{i\theta}=1+\frac{i\theta}{1!}+\frac{(i\theta)^2}{2!}+\frac{(i\theta)^4}{4!}+\frac{(i\theta)^5}{5!}+\frac{(i\theta)^6}{6!}+\frac{(i\theta)^7}{7!}+\cdots=\left(1-\frac{\theta^2}{2!}+\frac{\theta^4}{4!}-\frac{\theta^6}{6!}+\cdots\right)+i\left(\frac{\theta}{1!}-\frac{\theta^3}{3!}+\frac{\theta^5}{5!}-\cdots\right)$$

$=\cos\theta+i\sin\theta$，すなわち，Euler が見出したオイラーの 公式に達する．θ の所に $-\theta$ を代入し，

$$e^{-i\theta}=\cos\theta-i\sin\theta.$$

オイラーの公式

$$e^{i\theta}=\cos\theta+i\sin\theta$$

$e^{i\theta}$ と併せて，$\cos\theta, \sin\theta$ の連立方程式と見なし，$\cos\theta, \sin\theta$ について解くと，右の公式群に達する．高校で学ぶ指数関数は単調増加，三角関数は -1 と 1 の間を振動する周期関数で，両者は縁もゆかりもない両極端の関数の様に思えるが，実は，両者は，複素変数に迄定義域を拡げて見ると，右の公式で固く結ばれた同種の関数である．数理上の哲学として，このことは極めて重要であるが，更に計算技術も右の手筋は極めて有用であり，諸君は以下の A-5, 6, 7, 8, 11, 14 に，その真価を見出すであろう．

SCHEMA

$$e^{i\theta}=\cos\theta+i\sin\theta$$
$$e^{-i\theta}=\cos\theta-i\sin\theta$$
$$\cos\theta=\frac{e^{i\theta}+e^{-i\theta}}{2}$$
$$\sin\theta=\frac{e^{i\theta}-e^{-i\theta}}{2i}$$

手筋

三角関数は指数関数にして計算せよ．

本問では，オイラーの公式に $\theta=\pi$ を代入し，$e^{\pi i}=\cos\pi+i\sin\pi=-1$．指数関数の値が負になることなど，実変数では思いも及ばぬことであった．ここに高数と大学の数学の違いがある．

5 指数関数の定義式に二つの複素数 $z+w$ を代入し，$(z+w)^l$ を二項定理で展開すると，12章の E-1 で論じた様に，絶対収束級数は過不足なく和を取る限りにおいては，どの様に集めてもよいので $e^{z+w}=\sum_{l=0}^{\infty}\frac{(z+w)^l}{l\,!}$ $=\sum_{l=0}^{\infty}\sum_{m+n=l}\frac{z^m w^n}{m\,!\,n\,!}=\left(\sum_{m=0}^{\infty}\frac{z^m}{m\,!}\right)\left(\sum_{n=0}^{\infty}\frac{w^n}{n\,!}\right)=e^z e^w$，すなわち，右の指数法則を得る．これが成立するからこそ，指数関数の名に恥じないのである．$z=x+iy$ に対しては，$e^z=e^{x+iy}=e^x e^{iy}$ なので，e^{iy} にオイラーの公式を用いて得る右下の公式を $x+iy$ に対する指数関数の定義式として採用してもよい．指数の法則より，任意の自然数 n に対して $(e^{i\theta})^n=e^{in\theta}$．両辺にオイラーの公式を適用して，de Moivre の名を冠した右下の公式を得る．de が付く仏人 de Moivre はもちろん von が付く独人同様貴族である．

指数の法則

$$e^{z+w}=e^z e^w$$

SCHEMA

$$e^{x+iy}=e^x(\cos y+i\sin y)$$

ドモアブルの公式

$$(\cos\theta+i\sin\theta)^n=\cos n\theta+i\sin n\theta$$

本問では，$x+\dfrac{1}{x}=2\cos\theta=e^{i\theta}+e^{-i\theta}$ とする所がミソで，2次方程式 $x^2-(e^{i\theta}+e^{-i\theta})x+1=(x-e^{-i\theta})(x-e^{i\theta})=0$ より，$x=e^{\pm i\theta}$．したがって，$x^n+x^{-n}=e^{\pm in\theta}+e^{\mp in\theta}=e^{in\theta}+e^{-in\theta}=2\cos n\theta$．指数関数を用いないで解くことにより，複素変数の指数関数の威力と，そのよりどころである整級数の有難さを学ばれたい．

6 この機会に複素数 $z=x+iy$ の持つ幾何学的な意味を考察しよう．複素数 $z=x+iy$ に x, y 平面上の点 (x, y) を対応させる対応は一対一なので，複素数全体の集合 $\boldsymbol{C}$ は平面と同一視できる．この時，$\boldsymbol{C}$ を複素平面という．

同一視

実数全体の集合 $\boldsymbol{R}$ は直線と同一視され，**数直線**と呼ばれる．
複素数全体の集合 $\boldsymbol{C}$ は平面と同一視され，**複素平面**と呼ばれる．

さて，複素数 $z=x+iy$ を下図の様に平面上の点 (x, y) と同一視する時，長さ $0z=\sqrt{x^2+y^2}$ が丁度 z の**絶対値** $|z|$ である．これを r と書こう．直線 $0z$ が x 軸となす角を θ とすると，三角関数の幾何学的な定義より $x=r\cos\theta$，$y=r\sin\theta$ である．この角 θ を複素数 z の**偏角**といい，$\arg z$ と記す．$z=x+iy=r(\cos\theta+i\sin\theta)$ であるが，オイラーの公式より，右下の極形式を得る．$z=r(\cos\theta+i\sin\theta)$ の表現のために $z=x+iy$ の様に i を虚部の前に持って来る．$\sin\theta i$ では意味不明となるからである．表現 $r(\cos\theta+i\sin\theta)$ と $re^{i\theta}$ の間には，字数では，13対4の隔りがあるが，数理の上では，更に格段の相違がある．後者の考えでは，自然に指数の法則の境地で遊べるからである．

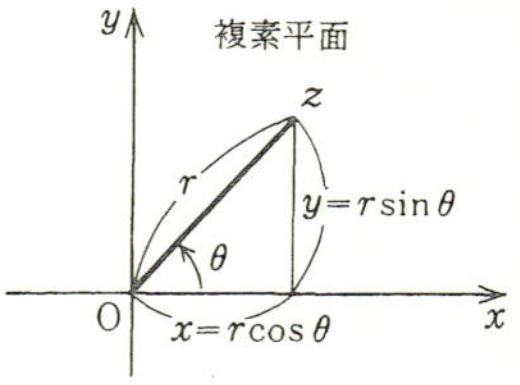

極形式

$z=re^{i\theta}$，$r=z$ の絶対値，$\theta=z$ の偏角

例えば本問では，$|z|=r<1$ の時，z の偏角 θ として，極形式で表し，$z=re^{i\theta}$．等比級数の和の公式は複素数 z に対しても成立して，

$$1+z+\cdots+z^n+\cdots=\frac{1}{1-z}.$$

ところで，左辺の一般項はオイラー（またはドモアブル）の公式より $z^n=r^n e^{in\theta}=r^n(\cos n\theta+i\sin n\theta)$．一方，右辺の様な商を計算する時は，分母子に共役複素数を掛けるのがコツであり，右上の定石に従うと，

定石

$$\frac{1}{x+iy}=\frac{x-iy}{(x-iy)(x+iy)}=\frac{x-iy}{x^2-i^2y^2}=\frac{x-iy}{x^2+y^2}$$

$$\frac{1}{1-z}=\frac{1}{1-r\cos\theta-ir\sin\theta}=\frac{1-r\cos\theta+ir\sin\theta}{(1-r\cos\theta)^2+r^2\sin^2\theta}=\frac{1-r\cos\theta+ir\sin\theta}{1-2r\cos\theta+r^2}$$

なので，左辺と右辺を，それぞれ，実部と虚部に分けて

$$(1+r\cos\theta+r^2\cos 2\theta+\cdots+r^n\cos n\theta+\cdots)+i(r\sin\theta+r^2\sin 2\theta+\cdots+r^n\sin n\theta+\cdots)$$

$$=\frac{1-r\cos\theta}{1-2r\cos\theta+r^2}+i\frac{r\sin\theta}{1-2r\cos\theta+r^2}$$

を得るので，実部同志，虚部同志を等しいと置き，右の Schema を得る．本問では，$r=\frac{1}{2}$ を代入すればよい．

SCHEMA

$$1+r\cos\theta+\cdots+r^n\cos n\theta+\cdots=\frac{1-r\cos\theta}{1-2r\cos\theta+r^2}$$

$$r\sin\theta+r^2\sin 2\theta+\cdots+r^n\sin n\theta+\cdots=\frac{r\sin\theta}{1-2r\cos\theta+r^2}$$

$0\leqq r<1$

7 本問も同じ着想で右の定跡に従い，等比級数の和の公式より

定　跡

余弦の問題 I には，正弦の問題 J を対応させ，$I+iJ$ を作り，オイラーの公式より指数化して解け．

$$I+iJ=\sum_{k=1}^{n}(\cos(\alpha+kh)+i\sin(\alpha+kh))$$

$$=\sum_{k=1}^{n}e^{i(\alpha+kh)}=e^{i(\alpha+h)}\sum_{k=1}^{n}e^{i(k-1)h}=e^{i(\alpha+h)}\sum_{k=0}^{n-1}e^{ikh}=e^{i(\alpha+h)}\sum_{k=0}^{n-1}(e^{ih})^k=e^{i(\alpha+h)}\frac{(e^{ih})^n-1}{e^{ih}-1}=e^{i\left(\alpha+\frac{h}{2}\right)}\frac{e^{inh}-1}{e^{\frac{ih}{2}}-e^{-\frac{ih}{2}}}$$

$$=\frac{e^{i\left(\alpha+\left(n+\frac{1}{2}\right)h\right)}-e^{i\left(\alpha+\frac{h}{2}\right)}}{e^{\frac{ih}{2}}-e^{-\frac{ih}{2}}}$$

と分母子に $e^{-\frac{ih}{2}}$ を掛け，公式 $e^{\frac{ih}{2}}-e^{-\frac{ih}{2}}=2i\sin\frac{h}{2}$ に持ち込むテクニックは試験場では気付かぬので，やはり，本書で事前に学んでおかねばならぬ．分子はオイラーの公式を用いて三角化し

$$I+iJ=\frac{\cos\left(\alpha+\left(n+\frac{1}{2}\right)h\right)+i\sin\left(\alpha+\left(n+\frac{1}{2}\right)h\right)-\cos\left(\alpha+\frac{h}{2}\right)-i\sin\left(\alpha+\frac{h}{2}\right)}{2i\sin\frac{h}{2}}$$

を得るので，実部と虚部に分けて，差積の公式を用い

$$I=\frac{\sin\left(\alpha+\left(n+\frac{1}{2}\right)h\right)-\sin\left(\alpha+\frac{h}{2}\right)}{2\sin\frac{h}{2}}=\frac{2\cos\left(\alpha+\frac{n+1}{2}h\right)\sin\frac{nh}{2}}{2\sin\frac{h}{2}}=\frac{\cos\left(\alpha+\frac{n+1}{2}h\right)\sin\frac{nh}{2}}{\sin\frac{h}{2}}$$

$$J=\frac{\cos\left(\alpha+\frac{h}{2}\right)-\cos\left(\alpha+\left(n+\frac{1}{2}\right)h\right)}{2\sin\frac{h}{2}}=\frac{2\sin\left(\alpha+\frac{n+1}{2}h\right)\sin\frac{nh}{2}}{2\sin\frac{h}{2}}=\frac{\sin\left(\alpha+\frac{n+1}{2}h\right)\sin\frac{nh}{2}}{\sin\frac{h}{2}}$$

に達する．

8 テイラー展開 $e^x=1+\frac{x}{1!}+\frac{x^2}{2!}+\cdots+\frac{x^n}{n!}+\cdots$ の中に複素数をブチ込み，三角＝指数なる哲学を得たが，今度は，正方行列を代入すると，いかなる現象が起るか，その実験である．定義より

$$e^{xA}=E+\frac{xA}{1!}+\frac{x^2A^2}{2!}+\cdots+\frac{x^nA^n}{n!}+\cdots.$$

準備として $E=\begin{pmatrix}1&0\\0&1\end{pmatrix}$，$A=\begin{pmatrix}0&-1\\1&0\end{pmatrix}$，$A^2=\begin{pmatrix}0&-1\\1&0\end{pmatrix}\begin{pmatrix}0&-1\\1&0\end{pmatrix}=\begin{pmatrix}-1&0\\0&-1\end{pmatrix}$，$A^3=\begin{pmatrix}0&-1\\1&0\end{pmatrix}\begin{pmatrix}-1&0\\0&-1\end{pmatrix}=\begin{pmatrix}0&1\\-1&0\end{pmatrix}$，

$A^4=\begin{pmatrix}0&-1\\1&0\end{pmatrix}\begin{pmatrix}0&1\\-1&0\end{pmatrix}=\begin{pmatrix}1&0\\0&1\end{pmatrix}$ なので，A^n は 4 を法として変ることを知り，e^{xA} の展開式に各成分ごとに代入し，各成分ごとに等しいとおくと，三角のテイラー展開に達し，A-2 より

$$e^{xA}=\begin{pmatrix}1-\frac{x^2}{2!}+\frac{x^4}{4!}-\cdots & -\left(x-\frac{x^3}{3!}+\frac{x^5}{5!}-\cdots\right)\\ x-\frac{x^3}{3!}+\frac{x^5}{5!}-\cdots & 1-\frac{x^2}{2!}+\frac{x^4}{4!}-\cdots\end{pmatrix}=\begin{pmatrix}\cos x&-\sin x\\ \sin x&\cos x\end{pmatrix}$$

を得るので，いよいよ，三角＝指数，の信念を固める．

9 前問の答 $X=\begin{pmatrix}\cos x&-\sin x\\ \sin x&\cos x\end{pmatrix}$ は角 x の回転を表し，2 次の**正の直交行列**と呼ばれ，$X\in SO(2)$ は皆この形で

ある．よって，Aとしては $x\begin{pmatrix}0 & -1\\ 1 & 0\end{pmatrix}=\begin{pmatrix}0 & -x\\ x & 0\end{pmatrix}$ が答である．

10 離散的確率変数 X が正数 λ に対して右下の確率で与えられる時，Poisson 分布という．積率母関数 $f(\theta)$ は定義より

ポアッソン分布

$$P_r(X=k)=\frac{e^{-\lambda}\lambda^k}{k!}\quad (k=0,1,2,\cdots)$$

$$f(\theta)=E(e^{\theta X})=\sum_{k=0}^{\infty}e^{\theta k}\frac{e^{-\lambda}\lambda^k}{k!}=e^{-\lambda}\sum_{k=0}^{\infty}\frac{(\lambda e^{\theta})^k}{k!}=e^{-\lambda}e^{e\lambda^{\theta}}=e^{\lambda(e^{\theta}-1)}.$$

特性関数 $\varphi(t)$ も定義より

$$\varphi(t)=E(e^{itX})=\sum_{k=0}^{\infty}e^{itk}\frac{e^{-\lambda}\lambda^k}{k!}=e^{-\lambda}\sum_{k=0}^{\infty}\frac{(\lambda e^{it})^k}{k!}=e^{-\lambda}e^{\lambda e^{it}}=e^{\lambda(e^{it}-1)}$$

と共に指数関数のテイラー展開に帰着される．この様に，統計の問題は定義さえ知っておけば，計算の方は通常の微積の学力ですみ，特別の努力は要らないので，統計を選択しない人も，定義を知っておかないと損である．

11 $z^n=a$ を**二項方程式**という．a を極形式で表し，その絶対値が r，偏角が θ としよう．偏角は 2π の整数 k 倍を加える任意性があるので，$a=re^{(\theta+2k\pi)i}$．$z^n=re^{(\theta+2k\pi)i}$ にて，指数の法則より右式が解である．z_k は原点を中心，半径 $\sqrt[k]{r}$ の円周上を左下図の様に，偏角 $\dfrac{\theta}{n}$ の点から出発して，円周を n 等分する点に順に並び，$k=n$ は $k=0$ に戻り，合計 n 個の解，したがって，全ての解を得る．

二項方程式の解

$$z_k=\sqrt[k]{r}\,e^{\frac{\theta+2k\pi}{n}i}\quad (k=0,1,\cdots,n-1)$$

本問では，$a=-4$ は，複素平面上，x 軸と $\pi=180°$ をなす直線分にあるから，偏角は π であり，上の公式より，$z_k=\sqrt[4]{4}\,e^{\frac{(2k+1)\pi}{4}i}$ $(k=0,1,2,3)$ が解であり，右下図の様な状態にある．

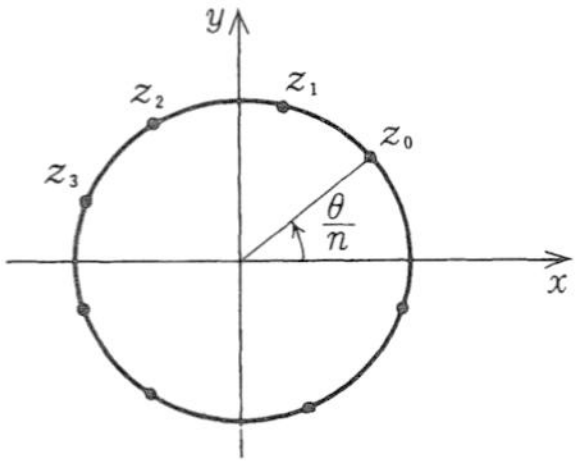

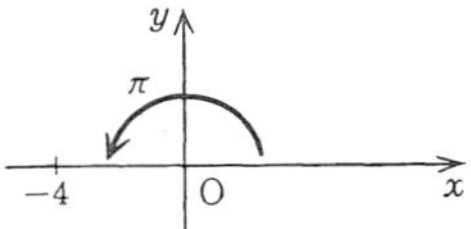

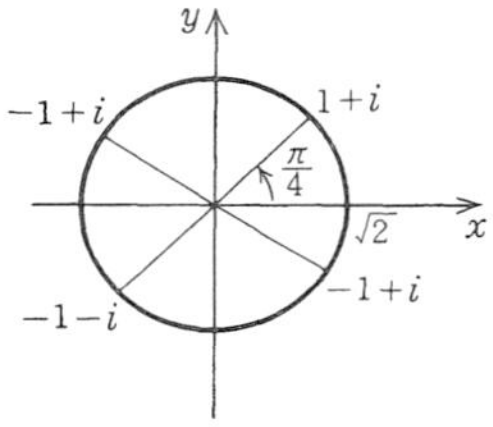

すなわち，$z_0=\sqrt{2}\,e^{\frac{\pi}{4}i}=\sqrt{2}\left(\cos\frac{\pi}{4}+i\sin\frac{\pi}{4}\right)=\sqrt{2}\left(\frac{1}{\sqrt{2}}+i\frac{1}{\sqrt{2}}\right)=1+i$ で，他は，これと，対称な点 $\pm1\pm i$ である．剰余定理より

$$z^4+4=(z-(1-i))(z-(1+i))(z-(-1-i))(z-(-1+i))=(z-1+i)(z-1-i)(z+1+i)(z+1-i)$$
$$=((z-1)^2-i^2)((z+1)^2-i^2)=((z-1)^2+1)((z+1)^2+1)=(z^2-2z+2)(z^2+2z+2)$$

の第三式が複素数体における，最右辺が実数体における因数分解である．

12 目的は $f(z)=\sum_{k=0}^{\infty}a_kz^k\to S=\sum_{k=0}^{\infty}a_k$ なので，やはり，部分和に因縁を付けたアーベルの総和法がよさそうである．$S_k=a_0+a_1+\cdots+a_k$，$S_{-1}=0$ とおくと，$a_k=S_k-S_{k-1}$．収束級数 $\{S_k\}$ の一般項は有界であるから，$\sum_{k=1}^{\infty}S_kz^k$ は $|z|<1$ で収束する．

$$f(z)=\sum_{k=0}^{\infty}a_kz^k=\sum_{k=0}^{\infty}(S_k-S_{k-1})z^k=\sum_{k=0}^{\infty}S_kz^k-\sum_{k=0}^{\infty}S_{k-1}z^k=\sum_{k=0}^{\infty}S_kz^k-\sum_{k=0}^{\infty}S_kz^{k+1}=(1-z)\sum_{k=0}^{\infty}S_kz^k.$$

$\sum_{k=0}^{\infty}z^k=\dfrac{1}{1-z}$ に注意し

$$f(z)-S=f(z)-(1-z)S\sum_{k=0}^{\infty}z^k=(1-z)\sum_{k=0}^{\infty}(S_k-S)z^k.$$

さて，${}^\forall\varepsilon>0$, ${}^\exists N;|S_k-S|<\dfrac{\varepsilon}{2M}$ $({}^\forall k\geqq N)$．ここで，上の和を N 迄と $k>N$ に分け，後者については $|S_k-S|<\dfrac{\varepsilon}{2M}$ と $|z|<1$ に注意し

$$|f(z)-S|\leqq|1-z|\sum_{k=0}^{N}|S_k-S|+|1-z|\frac{\varepsilon}{2M}\sum_{k>N}|z|^k\leqq|1-z|\sum_{k=0}^{N}|S_k-S|+|1-z|\frac{\varepsilon}{2M}\cdot\frac{|z|^{N+1}}{1-|z|}.$$

ここで，$\dfrac{|1-z|}{1-|z|}\leqq M$ を保ちつつ，$|1-z|<\dfrac{\varepsilon}{1+2\sum_{k=0}^{N}|S_k-S|}$ と z を 1 に近づけると，

$$|f(z)-S|<\frac{\varepsilon}{1+2\sum_{k=0}^{N}|S_k-S|}\cdot\sum_{k=0}^{N}|S_k-S|+M\cdot\frac{\varepsilon}{2M}<\varepsilon.$$

特に $z=$実数 x に対しては，$x\to1-0$ の時，$\dfrac{|1-z|}{1-|z|}=1$ なので，右のアーベルの定理が成立し，lim と $\sum$ が可換である．

アーベルの定理

$\sum_{k=0}^{\infty}a_k$ が収束すれば，$\lim_{x\to1-0}\sum_{k=0}^{\infty}a_kx^k=\sum_{k=0}^{\infty}a_k$

13 実数 α に対して，関数 x^α の高次の導関数については，$\dfrac{d}{dx}x^\alpha=\alpha x^{\alpha-1}$，$\dfrac{d^2}{dx^2}x^\alpha=\alpha(\alpha-1)x^{\alpha-2}$，…より右の Schema を得る．$\alpha=\dfrac{1}{2}$ の場合に，合成関数の微分法より

SCHEMA

$$\frac{d^n}{dx^n}x^\alpha=\alpha(\alpha-1)\cdots(\alpha-n+1)x^{\alpha-n}$$

$$\frac{d^n}{dx^n}\sqrt{1-x}=(-1)^n\frac{1}{2}\left(\frac{1}{2}-1\right)\cdots\left(\frac{1}{2}-n+1\right)(1-x)^{\frac{1}{2}-n}$$

なので，$f(x)=\sum_{n=0}^{\infty}\dfrac{f^{(n)}(0)}{n!}x^n$ の係数 $a_n=\dfrac{1}{n!}(-1)^n\dfrac{(-1)^{n-1}1\cdot3\cdots(2n-3)}{2^n}=-\dfrac{1\cdot3\cdots(2n-3)}{n!\quad 2^n}$．

$\left|\dfrac{a_n}{a_{n+1}}\right|=\dfrac{2(n+1)}{2n-1}=\left(1+\dfrac{1}{n}\right)\left(1-\dfrac{1}{2n}\right)^{-1}=\left(1+\dfrac{1}{n}\right)\left(1+\dfrac{1}{2n}+O\left(\dfrac{1}{n^2}\right)\right)=1+\dfrac{3}{2n}+O\left(\dfrac{1}{n^2}\right)$ であるから，ダランベールの公式より収束半径1である．$\sum_{n=0}^{\infty}|a_n|<+\infty$ を示すために Gauss による 下の判定法を証明しよう．

ガウスの判定法

正項級数 $\sum a_n$ が，正数 α,δ に対して，$\dfrac{a_n}{a_{n+1}}=1+\dfrac{\alpha}{n}+O\left(\dfrac{1}{n^{1+\delta}}\right)$ と書けるならば，$\alpha>1$ の時収束し，$\alpha\leqq1$ の時発散する．

12章の A-4 で述べたが $b_n=\dfrac{1}{n^\beta}$ に対して，級数 $\sum b_n$ は右と同じく $\beta>1$ で収束する．$\alpha>1$ の時，$\beta=\dfrac{\alpha+1}{2}$ は $1<\beta<\alpha$ を満す．さて

$$\frac{a_n}{a_{n+1}}-\frac{b_n}{b_{n+1}}=\left(1+\frac{\alpha}{n}+O\left(\frac{1}{n^{1+\delta}}\right)\right)-\left(1+\frac{1}{n}\right)^\beta=\left(1+\frac{\alpha}{n}+O\left(\frac{1}{n^{1+\delta}}\right)\right)-\left(1+\frac{\beta}{n}+O\left(\frac{1}{n^2}\right)\right)$$
$$=\frac{\alpha-\beta}{n}+O\left(\frac{1}{n^{1+\delta}}+\frac{1}{n^2}\right)=\frac{1}{n}\left(\alpha-\beta+O\left(\frac{1}{n^\delta}+\frac{1}{n}\right)\right)$$

なので，$^\exists N;\dfrac{a_n}{a_{n+1}}>\dfrac{b_n}{b_{n+1}}$ $(n\geqq N)$．したがって，$\dfrac{a_{n+1}}{b_{n+1}}<\dfrac{a_n}{b_n}$ $(n\geqq N)$．これより，数学的帰納法にて $\dfrac{a_n}{b_n}<\dfrac{a_N}{b_N}$ $(n>N)$．したがって $a_n<\dfrac{a_N}{b_N}b_n$ $(n>N)$ が成立し，$\sum b_n<+\infty$ なので，$\sum a_n<+\infty$ である．$\alpha=1$ の時は，$b_n=\dfrac{1}{n\log n}$ とおくと，やはり，12章の A-4 より $\sum b_n=+\infty$．$\dfrac{b_n}{b_{n+1}}=\dfrac{(n+1)\log(n+1)}{n\log n}$
$=1+\dfrac{(n+1)\log(n+1)-n\log n}{n\log n}$．$f(x)=x\log x$ に対して，$f'(x)=\log x+1$ なので，平均値の定理より，$n<{}^\exists\xi<n+1;(n+1)\log(n+1)-n\log n=1+\log\xi>1+\log n$．ゆえに

$$\frac{b_n}{b_{n+1}}-\frac{a_n}{a_{n+1}}=1+\frac{(n+1)\log(n+1)-n\log n}{n\log n}-\left(1+\frac{1}{n}+O\left(\frac{1}{n^{1+\delta}}\right)\right)>\frac{1+\log n}{n\log n}-\frac{1}{n}+O\left(\frac{1}{n^{1+\delta}}\right)$$
$=\dfrac{1}{n}\left(\dfrac{1}{\log n}+O\left(\dfrac{1}{n^\delta}\right)\right)$．$\log n$ よりも n^δ の方が早く ∞ になるので，$^\exists N;\dfrac{b_n}{b_{n+1}}-\dfrac{a_n}{a_{n+1}}>0$ $(n\geqq N)$．

今度は $a_n>\dfrac{a_N}{b_N}b_n$ $(n>N)$ が成立し，$\sum b_n=+\infty$ なので，$\sum a_n=+\infty$．$\alpha<1$ の時は，$b_n=\dfrac{1}{n}$ に対して

$\dfrac{b_n}{b_{n+1}}-\dfrac{a_n}{a_{n+1}}=1+\dfrac{1}{n}-\left(1+\dfrac{\alpha}{n}+O\left(\dfrac{1}{n^{1+\delta}}\right)\right)=\dfrac{1-\alpha}{n}+O\left(\dfrac{1}{n^{1+\delta}}\right)$ なので，同様にして，$^\exists N;a_n>\dfrac{a_N}{b_N}b_n$ $(n>N)$ となり，$\sum b_n=+\infty$ なので，$\sum a_n=+\infty$．

本問では，ガウスの判定法を想起するかどうかが合否の分岐点で，ガウスの判定法にて，$\alpha=\dfrac{3}{2}$ なので，$\sum|a_n|<+\infty$ であり，収束円周上の全ての点で収束する面白いケースである．$\sum_{n=0}^{\infty}z^{n!}$ は逆に収束円周上の全ての点で発散するケースを与える．というのは，$|z|=1$ の偏角が $2\pi\dfrac{q}{p}$ の時，$\sum_{n\geqq p}z^{n!}=\sum_{n\geqq p}\left(e^{2\pi i\frac{q}{p}}\right)^{n!}=\sum_{n\geqq p}1=+\infty$ となるからである．一般には，収束円周上には，収束する点と発散する点の双方がある．

なお，$x=\pm1$ で収束するので，A-12 で述べたアーベルの定理より，テイラー展開は $x=\pm1$ でも成立している．

14 公式 $2\cos mx=e^{imx}+e^{-imx}$ を用いると，公比 re^{ix}, re^{-ix} の等比級数の和の公式より

$$1+2\sum_{m=1}^{\infty}r^m\cos mx=1+\sum_{m=1}^{\infty}r^me^{imx}+\sum_{m=1}^{\infty}r^me^{-imx}=1+\frac{re^{ix}}{1-re^{ix}}+\frac{re^{-ix}}{1-re^{-ix}}$$
$$=\frac{1-re^{ix}-re^{-ix}+r^2+re^{ix}-r^2+re^{-ix}-r^2}{(1-re^{ix})(1-re^{-ix})}=\frac{1-r^2}{1-r(e^{ix}+e^{-ix})+r^2}=\frac{1-r^2}{1-2r\cos x+r^2}$$

に達する．なお，$2\cos x=e^{ix}+e^{-ix}$ を再び利用した．$|r|<1$ なので，|一般項 $r^m\cos mx|\leqq|r|^m$，$\sum|r|^m<+\infty$ であり，この級数は，ワイエルシュトラスの M–判定法より，絶対かつ一様収束し，項別積分可能である．積和の公式より

$$\int_0^\pi \cos mx\cos kx\,dx=\int_0^\pi \frac{\cos(k-m)x+\cos(k+m)x}{2}dx=\begin{cases}\pi \quad (m=k=0)\\ \left[\dfrac{x+\dfrac{\sin(k+m)x}{k+m}}{2}\right]_0^\pi=\dfrac{\pi}{2} \quad (m=k\neq 0)\\ \left[\dfrac{\dfrac{\sin(k-m)x}{k-m}+\dfrac{\sin(k+m)x}{k+m}}{2}\right]_0^\pi=0 \quad (m\neq k)\end{cases}$$

を得るので，次の $\sum$ において項別積分すると，$m=k$ の時しか生き残らず，

$$\int_0^\pi \frac{(1-r^2)\cos kx}{1-2r\cos x+r^2}dx=\int_0^\pi\left(1+2\sum_{m=1}^\infty r^m\cos mx\right)\cos kx\,dx=\int_0^\pi \cos kx\,dx+2\sum_{m=1}^\infty\int_0^\pi r^m\cos mx\cos kx\,dx=\pi r^k$$

を得るので，公式

$$\int_0^\pi \frac{\cos kx}{1-2r\cos x+r^2}dx=\frac{\pi r^k}{1-r^2}\quad (|r|<1).$$

に達する．以上，Ａ で学ぶべき教訓は，たとえ，実数の範囲の問題であっても，複素数を媒介にすれば，三角も指数となり，見通しよく解くことができることに尽きる．

Ｂ　基礎を活用する演習

1． 積の高次の導関数に関する Leibnitz によるライプニッツの公式の練習問題である．微分方程式 $(1+x^2)f'(x)+xf(x)=0$ の両辺を n 回微分すべく，ライプニッツの公式を適用する際 $1+x^2$ は3次以上，x は2次以上の導関数が消えることに注意すると

ライプニッツの公式

$$(uv)^{(n)}=\sum_{k=0}^n\binom{n}{k}u^{(k)}v^{(n-k)}$$

$$(1+x^2)f^{(n+1)}(x)+n(2x)f^{(n)}(x)+\frac{n(n-1)}{2}\cdot 2\cdot f^{(n-1)}(x)+xf^{(n)}(x)+nf^{(n-1)}(x)=0.$$

$x=0$ を代入すると漸化式 $f^{(n+1)}(0)=-n^2f^{(n-1)}(0)$ $(n\geqq 1)$ を得る．$f(0)=1$ であるから，$f^{(2m)}(0)=(-1)^m(2m-1)^2(2m-3)^2\cdots 3^2\cdot 1^2$．$(1+x^2)f'(x)+xf(x)=0$ に $x=0$ を代入すると，$f'(0)=0$ であるから，$f^{(2m-1)}(0)=0(m\geqq 1)$．したがって，$f(x)$ の $x=0$ におけるテイラー展開は

$$f(x)=\sum_{n=0}^\infty\frac{f^{(n)}(0)}{n!}=\sum_{m=0}^\infty(-1)^m\frac{1^2\cdot 3^2\cdots(2m-1)^2}{(2m)!}x^{2m}.$$

$a_{2m}=(-1)^m\dfrac{1^2\cdot 3^2\cdots(2m-1)^2}{(2m)!}$ とおくと，$\left|\dfrac{a_{2m+2}}{a_{2m}}\right|=\dfrac{(2m+1)^2}{(2m+2)(2m+1)}\to 1(m\to\infty)$ なので，12章の A–3 の公式より $\lim\limits_{m\to\infty}\sqrt[m]{|a_{2m}|}=1$．したがってコーシー–アダマールの公式より収束半径$=\dfrac{1}{\overline{\lim}\sqrt[n]{|a_n|}}=\dfrac{1}{\overline{\lim}\sqrt[2m]{|a_{2m}|}}=1$．というのは，$n=2m-1$ の時は，$\lim\sqrt[n]{|a_n|}=0$ となり，上極限は収束部分列の極限の内，最大のものであるからである．または，上の整級数を x^2 のそれと考えて収束半径を求め，それの平方根を求めてもよい．

ところで，変数分離形微分方程式 $(1+x^2)\dfrac{dy}{dx}+xy=0$ を解き，$\dfrac{dy}{y}+\dfrac{1}{2}\dfrac{2x\,dx}{1+x^2}=0$ より $\log y+\dfrac{1}{2}\log(1+x^2)$ $=$定数より，$y=\dfrac{c}{\sqrt{1+x^2}}$．$x=0$ の時，$y=1$ なので，$c=1$ であって $y=\dfrac{1}{\sqrt{1+x^2}}$．さて，$g(x)=(1+x)^\alpha$ に対して．$g^{(n)}(x)=\alpha(\alpha-1)\cdots(\alpha-n+1)(1+x)^{\alpha-n}$ なので，右の一般化された二項定理を得る．この α に $\alpha=-\dfrac{1}{2}$ を代入し，x に x^2 を代入すると

一般化された二項定理

$$(1+x)^\alpha=1+\alpha x+\frac{\alpha(\alpha-1)}{2}x^2+\cdots+\frac{\alpha(\alpha-1)\cdots(\alpha-n+1)}{n!}x^n+\cdots$$

$$\frac{1}{\sqrt{1+x^2}}=1+\left(-\frac{1}{2}\right)x^2+\frac{\left(-\frac{1}{2}\right)\left(-\frac{1}{2}-1\right)}{2}x^4+\cdots+\frac{\left(-\frac{1}{2}\right)\left(-\frac{1}{2}-1\right)\cdots\left(-\frac{1}{2}-m+1\right)}{m!}x^{2m}+\cdots$$

の x^{2m} の係数は

$$\frac{(-1)^m 1\cdot 3\cdots(2m-1)}{2^m m!}=(-1)^m\frac{1\cdot 3\cdots(2m-1)}{2\cdot 4\cdots(2m)}=(-1)^m\frac{1^2\cdot 3^2\cdots(2m-1)^2}{1\cdot 2\cdot 3\cdot 4\cdots(2m)}$$

となり，上の結果と一致する．

2.　2項定理より $\left(1+\dfrac{m}{n}\right)^n=\sum_{k=0}^{n}\dfrac{n(n-1)\cdots(n-k+1)}{k!}\left(\dfrac{m}{n}\right)^k=\sum_{k=0}^{n}\dfrac{\left(1-\frac{1}{n}\right)\left(1-\frac{2}{n}\right)\cdots\left(1-\frac{k-1}{n}\right)}{k!}m^k$．$n\to\infty$ の時，$\sum$ の上添字が ∞ に，$\sum$ の中で $n\to\infty$ とできたとの希望的観測を行うと，$\left(1+\dfrac{m}{n}\right)^n\to\sum_{k=0}^{\infty}\dfrac{m^k}{k!}=e^m$．このことは，対数関数 $f(x)=\log(1+x)$，$f'(x)=\dfrac{1}{1+x}$，$f''(x)=-\dfrac{1}{(1+x^2)}$ にテイラーの定理を適用して，$x>0$ に対して，$0<{}^\exists\theta<1$; $f(x)=f(0)+f'(0)x+\dfrac{f''(\theta x)}{2}x^2=x-\dfrac{x^2}{2(1+\theta x)^2}$ なので，$x-\dfrac{x^2}{2}\leqq\log(1+x)\leqq x$．$(x\geqq0)$．$x=\dfrac{m}{n}$ を代入し，$\dfrac{m}{n}-\dfrac{m^2}{2n^2}\leqq\log\left(1+\dfrac{m}{n}\right)\leqq\dfrac{m}{n}$，$m-\dfrac{m^2}{2n}\leqq n\log\left(1+\dfrac{m}{n}\right)\leqq m$ にて $n\to\infty$ として，$\lim_{n\to\infty}n\log\left(1+\dfrac{m}{n}\right)=m$，すなわち，$\lim_{n\to\infty}\left(1+\dfrac{m}{n}\right)^n=e^m$ であることによって証明される．それゆえ，$\sum_{m=1}^{\infty}\lim_{n\to\infty}\dfrac{1}{\left(1+\frac{m}{n}\right)^n}=\sum_{m=1}^{\infty}e^{-m}$．

再び，$n\geqq2$ の時，二項定理より $\left(1+\dfrac{m}{n}\right)^n=\sum_{k=0}^{n}\dfrac{n(n-1)\cdots(n-k+1)}{k!}\left(\dfrac{m}{n}\right)^k\geqq\dfrac{n(n-1)}{2!}\left(\dfrac{m}{n}\right)^2\geqq\dfrac{1-\frac{1}{n}}{2}\cdot m^2\geqq\dfrac{1}{4}m^2$．$\sum_{m=1}^{\infty}\dfrac{1}{m^2}<+\infty$，$\sum_{m=1}^{\infty}e^{-m}<+\infty$ なので，${}^\forall\varepsilon>0$, ${}^\exists N$; $\sum_{m>N}\dfrac{1}{m^2}<\dfrac{\varepsilon}{12}$，及び $\sum_{m>N}e^{-m}<\dfrac{\varepsilon}{3}$．そこで，この N に対して

$$\left|\sum_{m=1}^{\infty}\frac{1}{\left(1+\frac{m}{n}\right)^n}-\sum_{m=1}^{\infty}e^{-m}\right|=\left|\sum_{m=1}^{\infty}\left(\frac{1}{\left(1+\frac{m}{n}\right)^n}-e^{-m}\right)\right|=\left|\sum_{m=1}^{N}\left(\frac{1}{\left(1+\frac{m}{n}\right)^n}-e^{-m}\right)+\sum_{m>N}\frac{1}{\left(1+\frac{m}{n}\right)^n}-\sum_{m>N}e^{-m}\right|$$
$$\leqq\sum_{m=1}^{N}\left|\frac{1}{\left(1+\frac{m}{n}\right)^n}-e^{-m}\right|+\sum_{m>N}\frac{1}{\left(1+\frac{m}{n}\right)^n}+\sum_{m>N}e^{-m}<\sum_{m=1}^{N}\left|\frac{1}{\left(1+\frac{m}{n}\right)^n}-e^{-m}\right|+\frac{\varepsilon}{3}+\frac{\varepsilon}{3}.$$

を得るが，右辺の第1項は定められた ε に対して定まる N 項の有限和であり，$n\to\infty$ とすると冒頭に注意した様に0に収束するので，この $\varepsilon>0$ に対して，${}^\exists T$; $\sum_{m=1}^{N}\left|\dfrac{1}{\left(1+\frac{m}{n}\right)^n}-e^{-m}\right|<\dfrac{\varepsilon}{3}$ $(n>T)$．したがって $n>T$ の時

$$\left|\sum_{m=1}^{\infty}\frac{1}{\left(1+\frac{m}{n}\right)^n}-\sum_{m=1}^{\infty}e^{-m}\right|<\frac{\varepsilon}{3}+\frac{\varepsilon}{3}+\frac{\varepsilon}{3}=\varepsilon$$

が成立し，

$$\lim_{n\to\infty}\sum_{m=1}^{\infty}\frac{1}{\left(1+\frac{m}{n}\right)^n}=\sum_{m=1}^{\infty}e^{-m}=\frac{e^{-1}}{1-e^{-1}}=\frac{1}{e-1}.$$

3.　この機会に乗積級数の一般論を学ぼう．二つの級数 $\sum_{n=0}^{\infty}a_n$, $\sum_{n=0}^{\infty}b_n$ が与えられた時，形式的に掛け算を実行し

$$\left(\sum_{m=0}^{\infty}a_n\right)\left(\sum_{n=0}^{\infty}b_n\right)=\sum_{l=0}^{\infty}\sum_{m+n=l}a_mb_n$$

とした時の，

$$c_l=\sum_{m+n=l}a_mb_n=a_lb_0+a_{l-1}b_1+\cdots+a_0b_l$$

を一般項とする級数 $\sum_{n=0}^{\infty}c_n$ を級数 $\sum_{n=0}^{\infty}a_n$ と $\sum_{n=0}^{\infty}b_n$ のコーシーの**乗積級数**という．絶対収束級数はどの様に和を取ってもよいから，右上の定理が成立し，すでに，A-5 にて指数の法則の証明に用いて来た．

> **定　理**
>
> $\sum|a_n|<+\infty$，$\sum|b_n|<+\infty$ ならば，$\sum|c_n|<+\infty$ であって $(\sum a_n)(\sum b_n)=\sum c_n$

整級数 $\sum a_nx^n$, $\sum b_nx^n$ が $|x|<R$ で収束すれば，形式的な計算

$$\left(\sum_{m=0}^{\infty}a_mx^m\right)\left(\sum_{n=0}^{\infty}b_nx^n\right)=\sum_{l=0}^{\infty}\left(\sum_{m+n=l}a_mb_n\right)x^l$$

が正しく

$$c_l=\sum_{m+n=l}a_mb_n=a_lb_0+a_{l-1}b_1+\cdots+a_0b_l$$

を係数とする整級数 $\sum c_lx^l$ が積を与える．

本問では，$f(x)=\log(1+x)$ が前問に続いて現れ，$f'(x)=(1+x)^{-1}$，$f^{(n)}(x)=(-1)(-2)\cdots(-n+1)(1+x)^{-n}$ $(n\geqq2)$ なので，テイラーの定理より，$0<{}^\exists\theta<1$；

$$\log(1+x)=\sum_{k=1}^{n}(-1)^{k-1}\frac{x^k}{k}+(-1)^n\frac{x^{n+1}}{(n+1)(1+\theta x)^{n+1}}$$

なので，$0<x<1$ の時は，$n\to\infty$ として

$$\log(1+x)=\sum_{k=1}^{\infty}(-1)^{k-1}\frac{x^k}{k}$$

を得る．この証明は $-1<x<0$ では通用しないので，次問同様，三行下の証明法による．蛇足ながら，$x=1$ の時，交代級数 $\sum_{k=1}^{\infty}{}^{k-1}\frac{1}{k}$ は（条件）収束するから，A–12 で述べたアーベルの定理より $x=1$ でも

$$\log 2=\sum_{k=1}^{\infty}\frac{(-1)^{k-1}}{k}.$$

が成立する．次に，$-1<x<1$ の時，$\frac{1}{1+x}=\sum_{k=0}^{\infty}(-1)^k x^k$ が成立し，広義一様収束するから，両辺を 0 から x 迄項別積分できて，うえの $\log(1+x)$ の展開式が $-1<x<1$ でも成立する．乗積級数 $\sum_{l=1}^{\infty}c_l x^l$ を作ると，その係数は

$$c_l=\sum_{\substack{m+n=l\\ m\geqq 1}}(-1)^{m-1}\cdot\frac{1}{m}\cdot(-1)^n=(-1)^{l-1}\sum_{m=1}^{l}\frac{1}{m}.$$

4．等比級数の和の公式より $-1<t<1$ の時

$$\frac{1}{1+t^2}=1-t^2+t^4-\cdots+(-1)^k t^{2k}+\cdots.$$

この級数は $|x|<1$ を満す任意の実数 x に対して，閉区間 $[-|x|,|x|]$ で一様収束しているから，t について 0 から x 迄項別積分できて

$$\tan^{-1}x=\int_0^x\frac{dt}{1+t^2}=\sum_{k=0}^{\infty}(-1)^k\int_0^x t^{2k}dt=\sum_{k=0}^{\infty}(-1)^k\frac{x^{2k+1}}{2k+1}.$$

交代級数 $\sum_{k=0}^{\infty}(-1)^k\frac{1}{2k+1}$ は（条件）収束するから，A–12 で述べたアーベルの定理より，上式は $x=1$ でも成立し

$$\tan^{-1}1=\sum_{k=0}^{\infty}\frac{(-1)^k}{2k+1}.$$

5．強引に計算するために少し準備をしておく．先ず $a>0$，自然数 n に対して，関数 $g(x)=(x+a)^n$，$g'(x)=n(x+a)^{n-1}$，$g''(x)=n(n-1)(x+a)^{n-1}$ にテイラーの定理を適用し，$x>0$ に対して，$0<{}^\exists\theta<1$;

$$(x+a)^n=a^n+na^{n-1}x+\frac{n(n-1)(a+\theta x)^{n-1}}{2}x^2<a^n na^{n-1}x+\frac{n(n-1)(a+x)^{n-1}}{2}x^2.$$

次に，

SCHEMA

> 整級数 $\sum c_n z^n$ が $|z|<R$ で収束すれば，n の任意の多項式 $p(n)=\alpha_0 n^q+\alpha_1 n^{q-1}+\cdots+\alpha_q$ $(\alpha_0\neq 0)$ を c_n に掛けて得られる整級数 $\sum p(n)c_n z^n$ も $|z|<R$ で収束する．

を証明しよう．$0<{}^\forall r<{}^\forall r'<R$，$\rho=\frac{r'+R}{2}$ は $r'<\rho<R$ を満す．$\sum c_n\rho^n$ は収束するから，その一般項は有界で，${}^\exists M>0;|c_n\rho^n|\leqq M(n\geqq 0)$．ところで

$$\lim_{n\to\infty}\frac{p(n+1)}{p(n)}=\lim_{n\to\infty}\frac{\alpha_0(n+1)^q+\alpha_1(n+1)^{q-1}+\cdots+\alpha_q}{\alpha_0 n^q+\alpha_1 n^{q-1}+\cdots+\alpha_q}=\lim_{n\to\infty}\frac{\alpha_0\left(1+\frac{1}{n}\right)^q+\frac{\alpha_1}{n}\left(1+\frac{1}{n}\right)^{q-1}+\cdots+\frac{\alpha_q}{n^q}}{\alpha_0+\frac{\alpha_1}{n}+\cdots+\frac{\alpha_q}{n^q}}=\frac{\alpha_0}{\alpha_0}=1$$

なので，12章の A–3 の公式より $\lim_{n\to\infty}\sqrt[n]{|p(n)|}=\lim_{n\to\infty}\frac{p(n+1)}{p(n)}=1$．したがって $\frac{\rho}{r'}>1$ に対して，${}^\exists N;\sqrt[n]{|p(n)|}<\frac{\rho}{r'}$ $(n\geqq N)$．この N に対して，$|p(n)c_n z^n|=\left|p(n)c_n\rho^n\left(\frac{z}{\rho}\right)^n\right|\leqq M\left(\frac{\rho}{r'}\right)^n\left(\frac{|z|}{\rho}\right)^n=M\left(\frac{|z|}{r'}\right)^n(n\geqq N)$ が成立し，$|z|<r$ にて，$\sum_{n=N}^{\infty}M\left(\frac{|z|}{r'}\right)^n$，したがって，$\sum_{n=N}^{\infty}p(n)c_n z^n$ が一様収束する．$r<R$ は任意なので，$|z|<R$ で広義一様収束する．

後は，目的に向って進むのみである．$|z|<R$ を満す任意の z を取り固定し，更に正数 $\delta<R-|z|$ を取り固定し，$|h|<\delta$ を満す複素数 $h\neq 0$ に対して，差分商と極限の候補者との差を作る：

$$\frac{f(z+h)-f(z)}{h}-\sum_{n=1}^{\infty}nc_n z^{n-1}=\frac{\sum_{n=0}^{\infty}c_n(z+h)^n-\sum_{n=0}^{\infty}c_n z^n}{h}-\sum_{n=1}^{\infty}nc_n z^{n-1}=\sum_{n=2}^{\infty}c_n\left(\frac{(z+h)^n-z^n}{h}-nz^{n-1}\right)$$

$$=\sum_{n=1}^{\infty}c_n\left(\frac{\sum_{k=0}^{n}\binom{n}{k}z^{n-k}h^k-z^n}{h}-nz^{n-1}\right)=\sum_{n=2}^{\infty}c_n\left(\sum_{k=2}^{n}\binom{n}{k}z^{n-k}h^{k-1}\right).$$

絶対値を $\sum$ の記号内で取ると，上の式の c_n, z と h を $|c_n|, |z|$ と $|h|$ で置き換えた式が得られるので，逆を辿り

$$\left|\frac{f(z+h)-f(z)}{h}-\sum_{n=1}^{\infty}nc_nz^{n-1}\right|\leqq\sum_{n=2}^{\infty}|c_n|\left(\sum_{k=2}^{n}\binom{n}{k}|z|^{n-k}|h|^{k-1}\right)=\sum_{n=2}^{\infty}|c_n|\left(\frac{(|z|+|h|)^n-|z|^n}{|h|}-n|z|^{n-1}\right).$$

最初に与えた不等式に，$a=|z|$，$x=|h|$ を代入した後で $|z|+|h|<|z|+\delta$ を代入し

$$\left|\frac{f(z+h)-f(z)}{h}-\sum_{n=1}^{\infty}nc_nz^{n-1}\right|\leqq\sum_{n=2}^{\infty}|c_n|\left(\frac{|z|^n+n|z|^{n-1}|h|+\dfrac{n(n-1)}{2}(|z|+|h|)^{n-2}|h|^2-|z|^n}{|h|}-n|z|^{n-1}\right)$$

$$=\sum_{n=2}^{\infty}\frac{n(n-1)}{2}|c_n|(|z|+|h|)^{n-2}|h|\leqq|h|\sum_{n=2}^{\infty}\frac{n(n-1)}{2}|c_n|(|z|+\delta)^{n-2}.$$

二番目に準備したことより，整級数 $\sum_{n=2}^{\infty}\frac{n(n-1)}{2}c_nz^{n-2}$ は，$|z|+\delta<R$ にて絶対収束するので，$M=\sum_{n=2}^{\infty}\frac{n(n-1)}{2}|c_n|(|z|+\delta)^{n-2}$ とおくと，これは有限な数で，

$$\left|\frac{f(z+h)-f(z)}{h}-\sum_{n=1}^{\infty}nc_nz^{n-1}\right|\leqq M|h|.$$

これは，

$$\lim_{h\to0}\frac{f(z+h)-f(z)}{h}=\sum_{n=1}^{\infty}nc_nz^{n-1}$$

を物語る．左辺は，実変数の場合の微係数の真似で，この値を $f'(z)$ と書き，**複素微係数**というが，これは，右辺に等しいので，あたかも，z が実変数の場合の様な気持で，しかも項別微分すればよいことを意味する．すなわち $\frac{d}{dz}\sum_{n=0}^{\infty}c_nz^n=\sum_{n=0}^{\infty}\frac{d}{dz}(c_nz^n)=\sum_{n=1}^{\infty}nc_nz^{n-1}$ というムードである．もちろん，z と h を実数に制限するのは一向に支障がないので，その特別な場合は更に右の項別微分の公式が成立する．

項別微分の公式

$\sum_{n=0}^{\infty}c_nx^n$ が $|x|<R$ で収束すれば，項別微分可能で
$\frac{d}{dx}\sum_{n=0}^{\infty}c_nx^n=\sum_{n=1}^{\infty}nc_nx^{n-1}$．$(|x|<R)$.

ところで，c_n に多項式 $n(n-1)\cdots(n-m+1)$ を掛けて得られる整級数も $|z|<R$ で収束するので，m に関する数学的帰納法により右の公式を得る．やはり，z を実変数 x で置き換えても，特別な場合になるだけで，構わない．そうすると，点 a を中心とする整級数で与えられる関数

項別微分の公式

$\sum_{n=0}^{\infty}c_nz^n$ が $|z|<R$ で収束すれば，任意の m 回項別微分可能で
$\frac{d^m}{dz^m}\sum_{n=0}^{\infty}c_nz^n=\sum_{n=m}^{\infty}n(n-m)\cdots(n-m+1)c_nz^{n-m}$

$$f(z)=\sum_{n=0}^{\infty}c_n(z-a)^n$$

は収束円内で無限回複素微分可能であって

$$f^{(m)}(z)=\sum_{n=m}^{\infty}n(n-1)\cdots(n-m+1)c_n(z-a)^{n-m}.$$

$z=a$ を代入すると，$f^{(m)}(a)=m!\,c_m$ となり，整級数はテイラー展開

$$f(z)=\sum_{n=0}^{\infty}\frac{f^{(n)}(a)}{n!}(z-a)^n$$

以外の何物でもないことを識る．

6. 10章の B-3 を用いると n に関する数学的帰納法により，下の Schema を証明することができる．

SCHEMA

関数 $f(x)$ が $0<|x-a|<R$ で C^n 級で，しかも，任意の $0\leqq m\leqq n$ について極限 $\lim_{x\to a}f^{(m)}(x)$ が存在すれば，$f(a)=\lim_{x\to a}f(x)$ と定義することにより $f(x)$ は $|x-a|<R$ で C^n 級となる．

さて，関数

$$f(x)=\begin{cases}e^{-\frac{1}{x}} & (x>0)\\ 0 & (x\leqq0)\end{cases}$$

は正しく，$x\neq0$ にて C^∞ 級である．$x>0$ の時，多項式 p_n があって，$f^{(n)}(x)=p_n\left(\frac{1}{x}\right)e^{-\frac{1}{x}}$ と仮定すると，積と合成

関数の微分法より，$f^{(n+1)}(x)=-\frac{1}{x^2}\left(p_n'\left(\frac{1}{x}\right)+p_n\left(\frac{1}{x}\right)\right)e^{-\frac{1}{x}}$ も同じ型であり，この命題は，数学的帰納法により，全ての n に対して成立する．さて，任意の自然数 m に対して，$x>0$ の時

$$e^{\frac{1}{x}}=1+\frac{1}{x}+\frac{1}{2!}\frac{1}{x^2}+\cdots+\frac{1}{(m+1)!}\cdot\frac{1}{x^{m+1}}+\cdots>\frac{1}{(m+1)!x^{m+1}}$$

なので，

$$\frac{1}{x^m}e^{-\frac{1}{x}}<\frac{\frac{1}{x^m}}{\frac{1}{(m+1)!\,x^{m+1}}}=(m+1)!\,x$$

が成立し，$\lim_{x\to 0}\frac{1}{x^m}e^{-\frac{1}{x}}=0$．したがって，最初に述べた命題より，$f$ は数直線 $\boldsymbol{R}$ 全体で $\boldsymbol{C}^\infty$ 級である．$x<0$ の時，$f(x)\equiv 0$ なので，任意の $n\geqq 0$ に対して，$f^{(n)}(0)=0$．したがって，この関数 $f(x)$ の $x=0$ におけるテイラー展開は

$$\sum_{n=0}^{\infty}\frac{f^{(n)}(0)}{n!}x^n\equiv 0$$

であって，$x>0$ に対する $f(x)$ とは一致しない．

一般に実変数 x の実数値関数 $f(x)$ は，定義域の任意の点 a に対して，正数 r があって，$|x-a|<r$ にて収束整級数で表される時，**実解析的**であるという．B-5 で述べた様に，実解析的関数は C^∞ 級であって，しかも，この級数は点 a におけるテイラー展開に他ならない．しかし，本問はこの逆は成立せず，C^∞ 級関数は必らずしも実解析的ではないことを主張している．ある命題が成立することを主張するには証明せねばならぬが，成立しないことを主張する時は，本問の様に成立しない例を与えねばならぬ．この様な例を**反例**（Counter example, contre-exemple, Gegenbeispiel）という．時に反例，無きにしも有らず！反例作りを raison d'être とする数学者も居る．

7．項別微分は微分方程式の解法の $\frac{1}{5}$ 位を占める．本問はそのサンプルである．整級数の解 $y=\sum_{n=0}^{\infty}c_nx^n$ があったとすれば，収束円内で，項別微分できるはずであるから，気楽に微分して，$y'=\sum_{n=1}^{\infty}nc_nx^{n-1}$，$y''=\sum_{n=2}^{\infty}n(n-1)c_nx^{n-2}$．$n=l+2$ とおくと $n\geqq 2$ なので，$l\geqq 0$ であり，$y''=\sum_{l=0}^{\infty}(l+2)(l+1)c_{l+2}x^l$．この変数 l は n と書いてもよいので，n に統一し $y''=\sum_{n=0}^{\infty}(n+2)(n+1)c_{n+2}x^n$．これを微分方程式に $y=\sum_{n=0}^{\infty}c_nx^n$ と共に代入し，

$$y''+4y=\sum_{n=0}^{\infty}((n+2)(n+1)c_{n+2}+4c_n)x^n=0.$$

x^n の係数を全て 0 として，$(n+2)(n+1)c_{n+2}+4c_n=0\,(n\geqq 0)$ より漸化式

$$c_{n+2}=-\frac{4}{(n+2)(n+1)}c_n\quad(n\geqq 0)$$

を得る．初期条件，$x=0$ の時，$y=1$，$y'=0$ より，$c_0=1$，$c_1=0$ を得るので，数学的帰納法により

$$c_{2m}=(-1)^m\frac{4^m}{(2m)!},\quad c_{2m+1}=0\quad(m\geqq 0)$$

を得る．この様に，収束を考慮に入れないで，項別微分して，係数を定めて得られる解を**形式解**という．この形式解が収束すれば，収束円内では，今迄の形式的な計算，項別微分が正当化されて，形式解は**真の解**となる．われわれの場合は，更に露骨に

$$y=\sum_{m=0}^{\infty}(-1)^m\frac{(2x)^{2m}}{(2m)!}=\cos 2x$$

となり，その収束半径$=\infty$なので，数直線全体で真の解である．

8．(1)　級数 $\sum_{n=0}^{\infty}\frac{a_nn!}{\alpha(\alpha+1)\cdots(\alpha+n)}$ は収束するので，その一般項は有界であり，$^\exists M>0;\left|\frac{a_nn!}{\alpha(\alpha+1)\cdots(\alpha+n)}\right|\leqq M$（$^\forall n\geqq 0$）．これより，$|a_n|\leqq M\frac{\alpha(\alpha+1)\cdots(\alpha+n)}{n!}$．ところで，$b_n=M\frac{\alpha(\alpha+1)\cdots(\alpha+n)}{n!}$ とおくと，$\frac{b_n}{b_{n+1}}=\frac{n+1}{\alpha+n+1}\to 1$（$n\to\infty$）なので，ダランベールの公式より，$\sum b_nz^n$ の収束半径は 1，したがって，その劣級数 $\sum a_nz^n$ の収束半径$\geqq 1$．

(2)　$y>0$ であれば，$0<1-e^{-y}<1$ なので，$\varphi(y)=\sum_{n=0}^{\infty}a_n(1-e^{-y})^n$ は絶対かつ広義一様収束している．したがって，任意の $0<r<R$ に対して，下の積分は項別積分ができて

$$\int_r^R e^{-xy}\varphi(y)dy=\sum_{n=0}^{\infty}a_n\int_r^R e^{-xy}(1-e^{-y})^ndy.$$

積分を実行すべく，変数変換 $t=e^{-y}$, $\dfrac{dt}{dy}=-e^{-y}$, $dy=-e^{y}dt=-\dfrac{dt}{t}$ を施し，

$$\int_r^R e^{-xy}\varphi(y)dy=\sum_{n=0}^{\infty}a_n\int_{e^{-R}}^{e^{-r}}t^{x-1}(1-t)^n dt.$$

二項定理を用いて強引に計算しようしても，うまく行かぬ．ここで，$\sum$ の中の積分にて $r\to 0$, $R\to\infty$ とした極限を部分積分 $u'=t^{x-1}$, $v=(1-t)^n$, $u=\dfrac{t^x}{x}$, $v'=-n(1-t)^{n-1}$ を施して計算すると

$$\int_0^1 t^{x-1}(1-t)^n dt=\left[\frac{t^x(1-t)^n}{x}\right]_0^1+\frac{n}{x}\int_0^1 t^x(1-t)^{n-1}dt=\frac{n}{x}\int_0^1 t^x(1-t)^{n-1}dt.$$

x が分母に来て，解決に一歩近づいたと確信し，部分積分を続行すると，

$$\int_0^1 t^{x-1}(1-t)^n dt=\frac{n!}{x(x+1)\cdots(x+n-1)}\int_0^1 t^{x+n-1}dt=\frac{n!}{x(x+1)\cdots(x+n)}.$$

したがって

$$\int_r^R e^{-xy}\varphi(y)dy-f(x)=\sum_{n=0}^{\infty}a_n\left(\int_{e^{-R}}^{e^{-r}}t^{x-1}(1-t)^n dt-\int_0^1 t^{x-1}(1-t)^n dt\right)$$

$$=-\sum_{n=0}^{\infty}a_n\left(\int_0^{e^{-R}}t^{x-1}(1-t)^n dt+\int_{e^{-r}}^1 t^{x-1}(1-t)^n dt\right)$$

を得るので，後は，これらを ε で押える ε–δ 法の強行あるのみである．$x\geqq\alpha+2$ なので

$$\int_0^{e^{-R}}t^{x-1}(1-t)^n dt+\int_{e^{-r}}^1 t^{x-1}(1-t)^n dt\leqq\int_0^1 t^{\alpha+2-1}(1-t)^n dt=\frac{n!}{(\alpha+2)(\alpha+3)\cdots(\alpha+2+n)}$$

であることに見当を付けて，例によって，自然数 N を適当に見繕って，$\sum$ も二つに分け

$$\int_r^R e^{-xy}\varphi(y)dy-f(x)=-\left(\sum_{n=0}^{N}+\sum_{n>N}\right)a_n\left(\int_0^{e^{-R}}+\int_{e^{-r}}^1\right)t^{x-1}(1-t)^n dt$$

の各項を 0 に収束させたい．12章の A–4 より $\sum_{n=1}^{\infty}\dfrac{1}{n^2}<+\infty$ であり，

$\displaystyle\sum_{n=0}^{\infty}\frac{1}{(\alpha+1+n)(\alpha+2+n)}\leqq\sum_{n=0}^{\infty}\frac{1}{(n+1)^2}=\sum_{n=1}^{\infty}\frac{1}{n^2}<+\infty$ であるから，$\forall\varepsilon>0$, $\exists N$; $\displaystyle\sum_{n>N}\frac{M\alpha(\alpha+1)}{(\alpha+1+n)(\alpha+2+n)}<\frac{\varepsilon}{2}$.

この N に対して，$\exists R_0>0, 0<\exists r_0<1$; $\displaystyle\sum_{n=0}^{N}|a_n|\left(\int_0^{e^{-R}}+\int_{e^{-r}}^1\right)t^{x-1}(1-t)^n dt<\frac{\varepsilon}{2}$ $(\forall R>R_0, 0<\forall r<r_0)$.

この様に N, R_0, r_0 を選べば，$0<r<r_0$, $R>R_0$ の時，$|a_n|<\dfrac{\alpha(\alpha+1)\cdots(\alpha+n)}{n!}M$ に注意すると

$$\left|\int_r^R e^{-xy}\varphi(y)dy-f(x)\right|\leqq\sum_{n=0}^{N}|a_n|\left(\int_0^{e^{-R}}+\int_{e^{-r}}^1\right)t^{x-1}(1-t)^n dt+\sum_{n>N}\frac{\alpha(\alpha+1)\cdots(\alpha+n)M}{n!}\frac{n!}{(\alpha+2)(\alpha+3)\cdots(\alpha+2+n)}$$

$$\leqq\sum_{n=0}^{N}|a_n|\left(\int_0^{e^{-R}}+\int_{e^{-r}}^1\right)t^{x-1}(1-t)^n dt+\sum_{n>N}\frac{\alpha(\alpha+1)M}{(\alpha+1+n)(\alpha+2+n)}<\frac{\varepsilon}{2}+\frac{\varepsilon}{2}=\varepsilon$$

を得て，

$$f(x)=\lim_{\substack{r\to+0\\R\to 1-0}}\int_r^R e^{-xy}\varphi(y)dy=\int_0^1 e^{-xy}\varphi(y)dy$$

に達する．

9. A–7 にて $\alpha=0$, $h=x$ とおき，$\displaystyle\sum_{k=1}^{n}\sin kx=\frac{\cos\frac{x}{2}-\cos\left(n+\frac{1}{2}\right)x}{2\sin\frac{x}{2}}$. したがって正数 $\delta<\pi$ に対して，$\delta+2\nu\pi\leqq x\leqq-\delta+(2\nu+1)\pi$，または，$\delta+(2\nu+1)\pi\leqq x\leqq(2\nu+2)\pi-\delta$ の時，$\displaystyle\left|\sum_{k=1}^{n}\frac{\cos\frac{x}{2}-\cos\left(n+\frac{1}{2}\right)x}{2\sin\frac{x}{2}}\right|\leqq\frac{1}{\sin\frac{\delta}{2}}$. ゆえに，12章の B–6 より，ここで，$f(x)=\displaystyle\sum_{k=1}^{\infty}\frac{\sin kx}{k}$ は一様収束する．δ は $\forall$ なので，$\displaystyle\sum_{k=1}^{\infty}\frac{\sin kx}{k}$ は $x\neq\nu\pi(\nu=0,\pm1,\cdots)$ で広義一様収束する．もちろん，$x=\nu\pi$ を代入した，$f(\nu\pi)=0$ も収束している．もしも $x=\nu\pi$ を含む区間で一様収束すれば，9章の A–9 より項別積分できて $\displaystyle\int_0^{\pi}f(x)dx=\sum_{k=1}^{\infty}\int_0^{\pi}\frac{\sin kx}{k}dx=\sum_{k=1}^{\infty}\Big[-\cos kx\Big]_0^{\pi}=\sum_{k=1}^{\infty}(1-\cos k\pi)$ が収束することになり矛盾である．したがって，$x=\nu\pi$ を含むいかなる区間でも一様収束ではない．

14章　微分方程式の記号的解法

A　基礎をかためる演習

1　スペースの関係で説明し切れなかった部分を補う．

区間 I 上で定義された関数 $a_i(x)(i=0,1,\cdots,n)$ に対して，

$$a_0(x)\frac{d^ny}{dx^n}+a_1(x)\frac{d^{n-1}y}{dx^{n-1}}+\cdots+a_{n-1}(x)\frac{dy}{dx}+a_n(x)y=X(x) \qquad (1)$$

を n 階の**線形常微分方程式**；$a_i(x)$ をその**係数**，$X(x)$ をその**非同次項**という．(1) の X を 0 に見立てた

$$a_0(x)\frac{d^ny}{dx^n}+a_1(x)\frac{d^{n-1}y}{dx^{n-1}}+\cdots+a_{n-1}(x)\frac{dy}{dx}+a_n(x)y=0 \qquad (2)$$

を (1) に対する**同次方程式**，その解を**同次解**という．r 個の同次解 $y_1(x),y_2(x),\cdots,y_r(x)$ に対して，任意定数 c_1, $c_2,\cdots,c_r$ を掛けて加えた，その **1 次結合**

$$y=c_1y_1+c_2y_2+\cdots+c_ry_r \qquad (3)$$

は，$\sum_{i=0}^{n}a_i(x)\frac{d^{n-i}y}{dx^{n-i}}=\sum_{i=0}^{n}a_i(x)\frac{d^{n-i}}{dx^{n-i}}\left(\sum_{k=0}^{r}c_ky_k\right)=\sum_{k=0}^{r}c_k\left(\sum_{i=0}^{n}a_i(x)\frac{d^{n-i}}{dx^{n-i}}y_k\right)=\sum_{k=0}^{r}c_k\cdot0=0$ が成立するので，やはり同次解である．したがって，1 次独立な n 個の同次解 $y_1,y_2,\cdots,y_n$ が得られれば，その任意定数 $c_1,c_2,\cdots,c_n$ を係数とする 1 次結合

$$y=c_1y_1+c_2y_2+\cdots+c_ny_n \qquad (4)$$

は (2) の**一般解**，すなわち，任意定数 n 個を含む解である．これを (1) の**余関数**という．(1) の一つの解を，**特解**と呼ぶ習慣があるが，特別なものである必要は毛頭ない．一つの同次解 y と特解 z の和に対しては，

$\sum_{i=0}^{n}a_i(x)\frac{d^{n-i}}{dx^{n-i}}(y+z)=\sum_{i=0}^{n}a_i(x)\frac{d^{n-i}}{dx^{n-i}}y+\sum_{i=0}^{n}a_i(x)\frac{d^{n-i}}{dx^{n-i}}z=0+X$ が成立するので，公式

同次解＋特解＝非同次解　　(5)

を得る．特に同次解として，任意定数を n 個含む余関数を取れば，非同次解 (5) は任意定数を n 個含む (1) の解，すなわち，(1) の**一般解**であり，公式

一般解＝余関数＋特解　　(6)

を得る．以上の議論では，係数 $a_i(x)$ は関数であって，必ずしも定数でなくてもよいが，これらが全て定数 a_i の時，微分方程式 (1) は n 階の**定数係数線形常微分方程式**という，長い肩書を持つ．したがって Summary の公式 (12)（これを今後 S-(12) と略称しよう）だけは，定数係数のみならず，線形一般に共通する現象である．

さて，本問は微分作用素 $D=\frac{d}{dx}$ を用いると，$(D^2-2D+1)y=(D-1)^2y=1$．$1=e^{0x}$ と考えると，特解は公式 S-(10) より $\frac{e^{0x}}{(D-1)^2}=\frac{e^{0x}}{(0-1)^2}=1$．特性方程式 $(\lambda-1)^2=0$ は 2 重根 $\lambda=1$ を持つので，一般解は公式 S-(12), (13) より $y=(c_1+c_2x)e^x+1$ (c_1,c_2 は任意定数)．

2　$(D^2+4D+4)y=(D+2)^2y=e^{2x}$ の特解は，公式 S-(10) より $\frac{e^{2x}}{(D+2)^2}=\frac{e^{2x}}{(2+2)^2}=\frac{e^{2x}}{16}$．特性方程式の $(\lambda+2)^2=0$ の根は 2 重根 $\lambda=-2$ なので，公式 S-(12), (13) より一般解 $y=(c_1+c_2x)e^{-2x}+\frac{e^{2x}}{16}$ (c_1,c_2 は任意定数)．初期条件 $0=y(0)=c_1+\frac{1}{16}$，$-1=\frac{dy}{dx}(1)=(c_2-2c_1-2c_2)e^{-2}+\frac{e^2}{8}$ より，$c_1=-\frac{1}{16}$，$c_2=\frac{1}{8}+e^2+\frac{e^4}{8}$．

3　$\frac{d}{dx}(y+z)=(-3y+z)+(y-3z+e^{-x})=-2(y+z)+e^{-x}$．$\left(\frac{d}{dx}+2\right)(y+z)=e^{-x}$ の特解は S-(10) より，$\frac{e^{-x}}{D+2}=\frac{e^{-x}}{2-1}=e^{-x}$．特性方程式 $\lambda+2=0$ の根 $\lambda=-2$．S-(12), (13) より一般解は $y+z=ce^{-2x}+e^{-x}$．$(y+z)(0)=0$ より $c+1=0$，$c=-1$．よって，$y+z=e^{-x}-e^{-2x}$．これより $\int_0^\infty(y+z)dx=\int_0^\infty(e^{-x}-e^{-2x})dx=\left[-e^{-x}+\frac{e^{-2x}}{2}\right]_0^\infty=1-\frac{1}{2}=\frac{1}{2}$．

4　一般に特性方程式が虚根 $\alpha\pm i\beta$ を虚根に持てば，$\frac{e^{(\alpha+i\beta)x}+e^{(\alpha-i\beta)x}}{2}=e^{\alpha x}\cos\beta x$，$\frac{e^{(\alpha+i\beta)x}-e^{-(\alpha-i\beta)x}}{2i}=e^{\alpha x}\sin\beta x$ は同次解で S-(15) が成立する．さて，$(D^2+1)y=\sin 2x$ の余関数は，特性方程式 $\lambda^2+1=0$ が虚根 $\lambda=\pm i$ を持つので，公式 S-(15) にて，$\alpha=0$，$\beta=1$ として，$c_1\cos x+c_2\sin x$．特解 $\frac{\sin 2x}{D^2+1}$ の方は，13 章の A-4 のオイラーの公

式 $e^{2ix}=\cos 2x+i\sin 2x$ に注目し，S-(10) より $\dfrac{e^{2ix}}{D^2+1}=\dfrac{e^{2ix}}{1+(2i)^2}=\dfrac{e^{2ix}}{1-4}=-\dfrac{\cos 2x+i\sin 2x}{3}$ の虚部を取り，$\dfrac{\sin 2x}{D^2+1}=-\dfrac{\sin 2x}{3}$ とするのが能率よい．$\sin 2x=\dfrac{e^{2ix}-e^{-2ix}}{2i}$ に基き $\dfrac{\sin 2x}{D^2+1}=\dfrac{1}{2i}\left(\dfrac{e^{2ix}}{D^2+1}-\dfrac{e^{-2ix}}{D^2+1}\right)=\dfrac{1}{2i}\left(\dfrac{e^{2ix}}{1-4}-\dfrac{e^{-2ix}}{1-4}\right)=-\dfrac{1}{3}\dfrac{e^{2ix}-e^{-2ix}}{2i}=-\dfrac{\sin 2x}{3}$ としてもよいが，本質的に二つの特解を求めており，手間が倍となりバカバカしい．いずれにせよ S-(12) より，一般解は $y=c_1\cos x+c_2\sin x-\dfrac{\sin 2x}{3}$．$y'=-c_1\sin x+c_2\cos x-\dfrac{2\cos 2x}{3}$ であり，$0=c_1$，$1=c_2-\dfrac{2}{3}$ より，求める解は $y=\dfrac{5}{3}\sin x-\dfrac{\sin 2x}{3}$．以下本章によって，オイラーの公式の切れ味を知り，複素数の指数関数を学ぶ理由を体得されたい．

5 $(D^2-6D+13)y=e^x\sin x$ の特性方程式 $\lambda^2-6\lambda+13=(\lambda-3)^2+4=0$ は虚根 $3\pm 2i$ を持つので，S-(15) より，余関数$=e^{3x}(c_1\cos 2x+c_2\sin 2x)$．特解は $e^{(1+i)x}=e^x(\cos x+i\sin x)$ に注目し，S-(10) より

$$\frac{e^{(1+i)x}}{D^2-6D+13}=\frac{e^{(1+i)x}}{(1+i)^2-6(1+i)+13}=\frac{e^{(1+i)x}}{1+2i+i^2-6-6i+13}=\frac{e^x(\cos x+i\sin x)}{7-4i}=\frac{e^x(7+4i)(\cos x+i\sin x)}{(7+4i)(7-4i)}$$

$=\dfrac{e^x(7\cos x-4\sin x)}{7^2+4^2}+i\dfrac{e^x(4\cos x+7\sin x)}{7^2+4^2}$ と分母を実数化するテクニックも身に付けて貰いたいが，その虚部を取り，$\dfrac{e^x\sin x}{D^2-6D+13}=\dfrac{e^x(4\cos x+7\sin x)}{65}$．一般解は $y=e^{3x}(c_1\cos 2x+c_2\sin 2x)+\dfrac{e^x(4\cos x+7\sin x)}{65}$．

6 $(D^2-2D+5)y=e^x\cos 2x$ の特性方程式 $\lambda^2-2\lambda+5=(\lambda-1)^2+4=0$ は虚根 $1\pm 2i$ を持つので，余関数$=e^x(c_1\cos 2x+c_2\sin 2x)$ は今迄と変りがないが，この $1+2i$ が $e^{(1+2i)x}=e^x(\cos 2x+i\sin 2x)$ の実部 $e^x\cos 2x$ を与える所が新たな展開であり，$f(t)=t^2-2t+5$，$f'(t)=2t-2$ なので，公式 S-(10) に $m=1$，$a=1+2i$ を代入し，$\dfrac{e^{(1+2i)x}}{D^2-2D+5}=\dfrac{xe^{(1+2i)x}}{2(1+2i)-2}=\dfrac{xe^x(\cos 2x+i\sin 2x)}{4i}=\dfrac{xe^x\sin 2x}{4}-i\dfrac{xe^x\cos 2x}{4}$ と計算の方は却って楽になり，実部を取って，$\dfrac{e^x\cos 2x}{D^2-2D+5}=\dfrac{xe^x\sin 2x}{4}$．一般解は $y=e^x\left(c_1\cos 2x+\left(c_2+\dfrac{x}{4}\right)\sin 2x\right)$．（$c_1, c_2$ は任意定数）と記さないと若干減点される恐れはあるが，これ位のミスは合否に響かない．しかし，記すにこしたことはない．

7 今度は3階の $(D^3-3D+2)y=\sin x$．恐くはないが，特性方程式 $\lambda^3-3\lambda+2=0$ は3次方程式なので，$\lambda=0, \pm 1, \pm 2, \cdots$ を次々に代入して根の一つを発見せねばならぬ．$\lambda=1$ が根なので，$\lambda-1$ で因数分解して $\lambda^3-3\lambda+2=\lambda^3-1-3(\lambda-1)=(\lambda-1)(\lambda^2+\lambda+1)-3(\lambda-1)=(\lambda-1)(\lambda^2+\lambda-2)=(\lambda-1)(\lambda+2)(\lambda-1)=(\lambda-1)^2(\lambda+2)=0$ の根は2重根 $\lambda=1, 1$，単根 $\lambda=-2$．公式 S-(13) より，余関数$=c_1e^{-2x}+(c_2+c_3x)e^x$．特解は $e^{ix}=\cos x+i\sin x$ なので，

$$\frac{e^{ix}}{D^3-3D+2}=\frac{e^{ix}}{i^3-3i+2}=\frac{\cos x+i\sin x}{2(1-2i)}=\frac{(1+2i)(\cos x+i\sin x)}{2(1+2i)(1-2i)}=\frac{\cos x-2\sin x}{2\cdot(1^2+2^2)}+i\frac{2\cos x+\sin x}{2\cdot(1^2+2^2)}$$

$=\dfrac{\cos x-2\sin x}{10}+i\dfrac{2\cos x+\sin x}{10}$ の虚部を取り $\dfrac{\sin x}{D^3-3D+2}=\dfrac{2\cos x+\sin x}{10}$．一般解$=c_1e^{-2x}+(c_2+c_3x)e^x+\dfrac{2\cos x+\sin x}{10}$（$c_1, c_2$ は任意定数）．

8 連立方程式 $Dy+az=e^{bx}$，$Dz-ay=0$ は，$a\neq 0$ の時は，第2式の $y=\dfrac{Dz}{a}$ を第1式に代入し，$(D^2+a^2)z=ae^{bx}$．特性方程式 $\lambda^2+a^2=0$ は虚根 $\lambda=\pm ai$ を持ち，特解は $\dfrac{ae^{bx}}{D^2+a^2}=\dfrac{ae^{bx}}{a^2+b^2}$ なので，一般解 $z=c_1\cos ax+c_2\sin ax+\dfrac{ae^{bx}}{a^2+b^2}$．$y=\dfrac{Dz}{a}=c_2\cos ax-c_1\sin ax+\dfrac{be^{bx}}{a^2+b^2}$．したがって，$y=c_2\cos ax-c_1\sin ax+\dfrac{be^{bx}}{a^2+b^2}$，$z=c_1\cos ax+c_2\sin ax+\dfrac{ae^{bx}}{a^2+b^2}$ $(a\neq 0)$ と任意定数が c_1, c_2 の二つが正解である．z と別に y についての単独方程式を導き，$y=c_3\cos ax+c_4\sin ax+\dfrac{be^{bx}}{a^2+b^2}$ と上の z との組を一般解とすると任意定数が4個となり誤りとなるから注意を要する．y と z の $\cos ax, \sin ax$ の係数の間には関係があることを認識すべきである．過ぎたるは，なお，及ばざるが如し！ くどくなるが，微分連立方程式を解く際にはこのことさえ肝に命じれば，後は通常の連立方程式と同じムードである．$a=0$ の時は，連立方程式は $\dfrac{dy}{dx}=e^{bx}$，$\dfrac{dz}{dx}=0$ なので，$b\neq 0$ の時は $y=\dfrac{e^{bx}}{b}+c_2$，$z=c_1$．これは上の $a\neq 0$ の場合に含まれる．$b=0$ の時は，$y=x+c_2$，$z=c_1$．以上をまとめると，一般解は $a^2+b^2\neq 0$ の時は，$y=-c_1\sin a x+c_2\cos ax+\dfrac{be^{bx}}{a^2+b^2}$，$z=c_1\cos ax+c_2\sin ax+\dfrac{ae^{bx}}{a^2+b^2}$，$a=b=0$ の時は，$y=x+c_2$，$z=c_1$（c_1, c_2 は任意定数）．

9　$(D^2-5D+6)y=4e^x-e^{2x}$ の特性方程式 $\lambda^2-5\lambda+6=(\lambda-2)(\lambda-3)=0$ の根は $\lambda=2,3$．特解は e^x, e^{2x} のそれを求めて，上と同じ係数の１次結合を作ればよい．公式 S-⑽ の $m=0$ の $\dfrac{e^x}{D^2-5D+6}=\dfrac{e^x}{1-5+6}=\dfrac{e^x}{2}$ と $m=1$ の $\dfrac{e^{2x}}{D^2-5D+6}=\dfrac{xe^{2x}}{2\cdot 2-5}=-xe^{2x}$ とを使い分け，$\dfrac{4e^x-e^{2x}}{D^2-5D+6}=2e^x+xe^{2x}$．よって，一般解 $y=(c_1+x)e^{2x}+c_2e^{3x}+2e^x$ (c_1, c_2 は任意定数)．

10　本問は８章の A-1-4 として線形の公式で解いたが，ここでは演算子法による解法を披露しよう．$(D-1)y=x+1$ の特性方程式 $\lambda-1=0$ の根 $\lambda=1$ なので，余関数$=ce^x$．特解 $\dfrac{x+1}{D-1}$ は分母を D についてテイラー展開して（といっても公比 D の等比級数の和の公式を用い），$\dfrac{x+1}{D-1}=-\dfrac{x+1}{1-D}=-(1+D+D^2+\cdots)(x+1)=-(x+1)-D(x+1)-D^2(x+1)-\cdots$．$D^n$ を掛けるということは n 回微分するということだから，$n\geqq 2$ の時は１次式 $x+1$ に対して $D^n(x+1)=0$．したがって

$$\frac{x+1}{D-1}=-(1+D+D^2+\cdots)(x+1)=-(1+D)(x+1)=-x-1-1=-x-2.$$

よって，一般解 $y=ce^x-x-2$．($c=$任意定数)を教職試験で忘れては確実に不合格．

Summary でも述べたが，多項式 $f(\lambda)=a_0\lambda^n+a_1\lambda^{n-1}+\cdots+a_n$ の λ の所に微分演算子 $D=\dfrac{d}{dx}$ を代入した，$f(D)=a_0D^n+a_1D^{n-1}+\cdots+a_n$ はあく迄も関数 y に対して，$f(D)y=a_0\dfrac{d^ny}{dx^n}+a_1\dfrac{d^{n-}y}{dx^{n-1}}{}^1+\cdots+a_{n-1}\dfrac{dy}{dx}+a_ny$ なる微分演算を行う，演算(作用素)であって，数や関数とは区別すべきである．このことをやたらに強調すると真面目な学生から見ると，Example で述べた様に，例えば公式 S-⑽ に基く $\dfrac{e^{2x}}{D-1}=\dfrac{e^{2x}}{2-1}=e^{2x}$ の様な計算は，数ではない微分作用素 D を数２として扱っているかの様であり，先生のいうことと実行することとは矛盾があり，信頼できないとなる．しかし，これはあく迄も，公式 S-⑽ が成立することが証明できたから成立するのであって，D を定数と見なしてよいことが示されたから，計算してよいのに過ぎない．それにも拘らず，演算子法に拘(コダワ)るのは，実はこの様な錯覚を誘発することにより，ごく自然に計算が実行されることを期待しており，美女の中に青年を投じながら，女犯の罪を強調するのと同じ様に罪なことではある．数学では，形式的な計算(本音)と論理性の追求(建前)の二つの側面を持ち，両者を旨く使い分ける必要がある．建前と本音を使い分ける達人がエリートである．本書はこの両面のバランスに常に留意しており，計算はあく迄も大胆に，そしてその大胆さは正しい論理の裏付けに基き，単なる乱暴さに終らない様，心掛けている．上述の微分作用素の逆数のテイラー展開も極めて大胆な計算であるが，微分方程式の解法のこの本音も，追求されたら，チャント建前に戻って解説できる教養こそ望ましい．

さて，多項式 $f(\lambda)$ が $f(0)\neq 0$ を満せば，$\dfrac{1}{f(\lambda)}=b_0+b_1\lambda+\cdots+b_m\lambda^m+b_{m+1}\lambda^{m+1}+\cdots$ と $\lambda=0$ においてテイラー展開できる．$g(\lambda)=\sum_{k=0}^{\infty}b_{m+1+k}\lambda^k$ とおけば，$\dfrac{1}{f(\lambda)}=b_0+b_1\lambda+\cdots+b_m\lambda^m+\lambda^{m+1}g(\lambda)$ が成立し，$g(\lambda)=\dfrac{1}{\lambda^{m+1}}\left(\dfrac{1}{f(\lambda)}-b_0-b_1\lambda-\cdots-b_m\lambda^m\right)$ は λ の有理（分数）関数である．$f(\lambda)$ を両辺に掛けて $1=f(\lambda)(b_0+b_1\lambda+\cdots+b_m\lambda^m)+\lambda^{m+1}f(\lambda)g(\lambda)$ が成立し，$h(\lambda)=\lambda^{m+1}f(\lambda)g(\lambda)$ とおくと，$h(\lambda)=1-f(\lambda)(b_0+b_1\lambda+\cdots+b_m\lambda^m)$ は多項式である．$\lambda=0$ におけるテイラー展開が λ^{m+1} から始まる多項式は λ^{m+1} で割り切れ，$k(\lambda)=f(\lambda)g(\lambda)$ も多項式である．かくして，多項式 $k(\lambda)$ があって

$$1=f(\lambda)(b_0+b_1\lambda+\cdots+b_m\lambda^m)+k(\lambda)\lambda^{m+1}$$

が成立する．そこで X を m 次以下の任意の多項式とすると，$m+1$ 回微分したら０になるので，$D^{m+1}X=0$．上の式の λ に微分作用素 D を代入すると，両辺は微分作用素として等しいので，多項式 X に作用させても等しい．もちろん $1X=X$ なので

$$X=f(D)((b_0+b_1D+\cdots+b_mD^m)X)+k(D)(D^{m+1}X)=f(D)((b_0+b_1D+\cdots+b_mD^m)X).$$

ゆえに，関数 $(b_0+b_1D+\cdots+b_mD^m)X$ は $f(D)$ を作用させると X なので，$f(D)y=X$ の一つの解 $\dfrac{X}{f(D)}$ であり，右の Schema を得る．これは $\dfrac{1}{f(D)}$ をテイラー展開して

$$\frac{X}{f(D)}=(b_0+b_1D+\cdots+b_mD^m+\cdots)X$$

と理解した方が，自然な流れであり，何も暗記しなくてすむ．この様に，一見，もっともらしい公式が成立するので，演算子法は便利である．くどくなるが，微分作用素 D は数でないにも

SCHEMA

m 次の多項式 X に対して

$$\frac{X}{f(D)}=(b_0+b_1D+\cdots+b_mD^m)X$$

拘らず，数を表す変数の様に取り扱ってテイラー展開できる，この自由自在さこそ数学の本質であり，数学を儒学的教条主義と取り違えないで欲しい．次問も線形の公式で解けるが，これを，レパートリーを拡げる糸口としよう．独立変数の変数変換を施し，$x=e^t$ とおくと，$\frac{dx}{dt}=e^t$ なので，$x\frac{d}{dx}=x\frac{dt}{dx}\frac{d}{dt}=\frac{d}{dt}$．自然数$n$に対して，$x^n\frac{d^n}{dx^n}=\frac{d}{dt}\left(\frac{d}{dt}-1\right)\cdots\left(\frac{d}{dt}-n+1\right)$ を仮定すると，$(n+1)$に対して，左辺は積の微分法より，$x\frac{d}{dx}\left(x^n\frac{d^n}{dx^n}\right)=x\left(nx^{n-1}\frac{d^n}{dx^n}+x^n\frac{d^{n+1}}{dx^{n+1}}\right)$．一方 $x\frac{d}{dx}=\frac{d}{dt}$ なので $x^{n+1}\frac{d^{n+1}}{dx^{n+1}}+nx^n\frac{d^n}{dx^n}=\frac{d^2}{dt^2}\left(\frac{d}{dt}-1\right)\cdots\left(\frac{d}{dt}-n+1\right)$ を得，$x^{n+1}\frac{d^{n+1}}{dx^{n+1}}=\frac{d}{dt}\left(\frac{d}{dt}-1\right)\cdots\left(\frac{d}{dt}-n+1\right)\frac{d}{dt}-n\frac{d}{dt}\left(\frac{d}{dt}-1\right)\cdots\left(\frac{d}{dt}-n+1\right)=\frac{d}{dt}\left(\frac{d}{dt}-1\right)\cdots\left(\frac{d}{dt}-n+1\right)\left(\frac{d}{dt}-n\right)$ に達し，上の公式が $(n+1)$ の時成立し，数学的帰納法により，任意の自然数nに対して成立することを識る．かくして右のSchema を得る．

SCHEMA

$$a_0x^n\frac{d^ny}{dx^n}+a_1x^{n-1}\frac{d^{n-1}y}{dx^{n-1}}+\cdots+a_{n-1}x\frac{dy}{dx}+a_ny=X(x)$$

は変数変換 $x=e^t$ により，$D=\frac{d}{dt}$ とおくと，定数係数

$$(a_0D(D-1)\cdots(D-n+1)+a_1D(D-1)\cdots(D-n+2)+\cdots+a_{n-1}D+a_n)y=X(e^t)$$

に帰着できる．

11　本問は $x=e^t$，$D=\frac{d}{dt}$ とおくと，上の公式より $(D+1)y=te^t$．特解は公式 S–(11) を用いて e^t を外に出し，次に A–10 の Schema を用いて t を処置し $\frac{te^t}{D+1}=e^t\frac{t}{(D+1)+1}=\frac{e^t}{2}\frac{t}{1+\frac{D}{2}}=\frac{e^t}{2}\left(1-\frac{D}{2}+\cdots\right)t=\frac{e^t}{2}\left(t-\frac{1}{2}\right)$．よって，一般解 $y=ce^{-t}+\left(\frac{t}{2}-\frac{1}{4}\right)e^t$．変数を x に戻して，一般解 $y=\frac{c}{x}+\left(\frac{\log x}{2}-\frac{1}{4}\right)x$（$c$=任意定数）．

12　$(D^2+D-1)y=x^2$ の特解は $\frac{x^2}{D^2+D-1}=-\frac{x^2}{1-(D+D^2)}=-(1+(D+D^2)+(D+D^2)^2+\cdots)x^2=-(1+D+D^2+D^2+\cdots)x^2=-(1+D+2D^2)x^2$ と $(D+D^2)$ の等比級数の和の公式に持込む際，D^3 以上はネグルのがコツで，$Dx^2=2x$，$D^2x^2=2$ なので，$\frac{x^2}{D^2+D-1}=-(x^2+2x+4)$．特性方程式 $\lambda^2+\lambda-1=0$ の根は $\lambda=\frac{-1\pm\sqrt{5}}{2}$ なので，一般解 $y=e^{-\frac{x}{2}}\left(c_1e^{-\frac{\sqrt{5}}{2}x}+c_2e^{\frac{\sqrt{5}}{2}x}\right)-x^2-2x-4$（$c_1, c_2$ は任意定数）であるが，工学者は $y=c^{-\frac{x}{2}}\left(c_1\cosh\frac{\sqrt{5}}{2}x+c_2\sinh\frac{\sqrt{5}}{2}x\right)-x^2-2x-4$ の方を好む．もちろん最初の c_1, c_2 と次の c_1, c_2 は違うが，$\mathrm{ch}\frac{\sqrt{5}}{2}x=\frac{e^{\frac{\sqrt{5}}{2}x}+e^{-\frac{\sqrt{5}}{2}x}}{2}$，$\mathrm{sh}\frac{\sqrt{5}}{2}x=\frac{e^{\frac{\sqrt{5}}{2}x}-e^{-\frac{\sqrt{5}}{2}x}}{2}$ なので，本質的には同じである．

13　前問では右辺が多項式であったが，今度は多項式×指数関数と少しずつ，手が混んで来るが，中年のワン・パターンから逃れ様と悶える出題委員の気持が手に取る様に分り，おもしろい．$(D^2+2D+2)y=xe^{-2x}$ の特解は S–(11) を用いて，邪魔者 e^{-2x} を外に出して，前問同様

$$\frac{xe^{-2x}}{D^2+2D+2}=e^{-2x}\frac{x}{(D-2)^2+2(D-2)+2}=e^{-2x}\frac{x}{2-2D+D^2}=\frac{e^{-2x}}{2}\frac{x}{1-\left(D-\frac{D^2}{2}\right)}=\frac{e^{-2x}}{2}(1+D+\cdots)x$$
$$=\frac{e^{-2x}}{2}(x+1).$$

特性方程式 $\lambda^2+2\lambda+2=0$ の根は $\lambda=-1\pm i$ なので，一般解 $y=e^{-x}(c_1\cos x+c_2\sin x)+e^{-2x}\left(\frac{x}{2}+\frac{1}{2}\right)$．（$c_1, c_2$ は任意定数）．

14　今度は更に余弦が掛って出題に磨きがかかるが，$\frac{xe^{-x}\cos x}{D^2+2D+5}$ と捉えるよりも，複素数を用いて指数化し $\frac{xe^{(-1+i)x}}{D^2+2D+5}$ と捉える様な数学的感覚を磨こう．S–(11), (10) より

$$\frac{xe^{(-1+i)x}}{D^2+2D+5}=e^{(-1+i)x}\frac{x}{(D-1+i)^2+2(D-1+i)+5}=e^{(-1+i)x}\frac{x}{D^2+2iD+3}=\frac{e^{(-1+i)x}}{3}\cdot\frac{x}{1+\frac{2iD+D^2}{3}}$$
$$=\frac{e^{(-1+i)x}}{3}\cdot\left(1-\frac{2iD+D^2}{3}+\cdots\right)x=\frac{e^{(-1+i)x}}{3}\left(1-\frac{2i}{3}D+\cdots\right)x=\frac{e^{(-1+i)x}}{3}\left(x-\frac{2i}{3}\right)=\frac{e^{-x}}{3}(\cos x+i\sin x)\left(x-\frac{2i}{3}\right)$$
$$=e^{-x}\left(\frac{x\cos x}{3}+\frac{2\sin x}{9}\right)+ie^{-x}\left(\frac{x\sin x}{3}-\frac{2\cos x}{9}\right)$$

を得るが，三度び，オイラーの公式 $e^{(-1+i)x}=e^{-x}(\cos x+i\sin x)$ を想起し，両辺の実部を取り，

$$\frac{xe^{-x}\cos x}{D^2+2D+5}=e^{-x}\left(\frac{x\cos x}{3}+\frac{2\sin x}{9}\right).$$

特性方程式 $\lambda^2+2\lambda+5=(\lambda+1)^2+2^2=0$ の根は $\lambda=-1\pm 2i$ なので，一般解は

$$y=e^{-x}\left(c_1\cos 2x+c_2\sin 2x+\frac{x\cos x}{3}+\frac{2\sin x}{9}\right)\ (c_1, c_2 \text{は任意定数}).$$

15 東工大は毎年目先を変えるが，今度は $x^n\dfrac{d^n}{dx^n}$ で攻めて来たので，A-10 の Schema の作法に則り，$x=e^t$，$D=\dfrac{d}{dt}$ でガッチリと受け止めて $(D(D-1)+2D-6)y=(D^2+D-6)y=te^t$．特解はやはり S-(11) で先ず e^t を外に出した後に t を処分し

$$\frac{te^t}{D^2+D-6}=e^t\frac{t}{(D+1)^2+(D+1)-6}=e^t\frac{t}{D^2+3D-4}=-\frac{e^t}{4}\frac{t}{1-\dfrac{3D+D^2}{4}}=-\frac{e^t}{4}\left(1+\frac{3D+D^2}{4}+\cdots\right)t$$

$$=-\frac{e^t}{4}\left(1+\frac{3}{4}D+\cdots\right)t=-\frac{e^t}{4}\left(t+\frac{3}{4}\right).$$

特性方程式 $\lambda^2+\lambda-6=(\lambda+3)(\lambda-2)=0$ の根は $\lambda=-3, 2$ なので，一般解 $y=c_1e^{-3t}+c_2e^{2t}-e^t\left(\dfrac{t}{4}+\dfrac{3}{16}\right)$．変数を x に戻すのを忘れると減点されるので，一般解 $y=\dfrac{c_1}{x^3}+c_2x^2-x\left(\dfrac{\log x}{4}+\dfrac{3}{16}\right)$ (c_1, c_2 任意定数).

16 トドのつまりは右辺を任意関数 f として来た．$(D^2+1)y=f$ の特性方程式 $\lambda^2+1=0$ の根は $\lambda=\pm i$ なので，余関数$=c_1\cos x+c_2\sin x$．特解 $\dfrac{f}{D^2+1}$ はこのままではどうしようもないので，積分を求める際に行った部分分数分解を想起し，$\dfrac{1}{D^2+1}=\dfrac{1}{2i}\left(\dfrac{1}{D-i}-\dfrac{1}{D+i}\right)$ とするのが，一般関数に対する作法である．すると，公式 S-(11) の逆である所の右上の Schema を $f(\lambda)=\lambda^n$ に適用した右の Schema を用いて，

SCHEMA

$$\frac{X}{f(D+a)}=e^{-ax}\frac{Xe^{ax}}{f(D)}$$

SCHEMA

$$\frac{X}{(D+a)^n}=e^{-ax}\frac{Xe^{ax}}{D^n}=e^{-ax}\underbrace{\int\cdots\int}_{n\text{回}}\underbrace{Xe^{ax}dx\ \cdots\ dx}_{n\text{回}}$$

$$\frac{f}{D^2+1}=\frac{1}{2i}\left(\frac{f}{D-i}-\frac{f}{D+i}\right)$$

$$=\frac{1}{2i}\left(e^{ix}\int_0^x e^{-it}f(t)dt-e^{-ix}\int_0^x e^{it}f(t)dt\right).$$

入試では，一つの問題にヤタラに念を入れず，少々の減点は覚悟し，ここで別の問題に移り，より多くの点を稼ぐ方が賢明であるが，時間が余ればこの問題に再び戻り完全を期し，f が実数値関数の時，実数値となる様に努力し，

$$\frac{f}{D^2+1}=\int_0^x f(t)\frac{e^{i(x-t)}-e^{-i(x-t)}}{2i}dt=\int_0^x f(t)\sin(x-t)dt$$

なので，一般解は，任意定数 c_1, c_2 に対して

$$y=C_1\cos x+C_2\sin x+\int_0^x f(t)\sin(x-t)dt.$$

なお，細かいことをいえば，積分変数をtとしないと $\sin(x-t)$ が 0 となり，おかしい．それから，下端は 0 でなくても何でもよい．これが変ると c_1, c_2 に影響が出るが，それを改めて，c_1, c_2 と書けばよいだけである．

概論的なことをいうと，我々が複素数に対する指数関数を導いたのは観念上の遊戯をするためではなく，オイラーの公式 $e^{ix}=\cos x+i\sin x$ を出発点として，指数関数と三角関数の関係を探り，これに基き，計算に便利な指数関数の恩恵を三角関数にもたらし，本章で学んだ様な機能的な計算を，複素数を媒介として行って，実数のカテゴリーでの結果を得ることにあった．このオイラーの公式の醍醐味を本章を通じて学び取り，実数の世界と複素数の世界を自由に往来できる様になってほしい．歴史的には，オイラーは微分方程式を解くために e^{ix} を導入し，それが後の関数論へと開花するのである．

17 $(D^2+a)y=0$ の特性方程式 $\lambda^2+a=0$ の解は $\lambda=\pm\sqrt{-a}$ なので，a の符号によって，三通りの場合がある．

(i) $a>0$ の時．虚根 $\pm\sqrt{a}i$ なので，一般解は $y=c_1\cos\sqrt{a}x+c_2\sin\sqrt{a}x$ であり，$y'=-\sqrt{a}c_1\sin\sqrt{a}x+\sqrt{a}c_2\cos\sqrt{a}x$．初期条件 $0=y(0)=c_1$，$0=y'(0)=\sqrt{a}c_2$ より $c_1=c_2=0$．この場合は，$y\equiv 0$ 以外に解はない．

(ii) $a=0$ の時．2 重根 0 なので，一般解は $y=c_1+c_2x$．$y'=c_2$ なので，$0=y(0)=c_1$，$0=y'(0)=c_2$ より，この場合も，$y\equiv 0$ 以外に解はない．

(iii) $a<0$ の時．実根 $\pm\sqrt{a}$ なので，一般解は $y=c_1e^{-\sqrt{-a}x}+c_2e^{\sqrt{-a}x}$ であり，$y'=\sqrt{-a}(-c_1e^{-\sqrt{-a}x}+c_2e^{\sqrt{-a}x})$ なの

で，$0=y(0)=c_1+c_2$，$0=y'(0)=\sqrt{-a}(-c_1+c_2)$ より，$c_1=c_2=0$．この場合も $c_1=c_2=0$ であって，$y\equiv 0$ 以外に解はない．

以上，三通りの場合をまとめると $y\equiv 0$ 以外に解がないことが分る．ところで，我々は（無内容な we, on, man であり，読者に責任はない．何時か，講義中，我々は計算間違いをしたが，といったら，学生から，私は間違っていません，と抗議された）条件反射の様に，演算子法に飛び付いたが，$z=\dfrac{dy}{dx}$ とおくと，単独初期値問題 $y''+ay=0$．$y(0)=y'(0)\quad=0$ は，連立初期値問題 $\dfrac{dy}{dx}=z$，$\dfrac{dz}{dx}=-ay$，$y(0)=z(0)=0$ と同値であり，右辺 z，$-ay$ は共にリプシッツ連続なので，12章のB-7で示した定理より，上の初期値問題の解は一意的で，$y=z\equiv 0$ 以外に無いことが計算しなくても分る．ご苦労様でした．

18 今度は初期値問題ではなく，二点境界値問題であり，今度こそ，前問の様に場合分けしなくてはならぬ．

(1)の(イ) $\lambda=\omega^2>0(\omega>0)$ の時，一般解は $y=c_1e^{-\omega x}+c_2e^{\omega x}$．$0=y(0)=c_1+c_2$，$0=y(1)=c_1e^{-\omega}+c_2e^{-\omega}$ の第1式の $c_2=-c_1$ を第2式に代入し $(e^{\omega}-e^{-\omega})c_1=0$．$e^{\omega}-e^{-\omega}>0$ なので，$c_1=0$．よって $c_2=-c_1=0$．この時は，$y\equiv 0$．

(1)の(ロ) $\lambda=0$ の時，一般解は $y=c_1x+c_2$．$0=y(0)=c_2$，$0=y(1)=c_1+c_2$ より，$c_1=c_2=0$．この場合も，$y\equiv 0$．

(2) $\lambda=-\omega^2<0(\omega>0)$ の時，一般解は $y=c_1\cos\omega x+c_2\sin\omega x$．$0=y(0)=c_1$，$0=y(1)=c_1+c_2\sin\omega$ より $c_1=0$ であるが，$c_2\neq 0$ であっても，$\sin\omega=0$，すなわち，$\omega=\pm n\pi(n=0,1,2,\cdots)$ であればよい．$n=0$ は $y\equiv 0$ を与えるし，$\sin(-n\pi x)=-\sin n\pi x$ なので，このマイナスは定数 c に繰り入れて，

$$y=c\sin n\pi x\ (c\neq 0, n=1,2,\cdots)$$

が $y\neq 0$ である二点境界値問題の解である．この様な $\lambda=n$ をこの問題の微分作用素の**固有値**，この λ に対する解 $y\neq 0$ を**固有関数（ベクトル）**というのは線形代数と同じである．$y(0)=y(1)=0$ を満す任意の関数がこれらの無限個の固有ベクトルの重ね合せ

$$y=\sum_{n=1}^{\infty}c_n\sin n\pi x$$

で表されることは有限次元の線形代数のアナロジーであるが，フーリエ解析の縄張りである．しかし，その片鱗は既に13章のA-14, B-9に現れている．固有エネルギーの列が量子力学の**スペクトル**である．

B 基礎を活用する演習

本節では $D=\dfrac{d}{dt}$ とする．

1. (i) $(D^2+2\gamma D+\omega_0{}^2)x=0$ の特性方程式 $\lambda^2+2\gamma\lambda+\omega_0{}^2=0$ の解は $\lambda=-\gamma\pm\sqrt{\gamma^2-\omega_0{}^2}$ (イ) $\gamma^2<\omega_0{}^2$ の時は虚根なので，一般解 $x=e^{-\gamma t}(c_1\cos\sqrt{\omega_0{}^2-\gamma^2}t+c_2\sin\sqrt{\omega_0{}^2-\gamma^2}t)$．積の微分の公式より，$x'(t)=-\gamma e^{-\gamma t}(c_1\cos\sqrt{\omega_0{}^2-\gamma^2}t+c_2\sin\sqrt{\omega_0{}^2-\gamma^2}t)+\sqrt{\omega_0{}^2-\gamma^2}e^{-\gamma t}(-c_1\sin\sqrt{\omega_0{}^2-\gamma^2}t+c_2\cos\sqrt{\omega_0{}^2-\gamma^2}t)$ なので，初期条件 $a=x(0)=c_1$，$0=x'(0)=-\gamma c_1+c_2\sqrt{\omega_0{}^2-\gamma^2}$ より，$c_1=a$，$c_2=\dfrac{a\gamma}{\sqrt{\omega_0{}^2-\gamma^2}}$，したがって，解 $x=ae^{-\gamma t}\left(\cos\sqrt{\omega_0{}^2-\gamma^2}t+\dfrac{\gamma}{\sqrt{\omega_0{}^2-\gamma^2}}\sin\sqrt{\omega_0{}^2-\gamma^2}t\right)$．

(ロ) $\gamma^2>\omega_0{}^2$ の時は実根であり $x=e^{-\gamma t}(c_1\mathrm{ch}\sqrt{\gamma^2-\omega_0{}^2}t+c_2\mathrm{sh}\sqrt{\gamma^2-\omega_0{}^2}t)$ と一般解を表すのが工学部的でよく，$x'(t)=-\gamma e^{-\gamma t}(c_1\mathrm{ch}\sqrt{\gamma^2-\omega_0{}^2}t+c_2\mathrm{sh}\sqrt{\gamma^2-\omega_0{}^2})+\sqrt{\gamma^2-\omega_0{}^2}e^{-\gamma t}(c_1\mathrm{sh}\sqrt{\gamma^2-\omega_0{}^2}t+c_2(\mathrm{ch}\sqrt{\gamma^2-\omega_0{}^2}t)$ なので，初期条件 $a=x'(0)=c_1$，$0=x'(0)=-\gamma c_1+\sqrt{\gamma^2-\omega_0{}^2}c_2$ より $c_1=a$，$c_2=\dfrac{\gamma a}{\sqrt{\gamma^2-\omega_0{}^2}}$．解 $x=ae^{-\gamma t}\left(\cosh\sqrt{\gamma^2-\omega_0{}^2}t+\dfrac{\gamma}{\sqrt{\gamma^2-\omega_0{}^2}}\sinh\sqrt{\gamma^2-\omega_0{}^2}t\right)$ と全く統一的に表され，双曲三角を用いたメリットがはっきりした．双曲嫌いの人のために，念のため記すと

$$x=\frac{a\left(\dfrac{\gamma}{\sqrt{\gamma^2-\omega_0{}^2}}+1\right)}{2}e^{(-\gamma+\sqrt{\gamma^2-\omega_0{}^2})t}-\frac{a\left(\dfrac{\gamma}{\sqrt{\gamma^2-\omega_0{}^2}}-1\right)}{2}e^{(-\gamma-\sqrt{\gamma^2-\omega_0{}^2})t},\quad x'(t)=\frac{a(\gamma+\sqrt{\gamma^2-\omega_0{}^2})(-\gamma+\sqrt{\gamma^2-\omega_0{}^2})}{2\sqrt{\gamma^2-\omega_0{}^2}}e^{(-\gamma+\sqrt{\gamma^2-\omega_0{}^2})t}$$

$$-\frac{a(\gamma-\sqrt{\gamma^2-\omega_0{}^2})(-\gamma-\sqrt{\gamma^2-\omega_0{}^2})}{2\sqrt{\gamma^2-\omega_0{}^2}}e^{(-\gamma-\sqrt{\gamma^2-\omega_0{}^2})t}=-\frac{a\omega_0{}^2e^{-\gamma t}}{2\sqrt{\gamma^2-\omega_0{}^2}}(e^{\sqrt{\gamma^2-\omega_0{}^2}t}-e^{-\sqrt{\gamma^2-\omega_0{}^2}t})<0.$$

$\omega_0\neq 0$ であれば，$t>0$ の時 $x'(t)<0$ であり，$t\to\infty$ の時単調に，$\gamma>0$ であれば0に，$\gamma<0$ であれば $-\infty$ に近づく．$a>0$ の時のグラフを描くと次の通りである．

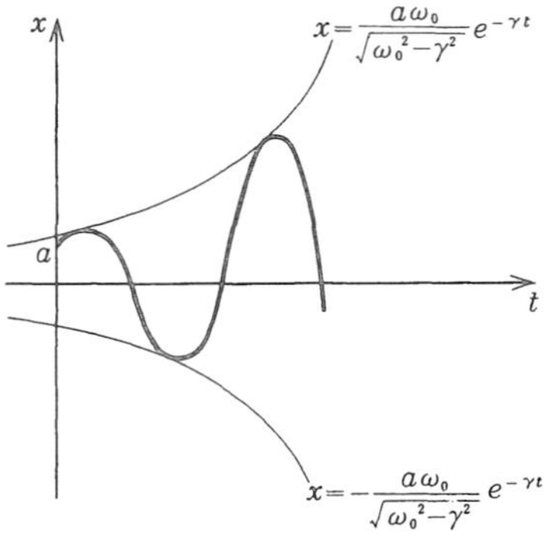

$-\omega_0<\gamma<0<\omega_0$ の時，強制振動–(イ)

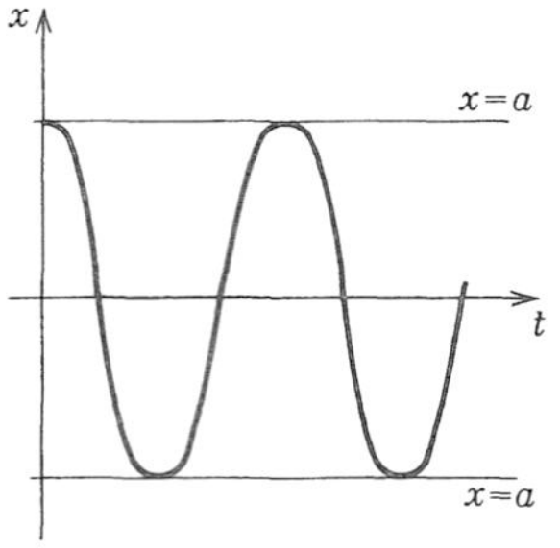

$\gamma=0<\omega_0$ の時，単振動–(イ)

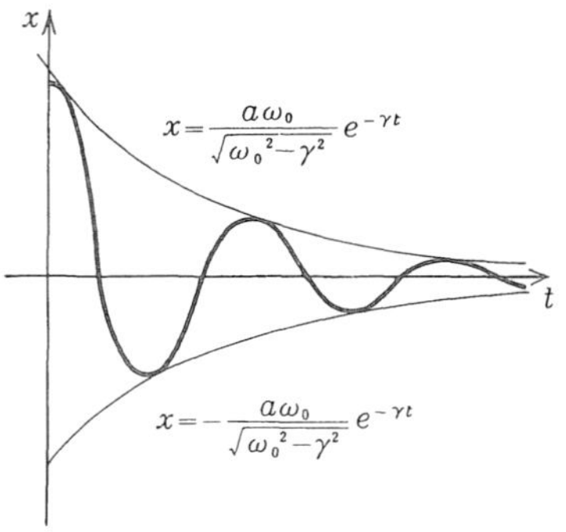

$0<\gamma<\omega_0$ の時，減衰振動–(イ)

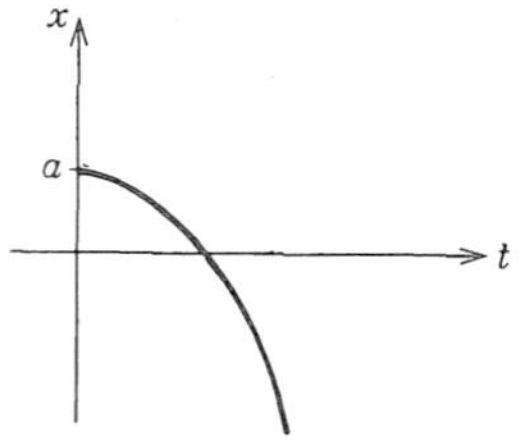

$\gamma<-\omega_0<0<\omega_0$ の時–(イ)

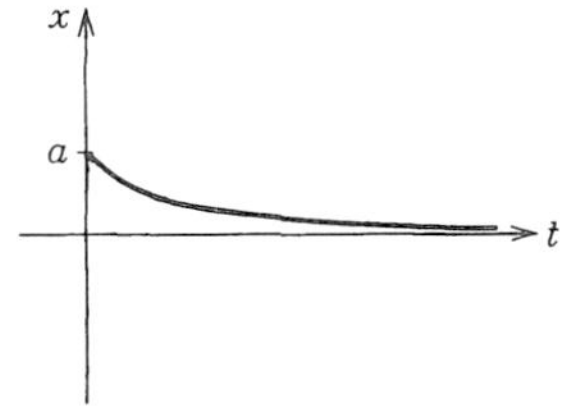

$0<\omega_0<\gamma$ の時–(ロ)

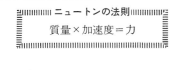

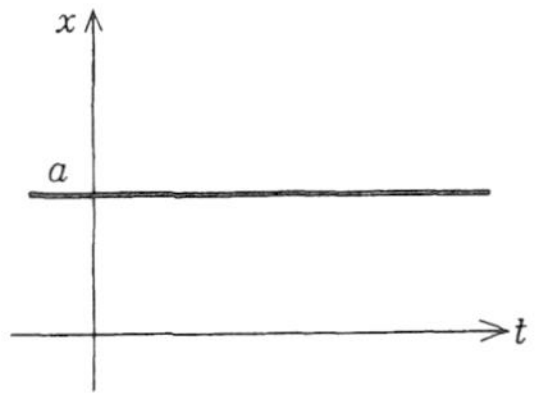

$0=\omega_0<|\gamma|$ の時–(ロ)

(ii) $$\frac{fe^{i\omega t}}{D^2+2\gamma D+\omega_0^2}=\frac{f(\cos\omega t+i\sin\omega t)}{\omega_0^2-\omega^2+2i\gamma\omega}=\frac{f((\omega_0^2-\omega^2)-2i\gamma\omega)(\cos\omega t+i\sin\omega t)}{((\omega_0^2-\omega^2)-2i\gamma\omega)((\omega_0^2-\omega^2)+2i\gamma\omega)}$$

$$=\frac{f((\omega_0^2-\omega^2)\cos\omega t+2\gamma\omega\sin\omega t)}{(\omega_0^2-\omega^2)^2+4\gamma^2\omega^2}+i\frac{f(-2\gamma\omega\cos\omega t+(\omega_0^2-\omega^2)\sin\omega t)}{(\omega_0^2-\omega^2)^2+4\gamma^2\omega^2}$$

の両辺の虚部を取り，特解

$$\frac{f\sin\omega t}{D^2+2\gamma D+\omega_0^2}=\frac{f(-2\gamma\omega\cos\omega t+(\omega_0^2-\omega^2)\sin\omega t)}{(\omega_0^2-\omega^2)^2+4\gamma^2\omega^2}$$

を得る．これはどの t の値から出発しても，グラフが同じ波形を描く，いわゆる定常的な特解である．指数関数を含む余関数が加わると，上図の例の様に，t が大きくなるにつれて，グラフの形が変り，定常的ではない．

ニュートンの法則
質量×加速度＝力

本問の力学的意味を蛇足ながら解説しよう．液体，または，固体の中でバネを引張ると反復力が働き，元に戻ろうとする他に抵抗も働く．右のニュートンの法則に基き，微分方程式を樹てよう．変位 x を時間 t で微分した $\frac{dx}{dt}$ が速度，2回微分した $\frac{d^2x}{dt^2}$ が加速度である．定数 k, $l(\geqq 0)$ を用いて，復原力を $-lx$，抵抗$=-k\frac{dx}{dt}$とできる．質量を m として，右上の Newton の法則を書くと

$$m\frac{d^2x}{dt^2}=-k\frac{dx}{dt}-lx.$$

移項して m で割り，係数を $\gamma=\frac{k}{2m}$，$\omega_0=\sqrt{\frac{l}{m}}$ とおくと，問題の方程式となる．したがって，バネの振動で起り得るのは，$\gamma\geqq 0$，$\omega_0>0$ の場合である．抵抗$=0$ とした理想的状態が単振動である．$0<\gamma<\omega_0$，すなわち，抵抗が小さいと，減衰振動，$\gamma>\omega_0$．すなわち，抵抗が大きいと，最後のグラフの状態となり振動しない．しかし，(ii) で主張していることは，たとえ，抵抗があっても，周期的外力を作用させると，その特解の様な，単振動が一つだけ得られる．これはブランコにて幼児が実行している事柄である．

2. 第1式の $y=\frac{dx}{dt}-\sin t$ を第2式に代入すれば，x についての単独2階が得られるが，この機会に連立方程式について反省しよう．

n 個の未知数 $x_1, x_2, \cdots, x_n$ と既知数 a_{ij}, b_i $(i, j=1, 2, \cdots, n)$ の間に

$$\begin{cases} a_{11}x_1+a_{12}x_2+\cdots+a_{1n}x_n=b_1 \\ a_{21}x_1+a_{22}x_2+\cdots+a_{2n}x_n=b_2 \\ \cdots\cdots\cdots\cdots\cdots\cdots \\ a_{n1}x_1+a_{n2}x_2+\cdots+a_{nn}x_n=b_n \end{cases} \qquad (1)$$

なる関係式が与えられた時，この関係式を満す様な数 $x_1, x_2, \cdots, x_n$ を連立1次方程式(1)の解という．その解は2章のA-14でも述べたクラメルの方法に基き，行列式を用いて表されるが，この機会に，今一度掘り下げて考えて見よう．

連立1次方程式(1)に対して，行列

$$A=(a_{ij})=\begin{bmatrix} a_{11}a_{12}\cdots a_{1n} \\ a_{21}a_{22}\cdots a_{2n} \\ \cdots\cdots\cdots \\ a_{n1}a_{n2}\cdots a_{nn} \end{bmatrix} \qquad (2)$$

を対応させ，**係数行列**という．その i 行 j 列の要素 a_{ij} の**余因子**

$$A_{ij}=(-1)^{i+j}\left|\begin{array}{c|c} \text{——} & \text{——} \\ & a_{ij} \end{array}\right| \quad i\text{ 行を除く}$$

j 列を除く

は a_{ij} を含む行と列を除いてできる $(n-1)$ 次の行列式に符号を付けたものであって，右の Schema の様に，一つ行（または列）のそれぞれの要素にそれ自身の余因子を掛けて加えれば，行列式の値となり，他の行（または列）の要素の余因子を掛けて加えると零になることが重宝である．さて，(1)を x_j について解くべく，(1)の第 k 式に A_{kj} を掛けて $k=1, 2, \cdots, n$ に対して加えると

SCHEMA

$a_{i1}A_{i1}+a_{i2}A_{i2}+\cdots+a_{in}A_{in}=\|A\|=A$ の行列式	(3)
$a_{i1}A_{j1}+a_{i2}A_{j2}+\cdots+a_{in}A_{jn}=0(i\neq j)$	(4)
$a_{1k}A_{1k}+a_{2k}A_{2k}+\cdots+a_{nk}A_{nk}=\|A\|$	(5)
$a_{1k}A_{1l}+a_{2k}A_{2l}+\cdots+a_{nk}A_{nl}=0(k\neq l)$	(6)

$$(a_{11}A_{1j}+a_{21}A_{2j}+\cdots+a_{n1}A_{nj})x_1+\cdots+(a_{1j}A_{1j}+a_{2j}A_{2j}+\cdots+a_{nj}A_{nj})x_j+\cdots$$
$$+(a_{1n}A_{1j}+a_{2n}A_{2j}+\cdots+a_{nn}A_{nj})x_n=b_1A_{1j}+b_2A_{2j}+\cdots+b_nA_{nj} \qquad (7)$$

であるが，公式(6)より x_j 以外の係数は全て消え，(5)より x_j の係数は生残って，$|A|$．右辺は行列式 $|A|$ の展開式(5)において j 列の要素の代りに $b_1, b_2, \cdots, b_n$ を代入したものであるから，やはり(5)より

$$|A|\,x_j=\begin{vmatrix} a_{11}a_{12}\cdots a_{1j-1}b_1a_{1j+1}\cdots a_{1n} \\ a_{21}a_{22}\cdots a_{2j-1}b_2a_{2j+1}\cdots a_{2n} \\ \cdots\cdots\cdots\cdots\cdots\cdots \\ a_{n1}a_{n2}\cdots a_{nj-1}b_na_{nj+1}\cdots a_{nn} \end{vmatrix} \qquad (8)$$

を得る．$|A|\neq 0$ の時，これで割って，x_j について解いたものがクラメルの公式であるが，今回は意図があって，あえて割り算をしない．

上の議論は a_{ij} が数，または，数を表す文字の場合に成立したが，各 a_{ij} が微分作用素 $D=\dfrac{d}{dt}$ の多項式で，各 b_j が，変数 t の関数の場合を考察しよう．先ず，微分作用素の多項式 $f(D)$ と $g(D)$ とは，可換，すなわち，$f(D)g(D)=g(D)f(D)$ が成立するから，$a_{ij}(D)$ を要素とする行列式を定義することができ，やはり，公式(3), (4), (5), (6)が成立する．一方，関数 $b_k(t)$ との積は注意を要し，$a_{ij}(D)b_k(t)$ は $b_k(t)$ を $a_{ij}(D)$ で微分するという意味を持ち関数である．他方，$b_k(t)a_{ij}(D)$ は微分作用素であり，両者は等しくなり得ない．したがって，一般には，微分作用素と関数を併せ持つ行列式は困るのだが，幸にして，(8)の右辺は(7)を源に

$$\begin{vmatrix} a_{11}a_{12}\cdots a_{1j-1}b_1a_{1j+1}\cdots a_{1n} \\ a_{21}a_{22}\cdots a_{2j-1}b_2a_{2j+1}\cdots a_{2n} \\ \cdots\cdots\cdots\cdots\cdots\cdots \\ a_{n1}a_{n2}\cdots a_{nj-1}b_na_{nj+1}\cdots a_{nn} \end{vmatrix}=\sum_{i=1}^{n}A_{ij}(D)b_j(t) \qquad (9)$$

なるルーツを持ち，微分作用素の多項式を要素に持つ $(n-1)$ 次の行列式によって定義される微分作用素 $A_{ij}(D)$ を

関数 $b_j(t)$ に作用させて関数を得，和を作るという意味をもつ．(9)の右辺は左辺を第 j 列について展開したものに他ならないから，上の約束事に従えばよい．

> **約　束**
>
> 一つの列(または行)だけが関数を含み，他の列(または行)の要素は全て，$D=\dfrac{d}{dt}$ の多項式である様な行列式は意味を持ち，それは，その列(または行)に関する展開を意味するものと約束する．

さて，独立変数 t の n 個の未知関数 $x_1(t), x_2(t), \cdots, x_n(t)$ が，微分作用素 $D=\dfrac{d}{dt}$ の多項式 $a_{ij}(D)$ を係数とする連立方程式

$$\begin{cases} a_{11}(D)x_1+a_{12}(D)x_2+\cdots+a_{1n}(D)x_n=b_1(t) \\ a_{21}(D)x_1+a_{22}(D)x_2+\cdots+a_{2n}(D)x_n=b_2(t) \\ \cdots\cdots\cdots\cdots\cdots\cdots\cdots\cdots\cdots\cdots\cdots\cdots \\ a_{n1}(D)x_1+a_{n2}(D)x_2+\cdots+a_{nn}(D)x_n=b_n(t) \end{cases} \tag{10}$$

を満足し，右辺 $b_1(t), b_2(t), \cdots, b_n(t)$ が t の関数の時，各 x_i は，上の約束の下で単独方程式

$$\begin{vmatrix} a_{11}(D)a_{12}(D)\cdots a_{1n}(D) \\ a_{21}(D)a_{22}(D)\cdots a_{2n}(D) \\ \cdots\cdots\cdots\cdots\cdots\cdots \\ a_{n1}(D)a_{n2}(D)\cdots a_{nn}(D) \end{vmatrix} x_j = \begin{vmatrix} a_{11}(D)a_{12}(D)\cdots a_{1j-1}(D)b_j(t)a_{1j+1}(D)\cdots a_{1n}(D) \\ a_{21}(D)a_{22}(D)\cdots a_{2j-1}(D)b_2(t)a_{2j+1}(D)\cdots a_{2n}(D) \\ \cdots\cdots\cdots\cdots\cdots\cdots\cdots\cdots\cdots\cdots\cdots\cdots \\ a_{n1}(D)a_{n2}(D)\cdots a_{nj-1}(D)b_n(t)a_{nj+1}(D)\cdots a_{nn}(D) \end{vmatrix} \tag{11}$$

を満足する．しかし，(11)は(10)の解が満すべき必要条件であって，十分条件ではない．(11)を解けば，その個数に応じた未定係数が含まれるが，A-8で調べた様に，それらの未定係数の間には，関係があって，全く任意に独立したものではないことは注意を要する．

さて，本問に即して説明すると，我々の方程式は $D=\dfrac{d}{dt}$ を用いると

$$\begin{cases} Dx-y=\sin t & (12) \\ x+Dy=\cos t & (13) \end{cases}$$

と書ける．上の論法では

$$\begin{vmatrix} D & -1 \\ 1 & D \end{vmatrix} x = \begin{vmatrix} \sin t & -1 \\ \cos t & D \end{vmatrix} \quad (14), \quad \begin{vmatrix} D & -1 \\ 1 & D \end{vmatrix} y = \begin{vmatrix} D & \sin t \\ 1 & \cos t \end{vmatrix} \quad (15).$$

ここで，2次の行列式の定義は

$$\begin{vmatrix} a & b \\ c & d \end{vmatrix} = ad-bc \tag{16}$$

であったので，$\begin{vmatrix} D & -1 \\ 1 & D \end{vmatrix}=D^2+1$，であるが，右辺の方は $\begin{vmatrix} \sin t & -1 \\ \cos t & D \end{vmatrix}=D\sin t+\cos t=\dfrac{d}{dt}\sin t+\cos t=2\cos t$, $\begin{vmatrix} D & \sin t \\ 1 & \cos t \end{vmatrix}=D\cos t-\sin t=\dfrac{d}{dt}\cos t-\sin t=-2\sin t$，の筆法で，右上の Schema にだけ注意すれば，後は，通常の連立方程式のクラメルの解法，そのものである．したがって，(14), (15)は

> **SCHEMA**
>
> $D=\dfrac{d}{dt}$ を掛けるとは，t で微分することであり，これを優先すること．

$$(D^2+1)x=2\cos t \quad (17), \quad (D^2+1)y=-2\sin t \quad (18)$$

と同値である．(17)の特性方程式 $\lambda^2+1=0$ の根 $\pm i$ をちょうど e の肩に持つ $\dfrac{2e^{it}}{D^2+1}=\dfrac{2te^{it}}{2i}=\dfrac{t(\cos t+i\sin t)}{i}=t\sin t-it\cos t$ を公式 S-(10)に基いて求め，その実部を取り，$\dfrac{2\cos t}{D^2+1}=t\sin t$．よって，一般解 $x=c_1\cos t+(c_2+t)\sin t$．同様にして(19)を解いて並べては任意定数の数が多くなり過ぎる．これを(12)の $y=Dx-\sin t$ に代入して，$y=-c_1\sin t+\sin t+(c_2+t)\cos t-\sin t=-c_1\sin t+(c_2+t)\cos t$．よって，一般解は，$x=c_1\cos t+(c_2+t)\sin t$, $y=-c_1\sin t+(c_2+t)\cos t$ であり，任意定数 c_1, c_2 の数は各式の階数の和 $1+1=2$.

3. $D=\dfrac{d}{dt}$ とおくと，連立方程式

$$\begin{cases}(D-1)x-y=-\sin t\\ x+(D-1)y=-\cos t\end{cases}$$

を得る．クラメルの解法の真似

$$\begin{vmatrix}D-1 & -1\\ 1 & D-1\end{vmatrix}x=\begin{vmatrix}-\sin t & -1\\ -\cos t & D-1\end{vmatrix}$$

は $((D-1)^2+1)x=(D-1)(-\sin t)-\cos t=-\cos t+\sin t-\cos t=-2\cos t+\sin t$．$(D^2-2D+2)x=-2\cos t+\sin t$ の特解を求めるべく，$\dfrac{e^{it}}{D^2-2D+2}=\dfrac{e^{it}}{i^2-2i+2}=\dfrac{e^{it}}{1-2i}=\dfrac{(1+2i)(\cos t+i\sin t)}{(1+2i)(1-2i)}=\dfrac{\cos t-2\sin t}{1^2+2^2}+i\dfrac{2\cos t+\sin t}{1^2+2^2}$ の実部，虚部を取り $\dfrac{\cos t}{D^2-2D+2}=\dfrac{\cos t-2\sin t}{5}$，$\dfrac{\sin t}{D^2-2D+2}=\dfrac{2\cos t+\sin t}{5}$．したがって $\dfrac{-2\cos t+\sin t}{D^2-2D+2}=-2\dfrac{\cos t-2\sin t}{5}+\dfrac{2\cos t+\sin t}{5}=\sin t$．特性方程式 $(\lambda-1)^2+1=0$ は虚根 $\lambda=1\pm i$ を持つので，一般解 $x=e^t(c_1\cos t+c_2\sin t)+\sin t$．これを $y=(D-1)x+\sin t$ に代入して，$y=Dx-x+\sin t=e^t(c_1\cos t+c_2\sin t)+e^t(-c_1\sin t+c_2\cos t)+\cos t-e^t(c_1\cos t+c_2\sin t)-\sin t+\sin t=e^t(-c_1\sin t+c_2\cos t)+\cos t$ なので，一般解は $x=e^t(c_1\cos t+c_2\sin t)+\sin t$，$y=e^t(c_2\cos t-c_1\sin t)+\cos t$ (c_1, c_2 は任意定数)．

4. $D=\dfrac{d}{dt}$ とおくと，連立方程式

$$\begin{cases}(D^2+1)x+y=\sin t\\ -5x+(D^2-1)y=0\end{cases}$$

を得る．その任意定数の数＝2＋2＝4 と見通しを付けておく．クラメルの解法の真似より

$$\begin{vmatrix}D^2+1 & 1\\ -5 & D^2-1\end{vmatrix}x=\begin{vmatrix}\sin t & 1\\ 0 & D^2-1\end{vmatrix},$$

すなわち，$((D^2+1)(D^2-1)+5)x=(D^4-1+5)x=(D^4+4)x=(D^2-1)\sin t=D^2\sin t-\sin t=D\cos t-\sin t=-2\sin t$．$(D^4+4)x=-2\sin t$ の特解を求めるべく，$\dfrac{e^{it}}{D^4+4}=\dfrac{e^{it}}{i^4+4}=\dfrac{\cos t+i\sin t}{5}$ の虚部を取り $\dfrac{\sin t}{D^4+4}=\dfrac{\sin t}{5}$．ゆえに $\dfrac{-2\sin t}{D^4+4}=-\dfrac{2\sin t}{5}$．特性方程式 $\lambda^4=-4=4e^{(2k+1)\pi i}$ は二項方程式であり，その解は $\lambda=\sqrt[4]{4}e^{\frac{2k+1}{4}\pi i}$． $k=0$ として，$\lambda=\sqrt{2}e^{\frac{\pi}{4}i}=\sqrt{2}\left(\cos\frac{\pi}{4}+i\sin\frac{\pi}{4}\right)=\sqrt{2}\left(\frac{1}{\sqrt{2}}+\frac{i}{\sqrt{2}}\right)=1+i$．よく考えると，この方程式はすでに13章の A–11 で解いていて，他の解は，これと点，または，座標軸に対称な点を求めて，解は $\lambda=\pm1\pm i$ の 4 個．したがって，一般解 $x=e^{-t}(c_1\cos t+c_2\sin t)+e^t(c_3\cos t+c_4\sin t)-\dfrac{2\sin t}{5}$．これを $y=\sin t-D^2x-x$ に代入すべく，$Dx=e^{-t}(-c_1\cos t-c_2\sin t)+e^{-t}(-c_1\sin t+c_2\cos t)+e^t(c_3\cos t+c_4\sin t)+e^t(-c_3\sin t+c_4\cos t)-\dfrac{2\cos t}{5}=e^{-t}((c_2-c_1)\cos t-(c_2+c_1)\sin t)+e^t((c_4+c_3)\cos t+(c_4-c_3)\sin t)-\dfrac{2\cos t}{5}$．$D^2x=e^{-t}((-c_2+c_1)\cos t+(c_2+c_1)\sin t-(c_2-c_1)\sin t-(c_2+c_1)\cos t)+e^t((c_4+c_3)\cos t+(c_4-c_3)\sin t-(c_4+c_3)\sin t+(c_4-c_3)\cos t)+\dfrac{2\sin t}{5}=e^{-t}(-2c_2\cos t+2c_1\sin t)+e^t(2c_4\cos t-2c_3\sin t)+\dfrac{2\sin t}{5}$．したがって $y=\sin t+e^{-t}(2c_2\cos t-2c_1\sin t)+e^t(-2c_4\cos t+2c_3\sin t)-\dfrac{2\sin t}{5}-e^{-t}(c_1\cos t+c_2\sin t)-e^t(c_3\cos t+c_4\sin t)+\dfrac{2\sin t}{5}=e^{-t}((2c_2-c_1)\cos t-(2c_1+c_2)\sin t)+e^t(-(c_3+2c_4)\cos t+(2c_3-c_4)\sin t)+\sin t$． よって一般解は $x=e^{-t}(c_1\cos t+c_2\sin t)+e^t(c_3\cos t+c_4\sin t)-\dfrac{2\sin t}{5}$，$y=e^{-t}((2c_2-c_1)\cos t-(2c_1+c_2)\sin t)+e^t(-(c_3+2c_4)\cos t+(2c_3-c_4)\sin t)+\sin t$．さて，$x'=e^{-t}((c_2-c_1)\cos t-(c_2+c_1)\sin t)+e^t((c_4+c_3)\cos t+(c_4-c_3)\sin t)-\dfrac{2\cos t}{5}$，$y'=e^{-t}((c_1-2c_2)\cos t+(2c_1+c_2)\sin t-(2c_2-c_1)\sin t-(2c_1+c_2)\cos t)+e^t(-(c_3+2c_4)\cos t+(2c_3-c_4)\sin t+(c_3+2c_4)\sin t+(2c_3-c_4)\cos t)+\cos t=e^{-t}(-(c_1+3c_2)\cos t+(3c_1-c_2)\sin t)+e^t((c_3-3c_4)\cos t+(3c_3+c_4)\sin t)+\cos t$ なので，初期条件 $x(0)=x'(0)=y(0)=y'(0)=0$ より 4 元連立 1 次方程式

$$c_1+c_3=0$$
$$c_2-c_1+c_4+c_3=\frac{2}{5}$$
$$2c_2-c_1-c_3-2c_4=0$$
$$-c_1-3c_2+c_3-3c_4=-1$$

を得る．第1式より $c_3=-c_1$．第2式に代入して，$c_2-c_1+c_4-c_1=\frac{2}{5}$，すなわち，$c_4=\frac{2}{5}+2c_1-c_2$．これらを第3式に代入し，$2c_2-c_1+c_1-\frac{4}{5}-4c_1+2c_2=0$，すなわち，$c_2=c_1+\frac{1}{5}$，$c_4=c_1+\frac{1}{5}$．これらを第4式に代入して $-c_1-3c_1-\frac{3}{5}-c_1-3c_1-\frac{3}{5}=-1$，すなわち，$c_1=-\frac{1}{40}$．よって，$c_1=-\frac{1}{40}$，$c_2=\frac{7}{40}$，$c_3=\frac{1}{40}$，$c_4=\frac{7}{40}$．かくして，長征的な解 $x=\frac{e^{-t}}{40}(-\cos t+7\sin t)+\frac{e^t}{40}(\cos t+7\sin t)-\frac{2\sin t}{5}$，$y=\frac{e^{-t}}{8}(3\cos t-\sin t)-\frac{e^t}{8}(3\cos t+\sin t)+\sin t$ を得るが，数多くの計算の間違いの機会を，いかに誤り無しで過ぎるかに尽きる．

5. 本問は空間における角を表すと思われる未知関数 θ, φ を求める出題であったが，他の問題との調和のため θ, φ を x, y に換えた．それゆえ，空間における振子の運動問題であって，g は重力の加速度，l は振子の長さを表すものと思われる．先ず，$\frac{g}{l}>0$ と仮定し，$\omega=\sqrt{\frac{g}{l}}$ とおく．

$$\begin{cases}(D^2+\omega^2)x+D^2y=0\\ D^2x+\left(\frac{4}{3}D^2+\omega^2\right)y=0\end{cases}$$

のクラメルの公式の真似は

$$\begin{vmatrix}D^2+\omega^2 & D^2\\ D^2 & \frac{4}{3}D^2+\omega^2\end{vmatrix}x=0,$$

すなわち，$\left(\frac{D^4}{3}+\frac{7\omega^2}{3}D^2+\omega^4\right)x=0$．特性方程式 $\lambda^4+7\omega^2\lambda^2+3\omega^4=0$ は4次方程式であるが，先ず λ^2 について解き，$\lambda^2=\frac{-7\mp\sqrt{37}}{2}\omega^2$．$\frac{-7\mp\sqrt{37}}{2}<0$ なので，虚根 $\lambda=\pm\sqrt{\frac{7\pm\sqrt{37}}{2}}\omega i$ を得る．よって $x=c_1\cos\left(\sqrt{\frac{7-\sqrt{37}}{2}}\omega t\right)+c_2\sin\left(\sqrt{\frac{7-\sqrt{37}}{2}}\omega t\right)+c_3\cos\left(\sqrt{\frac{7+\sqrt{37}}{2}}\omega t\right)+c_4\sin\left(\sqrt{\frac{7+\sqrt{37}}{2}}\omega t\right)$．任意定数の数は $2+2=4$ なので，これ以上増せないが，他に方法がないのが，本問の新たな展開である．同様にして，y についても解き，$y=c_5\cos\left(\sqrt{\frac{7-\sqrt{37}}{2}}\omega t\right)+c_6\sin\left(\sqrt{\frac{7-\sqrt{37}}{2}}\omega t\right)+c_7\cos\left(\sqrt{\frac{7+\sqrt{37}}{2}}\omega t\right)+c_8\sin\left(\sqrt{\frac{7+\sqrt{37}}{2}}\omega t\right)$．$x$ と y を連立方程式に代入して，任意定数を4個に調整しよう．$D^2x=-\frac{7-\sqrt{37}}{2}\omega^2\left(c_1\cos\left(\sqrt{\frac{7-\sqrt{37}}{2}}\omega t\right)+c_2\left(\sin\sqrt{\frac{7-\sqrt{37}}{2}}\omega t\right)\right)-\frac{7+\sqrt{37}}{2}\omega^2\left(c_3\cos\left(\sqrt{\frac{7+\sqrt{37}}{2}}\omega t\right)+c_4\sin\left(\sqrt{\frac{7+\sqrt{37}}{2}}\omega t\right)\right)$，$D^2y$ も同様なので，第1式に代入し，ω^2 で割り，

$$\left(\left(1-\frac{7-\sqrt{37}}{2}\right)c_1-\frac{7-\sqrt{37}}{2}c_5\right)\cos\left(\sqrt{\frac{7-\sqrt{37}}{2}}\omega t\right)+\left(\left(1-\frac{7-\sqrt{37}}{2}\right)c_2-\frac{7-\sqrt{37}}{2}c_6\right)\sin\left(\sqrt{\frac{7-\sqrt{37}}{2}}\omega t\right)$$
$$+\left(\left(1-\frac{7+\sqrt{37}}{2}\right)c_3-\frac{7+\sqrt{37}}{2}c_7\right)\cos\left(\sqrt{\frac{7+\sqrt{37}}{2}}\omega t\right)+\left(\left(1-\frac{7+\sqrt{37}}{2}\right)c_4-\frac{7+\sqrt{37}}{2}c_8\right)\sin\left(\sqrt{\frac{7+\sqrt{37}}{2}}\omega t\right)=0,$$

c_5, c_6, c_7, c_8 は c_1, c_2, c_3, c_4 で表されて，$\frac{1}{7-\sqrt{37}}=\frac{7+\sqrt{37}}{(7+\sqrt{37})(7-\sqrt{37})}=\frac{7+\sqrt{37}}{12}$，$\frac{1}{7+\sqrt{37}}=\frac{7-\sqrt{37}}{12}$ なので，$c_5=\frac{1+\sqrt{37}}{6}c_1$，$c_6=\frac{1+\sqrt{37}}{6}c_2$，$c_7=\frac{1-\sqrt{37}}{6}c_3$，$c_8=\frac{1-\sqrt{37}}{6}c_4$．

これで4個の任意定数が決ったので，却って第2式の方が成立するかどうか不安になるが，代入すると，$\frac{3(7\mp\sqrt{37})}{2(2\sqrt{37}\mp11)}=\frac{1\pm\sqrt{37}}{6}$ なので $\left(-\frac{7-\sqrt{37}}{2}c_1+\left(-\frac{4}{3}\cdot\frac{7-\sqrt{37}}{2}+1\right)c_5\right)\cos\left(\sqrt{\frac{7-\sqrt{37}}{2}}\omega t\right)+\left(-\frac{7-\sqrt{37}}{2}c_2+\left(-\frac{4}{3}\cdot\frac{7-\sqrt{37}}{2}+1\right)c_6\right)\sin\left(\sqrt{\frac{7-\sqrt{37}}{2}}\omega t\right)+\left(-\frac{7+\sqrt{37}}{2}c_3+\left(-\frac{4}{3}\cdot\frac{7+\sqrt{37}}{2}+1\right)c_7\cos\left(\sqrt{\frac{7+\sqrt{37}}{2}}\omega t\right)+\left(-\frac{7+\sqrt{37}}{2}c_4+\left(-\frac{4}{3}\cdot\frac{7+\sqrt{37}}{2}+1\right)c_8\right)\sin\left(\sqrt{\frac{7+\sqrt{37}}{2}}\omega t\right)=0$ が成立し，検算の役割も果している．したがって，一般解は，4個の任意定数 c_1, c_2, c_3, c_4 を持つ

$$x=c_1\cos\left(\sqrt{\frac{7-\sqrt{37}}{2}}\sqrt{\frac{g}{l}}t\right)+c_2\sin\left(\sqrt{\frac{7-\sqrt{37}}{2}}\sqrt{\frac{g}{l}}t\right)+c_3\cos\left(\sqrt{\frac{7+\sqrt{37}}{2}}\sqrt{\frac{l}{g}}t\right)+c_4\sin\left(\sqrt{\frac{7+\sqrt{37}}{2}}\sqrt{\frac{l}{g}}t\right),$$
$$y=\frac{1+\sqrt{37}}{6}c_1\cos\left(\sqrt{\frac{7-\sqrt{37}}{2}}\sqrt{\frac{g}{l}}t\right)+\frac{1+\sqrt{37}}{6}c_2\sin\left(\sqrt{\frac{7-\sqrt{37}}{2}}\sqrt{\frac{g}{l}}t\right)+\frac{1-\sqrt{37}}{6}c_3\cos\left(\sqrt{\frac{7+\sqrt{37}}{2}}\sqrt{\frac{l}{g}}t\right)$$
$$+\frac{1-\sqrt{37}}{6}c_4\sin\left(\sqrt{\frac{7+\sqrt{37}}{2}}\sqrt{\frac{l}{g}}t\right)$$

であり，複合振動なのだ！

これは全くの蛇足であるが $g=0$ の時は，$D^2(x+y)=0$，$D^2(x+y)+\frac{D^2y}{3}=0$ より，$D^2y=0$， すなわち，$y=$ 1 次式．次に，$D^2(x+y)=0$，すなわち，$x+y$，したがって，$x=1$ 次式で，一般解は

$$x=c_1+c_2t,\ y=c_3+c_4t$$

と任意定数が分離される．更に $\frac{g}{l}<0$ の時は，$\omega=\sqrt{-\frac{g}{l}}$ に対して，$\frac{g}{l}=-\omega^2$．特性方程式は $\lambda^4-7\omega^2\lambda^2+3\omega^4=0$. $\lambda^2=\frac{7\pm\sqrt{37}}{2}\omega^2$ で，今度は $\frac{7\pm\sqrt{37}}{2}>0$ なので，4 実根，$\lambda=\pm\sqrt{\frac{7\pm\sqrt{37}}{2}}\omega$．よって

$$x=c_1\cosh\left(\sqrt{\frac{7-\sqrt{37}}{2}}\,\omega t\right)+c_2\sinh\left(\sqrt{\frac{7-\sqrt{37}}{2}}\,\omega t\right)+c_3\cosh\left(\sqrt{\frac{7+\sqrt{37}}{2}}\,\omega t\right)+c_4\sinh\sqrt{\frac{7+\sqrt{37}}{2}}\,\omega t\Bigg)$$

と双曲三角を用いると統一的ムードである．以下同様にして，一般解は，4 個の任意定数 c_1, c_2, c_3, c_4 を伴う

$$x=c_1\,\mathrm{ch}\left(\sqrt{\frac{7-\sqrt{37}}{2}}\sqrt{\frac{-g}{l}}\,t\right)+c_2\,\mathrm{sh}\left(\sqrt{\frac{7-\sqrt{37}}{2}}\sqrt{\frac{-g}{l}}\,t\right)+c_3\,\mathrm{ch}\sqrt{\frac{7+\sqrt{37}}{2}}\sqrt{\frac{-g}{l}}\,t\Bigg)+c_4\,\mathrm{sh}\left(\sqrt{\frac{7+\sqrt{37}}{2}}\sqrt{\frac{-g}{l}}\,t\right)$$

$$y=\frac{1+\sqrt{37}}{6}c_1\,\mathrm{ch}\left(\sqrt{\frac{7-\sqrt{37}}{2}}\sqrt{\frac{-g}{l}}\,t\right)+\frac{1+\sqrt{37}}{6}c_2\,\mathrm{sh}\left(\sqrt{\frac{7-\sqrt{37}}{2}}\sqrt{\frac{-g}{l}}\,t\right)+\frac{1-\sqrt{37}}{6}c_3\,\mathrm{ch}\left(\sqrt{\frac{7+\sqrt{37}}{2}}\sqrt{\frac{-g}{l}}\,t\right)$$
$$+\frac{1-\sqrt{37}}{6}c_4\mathrm{sh}\left(\sqrt{\frac{7+\sqrt{37}}{2}}\sqrt{\frac{-g}{l}}\,t\right).$$

三角も指数も同じ穴の狸(ムジナ)であり，本問の骨子はあく迄も，未定係数の間の関係の策定にある．

6. (i) 今迄は二元連立であったのが，三元連立となったのが本問での新たな展開であるが，ワンザワンザ（鼻母音を用いるのが金沢の方言)，行列を用いて，回答の指針を与えている所が教育的である．二通りのアプローチが考えられる．その一つは

$$\frac{d}{dt}\begin{pmatrix}x\\y\\z\end{pmatrix}=\begin{pmatrix}0&-1&0\\0&-1&1\\1&-1&0\end{pmatrix}\begin{pmatrix}x\\y\\z\end{pmatrix}\qquad(3)$$

より

$$\begin{pmatrix}x\\y\\z\end{pmatrix}=e^{\begin{pmatrix}0&-1&0\\0&-1&1\\1&-1&0\end{pmatrix}t}\begin{pmatrix}c_1\\c_2\\c_3\end{pmatrix}\qquad(4)$$

を導き，行列 $A=\begin{pmatrix}0&-1&0\\0&-1&1\\1&-1&0\end{pmatrix}$ に対する指数関数 $e^{tA}=\sum_{k=0}^{\infty}\frac{t^kA^k}{k!}$ を求める 13 章の A-8, 9 の流れ，もう一つは演算子法．ここでは後者で臨もう．

$D=\frac{d}{dt}$ とおくと，我々の方程式は同次 1 次式

$$\begin{cases}Dx+y\qquad\quad=0\\(D+1)y-z=0\\-x+y+Dz=0\end{cases}\qquad(5)$$

なので，クラメルの解法の真似をして

$$\begin{vmatrix}D&1&0\\0&D+1&-1\\-1&1&D\end{vmatrix}x=0,\quad\begin{vmatrix}D&1&0\\0&D+1&-1\\-1&1&D\end{vmatrix}y=0,\quad\begin{vmatrix}D&1&0\\0&D+1&-1\\-1&1&D\end{vmatrix}z=0\qquad(6).$$

任意の定数の数$=1+1+1=3$ であるが，上の三式は同じ式でその一つ一つが 3 階なので，併せて任意定数の数 $3\times3=9$．よって，未定係数の間の関係の策定が重要である．次の行列式は，第 1 行$+D\times$(第 3 行)を行い，次に第 3 行について展開して，行列式の次数を減じ，忘れない内に $(D+1)$ で因数分解して

$$\begin{vmatrix}D&1&0\\0&D+1&-1\\-1&1&D\end{vmatrix}=\begin{vmatrix}0&D+1&D^2\\0&D+1&-1\\-1&1&D\end{vmatrix}=-\begin{vmatrix}D+1&D^2\\D+1&-1\end{vmatrix}=-(D+1)\begin{vmatrix}1&D^2\\1&-1\end{vmatrix}=(D+1)(D^2+1)\qquad(7)$$

を導く所は，D が数を表す文字の場合と同様である．さて，三つの単独 3 階常微分方程式

$$(D+1)(D^2+1)x=0,\ (D+1)(D^2+1)y=0,\ (D+1)(D^2+1)z=0 \quad (8)$$

は共に $-1, \pm i$ を特性方程式の解とするので，これらを独立に解けば

$$x=c_1e^{-t}+c_2\cos t+c_3\sin t,\ y=c_4e^{-t}+c_5\cos t+c_6\sin t,\ z=c_7e^{-t}+c_8\cos t+c_9\sin t \quad (9).$$

これらを，元の連立方程式に代入して，係数を0にすべく

$$\begin{aligned}&(-c_1+c_4)e^{-t}+(c_3+c_5)\cos t+(-c_2+c_6)\sin t=0,\\&-c_7e^{-t}+(c_6+c_5-c_8)\cos t+(-c_5+c_6-c_9)\sin t=0, \quad (10)\\&(-c_1+c_4-c_7)e^{-t}+(-c_2+c_5+c_9)\cos t+(-c_3+c_6-c_8)\sin t=0\end{aligned}$$

より，$c_4=c_1$，$c_5=-c_3$，$c_6=c_2$，$c_7=0$，$c_8=c_2-c_3$，$c_9=c_2+c_3$ を得るので，一般解は

$$\begin{pmatrix}x\\y\\z\end{pmatrix}=\begin{pmatrix}c_1e^{-t}+c_2\cos t+c_3\sin t\\c_1e^{-t}+c_2\sin t-c_3\cos t\\c_2(\cos t+\sin t)+c_3(-\cos t+\sin t)\end{pmatrix}=c_1\begin{pmatrix}e^{-t}\\e^{-t}\\0\end{pmatrix}+c_2\begin{pmatrix}\cos t\\\sin t\\\cos t+\sin t\end{pmatrix}+c_3\begin{pmatrix}\sin t\\-\cos t\\-\cos t+\sin t\end{pmatrix} \quad (11)$$

と，三つの解 $\begin{pmatrix}e^{-t}\\e^{-t}\\0\end{pmatrix}$，$\begin{pmatrix}\cos t\\\sin t\\\cos t+\sin t\end{pmatrix}$，$\begin{pmatrix}\sin t\\-\cos t\\-\cos t+\sin t\end{pmatrix}$ の一次結合で表れるので，これら三組の解を**基本解**という．

(ii)　非同次方程式

$$\begin{cases}Dx+y=a\sin t\\(D+1)y-z=b\sin t\\-x+y+Dz=c\sin t\end{cases} \quad (12)$$

をクラメルの解法の真似をして解くと

$$\begin{vmatrix}D&1&0\\0&D+1&-1\\-1&1&D\end{vmatrix}x=\begin{vmatrix}a\sin t&1&0\\b\sin t&D+1&-1\\c\sin t&1&D\end{vmatrix},\ \begin{vmatrix}D&1&0\\0&D+1&-1\\-1&1&D\end{vmatrix}y=\begin{vmatrix}D&a\sin t&0\\0&b\sin t&-1\\1&c\sin t&D\end{vmatrix},$$

$$\begin{vmatrix}D&1&0\\0&D+1&-1\\1&1&D\end{vmatrix}z=\begin{vmatrix}D&1&a\sin t\\0&D+1&b\sin t\\-1&1&c\sin t\end{vmatrix} \quad (13).$$

左辺の行列式をすでに求めていて，$(D+1)(D^2+1)$．右辺の行列式を計算する際，早遅(ハヨオソ)，アワテテ $\sin t$ を行列式の外に繰り出して因数分解してはいけない．B-2の(9)に従い第1列で展開して

> **SCHEMA**
> 行列式の中に微分演算子 D を含む時は，D の演算を優先せよ．

$$\begin{vmatrix}a\sin t&1&0\\b\sin t&D+1&-1\\c\sin t&1&D\end{vmatrix}=\begin{vmatrix}D+1&-1\\1&D\end{vmatrix}a\sin t-\begin{vmatrix}1&0\\1&D\end{vmatrix}b\sin t+\begin{vmatrix}1&0\\D+1&-1\end{vmatrix}c\sin t$$

$=a(D^2+D+1)\sin t-bD\sin t-c\sin t=a(-\sin t+\cos t+\sin t)-b\cos t-c\sin t=a\cos t-b\cos t-c\sin t$ が，上のクラメルの公式のB-2の(9)で述べた真意であり，取り違えない様にしなければならぬ．生兵法は怪我の元で注意を要するが，虎穴に入らずれば虎子を得ず，座して零敗するよりはよい．向う傷は男の誉．失敗を恐れては学者になれぬ．同様にして，第2列で展開して

$$\begin{vmatrix}D&a\sin t&0\\0&b\sin t&-1\\-1&c\sin t&D\end{vmatrix}=-\begin{vmatrix}0&-1\\-1&D\end{vmatrix}a\sin t+\begin{vmatrix}D&0\\-1&D\end{vmatrix}b\sin t-\begin{vmatrix}D&0\\0&-1\end{vmatrix}c\sin t=a\sin t+bD^2\sin t+cD\sin t$$

$$=a\sin t-b\sin t+c\cos t.$$

同じく第3列で展開して，

$$\begin{vmatrix}D&1&a\sin t\\0&D+1&b\sin t\\-1&1&c\sin t\end{vmatrix}=\begin{vmatrix}0&D+1\\-1&1\end{vmatrix}a\sin t-\begin{vmatrix}D&1\\-1&1\end{vmatrix}b\sin t+\begin{vmatrix}D&1\\0&D+1\end{vmatrix}c\sin t=a(D+1)\sin t-b(D+1)\sin t$$

$$+c(D^2+D)\sin t=a(\cos t+\sin t)-b(\cos t+\sin t)+c(\cos t-\sin t).$$

したがって，三つの単独3階

$(D+1)(D^2+1)x=a\cos t-b\cos t-c\sin t$，$(D+1)(D^2+1)y=a\sin t-b\sin t+c\cos t$，$(D+1)(D^2+1)z=$

$$a(\cos t+\sin t)-b(\cos t+\sin t)+c(\cos t-\sin t)$$

を得る．それぞれの余関数はすでに求めているので，オイラーの公式 $e^{it}=\cos t+i\sin t$ に着目して特解を求めるべく，$t=i$ は $f(t)=(t+1)(t^2+1)=t^3+t^2+t+1$ の単根なので，$f'(t)=3t^2+2t+1$ として，公式 S-(10) より

$$\frac{e^{it}}{(D+1)(D^2+1)}=\frac{te^{it}}{3i^2+2i+1}=-\frac{te^{it}}{2(1-i)}=-\frac{t(1+i)(\cos t+i\sin t)}{2(1+i)(1-i)}$$
$$=\frac{t(-\cos t+\sin t)}{4}-i\frac{t(\cos t+\sin t)}{4} \qquad (14)$$

の実部と虚部を取り，

$$\frac{\cos t}{(D+1)(D^2+1)}=\frac{t(-\cos t+\sin t)}{4},\quad \frac{\sin t}{(D+1)(D^2+1)}=-\frac{t(\cos t+\sin t)}{4} \qquad (15).$$

これより，上の 3 個の単独 3 階は，それぞれ，

$$\begin{cases} x=c_1e^{-t}+c_2\cos t+c_3\sin t+\dfrac{-a+b+c}{4}t\cos t+\dfrac{a-b+c}{4}t\sin t \\ y=c_4e^{-t}+c_5\cos t+c_6\sin t+\dfrac{-a+b-c}{4}t\cos t+\dfrac{-a+b+c}{4}t\sin t \\ z=c_7e^{-t}+c_8\cos t+c_9\sin t+\dfrac{-a+b}{2}t\cos t+\dfrac{c}{2}t\sin t \end{cases} \qquad (16)$$

なる型の解を持つので，これらが有界であるための必要十分条件は $t\cos t$，$t\sin t$ の係数を 0 とする $a=b$，$c=0$ である．入試の解答としては，この辺で時間の制限のため終了とすべきであろうが，もう少し，追求しよう，すなわち，(i) 同様，上の 9 個の未定係数をもとの方程式に代入して，3 個だけで表現しよう．

$$\begin{aligned} Dx&=-c_1e^{-t}+\left(c_3+\frac{-a+b+c}{4}\right)\cos t+\left(-c_2+\frac{a-b+c}{4}\right)\sin t+\frac{a-b+c}{4}t\cos t+\frac{a-b-c}{4}t\sin t, \\ Dy&=-c_4e^{-t}+\left(c_6+\frac{-a+b-c}{4}\right)\cos t+\left(-c_5+\frac{-a+b+c}{4}\right)\sin t+\frac{-a+b+c}{4}t\cos t+\frac{a-b+c}{4}t\sin t, \\ Dz&=-c_7e^{-t}+\left(c_9+\frac{-a+b}{2}\right)\cos t+\left(-c_8+\frac{c}{2}\right)\sin t+\frac{c}{2}t\cos t+\frac{a-b}{2}t\sin t \end{aligned} \qquad (17)$$

を元の連立方程式に代入して

$$\begin{aligned} &(c_4-c_1)e^{-t}+\left(c_3+c_5+\frac{-a+b+c}{4}\right)\cos t+\left(-c_2+c_6+\frac{a-b+c}{4}-a\right)\sin t=0 \\ &-c_7e^{-t}+\left(c_5+c_6-c_8+\frac{-a+b-c}{4}\right)\cos t+\left(-c_5+c_6-c_9+\frac{-a+b+c}{4}-b\right)\sin t=0 \\ &(-c_1+c_4-c_7)e^{-t}+\left(-c_2+c_5+c_9+\frac{-a+b}{2}\right)\cos t+\left(-c_3+c_6-c_8+\frac{c}{2}-c\right)\sin t=0 \end{aligned} \qquad (18).$$

係数を 0 とおき，$c_4=c_1$，$c_5=-c_3+\dfrac{a-b-c}{4}$，$c_6=c_2+\dfrac{3a+b-c}{4}$，$c_7=0$，$c_8=c_2-c_3+\dfrac{3a+b-3c}{4}$，$c_9=c_2+c_3+\dfrac{a-b+c}{4}$ を得るので，一般解は 3 個の任意定数 c_1, c_2, c_3 を伴う

$$\begin{aligned} x&=c_1e^{-t}+c_2\cos t+c_3\sin t+\frac{-a+b+c}{4}t\cos t+\frac{a-b+c}{4}t\sin t \\ y&=c_1e^{-t}+\left(-c_3+\frac{a-b-c}{4}\right)\cos t+\left(c_2+\frac{3a+b-c}{4}\right)\sin t+\frac{-a+b-c}{4}t\cos t+\frac{-a+b+c}{4}t\sin t \\ z&=\left(c_2-c_3+\frac{3a+b-3c}{4}\right)\cos t+\left(c_2+c_3+\frac{a-b+c}{4}\right)\sin t+\frac{-a+b}{2}t\cos t+\frac{c}{2}t\sin t \end{aligned} \qquad (19)$$

であって，この任意定数に $c_1=c_2=c_3=0$ を代入した解は，$x=\dfrac{-a+b+c}{4}t\cos t+\dfrac{a-b+c}{4}t\sin t$ ではあるが，$y=\dfrac{a-b-c}{4}\cos t+\dfrac{3a+b-c}{4}\sin t+\dfrac{-a+b+c}{4}t\cos t+\dfrac{-a+b+c}{4}t\sin t$，$z=\dfrac{3a+b-3c}{4}\cos t+\dfrac{a-b+c}{4}\sin t+\dfrac{-a+b}{2}t\cos t+\dfrac{c}{2}t\sin t$ であって，$y=\dfrac{-a+b-c}{4}t\cos t+\dfrac{-a+b+c}{4}t\sin t$，$z=\dfrac{-a+b}{2}\cos t+\dfrac{c}{2}t\sin t$ でないことは注意を要する．有界な解は $b=a$，$c=0$ の時の一般解

$$\begin{aligned} x&=c_1e^{-t}+c_2\cos t+c_3\sin t \\ y&=c_1e^{-t}-c_3\cos t+(c_2+a)\sin t \\ z&=(c_2-c_3+a)\cos t+(c_2+c_3)\sin t \end{aligned} \qquad (20)$$

である．なお，12章のB-7より解は必ず存在し，それは(16)の形をしているのであるから，その段階で，$a=b$，$c=0$ なる必要十分条件を得て，解答を終り，別の問題に向うべきであって，入試において，(17)以降の不必要な計算はすべきではない．しかし，求められたら，この様な計算を行う，腕力が必要である．K大生でK大院試に失敗する非劣等生の典型は(20)迄を正確に解くが，制限時間にはこの1問しか答えられず，K大院に不合格となり，九大の私の院生になった．これらの念者皆，優れた数学者に育ち，今は，九大教授等として活躍している．

7. 次章で学ぶが，多くの変数，例えば，t, x, y, z の関数 $f(t, x, y, z)$を，他の変数 x, y, z を一応固定して，定数と見なし，一つの変数 t のみを変数と考えて微分することを，t で**偏微分**するといい，$\dfrac{\partial f}{\partial t}$ で表す．

さて，質量 m の粒子が，ポテンシャルが $V(x, y, z)$ で与えられる x, y, z 空間の力場で運動している時，その運動量の x, y, z 成分を，夫々，p_x, p_y, p_z とすると，**古典力学**における **Hamilton** 関数は

$$H=\frac{1}{2m}(p_x{}^2+p_y{}^2+p_z{}^2)+V \tag{2}$$

で与えられる．古典力学のハミルトン関数(2)の**運動量を**

$$p_x\to\frac{h}{2\pi i}\frac{\partial}{\partial x},\ \ p_y\to\frac{h}{2\pi i}\frac{\partial}{\partial y},\ \ p_z\to\frac{h}{2\pi i}\frac{\partial}{\partial z} \tag{3}$$

なる**偏微分演算子で置き換える**のが**量子力学**の立場であり，**ハミルトン演算子**

$$H=-\frac{h^2}{8m\pi^2}\left(\frac{\partial^2}{\partial x^2}+\frac{\partial^2}{\partial y^2}+\frac{\partial^2}{\partial z^2}\right)+V \tag{4}$$

を導入し，**シュレディンガー方程式**

$$\frac{ih}{2\pi}\frac{\partial\psi}{\partial t}=H\psi=-\frac{h^2}{8m\pi^2}\left(\frac{\partial^2\psi}{\partial x^2}+\frac{\partial^2\psi}{\partial y^2}+\frac{\partial^2\psi}{\partial z^2}\right)+V\psi \tag{5}$$

の $\psi\neq0$ なる解を**固有関数**と呼び，x, y, z 空間 $\boldsymbol{R}^3$ 上の $|\psi|^2$ の積分が1になるように**規格化**して，**波動関数**と呼び，粒子の存在の確率密度関数と見なす．ここに，$h=6.62\times10^{-27}\mathrm{erg\cdot sec}$ はプランク定数である．

(5)は偏導関数に関する**偏微分方程式**であるが，次に解説するように**常微分方程式**に帰着され，究極におけては，本章のカテゴリーに属する．また，虚数単位 $i=\sqrt{-1}$ を含む，(5)の解 ψ は複素数値である所が，量子力学的であるが，13章のA-4で与えたオイラーの公式より定義した純虚数に対する指数関数 $\exp\left(-\dfrac{2E\pi it}{h}\right)$ を用い，定数 E に対して

$$\psi(t, x, y, z)=\varphi(x, y, z)e^{-\frac{2E\pi it}{h}} \tag{6}$$

とおくと，位置 x, y, z の関数 φ は**シュレディンガー方程式**

$$H\varphi=-\frac{h^2}{8m\pi^2}\left(\frac{\partial^2\varphi}{\partial x^2}+\frac{\partial^2\varphi}{\partial y^2}+\frac{\partial^2\varphi}{\partial z^2}\right)+V\varphi=E\varphi \tag{7}$$

の解である．$\varphi\neq0$ なる解が存在するような定数 E を**エネルギー固有値**といい，その解 $\varphi\neq0$ を**エネルギー準位** E の**固有関数**という．$|\psi|^2=\varphi^2$ であるから，規格化された固有関数 φ は**波動関数**とも呼ばれ，粒子の存在密度を与える実数値関数である．

本問は入試問題であるから，制限時間を考慮して，1次元のシュレディンガーの方程式

$$-\frac{h^2}{8m\pi^2}\frac{d^2\varphi}{dx^2}+V\varphi=E\varphi \tag{8}=(1)$$

を出題している．(8)の φ^2 は確率密度関数であるから，有限値であり，$V=\infty$ となる $|x|\geqq a$ では，$\varphi=0$ でなければならず，境界条件

$$\varphi(-\mathrm{a})=\varphi(a)=0 \tag{9}$$

を満す二階の常微分方程式

$$\frac{d^2\varphi}{dx^2}+\frac{8m\pi^2E}{h^2}\varphi=0 \tag{10}$$

の解 $\varphi\neq0$ を求めるという，境界値問題(9)-(10)の固有値と固有関数を求めるA-18の復習であることがわかった．

(10)の特性方程式 $\lambda^2+\dfrac{8m\pi^2E}{h^2}=0$ は解 $\lambda=\dfrac{\pm2\pi\sqrt{-2mE}}{h}$ を持ち，既にA-18で論じたように，$E>0$ の時，(9)-(10)は $\varphi\neq0$ なる解

$$\varphi=c_1\cos\frac{2\pi\sqrt{2mE}}{h}x+c_2\sin\frac{2\pi\sqrt{2mE}}{h}x \tag{11}$$

を持つ．境界条件 $\varphi(-a)=\varphi(a)=0$ より

$$c_1\cos\frac{2a\pi\sqrt{2mE}}{h}-c_2\sin\frac{2\pi a\sqrt{2mE}}{h}=c_1\cos\frac{2a\pi\sqrt{2mE}}{h}+c_2\sin\frac{2a\pi\sqrt{2mE}}{h}=0 \qquad (12).$$

c_1, c_2 の同次連立一次方程式 (12) が $(c_1, c_2)\neq(0,0)$ なる解を持つための必要十分条件は，係数の行列式

$$2\sin\frac{2\pi a\sqrt{2mE}}{h}\cos\frac{2\pi a\sqrt{2mE}}{h}=\sin\frac{4\pi a\sqrt{2mE}}{h}=0 \qquad (13).$$

条件 (13) の下では，エネルギー E は $\dfrac{4a\sqrt{2mE}}{h}=$ 整数 k，即ち，

$$E_k=\frac{h^2k^2}{32ma^2}\quad (k=1,2,3,\cdots) \qquad (14)$$

なる離散値しか許されない．この時，固有関数 $\varphi_k(x)=c\left(\cos\dfrac{k\pi x}{2a}\sin\dfrac{k\pi}{2}+\sin\dfrac{k\pi x}{2a}\cos\dfrac{k\pi}{2}\right)=c\sin\dfrac{k\pi(x+a)}{2a}$ を

式 $$1=\int_{-\infty}^{+\infty}\varphi_k{}^2(x)dx=c^2\int_{-a}^{a}\sin^2\frac{k\pi(x+a)}{2a}dx=c^2\int_{-a}^{a}\frac{1-\cos\dfrac{2k\pi(x+a)}{a}}{2}dx \qquad (15)$$

が成立するように規格化すると，規格化された波動関数

$$\varphi_k(x)=\frac{1}{\sqrt{a}}\sin\frac{k\pi(x+a)}{2a} \qquad (16)$$

を得る．固有エネルギーの列 $(E_k)_{k\geqq 1}$ が，かの有名なエネルギーの**スペクトル系列**である．$k=1$ の時，最低のエネルギーであり，E_1 を**基底状態**という．次に小さいのは $k=2$ の時の E_2 であり，**第1励起状態**という．このように束縛状態における粒子のエネルギーが離散的な値 E_k しか取れぬのは波動性に起因する．放電管内で高いエネルギー E_n の状態に励起された原子は，エネルギーを光として放出して低いエネルギー $E_m(m<n)$ の状態に遷移する．この時に出す光の振動数を ν とすると，有名な**ボーアの公式** $E_n-E_m=k\nu$ が成立する．

3次元の直方体 $-a\leqq x\leqq a$，$-b\leqq y\leqq b$，$-c\leqq z\leqq c$ に粒子が閉じ込められ，ポテンシャルが，そこで $V=0$，外で $V=\infty$ である場合も計算面では全く同様である．力学の定石に従って変数分離形 $\varphi(x,y,z)=X(x)Y(y)Z(z)$ の (7) の解を求めれば，次のように，常微分方程式の境界値問題に帰着する．これを**フーリエの方法**という．$\varphi=XYZ$ を $V=0$ とした (7) に代入し

$$-\frac{h^2}{8m\pi^2}X''YZ-\frac{h^2}{8m\pi^2}XY''Z-\frac{h^2}{8m\pi^2}XYZ''=EXYZ.$$

両辺を XYZ で割り，移項して

$$-\frac{h^2}{8m\pi^2}\frac{X''}{X}=\frac{h^2}{8m\pi^2}\left(\frac{Y''}{Y}+\frac{Z''}{Z}\right)+E=\alpha \qquad (17)$$

(17) の左辺は x だけの，右辺は y,z だけの関数で等しいから，定数 α でなければならない．従って，x だけの関数 X は境界値問題

$$X''+\frac{8m\alpha\pi^2}{h^2}X=0,\quad X(-a)=X(a)=0 \qquad (18)$$

の解である．更に，(17) の第2，3式を移項すると

$$-\frac{h^2Y''}{8m\pi^2}=\frac{h^2}{8m\pi^2}\frac{Z''}{Z}+E-\alpha=\beta \qquad (19)$$

(19) の左辺は y だけの，右辺は z だけの関数であるから，定数 β に等しく，Y,Z は，夫々，境界値問題

$$Y''+\frac{8m\beta\pi^2}{h^2}Y=0,\quad Y(-b)=Y(b)=0 \qquad (20).$$

$$Z''+\frac{8m(E-\alpha-\beta)\pi^2}{h^2}Z=0,\quad Z(-c)=Z(c)=0 \qquad (21)$$

の解である．境界値問題 (18)，(20)，(21) は，夫々，

$$\frac{4a\sqrt{2m\alpha}}{h}=\text{整数 }k,\quad \frac{4b\sqrt{2m\beta}}{h}=\text{整数 }l,\quad \frac{4c\sqrt{2m(E-\alpha-\beta)}}{h}=\text{整数 }n$$

の時，(16) のような規格化された固有関数を持つ．

結論として，直方体 $-a\leqq x\leqq a$，$-b\leqq y\leqq b$，$-c\leqq z\leqq c$ に束縛された粒子に対する**シュレディンガー方程式**

$$-\frac{h^2}{32m\pi^2}\left(\frac{\partial^2\varphi}{\partial x^2}+\frac{\partial^2\varphi}{\partial y^2}+\frac{\partial^2\varphi}{\partial z^2}\right)=E\varphi \qquad (22)$$

の境界値問題

$$\varphi(-a,y,z)=\varphi(a,y,z)=\varphi(x,-b,z)=\varphi(x,b,z)=\varphi(x,y,-c)=\varphi(x,y,c)=0 \qquad (23)$$

の**固有エネルギー**は

$$E_{k,l,n}=\frac{h^2}{32m}\left(\frac{k^2}{a^2}+\frac{l^2}{b^2}+\frac{n^2}{c^2}\right)\quad (k,l,n=1,2,3,\cdots) \tag{24}$$

なる離散的な値しか取り得ず，**エネルギー準位** $E_{k,l,n}$ の規格化された**波動関数**は

$$\varphi_{k,l,n}(x,y,z)=\frac{1}{\sqrt{abc}}\sin\frac{k\pi(x+a)}{2a}\sin\frac{k\pi(y+b)}{2b}\sin\frac{n\pi(z+c)}{2c} \tag{25}$$

である．エネルギーが最低の $E_{1,1,1}$ が**基底状態**であり，$a>b>c$ の時，次の**第一励起状態**は $E_{2,1,1}$ である．

15章　偏 微 分

A　基礎をかためる演習

1　$u=\sin^{-1}\dfrac{y}{x}$，$u_x=-\dfrac{y}{x^2}\cdot\dfrac{1}{\sqrt{1-\dfrac{y^2}{x^2}}}=-\dfrac{y}{x\sqrt{x^2-y^2}}$（ただし $x>0$ とする）．　$u_{xy}=-\dfrac{1}{x\sqrt{x^2-y^2}}-\dfrac{2y^2}{2x\sqrt{(x^2-y^2)^3}}$ $=-\dfrac{x}{\sqrt{(x^2-y^2)^3}}$．蛇足ながら，$u_y=\dfrac{1}{x}\dfrac{1}{\sqrt{1-\dfrac{y^2}{x^2}}}=\dfrac{1}{\sqrt{x^2-y^2}}$，$u_{yx}=-\dfrac{2x}{2\sqrt{(x^2-y^2)^3}}=-\dfrac{x}{\sqrt{(x^2-y^2)^3}}$ であり，この場合は $u_{xy}=u_{yx}$ で偏微分の順序に関係しない．

2　定義より $f_{xy}(0,0)=\dfrac{\partial f_x}{\partial y}(0,0)=\lim\limits_{k\to0}\dfrac{f_x(0,k)-f_x(0,0)}{k}$ なので，$f_x(0,0)$ と $k\neq0$ に対する $f_x(0,k)$ を求めよう．先ず，$f_x(0,0)=\lim\limits_{h\to0}\dfrac{f(h,0)-f(0,0)}{h}=0$．　次に，$h\neq0$，$k\neq0$ の時 $\dfrac{f(h,k)-f(0,k)}{h}=\dfrac{1}{h}\cdot\dfrac{hk(h^2-k^2)}{h^2+k^2}$ $=\dfrac{k(h^2-k^2)}{h^2+k^2}$ なので，$f_x(0,k)=\lim\limits_{h\to0}\dfrac{f(h,k)-f(0,k)}{h}=\lim\limits_{h\to0}\dfrac{k(h^2-k^2)}{h^2+k^2}=-k$．したがって，$f_{xy}(0,0)=\lim\limits_{k\to0}\dfrac{f_x(0,k)-f_x(0,0)}{k}=\lim\limits_{k\to0}\dfrac{-k}{k}=-1$．同様にして，$\dfrac{f(h,k)-f(h,0)}{k}=\dfrac{1}{k}\cdot\dfrac{hk(h^2-k^2)}{h^2+k^2}=\dfrac{h(h^2-k^2)}{h^2+k^2}$，$f_y(h,0)=\lim\limits_{k\to0}\dfrac{f(h,k)-f(0,0)}{k}=\lim\limits_{k\to0}\dfrac{h(h^2-k^2)}{h^2+k^2}=h$，$f_{yx}(0,0)=\lim\limits_{h\to0}\dfrac{f_y(h,0)-f_y(0,0)}{h}=\lim\limits_{h\to0}\dfrac{h}{h}=1$．　よって，$f_{xy}(0,0)=-1\neq1=f_{yx}(0,0)$ なる悩ましい結果を得る．

入試の解答はこれで終りとすべきではあるが，このままでは気持が悪いので，右のシュワルツの定理を証明しよう．

> **Schwarz の定理**
> 点 (a,b) の近傍で f_x, f_y, f_{xy} が存在して，f_{xy} が連続ならば，f_{yx} も存在して，$f_{xy}=f_{yx}$

$$\varDelta=f(a+h,b+k)-f(a+h,b)-f(a,b+k)+f(a,b)$$

$\left(\text{このデルタはラプラシャン } \dfrac{\partial^2}{\partial x^2}+\dfrac{\partial^2}{\partial y^2} \text{ ではない}\right)$

を考察するため，関数

$$\varphi(x)=f(x,b+k)-f(x,b)$$

を導入しよう．$\varDelta=\varphi(a+h)-\varphi(a)$で，$f_x$ が存在しているから，$\varphi'(x)=f_x(x,b+k)-f_x(x,b)$ も存在し，$\varphi(x)$ に対して，平均値の定理が適用されて，　$0<{}^\exists\theta<1$; $\varDelta=\varphi(a+h)-\varphi(a)=\varphi'(a+\theta h)h=h(f_x(a+\theta h,b+k)-f_x(a+\theta h,b))$．今度は，$f_{xy}$ が存在するから，$a+\theta h$ を固定して，y の関数 $f_x(a+\theta h,y)$ に平均値の定理を適用し，$0<{}^\exists\theta'<1$; $f_x(a+\theta h,b+h)-f_x(a+\theta h,b)=kf_{xy}(a+\theta h,b+\theta' k)$，すなわち，

$$\varDelta=hkf_{xy}(a+\theta h,b+\theta' k).$$

さて，

$$f_{yx}(a,b)=\lim_{h\to0}\frac{f_y(a+h,b)-f_y(a,b)}{h}=\lim_{h\to0}\frac{1}{h}\left(\left(\lim_{k\to0}\frac{f(a+b,b+k)-f(a+h,b)}{k}\right)-\left(\lim_{k\to0}\frac{f(a,b+k)-f(a,b)}{k}\right)\right)$$

$$=\lim_{h\to0}\left(\lim_{k\to0}\frac{\varDelta}{kh}\right)=\lim_{h\to0}\left(\lim_{k\to0}f_{xy}(a+\theta h,b+\theta' k)\right)=f_{xy}(a,b).$$

上述のシュワルツの定理は f_{xy} が存在して連続であれば，f_{yx} の存在も保証している所が優れている．

一般に，r 次以下の全ての偏導関数が存在して，連続な関数は $\boldsymbol{C^r}$ **級**であるという．通常用いるのは，上のシュワルツの定理でなく，右のヤングの定理である．ヤングの定理が成立するので，

> **Young の定理**
> C^2 級の関数 $f(x,y)$ に対して，$f_{xy}=f_{yx}$.

今後C^2級の関数を考察する限り，E-2 の様に $\dfrac{\partial^2}{\partial x\partial y}=\dfrac{\partial^2}{\partial y\partial x}$，すなわち，$\dfrac{\partial}{\partial x}$ と $\dfrac{\partial}{\partial y}$ は可換であると考える．

[3] $f_x(0,0)=\lim_{h\to 0}\dfrac{f(h,0)-f(0,0)}{h}=\lim_{h\to 0}\dfrac{|h|^{1+2\epsilon}\sin\dfrac{1}{|h|}}{h}=\lim_{h\to 0}|h|^{2\epsilon}\sin\dfrac{1}{|h|}=0$. x, y に関して対称であり，$f_y(0,0)=0$ なので $g(h,k)=f(h,k)-f(0,0)-f_x(0,0)h-f_y(0,0)k$ とおくと，

$$\left|\frac{g(h,k)}{\sqrt{h^2+k^2}}\right|=(h^2+k^2)^\epsilon\sin\frac{1}{\sqrt{h^2+k^2}}\leqq(h^2+k^2)^\epsilon\to 0\ (h,k\to 0)$$

であり，定義より $f(x,y)$ は $(0,0)$ でも全微分可能である．定義に忠実であれ！

[4] $f_x(0,0)=\lim_{h\to 0}\dfrac{f(h,0)-f(0,0)}{h}=\lim_{h\to 0}\dfrac{h^3}{h^3}=1$. $f_y(0,0)=\lim_{k\to 0}\dfrac{f(0,k)-f(0,0)}{k}=\lim_{k\to 0}\dfrac{-k^3}{k^3}=-1$

なので，$g(h,k)=f(h,k)-f(0,0)-f_x(0,0)h-f_y(0,0)k$ とおき，厳しく追求しよう．定数 m に対して，$k=mh$ とおくと，$h>0$ の時，

$$\frac{g(h,k)}{\sqrt{h^2+k^2}}=\frac{-hk^2+h^2k}{(h^2+k^2)^{\frac{3}{2}}}=\frac{-m^2+m}{(1+m^2)^{\frac{3}{2}}}$$

であり $m\neq 0,1$ の時は，右辺は $h\to +0$ にも拘らず，0に収束せず，したがって，定義より，f は $(0,0)$ で全微分可能ではない．

[5] 以下の論法は力学でよく用いられる．$u=f(r)g(\theta)$ としよう．E-2 より $\Delta u=\dfrac{\partial^2 u}{\partial r^2}+\dfrac{1}{r}\dfrac{\partial u}{\partial r}+\dfrac{1}{r^2}\dfrac{\partial^2 u}{\partial\theta^2}$ $=f''(r)g(\theta)+\dfrac{f'(r)}{r}g(\theta)+\dfrac{f(r)}{r^2}g''(\theta)$ なので，$\Delta u=0$ を r だけの関数と θ だけの関数に分離して

$$\frac{g''(\theta)}{g(\theta)}=-\frac{r^2f''(r)+rf'(r)}{f(r)}=\alpha$$

とおくと，α は θ だけの関数であるとともに，r だけの関数であり，定数でなければならぬ．再び移項して，二つの単独2階微分方程式 $g''(\theta)-\alpha g(\theta)=0$，$r^2f''(r)+rf'(r)+\alpha f(r)=0$ を得る．これらは，14章で学んだが，α の符号によって，挙動が変る．

(i) $\alpha>0$ の時，$\alpha=\omega^2(\omega>0)$ とおく．$g''(\theta)-\alpha g(\theta)=0$ の特性方程式 $\lambda^2-\alpha=\lambda^2-\omega^2=0$ の根は $\pm\omega$ なので，$g(\theta)=c_3e^{-\omega\theta}+c_4e^{\omega\theta}$ (c_3, c_4 は任意定数) は一般解．もう一つの $r^2f''(r)+rf'(r)+\alpha f(r)=0$ は14章の A-11 の型で，$\log r$ を独立変数とした時の，特性方程式 $\lambda(\lambda-1)+\lambda+\alpha=\lambda^2+\alpha=\lambda^2+\omega^2=0$ の根は虚根 $\pm\omega i$ なので，一般解は $f(r)=c_1\cos(\omega\log r)+c_2\sin(\omega\log r)$ (c_1, c_2 は任意定数)．

(ii) $\alpha=0$ の時．$g''(\theta)-\alpha g(\theta)=0$ も $r^2f''(r)+rf'(r)+\alpha f(r)=0$ も特性方程式は 0 を 2 重根とし，一般解は $g(\theta)=c_3+c_4\theta$，$f(r)=c_1+c_2\log r$.

(iii) $\alpha<0$ の時，$\alpha=-\omega^2(\omega>0)$ とおくと，$g''(\theta)-\alpha g(\theta)=0$ の特性方程式は虚根 $\pm\omega i$ を持ち，一般解は $g(\theta)=c_3\cos\omega\theta+c_4\sin\omega\theta$. $rf''(r)+rf'(r)+\alpha f(r)=0$ の方は実根 $\pm\omega$ を持ち，一般解は $f(r)=c_1e^{-\omega\log r}+c_2e^{\omega\log r}=c_1r^{-\omega}+c_2r^{\omega}$. 以上を総括すると，任意定数 c_1, c_2, c_3, c_4, 任意正数 ω に対して，三通りの解

$$u(r,\theta)=(c_1\cos(\omega\log r)+c_2\sin(\omega\log r))(c_3e^{-\omega\theta}+c_4e^{\omega\theta}),\quad u(r,\theta)=(c_1+c_2\log r)(c_3+c_4\theta),$$
$$u(r,\theta)=(c_1r^{-\omega}+c_2r^{\omega})(c_3\cos\omega\theta+c_4\sin\omega\theta)$$

が得られる．第二式にて，$c_1=1$，$c_2=0$，$c_3=0$，$c_4=1$ とした $\theta=\tan^{-1}\dfrac{y}{x}$ が E-1 である．更に，実態を把むため吟味しよう．極形式 $z=re^{i\theta}$，$\bar{z}=re^{-i\theta}$ の両辺の対数を形式的に取り，$\log z=\log r+i\theta$，$\omega\log z=\omega\log r+i\omega\theta$，$\log\bar{z}=\log r-i\theta$，$\omega\log\bar{z}=\omega\log r-i\omega\theta$. よって $e^{\pm\omega\log z}=e^{\pm\omega\log r\pm i\omega\theta}=e^{\pm\omega\log r}(\cos\omega\theta\pm i\sin\omega\theta)$，$e^{\pm\omega\log\bar{z}}=e^{\pm\omega\log r\mp i\omega\theta}=e^{\pm\omega\log\omega}(\cos\omega\theta\mp i\sin\omega\theta)$. $e^{\pm\omega\log r}\cos\omega\theta=\dfrac{e^{\pm\omega\log z}+{}^{\pm\omega\log\bar{z}}}{2}$ と $e^{\pm\omega\log r}\sin\omega\theta=\dfrac{e^{\pm\omega\log z}-{}^{\pm\omega\log\bar{z}}}{2i}$ は共に対数と指数の合成である z だけの関数と $\bar{z}$ だけの関数の1次結合であり，由緒正しいものである．また $e^{\pm\frac{\omega\log z}{i}}=e^{\pm\omega\theta\mp i\omega\log r}=e^{\pm\omega\theta}(\cos(\omega\log r)\mp i\sin(\omega\log r))$，$e^{\pm\frac{\omega\log\bar{z}}{i}}=e^{\pm\omega\theta}(\cos(\omega\log r)\pm i\sin(\omega\log r))$ なので，

$e^{\pm\omega\theta}\cos(\omega\log r)=\dfrac{e^{\pm\frac{\omega\log z}{i}}+e^{\mp\frac{\omega\log\bar{z}}{i}}}{2}$，$e^{\pm\omega\theta}\sin(\omega\log r)=\dfrac{e^{\pm\frac{\omega\log\bar{z}}{i}}-e^{\mp\frac{\omega\log z}{i}}}{2i}$ も由緒正しく，また，

$\theta\log r=\dfrac{\log z+\log\bar{z}}{2}\dfrac{\log z-\log\bar{z}}{2i}=\dfrac{(\log z)^2-(\log\bar{z})^2}{4i}$ も z の関数 $(\log z)^2$ と $\bar{z}$ の関数 $(\log\bar{z})^2$ の差で由緒正しいものである．本章の A-8 を参照されよ．

[6] 空間の極座標は $x=r\sin\theta\cos\varphi$，$y=r\sin\theta\sin\varphi$，$z=r\cos\theta$ であり，次頁の図の様な幾何学的意味を持つ．

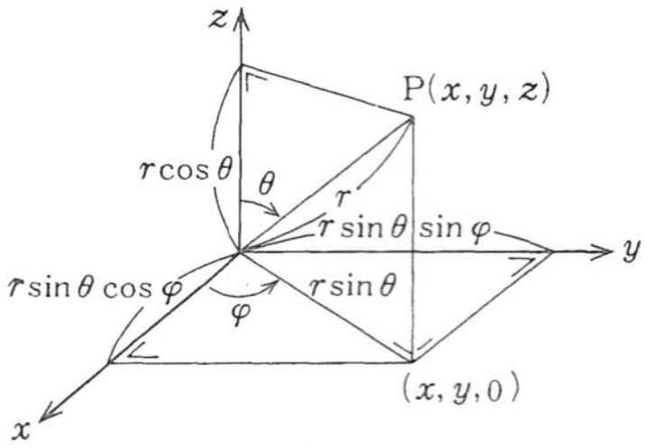

x, y, z を，それぞれ，r, θ, φ について偏微分して並べ，ヤコビの(関数)行列を作ると

$$\begin{bmatrix} x_r & x_\theta & x_\varphi \\ x_r & y_\theta & y_\varphi \\ z_r & z_\theta & z_\varphi \end{bmatrix} = \begin{bmatrix} \sin\theta\cos\varphi & r\cos\theta\cos\varphi & -r\sin\theta\sin\varphi \\ \sin\theta\sin\varphi & r\cos\theta\sin\varphi & r\sin\theta\cos\varphi \\ \cos\theta & -r\sin\theta & 0 \end{bmatrix}. \qquad (1)$$

ヤー様のものヤコビヤンはその行列式を作ればよいが，面倒なので，第3行で展開して

$$\begin{vmatrix} \sin\theta\cos\varphi & r\cos\theta\cos\varphi & -r\sin\theta\sin\varphi \\ \sin\theta\sin\varphi & r\cos\theta\sin\varphi & r\sin\theta\cos\varphi \\ \cos\theta & -r\sin\theta & 0 \end{vmatrix}$$

$$=\cos\theta \begin{vmatrix} r\cos\theta\cos\varphi & -r\sin\theta\sin\varphi \\ r\cos\theta\sin\varphi & r\sin\theta\cos\varphi \end{vmatrix} + r\sin\theta \begin{vmatrix} \sin\theta\cos\varphi & -r\sin\theta\sin\varphi \\ \sin\theta\sin\varphi & r\sin\theta\cos\varphi \end{vmatrix}$$

$$=\cos\theta(r^2\sin\theta\cos\theta\cos^2\varphi + r^2\sin\theta\cos\theta\sin^2\varphi) + r\sin\theta(r\sin^2\theta\cos^2\varphi + r\sin^2\theta\sin^2\varphi)$$

$$=r^2\sin\theta\cos^2\theta + r^2\sin^3\theta = r^2\sin\theta,$$

すなわち，右の Schema を得る．これは，17章の積分の極座標に関する変数変換の右下の公式への布石である．以下，

SCHEMA

$$J = \begin{vmatrix} x_r & x_\theta & x_\varphi \\ y_r & y_\theta & y_\varphi \\ z_r & z_\theta & z_\varphi \end{vmatrix} = r^2\sin\theta \qquad (2)$$

$$\begin{bmatrix} r_x & r_y & r_z \\ \theta_x & \theta_y & \theta_z \\ \varphi_x & \varphi_y & \varphi_z \end{bmatrix} = \begin{bmatrix} x_r & x_\theta & x_\varphi \\ y_r & y_\theta & y_\varphi \\ z_r & z_\theta & z_\varphi \end{bmatrix}^{-1}$$

SCHEMA

$$dxdydz = r^2\sin\theta\, drd\theta d\varphi$$

を求め，E-2の方法で計算するのが王道であろうが，ヤヤコシイ．方向変換して，

$$\begin{cases} x=\rho\cos\varphi \\ y=\rho\sin\varphi \\ z=z \end{cases} \quad (3) \qquad \begin{cases} \rho=r\sin\theta \\ z=r\cos\theta \\ \varphi=\varphi \end{cases} \quad (4)$$

の2段構えで行く．(3)はE-2より

$$\frac{\partial^2}{\partial x^2}+\frac{\partial^2}{\partial y^2}+\frac{\partial^2}{\partial z^2}=\frac{\partial^2}{\partial \rho^2}+\frac{1}{\rho}\frac{\partial}{\partial \rho}+\frac{1}{\rho^2}\frac{\partial^2}{\partial \varphi^2}+\frac{\partial^2}{\partial z^2} \qquad (5).$$

(4)もE-2より z が x に，ρ が y に当ることを留意しつつ

$$\frac{\partial^2}{\partial \rho^2}+\frac{\partial^2}{\partial z^2}=\frac{\partial^2}{\partial r^2}+\frac{1}{r^2}\frac{\partial^2}{\partial \theta^2}+\frac{1}{r}\frac{\partial}{\partial r}, \quad \frac{\partial}{\partial \rho}=\sin\theta\frac{\partial}{\partial r}+\frac{\cos\theta}{r}\frac{\partial}{\partial \theta}$$

を(5)に代入して，

$$\Delta=\frac{\partial^2}{\partial x^2}+\frac{\partial^2}{\partial y^2}+\frac{\partial^2}{\partial z^2}=\frac{\partial^2}{\partial r^2}+\frac{1}{r^2}\frac{\partial^2}{\partial \theta^2}+\frac{1}{r^2\sin^2\theta}\frac{\partial^2}{\partial \varphi^2}+\frac{2}{r}\frac{\partial}{\partial r}+\frac{\cos\theta}{r^2\sin\theta}\frac{\partial}{\partial \theta}$$

を得る．この右辺を暗記していたら，右辺から攻めた方が，逆行列を求めなくてすむだけ，計算が楽である．いずれにせよ，一度学習しておかないで，試験で初対面であったら，成功はおぼつかない．

[7] $r^2=x^2+y^2+z^2$ とおくと前問より，$\Delta u=\left(\frac{\partial^2}{\partial r^2}+\frac{2}{r}\frac{\partial}{\partial r}\right)f(r^2)$．$\frac{\partial}{\partial r}f(r^2)=2rf'(r^2)$．$\frac{\partial^2}{\partial r^2}f(r^2)=2f'(r^2)+4r^2f''(r^2)$ なので，$\Delta u=4r^2f''(r^2)+6f'(r^2)=0$．$t=r^2$ とおくと，$f''(t)+\frac{3}{2t}f'(t)=0$．変数分離形なので $\frac{df'}{f'}+\frac{3}{2t}dt=0$ より $\log f'+\frac{3}{2}\log t=c_1''$，$f'=e^{c_1''-\frac{3}{2}\log t}=c_1't^{-\frac{3}{2}}$，$f=-2c_1't^{-\frac{1}{2}}+c_2$ より $f=c_1t^{-\frac{1}{2}}+c_2$ (c_1, c_2 は任意定数)．r で表すと，$f=\frac{c_1}{r}+c_2$．$c_1{t_0}^{-\frac{1}{2}}+c_2=a$，$c_1{t_1}^{-\frac{1}{2}}+c_2=b$ より，$c_1=\frac{(a-b)\sqrt{t_0t_1}}{\sqrt{t_1}-\sqrt{t_0}}$，$c_2=\frac{b\sqrt{t_1}-a\sqrt{t_0}}{\sqrt{t_1}-\sqrt{t_0}}$．一般に，$n$ 変数 $x_1, x_2, \cdots, x_n$ の C^2 級関数 u が**ラプラスの偏微分方程式** $\Delta u=\frac{\partial^2 u}{\partial {x_1}^2}+\frac{\partial^2 u}{\partial {x_2}^2}+\cdots+\frac{\partial^2 u}{\partial {x_n}^2}=0$ を満足する時，**調和関数**という．

[8] 今度は**波動方程式** $\frac{\partial^2 u}{\partial t^2}-a^2\frac{\partial^2 u}{\partial x^2}=0$ を学ぼう．$\xi=x+at$，$\eta=x-at$ とおくと，合成関数の微分法より $\frac{\partial}{\partial t}=\frac{\partial \xi}{\partial t}\frac{\partial}{\partial \xi}+\frac{\partial \eta}{\partial t}\frac{\partial}{\partial \eta}=a\left(\frac{\partial}{\partial \xi}-\frac{\partial}{\partial \eta}\right)$，$\frac{\partial}{\partial x}=\frac{\partial \xi}{\partial x}\frac{\partial}{\partial \xi}+\frac{\partial \eta}{\partial x}\frac{\partial}{\partial \eta}=\frac{\partial}{\partial \xi}+\frac{\partial}{\partial \eta}$．これらは定数係数なので，2乗してよく，$\frac{\partial^2}{\partial t^2}-a^2\frac{\partial^2}{\partial x^2}=a^2\left(\frac{\partial}{\partial \xi}-\frac{\partial}{\partial \eta}\right)^2-a^2\left(\frac{\partial}{\partial \xi}+\frac{\partial}{\partial \eta}\right)^2=a^2\left(\frac{\partial^2}{\partial \xi^2}-2\frac{\partial^2}{\partial \xi\partial \eta}+\frac{\partial^2}{\partial \eta^2}\right)-a^2\left(\frac{\partial^2}{\partial \xi^2}+2\frac{\partial^2}{\partial \xi\partial \eta}+\frac{\partial^2}{\partial \eta^2}\right)=-4a^2\frac{\partial^2}{\partial \xi\partial \eta}$．

したがって $\left(\frac{\partial^2}{\partial t^2}-a^2\frac{\partial^2}{\partial x^2}\right)u=0$ は $v(\xi,\eta)=u(t,x)$ に対する，$\frac{\partial^2 v}{\partial\xi\partial\eta}=0$ と同値である．先ず $\frac{\partial}{\partial\eta}\left(\frac{\partial v}{\partial\xi}\right)=0$ と考えると，関数 $\frac{\partial v}{\partial\xi}$ は ξ を定数と見た時，η について定数関数なので，ξ にしか関係せず，$\frac{\partial v}{\partial\xi}=g(\xi)$ 関数 $v(\xi,\eta)$ は η を固定した時の $g(\xi)$ の原始関数であるから，$\int_0^\xi g(s)ds=\Big[v(\xi,\eta)\Big]_0^\xi=v(\xi,\eta)-u(0,\eta)$．よって，$\varphi(\xi)=\int_0^\xi g(s)ds$, $\psi(\eta)=u(0,\eta)$ とおくと，$v(\xi,\eta)=\varphi(\xi)+\psi(\eta)$，すなわち，$u(t,x)=\varphi(x-at)+\psi(x+at)$．

本問の考えは，ラプラスの方程式 $\frac{\partial^2 u}{\partial x^2}+\frac{\partial^2 u}{\partial y^2}=0$ にも適用される．$a=i$ とみなせるから，その解である調和関数は任意関数 f,g に対して，$u(x,y)=f(x+iy)+g(x-iy)$．ここで，$z=x+iy$ の関数 $f(z)$ とは何かが問題である．結論だけ申せば，$f(z)=\sum_{n=0}^\infty a_nz^n$ と展開できる関数であり，局所整級数に他ならず，**正則関数**と呼ばれる．$\bar{z}=x-iy$ も $g(\bar{z})=\sum_{n=0}^\infty b_n\bar{z}^n$ と展開できる関数であり，局所整級数である正則関数に $\bar{z}$ を代入したもの，即ち，反正則関数に他ならない．その思考実験が A–5 である．

更に，本問で学ぶべき教訓がある．2階の常微分方程式の一般解とは二つの任意定数を含む解であったが，2階の偏微分方程式の**一般解**とは，上の様に，二つの任意関数 φ,ψ を含む解をいう．したがって，偏微分方程式を解くとは，その関数型を決定することに他ならない．調和関数 u はその和 $u=f(z)+g(\bar{z})$．A–5 の解は任意定数を4個含むが，$f(z)=\frac{e^{\pm\omega\log z}}{2}$，$g(z)=\frac{e^{\pm\omega\log\bar{z}}}{2}$ 等の特別な場合であり，一般解ではない．

9 $z=-1-3x-2y$ を代入して，$f=x^2+2y^2+3z^2=x^2+2y^2+3(9x^2+12xy+4y^2+6x+4y+1)=28x^2+36xy+14y^2+18x+12y+3$．平行移動 $x=X+x_0$，$y=Y+y_0$ を行うと，$f=28(X^2+2x_0X+x_0{}^2)+36(XY+y_0X+x_0Y+x_0y_0)+14(Y^2+2y_0Y+y_0{}^2)+18(X+x_0)+12(Y+y_0)+3=28X^2+36XY+14Y^2+2(28x_0+18y_0+9)X+2(18x_0+14y_0+6)Y+28x_0{}^2+36x_0y_0+14y_0{}^2+18x_0+12y_0+3$．$X,Y$ の係数を0にすべく，連立方程式 $28x_0+18y_0+9=0$，$18x_0+14y_0+6=0$ を解き $x_0=-\frac{9}{34}$，$y_0=-\frac{3}{34}$．この時，$f=28X^2+36XY+14Y^2+\frac{3}{34}$．$Y$ を定数と見る時の $28X^2+36XY+14Y^2$ の判別式$=(36^2-4\cdot28\cdot14)Y^2=(1296-1568)Y^2\leqq0$ なので，$28X^2+36XY+14Y^2\geqq0$．ゆえに $f\geqq\frac{3}{34}$．等号を取るのは $X=Y=0$，すなわち，$x=x_0=-\frac{9}{34}$，$y=y_0=-\frac{3}{34}$．この時 $z=-\frac{1}{34}$ である．ゆえに，点 $(x,y,z)=\left(-\frac{9}{39},-\frac{3}{34},-\frac{1}{34}\right)$ にて，極小かつ最小値 $\frac{3}{34}$ を取る．

本問の解答はこれが終るが，見通しをよくするため，一般論を学ぼう．関数 $f(x,y)$ が点 (x_0,y_0) の近傍にて，$f(x,y)>f(x_0,y_0)$ $((x,y)\neq(x_0,y_0))$ を満す時，$f(x_0,y_0)$ は**極小値**という．$f(x,y)<f(x_0,y_0)$ $((x,y)\neq(x_0,y_0))$ を満す時，$f(x_0,y_0)$ は**極大値**という．$f(x,y)$ が点 (x_0,y_0) にて極値を取れば，$f(x,y_0)$ は1変数 x の関数として $x=x_0$ で極値を取るから10章の B–1 で示した様に $f_x(x_0,y_0)=0$．$f(x_0,y)$ も $y=y_0$ で極値を取るから，やはり1変数で学んだことより $f_y(x_0,y_0)=0$．しかも，微係数$=0$ は，一変数の時同様に，必要条件でしかない．

h,k は任意だが，一旦固定して，1変数 t の関数

$$F(t)=f(x_0+ht,y_0+kt)$$

を考察しよう．$F(t)$ のテイラー展開，$0<{}^\exists\theta<1$; $F(t)=F(0)+F'(0)t+\cdots+\frac{F^{(n)}(0)}{n!}t^n+\frac{F^{(n+1)}(\theta t)}{(n+1)!}t^{n+1}$ を f に飜訳すべく，$\frac{d}{dt}=\frac{dx}{dt}\frac{\partial}{\partial x}+\frac{dy}{dt}\frac{\partial}{\partial y}$，$x=x_0+ht$，$y=y_0+kt$，$\frac{dx}{dt}=h$，$\frac{dy}{dt}=k$，$\frac{d}{dt}=h\frac{\partial}{\partial x}+k\frac{\partial}{\partial y}$ より $\frac{d^n}{dt^n}=\left(h\frac{\partial}{\partial x}+k\frac{\partial}{\partial y}\right)^n$ と計算して，$t=1$ とともに代入して，C^{n+1} 級の f に対して

2変数のテイラー展開

$$f(x_0+h,y_0+k)=f(x_0,y_0)+\frac{\partial f}{\partial x}(x_0,y_0)h+\frac{\partial f}{\partial y}(x_0,y_0)k+\frac{1}{2!}\left(\frac{\partial^2 f}{\partial x^2}(x_0,y_0)h^2+2\frac{\partial^2 f}{\partial x\partial y}(x_0,y_0)hk+\frac{\partial^2 f}{\partial y^2}(x_0,y_0)k^2\right)+\cdots+\frac{1}{n!}\left(h\frac{\partial}{\partial x}+k\frac{\partial}{\partial y}\right)^n f(x_0,y_0)+\frac{1}{(n+1)!}\left(h\frac{\partial}{\partial x}+k\frac{\partial}{\partial y}\right)^{n+1} f(x_0+\theta h,y_0+\theta k).$$

特に，$n=1$ の時，C^2 級の f に対して

$$f(x_0+h,y_0+k)=f(x_0,y_0)+f_x(x_0,y_0)h+f_y(x_0,y_0)k+\frac{1}{2}(f_{xx}h^2+2f_{xy}hk+f_{yy}k^2)(x_0+\theta h,y_0+\theta k).$$

更に，$f_x(x_0,y_0)=f_y(x_0,y_0)=0$ であれば，

$$f(x_0+h,\ y_0+k)-f(x_0,\ y_0)=\frac{1}{2}(f_{xx}h^2+2f_{xy}hk+f_{yy}k^2)(x_0+\theta h,\ y_0+\theta k)$$

が成立する．判別式$=f_{xy}{}^2-f_{xx}f_{yy}$ の符号が重要である．

$$\varDelta=f_{xy}{}^2(x_0,\ y_0)-f_{xx}(x_0,\ y_0)f_{yy}(x_0,\ y_0)$$

とおく時，$\varDelta<0$ であれば，十分小さな h, k に対して，$(x_0+\theta h,\ y_0+\theta k)$ でも，判別式 <0 であり，$f(x_0+h,\ y_0+k)-f(x_0,\ y_0)=h, k$ の 2 次形式 は定符号であり，$f_{xx}(x_0,\ y_0)>0$ であれば，$f_{xx}(x_0+\theta h,\ y_0+\theta k)>0$ であり，$f_{xx}(x_0,\ y_0)<0$ であれば，$f_{xx}(x_0+\theta h,\ y_0+\theta k)<0$ であり，$(h, k)\neq(0, 0)$ の時，$f_{xx}(x_0,\ y_0)>0$ であれば $f(x_0+h,\ y_0+k)-f(x_0,\ y_0)>0$，$f_{xx}(x_0,\ y_0)<0$ であれば <0．$\varDelta>0$ であれば，$(x_0+\theta h,\ y_0+\theta k)$ でも，判別式 >0 なので，差は正になったり，負になったりする．ゆえに右の様な $f_x=f_y=0$ を満す点 $(x_0,\ y_0)$ における関数 $f(x, y)$ の極値の判定法を得る．

極値の判定法

$\varDelta<0$ の時，$f(x, y)$ は極値を取り，$f_{xx}(x_0,\ y_0)>0$ なら極小，$f_{xx}(x_0,\ y_0)<0$ なら極大．$\varDelta>0$ の時は，決して極値を取らない．

本問では，$f=28x^2+36xy+14y^2+18x+12y+3$ に対して，$f_x=56x+36y+18$，$f_y=36x+28y+12$，$f_{xx}=56$，$f_{xy}=36$，$f_{yy}=28$ なので，先ず，$f_x=f_y=0$ より，前頁と同じ連立方程式を解き，$x=-\frac{9}{34}$，$y=-\frac{3}{34}$．この時，$\varDelta=f_{xy}{}^2-f_{xx}f_{xy}=36^2-56\cdot28=1296-1568<0$，$f_{xx}=56>0$ なので，極値の判定法より，$(x, y)=\left(-\frac{9}{34},\ -\frac{3}{34}\right)$ で極小値 $\frac{3}{34}$ を取るが，本質は 2 次形式にあり，最初の解答と同じである．

10 前問の 判定法の 直接的応用であり， 偏微分あるのみ． $f=e^{-x^2-y^2}(ax^2+by^2)$， $f_x=(-2x)e^{-x^2-y^2}(ax^2+by^2)+e^{-x^2-y^2}(2ax)=2e^{-x^2-y^2}(ax-ax^3-bxy^2)=2xe^{-x^2-y^2}(a-ax^2-by^2)$，$f_{xx}=2\{-2xe^{-x^2-y^2}(ax-ax^3-bxy^2)+e^{-x^2-y^2}(a-3ax^2-by^2)\}=2e^{-x^2-y^2}(a-5ax^2-by^2+2bxy^2+2ax^4)$， $f_{xy}=2x\{(-2y)e^{-x^2-y^2}(a-ax^2-by^2)+e^{-x^2-y^2}(-2by)\}=-4xye^{-x^2-y^2}(a+b-ax^2-by^2)$， $f_y=(-2y)e^{-x^2-y^2}(ax^2+by^2)+e^{-x^2-y^2}(2by)=2ye^{-x^2-y^2}(b-ax^2-by^2)$， $f_{yy}=2e^{-x^2-y^2}(b-ax^2-5by^2+2ax^2y+2by^4)$．

極値の候補者は $f_x=f_y=0$ すなわち $x(a-ax^2-by^2)=y(b-ax^2-by^2)=0$ の解．よって $x=y=0$，$x=b-ax^2-by^2=0$，$a-ax^2-by^2=y=0$，$a-ax^2-by^2=b-ax^2-by^2=0$ の 4 通りの場合がある．$a>b>0$ だから，$(x, y)\neq(0, 0)$ の時，$f(x, y)>0=f(0, 0)$．したがって，$x=y=0$では，$\varDelta=f_{xy}{}^2-f_{xx}f_{yy}=-4ab<0$，$f_{xx}=2a>0$ を調べる迄もなく，極小かつ最小値 0 を取る．$x=b-ax^2-by^2=0$ では，$x=0$，$y=\pm1$．この時 $\varDelta=f_{xy}{}^2-f_{xx}f_{yy}=8e^{-2}b(a-b)>0$ なので極値を取らない． $a-ax^2-by^2=y=0$ では， $x=\pm1$，$y=0$．この時 $\varDelta=f_{xy}{}^2-f_{xx}f_{yy}=8e^{-2}a(b-a)<0$，$f_{xx}=-4e^{-1}a<0$ なので極大値 ae^{-1} を取る． $a-ax^2-by^2=b-ax^2-by^2=0$ は $ax^2+by^2=a\neq b=ax^2+by^2$ なので起り得ない． 以上を総括すると，$(x, y)=(0, 0)$ で極小かつ最小値 0，$(x, y)=(\pm1, 0)$ で極大値 ae^{-1} を取る．

注　意

$f_x=f_y=0$ を満す点は極値を与える点の候補者を与え，極値であるとは限らないから注意！

11 [解 1] $z=\pm\sqrt{1-x^2-y^2}$ を Q に代入すると，Q は x, y の関数である．$\pm\sqrt{\ }$ はイヤなので，z を陰関数として捉えて偏微分しよう．$x^2+y^2+z^2=1$ の両辺を x で偏微分し，$2x+2zz_x=0$． もう一度 x で偏微分し， $2+2z_x{}^2+2zz_{xx}=0$．ゆえに，$z_x=-\frac{x}{z}$， $z_{xx}=-\frac{1+z_x{}^2}{z}=-\frac{x^2+z^2}{z^3}$．対称性より，$z_y=-\frac{y}{z}$，$z_{yy}=-\frac{y^2+z^3}{z^3}$．$x+zz_x=0$ の両辺を y で偏微分し，$z_yz_x+zz_{xy}=0$． ゆえに $z_{xy}=-\frac{z_xz_y}{z}=-\frac{xy}{z^3}$．

次に $Q=6x^2+5y^2+7z^2-4xy+4xz$ を x で偏微分する際， z は x の関数であることを肝に命じて， $Q_x=12x+14zz_x-4y+4z+4xz_x=12x-14x-4y+4z-\frac{4x^2}{z}=-2x-4y+4z-\frac{4x^2}{z}$， $Q_{xx}=-2+4z_x-\frac{8x}{z}+\frac{4x^2z_x}{z^2}=-2-\frac{4x}{z}-\frac{8x}{z}-\frac{4x^3}{z^3}=-2-\frac{12x}{z}-\frac{4x^3}{z^3}$，$Q_{xy}=-4+4z_y+\frac{4x^2z_y}{z^2}=-4-\frac{4y}{z}-\frac{4x^2y}{z^3}$．同様にして，$Q_y=10y+14zz_y-4x+4xz_y=10y-14y-4x-\frac{4xy}{z}=-4x-4y-\frac{4xy}{z}$，$Q_{yy}=-4-\frac{4x}{z}+\frac{4xyz_y}{z^2}=-4-\frac{4x}{z}-\frac{4xy^2}{z^3}$．

極値を与える点の候補者は 3 元連立 $x^2+y^2+z^2=1$（これをお忘れなく！）， $Q_x=-2x-4y+4z-\frac{4x^2}{z}=0$，$Q_y=-4x-4y-\frac{4xy}{z}=0$ の根．$-2x-4y+4z=\frac{4x^2}{z}$ を $-4x-4y=\frac{4xy}{z}$ で割り，$z=\frac{-2x^2-xy+2y^2}{2y}$ を得る．これを

$-x-y=\dfrac{xy}{z}$ に代入し，通分し，3次式 $(x+y)(2x^2+xy-2y^2)-2xy^2=2x^3+3x^2y-3xy^2-2y^3=2(x^3-y^3)+3(x^2y-y^2x)=(x-y)(2(x^2+xy+y^2)+3xy)=(x-y)(2x^2+5xy+2y^2)=(x-y)(2x+y)(x+2y)=0$. ゆえに，$y=x$，または，$y=-2x$，$y=-\dfrac{x}{2}$. これらを $z=\dfrac{-2x^2-xy+2y^2}{2y}$ に代入し，それぞれ，$z=-\dfrac{x}{2}$，$z=-2x$，$z=x$. これらを $x^2+y^2+z^2=1$ に代入して，それぞれ，$(x,y,z)=\pm\left(\dfrac{2}{3},\dfrac{2}{3},-\dfrac{1}{3}\right)$，$(x,y,z)=\pm\left(\dfrac{1}{3},-\dfrac{2}{3},-\dfrac{2}{3}\right)$，$(x,y,z)=\pm\left(\dfrac{2}{3},-\dfrac{1}{3},\dfrac{2}{3}\right)$. $(x,y,z)=\pm\left(\dfrac{2}{3},\dfrac{2}{3},-\dfrac{1}{3}\right)$ では，$Q_{xx}=54$，$Q_{xy}=36$，$Q_{yy}=36$ なので，$\Delta=Q_{xy}{}^2-Q_{xx}Q_{yy}=1296-1944<0$，$Q_{xx}=54>0$ で判定法より，極小値3を取る. $(x,y,z)=\pm\left(\dfrac{1}{3},-\dfrac{2}{3},-\dfrac{2}{3}\right)$ では，$Q_{xx}=\dfrac{9}{2}$，$Q_{xy}=-9$，$Q_{yy}=0$ で，$\Delta=Q_{xy}{}^2-Q_{xx}Q_{yy}=81>0$ なので，$Q=6$ は極値ではない. $(x,y,z)=\pm\left(\dfrac{2}{3},-\dfrac{1}{3},-\dfrac{2}{3}\right)$ では，$Q_{xx}=-18$，$Q_{xy}=0$，$Q_{yy}=-9$ で，$\Delta=Q_{xy}{}^2-Q_{xx}Q_{yy}=-162<0$，$Q_{xx}=-18<0$ なので，極大値9を取る.

ラグランジュの未定乗数法　上の方法では計算が複雑で，入試の制約時間内には，誤り無く解けそうにないので，もっとも能率的な方法を導こう．一般に n 個の変数の関数 $f(x_1,x_2,\cdots,x_n)$ が $p(<n)$ 個の制約条件

$$\varphi_i(x_1,x_2,\cdots,x_n)=0\ (i=1,2,\cdots,p)$$

の下で，点 $x^0=(x_1{}^0,x_2{}^0,\cdots,x_n{}^0)$（$x^0$ は定点を表し，x の0乗ではない！）で極値を取るとしよう．しかも，x^0 の近傍では上の p 個の式が成立するから，$x_1,x_2,\cdots,x_n$ のいずれか $(n-p)$ 個の例えば $x_1,x_2,\cdots,x_{n-p}$ のみが独立変数として動き，他の p 個の $x_{n-p+1},\cdots,x_n$ は陰関数として，これらの変数の関数として，従属変数として動くとしよう．$\varphi_i=0$ を$x_1,x_2,\cdots,x_{n-p}$ で微分する際，$x_{n-p+k}(1\leqq k\leqq p)$ をこれらの関数と見て，

$$\frac{\partial\varphi_i}{\partial x_j}+\sum_{k=1}^{p}\frac{\partial\varphi_i}{\partial x_{n-p+k}}\frac{\partial x_{n-p+k}}{\partial x_j}=0\ \ (1\leqq j\leqq n-p).$$

更に，f を x_j で微分したものも零であるが，やはり x_{n-p+k} を x_j の関数と見て微分して，

$$\frac{\partial f}{\partial x_j}+\sum_{k=1}^{p}\frac{\partial f}{\partial x_{n-p+k}}\frac{\partial x_{n-p+k}}{\partial x_j}=0\ \ (1\leqq j\leqq n-p).$$

これは，点 x^0 にて行列

$$\begin{bmatrix}\dfrac{\partial f}{\partial x_1} & \dfrac{\partial f}{\partial x_2} & \cdots & \dfrac{\partial f}{\partial x_n}\\ \dfrac{\partial\varphi_1}{\partial x_1} & \dfrac{\partial\varphi_1}{\partial x_2} & \cdots & \dfrac{\partial\varphi_1}{\partial x_n}\\ \cdots & \cdots & \cdots & \cdots\\ \dfrac{\partial\varphi_p}{\partial x_1} & \dfrac{\partial\varphi_p}{\partial x_2} & \cdots & \dfrac{\partial\varphi_p}{\partial x_n}\end{bmatrix}$$

の始めの $(n-p)$ 列が残りの p 列の1次結合で表されることを意味する．線形代数の教える所では，この行列のランクは p であり，1次独立な行は p 個しかない．上の関数行列のランクが p であれば，上の行列の最上の行を除く下の p 行は1次独立なので，第1行は他の p 行の1次結合で表される．すなわち，定数 $\lambda_1,\lambda_2,\cdots,\lambda_p$ があって

$$\frac{\partial f}{\partial x_j}+\sum_{k=1}^{p}\lambda_k\frac{\partial\varphi_k}{\partial x_j}=0\ \ (1\leqq j\leqq n).$$

次章で学ぶが，$\left(\dfrac{\partial\varphi_k}{\partial x_j}\right)$ のランクが p の時，上述の様に，$\varphi_i=0$ なる条件の下では，ちょうど p 個が独立変数として動き，残りの $n-p$ 個はこれら p 個の1次結合で表される．したがって，右のラグランジュの方法を得る．これは，f の代りに未定乗数（定が重なるので，定数でなく，乗数と記す），$\lambda_1,\lambda_2,\cdots,\lambda_p$ を含む $f+\sum_{k=1}^{p}\lambda_k\varphi_k$ の極値を求める式を，$\varphi_i=0(1\leqq i\leqq p)$ と連立させれば，未知数 $x_1,x_2,\cdots,x_n,\lambda_1,\lambda_2,\cdots,\lambda_p$ の個数 $n+p$ と式の個数 $n+p$ とが一致し，つじつまが合うと理解しておけば，暗記の必要はない．ただし，この方法の難点は，何らかの理由により，極値の存在が天下り的に認められる場合でなければならないことである．それは上の条件が x^0 で f が極値を取るための必要条件に過ぎないからである．

> **Lagrange の方法**
>
> 関数 $f(x_1,x_2,\cdots,x_n)$ が制約条件，$\varphi_i=0(1\leqq i\leqq p)$ の下で点 x^0 で極値を取り，しかも x^0 で rank of $\left(\dfrac{\partial\varphi_k}{\partial x_j}\right)=p$ であれば，定数 $\lambda_1,\lambda_2,\cdots,\lambda_p$ が存在して，点 x^0 で
>
> $$\frac{\partial}{\partial x_j}\left(f+\sum_{k=1}^{p}\lambda_k\varphi_k\right)=0\ \ (1\leqq j\leqq p).$$

本問では，球面 $x^2+y^2+z^2=1$ は有界閉，すなわち，コンパクトなので，9章の A-7 より連続関数 Q は球面上で最大値,最小値を取る．球面に境界はないので，これらの点は内点であり，必然的に極値である．よって，上のラグランジュの方法が適用される．$p=1$ なので，4元連立 $\frac{\partial}{\partial x}(Q+\lambda(x^2+y^2+z^2-1))=\frac{\partial}{\partial y}(Q+\lambda(x^2+y^2+z^2-1))=\frac{\partial}{\partial z}(Q+\lambda(x^2+y^2+z^2-1))=x^2+y^2+z^2-1=0$，すなわち，$12x-4y+4z+2\lambda x=10y-4x+2\lambda y=14z+4x+2\lambda z=x^2+y^2+z^2-1=0$ を解けばよい．第1,2式に，それぞれ，y,x を掛けて差を作ると，$2x^2-2y^2+xy+2yz=0$．第2,3式に，それぞれ，z,y を掛けて差を作ると，$xy+yz+zx=0$．これらを $-z$ で解いて等しいとおき，$\frac{2x^2-2y^2+xy}{2y}=\frac{xy}{x+y}$，すなわち，$2(x^2-y^3)+3(x^2y-xy^2)=(x-y)(2x^2+2xy+2y^2+3xy)=(x-y)(2x^2+5xy+2y^2)=(x-y)(2x+y)(x+2y)=0$ なので，以下，解-I と同じ経過を辿り，極値の候補者として，$(x,y,z)=\pm\left(\frac{2}{3},\frac{2}{3},-\frac{1}{3}\right)$ での $Q=3$，$(x,y,z)=\pm\left(\frac{1}{3},-\frac{2}{3},-\frac{2}{3}\right)$ での $Q=6$，$(x,y,z)=\pm\left(\frac{2}{3},-\frac{1}{3},-\frac{2}{3}\right)$ での $Q=9$ が考えられる．最大,最小値は必ず存在し，極値であり，しかも，この中に含まれるから，$Q=3$ は最小かつ極小値，$Q=9$ は最大かつ極小値である．最大,最小値を求めよ，という出題であれば，これは立派な解答であるが，極値を求めようという出題の下では，この方法では最大,最小値ではないが，極値であるかも知れぬ，$Q=6$ の処遇ができず，究極的には，前の解法のお世話になり $\Delta=Q_{xy}{}^2-Q_{xx}Q_{yy}>0$ を確かめねばならない．それゆえ，［解2］と銘打つ訳にはゆかぬ．

［解2］　線形代数的アクセスが最も見通しがよい．**2次形式** $f=6x^2+5y^2+7z^2-2xy-2yx+2xz+2zx$ の**係数行列**

$$A=\begin{bmatrix}6&-2&2\\-2&5&0\\2&0&7\end{bmatrix}\text{ の固有多項式 } |A-\lambda E|=\begin{vmatrix}6-\lambda&-2&2\\-2&5-\lambda&0\\2&0&7-\lambda\end{vmatrix}\overset{3\text{行}\div 2}{=}2\begin{vmatrix}6-\lambda&-2&2\\-2&5-\lambda&0\\1&0&\frac{7}{2}-\frac{\lambda}{2}\end{vmatrix}\ 3\text{列}-\left(\frac{7}{2}-\frac{\lambda}{2}\right)\times 1\text{列}$$

$$=2\begin{vmatrix}6-\lambda&-2&-19+\frac{13}{2}-\lambda\frac{\lambda^2}{2}\\-2&5-\lambda&7-\lambda\\1&0&0\end{vmatrix}\overset{3\text{行で展開}}{=}2\begin{vmatrix}-2&-19+\frac{13}{2}\lambda-\frac{\lambda^2}{2}\\5-\lambda&7-\lambda\end{vmatrix}$$

$$=2\left(-2(7-\lambda)+(5-\lambda)\left(19-\frac{13}{2}\lambda+\frac{\lambda^2}{2}\right)\right)=162-99\lambda+18\lambda^2-\lambda^3$$

を零とした，**固有方程式** $\lambda^3-18\lambda^2+99\lambda-162=0$ の根が，行列Aの**固有値**である．係数が皆3の倍数なので，$\lambda=3\mu$ とおくと，$27(\mu^3-6\mu^2+11\mu-6)=0$．3次方程式なので，$\mu=0,\pm1,\pm2,\cdots$ とヤミクモに代入して行くと，マカ不思議，$\mu=1$ の時，$1-6+11-6=12-12=0$．$\mu-1$ で因数分解すべく，$\mu^3-6\mu^2+11\mu-6=\mu^3-\mu^2-5(\mu^2-\mu)+6(\mu-1)=(\mu-1)(\mu^2-5\mu+6)=(\mu-1)(\mu-2)(\mu-3)=0$ より，$\mu=1,2,3$，すなわち，固有値 $\lambda=3,6,9$ を得る．線形代数の教える所では，**直交行列** P があって，**直交変換**

$$\begin{bmatrix}x\\y\\z\end{bmatrix}=P\begin{bmatrix}X\\Y\\Z\end{bmatrix}=\begin{bmatrix}p_{11}&p_{12}&p_{13}\\p_{21}&p_{22}&p_{23}\\p_{31}&p_{32}&p_{33}\end{bmatrix}\begin{bmatrix}X\\Y\\Z\end{bmatrix}$$

を行うと，2次形式 Q は**標準形**

$$Q=3X^2+6Y^2+9Z^2$$

で表される．直交変換は幾何学的には座標軸の回転や折り返しとこれらの合成を意味するから，長さや角等を不変にし，特に原点からの距離の自乗を不変にする，すなわち，$x^2+y^2+z^2=X^2+Y^2+Z^2=1$．よって，$x^2+y^2+z^2=X^2+Y^2+Z^2=1$ 上の Q の最小値は3，最大値は9となり，これらは極値でもある．$(X,Y,Z)=(0,1,0)$ の時の $Q=6$ について考察しよう．$X=Z=0$ の近傍で，$Q=3X^2+6(1-X^2-Z^2)+9Z^2=6-3X^2+3Z^2$ は例えば $X=0$，$Z\neq0$ の時は $Q>6$ なる値 $X\neq0$，$Z=0$ の時は $Q<6$ なる値を取り，$Q=6$ は極値とはなり得ない．この点の近傍で，X,Z の関数 Q のグラフは馬の鞍の様な形をしており，**鞍点**と呼ばれる．いずれにせよ，これで完全な解答を得る．

しかし，別解との整合性を確かめるべく，これらの最大値,最小値を与える点 $(\boldsymbol{x},\boldsymbol{y},\boldsymbol{z})$ を求めよう．そのためには，上の様なソフトウェヤーでなく，ハードに迫り，直交行列 P の内部構造に立ち入る必要がある．行列 P の第1列こそ，始めに並んだ固有値3の大きさ1の**固有ベクトル**であり $(X,Y,Z)=(1,0,0)$ の時の $(x,y,z)=(p_{11},p_{21},p_{31})$ を与える．一般に固有値 λ に対する固有ベクトルとは同次式 $A\boldsymbol{x}=\lambda\boldsymbol{x}$ の解 $\boldsymbol{x}\neq0$ であり，連立1次方程式

$$\begin{cases}(6-\lambda)x-2y+2z=0\\-2x+(5-\lambda)y\quad=0\end{cases}$$

の解である．$\lambda=3$ に対しては，$y=x$，$z=-\dfrac{x}{2}$ なので，大きさを1にすべく，$x^2+y^2+z^2=x^2+x^2+\dfrac{x^2}{4}=\dfrac{9}{4}x^2=1$ より，$x=\pm\dfrac{2}{3}$，すなわち，$(x,y,z)=\pm\left(\dfrac{2}{3},\dfrac{2}{3},-\dfrac{1}{3}\right)$．これらの2点で，$Q$ は最小値3を取るのだ．最大値を与える点は，最大固有値 $\lambda=9$ の大きさ1の固有ベクトルを求め，$y=-\dfrac{x}{2}$，$z=x$ より，$x^2+y^2+z^2=x^2+\dfrac{x^2}{4}+x^2=\dfrac{9}{4}x^2=1$ として $x=\pm\dfrac{2}{3}$，すなわち，$(x,y,z)=\pm\left(\dfrac{2}{3},-\dfrac{1}{3},\dfrac{2}{3}\right)$．これらの2点で，$Q$ は最大値9を取るのだ．

蛇足ながら，$\lambda=6$ に対する固有ベクトルは，$y=-2x$，$z=-2x$ より，$x^2+y^2+z^2=(1+4+4)x^2=1$ として，$(x,y,z)=\pm\left(\dfrac{1}{3},-\dfrac{2}{3},-\dfrac{2}{3}\right)$ でこれは解-1における，極値を与えぬ極値を与える点の候補者であることが分る．

SCHEMA

2次形式の単位球面上の
最小値＝最小固有値，最大値＝最大固有値で，共に，極値でもある．

以上を通じて学ぶべき教訓は，どの方法がどの問題を制限時間内に解くのに有効であるかどうかを，受験の前に予め知っておかなければならないということである．試験場では試行錯誤の時間的余裕はないからである．敵を識り，己を識れば，百戦危からず，は孫子の兵法．

12 $f=\sum_{i=1}^{n}(y_i-(ax_i+b))^2$ とおくと，$f_a=\sum_{i=1}^{n}(-2x_i)(y_i-(ax_i+b))$，$f_b=\sum_{i=1}^{n}(-2)(y_i-(ax_i+b))$．$\bar{x}=\dfrac{1}{n}\sum_{i=1}^{n}x_i$，$\bar{y}=\dfrac{1}{n}\sum_{i=1}^{n}y_i$ とおくと，先ず $f_b=0$ より，$\bar{y}=a\bar{x}+b$，すなわち，$b=\bar{y}-a\bar{x}$．これを $f_a=0$，すなわち，$\sum_{i=1}^{n}x_iy_i=a\sum_{i=1}^{n}x_i^2+b\sum_{i=1}^{n}x_i$ に代入する際 $\sum_{i=1}^{n}(x_i-\bar{x})^2=\sum_{i=1}^{n}(x_i^2-2\bar{x}x_i+\bar{x})^2=\sum_{i=1}^{n}x_i^2-2\bar{x}\sum_{i=1}^{n}x_i+\sum_{i=1}^{n}\bar{x}^2=\sum_{i=1}^{n}x_i^2-2n\bar{x}^2+n\bar{x}^2=\sum_{i=1}^{n}x_i^2-n\bar{x}^2$，$\sum_{i=1}^{n}(x_i-\bar{x})(y_i-\bar{y})=\sum_{i=1}^{n}x_iy_i-\bar{x}\sum_{i=1}^{n}y_i-\bar{y}\sum_{i=1}^{n}x_i+\sum_{i=1}^{n}\bar{x}\bar{y}=\sum_{i=1}^{n}\bar{x}\bar{y}=\sum_{i=1}^{n}x_iy_i-n\bar{x}\bar{y}-n\bar{y}\bar{x}+n\bar{x}\bar{y}=\sum_{i=1}^{n}x_iy_i-n\bar{x}\bar{y}$ に注意して，$a=\dfrac{\sum_{i=1}^{n}x_iy_i-n\bar{x}\bar{y}}{\sum_{i=1}^{n}x_i^2-n\bar{x}^2}=\dfrac{\sum_{i=1}^{n}(x_i-\bar{x})(y_i-\bar{y})}{\sum_{i=1}^{n}(x_i-\bar{x})^2}$，$b=\bar{y}-a\bar{x}$．ちょうど上の式より $\varDelta=f_{ab}{}^2-f_{aa}f_{bb}=4\left(\left(\sum_{i=1}^{n}x_i\right)^2-n\sum_{i=1}^{n}x_i^2\right)=-4n\sum_{i=1}^{n}(x_i-\bar{x})^2$，$f_{aa}=2\sum_{i=1}^{n}x_i^2$ なので，$x_1=x_2=\cdots=x_n$（結果として$=\bar{x}$）でない限り，$\varDelta<0$，$f_{aa}>0$ であり，極小値を取る．この極小値は，下限，すなわち，最小値にもなっている．この様にして，先ず，平均 $\bar{x},\bar{y}$ を求め，次に右上の公式によって，a,b を求めると $\sum_{i=1}^{n}(y_i-(ax_i+b))^2$ を最小にするので，上述の様に**最小自乗法**と呼ばれる．

最小自乗法

$$a=\frac{\sum_{i=1}^{n}(x_i-\bar{x})(y_i-\bar{y})}{\sum_{i=1}^{n}(x_i-\bar{x})^2},\quad b=\bar{y}-a\bar{x}$$

13 相異なる2点 $x=(x_1,x_2,\cdots,x_n)$，$y=(y_1,y_2,\cdots,y_n)$ で $\operatorname{grad}f(x)=\operatorname{grad}f(y)$ が成立すると仮定して，矛盾を引き出そう．$0\leqq t\leqq 1$ に対して，関数

$$F(t)=f(x+t(y-x))$$

を考察する．U は凸で，$x,y\in U$，$0\leqq t\leqq 1$ なので，$x+t(y-x)=(1-t)x+ty\in U$ であり，F は旨く定義された t の C^2 級関数である．$F'(t)$ に平均値の定理を適用して，$0<{}^{\exists}\theta<1$; $F'(1)-F'(0)=F''(\theta)$．$F'(t)=\sum_{i=1}^{n}\dfrac{\partial f}{\partial x_i}(x+t(y-x))(y_i-x_i)$，$F''(t)=\sum_{j=1}^{n}\dfrac{\partial}{\partial x_j}\sum_{i=1}^{n}\left(\dfrac{\partial f}{\partial x_i}(x+t(y-x))\right)(y_i-x_i)(y_j-x_j)=\sum_{i,j=1}^{n}\dfrac{\partial^2 f}{\partial x_i\partial x_j}(x+t(y-x))(y_i-x_i)(y_j-x_j)$ の下添字は i と j の様に別の文字を用いねばならぬ．

$$\sum_{i=1}^{n}\left(\frac{\partial f}{\partial x_i}(y)-\frac{\partial f}{\partial x_i}(x)\right)(y_i-x_i)=\sum_{i,j=1}^{n}\frac{\partial^2 f(x+\theta(y-x))}{\partial x_i\partial x_j}(y_i-x_i)(y_j-x_j).$$

左辺は $\operatorname{grad}f(x)=\operatorname{grad}f(y)$ なので零．右辺は変数 $y_1-x_1,y_2-x_2,\cdots,y_n-x_n$ の正定値2次形式であり，$y\neq x$ なので正，これは矛盾である．なお，$\operatorname{grad}f$ を ∇f と書いて，ナブラ・エフと読むのが，力学の習慣である．∇ は竪琴を表す楔形文字である．$\varDelta f=\dfrac{\partial^2 f}{\partial x_1{}^2}+\dfrac{\partial^2 f}{\partial x_2{}^2}+\cdots+\dfrac{\partial^2 f}{\partial x_n{}^2}$ のラプラシャンエフと混同しない様に．

14 （必要性）$f(tx,ty)=t^nf(x,y)$ の両辺を t で微分して，$x\dfrac{\partial f}{\partial x}(tx,ty)+y\dfrac{\partial f}{\partial y}(tx,ty)=nt^{n-1}f(x,y)$．$t=1$ を代入して，$x\dfrac{\partial f}{\partial x}+y\dfrac{\partial f}{\partial y}=nf$．

（十分性）任意の x,y をやはり固定して，t の関数として

$$\frac{d}{dt}f(tx,ty)=x\frac{\partial f}{\partial x}(tx,ty)+y\frac{\partial f}{\partial y}(tx,ty)=\frac{1}{t}\left(tx\frac{\partial f}{\partial x}(tx,ty)+ty\frac{\partial f}{\partial y}(tx,ty)\right)=\frac{n}{t}f(tx,ty)\,(t>0).$$

ゆえに $\dfrac{d}{dt}(t^{-n}f(tx,ty))=t^{-n}\dfrac{d}{dt}f(tx,ty)-nt^{n-1}f(tx,ty)=0$ $(t>0)$
が成立し，$t^{-n}f(tx,ty)=$定数 $f(x,y)$，すなわち，$f(tx,ty)=t^nf(x,y)$ を得る．$t<0$ でも同様である．

B　基礎を活用する演習

> **SCHEMA**
> $r=$原点からの距離$=\sqrt{x_1^2+x_2^2+\cdots+x_n^2}$ に対して，$\Delta r=\dfrac{n-1}{r}$.

1. $u^2=x_1^2+x_2^2+x_3^2+x_4^2$ の両辺を x_i で偏微分する際，u も x_i の関数なので合成関数の微分法より $2u\dfrac{\partial u}{\partial x_i}=2x_i$，更にもう一度 x_i で偏微分し，$2\left(\dfrac{\partial u}{\partial x_i}\right)^2+2u\dfrac{\partial^2 u}{\partial x_i^2}=2$．よって，$\dfrac{\partial u}{\partial x_i}=\dfrac{x_i}{u}$，$\dfrac{\partial^2 u}{\partial x_i^2}=\dfrac{1-\left(\dfrac{\partial u}{\partial x_i}\right)^2}{u}=\dfrac{u^2-x_i^2}{u^3}$．よって，$\sum_{i=1}^{4}\dfrac{\partial^2 u}{\partial x_i^2}=\dfrac{4u^2-\sum_{i=1}^{4}x_i^2}{u^3}=\dfrac{3}{u}$．この論法では，変数の個数は4でも，一般の n でもよく，u の代りに r として，上の Schema を得る．

2. 前問と同じく，$s=x_1^2+x_2^2+\cdots+x_n^2$ とおくと，$\dfrac{\partial s}{\partial x_i}=2x_i$，$\dfrac{\partial^2 s}{\partial x_i}=2$ $(1\leqq i\leqq n)$．y は s の関数 $f(s)$，その s は x_i の関数と見て，合成関数の微分法で y を x_i で偏微分し，$\dfrac{\partial y}{\partial x_i}=f'(s)\dfrac{\partial s}{\partial x_i}$，$\dfrac{\partial^2 y}{\partial x_i^2}=f''(s)\left(\dfrac{\partial s}{\partial x_i}\right)^2+f'(s)\dfrac{\partial^2 s}{\partial x_i^2}$．ゆえに $\Delta y=\sum_{i=1}^{n}\dfrac{\partial^2 y}{\partial x_i^2}=f''(s)\sum_{i=1}^{n}4x_i^2+f'(s)\sum_{i=1}^{n}2=4sf''(s)+2nf'(s)=0$ は $f'(s)$ について変数分離形で $\dfrac{d}{ds}\left(\log f'(s)+\dfrac{n}{2}\log s\right)=\dfrac{f''(s)}{f'(s)}+\dfrac{n}{2s}=0$ より $\log f'(s)+\dfrac{n}{2}\log s=$定数 c_1'，すなわち，$f'(s)=e^{c_1'-\frac{n}{2}\log s}$．$c_1''=e^{c_1'}$ とおき，$f'(s)=c_1''s^{-\frac{n}{2}}$．更に積分して $f(s)=\dfrac{2c_1''}{2-n}s^{1-\frac{n}{2}}+c_2$．$c_1=\dfrac{2c_1''}{2-n}$ とおき，$n\neq 2$ の時，$f(s)=c_1s^{1-\frac{n}{2}}+c_2$（$c_1, c_2$ は任意定数）を得る．$n=2$ の時は少し話が違い，$f'(s)=c_1''s^{-1}$ より $f(s)=c_1\log s+c_2$（c_1, c_2 は任意定数）で E-1 の θ と対照的な r の関数．$n\neq 2$ の場合，$s=1$ の時，$c_1+c_2=f(1)=0$，$s=n$ の時 $c_1n^{1-\frac{n}{2}}+c_2=f(n)=1$ なので，$(n^{1-\frac{n}{2}}-1)c_1=1$，$c_1=\dfrac{1}{n^{1-\frac{n}{2}}-1}$，$c_2=\dfrac{-1}{n^{1-\frac{n}{2}}-1}$ なので，$f(s)=\dfrac{s^{1-\frac{n}{2}}-1}{n^{1-\frac{n}{2}}-1}$．$n=2$ の場合，$s=1$ の時，$c_2=f(1)=0$，$s=2$ の時，$c_1\log 2+c_2=c_1\log 2=1$ より $c_1=\dfrac{1}{\log 2}$，$f(s)=\dfrac{\log s}{\log 2}$．

3. 偏微分方程式 $\left(\dfrac{\partial^2}{\partial x^2}-\dfrac{\partial^2}{\partial t^2}-2\dfrac{\partial}{\partial t}-1\right)u=0$ の $\dfrac{\partial^2}{\partial t^2}+2\dfrac{\partial}{\partial t}+1=\left(\dfrac{\partial}{\partial t}+1\right)^2$ に注目し，条件反射的に14章のSummaryの公式(9)を想起し，$\dfrac{\partial^2}{\partial t^2}(e^tu)=e^t\left(\dfrac{\partial}{\partial t}+1\right)^2u$ より，新たな従属変数 $v(t,x)=e^tu(t,x)$ を導入し，波動方程式 $\left(\dfrac{\partial^2}{\partial x^2}-\dfrac{\partial^2}{\partial t^2}\right)v=e^t\left(\dfrac{\partial^2}{\partial x^2}-\left(\dfrac{\partial}{\partial t}+1\right)^2\right)u=0$ に持込み，A-8 の方法を用いることに気付く人は，演算子法の達人といえようが，達人必ずしも人生の成功者ではないので，並の読者もご安心の程を！

というわけで，先ず，波動方程式の初期値問題

$$\frac{\partial^2 v}{\partial t^2}=a^2\frac{\partial^2 v}{\partial x^2},\quad v(0,x)=f(x),\quad \frac{\partial v}{\partial t}(0,x)=g(x)\quad (a>0)$$

を考察しよう．これは力学的には弦の初期曲線と初速度を与えた後の振動を与える方程式である．A-8 より，その一般解は任意関数 φ, ψ を用いて，$v(t,x)=\varphi(x-at)+\psi(x+at)$．$\dfrac{\partial v}{\partial t}=-a\varphi'(x-at)+a\psi'(x+at)$ なので，$t=0$ を代入し，$\varphi(x)+\psi(x)=v(0,x)=f(x)$，$a(\psi'(x)-\varphi'(x))=\dfrac{\partial v}{\partial t}(0,x)=g(x)$．第2式を積分して，$\psi(x)-\varphi(x)=\dfrac{1}{a}\int_0^x g(\xi)d\xi+c$（$c=$積分定数）．$\psi+\varphi=f$ との和と差を作り，$\psi(x)=\dfrac{1}{2}\left(f(x)+\dfrac{1}{a}\int_0^x g(\xi)\,d\xi+c\right)$，$\varphi(x)=\dfrac{1}{2}\left(f(x)-\dfrac{1}{a}\int_0^x g(\xi)d\xi-c\right)$，ゆえに，$v(t,x)=\varphi(x-at)+\psi(x+at)=\dfrac{f(x+at)+f(x-at)}{2}+\dfrac{1}{2a}\int_{x-at}^{x+at}g(\xi)d\xi$．まとめると，右の公式となる．

> **波動方程式の初期値問題**
> $\dfrac{\partial^2 v}{\partial t^2}=a\dfrac{\partial^2 v}{\partial x^2}$，$v(0,x)=f(x)$，$\dfrac{\partial v}{\partial t}(0,x)=g(x)$ の解は
> $v(t,x)=\dfrac{f(x+at)+f(x-at)}{2}+\dfrac{1}{2a}\displaystyle\int_{x-at}^{x+at}g(\xi)d\xi$

本問では，$v(t,x)=e^tu(t,x)$ であったから，$\dfrac{\partial v}{\partial t}=e^t\left(\dfrac{\partial u}{\partial t}+u\right)$．$\dfrac{\partial v}{\partial t}(0,x)=\dfrac{\partial u}{\partial t}(0,x)+u(0,x)=\sin x$．$v(0,x)=u(0,x)=\sin x$ でもあるから，上の公式に

$a=1$, $f(x)=g(x)=\sin x$ を代入して,

$$v(t,x)=\frac{\sin(x+t)+\sin(x-t)}{2}+\frac{1}{2}\int_{x-t}^{x+t}\sin\xi d\xi=\frac{\sin(x+t)+\sin(x-t)}{2}+\frac{1}{2}\Big[-\cos\xi\Big]_{x-t}^{x+t}$$
$$=\frac{\sin(x+t)+\sin(x-t)+\cos(x-t)-\cos(x+t)}{2}=\sin x\cos t+\sin x\sin t=\sin x(\cos t+\sin t).$$

ゆえに,我々の解は $u=e^{-t}v$ なので,$u(t,x)=e^{-t}(\cos t+\sin t)\sin x$.この様にして,演算子法は偏微分方程式の解法にも縦横に活用できるが,そのココロは,よく呑み込めたことと思う.なお,北大の院試には波動方程式が3年毎に出題されているので,よく復習されたい,と旧版で記したが,北大は今や筆記試験を省略の院試である.

4. $\mathrm{Ker}\,\varDelta$ とは $\varDelta f=0$ なる f 全体の集合,すなわち,d 次の同次調和多項式全体である.A–8でも言及したが,前問の演算子法の考えは,$\varDelta=\frac{\partial^2}{\partial x^2}+\frac{\partial^2}{\partial y^2}=\left(\frac{\partial}{\partial x}-i\frac{\partial}{\partial y}\right)\left(\frac{\partial}{\partial x}+i\frac{\partial}{\partial y}\right)$ に対しても有効である.多項式 $f=\sum_{m+n=d}a_{mn}x^my^n$ の変数 x,y はもちろん実変数であるが,これを複素変数に拡張してもその意味を保つ.そこで新しい変数 $z=x+iy$ $\zeta=x-iy$ を導入すると,$x=\frac{z+\zeta}{2}$, $y=\frac{z-\zeta}{2i}$ となるが,z,ζ はたとえ x,y が実であっても複素変数である.しかし,13章のB–5で行った様に,複素変数 z,ζ について偏微分することができ,その微分の公式は実変数の時と同じく,$\frac{d}{dz}z^m=mz^{m-1}$, $\frac{d}{d\zeta}\zeta^m=m\zeta^{m-1}$ である.しかも合成関数の微分法が成立するので,$\frac{\partial}{\partial z}=\frac{\partial x}{\partial z}\frac{\partial}{\partial x}+\frac{\partial y}{\partial z}\frac{\partial}{\partial y}=\frac{1}{2}\left(\frac{\partial}{\partial x}+\frac{1}{i}\frac{\partial}{\partial y}\right)$, $\frac{\partial}{\partial\zeta}=\frac{\partial x}{\partial\zeta}\frac{\partial}{\partial x}+\frac{\partial y}{\partial\zeta}\frac{\partial}{\partial y}=\frac{1}{2}\left(\frac{\partial}{\partial x}-\frac{1}{i}\frac{\partial}{\partial y}\right)$.ゆえに $4\frac{\partial^2}{\partial z\partial\zeta}=\left(\frac{\partial}{\partial x}+\frac{1}{i}\frac{\partial}{\partial y}\right)\left(\frac{\partial}{\partial x}-\frac{1}{i}\frac{\partial}{\partial y}\right)=\frac{\partial^2}{\partial x^2}+\frac{\partial^2}{\partial y^2}=\varDelta$.したがって,多項式 f の x の所に $\frac{z+\zeta}{2}$,y の所に $\frac{z-\zeta}{2i}$ を代入し,整理すると f は z,ζ の多項式であって,しかも $\frac{\partial^2 f}{\partial z\partial\zeta}=0$ が成立している.$\frac{\partial}{\partial\zeta}\left(\frac{\partial f}{\partial z}\right)=0$ であるから,多項式 $\frac{\partial f}{\partial z}$ は z のみの多項式でなければならぬ.したがって,f は z の多項式 φ と ζ の多項式 ζ の和であって,$f=\varphi(z)+\psi(\zeta)$ が一般解である.$z=x+iy$, $\zeta=x-iy$ を代入して

$$f=\varphi(x+iy)+\psi(x-iy).$$

只今の考察は f が多項式の範囲で行ったが,13章A–5で行った様に収束整級数の範囲でも,上の考察は妥当する.局所的に収束整級数で表される関数を**解析関数**,または,**正則関数**というが,右上の公式は決してインチキではない.更に,x,y を実数に制限させると,$z=x+iy$ の時,共役複素数 $\bar{z}=x-iy$ である.ついでに,この時 $\zeta=\bar{z}$ という意味で右の公式もインチキでないことを弁護しておく.

ラプラスの方程式の解

$\left(\frac{\partial^2}{\partial x^2}+\frac{\partial^2}{\partial y^2}\right)f=\left(\frac{\partial}{\partial x}+\frac{1}{i}\frac{\partial}{\partial y}\right)\left(\frac{\partial}{\partial x}-\frac{1}{i}\frac{\partial}{\partial y}\right)f=0$ の一般解は正則関数 φ,ψ に対して

$f=\varphi(x+iy)+\psi(x-iy)$

SCHEMA

$$\frac{\partial}{\partial z}=\frac{1}{2}\left(\frac{\partial}{\partial x}+\frac{1}{i}\frac{\partial}{\partial y}\right),\quad \frac{\partial}{\partial\bar{z}}=\frac{1}{2}\left(\frac{\partial}{\partial x}-\frac{1}{i}\frac{\partial}{\partial y}\right)$$

以上の観点に立ってこそ,本問は明解となる.x,y は実変数だから,$z=x+iy$, $\bar{z}=x-iy$.任意の $f\in V_d$ は d 次の同次多項式であるが,x の所に $\frac{z+\bar{z}}{2}$, y の所に $\frac{z-\bar{z}}{2}$ を代入し,$z,\bar{z}$ について整理すると,やはり,$z,\bar{z}$ の d 次の多項式で $f=\sum_{m+n=d}b_{mn}z^m\bar{z}^n$ と表される.$h(z)=b_{d0}z^d+b_{0d}\bar{z}^d$ とおくと,h は z の多項式と $\bar{z}$ の多項式の和だから,h は上の考察より調和であり,$\varDelta h=0$,すなわち,$h\in\mathrm{Ker}\,\varDelta$.$g=f-h$ とおくと,$z\bar{z}=x^2+y^2$ なので,$g=\sum_{m\geq1,n\geq1}b_{mn}z^m\bar{z}^n=z\bar{z}\sum\sum b_{mn}z^{m-1}\bar{z}^{n-1}=(x^2+y^2)\sum b_{mn}z^{m-1}\bar{z}^{n-1}\in(x^2+y^2)V_{d-2}$.ゆえに,

$$V_d=\mathrm{Ker}\,\varDelta\cup(x^2+y^2)V_{d-2}$$

が成立する.もしも $f\in\mathrm{Ker}\,\varDelta\cap(x^2+y^2)V_{d-2}$ であれば,$\varDelta f=0$,すなわち,f は z の多項式と $\bar{z}$ の多項式の和でありながら,$x^2+y^2=z\bar{z}$ を因数に持つ.ゆえに,$f=0$ であり

$$\mathrm{Ker}\,\varDelta\cap(x^2+y^2)V_{d-2}=\{0\}$$

が成立する.この時,V_d は $\mathrm{Ker}\,\varDelta$ と $(x^2+y^2)V_{d-2}$ の**直和**であるといい,

$$V_d=\mathrm{Ker}\,\varDelta+(x^2+y^2)V_{d-2}$$

と+を使用するのが線形代数の作法である,線形写像 $\varDelta: V_d\longrightarrow V_{d-2}$ に準同型定理を適用し,$\varDelta(V_d)=\mathrm{Im}\varDelta\cong V_d/\mathrm{Ker}\,\varDelta$.直和 $V_d=\mathrm{Ker}\,\varDelta+(x^2+y^2)V_{d-2}$ を考慮に入れ,$\mathrm{Im}\varDelta\cong(x^2+y^2)V_{d-2}\cong V_{d-2}$.次元を計算し,$\dim\mathrm{Im}\varDelta=$

$\dim V_{d-2}$．$\mathrm{Im}\varDelta\subset V_{d-2}$ なので，両者は等しく，$\mathrm{Im}\varDelta=V_{d-2}$，すなわち，$\varDelta$は全射である．本問を通じて，ラプラスの方程式は $a=i$ という意味で虚の波動方程式であるという演算子法を体得されよ．

5. 連続関数fは有界閉集合 $-1\leqq x_1, x_2, x_3\leqq 1$ で最大値を取る．行列式は有名な Van der Monde(**バンデルモンド**)

$$f=\begin{vmatrix}1&1&1\\x_1&x_2&x_3\\x_1^2&x_2^2&x_3^2\end{vmatrix}\overset{\text{各列}-1\text{列}}{=}\begin{vmatrix}1&0&0\\x_1&x_2-x_1&x_3-x_1\\x_1^2&x_2^2-x_1^2&x_3^2-x_1^2\end{vmatrix}=\begin{vmatrix}x_2-x_1&x_3-x_1\\(x_2-x_1)(x_2+x_1)&(x_3-x_1)(x_3+x_1)\end{vmatrix}$$

$$=(x_2-x_1)(x_3-x_1)\begin{vmatrix}1&1\\x_2+x_1&x_3+x_1\end{vmatrix}=(x_3-x_2)(x_2-x_1)(x_3-x_1).$$

各 x_i で偏微分し，$f_{x_1}=(x_3-x_2)(-(x_3-x_1)-(x_2-x_1))=(x_3-x_2)(2x_1-x_2-x_3)$，$f_{x_2}=(x_3-x_1)(-(x_2-x_1)+(x_3-x_2))=(x_1-x_3)(2x_2-x_1-x_3)$，$f_{x_3}=(x_2-x_1)((x_3-x_1)+(x_3-x_2))=(x_1-x_2)(2x_3-x_1-x_2)$．もしも$f$が内点で最大値を取れば，その点で $f_{x_1}=f_{x_2}=f_{x_3}=0$ が成立せねばならぬ．$(x_3-x_2)(2x_1-x_2-x_3)=(x_1-x_3)(2x_2-x_1-x_3)=(x_2-x_1)(2x_3-x_1-x_2)=0$．$x_1, x_2, x_3$ のいずれか一組が等しい時は $f=0$ であって，最大値を与え得ない．よって，$x_1=\dfrac{x_2+x_3}{2}$，$x_2=\dfrac{x_1+x_3}{2}$，$x_3=\dfrac{x_1+x_2}{2}$でなければならぬが，この時は $x_1=x_2=x_3$ であり，$f=0$ となって最大値を与えない．いずれにせよ，内点ではfは最大値を取り得ない．そのいずれか，1変数を例えば $x_3=\pm1$ と固定して，他の2変数の関数として考えると，全く同じ理由で，内点では最大値を取り得ない．そこで，x_2 は x_3 に等しくないので，$x_2=\mp1$ でなければならぬ．$x_3=\pm1$，$x_2=\mp1$ を代入すると，1変数 x_1 の懐かしの2次関数であって，例えば，$x_3=1$，$x_2=-1$ とすれば，$f=(1+1)(-1-x_1)(1-x_1)=2(x_1^2-1)\leqq0$ で，この場合は最小値 -2 を与えるが，最大値を与えぬ，$x_3=-1$，$x_2=1$ の時，$f=2(1-x_1^2)$ で，$x_1=0$ の時最大値2を与える．答は $(0,1,-1)$，$(1,-1,0)$，$(-1,0,1)$．本問で，$f_{x_i}=0$ は裏方としてしか作用しないが，この裏方なしには最大値が求まらぬ．

6. 何でもよいから超平面上に一点 $x^0=(x_1^0, x_2^0, \cdots, x_n^0)$ を取り，閉球 $K=\{x\in\boldsymbol{R}; x_1^2+x_2^2+\cdots+x_n^2\leqq(x_1^0)^2+(x_2^0)^2+\cdots+(x_r^0)^2+1\}$ を考える．K と平面 $\pi:\sum_{i=1}^n x_i=1$ との交わり $K\cap\pi$ は $\boldsymbol{R}^n$ のコンパクト，すなわち，有界閉だから，9章のA-7のワイエルシュトラスの定理より最小値を持つ．K の外部及び境界上では，距離$\geqq\sqrt{(x_1^0)^2+(x_2^0)^2+\cdots+(x_n^0)^2+1}$ なので，x^0 でのそれを越え，最小値を与え得ない．それゆえ，最小値を与える点はK の内点であり，それはA-11のラグランジュの未定乗数法で求まる．面倒なので，距離の自乗を最小にする，すなわち，制約条件 $\sum_{i=1}^n x_i-1=0$ の下で $\sum_{i=1}^n x_i^2$ を最小にすべく，未定乗数λを媒介にして，関数

$$f=\sum_{i=1}^n x_i^2+\lambda\left(\sum_{i=1}^n x_i-1\right)$$

に関して，$(n+1)$ 連立方程式

$$\frac{\partial f}{\partial x_i}=2x_i+\lambda=0(1\leqq i\leqq n),\ \sum_{i=1}^n x_i=1$$

を解けばよい．$x_i=-\dfrac{\lambda}{2}(1\leqq i\leqq n)$ を$\sum_{i=1}^n x_i=1$ に代入して，$-\dfrac{n\lambda}{2}=1$，すなわち，$\lambda=-\dfrac{2}{n}$，$x_i=\dfrac{1}{n}(1\leqq i\leqq n)$．ゆえに，点$(x_1, x_2, \cdots, x_n)=\left(\dfrac{1}{n}, \dfrac{1}{n}, \cdots, \dfrac{1}{n}\right)$にて最短距離 $\sqrt{\sum_{i=1}^n x_i^2}=\dfrac{1}{\sqrt{n}}$ を与える．蛇足ながら，平面πの Hesse の標準形は $\sum_{i=1}^n \dfrac{x_i}{\sqrt{n}}=\dfrac{1}{\sqrt{n}}$ である．この場合は最小値の存在がワイエルシュトラスの定理から保証されているので，必要条件のみを与えるラグランジュの方法で十分間に合う．

7. この問題がラグランジュ法，ひいては，微積分では最高峰に当る問題なので，解答を学ぶ前に解ける人は大天才であり，解けない人も天才でないとはいえないので，解けないからといって自害しないこと．対称行列とはいっていないので，2次形式の問題と錯覚し，固有値へと走らないこと．

行列 $X=(x_{ij})$ は n^2 個の実変数を持ち，それらを各行各列から正確に一つずつ取って来て±を付け加えた行列式 $\det X$ はこれらの多項式として，n^2 変数の関数である．ある $l_i=0$ ならば，行列式 $\det X$ は i 行が全て0なので，$\det X=0$．したがって，$|\det|=l_1l_2\cdots l_n$ が成立するので，$l_i>0(i=1,2,\cdots,n)$ と仮定してよい．更に l_i を正の定数とみてよい．すると $\sum_{j=1}^n x_{ij}^2=l_i^2\ (i=1,2,\cdots,n)$ を満す (x_{ij}) の集合は $\boldsymbol{R}^{n^2}$ において，有界閉，つまりコンパクトとなり，ワイエルシュトラスの定理より，最大,最小値を取る．更に，このコンパクト曲面は境界を持たぬので，これらの点は内点であり，ラグランジュの方法によって求められる．以上の枕詞がないと入試の答案としては50％以下

の得点.

$$f=\det X+\sum_{i=1}^{n}\lambda_i\left(\sum_{j=1}^{n}x_{ij}^2-l_i^2\right)$$

に対して，$n^2+n=n(n+1)$ 元連立方程式

$$\frac{\partial f}{\partial x_{ij}}=\frac{\partial}{\partial x_{ij}}\det X+2\lambda_i x_{ij}=0,\quad \sum_{j=1}^{n}x_{ij}^2=l_i^2\ (i,j=1,2,\cdots,n)$$

を解こう．そのためには上の i に注目し，これは固定して，x_{ij} の余因子を X_{ij} とする時，公式

$$\det X=\sum_{j=1}^{n}x_{ij}X_{ij}$$

に基いて，両辺を x_{ij} で偏微分し，$\dfrac{\partial}{\partial x_{ij}}\det X=X_{ij}$．これを代入し，$X_{ij}+2\lambda_i x_{ij}=0$．両辺に x_{kj} を掛けて，$\sum_{j=1}^{n}x_{ij}^2=l_i^2$，$\sum_{j=1}^{n}x_{ij}X_{ij}=\det X$，$\sum_{j=1}^{n}x_{kj}X_{ij}=0\ (k\neq i)$ に注意して j について加えると，$\sum_{j=1}^{n}x_{ij}X_{ij}+2\sum_{j=1}^{n}\lambda_i x_{ij}^2=\det X+2\lambda_i l_i^2=0$．$\sum_{j=1}^{n}x_{kj}X_{ij}+2\sum_{j=1}^{n}\lambda_i x_{kj}x_{ij}=2\lambda_i\sum_{j=1}^{n}x_{kj}x_{ij}=0\ (k\neq i)$．$\lambda_i=0$ であれば，$\det X=-2\lambda_i l_i^2=0$ なので我々の不等式は成立している．よって，$\lambda_i\neq 0$ としてよく，$\sum_{j=1}^{n}x_{kj}x_{ij}=0\ (k\neq i)$．くどいが，$k=i$ の時，$\sum_{j=1}^{n}x_{kj}x_{ij}=l_i^2$．したがって，

$$X{}^tX=(x_{ij}){}^t(x_{ij})=\left(\sum_{j=1}^{n}x_{ij}x_{kj}\right)=\text{対角要素が } l_1^2, l_2^2, \cdots, l_n^2 \text{ の対角行列}$$

なので $\det{}^tX=\det X$ に注意しつつ両辺の行列式を作り，$\det(X{}^tX)=\det X\det{}^tX=(\det X)^2=l_1^2l_2^2\cdots l_n^2$．ゆえに，$|\det X|$ の最大値$=l_1l_2\cdots l_n$．したがって，有名な右のアダマールの公式を得る．このアダマールの公式は，線形代数にて，有名な公式であるが，この様に，ラグランジュの方法と特に余因子に関連する上述の線形代数の知識に基いて得られる．

Hadamard の公式

$$|\det X|\leqq l_1l_2\cdots l_n$$

8．もしも C^2 級の f があって，$\dfrac{\partial f}{\partial x}=g$，$\dfrac{\partial f}{\partial y}=h$ であれば，ヤングの定理より $\dfrac{\partial^2 f}{\partial x\partial y}=\dfrac{\partial^2 f}{\partial y\partial x}$ が成立し，$\dfrac{\partial g}{\partial y}=\dfrac{\partial}{\partial y}\left(\dfrac{\partial f}{\partial x}\right)=\dfrac{\partial}{\partial x}\left(\dfrac{\partial f}{\partial y}\right)=\dfrac{\partial h}{\partial x}$ が成立しなければならぬ．したがって，$\dfrac{\partial g}{\partial y}=\dfrac{\partial h}{\partial x}$ はその様な f が存在するための必要条件であり，偏微分方程式系 $\dfrac{\partial f}{\partial x}=g$，$\dfrac{\partial f}{\partial y}=h$ の**積分可能条件**という．この条件がなければ，式の数$=2>1=$未知関数の数，なる方程式系は解を持たぬ．その十分性の証明が本問である．

先ず，その様な f を見出そう．$\dfrac{\partial f}{\partial x}=g$ ということは，y を固定した時の $g(x,y)$ の原始関数が f ということなので，定点 x_0 に対して，y の関数 $\varphi(y)$ があって，$f(x,y)=\int_{x_0}^{x}g(\xi,y)d\xi+\varphi(y)$．両辺を y で偏微分すべく，差分商を作る際，平均値の定理より，$0<{}^\exists\theta=\theta(\xi,y,h)<1$；$g(\xi,y+h)-g(\xi,y)=g_y(\xi,y+\theta h)h$．ゆえに

$$\frac{f(x,y+h)-f(x,y)}{h}-\int_{x_0}^{x}g_y(\xi,y)d\xi-\varphi'(y)=\int_{x_0}^{x}(g_y(\xi,y+\theta h)-g_y(\xi,y))d\xi+\frac{\varphi(y+h)-\varphi(y)}{h}-\varphi'(y).$$

有界閉集合上に制限して考えると，9章の A-11 より連続関数は一様連続で，${}^\forall\varepsilon>0$, ${}^\exists\delta>0$；$|g_x(\xi',\eta')-g_x(\xi,\eta)|<\varepsilon$ $(|\xi'-\xi|<\delta, |\eta'-\eta|<\delta)$．ついでに $\left|\dfrac{\varphi(y+h)-\varphi(y)}{h}-\varphi'(y)\right|<\varepsilon(0<|h|<\delta)$ としておくと，$0<|h|<\delta$ であれば，

$$|\text{上の左辺}|\leqq\left|\int_{x_0}^{x}\varepsilon\,d\xi\right|+\varepsilon=(|x-x_0|+1)\varepsilon$$

なので，

$$\frac{\partial f}{\partial y}=\lim_{h\to 0}\frac{f(x,y+h)-f(x,y)}{h}=\lim_{h\to 0}\left(\int_{x_0}^{x}g_y(\xi,y+\theta h)d\xi+\frac{\varphi(y+h)-\varphi(y)}{h}\right)=\int_{x_0}^{x}g_y(\xi,y)d\xi+\varphi'(y)$$

という当り前の結果を得る．試験の答案では，有界閉集合上で連続関数 $g_y(x,y)$ は一様連続なので，と理由を示して，直ちに，上の式を記せばよい．ところで，条件 $g_y=h_x$ より，再び，原始関数と定積分の関係に戻り

$$\frac{\partial f}{\partial y}=\int_{x_0}^{x}g_y(\xi,y)dy+\varphi'(y)=\int_{x_0}^{x}\frac{\partial h}{\partial x}(\xi,y)d\xi+\varphi'(y)=h(x,y)-h(x_0,y)+\varphi'(y).$$

しかし，$\dfrac{\partial f}{\partial y}=h(x,y)$ であるべきなので，$h(x,y)=h(x,y)-h(x_0,y)+\varphi'(y)$ より，$\varphi'(y)=h(x_0,y)$，すなわち，$\varphi(y)=\int_{y_0}^{y}h(x_0,\eta)d\eta+c$ ($c=$任意定数)．かくして，解 f があれば，

$$f(x,y)=\int_{x_0}^{x}g(\xi,y)d\xi+\int_{y_0}^{y}h(x_0,\eta)d\eta+c$$

でなければならない．この f が条件を満すことは，$\dfrac{\partial f}{\partial x}=g(x,y)$，再び上の論法により $\dfrac{\partial f}{\partial y}=\int_{x_0}^{x} g_y(\xi,y)d\xi+h(x_0,y)$ $=\int_{x_0}^{x} h_x(\xi,y)d\xi+h(x_0,y)=h(x,y)-h(x_0,y)+h(x_0,y)=h(x,y)$ より分る．

微分方程式 $\dfrac{dy}{dx}=-\dfrac{g(x,y)}{h(x,y)}$ は形式的に $g(x,y)dx+h(x,y)dy=0$ と書ける．ところで，積分可能条件が満されれば，上の f は $\dfrac{\partial f}{\partial x}=g$，$\dfrac{\partial f}{\partial y}=h$ を満し，陰関数 $f(x,y)=$定数 c は，$f_x+f_y\dfrac{dy}{dx}=0$，すなわち，$g+h\dfrac{dy}{dx}=0$，つまり，$g\,dx+h\,dy=0$ の解である．積分可能条件を満す常微分方程式，$g\,dx+h\,dy=0$ を**完全微分型**という．まとめると，右上の公式となる．

完全微分方程式の解の公式

積分可能条件 $\dfrac{\partial g}{\partial y}=\dfrac{\partial h}{\partial x}$ が成立する時，
常微分方程式 $g(x,y)dx+h(x,y)dy=0$（完全微分型という）
の一般解は
$$\int_{x_0}^{x} g(\xi,y)d\xi+\int_{y_0}^{y} h(x_0,\eta)d\eta=\text{任意定数}\ c$$

応用問題は際限がないので，微分方程式論の方に委ねるが，根本は上述の微積分であることを理解してほしい．

16章　陰関数の存在定理

A　基礎をかためる演習

1　我々の住んでいる地球の表面は3次元ユークリッド空間内の球面 $x_1{}^2+x_2{}^2+x_3{}^2=1$ であるが，平面ではない．しかし，その任意の点 $x^0=(x_1{}^0,x_2{}^0,x_3{}^0)$ において，どれか一つの $x_i{}^0\neq 0$ なので，例えば $x^0{}_3\neq 0$ であれば，x_3 について $x_3=\pm\sqrt{1-x_1{}^2-x_2{}^2}$ と解き，$x_1{}^2+x_2{}^2<1$ なる限り，(x_1,x_2) を座標として，2次元の平面の領域 $x_1{}^2+x_2{}^2<1$ と同一視できる．ワザと難しくいうと局所座標 (x_1,x_2) を持つ．一般に，ハウスドルフ空間 M の任意の点 x^0 が局所座標を持ち，局所座標間の対応が C^∞（微分）同型（diffeomorphism）である時，いいかえれば，$^\forall t^0\in M$ に対して，t^0 の近傍 $U(t^0)$ はユークリッド空間 $\boldsymbol{R}^n$ の開集合 $V(x^0)$ と同一視でき，その同一視を実現する写像 $\varphi:U(t^0)\to V(x^0)$ が一対一であって，したがって，$t\in U(t^0)$ に対する φ の値 $\varphi(t)\in\boldsymbol{R}^n$ なので，$(x_1,x_2,\cdots,x_n)=\varphi(t)$ と記し，t と $x=(x_1,x_2,\cdots,x_n)$ とを同一視し，$x_1,x_2,\cdots,x_n$ を点 t の**局所座標**，$U(t^0)$ を点 t^0 の**座標近傍**と呼び，しかも，相異なる座標近傍 $U(t^0),U(s^0)$ に対して，その共通集合 $U(t^0)\cap U(s^0)$ 上の点 t は二つの座標 $x=(x_1,x_2,\cdots,x_n)$ $=\varphi(t)$ と $y=(y_1,y_2,\cdots,y_n)=\psi(t)$ を持ち，対応 $(x_1,x_2,\cdots,x_n)\longmapsto(y_1,y_2,\cdots,y_n)$ は一対一であるが，これが C^∞ 写像である時，必然的に $(y_1,y_2,\cdots,y_n)\longmapsto(x_1,x_2,\cdots,x_n)$ も C^∞ 写像なので，これらは C^∞ 同型である．この時，M を C^∞ 多様体という．以上のことを論じるのが本書の目的ではなく，以下の計算を目的とする．

という訳で，本問は本質的には微分学であり，それを一見難しく装っているに過ぎない．D を $\boldsymbol{R}^n$ の凸開集合としよう．D の任意の一点 $a=(a_1,a_2,\cdots,a_n)$ を取り固定する．D の任意の点 $x=(x_1,x_2,\cdots,x_n)$ に対して，D は凸なので a と x とを結ぶ線分は D に含まれるので，平均値の定理が適用できて，$0<{}^\exists\theta<1$；

$$\varphi(x)-\varphi(a)=\sum_{i=1}^{n}\frac{\partial\varphi}{\partial x_i}(a+\theta(x-a))(x_i-a_i).$$

$a+\theta(x-a)$ は線分上のどこにあるのか分らぬが，とにかくそこで，$\dfrac{\partial\varphi}{\partial x_i}(a+\theta(x-a))$ $=0\ (1\leqq i\leqq n)$．ゆえに $\varphi(x)=\varphi(a)$．つまり右上の Schema を得る．

SCHEMA

$\boldsymbol{R}^n$ の凸開集合 D 上で $\dfrac{\partial\varphi}{\partial x_1}=\dfrac{\partial\varphi}{\partial x_2}=\cdots=\dfrac{\partial\varphi}{\partial x_n}\equiv 0$ であれば，
平均値の定理を用いて，$\varphi(x)\equiv\varphi(a)$（定点 $a\in D$，動点 $x\in D$）

一般の場合には，$D\subset\boldsymbol{R}^n$ であっても，右下の図の様な状況にあり，平均値の定理が適用できぬのに適用して，見事不合格となる人のヨを予想し，以下の正解を得る若干の受験生のヨを歓迎するのが入試である．したがって以上の計算が微積分(教養)，以下の論理が解析(学部前半)のカリキュラムとなるので，気楽に付き合って欲しい．ワザと説明を避けて，寝た子を起す愚を避けて来たが，この段階で，もはや避けられぬのが開（open, ouvert, offen）の概念である．

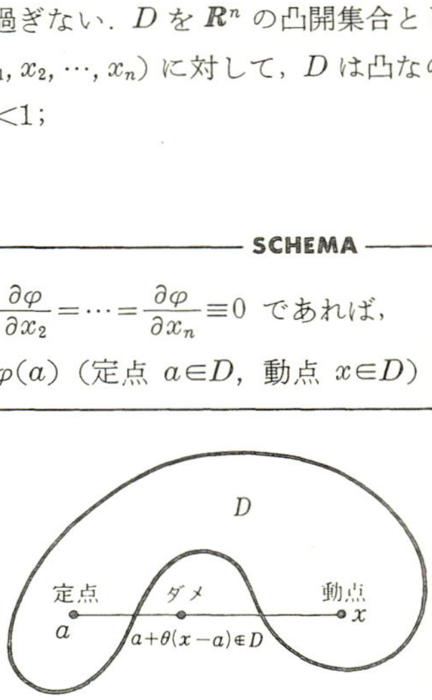

ユークリッド空間等の**距離空間** (X,d) は距離 d を備えた集合 X であり，その距離 d は（本書では記さぬが）公理を満しさえすれば何でもよい．X の点 x_0 を中心とする ε-**球**とは

$$B(x_0;d,\varepsilon)=\{x\in X;\ d(x,x_0)<\varepsilon\}$$

で定義し，集合 U が x_0 の**近傍**（neighborhood, voisinage, Umgebung）とは，$^\exists\varepsilon>0;B(x_0;\,d,\varepsilon)\subset U$，すなわち，$x_0$ からの距離が ε より小さいという意味で，x_0 に十分近い点を全て含む集合である．この近傍はまた公理を満す．**位相空間** X とはその任意の点 x_0 の近傍なる概念がある集合であり，その近傍は（本書では記さぬが）公理を満しさえすれば何でもよい．距離空間 (X,d) の相異なる 2 点 x_0,y_0 に対して，$\varepsilon=\dfrac{d(x_0,y_0)}{2}>0$ であり，しかも，$B(x_0;\,d,\varepsilon)\cap B(y_0;\,d,\varepsilon)=\phi$ なので x_0 の近傍 $U=B(x_0;d,\varepsilon)$ と y_0 の近傍 $V=B(y_0;d,\varepsilon)$ は $U\cap V=\phi$．一般に位相空間 X は，距離空間の様に，その相異なる任意の二点 x_0,y_0 が $U\cap V=\phi$ なる近傍 U,V を持つ時，**Hausdorff 空間**という．したがって，ユークリッド空間 $\boldsymbol{R}^n$ は距離空間であり，距離空間はハウスドルフ空間であり，ハウスドルフ空間は位相空間である．また，局所的に $\boldsymbol{R}^n$ と同じハウスドルフ空間が多様体であり，その局所座標の間の対応が C^∞ 同型な多様体が C^∞（微分可能）多様体である．局所近傍と座標の総合概念，つまり，その組を地図（chart, cart, Kart）というが，地球の表面では，文字通り，地図である．なお，宇宙も曲っている等というが，これも時空 4 次元の多様体であることを述べているに過ぎない．

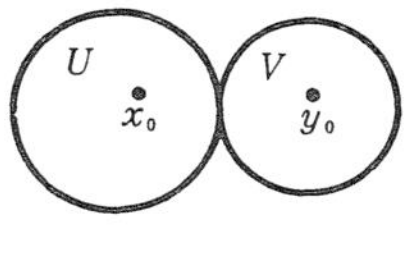

位相空間で重要な概念は開（open, ouvert, offen）である．位相空間 X の部分集合 O が**開**とは，その任意の点の近傍であることをいう．X が距離空間 (X,d) の場合は，$x\in O$ に対し，O が x の近傍とは，上述の定義より，$^\exists\varepsilon>0;B(x;\,d,\varepsilon)\subset O$ をいう．つまり O が開とは，x が O の点ならば，x のみならず，x の十分近くの ε-球の点が全て O に含まれることをいう．

次に，位相空間 X は，開集合を用いて，二つに分割できない時，**連結**という．もう一つ，局所座標 $x_1,x_2,\cdots,x_n$ に関して，$df=\dfrac{\partial f}{\partial x_1}dx_1+\dfrac{\partial f}{\partial x_2}dx_2+\cdots+\dfrac{\partial f}{\partial x_n}dx_n$ なる形をしたものが，関数 f の**微分**（differential）であり，$df=0$ とは，$\dfrac{\partial f}{\partial x_i}=0\ (1\leqq i\leqq n)$ なる微分学的命題の成立を指す．以上の定義さえ知っておけば，**本問は本質的に微分の問題である**．入試には，この様に鬼面人を驚かすが内容のない，バーゲンセール的目玉商品があるので，それを見究める目（これも学力ですね）が肝要である．

定　石

> 連結集合 M 上で命題 P を証明する時は，
> $E=\{t\in M\,;P\}$
> とおき，$E\neq\phi$，E および補集合 $M-E$ が開であることを示せ

本問の解答に入ろう．M の任意の点 a を取り，定点としよう．目標は $f(t)=f(a)\,(^\forall t\in M)$．右上の定石が旨く行けば，$M=E\cup(M-E)$，$E\cap(M-E)=\phi$ で，しかも，M は連結であり，二つの開集合 $E,M-E$ で分割できないから，$M-E=\phi$，すなわち，$E=M$，つまり，$^\forall x\in M,P$ 成立となり，目的を達する．そこで，定石通り

$$E=\{t\in M;\ f(t)=f(a)\}$$

とおく．$a\in E$ なので，$E\neq\phi$．$^\forall b\in E$．b 及び $c=f(b)$ は，それぞれ，多様体 M,N の点なので，b の近傍 U，c の近傍 U' があり，これらは，$\boldsymbol{R}^n,\boldsymbol{R}^m$ の開集合 V,V' との間に一対一対応 $\varphi:U\to V$，$\psi:U'\to V'$ を持ち，φ の逆写像 $\varphi^{-1}:V\to U$ を用いて，合成写像 $g=\psi\circ f\circ\varphi^{-1}:V\to V'$ を作ると，$x=(x_1,x_2,\cdots,x_n)\in V$ はユークリッド空間 $\boldsymbol{R}^n$ の点，$y=h(x)=(y_1,y_2,\cdots,y_m)$ もユークリッド空間 $\boldsymbol{R}^m$ の点で，φ が微分可能とは，これら局所座標 x と y との間の対応が微分可能，つまり，各 $y_i(1\leqq i\leqq n)$ が n 変数の関数として微分可能で，$df=0$ とは $\dfrac{\partial y_i}{\partial x_j}=0\ (1\leqq i\leqq n,1\leqq j\leqq m)$ なる微分学的命題を指すのだ．それゆえ，V を $\varphi(a)$ 中心の球に取っておけば，凸であり，Schema として前頁で示したことから，V 上で各関数 y_i は定数，したがって，g，よって f も U 上で定数である．いいかえれば，$U\subset E$ がいえ，E はその任意の点の近傍 U を含むから近傍であり，その任意の点 b の近傍である E は定義より開である．次の目標に進み，$^\forall b\in M-E$ を取ると E の定義より，$f(b)\neq f(a)$．$f(b),f(a)$ はハウスドルフ空間 N の相異なる 2 点なので，$f(a)$ の近傍 U' と $f(b)$ の近傍 V' があって，$U'\cap V'=\phi$．写像 f は点 a,b で連続なので，定義より a,b の近傍 U,V があって，$f(U)\subset U'$，$f(V)\subset V'$．したがって，$U\cap V=\phi$．$^\forall t\in V$，$f(t)\notin V\ni f(a)$ なので，$f(t)=f(a)$ であるはずが無く，$V\subset M-E$．やはり，$M-E$ もその任意の点 b の近傍 V を含み，

b の近傍なので，定義より開．連結空間 M は互に交わらぬ二つの開 $E\neq\phi$, $M-E$ の合併で表されぬので，$M-E=\phi$，すなわち，$E=\{t\in M;\, f(t)=f(a)\}=M$，つまり，$^\forall t\in M$ に対し，$f(t)=f(a)$ が成立し，f は定数である．

かくして，微積分と線形代数の勉強が基礎であり，それに少し数学的教養を加えると，より高度の数学に進むことができ，学士様と同じ学力となり，もちろん，様々な登用試験にも合格する．読者諸君の多くは教養の学生さんであろうが，この様に学部への展望と気迫を持ってほしい．

> **教訓**
> 微積分(及び線形代数)の学力＋諸定義
> ＝入試合格

2　$F=t-f(x_1, x_2, \cdots, x_n)$ は C^1 級で，$\dfrac{\partial F}{\partial x_i}(0)=-\dfrac{\partial f}{\partial x_i}(0)\neq 0$ なので，S-5 の陰関数の存在定理より，$^\exists r>0; V=\{(x_1, x_2, \cdots, x_{i-1}, x_{i+1}, \cdots, x_n, t)\in R^n\,;\, |x_j|<r(j\neq i), |t|<r\}$ にて，$\varphi(0)=0$, $F(x_1, x_2, \cdots, x_{i-1}, \varphi, x_{i+1}, \cdots, x_n, t)=0$ を満す陰関数 $x_i=\varphi(x_1, x_2, \cdots, x_{i-1}, x_{i+1}, \cdots, x_n, t)$ が $|x_i|<r$ にて一意的に存在し，しかも C^1 級である．更に陰関数の微分法にて，$F=0$ を次々と偏微分することによって，φ は n 変数の C^∞ 級関数であることを数学的帰納法によって示すことができる．そこで，n 変数 $y=(y_1, y_2, \cdots, y_n)$ と n 変数 $x=(x_1, x_2, \cdots, x_n)$ の間の対応 $x=h(y)$ と $y=g(x)$ を $x_1=y_1, x_2=y_2, \cdots, x_{i-1}=y_{i-1}$, $x_i=\varphi(y)=\varphi(y_1, y_2, \cdots, y_{n-1}, y_n)$, $x_{i+1}=y_i, \cdots, x_n=y_{n-1}$ 及び $y_1=x_1, y_2=x_2, \cdots, y_{i-1}=x_{i-1}$, $y_i=x_{i+1}, \cdots, y_{n-1}=x_n$, $y_n=f(x_1, x_2, \cdots, x_n)$ で定義すると，$y_n=f(x_1, x_2, \cdots, x_n)$ を x_i について解いたのが $x_i=\varphi(x_1, x_2, \cdots, x_{i-1}, x_{i+1}, \cdots, x_n, y_n)=\varphi(y_1, y_2, \cdots, y_{n-1}, y_n)$ なのであるから，$U=h(V)$ とおくと，$h: V\to U$ と $g: U\to V$ は互に逆写像で，上述の様に C^∞ 級である．この状態を写像 $h: V\to U$ は C^∞ 同型，微分同型，diffeomophism なる漢語や米語の術語で表すのである．しかも $f\circ h\,|\,V=y_n$ は最後の座標である．これも，前問同様，微分学を diffeomorphially に味付けして，微分幾何学的に装い，厚化粧させたに過ぎない．

3　先ず，陰関数の存在定理を示し，その応用としての，本問，すなわち，逆関数の存在定理を示そう．

Summary の⑤の条件の下で，連立方程式 $F_i(x_1, x_2, \cdots, x_{n+p})=0(1\leqq i\leqq n)$ を $x_1, x_2, \cdots, x_n$ について解こうという訳である．先ず，解の一意性を示そう．もう一つ $y_1, y_2, \cdots, y_n$ も解だとすると，平均値の定理より，$0<{}^\exists\theta<1$; $z_i=x_i+\theta(y_i-x_i)(1\leqq i\leqq n)$ に対し $F_i(y_1, y_2, \cdots, y_n, x_{n+1}, x_{n+2}, \cdots, x_{n+p})-F_i(x_1, x_2, \cdots, x_n, x_{n+1}, x_{n+2}, \cdots, x_{n+p})=\sum_{j=1}^{n}\dfrac{\partial F_i}{\partial x_j}(z_1, z_2, \cdots, z_n, x_{n+1}, x_{n+2}, \cdots, x_{n+p})(y_j-x_j)=0(1\leqq i\leqq n)$．これを $y_1-x_1, y_2-x_2, \cdots, y_n-x_n$ に関する同次連立1次方程式と見なすと，係数の行列式$=\dfrac{D(F_1, F_2, \cdots, F_n)}{D(x_1, x_2, \cdots, x_n)}(z_1, z_2, \cdots, z_n, x_{n+1}, x_{n+2}, \cdots, x_{n+p})$ なので，凸近傍 $\{(x_1, x_2, \cdots, x_n, x_{n+1}, \cdots, x_{n+p})\in R^{n+p}; |x_1|^2+|x_2|^2+\cdots+|x_n|^2\leqq\varepsilon^2, |x_{n+1}|^2+|x_{n+2}|^2+\cdots+|x_{n+p}|^2\leqq\varepsilon^2\}$ をそこで，この関数行列式 $\neq 0$ なる様に選んでおけば，2章 A-11 で学んだようにクラメルの公式が適用できて，いわゆる線形代数より，$y_j-x_j=0$ $(1\leqq j\leqq n)$，すなわち，解の存在は一意的である．

次に解の存在を示すべく，関数

$$G(x_1, x_2, \cdots, x_{n+p})=F_1{}^2+F_2{}^2+\cdots+F_n{}^2$$

を考察すると，$G=0$ と連立方程式 $F_i=0(1\leqq i\leqq n)$ とは同値である．$x^0=(x_1{}^0, x_2{}^0, \cdots, x^0{}_{n+p})$ では $F_i(x^0)=0$ $(1\leqq i\leqq n)$ なので，終りの p 個の $x^0{}_{n+1}, x^0{}_{n+2}, \cdots, x^0{}_{n+p}$ を固定しておいて，n 次元の球面

$$S_\varepsilon=\{(x_1, x_2, \cdots, x_n)\in \boldsymbol{R}^n; (x_1-x_1{}^0)^2+(x_2-x_2{}^0)^2+\cdots+(x_n-x_n{}^0)^2=\varepsilon^2\}$$

を考える．上述の一意性が保証される範囲に S_ε はあるので，$F_i(x_1, x_2, \cdots, x_n, x^0{}_{n+1}, x^0{}_{n+2}, \cdots, x^0{}_{n+p})=0$ $(1\leqq i\leqq n)$ の解 $x_1{}^0, x_2{}^0, \cdots, x_n{}^0$ の一意性より，$^\forall(x_1, x_2, \cdots, x_n)\in S_\varepsilon$ に対して $G(x_1, x_2, \cdots, x_n, x^0{}_{n+1}, x^0{}_{n+2}, \cdots, x^0{}_{n+p})>0$．したがって，9章の A-7 のワイエルシュトラスの定理より有界閉 S_ε 上でこの G は最小値 m_ε を取り，もちろん $m_\varepsilon>0$．更に $U_\varepsilon=\{(x_{n+1}, x_{n+2}, \cdots, x_{n+p})\in\boldsymbol{R}^p; |x_{n+1}-x^0{}_{n+1}|^2+|x_{n+2}-x^0{}_{n+2}|^2+\cdots+|x_{n+p}-x^0{}_{n+p}|^2\leqq\varepsilon^2\}$ とおくと，9章の A-11 より有界閉集合 $K_\varepsilon=\{x=(x_1, x_2, \cdots, x_{n+p})\in\boldsymbol{R}^{n+p}; (x_1, x_2, \cdots, x_n)\in S_\varepsilon, (x_{n+1}, x_{n+2}, \cdots, x_{n+p})\in U_\varepsilon\}$ 上で連続関数 G は一様連続なので，$0<{}^\exists\delta<\varepsilon$; $\sum_{i=1}^{n+p}|x'_i-x_i|^2\leqq\delta^2$ の時 $|G(x')-G(x)|<\dfrac{m_\varepsilon}{2}$．よって，この δ に対して，$(x_{n+1}, x_{n+2}, \cdots, x_{n+p})\in U_\delta$ であれば，$|G(x_1{}^0, x_2{}^0, \cdots, x_n{}^0, x_{n+1}, \cdots, x_{n+p})|=|G(x_1{}^0, x_2{}^0, \cdots, x_n{}^0, x_{n+1}, x_{n+2}, \cdots, x_{n+p})-G(x^0)|\leqq\dfrac{m_\varepsilon}{2}$．

再びワイエルシュトラスの定理より，$^\forall(x_{n+1}, x_{n+2}, \cdots, x_{n+p})\in U_\delta$ に対して，有界閉集合 $\{(x_1, x_2, \cdots, x_n)\in\boldsymbol{R}^n; (x_1-x_1{}^0)^2+(x_2-x_2{}^0)^2+\cdots+(x_n-x_n{}^0)\leqq\varepsilon^2\}$ 上で連続関数 G は最小値を取る．境界 S_ε 上の最小値 m_ε より小さな $\dfrac{m_\varepsilon}{2}$ より小さな値を点 $(x_1{}^0, x_2{}^0, \cdots, x_n{}^0)$ 上で取るので，この最小値は境界上では取られない．ゆえに，最小値を取る点 $(x_1, x_2, \cdots, x_n)$ は内点であり，そこで $\dfrac{\partial G}{\partial x_j}=\dfrac{\partial}{\partial x_j}\sum_{i=1}^{n}F_i{}^2=2\sum_{i=1}^{n}F_i\dfrac{\partial F_i}{\partial x_j}=0$ が成立する．これを $F_1, F_2, \cdots, F_n$ に

関する n 元連立1次方程式と見ると，これは係数の行列式がちょうどヤコビヤン $\dfrac{D(F_1, F_2, \cdots, F_n)}{D(x_1, x_2, \cdots, x_n)} \neq 0$ なる同次式であり，2章 A–14 で学んだ線形代数の議論より $F_1 = F_2 = \cdots = F_n = 0$，すなわち，点 $(x_1, x_2, \cdots, x_n)$ は陰関数 $x_i = f_i(x_{n+1}, x_{n+2}, \cdots, x_{n+p})$ を定義する値である．

学期末試験その他のため，証明を実行しなければならぬ人のため，要点をまとめると，

陰関数の存在定理の証明の骨子

一意性は，平均値の定理 $F_i(y_1, y_2, \cdots, y_n, x_{n+1}, \cdots, x_{n+p}) - F_i(x_1, x_2, \cdots, x_n, x_{n+1}, x_{n+2}, \cdots, x_{n+p}) = \sum_{j=1}^{n} \dfrac{\partial F_i}{\partial x_j}(y_j - x_j) = 0$ $(i = 1, 2, \cdots, n)$ より $y_j - x_j = 0$ $(1 \leqq j \leqq n)$.

存在は，$G = F_1{}^2 + F_2{}^2 + \cdots + F_n{}^2$ の最小値を与える点では $\dfrac{\partial G}{\partial x_j} = 2\sum_{i=1}^{n} F_i \dfrac{\partial F_i}{\partial x_j} = 0$ $(1 \leqq j \leqq n)$ より $F_i = 0$ $(1 \leqq i \leqq n)$

以上の議論の根拠となるのは，係数の行列式＝ヤコビヤンなる同次連立1次方程式の解ベクトル＝0.

であり，大筋の流れを理解し，細かい所は暗記しないで，受験場で日頃の学力を発揮すればよい，と悟るべきである．

本問では，$F_i = y_i - f_i(x_1, x_2, \cdots, x_n)$ とおくと，$\dfrac{D(F_1, F_2, \cdots, F_n)}{D(x_1, x_2, \cdots, x_n)} = (-1)^n \dfrac{D(f_1, f_2, \cdots, f_n)}{D(x_1, x_2, \cdots, x_n)} \neq 0$ なので，陰関数の存在定理より $F_i = 0$ $(1 \leqq i \leqq n)$ を x_i について解いて，$x_i = g_i(y_1, y_2, \cdots, y_n)$．しかも，$\rho > 0$ を十分小さく取ると，${}^\forall y = (y_1, y_2, \cdots, y_n) \in S_\rho$ に対して，$x = (x_1, x_2, \cdots, x_n) \in S$ なる解は一意的である．$g(y) = (g_1(y_1, y_2, \cdots, y_n), g_2(y_1, y_2, \cdots, y_n), \cdots, g_n(y_1, y_2, \cdots, y_n))$ とおくと写像 $g: S_\rho \to \boldsymbol{R}^n$ の像 $g(S_\rho)$ は x 空間の原点の近傍なので，原点中心，半径 ${}^\exists r$ の球を S_r を含む．よって，この r に対して，写像 $f: S_r \to \boldsymbol{R}^n$ は一対一（単射）である．よって，その様な r の集合 I は空ではない．もしも I が上に有界でなければ，$I = (0, r_0)$．I が上に有界であれば，9章のワイエルシュトラスの公理より，I は上限 r_0 を持つ．$0 < {}^\forall r < r_0$，上限の定義より，${}^\exists r' \in I$; $r < r' < r_0$．f は $S_{r'}$ 上一対一なので，S_r 上に制限しても一対一であり，$r \in I$．一方 $r_0 \in I$ ならば f は $S(r_0)$ 上一対一である．r_0 は I の上限なので，$r_0 + \dfrac{1}{\nu} \notin I$，すなわち，${}^\forall \nu \geqq 1$，$S\left(r_0 + \dfrac{1}{\nu}\right)$ 上 f が一対一でないので，${}^\exists x^{(\nu)}, \xi^{(\nu)} \in S\left(r_0 + \dfrac{1}{\nu}\right)$; $f(x^{(\nu)}) = f(\xi^{(\nu)}), x^{(\nu)} \neq \xi^{(\nu)}$．$x^{(\nu)}$ と $\xi^{(\nu)}$ の各成分は有界な数列をなし，9章のワイエルシュトラス-ボルツァノの公理より収束部分列を持つので，$x^{(\nu)}$ の第1成分から次々と収束部分列を取ると，$2n$ 回の操作で，$x^{(\nu)}$ と $\xi^{(\nu)}$ の各成分が同時に収束する様な部分列を作ることができる．これを改めて，$x^{(\nu)}, \xi^{(\nu)}$ とし，$x^{(\nu)} \to x$，$\xi^{(\nu)} \to \xi$ としよう．もちろん $x, \xi \in S(r_0)$．2通りの場合がある．$x = \xi$ であれば，ここでヤコビヤン $\neq 0$ なる f は，局所的には上に見た様に一対一であり，その近傍に $x^{(\nu)}$ と $\xi^{(\nu)}$ が入る様に ν を大きく取れば，$x^{(\nu)} \neq \xi^{(\nu)}$ に対して，$f(x^{(\nu)}) \neq f(\xi^{(\nu)})$ は矛盾である．$x \neq \xi$ の時は，$f(x^{(\nu)}) = f(\xi^{(\nu)})$ にて $\nu \to \infty$ とすると f の連続性より，$f(x) = f(\xi)$．これは f が $S(r_0)$ 上一対一であるという仮定に反し，矛盾である．ゆえに $r_0 \notin I$．かくして，$(0, r_0) = I$ を得る．後半の反例はちょうど，次の A–4，そのものである．

[4] $u = e^x \cos y$，$v = e^x \sin y$ に対して，$u_x = e^x \cos y$，$u_y = -e^x \sin y$，$v_x = e^x \sin y$，$v_y = e^x \cos y$ なので，ヤコビヤン

$$\frac{D(u, v)}{D(x, y)} = \begin{vmatrix} u_x & u_y \\ v_x & v_y \end{vmatrix} = \begin{vmatrix} e^x \cos y & -e^x \sin y \\ e^x \sin y & e^x \cos y \end{vmatrix} = e^{2x} \cos^2 y + e^{2x} \sin^2 y = e^{2x} > 0$$

なので，前問より写像 $(x, y) \longmapsto (u, v)$ は局所微分同型である．しかし，任意の整数 k に対して $f(x, y + 2k\pi) = (e^x \cos(y + 2k\pi), e^x \sin(y + 2k\pi)) = (e^x \cos y, e^x \sin y) = f(x, y)$ なので，一対一でなく，同型でない．

ここで賢明な読者は13章 A–5 で導入した複素変数 $z = x + iy$ の指数関数 $e^z = e^x \cos y + ie^x \sin y$ を想起されたであろう．複素平面の点 (x, y) を複素数 $z = x + iy$ と同一視する筆法では $(e^x \cos y, e^x \sin y)$ は e^z と同一視され，$e^{z + 2k\pi i} = e^z$ で，e^z は周期 $2\pi i$ なので対応 $z \longmapsto e^z$ が同型でなく，したがって，対応 $(x, y) \longmapsto (e^x \cos y, e^x \sin y)$ も同型でないのは，当り前田のクラッカー．ついでに，複素変数の関数を少し，学ぼう．

複素変数 $z = x + iy$ の関数 $w = f(z) = u + iv$ の実部 u と虚部 v は共に2実変数の関数 $u = u(x, y)$，$v = v(x, y)$ であり，複素変数 z の複素数値関数 $w = f(z)$ を考えることと，2実変数 (x, y) の二つの実数値関数 $u(x, y)$，$v(x, y)$ の組 (u, v) を考えることとは同値であり，いい方を換えてシツコク説明すると，対応 $\boldsymbol{C} \ni z = x + iy \longmapsto w = u + iv \in \boldsymbol{C}$ と対応 $\boldsymbol{R}^2 \ni (x, y) \longmapsto (u, v) \in \boldsymbol{R}^2$ とは同値である．さて，複素変数 z の関数 $w = f(z)$ が点 z で**複素**

微分可能とは，差分商の極限

$$\frac{df}{dz}=f'(z)=\lim_{h\to 0}\frac{f(z+h)-f(z)}{h}$$

が存在することであり，形式的には実変数に関する微分と同じであり，例えば，13章のB–5で示した様に収束整級数に対して，その収束円内で，形式的な計算

$$\frac{d}{dz}\sum_{n=0}^{\infty}a_nz^n=\sum_{n=0}^{\infty}a_n\frac{d}{dz}z^n=\sum_{n=1}^{\infty}na_nz^{n-1}$$

が成立する等，実変数と同じムードの公式が成立する．それにも拘らず，次に述べる様に，その意味は深いので，これを学ばないと損をする．すなわち，上の極限にて $h\to 0$ とは，h が複素数として，2次元的に，全く自由に0に近づく，その近づき方に無関係な一定の極限 $f'(z)$ があることを示す．特に $h=$実数として $\to 0$ ということは y を固定して，x についてだけ微分するということだから，$f'(z)=f_x$．他方，$h=$純虚数 $ik\to 0$ ということは，$\frac{1}{h}=\frac{1}{i}\frac{1}{k}$ だから，x を固定して，y について偏微分したものを i で割るということなので，$f'(z)=\frac{1}{i}f_y$．両者は等しいから，$f_x=\frac{1}{i}f_y$．$f=u+iv$，$f_x=u_x+iv_x$，$\frac{1}{i}f_y=v_y-iu_y$ と実部と虚部に分けると右の偏微分方程式が成立する．しかし，これは十分条件でもあり，右の定理を示そう．$f'(z)$ が存在するための必要十分条件は，$f'(z)=A+iB$，$h=\varepsilon+i\delta$ とおくと，$z+h=(x+\varepsilon)+i(y+\delta)$ なので，$f(z+h)=u(x+\varepsilon,y+\delta)+iv(x+\varepsilon,y+\delta)$，$f(z)=u(x,y)+iv(x,y)$．$g=\frac{f(z+h)-f(z)}{h}-f'(z)=\xi+i\eta(h\neq 0)$，とおくと，$f(z+h)=f(z)+f'(z)h+gh$ でしかも，$g\to 0\,(h\to 0)$．$u(x+\varepsilon,y+\delta)+iv(x+\varepsilon,y+\delta)=u(x,y)+iv(x,y)+(A+iB)(\varepsilon+i\delta)+(\xi+i\eta)(\varepsilon+i\delta)=(u+A\varepsilon-B\delta+\xi\varepsilon-\eta\delta)+i(v+B\varepsilon+A\delta+\eta\varepsilon+\xi\delta)$．実部と虚部に分けて，条件，$\xi\to 0$，$\eta\to 0$ は

コーシー–リーマンの偏微分方程式

$$\frac{\partial u}{\partial x}=\frac{1}{i}\frac{\partial f}{\partial y},\quad \text{すなわち，}\quad \frac{\partial u}{\partial x}=\frac{\partial v}{\partial y},\quad \frac{\partial u}{\partial y}=-\frac{\partial v}{\partial x}$$

定　理

$f'(z)$ が存在するための必要十分条件は，$u(x,y)$，$v(x,y)$ が点 (x,y) で全微分可能でしかも，上の Cauchy–Riemann の偏微分方程式系を満すことである．

$$u(x+\varepsilon,y+\delta)=u(x,y)+A\varepsilon-B\delta+\xi\varepsilon-\eta\delta,\quad \left|\frac{\xi\varepsilon-\eta\delta}{\sqrt{\varepsilon^2+\delta^2}}\right|\leqq\frac{\sqrt{(\xi^2+\eta^2)(\varepsilon^2+\delta^2)}}{\sqrt{\varepsilon^2+\delta^2}}=\sqrt{\xi^2+\eta^2}\to 0((\varepsilon,\delta)\to(0,0))$$

$$v(x+\varepsilon,y+\delta)=v(x,y)+B\varepsilon+A\delta+\eta\varepsilon+\xi\delta,\quad \left|\frac{\eta\varepsilon+\xi\delta}{\sqrt{\varepsilon^2+\delta^2}}\right|\leqq\frac{\sqrt{(\eta^2+\xi^2)(\varepsilon^2+\delta^2)}}{\sqrt{\varepsilon^2+\delta^2}}=\sqrt{\xi^2+\eta^2}\to 0((\varepsilon,\delta)\to(0,0)).$$

これは u,v が全微分可能で $u_x=A$，$u_y=-B$，$v_x=B$，$v_y=A$，すなわち，$u_x=v_y$，$u_y=-v_x$ と同値である．

一般に $f(z)=u+iv$ は u,v が2実変数 x,y の関数として C^1 級で $u_x=v_y$，$u_y=-v_x$ を満す時，**正則**という．また，$f(z)$ は局所的に整級数で表れる時，**解析的**という．13章のB–5より解析関数は複素変数 z の関数としても，2実変数 x,y の関数としても無限回微分可能であり，したがって正則である．また，上の $e^z=e^x\cos y+ie^x\sin y$ は整級数 $\sum_{n=0}^{\infty}\frac{z^n}{n!}$ で表されるから解析関数であり，Cauchy–Riemann を満す．関数論のテーマであり，その証明は関数論に委ねるが，解析性，正則性，複素微分可能性は同値であり，これらを満す関数は，**解析関数**，**正則関数**と呼ばれるが，皆同じである．なお，上の計算にて，$f'(z)=A+iB=u_x+iv_x=\frac{1}{i}(u_y+iv_y)$ なので，右の公式を得る．その意味は，左辺が存在したら，第2, 3式に等しいことを表す．

SCHEMA

$$\frac{d}{dz}=\frac{\partial}{\partial x}=\frac{1}{i}\frac{\partial}{\partial y}$$

5　$f=u+iv$ の絶対値の自乗 $|f|^2=u^2+v^2=$定数 c．$c=0$ の時は，$u=v=0$，したがって，$f\equiv 0$．$c>0$ の時は，$u^2+v^2=c$ の両辺を x で偏微分し $2u_xu_x+2vv_x=0$，y で偏微し $2uu_y+2vv_y=0$．

$$\begin{cases}u_xu+v_xv=0\\ u_yu+v_yv=0\end{cases}$$

を u,v に関する同次連立1次方程式とみなすと，$c>0$ なので，$u=v=0$ でない解 u,v を持ち，その係数の行列式 $=0$．この行列式は，正則関数 $f=u+iv$ は A–4 で述べた様にコーシー–リーマン $u_x=v_y$，$u_y=-v_x$ を満すから，

$$\begin{vmatrix}u_x & v_x\\ u_y & v_y\end{vmatrix}=u_xv_y-u_yv_x=u_x{}^2+v_x{}^2=u_y{}^2+v_y{}^2\equiv 0.$$

したがって，$u_x=u_y\equiv 0$，$v_x=v_y\equiv 0$ であり，A-1 より，u＝定数，v＝定数，したがって f＝定数.

なお，蛇足ながら，A-4 の公式 $f'(z)=u_x+iv_x$ より，$|f'(z)|^2=u_x{}^2+v_x{}^2$. したがって

$$\frac{D(u,v)}{D(x,y)}=\begin{vmatrix} u_x & u_y \\ v_x & v_y \end{vmatrix}$$
$$=u_xv_y-u_yv_x=u_x{}^2+v_x{}^2$$
$$=|f'(z)|^2,$$

すなわち，右上の公式を得る.

公 式

正則関数 $f(z)=u+iv$ が与える対応 $\boldsymbol{R}^2\ni(x,y)\longmapsto(u,v)\in\boldsymbol{R}^2$ の

ヤコビヤン $\dfrac{D(u,v)}{D(x,y)}=|f'(z)|^2$.

[6] 一般に一変数 x の n 個の C^{n-1} 級関数 $w_1(x), w_2(x), \cdots, w_n(x)$ が1次従属であれば，$(c_1, c_2, \cdots, c_n)\neq 0$ なる定数 c_i があって

$$c_1w_1(x)+c_2w_2(x)+\cdots+c_nw_n(x)=0.$$

この両辺を次々と x で微分して

$$c_1w_1'(x)+c_2w_2'(x)+\cdots+c_nw_n'(x)=0$$
$$c_1w_2''(x)+c_2w_2''(x)+\cdots+c_nw_n''(x)=0$$
$$\cdots\cdots\cdots\cdots\cdots\cdots\cdots\cdots$$
$$c_1w_1{}^{(n-1)}(x)+c_2w^{(n-1)}(x)+\cdots+c_nw_n{}^{(n-1)}(x)=0.$$

以上の n 個の式を $c_1, c_2, \cdots, c_n$ に関する同次連立1次方程式と見なすと，$(c_1, c_2, \cdots, c_n)\neq 0$ なる解を持つから，係数の行列式=0 であるが，この行列式はロンスキーのものであり

$$W(w_1, w_2, \cdots, w_n)=\begin{vmatrix} w_1 & w_2 & \cdots & w_n \\ w_1' & w_2' & \cdots & w_n' \\ \cdots & \cdots & \cdots & \cdots \\ w_1{}^{(n-1)} & w_2{}^{(n-1)} & \cdots & w_n{}^{(n-1)} \end{vmatrix}\equiv 0.$$

逆は次の反例があるので，必ずしも成立しない．$w_1=x^3$，$w_2=|x|^3$ に対して

$$W(w_1, w_2)=\begin{vmatrix} x^3 & \pm x^3 \\ 3x^2 & \pm 3x^2 \end{vmatrix}\equiv 0$$

であるが，w_1, w_2 は1次独立である．しかし，$(n-1)$ 次の小行列式 $\neq 0$ なる条件があれば，次に示す様に逆も成立する.

ある区間 I で $W(w_1, w_2, \cdots, w_{n-1})\neq 0$ としよう．${}^\forall x\in I$ に対して，連立1次方程式

$$\begin{cases} c_1(x)w_1(x)+c_2(x)w_2(x)+\cdots+c_{n-1}(x)w_{n-1}(x)=w_n(x) & (1) \\ c_1(x)w_1'(x)+c_2(x)w_2'(x)+\cdots+c_{n-1}(x)w'_{n-1}(x)=w'_n(x) & (2) \\ \cdots\cdots\cdots\cdots\cdots\cdots & \\ c_1(x)w_1{}^{(n-2)}(x)+c_2(x)w_2{}^{(n-2)}(x)+\cdots+c_{n-1}(x)w_{n-1}{}^{(n-2)}(x)=w_n{}^{(n-2)}(x) & (n-1) \end{cases}$$

は，クラメルの公式で与えられる解 $c_1(x), c_2(x), \cdots, c_n(x)$ を持ち，これらの共通の分母は $W(w_1, w_2, \cdots, w_{n-1})\neq 0$，分子は $w_i(x)$ 及びこれらの高々 $(n-2)$ 次の微係数を成分に持つ行列式である.

$$c(x)=\sum_{j=1}^{n-1}c_j(x)w_j{}^{(n-1)}(x)-w_n{}^{(n-1)}(x) \qquad (n)$$

とおき，上の連立方程式，並びに $\sum_{j=1}^{n-1}c_j(x)w_j{}^{(n-1)}(x)=w_n{}^{(n-1)}(x)+c(x)$ の両辺に，次々と，行列式 $W(w_1, w_2, \cdots, w_n)$ の $w_n, w_n', \cdots, w_n{}^{(n-1)}$ の余因子 $\Delta_1(x), \Delta_2(x), \cdots, \Delta_n(x)$ を掛けて加えると

$$\sum_{i=1}^{n}\Delta_i(x)\sum_{j=1}^{n}c_j(x)w_j{}^{(i-1)}(x)=\sum_{i=1}^{n-1}\Delta_i(x)w_n{}^{(i-1)}(x)+\Delta_n(x)c(x)$$

であるが，右辺$=W(w_1, w_2, \cdots, w_n)+c(x)W(w_1, w_2, \cdots, w_{n-1})=$左辺$=\sum_{j=1}^{n-1}\left(\sum_{i=1}^{n}\Delta_i(x)w_j{}^{(i-1)}(x)\right)c_j(x)=0$ で，しかも，$W(w_1, w_2, \cdots, w_n)\equiv 0$，$W(w_1, w_2, \cdots, w_{n-1})\neq 0$ なので $c(x)\equiv 0$，すなわち，

$$c_1(w)_1{}^{(n-1)}(x)+c_2(x)w_2{}^{(n-1)}(x)+\cdots+c_{n-1}w_{n-1}{}^{(n-1)}(x)=w_n{}^{(n-1)}(x)$$

を得る．(1) の両辺を微分して，$c_1(x)w_1'(x)+c_2(x)w_2'(x)+\cdots+c_nw'_{n-1}(x)+c_1'(x)w_1(x)+c_2'(x)w_2(x)+\cdots+c'_{n-1}(x)w_{n-1}(x)=w_n'(x)$．この式から (2) を引き，

$$c'_1(x)w_1(x)+c_2'(x)w_2(x)+\cdots+c'_{n-1}(x)w_{n-1}(x)=0.$$

以下帰納的に

$$c_1'(x)w_1^{(i-1)}(x)+c_2'(x)w_2^{(i-1)}(x)+\cdots+c'_{n-1}(x)w_{n-1}^{(i-1)}(x)=0(1\leqq i\leqq n-1)$$

が得られ，またまた，同次連立１次方程式の議論にて，その係数行列$=W(w_1, w_2, \cdots, w_{n-1})\neq 0$ なので，$c_1'(x)=c_2'(x)=\cdots=c_{n-1}'(x)\equiv 0$，すなわち，$c_1(x), c_2(x), \cdots, c_{n-1}(x)$ は定数であり，$w_n(x)$ は $w_1(x), w_2(x), \cdots, w_{n-1}(x)$ の１次結合である．$n=3$ の時が本問である．

7　(2)と(4)は A-6 で証明したので正しい．(3)は一般には A-6 で示した反例があり，×としたいが，陥し穴である．残りは微分方程式の解としての性質より正しいのである．n 階線形微分方程式はベクトル記号と行列の記号

$$\boldsymbol{y}=\begin{bmatrix} y_1 \\ y_2 \\ \cdots \\ y_n \end{bmatrix}, \quad A(x)=(a_{ij}(x))$$

を用いると，見通しよく，$\dfrac{d}{dx}\boldsymbol{y}=A(x)\boldsymbol{y}$ と書ける．その n 個の解 $\boldsymbol{y}_1=\begin{bmatrix} y_{11} \\ y_{21} \\ \cdots \\ y_{n1} \end{bmatrix}, \boldsymbol{y}_2=\begin{bmatrix} y_{12} \\ y_{22} \\ \cdots \\ y_{n2} \end{bmatrix}, \cdots, \boldsymbol{y}_n=\begin{bmatrix} y_{1n} \\ y_{2n} \\ \cdots \\ y_{nn} \end{bmatrix}$ に対して行列式

$$Y=\begin{vmatrix} y_{11} & y_{12} & \cdots & y_{1n} \\ y_{21} & y_{22} & \cdots & y_{2n} \\ \cdots & \cdots & \cdots & \cdots \\ y_{n1} & y_{n2} & \cdots & y_{nn} \end{vmatrix}=\sum \varepsilon(p_1p_2\cdots p_n)y_{1p_1}y_{2p_2}\cdots y_{np_n}$$

は各行各列から一つずつ取った $y_{1p_1}y_{2p_2}\cdots y_{np_n}$ に符号±をつけて加えたものであり，積の微分の公式より

$$Y'=\sum \varepsilon(p_1p_2\cdots p_n)y'_{1p_1}y_{2p_2}\cdots y_{np_n}+\cdots+\sum \varepsilon(p_1p_2\cdots p_n)y_{1p_1}\cdots y_{i-1p_{i-1}}y'_{ip_i}y_{i+1p_{i+1}}\cdots y_{np_n}+\cdots$$
$$+\sum \varepsilon(p_1p_2\cdots p_n)y_{1p_1}\cdots y_{n-1p_{n-1}}y'_{np_n}.$$

$$\frac{d}{dx}\begin{vmatrix} y_{11} & y_{12} & \cdots & y_{1n} \\ \cdots & \cdots & \cdots & \cdots \\ y_{i-11} & y_{i-12} & \cdots & y_{i-1n} \\ y_{i1} & y_{i2} & \cdots & y_{in} \\ y_{i+11} & y_{i+12} & \cdots & y_{i+1n} \\ \cdots & \cdots & \cdots & \cdots \\ y_{n1} & y_{n2} & \cdots & y_{nn} \end{vmatrix}=\sum_{i=1}^{n}\begin{vmatrix} y_{11} & y_{12} & \cdots & y_{1n} \\ \cdots & \cdots & \cdots & \cdots \\ y_{i-11} & y_{i-12} & \cdots & y_{i-1n} \\ y'_{i1} & y'_{i2} & \cdots & y'_{in} \\ y_{i+11} & y_{i+12} & \cdots & y_{i+1n} \\ \cdots & \cdots & \cdots & \cdots \\ y_{n1} & y_{n2} & \cdots & y_{nn} \end{vmatrix}=\sum_{i=1}^{n}\begin{vmatrix} y_{11} & y_{12} & \cdots & y_{1n} \\ \cdots & \cdots & \cdots & \cdots \\ y_{i-11} & y_{i-12} & \cdots & y_{i-1n} \\ \sum a_{ij}y_{j1} & \sum a_{ij}y_{j2} & \cdots & \sum a_{ij}y_{jn} \\ y_{i+11} & y_{i+12} & \cdots & y_{i+1n} \\ \cdots & \cdots & \cdots & \cdots \\ y_{n1} & y_{n2} & \cdots & y_{nn} \end{vmatrix}$$

$$=\sum_{i,j=1}^{n}a_{ij}(x)\begin{vmatrix} y_{11} & y_{12} & \cdots & y_{1n} \\ \cdots & \cdots & \cdots & \cdots \\ y_{i-11} & y_{i-12} & \cdots & y_{i-1n} \\ y_{j1} & y_{j2} & \cdots & y_{jn} \\ y_{i+11} & y_{i+12} & \cdots & y_{i+1n} \\ \cdots & \cdots & \cdots & \cdots \\ y_{n1} & y_{n2} & \cdots & y_{nn} \end{vmatrix}=\sum_{i=1}^{n}a_{ii}(x)\begin{vmatrix} y_{11} & y_{12} & \cdots & y_{1n} \\ y_{21} & y_{22} & \cdots & y_{2n} \\ y_{i-11} & y_{i-12} & \cdots & y_{i-1n} \\ y_{i1} & y_{i2} & \cdots & y_{in} \\ y_{i+11} & y_{i+12} & \cdots & y_{i+1n} \\ \cdots & \cdots & \cdots & \cdots \\ y_{n1} & y_{n2} & \cdots & y_{nn} \end{vmatrix}=\left(\sum_{i=1}^{n}a_{ii}(x)\right)Y(x),$$

すなわち，$\mathrm{tr}A=\sum_{i=1}^{n}a_{ii}(x)$ と記すと，$Y(x)$ は線形単独微分方程式 $\dfrac{d}{dx}Y=(\mathrm{tr}A)Y$ の解であり，

$$Y(x)=Y(a)e^{\int_a^x(\mathrm{tr}A)(\xi)d\xi}$$

である．特に，n 階単独微分方程式

$$\frac{d^ny}{dx^n}+p_1(x)\frac{d^{n-1}y}{dx^{n-1}}+p_2(x)\frac{d^{n-2}y}{dx^{n-2}}+\cdots+p_{n-1}(x)\frac{dy}{dx}+p_n(x)y=0$$

は $y_1=y, y_2=y', \cdots, y_n=y^{(n-1)}$ とおくと，１階連立微分方程式

$$\frac{d}{dx}\begin{bmatrix} y_1 \\ y_2 \\ \vdots \\ y_{n-1} \\ y_n \end{bmatrix}=\begin{bmatrix} 0 & 1 & 0 & \cdots & 0 \\ 0 & 0 & 1 & \cdots & 0 \\ \cdots & \cdots & \cdots & \cdots & \cdots \\ 0 & 0 & 0 & \cdots & 1 \\ -p_n & -p_{n-1} & -p_{n-2} & \cdots & -p_1 \end{bmatrix}\begin{bmatrix} y_1 \\ y_2 \\ \cdots \\ y_{n-1} \\ y_n \end{bmatrix}$$

と同値であり，しかも上の j 番目の解 $y_j=\begin{bmatrix} y_{1j} \\ y_{2j} \\ \cdots \\ y_{nj} \end{bmatrix}$ に対応するのが $\begin{bmatrix} y_j \\ y_j' \\ \cdots \\ y_j^{(n-1)} \end{bmatrix}$ であり，上の Y がちょうどロンスキー

$$W=W(y_1, y_2, \cdots, y_n)=\begin{vmatrix} y_1 & y_2 & \cdots & y_n \\ y_1' & y_2' & \cdots & y_n' \\ \cdots & \cdots & \cdots & \cdots \\ y_1^{(n-1)} & y_2^{(n-1)} & \cdots & y_n^{(n-1)} \end{vmatrix}$$

である．今の場合，対角要素の和 $\mathrm{tr}A=-p_1$ なので，公式

$$W(x)=W(a)e^{-\int_a^x p_1(\xi)d\xi}$$

が成立し，ロンスキヤンが一点ででも 0 であれば，$\equiv 0$ である．$W(a)\neq 0$ なので，$W(x)\neq 0$ ($^\forall x\in I=$定義区間) で (1) は正しい．

一般に，1 階連立方程式に対して $Y(a)=0$ であれば，同次方程式

$$y_{11}(a)c_1+y_{12}(a)c_2+\cdots+y_{1n}(a)c_n=0$$
$$y_{21}(a)c_1+y_{22}(a)c_2+\cdots+y_{2n}(a)c_n=0$$
$$\cdots\cdots\cdots\cdots\cdots\cdots\cdots\cdots\cdots$$
$$y_{n1}(a)c_1+y_{n2}(a)c_2+\cdots+y_{nn}(a)c_n=0$$

は係数の行列式$=Y(a)=0$ なので，$(c_1, c_2, \cdots, c_n)\neq 0$ なる解 $c_1, c_2, \cdots, c_n$ を持つ．この時，$\boldsymbol{y}=c_1\boldsymbol{y}_1+c_2\boldsymbol{y}_2+\cdots+c_n\boldsymbol{y}_n$ は線形微分方程式 $\boldsymbol{y}'=A\boldsymbol{y}$ の $\boldsymbol{y}(a)=0$ なる解であり，12 章の B–7 の解の単独性定理より $\boldsymbol{y}\equiv 0$：すなわち，$\boldsymbol{y}_1, \boldsymbol{y}_2, \cdots, \boldsymbol{y}_n$ は 1 次従属である．n 階単独方程式の場合に飜訳すると，$W(a)=0$ の時，n 個の解 $y_1, y_2, \cdots, y_n$ は 1 次従属であり，一般には必ずしも成立しない (3) がこの場合は成立し，紛らわしい．したがって (5) ももちろん正しく，結局，マーク・シート方式としては，最も成立し難いかの様に思える全てが正しい．

[8] A–4 で解説した様に正則関数 $f=u+iv$ は 2 実変数 x, y の関数として，C^∞ 級で，コーシー–リーマン，$f_x=\dfrac{1}{i}f_y$，すなわち，$u_x=v_y$，$u_y=-v_x$ を満す．そこで，(2) と $f_x=u_x+iv_x=\dfrac{1}{i}f_y=-if_y=-i(u_y+iv_y)$ なる (4) は正しい．$u_{xx}=\dfrac{\partial}{\partial x}u_x=\dfrac{\partial}{\partial x}v_y=\dfrac{\partial}{\partial x}\left(\dfrac{\partial v}{\partial y}\right)=\dfrac{\partial}{\partial y}\left(\dfrac{\partial v}{\partial x}\right)=-\dfrac{\partial}{\partial y}\left(\dfrac{\partial u}{\partial y}\right)=-u_{yy}$，すなわち，$u_{xx}+u_{yy}=0$ で (3) も正しい．同様にして，$v_{xx}=\dfrac{\partial}{\partial x}v_x=-\dfrac{\partial}{\partial x}u_y=-\dfrac{\partial}{\partial x}\left(\dfrac{\partial u}{\partial y}\right)=-\dfrac{\partial}{\partial y}\left(\dfrac{\partial u}{\partial x}\right)=-\dfrac{\partial}{\partial y}v_y=-v_{yy}$，すなわち，$v_{xx}+v_{yy}=0$ であり，結果として正則関数 f の実部 u と虚部 v は共に調和である．したがって，$f_{xx}+f_{yy}=u_{xx}+u_{yy}+i(v_{xx}+v_{yy})=0$ で (5) も正しい．(1) は $u_x=v_y$ の書き損いであるが，例えば，$f=e^z$，$u_x=e^x\cos y$，$v=e^x\sin y$ にて，$u_x=e^x\cos y$，$v_y=e^x\cos y$ で $u_x+v_y=2e^x\cos y\neq 0$ であり，(1) は正しくない．結局 (1) 以外は全て正しい．

[B] 基礎を活用する演習

1. $K=\{(x_1, x_2, \cdots, x_N)\in\boldsymbol{R}^N;\ x_1+x_2+\cdots+x_N=c,\ x_i\geqq 0\ (1\leqq{}^\forall i\leqq N)\}$ は有界閉集合であり，9 章の A–7 のワイエルシュトラスの定理より，連続関数 $\sum_{i=1}^N\sqrt{x_i}$ は最大値を取る．その点で n 個の $x_i=0$ であれば，$N-n$ 変数の場合の問題に帰着されるから，取り敢えず，$x_i>0$ $(^\forall i)$ の場合を考えよう．すると，ラグランジュの方法の規制下にあり，未定乗数 λ に対して

$$f=\sum_{i=1}^N\sqrt{x_i}-\lambda\left(\sum_{i=1}^N x_i-c\right)$$

を考え，$(N+1)$ 元連立方程式 $\dfrac{\partial f}{\partial x_i}=0\ (1\leqq i\leqq N)$，$\sum_{i=1}^N x_i=c$ を解けばよい．$\dfrac{\partial f}{\partial x_i}=\dfrac{1}{2\sqrt{x_i}}-\lambda$ なので，$x_i=\dfrac{1}{4\lambda^2}$ $(1\leqq i\leqq N)$，$\sum_{i=1}^N x_i=\dfrac{N}{4\lambda^2}=c$ より，$\lambda=\dfrac{1}{2}\sqrt{\dfrac{N}{c}}$．よって $\sum_{i=1}^N\sqrt{x_i}=\dfrac{N}{2\lambda}=\sqrt{Nc}$．これは N について単調増加なので，どれかの $x_i=0$ なる場合よりも大きく，$(x_1, x_2, \cdots, x_N)=\left(\dfrac{c}{N}, \dfrac{c}{N}, \cdots, \dfrac{c}{N}\right)$ の時，最大値 $\sqrt{Nc}$ を取ることが分る．なお，凸集合上の最大，最小値の問題は∀て，計画数学にルーツを持つので，情報数学志望の諸君は，この様な凸凹微積の訓練を怠らぬこと．

2. 1独立変数 x の1従属変数 $y(x)$ の問題なので，2変数 x, y の変数変換 $(x, y)\longmapsto(X, Y)$ と錯覚しないこと．生兵法は怪我の元の教訓とされよ．$X=\dfrac{dy}{dx}$ より，$\dfrac{dX}{dx}=\dfrac{d^2y}{dx^2}$．$Y=y-x\dfrac{dy}{dx}$ の両辺を $y=y(x)$ に注意して x で微分して，$\dfrac{dY}{dx}=\dfrac{dy}{dx}-\dfrac{dy}{dx}-x\dfrac{d^2y}{dx^2}=-x\dfrac{d^2y}{dx^2}$．ゆえに，

$$\frac{dY}{dX}=\frac{\dfrac{dY}{dx}}{\dfrac{dX}{dx}}=\frac{-x\dfrac{d^2y}{dx^2}}{\dfrac{d^2y}{dx^2}}=-x,\quad y=\left(y-x\frac{dy}{dx}\right)+x\frac{dy}{dx}=Y+\left(-\frac{dY}{dX}\right)X=Y-X\frac{dY}{dX}.$$

陰関数 $x^2+y^2=1$ に対して，上の方式を適用すると，両辺を x で微分した $2x+2y\dfrac{dy}{dx}=0$ より $\dfrac{dy}{dx}=-\dfrac{x}{y}$．ゆえに，$X=-\dfrac{x}{y}$，$Y=y+\dfrac{x^2}{y}=\dfrac{x^2+y^2}{y}=\dfrac{1}{y}$．よって $y=\dfrac{1}{Y}$，$x=-yX=-\dfrac{X}{Y}$．$x^2+y^2=1$ より $\dfrac{1+X^2}{Y^2}=1$．ゆえに，双曲線 $Y^2-X^2=1$．

3. もちろん直接的解法もあるが，この機会に一階準線形偏微分方程式

$$P(x, y, z)\frac{\partial z}{\partial x}+Q(x, y, z)\frac{\partial z}{\partial y}=R(x, y, z) \qquad (1)$$

の解法の一般論について一言しよう．連立微分方程式

$$\frac{dx}{P}=\frac{dy}{Q}=\frac{dz}{R} \qquad (2)$$

は $\dfrac{dy}{dx}=\dfrac{Q}{P}$，$\dfrac{dz}{dx}=\dfrac{R}{P}$ なる形なので，$y=x$ の関数，$z=x$ の関数，なる形の解を持つが，一般解は任意定数 c_1, c_2 を含むはずである．これを c_1, c_2 について解いて $u(x, y, z)=c_1$，$v(x, y, z)=c_2$ とすると，両辺を x で微分し，$\dfrac{\partial u}{\partial x}+\dfrac{\partial u}{\partial y}\dfrac{dy}{dx}+\dfrac{\partial u}{\partial z}\dfrac{dz}{dx}=0$，$\dfrac{\partial v}{\partial x}+\dfrac{\partial v}{\partial y}\dfrac{dy}{dx}+\dfrac{\partial v}{\partial z}\dfrac{dz}{dx}=0$ に $\dfrac{dy}{dx}=\dfrac{Q}{P}$，$\dfrac{dz}{dx}=\dfrac{R}{P}$ を代入した，

$$P\frac{\partial u}{\partial x}+Q\frac{\partial u}{\partial y}+R\frac{\partial u}{\partial z}=0,\quad P\frac{\partial v}{\partial x}+Q\frac{\partial v}{\partial y}+R\frac{\partial v}{\partial z}=0 \qquad (3)$$

が成立しているはずである．u, v の任意関数 $F(u, v)$ に対して，$F(u(x, y, z), v(x, y, z))=0$ を考える．z を陰関数として，x, y の関数と考え，両辺を x, y で偏微分すると，$F_u\left(u_x+u_z\dfrac{\partial z}{\partial x}\right)+F_v\left(v_x+v_z\dfrac{\partial z}{\partial x}\right)=0$，$F_u\left(u_y+u_z\dfrac{\partial z}{\partial y}\right)+F_v\left(v_y+v_z\dfrac{\partial z}{\partial y}\right)=0$．したがって，これらの式に，それぞれ，$P, Q$ を掛けて加え，(3) を考慮に入れると，

$$0=F_u\left(Pu_x+Qu_y+u_z\left(P\frac{\partial z}{\partial x}+Q\frac{\partial z}{\partial y}\right)\right)+F_v\left(Pv_x+Qv_y+v_z\left(P\frac{\partial z}{\partial x}+Q\frac{\partial z}{\partial y}\right)\right)=(F_uu_z+F_vv_z)\left(P\frac{\partial z}{\partial x}+Q\frac{\partial z}{\partial y}-R\right).$$

$F(u, v)$ が z を含まねば，ナンセンスなので，元来，含む場合しか考えず，$\dfrac{\partial F}{\partial z}=F_uu_z+F_vv_z\neq0$．ゆえに $P\dfrac{\partial z}{\partial x}+Q\dfrac{\partial z}{\partial y}=R$．かくして，偏微分方程式 (1) の任意関数 F を含む解，

$$F(u(x, y, z), v(x, y, z))=0 \qquad (4)$$

が陰関数として与えられる．なお，常微分方程式の場合の様に，(2) を微分方程式 (1) の**特性方程式**という．常微分方程式の特性方程式は代数方程式であるが，偏微分のそれは常微分方程式であり，その解を**特性曲線**という．

さて，本問の偏微分方程式 $x\dfrac{\partial f}{\partial x}+2y\dfrac{\partial f}{\partial y}=0$ の特性方程式は $\dfrac{dx}{x}=\dfrac{dy}{2y}=\dfrac{dz}{0}$，すなわち，$\dfrac{dy}{dx}=\dfrac{2y}{x}$，$\dfrac{dz}{dx}=0$．これを解き，$\dfrac{dy}{y}=\dfrac{2dx}{x}$ より $\displaystyle\int\frac{dy}{y}=2\int\frac{dx}{x}$，$\log y=2\log x+$定数．ゆえに $\dfrac{y}{x^2}=$任意定数 c_1，$z=$任意定数 c_2．任意関数 $F(u, v)$ に対して，$F\left(\dfrac{y}{x^2}, z\right)=0$ が陰関数の型の解であるが，この場合は，z について解いた，$z=\varphi\left(\dfrac{y}{x^2}\right)$ が一般解である．すなわち，任意関数 $\varphi(t)$ に対して，

$$z=\varphi\left(\frac{y}{x^2}\right) \qquad (5)$$

が一般解である．

入試の解答としては，変数変換 $(x, y)\longmapsto(s, t)$ を $\dfrac{\partial f}{\partial t}=\dfrac{\partial x}{\partial t}\dfrac{\partial f}{\partial x}+\dfrac{\partial y}{\partial t}\dfrac{\partial f}{\partial y}$ が $\dfrac{\partial f}{\partial t}=x\dfrac{\partial f}{\partial x}+2y\dfrac{\partial f}{\partial y}=0$，したがって，$f=s$ だけの関数となるべく，$\dfrac{\partial x}{\partial t}=x$，$\dfrac{\partial y}{\partial t}=2y$ になる様 $x=(s\text{ の関数})\times e^t$，$y=(s\text{ の関数})\times e^{2t}$ と見当を付けて，天下り的に，独立変数 (x, y) を独立変数 (s, t) に変える変換

$$x=\frac{e^t}{s},\ y=\frac{e^{2t}}{s};\ s=\frac{y}{x^2},\ t=\log\frac{y}{x} \qquad (6)$$

を行い,

$$\frac{\partial f}{\partial t}=\frac{\partial x}{\partial t}\frac{\partial f}{\partial x}+\frac{\partial y}{\partial t}\frac{\partial f}{\partial y}=x\frac{\partial f}{\partial x}+2y\frac{\partial f}{\partial y}=0 \qquad (7)$$

より, $f=s$ だけの関数$=\varphi\left(\frac{y}{x^2}\right)$ とするを好しとするが, 上述の一般論も識っていて欲しい.

4. 多変数の場合も同様であって, 準線形偏微分方程式

$$P_1\frac{\partial z}{\partial x_1}+P_2\frac{\partial z}{\partial x_2}+\cdots+P_n\frac{\partial z}{\partial x_n}=R \qquad (1)$$

は, その**特性方程式**

$$\frac{dx_1}{P_1}=\frac{dx_2}{P_2}=\cdots=\frac{dx_n}{P_n}=\frac{dz}{R} \qquad (2)$$

の一般解を任意定数 $c_1, c_2, \cdots, c_n$について, $u_i(x_1, x_2, \cdots, x_n, z)=c_i\ (1\leqq i\leqq n)$ とした時, $u_1, u_2, \cdots, u_n$ に対する任意関数 $F(u_1, u_2, \cdots, u_n)$ に対する陰関数

$$F(u_1(x_1, x_2, \cdots, x_n, z), u_2(x_1, x_2, \cdots, x_n, z), \cdots, u_n(x_1, x_2, \cdots, x_n, z))=0 \qquad (3)$$

が一般解である. 本問で, $Z\in\mathrm{Ker}\,D$ とは $DZ=0$, すなわち, Z は偏微分方程式

$$\frac{\partial Z}{\partial X_1}+\frac{\partial Z}{\partial X_2}+\cdots+\frac{\partial Z}{\partial X_n}=0 \qquad (4)$$

の解のことであり, その特性方程式は

$$\frac{dX_1}{1}=\frac{dX_2}{1}=\cdots=\frac{dX_n}{1}=\frac{dZ}{0} \qquad (5)$$

なので, $d(X_i-X_{i+1})=0\ (1\leqq i\leqq n-1)$, $dZ=0$ より, 任意定数 $c_i(1\leqq i\leqq n)$ に対して, $X_i-X_{i+1}=c_i\ (1\leqq i\leqq n-1)$, $Z=c_n$ が一般解であり, $(n-1)$ 変数 $Y_1, Y_2, \cdots, Y_{n-1}$ の任意関数 $\Phi(Y_1, Y_2, \cdots, Y_{n-1})$ に対して,

$$Z=\Phi(Y_1, Y_2, \cdots, Y_{n-1}),\ Y_i=X_i-X_{i+1}(1\leqq i\leqq n-1) \qquad (6)$$

がその一般解である. 本問でも, 15章のB-4同様の教育的配慮から, 多項式の範囲でしか考えておらず, X_i や係数が, 複素数であろうと同じであり, Φ は多項式である. この様な(6)の Z の集合を $Y_1, Y_2, \cdots, Y_{n-1}$ から生成される**部分環**という. すると, 本問は代数にルーツを持つことが分る.

教師の立場であれば, 以上のことを瞬間的に見抜き, それで好しとするが, 入試ではどこ迄, 仮定してよいのか分らず, 心許ない. したがって, 前問同様, n 変数 $X_1, X_2, \cdots, X_n$ から, n 変数 $Y_1, Y_2, \cdots, Y_n$ への変数変換を $\frac{\partial Z}{\partial Y_n}=\frac{\partial X_1}{\partial Y_n}\frac{\partial Z}{\partial X_1}+\frac{\partial X_2}{\partial Y_n}\frac{\partial Z}{\partial X_2}+\cdots+\frac{\partial X_n}{\partial Y_n}\frac{\partial Z}{\partial X_n}=\frac{\partial Z}{\partial X_1}+\frac{\partial Z}{\partial X_2}+\cdots+\frac{\partial Z}{\partial X_n}=0$ より $Z=Y_n$ を含まぬ $Y_1, Y_2, \cdots, Y_{n-1}$ の関数 $\Phi(Y_1, Y_2, \cdots, Y_n)$ を導きたく, $\frac{\partial X_1}{\partial Y_n}=\frac{\partial X_2}{\partial Y_n}=\cdots=\frac{\partial X_{n-1}}{\partial Y_n}=1$ より $X_i=Y_n+(Y_1, Y_2, \cdots, Y_{n-1}$ の関数$)$ $(1\leqq i\leqq n-1)$ とし, 上のことも念頭において, 天下り的に $Y_1=X_1-X_2, Y_2=X_2-X_3, \cdots, Y_{n-1}=X_{n-1}-X_n$ でもある様に, $X_n=Y_n, X_{n-1}=Y_{n-1}+Y_n, X_{n-2}(=Y_{n-2}+X_{n-1})=Y_{n-2}+Y_{n-1}+Y_n, \cdots, X_i=Y_i+Y_{i+1}+\cdots+Y_n$ $(1\leqq i\leqq n-1)$ とおくと, めでたく, $\frac{\partial X_i}{\partial Y_n}=1\ (1\leqq i\leqq n)$ なので, $\frac{\partial Z}{\partial Y_n}=\sum_{i=1}^{n}\frac{\partial X_i}{\partial Y_n}\frac{\partial Z}{\partial X_i}=\sum_{i=1}^{n}\frac{\partial Z}{\partial X_i}=0$ より, $Z=Y_n$ について定数$=\Phi(Y_1, Y_2, \cdots, Y_{n-1})$ に達し, この self-containd な微積分的解答を好しとする. しかし, 以上の数学的素養がないと, この微積分的解答に気付かぬであろう. ここに本書の raison d'être, 存在理由がある.

5. (1) $y=(0, 0, \cdots, 0)$ の時は, $x_n=0$ であれば, $x_1, x_2, \cdots, x_{n-1}$ が何であっても, $y=\varphi(x)$ である. $y\neq(0, 0, \cdots, 0)$ の時, n 変数 $y_1, y_2, \cdots, y_n$ の空間において, 第 i 成分が1で, 他は0である様な行ベクトルを $e_i=(0, \cdots, 0, 1, 0, \cdots, 0)$ と記すと, 点 $y=(y_1, y_2, \cdots, y_n)$ が表す位置ベクトルは $y=y_1e_1+y_2e_2+\cdots+y_ne_n$ と $e_1, e_2, \cdots, e_n$ を基底とする1次結合で表され, 点 y はベクトル視される. さて, ベクトル y の大きさを $x_n=|y|=\sqrt{y_1{}^2+y_2{}^2+\cdots+y_n{}^2}$, ベクトル y とベクトル e_n のなす角を x_1 とすると, 次頁の図の様に, $y_n=x_n\cos x_1$ となる. $\sin x_1=0$ であれば, ベクトル y は y_n 軸上の有向線分で表され, $x_2, x_3, \cdots, x_{n-1}$ が何であっても, $y_n=x_n\cos x_1, y_{n-1}=x_n\sin x_1\cos x_2=0, \cdots, y_1=x_r\sin x_1\sin x_2\cdots\sin x_{n-2}\sin x_{n-1}=0$ となるので, $y=\varphi(x)$. そこで, $\sin x_1\neq 0$ の時, ベクトル $(y_1, y_2, \cdots, y_{n-1}, 0)$ はベクトル y の $y_1, y_2, \cdots, y_{n-1}$ 空間への正射影で, その長さは符号も込めて $x_n\sin x_1$ である. したがって, $f_n=e_n$

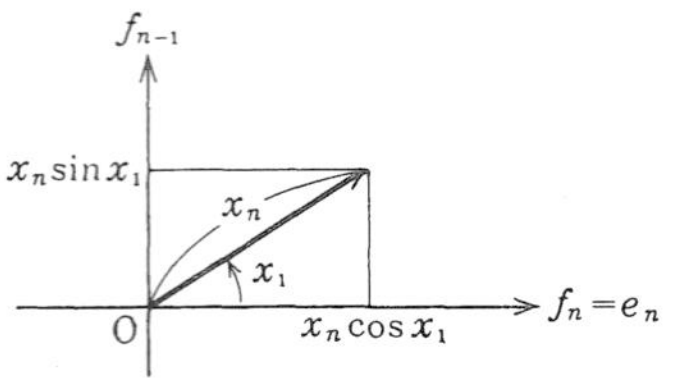

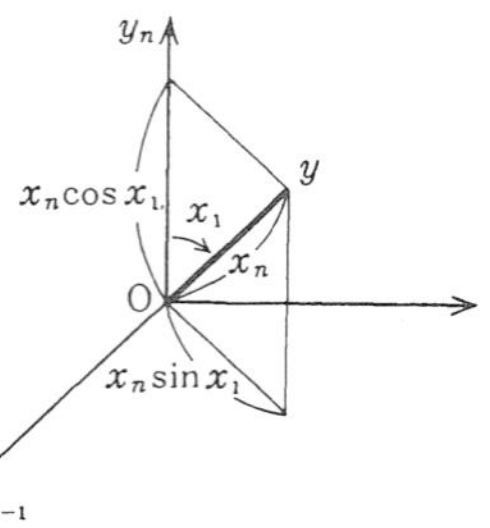

とすると，ベクトル $f_{n-1}=\dfrac{(y_1, y_2, \cdots, y_{n-1}, 0)}{x_n\sin x_1}$ は単位ベクトルであり，ベクトル f_n よりベクトル f_{n-1} に向う向きは反時計の正の向きであり，$y=(x_n\cos x_1)f_n+(y_1, y_2, \cdots, y_{n-1}, 0)$, $(y_1, y_2, \cdots, y_{n-1}, 0)=(x_n\sin x_1)f_{n-1}$ となっている．次に f_{n-1} と e_{n-1} のなす角を x_2 とすると，ベクトル $f_{n-1}-(\cos x_2)e_{n-1}$ はベクトル f_{n-1} の $e_1, e_2, \cdots, e_{n-2}$ の張る線形空間への正射影になり，その大きさは符号も込めて $\sin x_2$ である．$\sin x_2=0$ であれば，$x_3, x_4, \cdots, x_{n-1}$ が何であっても，$y=\varphi(x)$．$\sin x_2\neq 0$ の時は，$f_{n-2}=\dfrac{f_{n-1}-(\cos x_2)e_{n-1}}{\sin x_2}$ は単位ベクトルであり，$y_n=x_n\cos x_1$, $y_{n-1}=x_n\sin x_1\cos x_2$，$(y_1, y_2, \cdots, y_{n-2}, 0, 0)=(x_1\sin x_2\sin x_2)f_{n-2}$ と，次々と，低次元へと問題を下げることができる．以下，数学的帰納法により，角 $x_3, x_4, \cdots, x_{n-1}$ を定めて，$y=\varphi(x)$ とできる．

(2)　上の考えで，2段階式に変数変換を行う．先ず，$z_1{}^2+z_2{}^2+\cdots+z_{n-1}{}^2=1$ によって，z_1 を $z_2, z_3, \cdots, z_{n-1}$ の関数と見て，$\dfrac{\partial z_1}{\partial z_i}=-\dfrac{z_i}{z_1}(2\leqq i\leqq n-1)$ に注意し，変数変換 $(x_1, z_2, z_3, \cdots, z_{n-1}, x_n)\longrightarrow(y_1, y_2, \cdots, y_{n-1}, y_n)$ を，$y_1=x_nz_1\sin x_1$, $y_2=x_nz_2\sin x_1, \cdots, y_{n-1}=x_nz_{n-1}\sin x_1$, $y_n=x_n\cos x_1$ によって行い，ヤコビヤンを書き下すと，

$$\frac{D(y_1, y_2, \cdots, y_{n-1}, y_n)}{D(x_1, z_2, \cdots, z_{n-1}, x_n)}=\begin{vmatrix} x_nz_1\cos x_1 & -\dfrac{x_nz_2\sin x_1}{z_1} & -\dfrac{x_nz_3\sin x_1}{z_1} & \cdots & -\dfrac{x_nz_{n-1}\sin x_1}{z_1} & z_1\sin x_1 \\ x_nz_2\cos x_1 & x_n\sin x_1 & 0 & \cdots & 0 & z_2\sin x_1 \\ \cdots & \cdots & \cdots & \cdots & \cdots & \cdots \\ x_nz_{n-1}\cos x_1 & 0 & 0 & \cdots & x_n\sin x_1 & z_{n-1}\sin x_1 \\ -x_n\sin x_1 & 0 & 0 & \cdots & 0 & \cos x_1 \end{vmatrix}.$$

$2\leqq i\leqq n-1$ に対して，i 行に $\dfrac{z_i}{z_1}$ を掛け，第1行に加えると $z_1+\dfrac{z_2{}^2}{z_1}+\dfrac{z_3{}^2}{z_1}+\cdots+\dfrac{z^2{}_{n-1}}{z_1}=\dfrac{1}{z_1}$ なので，

$$\frac{D(y_1, y_2, \cdots, y_{n-1}, y_n)}{D(x_1, z_2, \cdots, z_{n-1}, x_n)}=\begin{vmatrix} \dfrac{x_n\cos x_1}{z_1} & 0 & 0 & \cdots & 0 & \dfrac{\sin x_1}{z_1} \\ x_nz_2\cos x_1 & x_n\sin x_1 & 0 & \cdots & 0 & z_2\sin x_1 \\ \cdots & \cdots & \cdots & \cdots & \cdots & \cdots \\ x_nz_{n-1}\cos x_1 & \cdots & \cdots & \cdots & x_n\sin x_1 & z_{n-1}\sin x_1 \\ -x_n\sin x_1 & 0 & 0 & \cdots & 0 & \cos x_1 \end{vmatrix}$$

$$=\frac{x_n{}^{n-1}\sin^{n-2}x_1}{z_1}\begin{vmatrix} \cos x_1 & 0 & \cdots & 0 & \sin x_1 \\ z_2\cos x_1 & 1 & \cdots & 0 & z_2\sin x_1 \\ \cdots & \cdots & \cdots & \cdots & \cdots \\ z_{n-1}\cos x_1 & 0 & \cdots & 1 & z_{n-1}\sin x_1 \\ -\sin x_1 & 0 & \cdots & 0 & \cos x_1 \end{vmatrix}.$$

第1行で展開して

$$=\frac{x_n{}^{n-1}\sin^{n-2}x_1}{z_1}\left(\cos x_1\begin{vmatrix} 1 & \cdots & 0 & z_2\sin x_1 \\ 0 & \cdots & 0 & z_3\sin x_1 \\ \cdots & \cdots & \cdots & \cdots \\ 0 & \cdots & 1 & z_{n-1}\sin x_1 \\ 0 & \cdots & 0 & \cos x_1 \end{vmatrix}+(-1)^{n+1}\sin x_1\begin{vmatrix} z_2\cos x_1 & 1 & \cdots & 0 \\ z_3\cos x_2 & 0 & \cdots & 0 \\ \cdots & \cdots & \cdots & \cdots \\ z_{n-1}\cos x_1 & 0 & \cdots & 1 \\ -\sin x_1 & 0 & \cdots & 0 \end{vmatrix}\right).$$

第1の行列式＝対角要素の積＝$\cos x_1$，第2の行列式は第1列を最後の列に飛ばして $(-1)^{n-2}$ が出て，それから得られる下三角行列式の対角要素の積を作り，$=-(-1)^{n-2}\sin x_1$．したがって

$$\frac{D(y_1, y_2, \cdots, y_{n-1}, y_n)}{D(x_1, z_2, \cdots, z_{n-1}, x_n)}=\frac{x_n{}^{n-1}\sin^{n-2}x_1}{z_1}(\cos^2 x_1+\sin^2 x_1)=\frac{x_n{}^{n-1}\sin^{n-2}x_1}{z_1}.$$

次に，売れ残り品 $z_2, \cdots, z_{n-1}$ 一掃のバーゲンセールを行い，変数変換，$z_2=\sin x_2\sin x_3\cdots\sin x_{n-2}\cos x_{n-1}$, $z_3=\sin x_2\sin x_3\cdots\sin x_{n-3}\cos x_{n-2}, \cdots, z_{n-2}=\sin x_2\cos x_3$, $z_{n-1}=\cos x_2$ を行い，そのヤコビヤンを書き下すと

$$\frac{D(z_2, z_3, \cdots, z_{n-1})}{D(x_2, x_3, \cdots, x_{n-1})}$$

$$=\begin{vmatrix} \cos x_2 \sin x_3 \cdots \sin x_{n-2} \cos x_{n-1} & \sin x_2 \cos x_3 \cdots \sin x_{n-2} \cos x_{n-1} & \cdots & -\sin x_2 \sin x_3 \cdots \sin x_{n-2} \sin x_{n-1} \\ \cos x_2 \sin x_3 \cdots \sin x_{n-3} \cos x_{n-2} & \sin x_2 \cos x_3 \cdots x_{n-2} & \cdots & 0 \\ \cdots\cdots & \cdots\cdots & \cdots\cdots & \cdots\cdots \\ \cos x_2 \cos x_3 & -\sin x_2 \sin x_3 & \cdots & 0 \\ -\sin x_2 & 0 & \cdots & 0 \end{vmatrix}$$

$$=(-1)^{(n-3)+(n-4)+\cdots+2+1}(-\sin x_2)(-\sin x_2 \sin x_3)\cdots(-\sin x_2 \sin x_3 \cdots \sin x_{n-1})$$

$$=(-1)^{\frac{(n-2)(n-1)}{2}} \sin^{n-2} x_2 \sin^{n-3} x_3 \cdots \sin x_{n-2} \sin x_{n-1}.$$

ところで，$z_1{}^2=1-(\sin x_2 \sin x_3 \cdots \sin x_{n-2} \cos x_{n-1})^2-(\sin x_2 \sin x_3 \cdots \cos x_{n-2})^2-\cdots-\cos^2 x_2=\sin^2 x_2$ $-(\sin x_2 \sin x_3 \cdots \sin x_{n-1} \cos x_{n-1})^2-\cdots-(\sin x_2 \cos x_3)^2=\sin^2 x_2 \sin^2 x_3-(\sin x_2 \sin x_3 \cdots \sin x_{n-2} \cos x_{n-1})^2$ $-\cdots-(\sin x_2 \sin x_3 \cos x_4)^2 \sin^2 x_2=\sin^2 x_2 \sin^2 x_3 \cdots \sin^2 x_{n-1}$ なので，$z_1=\pm\sin x_2 \sin x_3 \cdots \sin x_{n-1}$ に注意すると，

$$\frac{D(z_2, z_3, \cdots, z_{n-1})}{D(x_2, x_3, \cdots, x_{n-1})}=\pm z_1 \sin^{n-3} x_2 \sin^{n-4} x_3 \cdots \sin x_{n-2}.$$

一般論であるが，二つの変数変換 $(x_1, x_2, \cdots, x_n) \longmapsto (y_1, y_2, \cdots, y_n)$，$(y_1, y_2, \cdots, y_n) \longmapsto (z_1, z_2, \cdots, z_n)$ を考えるに，z_i を合成関数の微分法に基き x_k で偏微分すると，$\dfrac{\partial z_i}{\partial x_k}=\sum_{j=1}^{n} \dfrac{\partial z_i}{\partial y_j} \dfrac{\partial y_j}{\partial x_k}$．これは関数行列に関し右上の Schema が成立することを示している．更に，両辺の行列式を作ると，ヤコビヤンに関し，右上の公式を得る．

SCHEMA

$$\frac{\partial(z_1, z_2, \cdots, z_n)}{\partial(x_1, x_2, \cdots, x_n)}=\frac{\partial(z_1, z_2, \cdots, z_n)}{\partial(y_1, y_2, \cdots, y_n)} \frac{\partial(y_1, y_2, \cdots, y_n)}{\partial(x_1, x_2, \cdots, x_n)}$$

SCHEMA

$$\frac{D(z_1, z_2, \cdots, z_n)}{D(x_1, x_2, \cdots, x_n)}=\frac{D(z_1, z_2, \cdots, z_n)}{D(y_1, y_2, \cdots, y_n)} \frac{D(y_1, y_2, \cdots, y_n)}{D(x_1, x_2, \cdots, x_n)}$$

上の公式を本問に適用し，ヤコビヤン $\dfrac{D(y_1, y_2, \cdots, y_n)}{D(x_1, x_2, \cdots, x_n)}$ を合成写像 $(x_1, x_2, \cdots, x_n) \to (y_1, z_2, z_3, \cdots, z_{n-1}, y_n) \to (y_1, y_2, \cdots, y_n)$ を経由して求めると

$$\frac{D(y_1, y_2, \cdots, y_n)}{D(x_1, x_2, \cdots, x_n)}=\frac{D(y_1, z_2, z_3, \cdots, z_{n-1}, y_n)}{D(x_1, x_2, x_3, \cdots, x_{n-1}, x_n)} \frac{D(y_1, y_2, y_3, \cdots, y_{n-1}, y_n)}{D(y_1, z_2, z_3, \cdots, z_{n-1}, y_n)}$$

$$=\frac{D(y_1, z_2, z_3, \cdots, z_{n-1}, y_n)}{D(x_1, x_2, x_3, \cdots, x_{n-1}, x_n)} \frac{D(y_2, y_3, \cdots, y_{n-1})}{D(z_2, z_3, \cdots, z_{n-1})}=\pm\frac{x_n{}^{n-1} \sin^{n-2} x_1}{z_1} z_1 \sin^{n-3} x_2 \sin^{n-4} x_3 \cdots \sin x_{n-2}$$

$$=\pm x_n{}^{n-1} \sin^{n-2} x_1 \sin^{n-3} x_2 \sin^{n-4} x_3 \cdots \sin^2 x_{n-3} \sin x_{n-2}.$$

$(x_1, x_2, \cdots, x_{n-1}, x_n)$ を n 次元の**空間の極座標**というが右の公式が成立している．したがって，ヤコビヤンが 0 になるのは $x_n \sin x_1 \sin x_2 \cdots \sin x_{n-2}=0$ の時であり，その幾何学的意味は，(1)で述べた様に，点 x が座標軸上にある時である．本問は難問に属する．これに比べると前問はチョロイ．

SCHEMA

n 次元の極座標のヤコビヤン$=\pm x_n{}^{n-1} \sin^{n-2} x_1 \sin^{n-3} x_2 \cdots \sin^2 x_{n-3} \sin x_{n-2}$

6. 合成関数の微分法に基き $u=f(x+2y+2u+v)$ の両辺を，それぞれ，x, y で偏微分する際，u, v も x, y の関数であることに注意して，$u_x=f'(x+2y+2u+v)(1+2u_x+v_x)$，$u_y=f'(x+2y+2u+v)(2+2u_y+v_y)$．同様にして，$v=g(2x+y-4u-2v)$ の両辺を，それぞれ，x, y で偏微分して，$v_x=g'(2x+y-4u-2v)(2-4u_x-2v_x)$，$v_y=g'(2x+y-4u-2v)(1-4u_y-2v_y)$．したがって二つの連立方程式

$$\begin{cases}(1-2f')u_x-f'v_x=f' \\ 4g'u_x+(1+2g')v_x=2g'\end{cases}, \quad \begin{cases}(1-2f')u_y-f'v_y=2f' \\ 4g'u_y+(1+2g')v_y=g'\end{cases}$$

を得るので，これらを解き，$u_x=\dfrac{f'(1+4g')}{1-2f'+2g'}$，$v_x=\dfrac{2g'(1-4f')}{1-2f'+2g'}$，$u_y=\dfrac{f'(2+5g')}{1-2f'+2g'}$，$v_y=\dfrac{g'(1-10f')}{1-2f'+2g'}$ なので，

$$\frac{D(u, v)}{D(x, y)}=u_x v_y-u_y v_x=\frac{-3f'g'(1-2f'+2g')}{(1-2f'+2g')^2}=\frac{-3f'g'}{1-2f'+2g'}.$$

ただし $f'=f'(2x+2y+2u+v)$，$g'=g'(2x+y-4u-2v)$ であって，$f'-g' \neq \dfrac{1}{2}$ とはこの様な意味と都合好く解釈する．

7. 2 次の直交行列 J は

$$J=\begin{bmatrix}\cos\alpha & -\sin\alpha\\ \sin\alpha & \cos\alpha\end{bmatrix} \text{ か } J=\begin{bmatrix}\cos\alpha & \sin\alpha\\ \sin\alpha & -\cos\alpha\end{bmatrix}$$

のいずれかの形をしており，前者は行列式$=1$ なる正の直交行列であり，後者は行列式$=-1$ なる負の直交行列である．ここ迄は高校の数Ⅱ，代数・幾何のカリキュラム．さて，われわれの関数行列 J（ここで思い出したが，普通の人は行列式であるヤコビヤンを J と書くが，この出題者は関数行列であるヤコビーの行列そのものを J と記している）の行列式 $\det J$ は連続関数であり，しかも J は直交行列なので，値は ±1 である．連結な $\boldsymbol{R}^2$ 上の連続関数 $\det J$ が ±1 しか値を取らねば，$\det J$ は $\boldsymbol{R}^2$ 上で一斉に $+1$ であるか，-1 であるかのいずれかである．つまり，J は一斉に正の直交行列であるか，負の直交行列であるか，二者択一である．

(1)　J が正の直交行列の時．$\boldsymbol{R}^2$ の各点 (x, y) に対して，角 α があって，$\dfrac{\partial f_1}{\partial x}=\cos\alpha=\dfrac{\partial f_2}{\partial y}$，$\dfrac{\partial f_1}{\partial y}=-\sin\alpha=-\dfrac{\partial f_2}{\partial x}$ が成立する．複素変数 $z=x+iy$ の複素数値関数 $f(z)=f_1(x, y)+if_2(x, y)$ を導入すると，この関係式は，f が A-4 で論じたコーシー－リーマンの偏微分方程式を満し，z の正則関数であることを物語る．更に，f の複素導関数は，公式より $f'(z)=\dfrac{\partial f_1}{\partial x}+i\dfrac{\partial f_2}{\partial x}=\cos\alpha+i\sin\alpha$ で与えられ，$|f'(z)|^2=\cos^2\alpha+\sin^2\alpha=1$．正則性と解析性，すなわち，局所整級数展開可能性とは同値であり，したがって，局所的には f を整級数と考えることができ，13章の B-5 より $f'(z)$ も整級数であり，正則である．正則関数 $f'(z)$ の絶対値が連結な平面全体で定数 1 なので，A-5 より $f'(z)=$定数．したがって $f'(z)=\cos\alpha+i\sin\alpha$ の α は定数である．実部と虚部に表現すれば，$f_1=\dfrac{\partial f_1}{\partial x}=\dfrac{\partial f_2}{\partial y}=\cos\alpha$，$\dfrac{\partial f_1}{\partial y}=-\dfrac{\partial f_2}{\partial x}=-\sin\alpha$ なので，$f_1=x\cos\alpha-y\sin\alpha+\beta$，$f_2=x\sin\alpha+y\cos\alpha+\gamma$（$\beta, \gamma$ は定数）．これは，$f'(z)=e^{i\alpha}$ より $f(z)=ze^{i\alpha}+(\beta+i\gamma)=(x+iy)(\cos\alpha+i\sin\alpha)+(\beta+i\gamma)=(x\cos\alpha-y\sin\alpha+\beta)+i(x\sin\alpha+y\cos\alpha+\gamma)$ の実部 f_1，虚部 f_2 を求めてもよい．いずれにせよ，正の直交行列の場合は，

$$f_1=x\cos\alpha-y\sin\alpha+\beta,\quad f_2=x\sin\alpha+y\cos\alpha+\gamma\ (\alpha, \beta, \gamma \text{ は任意定数})$$

が一般解である．

(2)　J が負の直交行列の時，$\boldsymbol{R}^2$ の各点 (x, y) に対して，角 α があって，$\dfrac{\partial f_1}{\partial x}=\cos\alpha=-\dfrac{\partial f_2}{\partial y}$，$\dfrac{\partial f_1}{\partial y}=\sin\alpha=\dfrac{\partial f_2}{\partial x}$ が成立する．今度は，複素変数 $z=x-iy$ の複素数値関数 $f=f_1+if_2$ を導入すると，$\dfrac{\partial f}{\partial x}=\dfrac{\partial f_2}{\partial(-y)}$，$\dfrac{\partial f_1}{\partial(-y)}=-\dfrac{\partial f_2}{\partial x}$ が成立し，やはり，f は $z=x-iy$ の正則関数 である．(1) の場合と同様に，$f'(z)=\dfrac{\partial f_1}{\partial x_1}+i\dfrac{\partial f_2}{\partial x}=\cos\alpha+i\sin\alpha$ は定数なので，任意定数 α, β, γ に対して，$f(z)=(\cos\alpha+i\sin\alpha)z+(\beta+i\gamma)=(\cos\alpha+i\sin\alpha)(x-iy)+(\beta+i\gamma)$，すなわち，

$$f_1=x\cos\alpha+y\sin\alpha+\beta,\quad f_2=x\sin\alpha-y\cos\alpha+\gamma$$

が，負の直交行列の場合の一般解である．

結論として，1 次式以外には解がない．

17章　多重積分

A　基礎をかためる演習

1　$1\leqq x\leqq 2$，$1\leqq y\leqq x$ は $1\leqq y\leqq 2$，$y\leqq x\leqq 2$ と同値なので $\int_1^2 dx\int_1^x \dfrac{x^2}{y^2}dy=\int_1^2 dy\int_y^2 \dfrac{x^2}{y^2}dx=\int_1^2\left[\dfrac{x^3}{3y^2}\right]_{x=y}^{x=2}dy=\int_1^2\left(\dfrac{8}{3y^2}-\dfrac{y}{3}\right)dy=\left[-\dfrac{8}{3y}-\dfrac{y^2}{6}\right]_1^2=\dfrac{5}{6}$．最初の累次積分も勿論 $\int_1^2 dx\int_1^x\dfrac{x^2}{y^2}dy=\int_1^2\left[-\dfrac{x^2}{y}\right]_{y=1}^{y=x}dx=\int_1^2(-x+x^2)dx=\left[-\dfrac{x^2}{2}+\dfrac{x^3}{3}\right]_1^2=\dfrac{5}{6}$ で等しいが，この場合には順序変更のメリットはない．

$0\leqq x\leqq 1$，$0\leqq y\leqq\sqrt{1-x^2}$ は第 1 象限の単位円であり，$0\leqq y\leqq 1$，$0\leqq x\leqq\sqrt{1-y^2}$ と同値なので

$$\int_0^1 dx\int_0^{\sqrt{1-x^2}}(1-y^2)^{\frac{3}{2}}dy=\int_0^1 dx\int_0^{\sqrt{1-y^2}}(1-y^2)^{\frac{3}{2}}dx=\int_0^1(1-y^2)^2dy=\int_0^1(1-2y^2+y^4)dy=\left[y-\frac{2}{3}y^3+\frac{y^5}{5}\right]_0^1=\frac{8}{15}$$

を得るが，順序変更しないで $(1-y^2)^{\frac{3}{2}}$ の原始関数を求めるならば，計算がイヤラシイ．

$0\leqq x\leqq 1$，$\sqrt{x}\leqq y\leqq 1$ は $0\leqq y\leqq 1$，$0\leqq x\leqq y^2$ と同値なので，順序変更して，変数変換 $u=1+y^3$，$1\leqq u\leqq 2$，

$du=3y^2\,dy$ を施して，

$$\int_0^1 dx\int_{\sqrt{x}}^1\sqrt{1+y^3}\,dy=\int_0^1 dy\int_0^{y^2}\sqrt{1+y^3}\,dx=\int_0^1 y^2\sqrt{1+y^3}\,dy=\int_1^2 u^{\frac{1}{2}}\frac{du}{3}=\left[\frac{2}{9}u^{\frac{3}{2}}\right]_1^2=\frac{2}{9}(2\sqrt{2}-1).$$

これは順序変更しないと計算できない．

2 (i) $D=\left\{-1\leqq x\leqq 1,\ -\frac{\sqrt{1-x^2}}{\sqrt{2}}\leqq y\leqq\frac{\sqrt{1-x^2}}{\sqrt{2}}\right\}$ なので，x で積分する際，変数変換，$x=\sin\theta$，$\sqrt{1-x^2}=\cos\theta$，$dx=\cos\theta d\theta$，$0\leqq\theta\leqq\frac{\pi}{2}$ を施して，7章の B–6 の Schema より

$$\iint_D(x^2+y)\,dx\,dy=\int_{-1}^1 dx\int_{-\frac{\sqrt{1-x^2}}{\sqrt{2}}}^{\frac{\sqrt{1-x^2}}{\sqrt{2}}}(x^2+y)\,dy=\int_{-1}^1\sqrt{2}\,x^2\sqrt{1-x^2}\,dx=2\sqrt{2}\int_0^1 x^2\sqrt{1-x^2}\,dx=2\sqrt{2}\int_0^{\frac{\pi}{2}}\sin^2\theta\cos^2\theta\,d\theta$$

$$=2\sqrt{2}\int_0^{\frac{\pi}{2}}(\sin^2\theta-\sin^4\theta)d\theta=2\sqrt{2}\left(\frac{1}{2}\cdot\frac{\pi}{2}-\frac{3}{4}\cdot\frac{1}{2}\cdot\frac{\pi}{2}\right)=2\sqrt{2}\cdot\frac{1}{4}\cdot\frac{1}{2}\cdot\frac{\pi}{2}=\frac{\sqrt{2}\pi}{8}.$$

(ii) $x=r\cos\theta$，$y=\frac{r}{\sqrt{2}}\sin\theta$ のヤコビヤンは

$$\frac{D(x,y)}{D(r,\theta)}=\begin{vmatrix}\cos\theta & -r\sin\theta\\ \frac{\sin\theta}{\sqrt{2}} & \frac{r\cos\theta}{\sqrt{2}}\end{vmatrix}=\frac{r}{\sqrt{2}}$$

なので，変数変換の公式より得られる2重積分を累次積分として，7章の B–6 の Schema より

$$\iint_D(x^2+y)\,dx\,dy=\int_0^{2\pi}d\theta\int_0^1\left(r^2\cos^2\theta+\frac{r}{\sqrt{2}}\sin\theta\right)\frac{r\,dr}{\sqrt{2}}=\int_0^{2\pi}\left(\frac{\cos^2\theta}{4\sqrt{2}}+\frac{\sin\theta}{6}\right)d\theta=\frac{1}{\sqrt{2}}\int_0^{\frac{\pi}{2}}\cos^2\theta\,d\theta=\frac{1}{\sqrt{2}}\cdot\frac{1}{2}\cdot\frac{\pi}{2}$$

$$=\frac{\pi}{4\sqrt{2}}.$$

3 対称性より第1象限の部分の $2\times2\times2=8$ 倍であり

$$8\int_0^1 dx\int_0^{\sqrt{1-x^2}}\sqrt{1-x^2}\,dy=8\int_0^1(1-x^2)dx=8\left[x-\frac{x^2}{3}\right]_0^1=\frac{16}{3}.$$

4 領域 $D_\varepsilon=\left\{\frac{x^2}{a^2}+\frac{y^2}{b^2}\leqq 1,\ 0<\varepsilon\leqq y\leqq x\right\}$ は右下図の斜線の部分であり，

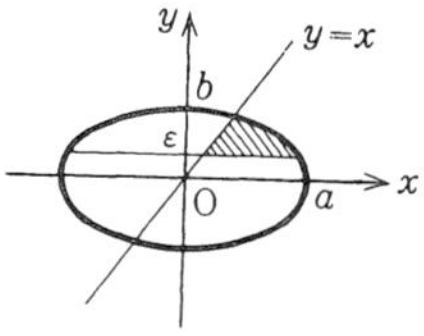

$y=x$ とだ円との交点 $\left(\frac{1}{a^2}+\frac{1}{b^2}\right)x^2=1$ の第1象限の根 $x=\frac{ab}{\sqrt{a^2+b^2}}$ を境にして，

$$D_\varepsilon=\left\{\varepsilon\leqq x\leqq\frac{ab}{\sqrt{a^2+b^2}},\ \varepsilon\leqq y\leqq x\right\}\cup\left\{\frac{ab}{\sqrt{a^2+b^2}}\leqq x\leqq\frac{a\sqrt{b^2-\varepsilon^2}}{b},\ \varepsilon\leqq y\leqq\frac{b\sqrt{a^2-x^2}}{a}\right\}$$

$$\iint_{D_\varepsilon}\frac{x}{\sqrt{y}}\,dx\,dy=\int_\varepsilon^{\frac{ab}{\sqrt{a^2+2b}}}dx\int_\varepsilon^x\frac{x}{\sqrt{y}}\,dy+\int_{\frac{ab}{\sqrt{a^2+b^2}}}^{\frac{a\sqrt{b^2-\varepsilon^2}}{b}}dx\int_\varepsilon^{\frac{b\sqrt{a^2-x^2}}{a}}\frac{x}{\sqrt{y}}\,dy$$

$$=\int_\varepsilon^{\frac{ab}{\sqrt{a^2+b^2}}}\left[2x\sqrt{y}\right]_\varepsilon^x dx+\int_{\frac{ab}{\sqrt{a^2+b^2}}}^{\frac{a\sqrt{b^2-\varepsilon^2}}{b}}\left[2x\sqrt{y}\right]_\varepsilon^{\frac{b\sqrt{a^2-x^2}}{a}}dx$$

$$=\int_\varepsilon^{\frac{ab}{\sqrt{a^2+b^2}}}(2x^{\frac{3}{2}}-2\sqrt{\varepsilon}\,x)dx+\int_{\frac{ab}{\sqrt{a^2+b^2}}}^{\frac{a\sqrt{b^2-\varepsilon^2}}{b}}\left(2x\left(\frac{b\sqrt{a^2-x^2}}{a}\right)^{\frac{1}{2}}-2\sqrt{\varepsilon}\,x\right)dx$$

$$=\left[\frac{4}{5}x^{\frac{5}{2}}-\sqrt{\varepsilon}\,x^2\right]_\varepsilon^{\frac{ab}{\sqrt{a^2+b^2}}}+\left[-\frac{4}{5}\sqrt{\frac{b}{a}}(a^2-x^2)^{\frac{5}{4}}-\sqrt{\varepsilon}\,x^2\right]_{\frac{ab}{\sqrt{a^2+b^2}}}^{\frac{a\sqrt{b^2-\varepsilon^2}}{b}}$$

$$=\frac{4}{5}\left(\left(\frac{ab}{\sqrt{a^2+b^2}}\right)^{\frac{5}{2}}-\varepsilon^{\frac{5}{2}}\right)-\sqrt{\varepsilon}\left(\frac{a^2b^2}{a^2+b^2}-\varepsilon^2\right)-\frac{4}{5}\,\frac{a^2}{b^2}\varepsilon^{\frac{5}{2}}+\frac{4}{5}a^{\frac{9}{2}}b^{\frac{1}{2}}\frac{1}{(a^2+b^2)^{\frac{5}{4}}}-\sqrt{\varepsilon}\,\frac{a^2(b^2-\varepsilon^2)}{b^2}+\sqrt{\varepsilon}\,\frac{a^2b^2}{a^2+b^2}$$

$$\to\frac{4}{5}\,\frac{a^{\frac{5}{2}}b^{\frac{1}{2}}(b^2+a^2)}{(a^2+b^2)^{\frac{5}{4}}}=\frac{4a^{\frac{5}{2}}b^{\frac{1}{2}}}{5(a^2+b^2)^{\frac{1}{4}}}\quad(\varepsilon\to 0).$$

これは，始めから $\varepsilon\to 0$ とした，$D=\left\{\frac{x^2}{a^2}+\frac{y^2}{b^2}\leqq 1,\ 0<y\leqq x\right\}$ にて，変数変換 $x=ar\cos\theta$，$y=br\sin\theta$ を施すと，D は $0\leqq r\leqq 1$，$0\leqq\tan\theta\leqq\frac{a}{b}$ に写る．ヤコビヤンは A–2 と同じく

$$\frac{D(x,y)}{D(r,\theta)}=\begin{vmatrix}a\cos\theta & -ar\sin\theta\\ b\sin\theta & br\cos\theta\end{vmatrix}=abr$$

なので，変数変換 $(x,y)\longmapsto(r,\theta)$ を施して，累次積分を計算する際，変数変換 $\sin\theta=t^2$，$\cos\theta\,d\theta=2t\,dt$ を施

すと，$\theta=0$ の時 $t=0$，$\theta=\tan^{-1}\dfrac{a}{b}$の時，$t^4=\sin^2\theta=\dfrac{\tan^2\theta}{1+\tan^2\theta}=\dfrac{a^2}{a^2+b^2}$ なので

$$\iint_D \frac{x}{\sqrt{y}}\,dx\,dy=\int_0^{\tan^{-1}\frac{a}{b}} d\theta\int_0^1 \frac{ar\cos\theta}{\sqrt{br\sin\theta}}\,abr\,dr=a^2\sqrt{b}\int_0^{\tan^{-1}\frac{a}{b}}\frac{\cos\theta\,d\theta}{\sqrt{\sin\theta}}\int_0^1 r^{\frac{3}{2}}\,dr=\frac{2a^2\sqrt{b}}{5}\int_0^{\tan^{-1}\frac{a}{b}}\frac{\cos\theta}{\sqrt{\sin\theta}}\,d\theta$$

$$=\frac{4a^2\sqrt{b}}{5}\int_0^{\left(\frac{a^2}{a^2+b^2}\right)^{\frac{1}{4}}} dt=\frac{4}{5}a^2\sqrt{b}\left(\frac{a^2}{a^2+b^2}\right)^{\frac{1}{4}}=\frac{4a^{\frac{5}{2}}b^{\frac{1}{2}}}{5(a^2+b^2)^{\frac{1}{4}}}$$

と一致し，こちらの方が計算が楽である．これは単なる偶然の一致でなく，ルベクに負う次の定理に基くものである．必らずしも連続でなくともよい，**可測関数**と呼ばれる，一般の関数に対して，次の定理が成立する．

定　理

> 領域の増加列 $(D_\epsilon)_{\epsilon>0}$ の極限が D であり，D 上で可測関数 $f(x_1, x_2, \cdots, x_n)$ が与えられている．この時，$f(x_1, x_2, \cdots, x_n)\geqq 0$ であれば
>
> $$\lim_{\epsilon\to 0}\iint\cdots\int_{D_\epsilon} f(x_1, x_2, \cdots, x_n)\,dx_1dx_2\cdots dx_n=\iint\cdots\int_D f(x_1, x_2, \cdots x_n)\,dx_1dx_2\cdots dx_n$$
>
> が $+\infty$ も数と見なして成立する．一般の場合も，f が D 上可積分，すなわち，
>
> $$\iint_D |f(x_1, x_2, \cdots, x_n)|\,dx_1dx_2\cdots dx_n<+\infty$$
>
> であれば，上の等式が成立する．

初めの場合 $f\geqq 0$ は，正項級数に，後の場合 $\iint\cdots\int_D |f|\,dx_1dx_2\cdots dx_n<\infty$ は絶対収束級数に対応し，積分は和の極限なので，本質的には同じである．

入試の答案としては，丁寧に第1の方法によるか，被積分関数 $\dfrac{y}{\sqrt{x}}\geqq 0$ であるから，と上の理由を簡潔に述べて，第2の方法によるかのいずれかがよい．

5 領域は原点，座標軸に関して対称で，第 1，2，3，4 象限の 4 個に分けられる．各象限では xy は定符号で，1，3 では正，2，4 では負なので，計算しなくとも，積分はその和で零である．入試の解答は終るが，これでは演習にならぬので，第 i 象限の D の部分を D_i とし，各 D_i 上で xy を計算して見よう．$x^2-y^2=1$ と円との交点は，$y^2=x^2-1$ を，それぞれ，$x^2+y^2=4$，$x^2+y^2=9$ に代入して，$2x^2=5, 10$ より，$x=\pm\sqrt{\dfrac{5}{2}}, \pm\sqrt{5}$．$x^2-y^2=4$ の方は，$y^2=x^2-4$ を代入して，$2x^2=8, 13$ より，$x=\pm 2$，$\pm\sqrt{\dfrac{13}{2}}$．大小関係は $\sqrt{\dfrac{5}{2}}<2<\sqrt{5}<\sqrt{\dfrac{13}{2}}$ であり，累次積分より

$$\iint_{D_1} xy\,dx\,dy=\int_{\sqrt{\frac{5}{2}}}^{2} x\,dx\int_{\sqrt{4-x^2}}^{\sqrt{x^2-1}} y\,dy+\int_2^{\sqrt{5}} x\,dx\int_{\sqrt{x^2-4}}^{\sqrt{x^2-1}} y\,dy+\int_{\sqrt{5}}^{\sqrt{\frac{13}{2}}} x\,dx\int_{\sqrt{x^2-4}}^{\sqrt{9-x^2}} y\,dy$$

$$=\int_{\sqrt{\frac{5}{2}}}^{2} x\left(\frac{x^2-1}{2}-\frac{4-x^2}{2}\right)dx+\int_2^{\sqrt{5}} x\left(\frac{x^2-1}{2}-\frac{x^2-4}{2}\right)dx+\int_{\sqrt{5}}^{\sqrt{\frac{13}{2}}} x\left(\frac{9-x^2}{2}-\frac{x^2-4}{2}\right)dx$$

$$=\int_{\sqrt{\frac{5}{2}}}^{2}\frac{2x^3-5x}{2}+\int_2^{\sqrt{5}}\frac{3x}{2}\,dx+\int_{\sqrt{5}}^{\sqrt{\frac{13}{2}}}\frac{13x-2x^3}{2}\,dx=\left[\frac{x^4}{4}-\frac{5}{4}x^2\right]_{\sqrt{\frac{5}{2}}}^{2}+\left[\frac{3}{4}x^2\right]_2^{\sqrt{5}}+\left[\frac{13}{4}x^2-\frac{x^4}{4}\right]_{\sqrt{5}}^{\sqrt{\frac{13}{2}}}$$

$$=\frac{9}{16}+\frac{3}{4}+\frac{9}{16}=\frac{15}{8},$$

$$\iint_{D_2} xy\,dx\,dy=\int_{-\sqrt{\frac{13}{2}}}^{-\sqrt{5}} x\,dx\int_{\sqrt{x^2-4}}^{\sqrt{9-x^2}} y\,dy+\int_{-\sqrt{5}}^{-2} x\,dx\int_{\sqrt{x^2-4}}^{\sqrt{x^2-1}} y\,dy+\int_{-2}^{-\sqrt{\frac{5}{2}}} x\,dx\int_{\sqrt{4-x^2}}^{\sqrt{x^2-1}} y\,dy=-\frac{15}{8},$$

$$\iint_{D_3} x\,dx\,dy=\int_{-\sqrt{\frac{13}{2}}}^{-\sqrt{5}} x\,dx\int_{-\sqrt{9-x^2}}^{-\sqrt{x^2-4}} y\,dy+\int_{-\sqrt{5}}^{-2} x\,dx\int_{-\sqrt{x^2-1}}^{-\sqrt{x^2-4}} y\,dy+\int_{-2}^{-\sqrt{\frac{5}{2}}} x\,dx\int_{-\sqrt{x^2-1}}^{-\sqrt{4-x^2}} dy\,dy=\frac{15}{8},$$

$$\iint_{D_4} x\,dx\,dy=\int_{\sqrt{\frac{5}{2}}}^{2} x\,dx\int_{-\sqrt{x^2-1}}^{-\sqrt{4-x^2}} y\,dy+\int_2^{\sqrt{5}} x\,dx\int_{-\sqrt{x^2-1}}^{-\sqrt{x^2-4}} yd\,y+\int_{\sqrt{5}}^{\sqrt{\frac{13}{2}}} x\,dx\int_{-\sqrt{9-x^2}}^{-\sqrt{x^2-4}} y\,dy=-\frac{15}{8}$$

で，その合計は 0.

6 (i)　$f(x, y)\geqq 0$ であれば，等式

$$\int_a^b dx\int_c^d f(x, y)\,dy=\iint_D f(x, y)\,dx\,dy=\int_c^d dy\int_a^b f(x, y)\,dx$$

が，いずれか一つが有限であれば，他の残りの二つも有限で等しく，いずれか一つが無限大 $+\infty$ であれば，他の残りも $+\infty$ となるという意味で等しい．

(ii) $|f(x,y)|\geqq 0$ なので，上の意味で

$$\int_a^b dx\int_c^d |f(x,y)|\,dy=\iint_D |f(x,y)|\,dx\,dy=\int_c^d dy\int_a^b |f(x,y)|\,dx$$

が成立しているが，これが有限な時，f は D 上**可積分**という．f が可積分な時にも，(i)の等式が成立する．

$g(x,y)=\dfrac{xy}{(x^2+y^2)^2}$ を原点並びに座標軸に対称な区間で積分すれば，値は 0 になる筈であるが，実際

$$\int_{-1}^1 dx\int_{-1}^1 \frac{xy}{(x^2+y^2)^2}\,dy=\int_{-1}^1\left[-\frac{x}{2(x^2+y^2)}\right]_{y=-1}^{y=1}dx=\int_{-1}^1 0\,dx=0,$$

$$\int_{-1}^1 dy\int_{-1}^1 \frac{dx}{(x^2+y^2)^2}\,dx=\int_{-1}^1\left[-\frac{y}{2(x^2+y^2)}\right]_{x=-1}^{x=1}dy=\int_{-1}^1 0\,dy=0$$

で両者は等しく，Fubini の定理の結論が成立している．

これは $|g(x,y)|$ を極座標を用いて，円板 $x^2+y^2\leqq 1$ 内で積分すると

$$\iint_{x^2+y^2\leqq 1}\left|\frac{xy}{(x^2+y^2)^2}\right|dx\,dy=\int_0^{2\pi}d\theta\int_0^1\frac{r^2|\cos\theta\sin\theta|}{r^4}\,r\,dr=\int_0^{2\pi}|\cos\theta\sin\theta|\int_0^1\frac{dr}{r}=+\infty$$

なので，可積分でないにも拘らず，成立する例である．一方 x を定数と見て，変数変換 $y=x\tan t$，$dy=x\sec^2 t\,dt$ を施すと

$$\int\frac{x^2-y^2}{(x^2+y^2)^2}\,dy=\int\frac{x^2(1-\tan^2 t)}{x^4\sec^4 t}\,x\sec^2 t\,dt=\frac{1}{x}\int(\cos^2 t-\sin^2 t)\,dt=\frac{1}{x}\int\cos 2t\,dt=\frac{\sin 2t}{2x}=\frac{\sin t\cos t}{x}$$

$$=\frac{\tan t\cos^2 t}{x}=\frac{y}{x^2+y^2}$$

なので

$$\int_0^1 dx\int_0^1\frac{x^2-y^2}{(x^2+y^2)^2}\,dy=\int_0^1\left[\frac{y}{x^2+y^2}\right]_{y=0}^{y=1}dx=\int_0^1\frac{dx}{x^2+1}=\frac{\pi}{4},$$

$$\int_0^1 dy\int_0^1\frac{x^2-y^2}{(x^2+y^2)^2}dx=\int_0^1\left[-\frac{x}{x^2+y^2}\right]_{x=0}^{x=1}dy=-\int_0^1\frac{dy}{y^2+1}=-\frac{\pi}{4}$$

を得，$h(x,y)$ に対してフビニの定理は成立しない．

[7] 正値関数 $e^{-x^2-y^2}$ の平面 $\boldsymbol{R}^2$ 上の 2 重積分は累次積分に等しく，積分 I は変数を y にしても同じなので，

$$\iint_{\boldsymbol{R}^2} e^{-x^2-y^2}dx\,dy=\int_{-\infty}^{+\infty}dx\int_{-\infty}^{+\infty}e^{-x^2-y^2}dy=\left(\int_{-\infty}^{+\infty}e^{-x^2}dx\right)\left(\int_{-\infty}^{+\infty}e^{-y^2}dy\right)=I^2.$$

一方，極座標 $x=r\cos\theta$，$y=r\sin\theta$，$dx\,dy=r\,dr\,d\theta$ を用いて累次積分すると

$$\iint_{\boldsymbol{R}^2} e^{-x^2-y^2}dx\,dy=\int_0^{2\pi}d\theta\int_0^{\infty}e^{-r^2}r\,dr=\int_0^{2\pi}\left[-\frac{e^{-r^2}}{2}\right]_0^{\infty}d\theta=\int_0^{2\pi}\frac{d\theta}{2}=\pi.$$

又は，変数変換 $x=s$，$y=ts$ を施すと，ヤコビヤン $=s$ なので

$$\iint_{\boldsymbol{R}^2} e^{-x^2-y^2}dx\,dy=4\iint_{x,y\geqq 0}e^{-x^2-y^2}dx\,dy=4\iint_{s,t\geqq 0}e^{-s^2(1+t^2)}s\,ds\,dt=4\int_0^{\infty}dt\int_0^{\infty}e^{-s^2(1+t^2)}s\,ds$$

$$=4\int_0^{\infty}\left[-\frac{e^{-s^2(1+t^2)}}{2(1+t^2)}\right]_{s=0}^{s=\infty}dt=2\int_0^{\infty}\frac{dt}{1+t^2}=2\Big[\tan^{-1}t\Big]_0^{\infty}=\pi.$$

いずれにせよ，$I^2=\pi$，すなわち，$I=\sqrt{\pi}$ を得る．これは e^{-x^2} の原始関数が初等関数で表されぬが，無限区間の積分だけは，何とか具体的に求まる例である．なお，$\dfrac{1}{\sqrt{2\pi\sigma^2}}e^{-\frac{(x-\mu)^2}{2\sigma^2}}$ を密度関数とする確率分布は平均 μ，分散 σ^2 の**正規分布** $N(\mu,\sigma^2)$ である．この分布は高数の確率・統計のカリキュラムなので，上の計算をよく理解すること．

[8] 3 次元の極座標 $x=r\sin\theta\cos\varphi$，$y=r\sin\theta\sin\varphi$，$z=r\cos\varphi$，$dx\,dy\,dz=r^2\sin\theta\,dr\,d\theta\,d\varphi$ を用いて

$$\iiint_{x^2+y^2+z^2\leqq 1}x^2dx\,dy\,dz=\int_0^{\pi}d\theta\int_0^{2\pi}d\varphi\int_0^1 r^2\sin^2\theta\cos^2\varphi\,r^2\sin\theta\,dr=\left(\int_0^{\pi}\sin^3\theta\,d\theta\right)\left(\int_0^{2\pi}\cos^2\varphi\,d\varphi\right)\left(\int_0^1 r^4dr\right)$$

$$=\left(2\int_0^{\frac{\pi}{2}}\sin^3\theta\,d\theta\right)\left(4\int_0^{\frac{\pi}{2}}\cos^2\varphi\,d\varphi\right)\cdot\frac{1}{5}=\left(2\cdot\frac{2}{3}\cdot\frac{1}{1}\right)\left(4\cdot\frac{1}{2}\cdot\frac{\pi}{2}\right)\cdot\frac{1}{5}=\frac{4\pi}{15}.$$

[9] z はそのままにして，x,y についてのみ極座標を行う，いわゆる，**円筒座標** $x=r\cos\theta$，$y=r\sin\theta$，$z=z$，dx

$dy\,dz=r\,dr\,d\theta\,dz$ が便利で

$$\iiint_{x^2+y^2\leqq a^2,\,0\leqq z\leqq b}(x+z)^2dx\,dy\,dz=\int_0^b dz\int_0^{2\pi}d\theta\int_0^a(r\cos\theta+z)^2r\,dr=\int_0^b dz\int_0^{2\pi}d\theta\int_0^a(r^3\cos^2\theta+2r^2z\cos\theta+rz^2)dr$$

$$=\int_0^b dz\int_0^{2\pi}\left(\frac{a^4\cos^2\theta}{4}+\frac{2a^3z\cos\theta}{3}+\frac{a^2z^2}{2}\right)d\theta=\int_0^b\left(\frac{a^4}{4}\cdot4\cdot\frac{1}{2}\cdot\frac{\pi}{2}+\frac{a^2z^2}{2}\cdot2\pi\right)dz=\frac{\pi a^2b(3a^2+4b^2)}{12}.$$

10 変数変換 $x=4u$，$y=3v$，$z=2w$ の関数行列は対角要素が 4，3，2 の対角行列なので，その行列式，すなわち，ヤコビヤンは $4\cdot3\cdot2=24$．したがって

$$\iiint_{x,y,z\geqq0,\ \frac{x^2}{16}+\frac{y^2}{9}+\frac{z^2}{4}\leqq1}(x-2z)\,dx\,dy\,dz=96\iiint_{u,v,w\geqq0,\ u^2+v^2+w^2\leqq1}(u-w)\,du\,dv\,dw$$

を得る．右辺は u,w について反対称なので，計算しなくても 0 であり，入試の解答はこれで終るべきであるが，演習のため，さらに，極座標 $u=r\sin\theta\cos\varphi$，$v=r\sin\theta\sin\varphi$，$w=r\cos\theta$，$du\,dv\,dw=r^2\sin\theta\,dr\,d\theta\,d\varphi$ を用いて

$$=96\int_0^{\frac{\pi}{2}}d\theta\int_0^{\frac{\pi}{2}}d\varphi\int_0^1(r\sin\theta\cos\varphi-r\cos\theta)r^2\sin\theta\,dr=24\int_0^{\frac{\pi}{2}}d\theta\int_0^{\frac{\pi}{2}}(\sin^2\theta\cos\varphi-\sin\theta\cos\theta)\,d\varphi$$

$$=24\int_0^{\frac{\pi}{2}}\left(\sin^2\theta-\frac{\pi\sin2\theta}{4}\right)d\theta=24\left(\frac{1}{2}\cdot\frac{\pi}{2}-\frac{\pi}{4}\right)=0.$$

11 16 章の B-5 より 4 次元の極座標 $x_1=r\sin\theta_1\sin\theta_2\sin\theta_3$，$x_2=r\sin\theta_1\sin\theta_2\cos\theta_3$，$x_3=r\sin\theta_1\cos\theta_2$，$x_4=r\cos\theta_1$ のヤコビヤンは $r^3\sin^2\theta_1\sin\theta_2$ であり，しかも，その図より $x_1{}^2+x_2{}^2+x_3{}^2+x_4{}^2\leqq1$ と $0\leqq\theta_1\leqq\pi$，$0\leqq\theta_2\leqq\pi$，$0\leqq\theta_3\leqq2\pi$ は同値であり

$$\iiiint_{x_1{}^2+x_2{}^2+x_3{}^2+x_4{}^2\leqq1}dx_1\,dx_2\,dx_3\,dx_4=\int_0^{2\pi}d\theta_3\int_0^{\pi}d\theta_2\int_0^{\pi}d\theta_1\int_0^1r^3\sin^2\theta_1\sin\theta_2\,dr=\int_0^{2\pi}d\theta_3\int_0^{\pi}d\theta_2\int_0^{\pi}\frac{\sin^2\theta_1\sin\theta_2}{4}d\theta_1$$

$$=\int_0^{2\pi}d\theta_3\int_0^{\pi}d\theta_2\int_0^{\frac{\pi}{2}}\frac{\sin^2\theta_1\sin\theta_2}{2}d\theta_1=\int_0^{2\pi}d\theta_3\int_0^{\pi}\frac{1}{2}\cdot\frac{1}{2}\cdot\frac{\pi}{2}\sin\theta_2\,d\theta_2=\int_0^{2\pi}\frac{\pi}{4}d\theta_3=\frac{\pi^2}{2}$$

を得るが，これは 4 次元の単位球の体積である．

B　基礎を活用する演習

1. $D: x\geqq0$，$x^2+y^2+z^2\leqq1$ なので，極座標を $x=r\sin\theta\cos\varphi$，$y=r\sin\theta\sin\varphi$，$z=r\cos\theta$ を用いると，$0\leqq\theta\leqq\pi$，$-\frac{\pi}{2}\leqq\varphi\leqq\frac{\pi}{2}$，$0\leqq r\leqq1$ と旨く区分けできて，公式より $dx\,dx\,dz=r^2\sin\theta\,dr\,d\theta\,d\varphi$ なので，

$$\iiint_D xe^{-x^2-y^2-z^2}\,dx\,dy\,dz=\iiint_{0\leqq r\leqq1,\ 0\leqq\theta\leqq\pi,\ -\frac{\pi}{2}\leqq\varphi\leqq\frac{\pi}{2}}r\sin\theta\cos\varphi e^{-r^2}r^2\sin\theta\,dr\,d\theta\,d\varphi$$

$$=\left(\int_0^1r^3e^{-r^2}dr\right)\left(\int_0^{\pi}\sin^2\theta\,d\theta\right)\left(\int_{-\frac{\pi}{2}}^{\frac{\pi}{2}}\cos\varphi\,d\varphi\right).$$

先ず，変数変換 $s=-r^2$，$ds=-2r\,dr$，次に部分積分を施して

$$\int_0^1r^3e^{-r^2}dr=\int_0^{-1}(-s)e^s\left(-\frac{ds}{2}\right)=-\frac{1}{2}\int_{-1}^0se^s\,ds=-\frac{1}{2}\Big[se^s\Big]_{-1}^0+\frac{1}{2}\int_{-1}^0e^s\,ds=-\frac{e^{-1}}{2}+\frac{1}{2}\Big[e^s\Big]_{-1}^0=\frac{1}{2}-e^{-1}$$

を得，

$$\int_0^{\pi}\sin^2\theta\,d\theta=2\int_0^{\frac{\pi}{2}}\sin^2\theta\,d\theta=2\cdot\frac{1}{2}\cdot\frac{\pi}{2}=\frac{\pi}{2},\quad\int_{-\frac{\pi}{2}}^{\frac{\pi}{2}}\cos\varphi\,d\varphi=\Big[\sin\varphi\Big]_{-\frac{\pi}{2}}^{\frac{\pi}{2}}=2$$

が成立しているので，求める積分 $=\frac{e-2}{2e}\cdot\frac{\pi}{2}\cdot2=\frac{(e-2)\pi}{2e}$.

2. $D: x^2+y^2+z^2\leqq a^2$，$z\geqq0$ なので，やはり，極座標 $x=r\sin\theta\cos\varphi$，$y=r\sin\theta\sin\varphi$，$z=r\cos\theta$ を用いると，$0\leqq r\leqq a$，$0\leqq\theta\leqq\frac{\pi}{2}$，$0\leqq\varphi\leqq2\pi$ と区分けできて，

$$\iiint_D\frac{x^2y^2z}{\sqrt{x^2+y^2}}dx\,dy\,dz=\iiint_{0\leqq r\leqq a,\ 0\leqq\theta\leqq\frac{\pi}{2},\ 0\leqq\varphi\leqq\pi}\frac{r^2\sin^2\theta\cos^2\varphi\,r^2\sin^2\theta\sin^2\varphi\,r\cos\theta}{r\sin\theta}r^2\sin\theta\,dr\,d\theta\,d\varphi$$

$$=\left(\int_0^ar^6\,dr\right)\left(\int_0^{\frac{\pi}{2}}\sin^4\theta\cos\theta\,d\theta\right)\left(\int_0^{\pi}\cos^2\varphi\sin^2\varphi\,d\varphi\right)$$

だが

$$\int_0^a r^6\,dr=\frac{a^7}{7},\quad \int_0^{\frac{\pi}{2}}\sin^4\theta\cos\theta\,d\theta=\left[\frac{\sin^5\theta}{5}\right]_0^{\frac{\pi}{2}}=\frac{1}{5},\quad \int_0^{2\pi}\cos^2\varphi\sin^2\varphi\,d\varphi=4\int_0^{\frac{\pi}{2}}\cos^2\varphi\sin^2\varphi\,d\varphi$$

$$=4\int_0^{\frac{\pi}{2}}(\sin^2\varphi-\sin^4\varphi)\,d\varphi=4\left(\frac{1}{2}\frac{\pi}{2}-\frac{3}{4}\frac{1}{2}\cdot\frac{\pi}{2}\right)=4\cdot\frac{1}{4}\cdot\frac{\pi}{4}=\frac{\pi}{4}$$

なので，求める積分 $=\frac{a^7}{7}\cdot\frac{1}{5}\cdot\frac{\pi}{4}=\frac{\pi a^7}{140}$.

3. 正三角形 ABC の重心は各辺の垂直２等分線の交点 O であり， AO, BO, CO の延長と BC, CA, AB との交点をそれぞれ， A′, B′, C′ とすると， AO : OA′=BO : OB′=CO : OC′=2 : 1 である．また，$BC=1$, $BA'=A'C=\frac{1}{2}$, $AB=1$ なので，$AA'=\frac{\sqrt{3}}{2}$, $AO=\frac{1}{\sqrt{3}}$, $OA'=\frac{1}{2\sqrt{3}}$ である．先ず，辺 BC が x 軸に平行な下図の場合を考察すると $T_1=\left\{(x,y)\in\boldsymbol{R}^2;\ -\frac{1}{2}\leqq x\leqq 0,\ -\frac{1}{2\sqrt{3}}\leqq y\leqq\frac{3x+1}{\sqrt{3}}\right\}$, $T_2=\left\{(x,y)\in\boldsymbol{R}^2;\ 0\leqq x\leqq\frac{1}{2},\ -\frac{1}{2\sqrt{3}}\leqq y\leqq\frac{1-3x}{\sqrt{3}}\right\}$ とすれば，$T=T_1\cup T_2$ であり，求める積分は

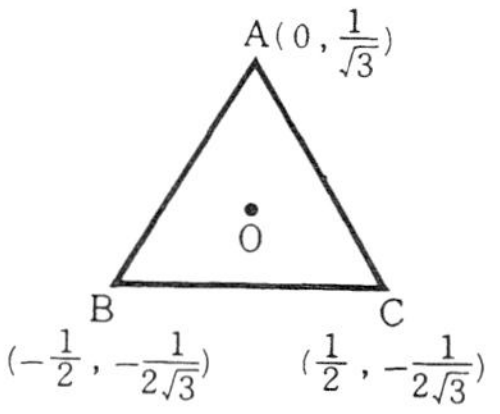

$$\iint_T(ax^2+2bxy+cy^2)\,dx\,dy=\iint_{T_1}+\iint_{T_2},$$

$$\iint_{T_1}=\int_{-\frac{1}{2}}^{0}dx\int_{-\frac{1}{2\sqrt{3}}}^{\frac{3x+1}{\sqrt{3}}}(ax^2+2bxy+cy^2)\,dy=\int_{-\frac{1}{2}}^{0}\left[ax^2y+bxy^2+\frac{cy^3}{3}\right]_{-\frac{1}{2\sqrt{3}}}^{\frac{3x+1}{\sqrt{3}}}dx$$

$$=\int_{-\frac{1}{2}}^{0}\left(\sqrt{3}ax^3+\frac{\sqrt{3}a}{2}x^2+3bx^3+2bx^2+\frac{b}{4}x+\frac{c}{9\sqrt{3}}(3x+1)^3+\frac{c}{72\sqrt{3}}\right)dx,$$

$$\iint_{T_2}=\int_0^{\frac{1}{2}}dx\int_{-\frac{1}{2\sqrt{3}}}^{\frac{1-3x}{\sqrt{3}}}(ax^2+2bxy+cy^2)\,dy=\int_0^{\frac{1}{2}}\left[ax^2y+bxy^2+\frac{cy^3}{3}\right]_{-\frac{1}{2\sqrt{3}}}^{\frac{1-3x}{\sqrt{3}}}dx$$

$$=\int_0^{\frac{1}{2}}\left(-\sqrt{3}ax^3+\frac{\sqrt{3}a}{2}x^2+3bx^3-2bx^2+\frac{b}{4}x+\frac{c}{9\sqrt{3}}(-3x+1)^3+\frac{c}{72\sqrt{3}}\right)dx$$

なので

$$\iint_T=2\int_0^{\frac{1}{2}}\left(-\sqrt{3}ax^3+\frac{\sqrt{3}a}{2}x^2+\frac{c}{9\sqrt{3}}(-3x+1)^3+\frac{c}{72\sqrt{3}}\right)dx$$

$$=2\left[-\sqrt{3}a\frac{x^4}{4}+\frac{\sqrt{3}a}{6}x^3-\frac{c}{3\cdot36\sqrt{3}}(-3x+1)^4+\frac{c}{72\sqrt{3}}x\right]_0^{\frac{1}{2}}$$

$$=\frac{\sqrt{3}(a+c)}{96}$$

を得るが， 線形代数を少しでも学ばれた読者は $a+c$ が２次形式 $ax^2+2bxy+cy^2$ の係数行列のトレースで直交変換によって不変であることをご存知の筈である．

一般に， 辺 BC が x 軸の正の 向きと角 θ をなす場合を考察しよう． 原点を中心として， 座標軸を 正の向きに角 θ だけ回転して新しい座標系 X, Y を導入する．同じ点 P の元の座標 (x, y) との間の関係は

$$\begin{bmatrix}x\\x\end{bmatrix}=\begin{bmatrix}\cos\theta & -\sin\theta\\ \sin\theta & \cos\theta\end{bmatrix}\begin{bmatrix}X\\Y\end{bmatrix},\quad \text{すなわち,}\quad \begin{aligned}x&=X\cos\theta-Y\sin\theta\\ y&=X\sin\theta+Y\cos\theta\end{aligned}$$

で与えられ，この変数変換のヤコビヤンは係数行列式 $=\cos^2\theta+\sin^2\theta=1$ である．新座標系に関しては，三角形 T は辺 BC が X 軸に平行な始めに考えた場合に当るが， ２次形式 $f=ax^2+2bxy+cy^2$ は勿論 $f=a'X^2+2b'XY+c'Y^2$ なる形に係数は変るが

$$a'=a\cos^2\theta+2b\cos\theta\sin\theta+c\sin^2\theta,\quad c'=a\sin^2\theta-2b\cos\theta\sin\theta+c\cos^2\theta$$

なる関係があるので，$a'+c'=a+c$ が成立し，トレース $a+c$ は， この直交変換によって不変であり， 求める積分は重心を中心とする座標系の取り方には関係しない，いいかえれば，三角形 T の傾き θ にはよらない．

4. 半径 r の球面の面積要素 dS は極座標の公式にて r を固定させた

$$dS=r^2\sin\theta\,d\theta\,d\varphi$$

で与えられるので，$r=1$ として部分積分と置換積分して

$$A\text{の面積}=\int_{0\le\theta\le\frac{\pi}{4},\ 0\le\varphi\le\theta} dS=\int_0^{\frac{\pi}{4}}d\theta\int_0^{\theta}\sin\theta\,d\varphi=\int_0^{\frac{\pi}{4}}\theta\sin\theta\,d\theta=\Big[-\theta\cos\theta+\sin\theta\Big]_0^{\frac{\pi}{4}}=\frac{4-\pi}{4\sqrt{2}}.$$

$$\int_A(x+y+z)dS=\iint_{0\le\theta\le\frac{\pi}{4},\ 0\le\varphi\le\theta}(\sin\theta\cos\varphi+\sin\theta\sin\varphi+\cos\theta)\sin\theta\,d\varphi\,d\theta$$

$$=\int_0^{\frac{\pi}{4}}d\theta\int_0^{\theta}(\sin^2\theta\cos\varphi+\sin^2\theta\sin\varphi+\sin\theta\cos\theta)d\varphi$$

$$=\int_0^{\frac{\pi}{4}}\Big[\sin^2\theta\sin\varphi-\sin^2\theta\cos\varphi+\varphi\sin\theta\cos\theta\Big]_{\varphi=0}^{\varphi=\theta}d\theta=\int_0^{\frac{\pi}{4}}(\sin^3\theta-\sin^2\theta\cos\theta+\sin^2\theta+\theta\sin\theta\cos\theta)\,d\theta$$

$$=\int_0^{\frac{\pi}{4}}\Big((1-\cos^2\theta)\sin\theta-\sin^2\theta\cos\theta+\frac{1-\cos 2\theta}{2}+\theta\frac{\sin 2\theta}{2}\Big)d\theta=\Big[-\cos\theta+\frac{\cos^3\theta}{3}-\frac{\sin^3\theta}{3}+\frac{\theta-\frac{\sin 2\theta}{2}}{2}$$

$$-\frac{\theta\cos 2\theta}{4}+\frac{\sin 2\theta}{8}\Big]_0^{\frac{\pi}{4}}=-\frac{1}{\sqrt{2}}+\frac{\pi}{8}-\frac{1}{4}+\frac{1}{8}+1-\frac{1}{3}=\frac{\pi}{8}+\frac{13}{24}-\frac{1}{\sqrt{2}}.$$

5. 時刻 t における中心と質点との距離を x とすると，ニュートンの法則より

$$m\frac{d^2x}{dt^2}=-\lambda x^{-s}.$$

両辺に $\dfrac{dx}{dt}$ を掛けると

$$m\frac{dx}{dt}\frac{d^2x}{dt^2}=-\lambda x^{-s}\frac{dx}{dt},\quad \text{すなわち，}\quad \frac{d}{dt}\Big(\frac{m}{2}\Big(\frac{dx}{dt}\Big)^2+\frac{\lambda}{1-s}x^{1-s}\Big)=0$$

なので，

$$\frac{m}{2}\Big(\frac{dx}{dt}\Big)^2+\frac{\lambda}{1-s}x^{1-s}=\text{定数}.$$

しかし，$t=0$ で $x=a$ から動き始めたので $\dfrac{dx}{dt}=0$ であり，定数$=\dfrac{m}{2}\Big(\dfrac{dx}{dt}\Big)^2+\dfrac{\lambda}{1-s}x^{1-s}=\dfrac{\lambda}{1-s}a^{1-s}$，すなわち，$\dfrac{dx}{dt}=-\sqrt{\dfrac{2\lambda}{m(1-s)}(a^{1-s}-x^{1-s})}$ なので，求める時間 T は $s>1$ を考慮に入れて

$$T=\int_0^T dt=\int_a^0\frac{dt}{dx}dx=\int_0^a\sqrt{\frac{m(s-1)}{2\lambda(x^{1-s}-a^{1-s})}}dx$$

で与えられる．変数変換 $\dfrac{1}{x^{s-1}}-\dfrac{1}{a^{s-1}}=\dfrac{t}{a^{s-1}(1-t)}$，$x=a(1-t)^{\frac{1}{s-1}}$，$dx=\dfrac{-a}{s-1}(1-t)^{\frac{1}{s-1}-1}dt$ を施せば

$$T=\int_1^0\sqrt{\frac{m(s-1)}{2\lambda}\cdot\frac{a^{s-1}(1-t)}{t}}\frac{-a}{s-1}(1-t)^{\frac{1}{s-1}-1}dt=\sqrt{\frac{ma^{s+1}}{2\lambda(s-1)}}\int_0^1 t^{\frac{1}{2}-1}(1-t)^{\frac{1}{s-1}+\frac{1}{2}-1}dt$$

を得るので，ヒントに与えられている公式と下記の $\Gamma\Big(\dfrac{1}{2}\Big)=\sqrt{\pi}$ より

$$\sqrt{\frac{ma^{s+1}}{2\lambda(s-1)}}B\Big(\frac{1}{2},\frac{1}{s-1}+\frac{1}{2}\Big)=\sqrt{\frac{ma^{s+1}}{2\lambda(s-1)}}\frac{\Gamma\Big(\frac{1}{2}\Big)\Gamma\Big(\frac{1}{s-1}+\frac{1}{2}\Big)}{\Gamma\Big(\frac{1}{s-1}+1\Big)}=\sqrt{\frac{\pi ma^{s+1}}{2\lambda(s-1)}}\frac{\Gamma\Big(\frac{1}{s-1}+\frac{1}{2}\Big)}{\Gamma\Big(\frac{s}{s-1}\Big)}$$

この機会に**ガンマ関数** $\Gamma(x)$ と**ベータ関数** $B(x,y)$ について学び，将来の工学方面への布石としよう．

$$\Gamma(x)=\int_0^\infty t^{x-1}e^{-t}\,dt\quad(x>0)$$

によって $\Gamma(x)$ は定義される．この積分は $x=0$ と ∞ の近傍で特異であるが，12章の B-4 で述べたように収束する．例えば，$x=\dfrac{1}{2}$ の時，変数変換 $t=y^2$，$dt=2y\,dy$ を施し，A-7を用いると

$$\Gamma\Big(\frac{1}{2}\Big)=\int_0^\infty t^{-\frac{1}{2}}e^{-t}\,dt=2\int_0^\infty e^{-y^2}\,dy=\int_{-\infty}^{+\infty}e^{-y^2}\,dy=\sqrt{\pi}$$

である．また，部分積分により

$$\Gamma(x+1)=\int_0^\infty t^x e^{-t}\,dt=\Big[-t^x e^{-t}\Big]_0^\infty+x\int_0^\infty t^{x-1}e^{-t}\,dt=x\Gamma(x).$$

$$\Gamma(1)=\int_0^\infty e^{-t}\,dt=\Big[-e^{-t}\Big]_0^\infty=1$$

なので，数学的帰納法により右の Schema を得る．

SCHEMA

自然数 n に対して，　$\Gamma(n+1)=n!$

次にベータ関数は $x, y>0$ に対して

$$B(x, y)=\int_0^1 t^{x-1}(1-t)^{y-1}\,dt$$

で定義され，この積分は $t=0, 1$ を特異点とするが，やはり12章B-4で述べた事項より収束する．次に述べるベータ関数とガンマ関数の右の関係式を修めないと理工科系の学生とはいえない：

SCHEMA

$$B(x, y)=\frac{\Gamma(x)\Gamma(y)}{\Gamma(x+y)}$$

非負関数の2重積分は累次積分できるから，

$$S=\iint_{s, t\geqq 0} s^{x-1}t^{y-1}e^{-s-t}\,ds\,dt=\left(\int_0^\infty s^{x-1}e^{-s}\,ds\right)\left(\int_0^\infty t^{y-1}e^{-t}\,dt\right)=\Gamma(s)\Gamma(t)$$

がガンマ関数の定義より導かれる．一方，変数変換 $s+t=u$，$s=uv$ は $s=uv$，$t=u(1-v)$，$u=s+t$，$v=\dfrac{t}{s+t}$ を与えるから，$s, t\geqq 0$ を $0\leqq u<\infty$，$0\leqq v<1$ に移す1対1写像であり，そのヤコビヤンは

$$\frac{D(s, t)}{D(u, v)}=\begin{vmatrix} s_u & s_v \\ t_u & t_v \end{vmatrix}=\begin{vmatrix} v & u \\ 1-v & -u \end{vmatrix}=-u$$

なので，変数変換の公式より

$$S=\iint_{\substack{0\leqq u \\ 0\leqq v\leqq 1}} (uv)^{x-1}(u(1-v))^{y-1}e^{-u}u\,du\,dv$$

$$=\left(\int_0^\infty u^{x+y-1}e^{-u}\,du\right)\left(\int_0^1 v^{x-1}(1-v)^{y-1}\,dv\right)=\Gamma(x+y)B(x, y)$$

が定義から導かれ，公式を得る．例えば

$$\int_0^1 \sqrt{x(1-x)dx}=\int_0^1 x^{\frac{3}{2}-1}(1-x)^{\frac{3}{2}-1}\,dx=B\left(\frac{3}{2}, \frac{3}{2}\right)=\frac{\Gamma\left(\frac{3}{2}\right)\Gamma\left(\frac{3}{2}\right)}{\Gamma(3)}=\frac{\left(\frac{1}{2}\Gamma\left(\frac{1}{2}\right)\right)^2}{2!}=\frac{\pi}{8}.$$

6. Dirichelet 積分と呼ばれ，ヤコビヤンとベータ関数の演習問題であり，**ディリクレ積分**Sを変数変換 $x+y+z=u$，$y+z=uv$，$z=uvw$ で求める所がキーである．$x=u(1-v)$，$y=uv(1-w)$，$z=uvw$ および，

$$u=x+y+z,\quad v=\frac{y+z}{x+y+z},\quad w=\frac{z}{y+z}$$

なので，$x, y, z\geqq 0$，$x+y+z\leqq 1$ は $0\leqq u, v, w\leqq 1$ に写る．ヤコビヤンは，先ず，次の行列式の第2列より u を，第3列より uv を外に出し

$$\frac{D(x, y, z)}{D(u, v, w)}=\begin{vmatrix} x_u & x_v & x_w \\ y_u & y_v & y_w \\ z_u & z_v & z_w \end{vmatrix}=\begin{vmatrix} 1-v & -u & 0 \\ v(1-w) & u(1-w) & -uv \\ vw & uw & uv \end{vmatrix}=u^2v\begin{vmatrix} 1-v & -1 & 0 \\ v(1-w) & 1-w & -1 \\ vw & w & 1 \end{vmatrix}.$$

次に第3行を第2行に加え，次に第2行を第1行に加えると，下三角行列式となるので，対角要素の積を作り

$$\frac{D(x, y, z)}{D(u, v, w)}=u^2v\begin{vmatrix} 1-v & -1 & 0 \\ v & 1 & 0 \\ vw & w & 1 \end{vmatrix}=u^2v\begin{vmatrix} 1 & 0 & 0 \\ v & 1 & 0 \\ vw & w & 1 \end{vmatrix}=u^2v.$$

3次元の場合の変数変換の公式より

$$S=\iiint_{0\leqq u, v, w\leqq 1} (u(1-v))^{p-1}(uv(1-w))^{q-1}(uvw)^{r-1}(1-u)^{s-1}u^2v\,du\,dv\,dw$$

$$=\left(\int_0^1 u^{p+q+r-1}(1-u)^{s-1}\,du\right)\left(\int_0^1 v^{q+r-1}(1-v)^{p-1}\,dv\right)\left(\int_0^1 w^{r-1}(1-w)^{q-1}\,dw\right)$$

$$=B(p+q+r, s)B(q+r, p)B(r, q)=\frac{\Gamma(p+q+r)\Gamma(s)}{\Gamma(p+q+r+s)}\cdot\frac{\Gamma(q+r)\Gamma(p)}{\Gamma(p+q+r)}\cdot\frac{\Gamma(r)\Gamma(q)}{\Gamma(q+r)}=\frac{\Gamma(p)\Gamma(q)\Gamma(r)\Gamma(s)}{\Gamma(p+q+r+s)}$$

がベータ関数の定義式とベータとガンマの関係式より得られる．

行き掛けの駄賃で，n 次元空間の n 面体 $K=\{x_1, x_2, \cdots, x_n)\in\boldsymbol{R}^n\,;\,0\leqq x_i, x_1+x_2+\cdots+x_n\leqq 1(1\leqq i\leqq n)\}$ 上の**ディリクレ積分**

$$S=\iint\cdots\int_K x_1{}^{p_1-1}x_2{}^{p_2-1}\cdots x_n{}^{p_n-1}(1-x_1-x_2-\cdots-x_n)^{q-1}\,dx_1\,dx_2\cdots dx_n$$

を算出しよう．先程の行列式の計算を n 次元のとき実行できる自信はとてもないので，中間的に，先ず変数変換 $y_1=x_1+x_2+\cdots x_n$, $y_2=x_2+x_3+\cdots+x_n$, $\cdots$, $y_i=x_i+x_{i+1}+\cdots+x_n$, $\cdots$, $y_{n-1}=x_{n-1}+x_n$, $y_n=x_n$ を行い，$x_1=y_1-y_2$, $x_2=y_2-y_3$, $\cdots$, $x_{n-1}=y_{n-1}-y_n$, $x_n=y_n$. このヤコビヤンは次のように上三角行列式であり，対角要素の積として

$$\frac{D(x_1,x_2,\cdots,x_n)}{D(y_1,y_2,\cdots,y_n)}=\begin{vmatrix}1 & -1 & 0 & \cdots & 0 & 0\\ 0 & 1 & -1 & \cdots & 0 & 0\\ \cdots & \cdots & \cdots & \cdots & \cdots & \cdots\\ 0 & 0 & 0 & \cdots & 1 & -1\\ 0 & 0 & 0 & \cdots & 0 & 1\end{vmatrix}=1.$$

次に $y_1=z_1$, $y_2=z_1z_2$, $y_3=z_1z_2z_3$, $\cdots$, $y_n=z_1z_2\cdots z_n$ とおくと，今度は下三角行列式を得，

$$\frac{D(y_1,y_2,\cdots,y_n)}{D(z_1,z_2,\cdots,z_n)}=\begin{vmatrix}1 & 0 & 0 & \cdots & 0\\ z_2 & z_1 & 0 & \cdots & 0\\ z_2z_3 & z_1z_3 & z_1z_2 & \cdots & 0\\ \cdots & \cdots & \cdots & \cdots & \cdots\\ \cdots & \cdots & \cdots & \cdots & z_1z_2\cdots z_{n-1}\end{vmatrix}=z_1(z_1z_2)\cdots(z_1z_2\cdots z_{n-1})$$

なので，合成写像のヤコビヤンはヤコビヤンの積であるから，

$$\frac{D(x_1,x_2,\cdots,x_n)}{D(z_1,z_2,\cdots,z_n)}=\frac{D(x_1,x_2,\cdots,x_n)}{D(y_1,y_2,\cdots,y_n)}\cdot\frac{D(y_1,y_2,\cdots,y_n)}{D(z_1,z_2,\cdots,z_n)}=z_1{}^{n-1}z_2{}^{n-2}\cdots z_{n-1}.$$

この合成写像により K は超立方体 $0\leqq z_1, z_2, \cdots, z_n\leqq 1$ の上に写り， $x_1=z_1(1-z_2)$, $x_2=z_1z_2(1-z_3)$, $\cdots$, $x_{n-1}=z_1z_2\cdots z_{n-1}(1-z_n)$, $x_n=z_1z_2\cdots z_n$ なので

$$S=\iint\cdots\int_{0\leqq z_1,z_2,\cdots,n\leqq 1}(z_1(1-z_2))^{p_1-1}(z_1z_2(1-z_3))^{p_2-1}(z_1z_2z_3(1-z_4)^{p_3-1}\cdots(z_1z_2\cdots z_{n-1}(1-z_n))^{p_{n-1}-1}(z_1z_2\cdots z_n)^{p_n-1}$$
$$(1-z_1)^{q-1}z_1{}^{n-1}z_2{}^{n-2}\cdots z_{n-1}\,dz_1\,dz_2\cdots dz_n$$
$$=\left(\int_0^1 z_1{}^{p_1+p_2+\cdots+p_n-1}(1-z_1)^{q-1}\,dz_1\right)\left(\int_0^1 z_2{}^{p_2+p_3+\cdots+p_n-1}(1-z_2)^{p_1-1}\,dz_2\right)\left(\int_0^1 z_3{}^{p_3+p_4+\cdots+p_n-1}(1-z_3)^{p_2-1}\,dz_3\right)\cdots$$
$$\left(\int_0^1 z_n{}^{p_n-1}(1-z_n)^{p_{n-1}-1}\,dz_n\right)=B(p_1+p_2+\cdots+p_n,q)B(p_2+p_3+\cdots+p_n,p_1)B(p_3+p_4+\cdots+p_n,p_2)\cdots$$
$$B(p_n,p_{n-1})$$
$$=\frac{\Gamma(p_1+p_2+\cdots+p_n)\Gamma(q)}{\Gamma(p_1+p+\cdots+p_n+q)}\cdot\frac{\Gamma(p_2+p_3+\cdots+p_n)\Gamma(p_1)}{\Gamma(p_1+p_2+\cdots+p_n)}\cdot\frac{\Gamma(p_3+p_4+\cdots+p_n)\Gamma(p_2)}{\Gamma(p_2+p_3+\cdots+p_n)}\cdot\cdots\cdots\cdot\frac{\Gamma(p_n)\Gamma(p_{n-1})}{\Gamma(p_{n-1}+p_n)}$$
$$=\frac{\Gamma(p_1)\Gamma(p_2)\cdots\Gamma(p_n)\Gamma(q)}{\Gamma(p_1+p_2+\cdots+p_n+q)}$$

を得る．

最後に，毒食わば皿までの心境で，最後に n 次元の超球 $D=\{(x_1,x_2,\cdots,x_n)\in\boldsymbol{R}^n;\,x_1{}^2+x_2{}^2+\cdots+x_n{}^2\leqq 1\}$ の体積 (Lebesgne 測度) V を求めよう．第1象限の部分を $E=\{(x_1,x_2,\cdots,x_n)\in D;\,x_i\geqq 0(1\leqq i\leqq n)\}$ とすると，

$$V=\iint_D\cdots\int dx_1\,dx_2\cdots dx_n=2^n\iint_E\cdots\int dx_1\,dx_2\cdots dx_n.$$

先ず，変数変換 $x_i=y_i{}^{\frac{1}{2}}(1\leqq i\leqq n)$，を施すと，ヤコビヤンは $\dfrac{\partial x_i}{\partial y_i}=\dfrac{1}{2}y_i{}^{-\frac{1}{2}}$ を対角要素とする対角行列式なので，$F=\{(y_1,y_2,\cdots,y_n)\in\boldsymbol{R}^n;\,0\leqq y_i\leqq 1(1\leqq i\leqq n),\,y_1+y_2+\cdots+y_n\leqq 1\}$ に対して，

$$V=2^n\iint_F\cdots\int\frac{D(x_1,x_2,\cdots,x_n)}{D(y_1,y_2,\cdots,y_n)}dy_1\,dy_2\cdots dy_n=\iint_F\cdots\int y_1{}^{\frac{1}{2}-1}y_2{}^{\frac{1}{2}-1}\cdots y_n{}^{\frac{1}{2}-1}\,dy_1\,dy_2\cdots dy_n.$$

これは n 次元の Dirichlet 積分にて $p_1=p_2=\cdots=p_n=\dfrac{1}{2}$, $q=1$ とした場合なので，$\Gamma\left(\dfrac{1}{2}\right)=\sqrt{\pi}$ に注意すると，上述の公式より

$$V=\frac{\left(\Gamma\left(\frac{1}{2}\right)\right)^n\Gamma(1)}{\Gamma\left(\frac{n}{2}+1\right)}=\frac{(\sqrt{\pi})^n}{\Gamma\left(\frac{n}{2}+1\right)}.$$

n が偶数 $2m$ であれば， $\Gamma\left(\dfrac{n}{2}+1\right)=\Gamma(m+1)=m!$ なので， $V=\dfrac{\pi^m}{m!}$. n が奇数 $2m+1$ であれば，$\Gamma\left(\dfrac{n}{2}+1\right)=\Gamma\left(m+1+\dfrac{1}{2}\right)=\left(m+\dfrac{1}{2}\right)\Gamma\left(m+\dfrac{1}{2}\right)=\left(m+\dfrac{1}{2}\right)\cdots\dfrac{1}{2}\Gamma\left(\dfrac{1}{2}\right)=\left(m+\dfrac{1}{2}\right)\left(m-\dfrac{1}{2}\right)\cdots\dfrac{1}{2}\sqrt{\pi}$ なので，

$$V=\frac{\pi^m}{\left(m+\frac{1}{2}\right)\left(m-\frac{1}{2}\right)\cdots\frac{1}{2}}.$$

以上を要約すると右の公式を得る．上に解説した計算がスラスラスイと導けるようになれば，変数変換の学習も終局に近い．

SCHEMA

$$n\text{ 次元の単位超球の体積}=\begin{cases}\dfrac{\pi^m}{1\cdot 2\cdots(m-1)m}, & n=2m\\[2mm] \dfrac{\pi^m}{\frac{1}{2}\cdot\frac{3}{2}\cdots\left(m-\frac{1}{2}\right)\left(m+\frac{1}{2}\right)}, & n=2m+1\end{cases}$$

7. 先ず有名な右のスターリンの公式，すなわち，

$$\lim_{x\to+\infty}\frac{\Gamma(x+1)}{x^xe^{-x}\sqrt{2\pi x}}=1$$

Stirling の公式

$$\Gamma(x+1)\sim x^xe^{-x}\sqrt{2\pi x}$$

の導入から始めよう．変数変換 $t=x(s+1)$ を施すと，関数 $g=(s+1)e^{-s}$ に対して

$$\Gamma(x+1)=\int_0^\infty t^xe^{-t}\,dt=\int_{-1}^\infty (x(s+1))^xe^{-x(s+1)}x\,ds=x^{x+1}e^{-x}\int_{-1}^\infty (g(s))^x\,ds.$$

$f(s)=\log g(s)=\log(s+1)-s$，$f'(s)=\dfrac{1}{s+1}-1=-\dfrac{s}{s+1}$，$f''(s)=-\dfrac{1}{(s+1)^2}$ は $f(0)=f'(0)=0$，$f''(0)=-1$ を満す．$s\geqq 0$で 減少関数なので，11 章の B-6 より

$$\lim_{x\to+\infty}\sqrt{x}\int_0^1(g(s))^xds=\lim_{x\to+\infty}\sqrt{x}\int_0^1 e^{xf(s)}\,ds=\sqrt{\frac{\pi}{2}}.$$

$f(s)=\log g(-s)$ を考えれば，同様にして

$$\lim_{x\to+\infty}\sqrt{x}\int_{-1}^0(g(s))^x\,ds=\lim_{x\to+\infty}\sqrt{x}\int_0^1 e^{xf(s)}\,ds=\sqrt{\frac{\pi}{2}}.$$

$s\geqq 1$ では，$g(s)\leqq g(1)=\dfrac{2}{e}<1$ なので $x\to+\infty$ の時

$$\sqrt{x}\int_1^\infty(g(s))^x\,ds=\sqrt{x}\int_1^\infty(g(s))^{x-1}g(s)\,ds\leqq\sqrt{x}\left(\frac{2}{e}\right)^{x-1}\left(\int_1^\infty g(s)\,ds\right)\to 0.$$

かくして

$$\frac{\Gamma(x+1)}{x^xe^{-x}\sqrt{2\pi x}}=\frac{1}{\sqrt{2\pi}}\cdot\sqrt{x}\int_{-1}^0(g(s))^x\,ds+\frac{1}{\sqrt{2\pi}}\cdot\sqrt{x}\int_0^1(g(s))^x\,ds+\frac{1}{\sqrt{2\pi}}\cdot\sqrt{x}\int_1^\infty(g(s))^x\,ds$$

$$\to\frac{1}{\sqrt{2\pi}}\cdot\sqrt{\frac{\pi}{2}}+\frac{1}{\sqrt{2\pi}}\cdot\sqrt{\frac{\pi}{2}}+0=1$$

が導かれ，スターリンの公式の証明を終る．次に本問の解答に入ろう．

$n!=\Gamma(n+1)$ なので，上述スターリンの漸化公式より

$$\gamma_n=\frac{n!}{n^ne^{-n}\sqrt{2\pi n}}$$

とおくと，$\gamma_n\to 1\ (n\to\infty)$ であって，

$$n!=\sqrt{2\pi}n^{n+\frac{1}{2}}e^{-n}\gamma_n$$

の両辺の対数を $n\log n$ で割ると

$$\frac{\log n!}{n\log n}=\left(1+\frac{1}{2n}\right)-\frac{1}{\log n}+\frac{\log\sqrt{2\pi}}{n\log n}+\frac{\log\gamma_n}{n\log n}\to 1\quad(n\to\infty)$$

と本問は一発で終り．

18章 積分記号下の微分

[A] 基礎をかためる演習

[1] $F(t)=\displaystyle\int_{\varphi(t)}^{\psi(t)}f(x,t)dx$

の定点 t における差分商は

$$\frac{F(t+h)-F(t)}{h}=\frac{1}{h}\left(\int_{\varphi(t+h)}^{\psi(t+h)}f(x,t+h)dx-\int_{\varphi(t)}^{\psi(t)}f(x,t)\,dx\right)$$

$$=\frac{1}{h}\left(\int_{\varphi(t+h)}^{\psi(t+h)}-\int_{\varphi(t)}^{\psi(t)}\right)f(x,t+h)dx+\int_{\varphi(t)}^{\psi(t)}\frac{f(x,t+h)-f(x,t)}{h}dx.$$

更に右辺第１項を

$$第1項=\frac{1}{h}\left(\int_{\varphi(t+h)}^{\psi(t+h)}-\int_{\varphi(t)}^{\psi(t)}\right)f(x,t+h)dx=\frac{1}{h}\int_{\psi(t)}^{\psi(t+h)}f(x,t+h)dx-\frac{1}{h}\int_{\varphi(t)}^{\varphi(t+h)}f(x,t+h)dx$$

と変形し，計算し易い様に細かく区分けをして

$$第1項=\int_{\psi(t)}^{\psi(t+h)}\frac{f(x,t+h)-f(x,t)}{h}dx+\frac{1}{h}\int_{\psi(t)}^{\psi(t+h)}f(x,t)dx-\int_{\varphi(t)}^{\varphi(t+h)}\frac{f(x,t+h)-f(x,t)}{h}dx-\frac{1}{h}\int_{\varphi(t)}^{\varphi(t+h)}f(x,t)dx.$$

平均値の定理を用いると，定数 θ があって，t や x には関するが，$0<\theta<1$，$\dfrac{f(x,t+h)-f(x,t)}{h}=f_t(x,t+\theta h)$ が成立する．

$$第1項=\int_{\psi(t)}^{\psi(t+h)}f_t(x,t+\theta h)dx+\frac{\psi(t+h)-\psi(t)}{h}f(\psi(t),t)+\frac{1}{h}\int_{\psi(t)}^{\psi(t+h)}(f(x,t)-f(\psi(t),\ t)dx-\int_{\varphi(t)}^{\varphi(t+h)}f_t(x,t+\theta h)dx-\frac{\varphi(t+h)-\varphi(t)}{h}f(\psi(t),t)-\frac{1}{h}\int_{\varphi(t)}^{\varphi(t+h)}(f(x,t)-f(\varphi(t),t))dt.$$

さて，任意の正数 ε を取り，最後迄固定する．

閉正方形 $a\leqq x,\ \tau\leqq b$ で連続な $f(x,\tau)$ や $f_\tau(x,\tau)$ は９章の A–7 で述べた様に有界であり，正数 $M>b-a$ があって $|f(x,\tau)|\leqq M$，$|f_\tau(x,\tau)|\leqq M$ $(a\leqq x,\tau\leqq b)$.

閉正方形 $a\leqq,\tau\leqq b$ で連続な $f(x,\tau)$ や閉区間 $a\leqq\tau\leqq b$ で連続な $\psi(\tau),\varphi(\tau)$ は９章の A–11 で述べた様に一様連続なので，上の $\varepsilon>0$ に対して，正数 δ があって

$$|f(x,\tau)-f(x',\tau')|<\frac{\varepsilon}{2(b-a)+12|\varphi'(t)|},\ |\psi(\tau)-\psi(\tau')|<\frac{\varepsilon}{12M},\ |\varphi(\tau)-\varphi(\tau')|<\frac{\varepsilon}{12M}.$$

更に，関数 $\psi(\tau),\varphi(\tau)$ は $\tau=t$ で微分可能であるから，ついでに

$$\left|\frac{\psi(t+h)-\psi(t)}{h}-\psi'(t)\right|<\frac{\varepsilon}{12M},\ \left|\frac{\varphi(t+h)-\varphi(t)}{h}-\varphi'(t)\right|<\frac{\varepsilon}{12M}\ (0<|h|<\delta)$$

も成立する様に $\delta>0$ を小さく取ることができる．

この様に定めた $\delta>0$ に対して，$0<|h|<\delta$ の時，

$$|第1項-(\psi'(t)f(\psi(t),t)-\varphi'(t)f(\varphi(t),t))|=\left|\int_{\psi(t)}^{\psi(t+h)}f_t(x,t+\theta h)dx+\left(\frac{\psi(t+h)-\psi(t)}{h}-\psi'(t)\right)f(\psi(t),t)\right.$$
$$+\frac{1}{h}\int_{\psi(t)}^{\psi(t+h)}(f(x,t)-f(\psi(t),t))dx-\int_{\varphi(t)}^{\varphi(t+h)}f_t(x,t+\theta h)dx-\left(\frac{\varphi(t+h)-\varphi(t)}{h}-\varphi'(t)\right)f(\varphi(t),t)$$
$$\left.-\frac{1}{h}\int_{\varphi(t)}^{\varphi(t+h)}(f(x,t)-f(\varphi(t),t))dx\right|\leqq|\psi(t+h)-\psi(t)|M+\left|\frac{\psi(t+h)-\psi(t)}{h}-\psi'(t)\right|M$$
$$+\left|\frac{\psi(t+h)-\psi(t)}{h}\right|\frac{\varepsilon}{12|\psi'(t)|+2(b-a)}+|\varphi(t+h)-\varphi(t)|M+\left|\frac{\varphi(t+h)-\varphi(t)}{h}-\varphi'(t)\right|M+\left|\frac{\varphi(t+h)-\varphi(t)}{h}\right|$$
$$\frac{\varepsilon}{12|\varphi'(t)|+2(b-a)}<\frac{\varepsilon}{12M}\cdot M+\frac{\varepsilon}{12M}\cdot M\frac{|\psi'(t)|\varepsilon}{12'\psi(t)|+2(b-a)}+\frac{\varepsilon}{12M}\cdot M+\frac{\varepsilon}{12M}\cdot M\frac{\varepsilon}{12|\varphi'(t)|+2(b-a)}<\frac{\varepsilon}{2}.$$

第２項の処置は同様かつもう少し簡単で

$$\left|第2項-\int_{\varphi(t)}^{\psi(t)}f_t(x,t)dx\right|=\left|\int_{\varphi(t)}^{\psi(t)}\left(\frac{f(x,t+h)-f(x,t)}{h}-f_t(x,t)\right)dx\right|=\left|\int_{\varphi(t)}^{\psi(t)}(f_t(x,t+\theta h)-f_t(x,t))dx\right|$$
$$\leqq\int_a^b|f_t(x,t+\theta h)-f_t(x,t)|dx<(b-a)\cdot\frac{\varepsilon}{2(b-a)}=\frac{\varepsilon}{2}.$$

以上を総合すると，どんな小さな $\varepsilon>0$ を与えても，それに見合って $\delta>0$ が小さく取れて，増分 h が $0<|h|<\delta$ の時，差分商は

$$\left|\frac{F(x+h)F(t)}{h}-\left(\psi'(t)f(\psi(t),t)-\varphi'(t)f(\varphi(t),t)+\int_{\varphi(t)}^{\psi(t)}f_t(x,t)dx\right)\right|$$
$$\leqq|第1項-(\psi'(t)f(\psi(t),t)-\varphi'(t)f(\varphi(t),t))|+\left|第2項-\int_{\varphi(t)}^{\psi(t)}f_t(x,t)dx\right|$$
$$<\frac{\varepsilon}{2}+\frac{\varepsilon}{2}=\varepsilon$$

と右の公式で与えられる極限に限りなく近づく．

公　式

$$\frac{d}{dt}\int_{\varphi(t)}^{\psi(t)}f(x,t)dt=\psi'(t)f(\varphi(t),t)-\varphi'(t)f(\psi(t),t)+\int_{\varphi(t)}^{\psi(t)}f_t(x,t)dt$$

この公式は $f(x,t)$ が t を含ま

ぬ $f(x)$ の時は，定積分と微分の関係及び合成関数の微分法の応用問題

$$\frac{d}{dt}\int_{\varphi(t)}^{\psi(t)} f(x)dx=\frac{d\psi}{dt}\frac{d}{d\psi}\int_a^{\psi} f(x)dx-\frac{d\varphi}{dt}\frac{d}{d\varphi}\int_a^{\varphi} f(x)dx=\psi'(t)f(\psi(t))-\varphi'(t)f(\varphi(t))$$

に過ぎないし，$\psi(t)=$定数 b，$\varphi(t)=$定数 a の時は，E-1 で示した．

$$\frac{d}{dt}\int_a^b f(x,t)dx=\int_a^b f_t(x,t)dx$$

に他ならない．

この観点より，すでに解いた問題を洗い直そう．先ず，5章の A-15 は，変数が x と t と入れ変っているが

$$F'(x)=\frac{d}{dx}\int_0^x (x-t)f(t)dt=\frac{dx}{dx}\Big[(x-t)f(t)\Big]_{t=x}+\int_0^x \frac{\partial}{\partial x}((x-t)f(t))dt=\int_0^x f(t)dt$$

なので，当然 $F'(0)=0$ であり，$F'(-1)=F'(1)=1$ なる条件は

$$\int_0^{-1} f(t)dt=\int_0^1 f(t)dt=1$$

と同値であることが分る．更に5章の B-6 は

$$\frac{d}{dx}\int_x^{x^2} 4(t)dt=2xf(x)-f(x),$$

である．5章の A-15 を一般化して，連続関数 $f(t)$ と自然数 n に対して

$$F_n(x)=\int_0^x \frac{(x-t)^{n-1}}{(n-1)!}f(t)dt$$

とおくと，

$$\frac{d}{dx}F_{n+1}(x)=\frac{d}{dx}\int_0^x \frac{(x-t)^n}{n!}f(t)dt=\int_0^x \frac{\partial}{\partial x}\left(\frac{(x-t)^n}{n!}f(t)\right)dt=\int_0^x \frac{(x-t)^{n-1}}{(n-1)!}f(t)dt=F_n(x)$$

を得るので，$(F_n(x))_{n\geqq 1}$ は $f(x)$ を逐次 0 から x 迄定積分して得られる原始関数列であることが分る．

2 $0<t<1$ の関数

$$F(t)=\int_0^{\infty} f(x,t)dx$$

の差分商を作ると

$$\frac{F(t+h)-F(t)}{h}=\int_0^{\infty}\frac{f(x,t+h)-f(x,t)}{h}dx.$$

平均値の定理より，t や x には関係するが正数 $\theta<1$ があって $\dfrac{f(x,t+h)-f(x,t)}{h}=f_t(x,t+\theta h)$.

ところで $\displaystyle\int_0^{\infty} f_t(x,t)dx=\lim_{X\to\infty}\int_0^X f_t(x,t)dx$ が一様収束するとは，$0<a<b<1$ を満す任意の a,b と任意の正数 ε に対して，t には関係しない正数 X_0 があって，$X\geqq X_0$ の時，$a\leqq t\leqq b$ を満す任意の t に対して，

$$\left|\int_0^X f_t(x,t)dx-\int_0^{\infty} f_t(x,t)dx\right|=\left|\int_X^{\infty} f_t(x,t)dx\right|<\frac{\varepsilon}{3}$$

が成立することを意味する．

さて，任意の $0<t_0<1$ を取り，次に $0<a<t_0<b<1$ である様に a,b を定める．また，任意の $\varepsilon>0$ に対して，上の様な $X>0$ を一つ取る．$0\leqq x\leqq X$，$a\leqq t\leqq b$ において連続関数 $f_t(x,t)$ は9章の A-11 で述べた様に一様連続であるから，$\delta>0$ を十分小さく取れば，

$$|f_t(x,t)-f_t(x',t')|<\frac{\varepsilon}{3X}(0\leqq x,x'\leqq X,a\leqq t,t'\leqq b,|x-x'|<\delta,|t-t'|<\delta).$$

この $\delta>0$ に対して，$0<|h|<\delta$ の時

$$\left|\frac{F(t_0+h)-F(t_0)}{h}-\int_0^{\infty} f_t(x,t_0)dx\right|=\left|\int_0^{\infty}(f_t(x,t_0+\theta h)-f_t(x,t_0))dx\right|$$

$$\leqq\int_0^X |f_t(x,t_0+\theta h)-f_t(x,t_0)|dx+\int_X^{\infty}|f_t(x,t_0+\theta h)|dx+\int_X^{\infty}|f_t(x,t_0)|dx$$

$$<X\cdot\frac{\varepsilon}{3X}+\frac{\varepsilon}{3}+\frac{\varepsilon}{3}=\varepsilon$$

が成立し，$t=t_0$ にて右の公式が成立する．

公　式

$$\frac{d}{dt}\int_0^{\infty} f(x,t)dx=\int_0^{\infty}\frac{\partial}{\partial t}f(x,t)dx$$

3　関数 $f(x,t)=x^ne^{-tx}$ に対して，$f_t(x,t)=-x^{n+1}e^{-tx}$．a を任意の正数とし，$t\geqq a$ で考察すると，$0\leqq x\leqq 1$ では，$|f(x,t)|\leqq 1$，$\int_0^1 dx=1<\infty$，更に $x\geqq 1$ では，e^{ax} のテイラー展開より

$$|f(x,t)|\leqq x^ne^{-ax}=\frac{x^n}{e^{ax}}\leqq\frac{x^n}{\dfrac{(ax)^{n+2}}{(n+2)!}}=\frac{(n+2)!}{a^{n+2}x^2},\quad \int_1^\infty\frac{(n+2)!}{a^{n+2}x^2}\,dx=\frac{(n+2)!}{a^{n+2}}$$

なので，積分 $\int_0^\infty f(x,t)dx$ と n の代りに $(n+1)$ として，負号を付けた $\int_0^\infty f_t(x,t)dx$ は $t\geqq a$ で一様収束し，A–2 より，$t>a$ に対して

$$\frac{d}{dt}\int_0^\infty x^ne^{-tx}dx=\int_0^\infty\frac{\partial}{\partial t}(x^ne^{-tx})dx=-\int_0^\infty x^{n+1}e^{-tx}dx$$

が成立する．$a>0$ は任意なので，$t>0$ に対して，上式は成立している．本問の解答はこれで終りであるが，$y=tx$ とおくと，$dx=\dfrac{dy}{t}$ であって

$$F(t)=\int_0^\infty\left(\frac{y}{t}\right)^n e^{-y}\frac{dy}{t}=\frac{1}{t^{n+1}}\int_0^\infty y^ne^{-y}\,dy=\frac{\Gamma(n+1)}{t^{n+1}}=\frac{n!}{t^{n+1}},\quad F'(t)=-\frac{(n+1)!}{t^{n+2}}.$$

4　$f(x,t)=x^{t-1}e^{-x}$ の対数 $\log f=(t-1)\log x-x$ の両辺を t で偏微分し，$\dfrac{f_t}{f}=\log x$ より $f_t=f\log x=x^{t-1}e^{-x}\log x$．$a<1<b$ を満す任意の正数 a と自然数 b を取り，$a\leqq t\leqq b$ で考える．$0<x\leqq 1$ では $|f(x,t)|\leqq x^{a-1}$，$\int_0^1 x^{a-1}\,dx=\dfrac{1}{a}<+\infty$．$|f_t(x,t)|\leqq -x^{a-1}\log x$．部分積分により $-\int_0^1 x^{a-1}\log x\,dx=\left[-\dfrac{x^a\log x}{a}\right]_0^1+\int_0^1\dfrac{x^{a-1}}{a}dx=\left[\dfrac{x^a}{a^2}\right]_0^1=\dfrac{1}{a^2}$．$x\geqq 1$ では，$|f(x,t)|\leqq x^{b-1}e^{-x}=\dfrac{x^{b-1}}{e^x}\leqq\dfrac{x^{b-1}}{\dfrac{x^{b+1}}{(b+1)!}}=\dfrac{(b+1)!}{x^2}$，$\int_1^\infty\dfrac{(b+1)!}{x^2}=(b+1)!$．

$|f_t(x,t)|\leqq x^{b-1}e^{-x}\log x\leqq\dfrac{(b+1)!}{x^2}\log x$，

部分積分により，$\int_1^\infty\dfrac{(b+1)!}{x^2}\log x\,dx=\left[-\dfrac{(b+1)!}{x}\log x\right]_1^\infty+\int_1^\infty\dfrac{(b+1)!}{x^2}\,dx=\left[-\dfrac{(b+1)!}{x}\right]_1^\infty=(b+1)!$．

したがって，積分 $\int_0^\infty f(x,t)\,dx$，$\int_0^\infty f_t(x,t)dx$ は共に $a\leqq t\leqq b$ で一様収束し，A–2 より $a<t<b$ で

$$\frac{d}{dt}\Gamma(t)=\frac{d}{dt}\int_0^\infty f(x,t)\,dx=\int_0^\infty f_t(x,t)dx$$

が成立し，$a<1<b$ の任意性を考えると，$\Gamma(t)$ は $t>0$ で微分可能である．

5　$f(x,t)=e^{-x^2}\cos xt$ に対して，$f_t(x,t)=-xe^{-x^2}\sin xt$，$|f(x,t)|\leqq e^{-x^2}$，$\int_0^\infty e^{-x^2}dx=\dfrac{\sqrt{\pi}}{2}<+\infty$．$|f_t(x,t)|\leqq xe^{-x^2}$，$\int_0^\infty xe^{-x^2}dx=\left[-\dfrac{e^{-x^2}}{2}\right]_0^\infty=\dfrac{1}{2}<+\infty$，

が成立するので，$\int_0^\infty f(x,t)\,dx$，$\int_0^\infty f_t(x,t)dx$ は共に $-\infty<t<+\infty$ で一様収束し，A–2 より

$$F'(t)=\frac{d}{dt}\int_0^\infty f(x,t)\,dx=\int_0^\infty f_t(x,t)dx=-\int_0^\infty xe^{-x^2}\sin xt\,dx.$$

更に部分積分により

$$F'(t)=\left[\frac{e^{-x^2}\sin xt}{2}\right]_0^\infty-\frac{t}{2}\int_0^\infty e^{-x^2}\cos xt\,dx=-\frac{t}{2}F(t).$$

変数分離形微分方程式 $F'(t)=-\dfrac{t}{2}F(t)$ の一般解は，定数 c に対して，$F(t)=ce^{-\frac{t^2}{4}}$．$t=0$ を代入し，$c=F(0)=\int_0^\infty e^{-x^2}dx=\dfrac{\sqrt{\pi}}{2}$ なので，

$$\int_0^\infty e^{-x^2}\cos xt\,dx=\frac{\sqrt{\pi}}{2}e^{-\frac{t^2}{4}}.$$

6　$f(x,t)=e^{-ixt}e^{-\alpha x^2}=e^{-\alpha x^2}\cos xt-ie^{-\alpha x^2}\sin xt$ に対して，$\dfrac{\partial}{\partial t}f(x,t)=-ixe^{-ixt}e^{-\alpha x^2}$ $=-xe^{-\alpha x^2}\sin xt-ixe^{-\alpha x^2}\cos xt$．$|f(x,t)|=e^{-\alpha x^2}$，$\int_{-\infty}^{+\infty}e^{-\alpha x^2}dx=\dfrac{1}{\sqrt{\alpha}}\int_{-\infty}^{+\infty}e^{-y^2}dy=\sqrt{\dfrac{\pi}{\alpha}}<+\infty$，$|f_t(x,t)|=|x|e^{-\alpha x^2}$，$\int_{-\infty}^{+\infty}|x|e^{-\alpha x^2}dx=2\int_0^\infty xe^{-\alpha x^2}dx=2\left[-\dfrac{e^{-\alpha x^2}}{2\alpha}\right]_0^\infty=\dfrac{1}{\alpha}<+\infty$ なので，積分 $\int_{-\infty}^{+\infty}f(x,t)\,dx$，$\int_{-\infty}^{+\infty}f_t(x,t)dx$ は共に $-\infty<t<\infty$ で一様収束し，A–2 より

$$\frac{d}{dt}F(t)=\frac{d}{dt}\int_{-\infty}^{+\infty}f(x,t)\,dx=\int_{-\infty}^{+\infty}f_t(x,t)\,dx=-i\int_{-\infty}^{+\infty}xe^{-ixt}e^{-\alpha x^2}dx.$$

部分積分により

$$\frac{d}{dt}F(t)=-i\int_{-\infty}^{+\infty}xe^{-ixt}e^{-\alpha x^2}dx=i\left[\frac{e^{-ixt}e^{-\alpha x^2}}{2\alpha}\right]_{-\infty}^{+\infty}-\frac{t}{2\alpha}\int_{-\infty}^{+\infty}e^{-ixt}e^{-\alpha x^2}dx=-\frac{t}{2\alpha}F(t).$$

変数分離形微分方程式 $\dfrac{dF}{dt}=-\dfrac{t}{2\alpha}F$ の一般解は，定数 c に対して，$F(t)=ce^{-\frac{t^2}{2\alpha}}$．$t=0$ を代入して $c=F(0)=\int_{-\infty}^{+\infty}e^{-\alpha x^2}dx=\dfrac{1}{\sqrt{\alpha}}\int_{-\infty}^{+\infty}e^{-y^2}dy=\sqrt{\dfrac{\pi}{\alpha}}$．ゆえに，$F(t)=\sqrt{\dfrac{\pi}{\alpha}}e^{-\frac{t^2}{2\alpha}}$.

B 基礎を活用する演習

1. (i) A-6 より $W=\dfrac{1}{2\sqrt{\pi t}}e^{-\frac{x^2}{4t}}$．$t>0$ と $j\geqq 0$ を固定すると，テイラーの公式より $|x^jW|=\dfrac{1}{2\sqrt{\pi t}}\dfrac{|x|^j}{\dfrac{1}{(j+1)!}\left(\dfrac{x^2}{4t}\right)^j}$ $\leqq\dfrac{2^{2j-1}}{\sqrt{\pi}}(j+1)!\,t^{j-\frac{1}{2}}|x|^{-j}$ なので，x^jw は有界，即ち，$x^jW\in L^\infty$.

(ii) A-6 の $W=\dfrac{1}{2\sqrt{\pi t}}e^{-\frac{x^2}{4t}}$ を直接偏微分すると $\dfrac{\partial W}{\partial t}=-\dfrac{1}{8\sqrt{\pi t^3}}e^{-\frac{x^2}{4t}}=\dfrac{\partial^2 W}{\partial x^2}$．これは題意に適すると思われぬので，別解を与える．(i) も部分積分で同様にして示す事ができる．

$f(\xi,x,t)=\dfrac{1}{2\pi}e^{-t\xi^2+ix\xi}$ とおくと，$\dfrac{\partial f}{\partial x}=\dfrac{i\xi}{2\pi}e^{-t\xi^2+ix\xi}$，$\dfrac{\partial^2 f}{\partial x^2}=\dfrac{(i\xi)^2}{2\pi}e^{-t\xi^2+ix\xi}=-\dfrac{\xi^2}{2\pi}e^{-t\xi^2+ix\xi}$，$\dfrac{\partial f}{\partial t}=-\dfrac{\xi^2}{2\pi}e^{-t\xi^2+ix\xi}$ なので，$f(\xi,x,t)$ は x,t に関して，偏微分方程式 $\dfrac{\partial f}{\partial t}=\dfrac{\partial^2 f}{\partial x^2}$ の解である．任意の正数 a に対して，$t\geqq a$ にて $|f(x,x,t)|=\dfrac{1}{2\pi}e^{-t\xi^2}\leqq\dfrac{1}{2\pi}e^{-a\xi^2}$，$\int_{-\infty}^{+\infty}e^{-a\xi^2}d\xi=\sqrt{\dfrac{\pi}{\alpha}}<+\infty$，$\left|\dfrac{\partial f}{\partial x}\right|=\dfrac{|\xi|}{2\pi}e^{-t\xi^2}\leqq\dfrac{|\xi|}{2\pi}e^{-a\xi^2}$，$\int_{-\infty}^{+\infty}|\xi|e^{-a\xi^2}d\xi=2\int_0^\infty\xi e^{-a\xi^2}d\xi=\left[-\dfrac{e^{-a\xi^2}}{a}\right]_0^\infty=\dfrac{1}{a}<+\infty$，$\left|\dfrac{\partial^2 f}{\partial x^2}\right|=\dfrac{\xi^2}{2\pi}e^{-t\xi^2}\leqq\dfrac{\xi^2}{2\pi}e^{-a\xi^2}$，$\int_{-\infty}^{+\infty}\xi^2e^{-a\xi^2}d\xi=\left[-\dfrac{1}{2a}\xi e^{-a\xi^2}\right]_{-\infty}^{+\infty}+\dfrac{1}{2a}\int_{-\infty}^{+\infty}e^{-a\xi^2}d\xi=\dfrac{1}{2a}\sqrt{\dfrac{\pi}{\alpha}}<+\infty$ であるから，積分 $\int_{-\infty}^{+\infty}f(\xi,x,t)d\xi$，$\int_{-\infty}^{+\infty}f_t(\xi,x,t)d\xi$，$\int_{-\infty}^{+\infty}f_x(\xi,x,t)d\xi$，$\int_{-\infty}^{+\infty}f_{xx}(\xi,x,t)d\xi$ は全て，$-\infty<x,t<\infty$ にて一様収束する．したがって A-2 より $\dfrac{\partial W}{\partial t}=\int_{-\infty}^{+\infty}\dfrac{\partial f}{\partial t}d\xi$，$\dfrac{\partial W}{\partial x}=\int_{-\infty}^{+\infty}\dfrac{\partial f}{\partial x}d\xi$，$\dfrac{\partial^2 W}{\partial x^2}=\int_{-\infty}^{+\infty}\dfrac{\partial^2 f}{\partial x^2}d\xi$ が成立し，被積分関数 $f(\xi,x,t)$ が本来持っていた性質 $\dfrac{\partial f}{\partial t}=\dfrac{\partial^2 f}{\partial x^2}$ はそのまま積分 W に遺伝し，$\dfrac{\partial W}{\partial t}=\dfrac{\partial^2 W}{\partial x^2}$ が成立する．なお $\dfrac{\partial W}{\partial t}=\dfrac{\partial^2 W}{\partial x^2}$ を**熱伝導**の方程式という．

2. (i) $f=$定数 c の時，変数変換 $z=\dfrac{y}{\sqrt{t}}$ より，$(T_tf)(x)=\dfrac{c}{\sqrt{\pi t}}\int_{-\infty}^{+\infty}e^{-\frac{y^2}{t}}dy=\dfrac{c}{\sqrt{\pi}}\int_{-\infty}^{+\infty}e^{-z^2}dz=c$ が成立するから，$\lim_{x\to+\infty}(T_tf)(x)$ が存在するならば，それは $A=\lim_{x\to+\infty}f(x)$ に等しくなりそうである．正数 T に対して，積分は

$$\begin{aligned}(T_tf)(x)-A&=\frac{1}{\sqrt{\pi t}}\int_{-\infty}^{+\infty}e^{-\frac{y^2}{t}}f(x+y)dy-\frac{1}{\sqrt{\pi t}}\int_{-\infty}^{+\infty}e^{-\frac{y^2}{t}}A\,dy=\frac{1}{\sqrt{\pi t}}\int_{-\infty}^{+\infty}e^{-\frac{y^2}{t}}(f(x+y)-A)dy\\&=\frac{1}{\sqrt{\pi t}}\int_{-T}^{T}e^{-\frac{y^2}{t}}(f(x+y)-A)dy+\frac{1}{\sqrt{\pi t}}\int_{|y|\geqq T}e^{-\frac{y^2}{t}}(f(x+y)-A)dy\end{aligned}$$

と分けられるので，それぞれを小さくしよう．$\lim_{x\to\pm\infty}f(x)$ が存在するから，これらの極限値より大きな正数 B に対して，正数 R があって，$|x|\geqq R$ の時，$|f(x)|\leqq B$．$|x|\leqq R$ では 9 章の A-7 より f は有界であり，したがって，数直線 $\boldsymbol{R}$ 全体で，定数 M があって，$|f(x)|\leqq M(x\in\boldsymbol{R})$ が成立し，f は有界である．

さて，t は固定しておいて，任意の $\varepsilon>0$ に対して，$\dfrac{1}{\sqrt{\pi t}}\int_{-\infty}^{+\infty}e^{-\frac{y^2}{t}}dy$ が収束しているので，上の M に対して，T を十分大きく取れば，

$$\frac{1}{\sqrt{\pi t}}\int_{|y|\geqq T}e^{-\frac{y^2}{t}}dy<\frac{\varepsilon}{4M}.$$

$f(z)\to A(z\to+\infty)$ であるから，この T に対して，正数 $R\geqq 2T$ を十分大きく取れば，$z\geqq\dfrac{R}{2}$ の時，$|f(z)-A|<\dfrac{\varepsilon}{2}$．この様に定められた正数 R に対して，$x>R$ であれば，$-T\leqq y\leqq T$ の時，$x+y\geqq R-T\geqq\dfrac{R}{2}$ であるから，$|f(x+y)-A|<\dfrac{\varepsilon}{2}$ が成立することを考慮に入れると

$$|(T_tf)(x)-A|\leqq\frac{1}{\sqrt{\pi t}}\int_{-T}^{T}e^{-\frac{y^2}{t}}|f(x+y)-A|dy+\frac{2M}{\sqrt{\pi t}}\int_{|y|\geqq T}e^{-\frac{y^2}{t}}dy\leqq\frac{\varepsilon}{2}\cdot\frac{1}{\sqrt{\pi t}}\int_{-\infty}^{+\infty}e^{-\frac{y^2}{t}}dy+2M\cdot\frac{\varepsilon}{4M}=\varepsilon$$

が成立し，

$$\lim_{x\to+\infty}(T_tf)(x)=A=\lim_{x\to+\infty}f(x)$$

が示される．同様にして

$$\lim_{x\to-\infty}(T_tf)(x)=\lim_{x\leftarrow-\infty}f(x)$$

を得る．$\left|\frac{1}{\sqrt{\pi t}}e^{-\frac{y^2}{t}}f(x+y)\right|\leqq\frac{M}{\sqrt{\pi t}}e^{-\frac{y^2}{t}}$, $\int_{-\infty}^{+\infty}\frac{M}{\sqrt{\pi t}}e^{-\frac{y^2}{t}}dy=M<+\infty$ であるから，積分

$$(T_tf)(x)=\lim_{T\to\infty}\int_{-T}^{T}\frac{1}{\sqrt{\pi t}}e^{-\frac{y^2}{t}}f(x+y)dy$$

は $-\infty<x<\infty$ において一様収束する．連続関数の一様収束極限は 9 章の A-9 より連続であるから，T_tf は連続であり，定義より，$T_tf\in C[-\infty,+\infty]$，すなわち $T_t:C[-\infty,+\infty]\to C[-\infty,+\infty]$．

(ii)　$T_t((T_sf))(x)=\int_{-\infty}^{+\infty}\frac{1}{\sqrt{\pi t}}e^{-\frac{z^2}{t}}(T_sf)(x+z)dz=\int_{-\infty}^{+\infty}\frac{1}{\sqrt{\pi t}}e^{-\frac{z^2}{t}}\left(\frac{1}{\sqrt{\pi s}}\int_{-\infty}^{+\infty}e^{-\frac{y^2}{s}}f(x+z+y)dy\right)dz.$

(i) で注意した様に，$^\exists M;|f(x)|\leqq M(^\forall x\in\boldsymbol{R})$．被積分関数は

$$\left|\frac{1}{\pi\sqrt{st}}e^{-\frac{z^2}{t}-\frac{y^2}{s}}f(x+y+z)\right|\leqq\frac{M}{\pi\sqrt{st}}e^{-\frac{z^2}{t}-\frac{y^2}{s}},$$

で押えられ，定符号関数は累次積分可能であるから，この右辺は

$$\iint_{\boldsymbol{R}^2}\frac{M}{\pi\sqrt{st}}e^{-\frac{z^2}{t}-\frac{y^2}{s}}dy\,dz=M\left(\int_{-\infty}^{+\infty}\frac{1}{\sqrt{\pi t}}e^{-\frac{z^2}{t}}dz\right)\left(\int_{-\infty}^{+\infty}\frac{1}{\sqrt{\pi s}}e^{-\frac{y^2}{s}}dy\right)=M<+\infty.$$

したがってわれわれの被積分関数は可積分であり，17 章の A-6 のフビニの定理より 2 重積分可能であって

$$(T_t(T_sf))(x)=\frac{1}{\pi\sqrt{st}}\iint_{\boldsymbol{R}^2}e^{-\frac{y^2}{s}-\frac{z^2}{t}}f(x+y+z)dy\,dz.$$

ここで変数変換 $\eta=y$, $\zeta=y+z$, $y=\eta$, $z=\zeta-\eta$ を施すと，そのヤコビヤンは

$$\frac{D(y,z)}{D(\eta,\zeta)}=\begin{vmatrix}1&0\\-1&1\end{vmatrix}=1$$

であり，変数変換の公式より

$$(T_t(T_sf))(x)=\frac{1}{\pi\sqrt{st}}\iint_{\boldsymbol{R}^2}e^{-\frac{\eta^2}{s}-\frac{(\zeta-\eta)^2}{t}}f(x+\zeta)d\eta\,d\zeta.$$

上述の理由で，再びフビニの定理よりこの積分は累次積分可能であって，

$$(T_t(T_sf)(x))=\frac{1}{\pi\sqrt{st}}\int_{-\infty}^{+\infty}\left(\int_{-\infty}^{+\infty}e^{-\frac{\eta^2}{s}-\frac{(\zeta-\eta)^2}{t}}d\eta\right)f(x+\zeta)d\zeta.$$

ところで，統計学や本問のルーツである確率論の定石に従い，e の肩を完全平方の形に書くと

$$\frac{\eta^2}{s}+\frac{(\zeta-\eta)^2}{t}=\frac{s+t}{st}\eta^2-\frac{2\zeta}{t}\eta+\frac{\zeta^2}{t}=\frac{s+t}{st}\left(\eta-\frac{\zeta s}{s+t}\right)^2-\frac{\zeta^2}{s+t}$$

であるから

$$\int_{-\infty}^{+\infty}e^{-\frac{\eta^2}{s}-\frac{(\zeta-\eta)^2}{t}}d\eta=\int_{-\infty}^{+\infty}e^{-\frac{s+t}{st}\left(\eta-\frac{\zeta s}{s+t}\right)^2-\frac{\zeta^2}{s+t}}d\eta=\sqrt{\frac{\pi st}{s+t}}e^{-\frac{\zeta^2}{s+t}}.$$

ゆえに，

$$(T_t(T_sf)(x))=\frac{1}{\sqrt{\pi(s+t)}}\int_{-\infty}^{+\infty}e^{-\frac{\zeta^2}{s+t}}f(x+\zeta)\,d\zeta=(T_{s+t}f)(x)$$

に達する．$T_sT_t=T_{s+t}$ は 1 パラメーター変換の集合 $\{T_s;s>0\}$ が半群をなしていることを物語り，これを **1 パラメーター変換半群**といい，確率論で重視される．大変くどいが，統計や確率は 2 次と指数の合成関数の 理論と見破れば，恐くはない．ただ，その原始関数が初等関数で表されぬだけであるが，今日では高数の数 II や確率・統計のテーマである．以下，教養を高めるために蛇足を続ける．

(iii)　変数変換 $\xi=x+y$ により

$$u(x,t)=(T_tf)(x)=\frac{1}{\sqrt{\pi t}}\int_{-\infty}^{+\infty}e^{-\frac{(x-\xi)^2}{t}}f(\xi)d\xi.$$

被積分関数の内で，**核関数**

$$K(\xi, x, t)=\frac{1}{\sqrt{\pi t}}e^{-\frac{(x-\xi)^2}{t}}$$

を偏微分して見ると

$$\frac{\partial K}{\partial t}=\left(-\frac{1}{2\sqrt{\pi t^3}}+\frac{(x-\xi)^2}{\sqrt{\pi t^5}}\right)e^{-\frac{(x-\xi)^2}{t}},\quad \frac{\partial K}{\partial x}=-\frac{2(x-\xi)}{\sqrt{\pi t^3}}e^{-\frac{(x-\xi)^2}{t}},\quad \frac{\partial^2 K}{\partial x^2}=\left(-\frac{2}{\sqrt{\pi t^3}}+\frac{4(x-\xi)^2}{\sqrt{\pi t^5}}\right)e^{-\frac{(x-\xi)^2}{t}}$$

が成立するので，核 K は変数 x, t に関して，熱伝導の方程式

$$4\frac{\partial K}{\partial t}=\frac{\partial^2 K}{\partial x^2}$$

を満す．B–1 と殆んど同じ理由で，

$$u(x, t)=\int_{-\infty}^{+\infty}K(\xi, x, t)f(\xi)\,d\zeta$$

は積分記号内で偏微分可能で

$$4\frac{\partial u}{\partial t}=\frac{\partial^2 u}{\partial x^2}$$

を満し，やはり熱伝導方程式の解である．

(iv) $u(x, t)-f(x)=\dfrac{1}{\sqrt{\pi t}}\displaystyle\int_{-\infty}^{+\infty}e^{-\frac{y^2}{t}}(f(x+y)-f(x))dy$

を $t\to+0$ の時 0 にしよう．任意の正数 ε に対して，正数 δ があって，$|y|<\delta$ であれば，$|f(x+y)-f(x)|<\dfrac{\varepsilon}{2}$.

$$u(x, t)-f(x)=\frac{1}{\sqrt{\pi t}}\int_{-\delta}^{\delta}e^{-\frac{y^2}{t}}(f(x+y)-f(x))dy+\frac{1}{\sqrt{\pi t}}\int_{|y|\geqq\delta}e^{-\frac{y^2}{t}}(f(x+y)-f(x))dy.$$

の

$$|\text{第一項}|\leqq\frac{\varepsilon}{2\sqrt{\pi t}}\int_{-\delta}^{\delta}e^{-\frac{y^2}{t}}\,dy\leqq\frac{\varepsilon}{2\sqrt{\pi t}}\int_{-\infty}^{+\infty}e^{-\frac{y^2}{t}}\,dy=\frac{\varepsilon}{2}$$

なので，次に第二項を小さくしよう．$|f(x)|\leqq M$ ($^\forall x\in\boldsymbol{R}$) とすると，正数 T があって

$$\frac{1}{\sqrt{\pi}}\int_{|z|\geqq T}e^{-z^2}\,dz<\frac{\varepsilon}{4M}.$$

上の δ と T に対して，$0<t<\left(\dfrac{\delta}{T}\right)^2$ であれば，$z=\dfrac{y}{\sqrt{t}}$ とおくことにより

$$|\text{第二項}|<\frac{2M}{\sqrt{\pi t}}\int_{|y|\geqq\delta}e^{-\frac{y^2}{t}}\,dy=\frac{2M}{\sqrt{\pi}}\int_{|z|\geqq\frac{\delta}{\sqrt{t}}}e^{-z^2}\,dz$$

$$\leqq\frac{2M}{\sqrt{\pi}}\int_{|z|\geqq T}e^{-z^2}\,dz<\frac{\varepsilon}{2}$$

を得るので，$^\forall\varepsilon>0$, $^\exists\tau>0$ $\left(\tau=\dfrac{\delta^2}{T^2}\text{とおけばよい}\right)$; $0<|t|<\tau$ ならば，$|u(x, t)-f(x)|<\varepsilon$．これは，$\lim\limits_{t\to+0}u(x, t)=f(x)$ を物語る．t の代りに $4t$ を考えると，右の公式に達する．

熱伝導方程式の初期値問題の解

$$u(x, t)=\frac{1}{2\sqrt{\pi t}}\int_{-\infty}^{+\infty}e^{-\frac{(x-y)^2}{4t}}f(y)dy$$

は熱伝導方程式

$$\frac{\partial u}{\partial t}=\frac{\partial^2 u}{\partial x^2}$$

の初期値問題

$$\lim_{t\to+0}u(x, t)=f(x)$$

の解である．

3. $f=2\dfrac{\partial}{\partial x}(\log F)=\dfrac{2F_x}{F}$ を偏微分すると，

$$\frac{\partial f}{\partial t}=\frac{2F_{xt}F-2F_xF_t}{F^2},\quad \frac{\partial f}{\partial x}=\frac{2F_{xx}F-2F_x{}^2}{F^2},\quad \frac{\partial^2 f}{\partial x^2}=\frac{2F_{xxx}F^2-6F_{xx}F_xF+4F_x{}^3}{F^3}$$

なので，方程式 (1) に代入し，

$$\frac{\partial f}{\partial t}-f\frac{\partial f}{\partial x}-\frac{\partial^2 f}{\partial x^2}=\frac{F\dfrac{\partial}{\partial x}\left(\dfrac{\partial F}{\partial t}-\dfrac{\partial^2 F}{\partial x^2}\right)-\dfrac{\partial F}{\partial x}\left(\dfrac{\partial F}{\partial t}-\dfrac{\partial^2 F}{\partial x^2}\right)}{F^2}$$

を得るから，F が熱伝導方程式 $F_t-F_{xx}=0$ の解であれば，$f=2(\log F)_x$ は (1) の解である．初期値については，$2\dfrac{\partial}{\partial x}(\log F)=2\mathrm{th}\dfrac{x}{2}$ であるには，$\log F=\displaystyle\int\mathrm{th}\frac{x}{2}\,dx=2\log\mathrm{ch}\frac{x}{2}$ であればよく，そのためには $F=\mathrm{ch}^2\dfrac{x}{2}=\dfrac{\mathrm{ch}\,x+1}{2}$ であればよい．前問の終りで与えた右上の公式より

$$F(x, t)=\frac{1}{2\sqrt{\pi t}}\int_{-\infty}^{+\infty}e^{-\frac{(x-y)^2}{4t}}\frac{\mathrm{ch}\,y+1}{2}dy=\frac{1}{8\sqrt{\pi t}}\int_{-\infty}^{+\infty}e^{-\frac{(x-y)^2}{4t}+y}dy+\frac{1}{8\sqrt{\pi t}}\int_{-\infty}^{+\infty}e^{-\frac{(x-y)^2}{4t}-y}dy+\frac{1}{4\sqrt{\pi t}}\int_{-\infty}^{+\infty}e^{-\frac{(x-y)^2}{4t}}dy$$

が初期値問題 $F_t=F_{xx}$，$F(x,0)=\dfrac{\mathrm{ch}\,x+1}{2}$ の解である．この積分を計算するには前問同様 e の肩を完全平方の形にすればよく，結局，大学院入試はユトリアル教育の中３の数学を多様的に追求した

$$-\frac{(x-y)^2}{4t}\pm y=-\frac{(y-(x\pm 2t))^2}{4t}\pm x+t$$

に帰着され，17章の A-7 より

$$F(x,t)=\frac{e^{x+t}}{8\sqrt{\pi t}}\int_{-\infty}^{+\infty}e^{-\frac{(y-(x+2t))^2}{4t}}dy+\frac{e^{-x+t}}{8\sqrt{\pi t}}\int_{-\infty}^{+\infty}e^{-\frac{(y-(x-2t))^2}{4t}}dy+\frac{1}{4\sqrt{\pi t}}\int_{-\infty}^{+\infty}e^{-\frac{(y-x)^2}{4t}}dy$$
$$=\frac{e^{x+t}+e^{-x+t}}{4}+\frac{1}{2}=\frac{e^t\,\mathrm{ch}\,x+1}{2}$$

を得る．これを $f=2(\log F)_x=\dfrac{2F_x}{F}$ に代入した

$$f(x,t)=\frac{2e^t\,\mathrm{sh}\,x}{e^t\,\mathrm{ch}\,x+1}$$

は初期条件 $f(x,0)=2\,\mathrm{th}\dfrac{x}{2}$ を満す(1)の解である．

4. (i)　核関数

$$k(\xi,\eta,x,y,z)=\frac{z}{((x-\xi)^2+(y-\eta)^2+z^2)^{\frac{3}{2}}}$$

を偏微分すると，

$$\frac{\partial k}{\partial x}=-\frac{3(x-\xi)z}{((x-\xi)^2+(y-\eta)^2+z^2)^{\frac{5}{2}}},\quad \frac{\partial^2 k}{\partial x^2}=-\frac{3z}{((x-\xi)^2+(y-\eta)^2+z^2)^{\frac{5}{2}}}+\frac{15(x-\xi)^2z}{((x-\xi)^2+(y-\eta)^2+z^2)^{\frac{7}{2}}},$$
$$\frac{\partial^2 k}{\partial y^2}=-\frac{3z}{((x-\xi)^2+(y-\eta)^2+z^2)^{\frac{5}{2}}}+\frac{15(y-\eta)^2z}{((x-\xi)^2+(y-\eta)^2+z^2)^{\frac{7}{2}}},$$
$$\frac{\partial k}{\partial z}=\frac{1}{((x-\xi)^2+(y-\eta)^2+z^2)^{\frac{3}{2}}}-\frac{3z^2}{((x-\xi)^2+(y-\eta)^2+z^2)^{\frac{5}{2}}},$$
$$\frac{\partial^2 k}{\partial z^2}=-\frac{9z}{((x-\xi)^2+(y-\eta)^2+z^2)^{\frac{5}{2}}}+\frac{15z^3}{((x-\xi)^2+(y-\eta)^2+z^2)^{\frac{7}{2}}}$$

が成立しているので，核関数 k はラプラスの方程式

$$\frac{\partial^2 k}{\partial x^2}+\frac{\partial^2 k}{\partial y^2}+\frac{\partial^2 k}{\partial z^2}=-\frac{3z+3z+9z}{((x-\xi)^2+(y-\eta)^2+z^2)^{\frac{5}{2}}}+\frac{15((x-\xi)^2+(y-\eta)^2+z^2)z}{((x-\xi)^2+(y-\eta)^2+z^2)^{\frac{7}{2}}}=0$$

を満足している．f は有界であるから，正の定数 M があって，$|f(\xi,\eta)|\leqq M(^\forall(\xi,\eta)\in\boldsymbol{R}^2)$．$R$ を正の定数として，(x,y,z) を有界な $x^2+y^2\leqq R^2$，$|z|\leqq R$ に閉じ込め，更に正数 a に対して $z\geqq a$ と z を 0 より一定の距離以上に保させておく．この時，先ず積分

$$\iint_{\boldsymbol{R}^2}f(\xi,\eta)k(\xi,\eta,x,y,z)\,d\xi\,d\eta=\lim_{T\to\infty}\iint_{\xi^2+\eta^2\leqq T^2}f(\xi,\eta)k(\xi,\eta,x,y,z)\,d\xi\,d\eta$$

が $x^2+y^2\leqq R^2$，$a\leqq z\leqq R$ で一様収束することを示そう．$\xi^2+\eta\geqq T^2, T\geqq 2R$ であれば，三角不等式より２点 (ξ,η)，(x,y) の距離に関して

$$\sqrt{(\xi-x)^2+(\eta-y)^2}\geqq\sqrt{\xi^2+\eta^2}-\sqrt{x^2+y^2}\geqq\sqrt{\xi^2+\eta^2}-R\geqq\sqrt{\xi^2+\eta^2}-\frac{T}{2}\geqq\sqrt{\xi^2+\eta^2}-\frac{\sqrt{\xi^2+\eta^2}}{2}=\frac{\sqrt{\xi^2+\eta^2}}{2}$$

が成立しているから

$$\iint_{\xi^2+\eta^2\geqq T^2}|f(\xi,\eta)k(\xi,\eta,x,y,z)|\,d\xi\,d\eta\leqq\iint_{\xi^2+\eta^2\geqq T^2}\frac{MR}{((x-\xi)^2+(y-\eta)^2+z^2)^{\frac{3}{2}}}d\xi\,d\eta\leqq\iint_{\xi^2+\eta^2\geqq T^2}\frac{MR}{\left(\dfrac{\xi^2+\eta^2}{4}+a^2\right)^{\frac{3}{2}}}d\xi\,d\eta.$$

更に，極座標 $\xi=r\cos\theta$，$\eta=r\sin\theta$ を用いると，

$$\text{右辺}=\int_0^{2\pi}d\theta\int_T^{\infty}\frac{MR}{\left(\dfrac{r^2}{4}+a^2\right)^{\frac{3}{2}}}r\,dr=16\pi MR\int_T^{\infty}\frac{r\,dr}{(r^2+4a^2)^{\frac{3}{2}}}=16\pi MR\left[-\frac{1}{4(r^2+4a^2)^{\frac{1}{2}}}\right]_T^{\infty}=\frac{4\pi MR}{\sqrt{T^2+a^2}}$$

は (x,y,z) に無関係に，$T\to\infty$ の時，0 に収束させることができ，われわれの収束は一様である．$\dfrac{\partial k}{\partial x}$ や $\dfrac{\partial^2 k}{\partial x^2}$ に

表れる他の項も，

$$\left|f(\xi,\eta)\frac{\partial k}{\partial x}\right|=\frac{3|x-\xi|z}{((x-\xi)^2+(y-\eta)^2+z^2)^{\frac{5}{2}}}\leqq\frac{3R}{((x-\xi)^2+(y-\eta)^2+z^2)^{\frac{3}{2}}}$$

等が成立するので一様収束し，A–2 より，$\frac{\partial u}{\partial x},\frac{\partial u}{\partial y},\frac{\partial u}{\partial z},\frac{\partial^2 u}{\partial x^2},\frac{\partial^2 u}{\partial y^2},\frac{\partial^2 u}{\partial z^2}$ は積分記号の下で微分ができて，

$$\Delta u=\left(\frac{\partial^2}{x\partial^2}+\frac{\partial^2}{\partial y^2}+\frac{\partial^2}{\partial z^2}\right)u=\frac{1}{2\pi}\iint\left(\frac{\partial^2 k}{\partial x^2}+\frac{\partial^2 k}{\partial y^2}+\frac{\partial^2 k}{\partial z^2}\right)f(\xi,\eta)\,d\xi\,d\eta=0$$

を得，u は**ラプラスの方程式** $\Delta u=0$ の解，すなわち，**調和関数**である．

(ii) この命題が正しければ，$f\equiv 1$ に対する u も $u\equiv 1$ でなければならぬ．この様に見当付けられる様では達人であり，実際に $\xi-x=r\cos\theta$，$\eta-y=r\sin\theta$ と点 (x,y) を中心とする極座標により

$$\frac{1}{2\pi}\iint k\,d\xi\,d\eta=\frac{1}{2\pi}\iint\frac{z}{((\xi-x)^2+(\eta-y)^2+z^2)^{\frac{3}{2}}}d\xi\,d\eta=\frac{1}{2\pi}\iint_{\substack{0\leqq r<+\infty\\0\leqq\theta\leqq 2\pi}}\frac{z}{(r^2+z^2)^{\frac{3}{2}}}r\,dr\,d\theta$$

$$=\int_0^\infty\frac{zr}{(r^2+z^2)^{\frac{3}{2}}}dr=\left[-\frac{z}{(r^2+z^2)^{\frac{1}{2}}}\right]_0^\infty=1.$$

ε を任意の正数とする．f の一様連続性より，正数 δ があって，$(\xi-x)^2+(\eta-y)^2<\delta^2$ であれば，

$|f(\xi,\eta)-f(x,y)|<\frac{\varepsilon}{2}$．したがって

$$u(x,y,z)-f(x,y)=\frac{1}{2\pi}\iint f(\xi,\eta)k(x,y,z,\xi,\eta)\,d\xi\,d\eta-\frac{1}{2\pi}\iint f(x,y)k(x,y,z,\xi,\eta)\,d\xi\,d\eta$$

$$=\frac{1}{2\pi}\iint_{(\xi-x)^2+(\eta-y)^2\leqq\delta^2}(f(\xi,\eta)-f(x,y))k(x,y,z,\xi,\eta)\,d\xi\,d\eta$$

$$+\frac{1}{2\pi}\iint_{(\xi-x)^2+(\eta-y)^2\geqq\delta^2}(f(\xi,\eta)-f(x,y))k(x,y,z,\xi,\eta)\,d\xi\,d\eta.$$

δ の定め方より

$$|\text{第 1 項}|\leqq\frac{1}{2\pi}\cdot\frac{\varepsilon}{2}\cdot\iint_{(\xi-x)^2+(\eta-y)^2\leqq\delta^2}k(x,y,z,\xi,\eta)\,d\xi\,d\eta\leqq\frac{\varepsilon}{2}\cdot\frac{1}{2\pi}\iint_{R^2}k\,d\xi\,d\eta=\frac{\varepsilon}{2}.$$

$|f(\xi,\eta)-f(x,y)|\leqq 2M$ であるから，$\xi-x=r\cos\theta$，$\eta-y=\sin\theta$ とおくと，

$$|\text{第 2 項}|\leqq\frac{M}{\pi}\iint_{(\xi-x)^2+(\eta-y)^2\geqq\delta^2}\frac{z}{((\xi-x)^2+(\eta-y)^2+z^2)^{\frac{3}{2}}}d\xi\,d\eta=\frac{M}{\pi}\iint_{\substack{\delta\leqq r\\0\leqq\theta\leqq 2\pi}}\frac{z}{(r^2+z^2)^{\frac{3}{2}}}r\,dr\,d\theta=2M\int_\delta^\infty\frac{zr}{(r^2+z^2)^{\frac{3}{2}}}dr$$

$$=2M\left[-\frac{z}{(r^2+z^2)^{\frac{1}{2}}}\right]_\delta^\infty=\frac{2Mz}{(\delta^2+z^2)^{\frac{1}{2}}}<\frac{2Mz}{\delta}.$$

$0<z<\frac{\delta\varepsilon}{4M}$ であれば，$|\text{第 2 項}|<\frac{\varepsilon}{2}$ なので，

$$|u(x,y,z)-f(x,y)|<\varepsilon,$$

すなわち，$u(x,y,z)\to f(x,y)\,(z\to+0)$ は一様である．上の様に積分区間を分けて，順に零に近づける積分論の心を把んで欲しい．

これで，力学に出て来る重要な**偏微分方程式**を全て学んだことになる．これらを，

14 章の B–7 における**シュレーディンガー方程式** $ih\frac{\partial\psi}{\partial t}+\frac{1}{4m\pi}\left(\frac{\partial^2\psi}{\partial x^2}+\frac{\partial^2\psi}{\partial y^2}+\frac{\partial^2\psi}{\partial z^2}\right)=0$，

15 章の A–8 における，**波動方程式** $\frac{\partial^2 u}{\partial t^2}=a^2\frac{\partial^2 u}{\partial x^2}$，

15 章の A–7, B–1, B–4 及び本問における，**ラプラスの方程式** $\frac{\partial^2 u}{\partial {x_1}^2}+\frac{\partial^2 u}{\partial {x_2}^2}+\cdots+\frac{\partial^2 u}{\partial {x_n}^2}=0\ (n\geqq 2)$

並びにその解としての**調和関数**

本章の B–1, B–2 における**熱伝導方程式** $\frac{\partial u}{\partial t}=\frac{\partial^2 u}{\partial x^2}$

について，この機会に復習，総括されたい．

問題の出処別分類

本書に掲載した問題は，全て，理工学部卒業予定者就職試験，教員採用に際しての数学専門試験，国家公務員上級職採用に際しての理工系専門試験，並びに，全国の大学の大学院の理，工学研究科の入学に際しての数学に関する試験問題，これら四種の試験問題から採用し，高校生や大学生の諸君が，今から，本書にて地道に勉強しさえすれば，大学卒業予定の前年に遭遇するであろう試験の何れにも，対処できるように備えを厚くして，後顧の憂を無くした．換言すれば，理工科を志望する高校生，理工科系に在学中の大学生諸君が，企業，教職，又は，公務員への就職，或いは，大学院への進学と，大学卒業に際して考え得る全ゆる身の振り方に対して，少なくとも，微積分に関する限りは，万全の対処ができるようにした．本書にて要領を学んだ後，他の科目についても同様の努力をされたい．

1 **理工学部卒業予定者に対する各企業の就職試験**より**23題**を

一ツ橋書店発行の　　理工学部就職試験

より選んだ．類書は多いが，この書店の出版物を選んだのは，著者の主観的な評価に基づくものである．大学生協（割引有り）等の，大学生が出入りする書店であれば，どこでも直ぐに購入できるので，就職希望の大学生諸君は，直接，この書物によって研究して，万全の備えをされたい．備えをすれば，憂いなし！

以下の分類において，点線の右の数字，2E2 や 2 A14 は，夫々，2 章の Example の 2 やAの問 14 として採用されていることを意味する．さらに，これらの数字が重複している時は，その重複数だけ掲載されていることを意味し，ミスプリントではない．

関東電機工事	2 題	2E2，2A14
京王帝都電鉄	1 題	2E3
三星ベルト	1 題	5A4
シチズン時計	1 題	2A15
進和貿易	2 題	6A16，10A2
住江織物	1 題	4B4
タツタ電線	1 題	4A2
大日本インキ	2 題	2B5，10A5
大日本製図	1 題	10A12
トヨタ自動車	1 題	2B6
日本アスベスト	2 題	6A11，10A5
日本楽器	1 題	4A7
日本発条	4 題	4E1，6A5，6A7，10A5
播磨耐火煉瓦	1 題	4A1
豊和工業	1 題	4A4
本州光学	1 題	4A6

2 **小学校，中学校，高等学校の教員採用試験**において数学に関連する問題より**206題**を

一ツ橋書店と協同出版発行の問題集

より選んだ．多くの出版社の中から，著者の主観に基づいて，この二社を選んだ．やはり市販されているので，教職希望の大学生諸君は，直接，この書物によって研究し，目的を達せられたい．どんな数学の秀才でも，というよりも秀才であればある程，極めて低次元の努力無しには，合格しないようである．

北海道中学校	2 題	1B6，6A2
青森県小学校	1 題	1E3
青森県中学校	3 題	1E3，7A10，13A7

和歌山県高等学校	6題	……1Ⓐ11, 1Ⓐ13, 5Ⓐ2, 5Ⓐ11, 6Ⓐ15, 8Ⓐ3
鳥取県小学校	1題	……2Ⓐ10
岡山県中学校	5題	……1Ⓐ16, 2Ⓐ4, 9Ⓐ6, 10E1, 10Ⓐ2
岡山県高等学校	6題	……1Ⓐ16, 2Ⓐ4, 9Ⓐ6, 10E1, 10Ⓐ2, 12Ⓐ2
広島県高等学校	6題	……2Ⓐ9, 2Ⓐ11, 2Ⓐ13, 3Ⓐ5, 4Ⓑ5, 6Ⓑ2
高知県高等学校	3題	……2Ⓐ3, 2Ⓐ5, 4Ⓐ11
福岡県高等学校	2題	……1Ⓐ15, 5Ⓑ3
佐賀県中学校	1題	……9Ⓐ1
佐賀県高等学校	2題	……3Ⓑ7, 9Ⓑ3
大分県中学校	3題	……3Ⓐ1, 3Ⓐ8, 7Ⓐ7
大分県高等学校	2題	……3Ⓐ1, 7Ⓐ7
鹿児島県高等学校	2題	……5Ⓐ8, 6Ⓑ5

3 **国家公務員上級職の理工系専門試験**において数学に関連する問題より**26題**を
一ツ橋書店と法学書院発行の問題集

より選んだ．やはり出版社は枚挙に暇がないが，著者と肌が合うものを選んだ．市販されているので，公務員になることを希望する向きは，直接，これらの問題集を購入して受験勉強されたい．官僚への道を目指して，特定の大学に入学するよう，何年も浪人する人がいるが，全く，無意味かつ愚劣である．現役で入学できる大学に入り，大学の勉強を通じて，上級職試験の受験準備をし，トップクラスでの合格を目指すべきである．上級職合格の肩書は企業でも物をいいますよ．志望大学に合格しなかったからといって，自殺や親殺しをする必要はありません．∀の大学に入りなさい．

数学専門試験	12題	……1Ⓑ5, 3Ⓑ8, 5E1, 5Ⓑ4, 7Ⓐ12, 7Ⓑ2, 9Ⓑ5, 10Ⓑ3, 13Ⓐ8, 13Ⓐ10, 16Ⓐ7, 16Ⓐ8
物理専門試験	5題	……3E2, 7Ⓐ1, 7Ⓐ5, 7Ⓑ1, 13Ⓐ2
化学専門試験	3題	……2Ⓑ4, 7Ⓐ18, 8Ⓐ5
機械専門試験	3題	……8Ⓐ6, 12Ⓐ2, 13Ⓐ3
建築専門試験	2題	……6Ⓐ4, 6Ⓐ14
土木専門試験	1題	……13Ⓐ10

4 旧版では全国の大学の**大学院の理学研究科や工学研究科の入学試験**問題の中から数学関連問題を
日本数学教育学会（〒171 東京都豊島区雑司が谷2の1の3），及び
大学院入試問題研究所（〒160 東京都新宿郵便局私書箱288号）

より精選したが，改訂版の執筆を始める前に，文教協会発行の**「平成15年度　全国大学一覧」**の各専攻に，その専攻の最近数年間の入試問題のコピーを拙宅に恵送下さる様お願い申し上げました所，東大数理科学専攻様が最初に，二ヶ月間，毎日最低一専攻より，最新の問題を送って頂きました，この機会に重ねて御礼申し上げます．頂いたデーターをパソコンに入力し，鋭意，この本の内容と整合性のある問題での差し替えに尽力しました．

その結果が以下の索引です．

大学院入試問題の出題大学大学院研究科専攻索引

（研究科，又は，専攻名の後の数字は掲載頁を表す．数字のみ，又は，専攻名のみが記されている数字の専攻，専攻の研究科はその前に記されている数字のそれと同じである．同じ頁に専攻の複数の問題が掲載されている事がある．）

北海道大学大学院 ――――――― 理学研究科数学専攻 25, 29, 49, 52, 57, 76, 77, 89
横浜国立大学大学院 ―――――― 理学研究科数学専攻 56, 60
立教大学大学院 ――――――― 理学研究科数学専攻 45, 52, 64, 65, 85, 88
立命館大学大学院 ――――――― 工学研究科機械工学専攻 72, 84
早稲田大学大学院 ――――――― 理学研究科数学専攻 45, 49, 52, 57, 64, 76, 77, 80

なお, 以上の問題を解けば分るように, 大学院入試問題は, 学期末試験問題より著しく易しく在籍校の院を受ける限りは何の準備も要らないので, これらの問題は理工科系の大学の教養部の学生諸君の学期末試験の模擬試験として用いることができる.

最後に, 教職試験, 公務員上級職試験, 大学院入学試験はこの順に難しく, 相互の間には極めて極めて有意な差があるので, この点を踏まえて準備されたい.

索　　引

目次と共にこの**さくいん**を有効に利用すると，本書は，読了後も，更には，大学卒業後も，**微積分学の辞書として利用**することができ，資源を最大限に活用することになる．アルファベット，または，アイウエオ順に記されているので，左側の事項が分らない時は，その右側の数学が示す頁，または，その近傍を読めばよい．

記　　号

あ　　行

か　　行

さ　行

た　行

な　行

は　行

ま　行

や　行

ら　行

わ　行

著者紹介：

梶原壤二（かじわら・じょうじ）

1934年長崎県に生まれる．1956年九州大学理学部数学科卒

九州大学名誉教授

九州大学白菊会理事長

理学博士

専攻　多変数関数論　無限次元複素解析学

主著　複素関数論（森北出版）

解析学序説（森北出版）

関数論入門――複素変数の微分積分学，微分方程式入門（森北出版）

大学テキスト関数論，詳解関数論演習（小松勇作と共著）（共立出版）

新修線形代数，新修解析学，大学院入試問題演習――解析学講話，大学院入試問題解説――理学・工学への数学の応用，新修応用解析学，新修文系・生物系数学，Macintosh などによるパソコン入門 Mathematica と Theorist での大学院入試への挑戦，Elite 数学（現代数学社）

新・独修微分積分学

1982年　5月　1日　　初　　版1刷発行

2005年　7月　5日　　改訂増補1刷発行

2019年　3月21日　　新　　版1刷発行

著　者　　梶原讓二

発行者　　富田　淳

発行所　　株式会社　現代数学社

〒606-8425 京都市左京区鹿ヶ谷西寺ノ前町1

TEL 075 (751) 0727　FAX075 (744) 0906

http://www.gensu.co.jp/

印刷・製本　　有限会社ニシダ印刷製本

検印省略

ISBN 978-4-7687-0505-6